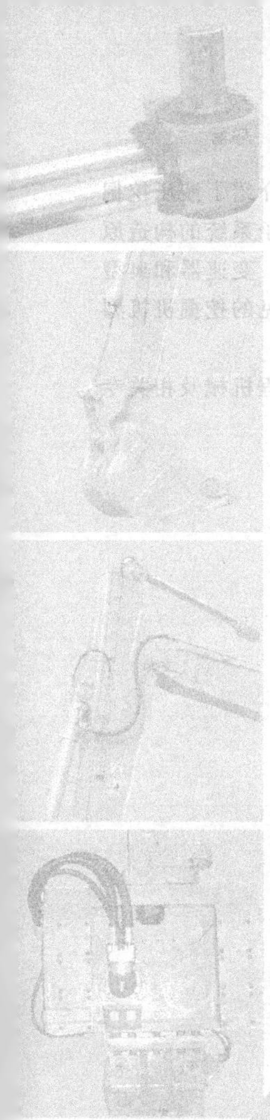

王晓伟　张　青　等编著

液压挖掘机
构造与维修手册

YEYA WAJUEJI GOUZAO
YU WEIXIU SHOUCE

化学工业出版社
·北京·

本书全面、系统地介绍了液压挖掘机的构造原理、故障诊断和维修方法与技术。首先介绍了液压挖掘机的基本知识、液压系统组成原理和使用维护与检修常识。其次详细介绍了液压挖掘机各子系统的构造原理、拆卸方法、故障诊断和维修等内容，包括液压系统、工作装置、底盘机构、回转系统、变速器和典型零件的修复工艺等。最后介绍了液压破碎锤的构造与维修。书中所有维修实例以国内外常见的挖掘机机型为主。

本书可供挖掘机使用与维修的技术人员与管理人员参考使用，也可作为大中专院校工程机械及相关专业师生的参考教材。

图书在版编目（CIP）数据

液压挖掘机构造与维修手册/王晓伟，张青等编著. —北京：化学工业出版社，2010.11（2023.4 重印）
ISBN 978-7-122-09049-2

Ⅰ. 液…　Ⅱ. ①王…②张…　Ⅲ. ①液压式挖掘机-构造-技术手册②液压式挖掘机-维修-技术手册　Ⅳ. TU621-62

中国版本图书馆 CIP 数据核字（2010）第 128515 号

责任编辑：张兴辉　　装帧设计：王晓宇
责任校对：宋　夏

出版发行：化学工业出版社（北京市东城区青年湖南街 13 号　邮政编码 100011）
印　　装：北京盛通数码印刷有限公司
787mm×1092mm　1/16　印张 23¼　字数 612 千字　　2023 年 4 月北京第 1 版第 16 次印刷

购书咨询：010-64518888　　售后服务：010-64518899
网　　址：http://www.cip.com.cn
凡购买本书，如有缺损质量问题，本社销售中心负责调换。

定　　价：68.00 元　

FOREWORD 前 言

液压挖掘机作为一种高效、便捷的土石方施工机械，在各种工程建设领域，特别是基础设施建设中发挥着越来越大的作用。随着液压挖掘机市场需求，特别是国内需求的持续快速增长，越来越多的企业参与到液压挖掘机的生产、销售与服务中，其品种与产量逐年递增，从事挖掘机制造、使用与维修的技术人员越来越多。

本书从挖掘机使用与维修人员的实际需要出发，系统、全面地介绍了液压挖掘机的构造原理、使用保养、故障诊断和维修方法与技术。首先介绍了液压挖掘机的基本知识、液压系统组成原理和使用维护与检修常识。其次详细介绍了液压挖掘机各子系统的构造原理、拆卸方法、故障诊断和维修等内容，包括液压系统、工作装置、底盘机构、回转系统、变速器和典型零件的修复工艺等。最后介绍了液压破碎锤的构造与维修。书中实例以国内外常见机型为主。

本书可供挖掘机操作、维修、技术人员与管理人员参考使用，也可作为大中专院校工程机械及相关专业的师生参考教材。

本书由山东建筑大学王晓伟、张青等编著，编写组成员有：山东建筑大学王晓伟（撰写第 1～第 3 章），周海涛（撰写第 4、第 5、第 10 章），靳同红（撰写第 6、第 8 章），张青（撰写第 9 章及附录），山东省农业机械集团总公司郑德亮（撰写第 7 章），临沂师范学院工学院房曙光（撰写第 11 章），全书由王晓伟、张青统稿、定稿。在此特别感谢山东建筑大学张瑞军教授在百忙之中对本书进行了细致的审校，提出了许多宝贵的意见和建议。为本书的完成做出大量工作的还有陈国香、王胜春、宋世军、史宝军、姜华、王积永、沈孝芹等。

由于编者水平有限，书中不足之处在所难免，敬请读者批评指正。

编者

CONTENTS 目录

第1章 绪论 1

第2章 液压挖掘机的液压系统 10

第3章 液压挖掘机的使用维护与检修常识 57

第4章 液压挖掘机性能检测和故障诊断 91

第 8 章 回转系统构造与维修 223

第 9 章 变速器构造与维修 257

第 10 章　零件失效与修复　276

第 11 章　液压破碎锤　309

附　录　317

参 考 文 献　363

第1章 绪论

液压挖掘机是一种周期作业的土石方施工机械，在工业与民用建筑、交通运输、水利施工、露天采矿等工程中都有广泛的应用，是各种土石方施工中不可缺少的一种重要机械设备。可用于筑路工程中的堑壕开挖，建筑工程中开挖基础，水利工程中开挖沟渠、运河和疏浚河道，市政建设中开挖管道沟渠，在采石场、露天开采等工程中剥离矿石的挖掘工作等。此外，液压挖掘机更换工作装置后还可进行浇筑、起重、安装、打桩、夯土和拔桩等作业。

挖掘机作业对减轻工人劳动强度，提高施工机械化水平，加快施工进度，都起着很大作用。据建筑施工部门统计，一台斗容量为 $1.0m^3$ 的液压挖掘机挖掘Ⅰ～Ⅳ级土壤时，每班生产率相当于 300～400 个工人一天的工作量。

1.1 液压挖掘机发展现状及趋势

工业发达国家的挖掘机生产较早，法国、德国、美国、俄罗斯、日本等是斗容量 $3.5\sim40m^3$ 单斗液压挖掘机的主要生产国，从 20 世纪 80 年代开始生产特大型挖掘机。例如，美国马利昂公司生产的斗容量 $50\sim150m^3$ 的剥离用挖掘机和斗容量 $132m^3$ 的步行式拉铲挖掘机；B-E（布比赛路斯-伊利）公司生产的斗容量 $107m^3$ 的剥离用挖掘机和斗容量 $168.2m^3$ 的步行式拉铲挖掘机等，是世界上目前最大的挖掘机。

从 20 世纪后期开始，国际上挖掘机的生产向大型化、微型化、多功能化、专用化和自动化的方向发展。

① 开发多品种、多功能、高质量及高效率的挖掘机。为满足市政建设和农田基本建设的需要，国外发展了斗容量在 $0.25m^3$ 以下的微型挖掘机，最小的斗容量仅 $0.01m^3$。另外，数量最多的中、小型挖掘机趋向于一机多能，配备了多种工作装置——除正铲、反铲外，还配备了起重、抓斗、平坡斗、装载斗、耙齿、破碎锥、麻花钻、电磁吸盘、振捣器、推土板、冲击铲、集装叉、高空作业架、绞盘及拉铲等，以满足各种施工的需要。与此同时，发展专门用途的特种挖掘机，如低比压、低噪声、水下专用和水陆两用挖掘机等。

② 迅速发展全液压挖掘机，不断改进和革新控制方式，使挖掘机由简单的杠杆操纵发展到液压操纵、气压操纵、液压伺服操纵和电气控制、无线电遥控、电子计算机综合程序控制。在危险地区或水下作业采用无线电操纵，利用电子计算机控制接收器和激光导向相结合，实现挖掘机作业操纵的完全自动化。所有这一切，挖掘机的全液压化为其奠定了良好的基础。

③ 重视采用新技术、新工艺、新结构，加快标准化、系列化、通用化发展速度。例如，德国阿特拉斯公司生产的挖掘机装有新型的发动机转速调节装置，使挖掘机按最适合其作业要求的速度来工作；美国林肯-贝尔特公司新 C 系列 LS-5800 型液压挖掘机安装了全自动控制液压系统，可自动调节流量，避免了驱动功率的浪费，还安装了 CAPS（计算机辅助功率系统），提高挖掘机的作业功率，更好地发挥液压系统的功能；日本住友公司生产的 FJ 系列五种新型号挖掘机配有与液压回路连接的计算机辅助的功率控制系统，利用精控模式选择系统，减少燃油、发动机功率和液压功率的消耗，并延长了零部件的使用寿命；德国奥加凯（O&K）公司生产的挖掘机的油泵调节系统

具有合流特性，使油泵具有最大的工作效率；日本神钢公司在新型的 904、905、907、909 型液压挖掘机上采用智能型控制系统，即使无经验的驾驶员也能进行复杂的作业操作；德国利勃海尔公司开发了 ECO（电子控制作业）的操纵装置，可根据作业要求调节挖掘机的作业性能，取得了高效率、低油耗的效果；美国卡特匹勒公司在新型 B 系统挖掘机上采用最新的 3114T 型柴油机以及扭矩载荷传感压力系统、功率方式选择器等，进一步提高了挖掘机的作业效率和稳定性。韩国大宇公司在 DH280 型挖掘机上采用了 EPOS——电子功率优化系统，根据发动机负荷的变化，自动调节液压泵所吸收的功率，使发动机转速始终保持在额定转速附近，即发动机始终以全功率运转，这样既充分利用了发动机的功率，提高挖掘机的作业效率，又防止了发动机因过载而熄火。

④ 更新设计理论，提高可靠性，延长使用寿命。美、英、日等国家推广采用有限寿命设计理论，以替代传统的无限寿命设计理论和方法，并将疲劳损伤累积理论、断裂力学、有限元法、优化设计、电子计算机控制的电液伺服疲劳试验技术、疲劳强度分析方法等先进技术应用于液压挖掘机的强度研究方面，促进了产品的优质高效，提高了产品的竞争力。美国提出了考核动强度的动态设计分析方法，并创立了预测产品失效和更新的理论。日本制定了液压挖掘机构件的强度评定程序，研制了可靠性信息处理系统。在上述基础理论的指导下，借助于大量试验，缩短了新产品的研制周期，加速了液压挖掘机更新换代的进程，并提高其可靠性和耐久性。例如，液压挖掘机的运转率达到 85%～95%，使用寿命超过 10000h。

⑤ 加强对驾驶员的劳动保护，改善驾驶员的劳动条件。液压挖掘机采用带有坠物保护结构和倾翻保护结构的驾驶室，安装可调节的弹性座椅，用隔音措施降低噪声干扰。

⑥ 进一步改进液压系统。中、小型液压挖掘机的液压系统有向变量系统转变的明显趋势。因为变量系统在油泵工作过程中，压力减小时用增大流量来补偿，使液压泵功率保持恒定，亦即装有变量泵的液压挖掘机可经常性地充分利用油泵的最大功率。当外阻力增大时则减少流量（降低速度），使挖掘力成倍增加；采用三回路液压系统，产生三个互不影响的独立工作运动。实现与回转机构的功率匹配。将第三泵在其他工作运动上接通，成为开式回路第二个独立的快速运动。此外，液压技术在挖掘机上普遍使用，为电子技术、自动控制技术在挖掘机的应用与推广创造了条件。

⑦ 迅速拓展电子化、自动化技术在挖掘机上的应用。20 世纪 70 年代，为了节省能源消耗和减少对环境污染，使挖掘机的操作轻便和安全作业，降低挖掘机噪声，改善驾驶员工作条件，逐步在挖掘上应用电子和自动控制技术。随着对挖掘机的工作效率、节能环保、操作轻便、安全舒适、可靠耐用等方面性能要求的提高，促进了机电液一体化在挖掘机上的应用，并使其各种性能有了质的飞跃。20 世纪 80 年代，以微电子技术为核心的高新技术，特别是微机、微处理器、传感器和检测仪表在挖掘机上的应用，推动了电子控制技术在挖掘机上的应用和推广，并已成为挖掘机现代化的重要标志，亦即目前先进的挖掘机上设有发动机自动怠速及油门控制系统、功率优化系统、工作模式控制系统、监控系统等电控系统。

1.2 液压挖掘机基本特性

1.2.1 类型与特点

液压挖掘机种类较多，从不同角度可以划分为不同的类型。

(1) 根据作业特点划分

按作业特点分为周期性作业式和连续性作业式两种。前者为单斗挖掘机，后者为多斗挖掘机，如图 1-1 所示。单斗挖掘机是目前常用的主要机种，可以挖掘Ⅵ级以下的土层和爆破后的岩石，本书着重介绍单斗挖掘机。

图 1-1 多斗挖掘机

(2) 根据主要机构传动类型划分

根据液压挖掘机主要机构是否采用液压传动，分为全液压传动和非全液压（或称半液压）传动两种。

若挖掘、回转、行走等几个主要机构的动作均为液压传动，则称为全液压挖掘机。若液压挖掘机中的某一个机构采用机械传动，则称其为非全液压（或半液压）挖掘机。一般说来，这种区别主要表现在行走机构上。对液压挖掘机来说，工作装置及回转机构必须是液压传动，只有行走机构有的为液压传动，有的为机械传动。

(3) 根据行走机构的类型划分

根据行走机构的不同，液压挖掘机可分为履带式、轮胎式、汽车式、悬挂式和拖式。

履带式液压挖掘机应用最广，在任何路面行走均有良好的通过性，对土壤有足够的附着力，接地比压小，作业时不需设支腿，适用范围较大。图 1-2 是某型号的履带式液压挖掘机。履带式挖掘机在土质松软或沼泽地带作业时，还可通过加宽和加长履带来降低接地比压。为防止对路面的碾压破坏，有些液压挖掘机还采用了橡胶履带。通常，履带行走的液压挖掘机多为全液压传动。

图 1-2 履带式液压挖掘机

轮胎式液压挖掘机具有行走速度快，机动性好，可在多种路面通行的特点。近年来，轮胎式挖掘机的生产量日渐增长。如图 1-3 所示为国产某型号轮胎式液压挖掘机。这种挖掘机一般都是四支点的，但也有三支点的，即将前轮距缩小为一个支点，与后轮形成三点支撑。这种形式不需要在前轴上采用平衡悬挂，简化了前桥结构，减小了机器的转弯半径，提高了机动性。目前，轮胎式液压挖掘机的行走部分多数采用机械传动和单独液压马达的集中传动。

图 1-3 轮胎式液压挖掘机

悬挂式液压挖掘机是将工作装置安装在轮胎式或履带式拖拉机上，可以达到一机多用的目的。这种挖掘机拆装方便，成本低廉。

汽车式液压挖掘机一般采用标准的汽车底盘，速度快，机动性好。

拖式液压挖掘机没有行走传动机构，行走时由拖拉机牵引。

(4) 根据工作装置划分

根据工作装置结构不同，可分为铰接式和伸缩臂式挖掘机。

铰接式工作装置应用较为普遍。这种挖掘机的工作装置靠各构件绕铰点转动来完成作业动作。

伸缩臂式挖掘机的动臂由主臂及伸缩臂

组成，伸缩臂可在主臂内伸缩，还可以变幅。

1.2.2 型号、参数与规格

(1) 型号

根据GB/T 9139・1—1998《液压挖掘机分类》的规定，国产液压挖掘机的型号由类、组、型、特性、主参数及变形更新代号等组成，其型号说明如下：

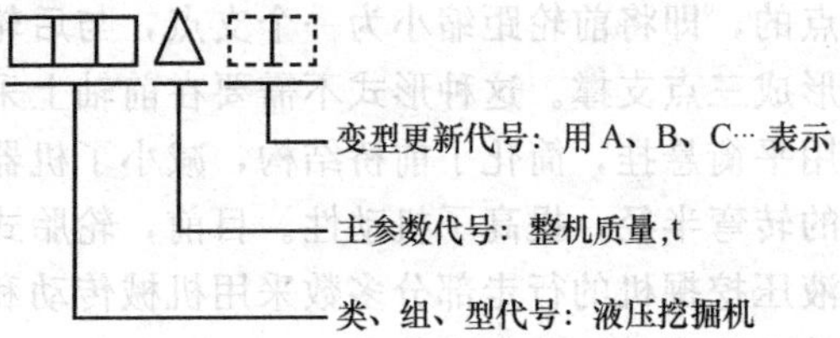

举例：

WY25：整机质量为25t的履带式液压挖掘机。

WYL12.5：整机质量为12.5t的轮胎式液压挖掘机。

挖掘机械产品类、组划分如表1-1所示。

(2) 主要技术参数

液压挖掘机的主要参数有以下几类：

① 发动机参数　如发动机额定功率、转速等。

② 液压系统参数　如主泵的流量、压力等。

表 1-1　挖掘机械产品类、组划分表

类	组	产品名称
挖掘机械	(1)单斗挖掘机	①履带式机械单斗挖掘机
		②履带式电动单斗挖掘机
		③履带式液压单斗挖掘机
		④轮胎式机械单斗挖掘机
		⑤轮胎式液压单斗挖掘机
		⑥轮胎式电动单斗挖掘机
		⑦汽车式单斗挖掘机
		⑧步履式机械单斗挖掘机
		⑨步履式液压单斗挖掘机
	(2)多斗挖掘机	⑩机械轮斗挖掘机
		⑪液压轮斗挖掘机
		⑫电动轮斗挖掘机
		⑬机械链斗挖掘机
		⑭液压链斗挖掘机
		⑮电动链斗挖掘机
	(3)多斗挖沟机	⑯机械轮斗挖沟机
		⑰液压轮斗挖沟机
		⑱电动轮斗挖沟机
		⑲机械链斗挖沟机
		⑳液压链斗挖沟机
		㉑电动链斗挖沟机
	(4)斗轮挖掘机	㉒机械斗轮挖掘机
		㉓液压斗轮挖掘机
		㉔电动斗轮挖掘机
	(5)挖掘装载机	㉕挖掘装载机
	(6)滚切挖掘机	㉖滚切挖掘机
	(7)铣切挖掘机	㉗铣切挖掘机
	(8)掘进机	㉘盾构掘进机
		㉙顶管掘进机
		㉚隧道掘进机
		㉛涵洞掘进机
	(9)特殊用途挖掘机	㉜水陆两用挖掘机
		㉝隧道挖掘机
		㉞湿地挖掘机
		㉟船用挖掘机

③ 主要性能参数　如整机工作质量、主要部件质量、铲斗容量范围或标称铲斗容量、挖掘力、牵引力等。

④ 尺寸参数　如工作尺寸、机体外形尺寸和工作装置尺寸等。

最重要的三个参数是整车重量（质量），发动机功率和铲斗斗容。

(3) 液压挖掘机技术规格举例

日立ZAXIS200与ZAXIS200LC技术规格如表1-2所示。工作范围见表1-3。

表 1-2 日立 ZAXIS200 与 ZAXIS200LC 技术规格

型号	ZX200	ZX200LC
前端附件形式	2.22m(7ft3in)斗杆或 2.91m(9ft7in)标准斗杆	
铲斗容量(堆积)	PCSA0.8m^3(1.05yd^3),CECE0.7m^3	
作业重量	19400kg(42800lb)	19900kg(43870lb)
主机重量	15100kg(33300lb)	15600kg(34390lb)
发动机	五十铃 AA-6BG1T 103kW/1900r·min^{-1}(140PS/1900rpm) 110kW/2100r·min^{-1}(150PS/2100rpm)①	
A:总宽度(不包括后视镜)	2860mm(9ft5in)	2990mm(9ft10in)
B:司机室高度	2950mm(9ft8in)	
C:后端回转半径	2750mm(9ft0in)	
D:最小离地距离	450mm(18in)②	
E:配重间隙	1030mm(3ft5in)②	
F:发动机盖高度	2220mm(7ft3in)②	
G:上部回转平台总宽度	2710mm(8ft11in)	
H:下部行走体长度	4170mm(13ft8in)	4460mm(14ft8in)
I:下部行走体宽度	2800mm(9ft2in)	2990mm(9ft10in)
J:驱动轮中心至张紧轮中心	3370mm(11ft1in)	3660mm(12ft)
K:履带板宽度	600mm(24in)(三筋履带板)	
接地比压	43kPa(0.44kgf/cm^2,6.3psi)	41kPa(0.42kgf/cm^2,6.0psi)
回转速度	13.3r/min	
行走速度(快/慢)	5.5/3.6km/h(3.4/2.2mph)	
爬坡能力	35°($\tan\theta=0.70$)	

①表示 *H*/*P* 方式；②表示该尺寸不包括履带板凸缘高度。

表 1-3 工作范围

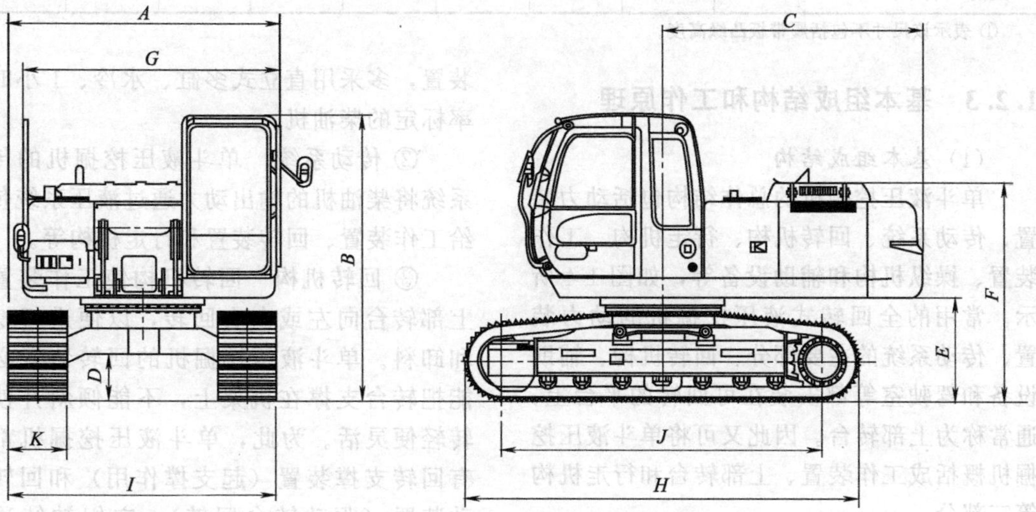

续表

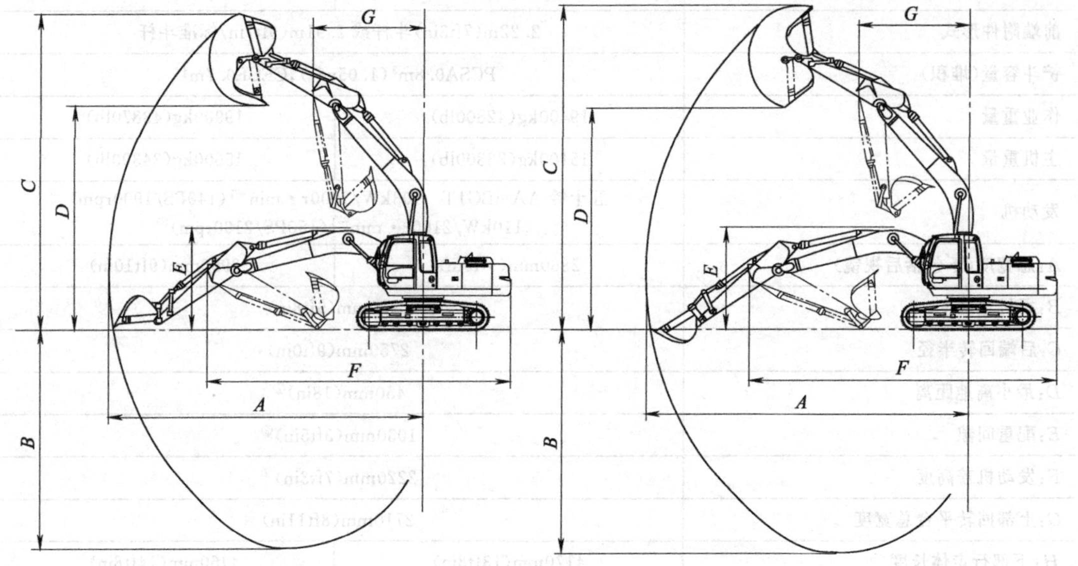

项目 \ 种类	2.22m(7ft3in)斗杆				2.91m(9ft7in)标准斗杆			
	反铲		正铲		反铲		正铲	
	mm	ft·in	mm	ft·in	mm	ft·in	mm	ft·in
A:最大挖掘半径	9250	30′4″	9390	30′10″	9910	32′6″	10060	33′0″
B:最大挖掘深度①	5980	19′7″	6120	20′0″	6670	21′11″	6820	22′5″
C:最大切削高度①	9170	30′1″	9450	31′0″	9600	31′6″	9850	32′4″
D:最大卸料高度①	6390	21′0″	6290	20′8″	6780	22′3″	6720	22′1″
E:运输高度	3130	10′3″	3130	10′3″	2970	9′9″	2970	9′9″
F:运输全长	9620	31′7″	9620	31′7″	9500	31′2″	9500	31′2″
G:最小回转半径	3530	11′7″	3530	11′7″	3540	11′7″	3540	11′7″

① 表示该尺寸不包括履带板凸缘高度。

1.2.3 基本组成结构和工作原理

(1) 基本组成结构

单斗液压挖掘机的总体结构包括动力装置、传动系统、回转机构、行走机构、工作装置、操纵机构和辅助设备等，如图1-4所示。常用的全回转式液压挖掘机的动力装置、传动系统的主要部分、回转机构、辅助设备和驾驶室等都安装在可回转的平台上，通常称为上部转台。因此又可将单斗液压挖掘机概括成工作装置、上部转台和行走机构等三部分。

① 动力装置　单斗液压挖掘机的动力装置，多采用直立式多缸、水冷、1小时功率标定的柴油机。

② 传动系统　单斗液压挖掘机的传动系统将柴油机的输出动力通过液压系统传递给工作装置、回转装置和行走机构等。

③ 回转机构　回转机构使工作装置及上部转台向左或向右回转，以便进行挖掘和卸料。单斗液压挖掘机的回转装置必须能把转台支撑在机架上，不能倾斜并使回转轻便灵活。为此，单斗液压挖掘机都设有回转支撑装置（起支撑作用）和回转传动装置（驱动转台回转），它们被统称为回转装置。

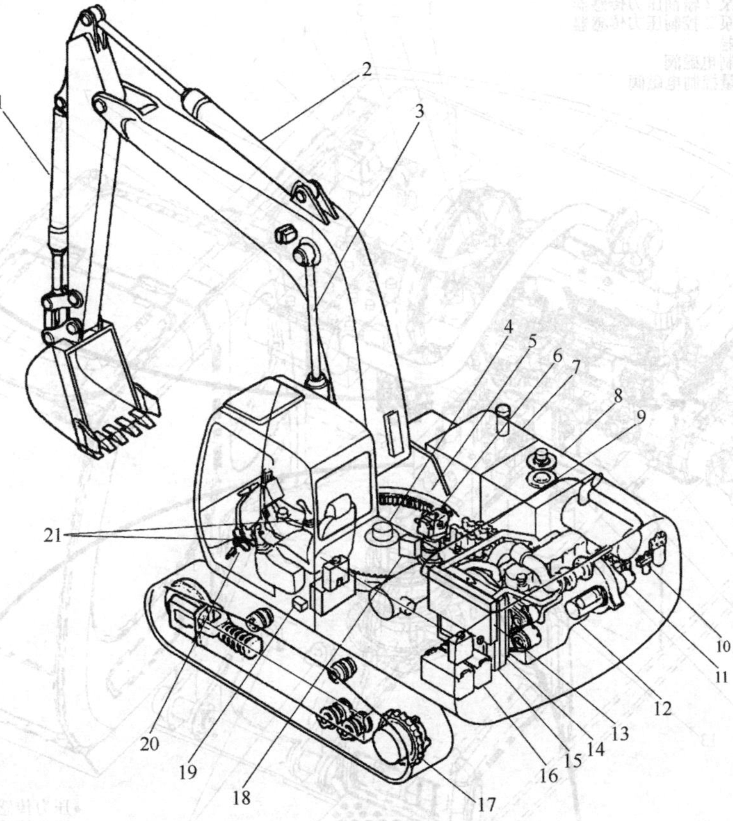

图 1-4 单斗液压挖掘机基本组成

1—铲斗油缸；2—斗杆油缸；3—动臂油缸；4—中央回转接头；5—回转支撑；6—回转装置；7—燃油箱；8—液压油箱；9—控制阀；10—先导滤清器和先导溢流阀；11—泵装置；12—发动机；13—中冷器；14—散热器；15—油冷却器；16—蓄电池；17—行走装置；18—信号控制阀；19—先导截流阀；20—行走先导阀；21—前端附件/回转先导阀

④ 行走机构　行走机构支撑挖掘机的整机质量并完成行走任务。履带式单斗液压挖掘机的行走机构基本结构与其他履带式机构的大致相同，但它多采用两个液压马达各自驱动一条履带。与回转装置的传动相似，可用高速小扭矩马达或低速大扭矩马达。两个液压马达同方向旋转时挖掘机将直线行驶；若只向一个液压马达供油，并将另一个液压马达制动，挖掘机则绕制动一侧的履带转向；若使左、右两液压马达反向旋转，挖掘机将进行原地转向。

⑤ 工作装置　液压挖掘机工作装置的种类繁多（可达 100 余种），目前工程建设中应用最多的是反铲和破碎器。铰接式反铲是单斗液压挖掘机最常用的结构形式，动臂、斗杆和铲斗等主要部件彼此铰接，在液压缸的作用下各部件绕铰点摆动，完成挖掘、提升和卸土等动作。

电气元件布置如图 1-5 所示。

(2) 基本原理

液压挖掘机的工作过程是：用铲斗上的斗齿切削土壤并装入斗内，然后提升铲斗并回转到卸土地点卸土，再使转台回转，铲斗下降到挖掘面，进行下一次挖掘。

基本原理是通过柴油机把柴油的化学能转化为机械能，由液压柱塞泵把机械能转换成液压能，通过液压系统把液压能分配到各执行元件（液压油缸、回转马达＋减速机、行走马达＋减速机），由各执行元件再把液压能转化为机械能，实现工作装置的运动、回转平台的回转运动、整机的行走运动。如图 1-6 所示。

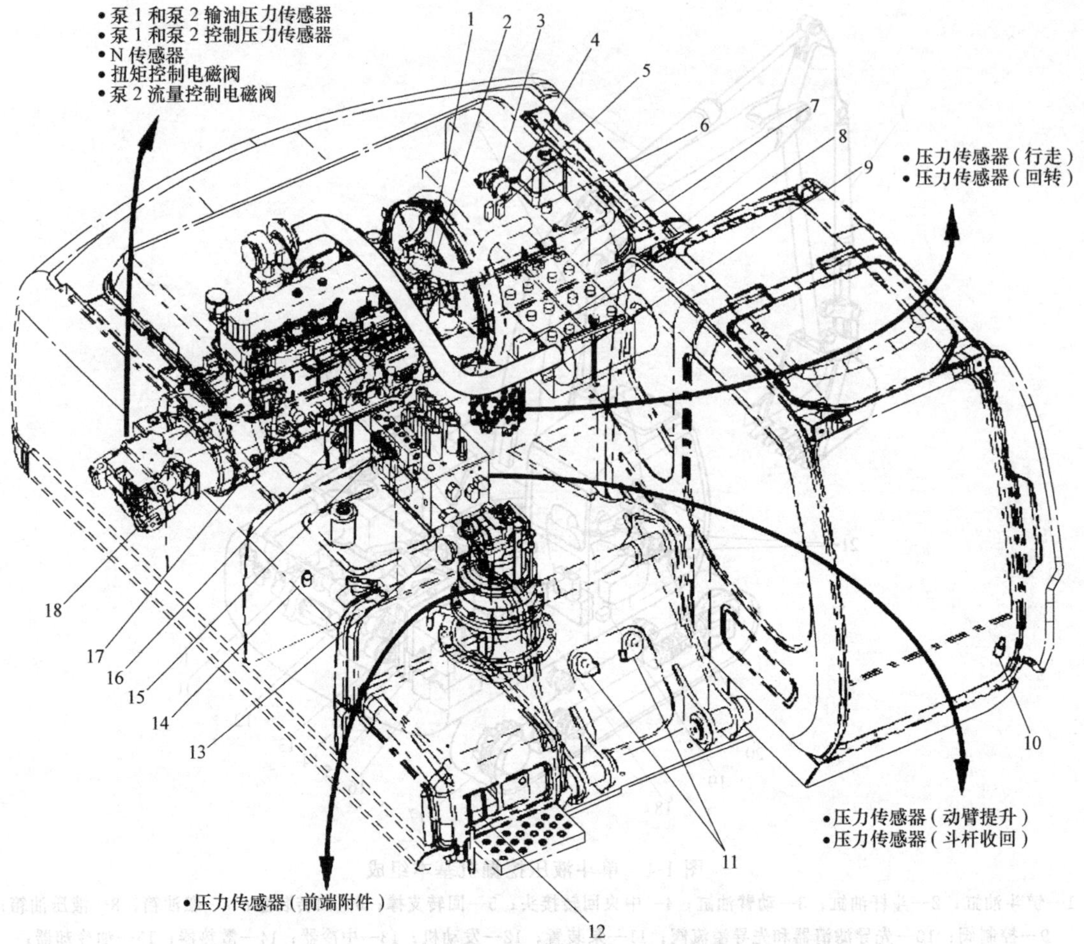

图 1-5 电气元件布置图（日立 ZAXIS200）

1—过热开关；2—冷却液温度传感器；3—蓄电池继电器；4—热线点火塞继电器；5—熔线；6—冷却液液位开关；7—蓄电池；8—安全继电器；9—空气滤清器堵塞开关；10—雨刷器电机；11—喇叭；12—工作灯；13—燃油油位传感器；14—液压油温度传感器；15—电磁阀单元；16—发动机油位开关；17—机油压力开关；18—EC 马达和 EC 传感器

液压挖掘机各运动和动力传输路线如下：

① 行走动力传输路线　柴油机—联轴器—液压泵（机械能转化为液压能）—分配阀—中央回转接头—行走马达（液压能转化为机械能）—减速箱—驱动轮—轨链履带—实现行走。

② 回转运动传输路线　柴油机—联轴器—液压泵（机械能转化为液压能）—分配阀—回转马达（液压能转化为机械能）—减速箱—回转支撑—实现回转。

③ 动臂运动传输路线　柴油机—联轴器—液压泵（机械能转化为液压能）—分配阀—动臂油缸（液压能转化为机械能）—实现动臂运动。

④ 斗杆运动传输路线　柴油机—联轴器—液压泵（机械能转化为液压能）—分配阀—斗杆油缸（液压能转化为机械能）—实现斗杆运动。

⑤ 铲斗运动传输路线　柴油机—联轴器—液压泵（机械能转化为液压能）—分配阀—铲斗油缸（液压能转化为机械能）—实现铲斗运动。

1.2.4 挖掘机的主要作业方式

挖掘机的应用范围十分广泛，通过换装不同的附属装置抓斗等可以完成破碎、拆卸、

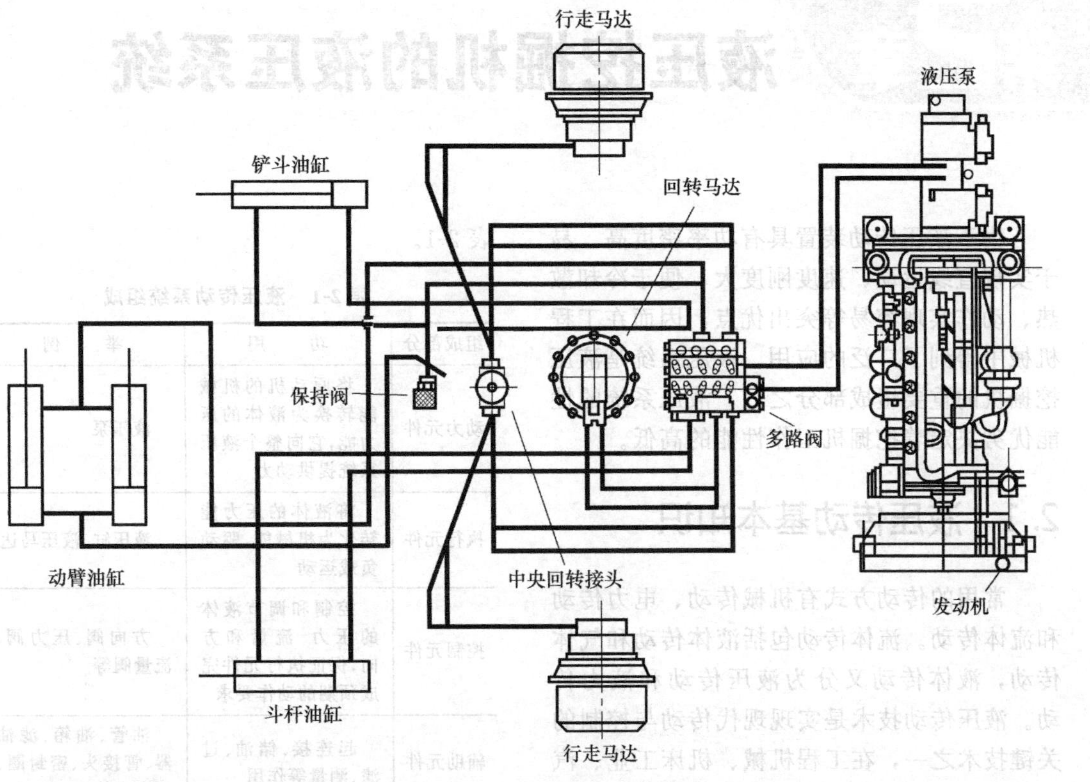

图 1-6 动力传输原理

抓取等多种作业。

(1) 反铲作业

反铲作业一般在地面以下进行，在液压缸的作用下，动臂、斗杆和铲斗等铰接部件绕铰点摆动，完成挖掘、提升和卸土等动作，其挖掘轨迹取决于各液压缸的运动及组合。

① 动臂液压缸主要用于调整工件装置的挖掘位置，一般不直接参与挖掘土壤；斗杆挖掘可获得较大的挖掘行程，但挖掘力较小；转斗挖掘的行程较短，但转斗液压缸可提供较大的挖掘力。实际挖掘中，往往使用斗杆和铲斗共同进行挖掘。

② 尽量使斗齿方向与挖掘方向保持一致，减少挖掘阻力和斗齿磨损量。

(2) 正铲作业

正铲作业一般在地面以上进行，铲斗的转动方式与反铲时相反。使用斗杆液压缸来刮削地面。正铲时的挖掘力小于反铲时的挖掘力。

(3) 挖沟作业

通过配置与沟的宽度相对应的铲斗，使两侧履带与要挖沟的边线平行，可高效地进行挖沟作业。挖宽沟时，先挖两侧，最后挖去中间部分。

(4) 装载作业

当进行装载作业时，应先将挖掘机移到装载卡车后面，以免回转时铲斗碰及卡车驾驶室或其他人员，而且在卡车后面比在卡车旁边更容易装载。装载时自前向后装车更加方便，而且装载量大。

(5) 平整地面

① 先填平和削平地面，以水平方式前后移动铲斗。

② 当挖掘机移动时，不要用压或铲的方式来平整地面。

③ 从挖掘机前面的地面往前平整，然后轻轻地拉动斗杆，慢慢地提升动臂过垂直位置时，先小心地下降动臂，再操作机器，让铲斗以水平方式移动。

第2章 液压挖掘机的液压系统

由于液压传动装置具有功率密度高、易于实现直线运动、速度刚度大、便于冷却散热、动作实现容易等突出优点，因而在工程机械中得到了广泛的应用。液压系统是液压挖掘机的重要组成部分之一，液压系统的性能优劣决定着挖掘机工作性能的高低。

2.1 液压传动基本知识

常用的传动方式有机械传动、电力传动和流体传动。流体传动包括液体传动和气体传动，液体传动又分为液压传动和液力传动。液压传动技术是实现现代传动与控制的关键技术之一，在工程机械、机床工业、汽车制造、冶金矿山、航天航空等工业领域，得到了广泛的应用与普及。

目前，液压传动技术正向高压、高速、高集成化、大功率、高可靠性方向发展，现代液压传动技术与以微电子技术、计算机控制技术、传感技术等为代表的新技术紧密结合，形成了一个完善而高效的控制中枢，成为包括传动、控制、检测、显示乃至诊断、校正、预报在内的机电液一体化技术。主要的发展趋势包括：提高效率，降低能耗；提高技术性能和控制性能；发展集成、复合、小型化、轻量化元件；提高安全性和环境友好性；提高液压元件和系统的工作可靠性；标准化和多样化。

2.1.1 液压系统的基本组成与表示形式

液压传动是指在密闭的回路中，利用液体的压力能来进行能量的转换、传递和分配的液体传动。液压传动是以液体为工作介质的，利用静压传递原理来工作的，一个完整的液压传动系统由动力元件、执行元件、控制元件、辅助元件和液压油五部分组成，见表 2-1。

表 2-1 液压传动系统组成

组成部分	功　用	举　例
动力元件	将原动机的机械能转换为液体的压力能,它向整个液压系统提供动力	液压泵
执行元件	将液体的压力能转化为机械能,驱动负载运动	液压缸、液压马达
控制元件	控制和调节液体的压力、流量和方向,保证执行元件完成预期的动作要求	方向阀、压力阀、流量阀等
辅助元件	起连接、储油、过滤、测量等作用	油管、油箱、滤油器、管接头、密封圈、压力表等
液压油	传递能量的工作介质	矿物油、乳化液、合成液压油

液压系统设计得合理与否，对挖掘机的性能起着决定性的作用。同样的元件，若系统设计得不同，则机器的性能差异很大。因此，分析和研究各种液压系统，弄清其设计原理是非常必要的。

液压系统结构原理图较直观、容易理解，但图形较复杂，难以绘制，如图 2-1 所示。在实际工作中，常用特定的简单符号绘出这些元件间相互关系的图，称为液压系统图，如图 2-2 所示。图形符号不表示元件的具体结构，只反映系统中各元件的基本关系和功能，使系统图简化，原理简单明了，便于阅读、分析、设计和绘制。

液压传动与机械传动、电气传动相比有以下主要优点：

① 液压传动的传递功率大，能输出大的力或力矩。即在同等功率下，液压装置的体积小、重量轻、结构紧凑。

② 液压执行元件的速度可以实现无级

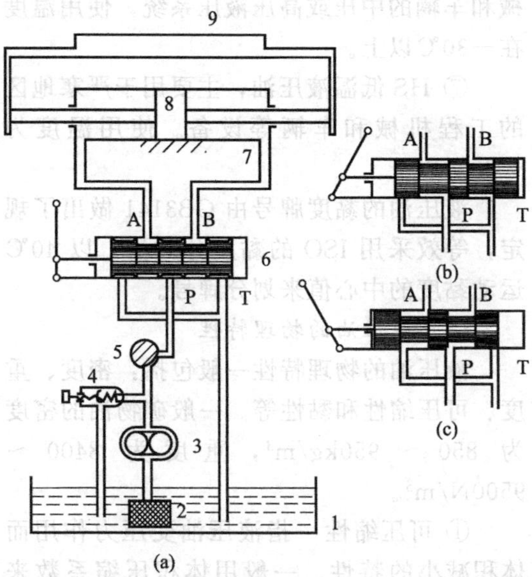

图 2-1 液压传动系统工作原理

1—油箱；2—滤油器；3—液压泵；4—溢流阀；5—节流阀；6—换向阀；7—液压缸；8—活塞；9—工作台

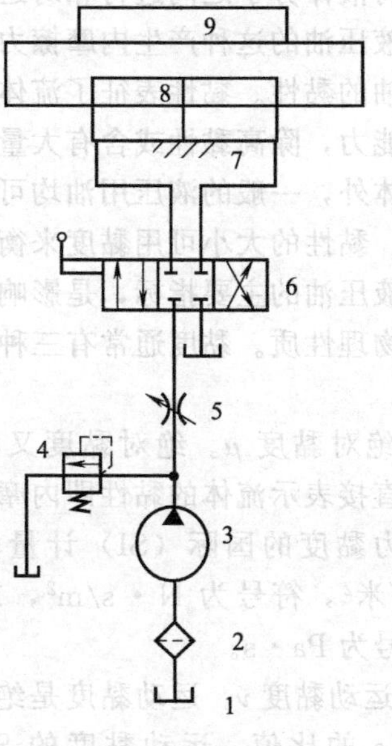

图 2-2 液压传动系统

1—油箱；2—滤油器；3—液压泵；4—溢流阀；5—节流阀；6—换向阀；7—液压缸；8—活塞；9—工作台

调节，而且调速范围大。

③ 液压传动工作平稳，换向冲击小，便于实现频繁换向。

④ 液压装置易于实现过载保护，能实现自润滑，使用寿命长。

⑤ 液压装置易于实现自动化的工作循环。

⑥ 液压元件易于实现系列化、标准化和通用化，便于设计、制造和推广使用。

液压传动也存在如下缺点：

① 由于液压传动中的泄漏和液体的可压缩性，使传动无法保证严格的传动比。

② 液压传动能量损失大，因此传动效率低。

③ 液压传动对油温的变化比较敏感，不宜在较高或较低的温度下工作。

④ 液压传动出现故障时不易找出原因。

2.1.2 液压油分类与特性

液压油是液压传动系统中的传动介质，并对液压装置的机构、零件起润滑、冷却和防锈作用。液压传动系统的压力、温度和流速在很大的范围内变化，因此液压油质量优劣直接影响液压系统的工作性能，合理选用液压油是挖掘机正常工作的前提。

(1) 液压油的分类和牌号

液压油的种类繁多，分类方法各异。从是否可燃角度可分为石油类和难燃类两大类，每类又可细分为多种类型，如下所示：

- 液压油
  - 石油基液压油
    - 普通液压油
    - 专用液压油
    - 抗磨液压油
    - 高黏度指数液压油
  - 难燃液压油
    - 合成液压油——磷酸酯液压油
    - 含水液压油
      - 水—乙二醇液压油
      - 乳化液
        - 油包水乳化液
        - 水包油乳化液

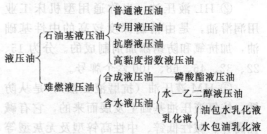

① 石油基液压油　以石油精炼物为基础，加入抗氧化或抗磨剂等改进性能的添加剂而成的液压油。

② 合成液压油　磷酸酯液压油是常用的难燃液压油之一。它的使用温度范围宽，可达$-54\sim135$℃。抗燃性好，氧化稳定性和润滑性都很好。缺点是与多种密封材料的相容性差，有一定的毒性。

③ 水—乙二醇液压油　这种液体由水、乙二醇和添加剂组成，而蒸馏水占35%～55%，因而抗燃性好。这种液压油的凝固点

低，可达−50℃，黏度指数高（130～170），为牛顿流体。缺点是能使油漆涂料变软，但对一般密封材料无影响。

④ 乳化液　乳化液属抗燃液压油，它由水、基础油和各种添加剂组成。其中乳化剂是使互不相溶的液体形成稳定乳状液的有机化合物。根据乳化剂分子中亲水部分的特性，分水包油乳化液和油包水乳化液，两者的特性有所不同。

(2) 液压油的牌号规格

液压油采用统一的命名方式，其一般形式为：类+品种+数字。

例如：L HV 22，其中：L 为类别（润滑剂及有关产品，GB7631.1），HV 为品种（低温抗磨），22 为牌号（黏度级，GB3141）。

液压油品种较多，在 GB/T7631.2 分类中包括 HH、HL、HM、HR、HV、HG 等品种，均属矿油型液压油。这类油的品种多，使用量约占液压油总量的 85%以上，工程机械液压系统常用的液压油也多属这类。

① HH 液压油是一种不含任何添加剂的矿物油，应用较少。

② HL 液压油，也称通用型机床工业用润滑油，是由精制深度较高的中性基础油，加抗氧和防锈添加剂制成的。分为 15、22、32、46、68、100 六个牌号。

③ HM 液压油（抗磨液压油），是从防锈、抗氧液压油基础上发展而来的，它有碱性高锌、碱性低锌、中性高锌型及无灰型等系列产品。分为 22、32、46、68 四个牌号。

④ HR 液压油是在环境温度变化大的中低压液压系统中使用的液压油。该油具有良好的防锈、抗氧性能，并加入了黏度指数改进剂，使油品具有较好的黏温特性。

⑤ HG 液压油（液压导轨油），该产品是在 HM 液压油基础上添加油性剂或减摩剂构成的一类液压油。具有优良的防锈、抗氧、抗磨性能和抗黏滑性。

⑥ HV 低温液压油，主要用于寒区或温度变化范围较大和工作条件苛刻的工程机械和车辆的中压或高压液压系统，使用温度在−30℃以上。

⑦ HS 低温液压油，主要用于严寒地区的工程机械和车辆等设备。使用温度为−30℃以下。

液压油的黏度牌号由 GB3141 做出了规定，等效采用 ISO 的黏度分类法，以 40℃运动黏度的中心值来划分牌号。

(3) 液压油的物理特性

液压油的物理特性一般包括：密度、重度、可压缩性和黏性等。一般矿物油的密度为 850～950kg/m^3，重度为 8400～9500N/m^3。

① 可压缩性　指液压油受压力作用而体积减小的特性。一般用体积压缩系数来表示。

② 液压油的黏性　液压油在外力作用下流动时，由于液体分子间的内聚力而产生一种阻碍液体分子之间进行相对运动的内摩擦力，液压油的这种产生内摩擦力的性质称为液压油的黏性。黏性表征了流体抵抗剪切变形的能力，除高黏性或含有大量特种添加剂的液体外，一般的液压用油均可看作是牛顿流体。黏性的大小可用黏度来衡量，黏度是选择液压油的主要指标，是影响流动流体的重要物理性质。黏度通常有三种不同的测试单位。

a. 绝对黏度 μ。绝对黏度又称动力黏度，它直接表示流体的黏性即内摩擦力的大小。动力黏度的国际（SI）计量单位为牛顿·秒/米^2，符号为 N·s/m^2，或为帕·秒，符号为 Pa·s。

b. 运动黏度 ν。运动黏度是绝对黏度 μ 与密度 ρ 的比值。运动黏度的 SI 单位为米^2/秒，m^2/s。还可用 CGS 制单位：斯（托克斯），St 斯的单位比较大，应用不便，常用 1%斯，即 1 厘斯来表示，符号为 cSt，即：$1cSt = 10^{-2}St = 10^{-6}m^2/s$。运动黏度 ν 没有什么明确的物理意义，它不能像 μ 一样直接表示流体的黏性大小，但对 ρ 值相近的流体，例如各种矿物油系液压油之间，还是可用来大致比较它们的黏性。由于在理论分析和计算中常常碰到绝对黏度与密度的比值，为方便起见才采用运动黏度这个单位来代替 μ/ρ。它之所以被称为运动黏度，是因为在它的量纲中只有运动学的要素——长度和时间的缘故。机械油的牌号上所标明的号数就是以厘斯为单位的，在温度 50℃时运动黏度 ν 的平均值。例如 10 号机械油指明该油在 50℃时其运动黏度 ν 的平均值是 10cSt。蒸馏水在 20.2℃时的运动黏度 ν 恰好等于 1cSt，所以从机械油的牌号即可知道该油的运动黏度。例如 20 号油说明该油的运动黏度约为水的运动黏度的 20 倍，30 号油的运动黏度约为水的运动黏度的 30 倍，如此类推。

c. 相对黏度。动力黏度和运动黏度是理论分析和推导中经常使用的黏度单位，它们都难以直接测量。因此，工程上采用另一种可用仪器直接测量的黏度单位，即相对黏度。相对黏度是以相对于蒸馏水的黏性的大小来表示该液体的黏性的。相对黏度又称条件黏度。各国采用的相对黏度单位有所不同。有的用赛氏黏度，有的用雷氏黏度，我国采用恩氏黏度。工业上一般以 20℃、50℃和 100℃作为测定恩氏黏度的标准温度，并相应地以符号 $°E_{20}$、$°E_{50}$ 和 $°E_{100}$ 来表示。

为了使液体介质得到所需要的黏度，可以采用两种不同黏度的液体按一定比例混合，混合后的黏度可按下列经验公式计算

$$°E=[a°E_1+b°E_2-c(°E_1-°E_2)]/100 \tag{2-1}$$

式中，$°E$ 为混合液体的恩氏黏度；$°E_1$、$°E_2$ 分别为用于混合的两种油液的恩氏黏度，且 $°E_1>°E_2$；a，b 分别为两种液体 $°E_1$、$°E_2$ 各占的百分数，即 $a+b=100$；c 为与 a、b 有关的试验系数，见表 2-2。

表 2-2 系数 c 的值

a/%	10	20	30	40	50	60	70	80	90
b/%	90	80	70	60	50	40	30	20	10
c	6.7	13.1	17.9	22.1	25.5	27.9	28.2	25	17

③ 压力对黏度的影响　在一般情况下，压力对黏度的影响比较小，在工程中当压力低于 5MPa 时，黏度值的变化很小，可以不考虑。当液体所受的压力加大时，分子之间的距离缩小，内聚力增大，其黏度也随之增大。因此，在压力很高以及压力变化很大的情况下，黏度值的变化就不能忽视。在工程实际应用中，当液体压力在低于 50MPa 的情况下，可用式（2-2）计算其黏度

$$\nu_p=\nu_0(1+\alpha_p) \tag{2-2}$$

式中，ν_p 为压力在 p（Pa）时的运动黏度；ν_0 为绝对压力为 1 个大气压时的运动黏度；p 为压力（Pa）；α 为决定于油的黏度及油温的系数，一般取 $\alpha=(0.002\sim0.004)\times10^{-5}$，$Pa^{-1}$。

④ 温度对黏度的影响　液压油黏度随温度的变化是十分敏感的，当温度升高时，其分子之间的内聚力减小，黏度就随之降低。不同种类的液压油，它的黏度随温度变化的规律也不同。一般用粘度指数表示液压油粘度随温度变化的程度，该指数用与标准油粘度变化程度的比值来表示。粘度指数越高，表示流体粘度受温度的影响越小，其粘温性能越好，反之越差。

我国常用黏温图表示油液黏度随温度变化的关系。对于一般常用的液压油，当运动黏度不超过 $76mm^2/s$，温度在 30～150℃范围内时，可用式（2-3）近似计算其温度为 t℃的运动黏度

$$\nu_t=\nu_{50}(50/t)n \tag{2-3}$$

式中，ν_t 为温度在 t℃时油的运动黏度；ν_{50} 为温度为 50℃时油的运动黏度；n 为黏温指数，n 随油的黏度而变化，其值可参考表 2-3。

表 2-3 黏温指数

ν_{50}/($mm^2\cdot s^{-1}$)	2.5	6.5	9.5	12	21	30	38	45	52	60
n	1.39	1.59	1.72	1.79	1.99	2.13	2.24	2.32	2.42	2.49

(4) 液压系统对液压油的要求

液压油是挖掘机液压传动系统的重要组成部分，是用来传递能量的工作介质。除了传递能量外，它还起着润滑运动部件和保护金属不被锈蚀的作用。液压油的质量及其各

种性能将直接影响液压系统的工作。液压系统对油液的要求有下面几点。

① 适宜的黏度和良好的黏温性能。一般液压系统所用的液压油其黏度范围为：

$\nu=11.5\times10^{-6}\sim35.3\times10^{-6}\,m^2/s(2\sim5°E_{50})$

② 润滑性能好。在液压传动机械设备中，除液压元件外，其他一些有相对滑动的零件也要用液压油来润滑，因此，液压油应具有良好的润滑性能。为了改善液压油的润滑性能，可加入添加剂以增加其润滑性能。

③ 良好的化学稳定性，即对热、氧化、水解、相容都具有良好的稳定性。

④ 对液压装置及相对运动的元件具有良好的润滑性。

⑤ 对液压系统金属和密封材料有良好的配伍性。对金属材料具有防锈性和防腐性。

⑥ 比热、热导率大，热膨胀系数小。

⑦ 抗泡沫性好，抗乳化性好。

⑧ 油液纯净，含杂质量少。

⑨ 流动点和凝固点低，闪点（明火能使油面上油蒸气内燃，但油本身不燃烧的温度）和燃点高。

⑩ 对于某些特殊用途，还应具有耐燃性，并对环境不造成污染（如易于生物降解和无毒性）。

(5) 液压油的选用

正确而合理地选用液压油，是保证挖掘机液压系统高效运转的前提。

选用液压油时，可根据液压元件生产厂样本和说明书所推荐的品种号数来选用液压油，或者根据液压系统的工作压力、工作温度、液压元件种类及经济性等因素全面考虑，一般是先确定适用的黏度范围，再选择合适的液压油品种。同时还要考虑液压系统工作条件的特殊要求，如在寒冷地区工作的系统则要求油的黏度指数高、低温流动性好、凝固点低；伺服系统则要求油质纯、压缩性小；高压系统则要求油液抗磨性好。

在选用液压油时，黏度是一个重要的参数。黏度的高低将影响运动部件的润滑、缝隙的泄漏以及流动时的压力损失、系统的发热温升等。所以，在环境温度较高，工作压力高或运动速度较低时，为减少泄漏，应选用黏度较高的液压油，否则相反。

(6) 液压油的污染与防护

液压油是否清洁，不仅影响液压系统的工作性能和液压元件的使用寿命，而且直接关系到液压系统是否能正常工作。造成这些危害的原因主要是污垢中的颗粒。对于液压元件来说，由于这些固体颗粒进入到元件里，会使元件的滑动部分磨损加剧，并可能堵塞液压元件里的节流孔、阻尼孔，或使阀芯卡死，从而造成液压系统的故障。水分和空气的混入使液压油的润滑能力降低并使其加速氧化变质，产生气蚀，使液压元件加速腐蚀，使液压系统出现振动、爬行等。液压系统多数故障与液压油受到污染有关，因此控制液压油的污染是十分重要的。

液压油被污染的原因主要有以下几方面。

① 液压系统的管道及液压元件内的型砂、切屑、磨料、焊渣、锈片、灰尘等污垢在系统使用前未被冲洗干净，在液压系统工作时，这些污垢就进入到液压油里。

② 外界的灰尘、砂粒等，在液压系统工作过程中通过往复伸缩的活塞杆、流回油箱的漏油等进入液压油里。另外在检修时，也容易使灰尘、棉绒等进入液压油。

③ 液压系统本身也不断地产生污垢，而直接进入液压油里，如金属和密封材料的磨损颗粒，过滤材料脱落的颗粒或纤维及油液因油温升高氧化变质而生成的胶状物等。

造成液压油污染的原因多而复杂，液压油自身又在不断地产生脏物，因此要彻底解决液压油的污染问题是很困难的。为了延长液压元件的寿命，保证液压系统可靠地工作，将液压油的污染度控制在某一限度以内是较为切实可行的办法。对液压油的污染控制工作主要是从两个方面着手：一是防止污染物侵入液压系统；二是把已经侵入的污染物从系统中清除出去。污染控制要贯穿于整个液压装置的设计、制造、安装、使用、维护和修理等各个阶段。

为防止油液污染，在实际工作中应采取如下措施。

① 使液压油在使用前保持清洁。液压油在运输和保管过程中都会受到外界污染，新买来的液压油看上去很清洁，其实很“脏”，必须将其静放数天后经过滤再加入液压系统中使用。

② 使液压系统在装配后、运转前保持清洁。液压元件在加工和装配过程中必须清洗干净，液压系统在装配后、运转前应彻底进行清洗，最好用系统工作中使用的油液清洗，清洗时油箱除通气孔（加防尘罩）外必须全部密封，密封件不可有飞边、毛刺。

③ 使液压油在工作中保持清洁。液压油在工作过程中会受到环境污染，因此应尽量防止工作中空气和水分的侵入，为完全消除水、气和污染物的侵入，采用密封油箱，通气孔上加空气滤清器，防止尘土、磨料和冷却液侵入，经常检查并定期更换密封件和蓄能器中的胶囊。

④ 采用合适的滤油器。这是控制液压油污染的重要手段。应根据设备的要求，在液压系统中选用不同过滤方式，不同的精度和不同结构的滤油器，并要定期检查和清洗滤油器和油箱。

⑤ 定期更换液压油。更换新油前，油箱必须先清洗一次，系统较脏时，可用煤油清洗，排尽后注入新油。

⑥ 控制液压油的工作温度。液压油的工作温度过高对液压装置不利，液压油本身也会加速变质，产生各种生成物，缩短它的使用期限，一般液压系统的工作温度最好控制在65℃以下，机床液压系统则应控制在55℃以下。

2.1.3 液压传动特性及压力损失

(1) 液压传动特性

在液压传动系统中，液压油总是在不断的流动中。传动特性即液体在外力作用下的运动规律及作用在流体上的力及这些力和流体运动特性之间的关系。液流的连续性方程描述了压力、流速与流量之间的关系，伯努利方程描述了液体能量间的变换关系，而动量方程则描述了流动液体与固体壁面之间作用力的情况。详细理论内容参见其他参考书。

实际液体具有黏性，这是产生流动阻力的根本原因。流动状态不同，则阻力大小不同。液体在管道中流动时存在两种不同状态：

① 层流　在液体运动时，如果质点没有横向脉动，不引起液体质点混杂，而是层次分明，能够维持安定的流束状态，这种流动称为层流。

② 紊流　如果液体流动时质点具有脉动速度，引起流层间质点相互错杂交换，这种流动称为紊流或湍流。

液体流动时究竟是层流还是紊流，须用雷诺数来判别。雷诺数 Re 是一个无量纲数，由管内的平均流速 v、管径 d 和液体的运动黏度 ν 确定，如式（2-4）所示

$$Re=vd/\nu \tag{2-4}$$

由式（2-4）可知，液流的雷诺数如相同，它的流动状态也相同。当液流的雷诺数 Re 小于临界雷诺数时，液流为层流；反之，液流大多为紊流。常见的液流管道的临界雷诺数由试验求得，见表2-4。

表2-4 常见液流管道的临界雷诺数

管道的材料与形状	Re_{cr}
光滑的金属圆管	2000～2320
橡胶软管	1600～2000
光滑的同心环状缝隙	1100
光滑的偏心环状缝隙	1000
带槽装的同心环状缝隙	700
带槽装的偏心环状缝隙	400
圆柱形滑阀阀口	260
锥状阀口	20～100

(2) 压力损失

实际黏性液体在流动时存在阻力，为了克服阻力就要消耗一部分能量，这样就有能量损失。在液压传动中，能量损失主要表现为压力损失。

液压系统中的压力损失分为两类，一类

是油液沿等直径直管流动时所产生的压力损失，称之为沿程压力损失。这类压力损失是由液体流动时的内、外摩擦力所引起的。另一类是油液流经局部障碍（如弯头、接头、管道截面突然扩大或收缩）时，由于液流的方向和速度的突然变化，在局部形成旋涡引起油液质点间，以及质点与固体壁面间相互碰撞和剧烈摩擦而产生的压力损失称之为局部压力损失。

层流流动中各质点沿轴向规则运动，而无横向运动。层流状态时，液体流经直管的压力损失与动力黏度、管长、流速成正比，与管径平方成反比。

紊流的重要特性之一是液体各质点不再是有规则的轴向运动，而是在运动过程中互相渗混和脉动。这种极不规则的运动，引起质点间的碰撞，并形成旋涡，使紊流能量损失比层流大得多。

压力损失过大即液压系统中功率损耗的增加，将导致油液发热加剧，泄漏量增加，效率下降和液压系统性能变坏。

(3) 小孔及间隙流动

在液压传动系统中常遇到油液流经小孔或间隙的情况，例如节流调速中的节流小孔，液压元件相对运动表面间的各种间隙。液体流经这些小孔和间隙的流量压力特性，对于节流调速性能，泄漏计算都是很重要的。

液体流经小孔的情况可以根据孔长 l 与孔径 d 的比值分为三种情况：$l/d \leqslant 0.5$ 时，称为薄壁小孔；$0.5 < l/d \leqslant 4$ 时，称为短孔；$l/d > 4$ 时，称为细长孔。

① 液体流经薄壁小孔时，在液体惯性的作用下，外层流线逐渐向管轴方向收缩，逐渐过渡到与管轴线方向平行，液流收缩的程度取决于 Re、孔口及边缘形状、孔口离管道内壁的距离等因素。对于圆形小孔，当管道直径 D 与小孔直径 d 之比 $D/d \geqslant 7$ 时，流速的收缩作用不受管壁的影响，称为完全收缩。反之，管壁对收缩程度有影响时，则称为不完全收缩。

② 液体流经细长小孔时，一般都是层流状态。

③ 液流流经短孔的流量仍可用薄壁小孔的流量计算，由于短孔介于细长孔和薄壁孔之间，短孔加工比薄壁小孔容易，故常用于固定的节流器。

液压元件内各零件间有相对运动，必须要有适当间隙。间隙过大，会造成泄漏；间隙过小，会使零件卡死。

如图 2-3 所示的泄漏是由压差和间隙造成的。内泄漏的损失转换为热能，使油温升高，外泄漏污染环境，两者均影响系统的性能与效率，因此，研究液体流经间隙的泄漏量、压差与间隙量之间的关系，对提高元件性能及保证系统正常工作是必要的。间隙中的流动一般为层流，一种是压差造成的流动称压差流动，另一种是相对运动造成的流动称剪切流动，还有一种是在压差与剪切同时作用下的流动。

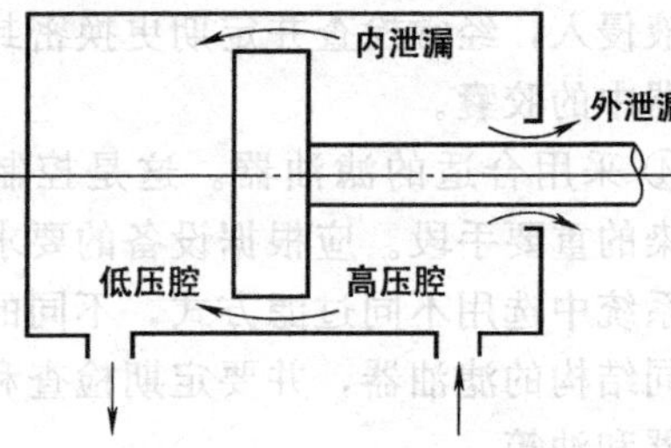

图 2-3 内泄漏与外泄漏

2.1.4 液压冲击和气穴现象

(1) 液压冲击

在液压系统中，当极快地换向或关闭液压回路时，致使液流速度急速地改变（变向或停止），由于流动液体的惯性或运动部件的惯性，会使系统内的压力发生突然升高或降低，这种现象称为液压冲击（水力学中称为水锤现象）。

液压冲击的危害是很大的。发生液压冲击时管路中的冲击压力往往急增很多倍，而使按工作压力设计的管道破裂。此外，所产生的液压冲击波会引起液压系统的振动和冲击噪声。因此在液压系统设计时要考虑这些因素，应当尽量减少液压冲击的影响。为此，一般可采用如下措施。

① 缓慢关闭阀门，削减冲击波的强度。

② 在阀门前设置蓄能器，以减小冲击波传播的距离。

③ 应将管中流速限制在适当范围内，或采用橡胶软管，也可以减小液压冲击。

④ 在系统中装置安全阀，可起卸载作用。

(2) 气穴现象

一般液体中溶解有空气，水中溶解有约2%体积的空气，液压油中溶解有6%~12%体积的空气。成溶解状态的气体对油液体积弹性模量没有影响，成游离状态的小气泡则对油液体积弹性模量产生显著的影响。

空气的溶解度与压力成正比。当压力降低时，原先压力较高时溶解于油液中的气体成为过饱和状态，于是就要分解出游离状态的微小气泡，其速率是较低的，但当压力低于空气分离压 p_g 时，溶解的气体就要以很高的速度分解出来，成为游离微小气泡，并聚合长大，使原来充满油液的管道变为混有许多气泡的不连续状态，这种现象称为气穴现象。

油液的空气分离压随油温及空气溶解度而变化。当油温 $t=50℃$ 时，$p_g<4\times10^6$ Pa (0.4bar)（绝对压力）。

管道中发生气穴现象时，气泡随着液流进入高压区时，体积急剧缩小，气泡又凝结成液体，形成局部真空，周围液体质点以极大速度来填补这一空间，使气泡凝结处瞬间局部压力可高达数百巴，温度可达近千摄氏度。在气泡凝结附近壁面，因反复受到液压冲击与高温作用，以及油液中逸出气体具有较强的酸化作用，使金属表面产生腐蚀。因气穴产生的腐蚀，一般称为气蚀。泵的吸入管路连接、密封不严使空气进入管道，回油管高出油面使空气冲入油中而被泵吸油管吸入油路以及泵吸油管道阻力过大，流速过高均是造成气穴的原因。

此外，当油液流经节流部位，流速增高，压力降低，在节流部位前后压差比≥3.5时，将发生节流气穴。

气穴现象容易引起系统的振动，产生冲击、噪声、气蚀，使工作状态恶化。应采取如下预防措施。

① 限制泵吸油口离油面高度，泵吸油口要有足够的管径，滤油器压力损失要小，自吸能力差的泵采用辅助供油。

② 管路密封要好，防止空气渗入。

③ 节流口压力降要小，一般控制节流口前后压差比<3.5。

2.2 常用液压元器件

2.2.1 液压泵

液压泵将原动机（电动机或内燃机）输出的机械能转换为工作液体的压力能，是一种能量转换装置，为液压系统提供一定的流量和压力，是系统不可缺少的核心元件。

(1) 液压泵的工作原理

液压泵都是依靠密封容积变化的原理来进行工作的，故一般称为容积式液压泵，图2-4所示的是单柱塞液压泵的工作原理图，图中柱塞2装在缸体3中形成一个密封容积腔 a，柱塞在弹簧4的作用下始终压紧在偏心轮1上。原动机驱动偏心轮1旋转使柱塞2作往复运动，使密封容积腔 a 的大小发生周期性的交替变化。当 a 由小变大时就形成部分真空，使油箱中油液在大气压作用下，经吸油管顶开单向阀6进入油箱 a 而实现吸油；反之，当 a 由大变小时，a 腔中吸满的

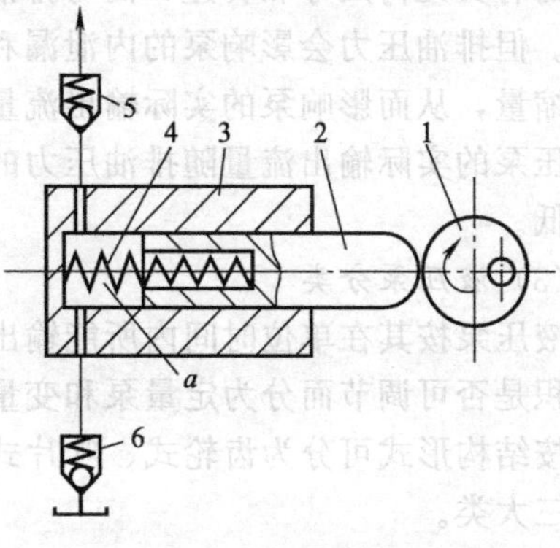

图2-4 液压泵工作原理

1—偏心轮；2—柱塞；3—缸体；4—弹簧；5,6—单向阀

油液将顶开单向阀5流入系统而实现压油。这样液压泵就将原动机输入的机械能转换成液体的压力能，原动机驱动偏心轮不断旋转，液压泵就不断地吸油和压油。

(2) 液压泵的特点

单柱塞液压泵具有一切容积式液压泵的基本特点。

① 具有若干个密封且又可以周期性变化空间。液压泵输出流量与此空间的容积变化量和单位时间内的变化次数成正比，与其他因素无关。这是容积式液压泵的一个重要特性。

② 油箱内液体的绝对压力必须恒等于或大于大气压力。这是容积式液压泵能够吸入油液的外部条件。因此，为保证液压泵正常吸油，油箱必须与大气相通，或采用密闭的充压油箱。

③ 具有相应的配油机构，将吸油腔和排液腔隔开，保证液压泵有规律地、连续地吸排液体。液压泵的结构原理不同，其配油机构也不相同。

容积式液压泵中的油腔处于吸油时称为压油腔。吸油腔的压力决定于吸油高度和吸油管路的阻力。吸油高度过高或吸油管路阻力太大，会使吸油腔真空度过高而影响液压泵的自吸能力，压油腔的压力则取决于外负载和排油管路的压力损失，从理论上讲排油压力与液压泵的流量无关。

容积式液压泵排油的理论流量取决于液压泵的有关几何尺寸和转速，而与排油压力无关。但排油压力会影响泵的内泄漏和油液的压缩量，从而影响泵的实际输出流量，所以液压泵的实际输出流量随排油压力的升高而降低。

(3) 液压泵分类

液压泵按其在单位时间内所能输出油液的体积是否可调节而分为定量泵和变量泵两类；按结构形式可分为齿轮式、叶片式和柱塞式三大类。

① 齿轮泵是液压系统中广泛采用的一种液压泵，它一般做成定量泵，按结构不同，齿轮泵分为外啮合齿轮泵和内啮合齿轮泵，而以外啮合齿轮泵应用最广。但齿轮泵存在困油现象和径向不平衡力，影响着泵的工作平稳性和使用寿命。

② 叶片泵的结构较齿轮泵复杂，但其工作压力较高，且流量脉动小，工作平稳，噪声较小，寿命较长。所以它被广泛应用于机械制造中的专用机床、自动线等中低液压系统中，但其结构复杂，吸油特性不太好，对油液的污染也比较敏感。

③ 柱塞泵是靠柱塞在缸体中作往复运动造成密封容积的变化来实现吸油与压油的液压泵，与齿轮泵和叶片泵相比，这种泵有许多优点。首先，构成密封容积的零件为圆柱形的柱塞和缸孔，加工方便，可得到较高的配合精度，密封性能好，在高压下工作仍有较高的容积效率；第二，只需改变柱塞的工作行程就能改变流量，易于实现变量；第三，柱塞泵中的主要零件均受压应力作用，材料强度性能可得到充分利用。由于柱塞泵压力高，结构紧凑，效率高，流量调节方便，故在需要高压、大流量、大功率的系统中和流量需要调节的场合，如工程机械、液压机、矿山冶金机械等得到广泛的应用。柱塞泵按柱塞的排列和运动方向不同，可分为径向柱塞泵和轴向柱塞泵两大类。

(4) 液压泵的参数

① 压力参数

a. 工作压力。液压泵实际工作时的输出压力称为工作压力。工作压力的大小取决于外负载的大小和排油管路上的压力损失，而与液压泵的流量无关。

b. 额定压力。液压泵在正常工作条件下，按试验标准规定连续运转的最高压力称为液压泵的额定压力。

c. 最高允许压力。在超过额定压力的条件下，根据试验标准规定，允许液压泵短暂运行的最高压力值，称为液压泵的最高允许压力。

② 排量和流量

a. 排量 V。液压泵每转一周，由其密封容积几何尺寸变化计算而得的排出液体的体积叫液压泵的排量。排量可调节的液压泵称为变量泵；排量为常数的液压泵则称为定量泵。

b. 实际流量 q。液压泵在某一具体工况下，单位时间内所排出的液体体积称为实际流量，它等于理论流量减去泄漏流量。

c. 额定流量 q_n。液压泵在正常工作条件下，按试验标准规定（如在额定压力和额定转速下）必须保证的流量。

③ 液压泵的功率损失

a. 容积损失。容积损失是指液压泵流量上的损失，液压泵的实际输出流量总是小于其理论流量，其主要原因是由于液压泵内部高压腔的泄漏、油液的压缩以及在吸油过程中由于吸油阻力太大、油液黏度大以及液压泵转速高等原因而导致油液不能全部充满密封工作腔。液压泵的容积损失用容积效率来表示，液压泵的容积效率随着液压泵工作压力的增大而减小，且随液压泵的结构类型不同而异，但恒小于1。

b. 机械损失。机械损失是指液压泵在转矩上的损失。液压泵的实际输入转矩总是大于理论上所需要的转矩，其主要原因是由于液压泵体内相对运动部件之间因机械摩擦而引起的摩擦转矩损失以及由液体的黏性而引起的摩擦损失。

(5) 液压泵的选择

液压泵是液压系统提供一定流量和压力的油液动力元件，它是每个液压系统不可缺少的核心元件，合理的选择液压泵对于降低液压系统的能耗、提高系统的效率、降低噪声、改善工作性能和保证系统的可靠工作都十分重要。

选择液压泵的原则是：根据主机工况、功率大小和系统对工作性能的要求，首先确定液压泵的类型，然后按系统所要求的压力、流量大小确定其规格型号。

一般来说，由于各类液压泵各自突出的特点，其结构、功用和动转方式各不相同，因此应根据不同的使用场合选择合适的液压泵。一般在机床液压系统中，往往选用双作用叶片泵和限压式变量叶片泵；而在筑路机械、港口机械以及小型工程机械中往往选择抗污染能力较强的齿轮泵；在负载大、功率大的场合往往选择柱塞泵。

液压系统中常用液压泵的性能比较如表2-5所示。

表 2-5 常用液压泵的性能比较

性能	外啮合齿轮泵	双作用叶片泵	限压式变量叶片泵	径向柱塞泵	轴向柱塞泵	螺杆泵
输出压力	低压	中压	中压	高压	高压	低压
流量调节	不能	不能	能	能	能	不能
效率	低	较高	较高	高	高	较高
输出流量脉动	很大	很小	一般	一般	一般	最小
自吸特性	好	较差	较差	差	差	好
对油的污染敏感性	不敏感	较敏感	较敏感	很敏感	很敏感	不敏感
噪声	大	小	较大	大	大	最小

(6) 液压泵的噪声

随着工业生产的发展，工业噪声对人们的影响越来越严重。目前液压技术向着高压、大流量和高功率的方向发展，产生的噪声也随之增加，而在液压系统中的噪声，液压泵的噪声占有很大的比重。液压泵的噪声大小与液压泵的种类、结构、大小、转速以及工作压力等很多因素有关。

① 产生噪声的原因

a. 泵的流量脉动和压力脉动，造成泵构件的振动。这种振动有时还可产生谐振。谐振频率可以是流量脉动频率的2倍、3倍或更大，泵的基本频率及其谐振频率若和机械的或液压的自然频率相一致，则噪声便大大增加。研究结果表明，转速增加对噪声的影响一般比压力增加还要大。

b. 泵的工作腔从吸油腔突然和压油腔相通，或从压油腔突然和吸油腔相通时，产生的油液流量和压力突变，对噪声的影响甚大。

c. 气穴现象。当泵吸油腔中的压力小于油液所在温度下的空气分离压时，溶解在油液中的空气要析出而变成气泡，这种带有气泡的油液进入高压腔时，气泡被击破，形成局部的高频压力冲击，从而引起噪声。

d. 泵内流道具有截面突然扩大和收缩、

急拐弯，通道截面过小而导致液体紊流、旋涡及喷流，使噪声加大。

e. 由于机械原因，如转动部分不平衡、轴承运转不良、泵轴的弯曲等机械振动引起的机械噪声。

② 降低噪声的措施

a. 消除液压泵内部油液压力的急剧变化。

b. 为吸收液压泵流量及压力脉动，可在液压泵的出口装置消音器。

c. 装在油箱上的泵应使用橡胶垫减振。

d. 压油管的一段用橡胶软管，对泵和管路的连接进行隔振。

e. 防止泵产生气穴现象，可采用直径较大的吸油管，减小管道局部阻力；采用大容量的吸油滤油器，防止油液中混入空气；合理设计液压泵，提高零件刚度。

2.2.2 液压马达

液压马达是把液体的压力能转换为机械能的装置，从原理上讲，液压泵可以作液压马达用，液压马达也可作液压泵用。但事实上同类型的液压泵和液压马达虽然在结构上相似，但由于两者的工作情况不同，使得两者在结构上也有某些差异。例如：

① 液压马达一般需要正反转，所以在内部结构上应具有对称性，而液压泵一般是单方向旋转的，没有这一要求。

② 为了减小吸油阻力，减小径向力，一般液压泵的吸油口比出油口的尺寸大。而液压马达低压腔的压力稍高于大气压力，所以没有上述要求。

③ 液压马达要求能在很宽的转速范围内正常工作，因此，应采用液动轴承或静压轴承。因为当马达速度很低时，若采用动压轴承，就不易形成润滑滑膜。

④ 叶片泵依靠叶片跟转子一起高速旋转而产生的离心力使叶片始终贴紧定子的内表面，起封油作用，形成工作容积。若将其当马达用，必须在液压马达的叶片根部装上弹簧，以保证叶片始终贴紧定子内表面，以便马达能正常启动。

⑤ 液压泵在结构上需保证具有自吸能力，而液压马达就没有这一要求。

⑥ 液压马达必须具有较大的启动扭矩。所谓启动扭矩，就是马达由静止状态启动时，马达轴上所能输出的扭矩，该扭矩通常大于在同一工作压差时处于运行状态下的扭矩，所以，为了使启动扭矩尽可能接近工作状态下的扭矩，要求马达扭矩的脉动小，内部摩擦小。

由于液压马达与液压泵具有上述不同的特点，使得很多类型的液压马达和液压泵不能互逆使用。

(1) 分类

液压马达按其额定转速分为高速和低速两大类，额定转速高于 500r/min 的属于高速液压马达，额定转速低于 500r/min 的属于低速液压马达。液压马达也可按其结构类型来分，可以分为齿轮式、叶片式、柱塞式和其他形式。

高速液压马达的基本形式有齿轮式、螺杆式、叶片式和轴向柱塞式等。它们的主要特点是转速较高、转动惯量小，便于启动和制动，调速和换向的灵敏度高。通常高速液压马达的输出转矩不大（仅数十牛·米到数百牛·米），所以又称为高速小转矩液压马达。高速液压马达的基本形式是径向柱塞式，例如单作用曲轴连杆式、液压平衡式和多作用内曲线式等。

低速液压马达的主要特点是排量大、体积大、转速低（有时可达每分钟几转甚至零点几转），因此可直接与工作机构连接，不需要减速装置，使传动机构大为简化，通常低速液压马达输出转矩较大（可达数千牛顿·米到数万牛顿·米），所以又称为低速大转矩液压马达。

(2) 主要性能参数

① 排量。习惯上将马达轴每转一周，按几何尺寸计算所进入的液体容积，称为马达的排量 V，有时称之为几何排量、理论排量，即不考虑泄漏损失时的排量。液压马达的排量表示出其工作容腔的大小，它是一个重要的参数，是液压马达工作能力的主要

标志。

② 启动机械效率。指液压马达由静止状态启动时，马达实际输出的转矩 T_0 与它在同一工作压差时的理论转矩 T_t 之比。液压马达的启动机械效率是表示出其启动性能的指标。因为在同样的压力下，液压马达由静止到开始转动的启动状态的输出转矩要比运转中的转矩大，这给液压马达负载启动造成了困难，所以启动性能对液压马达是非常重要的，启动机械效率正好能反映其启动性能的高低。

③ 转速。液压马达的转速取决于供液的流量和液压马达本身的排量 V。由于液压马达内部有泄漏，并不是所有进入马达的液体都推动液压马达做功，一小部分因泄漏损失掉了。所以液压马达的实际转速要比理论转速低一些。

④ 最低稳定转速。指液压马达在额定负载下，不出现爬行现象的最低转速。所谓爬行现象，就是当液压马达工作转速过低时，往往保持不了均匀的速度，进入时动时停的不稳定状态。

2.2.3　液压缸

液压缸又称为油缸，它是液压系统中的一种执行元件，其功能就是将液压能转变成直线往复式的机械运动。

(1) 液压缸的类型（表 2-6）

(2) 常用液压缸

① 活塞式液压缸　活塞式液压缸根据其使用要求不同可分为双杆式和单杆式两种。

a. 双杆式活塞缸。活塞两端都有一根直径相等的活塞杆伸出的液压缸，它一般由缸体、缸盖、活塞、活塞杆和密封件等零件构成。根据安装方式不同可分为缸筒固定式和活塞杆固定式两种。双杆活塞缸在工作时，设计成一个活塞杆是受拉的，而另一个活塞杆不受力，因此这种液压缸的活塞杆可以做得细些。

表 2-6　常见液压缸的种类及特点

分类	名　称	符　号	说　明
单作用液压缸	柱塞式液压缸	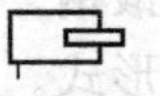	柱塞仅单向运动，返回行程是利用自重或负荷将柱塞推回
	单活塞杆液压缸	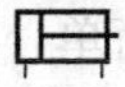	活塞仅单向运动，返回行程是利用自重或负荷将活塞推回
	双活塞杆液压缸	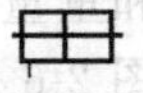	活塞的两侧都装有活塞杆，只能向活塞一侧供给压力油，返回行程通常利用弹簧力、重力或外力
	伸缩液压缸	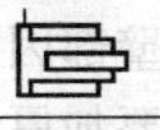	它以短缸获得长行程。用液压油由大到小逐节推出，靠外力由小到大逐节缩回
双作用液压缸	单活塞杆液压缸		单边有杆，双向液压驱动，双向推力和速度不等
	双活塞杆液压缸		双边有杆，双向液压驱动，可实现等速往复运动
	伸缩液压缸	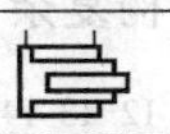	双向液压驱动，伸出由大到小逐步推出，由小到大逐节缩回
组合液压缸	弹簧复位液压缸		单向液压驱动，由弹簧力复位
	串联液压缸	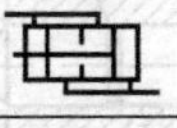	用于缸的直径受限制，而长度不受限制处，获得大的推力
	增压缸（增压器）	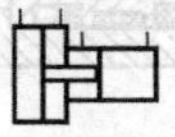	由低压力室 A 缸驱动，使 B 室获得高压油源
	齿条传动液压缸		活塞往复运动，经装在一起的齿条驱动齿轮获得往复回转运动
摆动液压缸			输出轴直接输出扭矩，其往复回转的角度小于 360°，也称摆动马达

b. 单杆式活塞缸。活塞只有一端带活塞杆，单杆液压缸也有缸体固定和活塞杆固定两种形式，但它们的工作台移动范围都是活塞有效行程的2倍。

c. 差动油缸。单杆活塞缸在其左右两腔都接通高压油时称为“差动连接”。差动连接时液压缸的推力比非差动连接时小，速度比非差动连接时大，正好利用这一点，可使在不加大油源流量的情况下得到较快的运动速度，这种连接方式被广泛应用于液压动力系统，实现快速运动。

② 柱塞缸　它只能实现一个方向的液压传动，反向运动要靠外力。若需要实现双向运动，则必须成对使用。这种液压缸中的柱塞和缸筒不接触，运动时由缸盖上的导向套来导向，因此缸筒的内壁不需精加工，特别适用于行程较长的场合。

③ 其他液压缸

a. 增压液压缸。增压液压缸又称增压器，它利用活塞和柱塞有效面积的不同使液压系统中的局部区域获得高压。有单作用和双作用两种形式。

b. 伸缩缸。伸缩缸由两个或多个活塞缸套装而成，前一级活塞缸的活塞杆内孔是后一级活塞缸的缸筒，伸出时可获得很长的工作行程，缩回时可保持很小的结构尺寸，伸缩缸被广泛用于起重运输车辆上。

(3) 液压缸的典型结构

图2-5所示的是一个较常用的双作用单活塞杆液压缸。它是由缸底20、缸筒10、缸盖兼导向套9、活塞11和活塞杆18组成。缸筒一端与缸底焊接，另一端缸盖（导向套）与缸筒用卡键6、套5和弹簧挡圈4固定，以便拆装检修，两端设有油口A和B。活塞11与活塞杆18利用卡键15、卡键帽16和弹簧挡圈17连在一起。活塞与缸孔的密封采用的是一对Y形聚氨酯密封圈12，由于活塞与缸孔有一定间隙，采用由尼龙1010制成的耐磨环（又叫支撑环）13定心导向。杆18和活塞11的内孔由密封圈14密封。较长的导向套9则可保证活塞杆不偏离中心，导向套外径由O形圈7密封，而其内孔则由Y形密封圈8和防尘圈3分别防止油外漏和将灰尘带入缸内。缸通过杆端销孔与外界连接，销孔内有尼龙衬套抗磨。

(4) 液压缸的组成

从上面所述的液压缸典型结构中可以看到，液压缸的结构基本上可以分为缸筒和缸盖、活塞和活塞杆、密封装置、缓冲装置和排气装置五个部分，分述如下。

① 缸筒和缸盖　一般来说，缸筒和缸盖的结构形式和其使用的材料有关。工作压力$p<10$MPa时，使用铸铁；$p<20$MPa时，使用无缝钢管；$p>20$MPa时，使用铸钢或锻钢。图2-6所示为缸筒和缸盖的常见结构形式。图2-6（a）所示为法兰连接式，结构简单，容易加工，也容易装拆，但外形尺寸和重量都较大，常用于铸铁制的缸筒上。图2-6（b）所示为半环连接式，它的缸筒壁部因开了环形槽而削弱了强度，为此有时要加厚缸壁，它容易加工和装拆，重量较轻，常用于无缝钢管或锻钢制的缸筒上。图2-6（c）所示为螺纹连接式，它的缸筒端部结构复杂，外径加工时要求保证内外径同

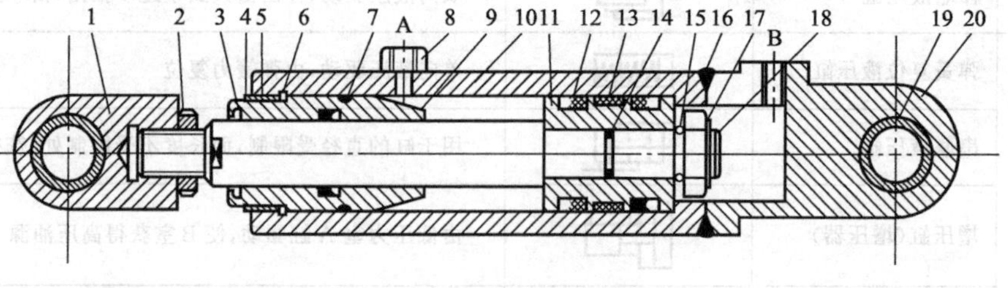

图2-5　双作用单活塞杆液压缸

1—耳环；2—螺母；3—防尘圈；4,17—弹簧挡圈；5—套；6,15—卡键；7,14—O形密封圈；8,12—Y形密封圈；9—缸盖兼导向套；10—缸筒；11—活塞；13—耐磨环；16—卡键帽；18—活塞杆；19—衬套；20—缸底

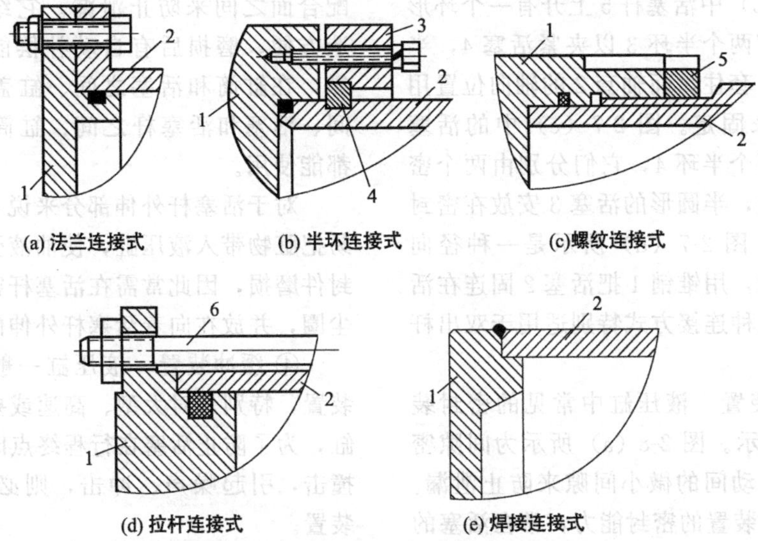

(a) 法兰连接式　(b) 半环连接式　(c) 螺纹连接式

(d) 拉杆连接式　(e) 焊接连接式

图 2-6　缸筒和缸盖结构

1—缸盖；2—缸筒；3—压板；4—半环；5—防松螺帽；6—拉杆

心，装拆要使用专用工具，它的外形尺寸和重量都较小，常用于无缝钢管或铸钢制的缸筒上。图 2-6（d）所示为拉杆连接式，结构的通用性大，容易加工和装拆，但外形尺寸较大，且较重。图 2-6（e）所示为焊接连接式，结构简单，尺寸小，但缸底处内径不易加工，且可能引起变形。

② 活塞与活塞杆　可以把短行程的液压缸的活塞杆与活塞做成一体，这是最简单的形式。但当行程较长时，这种整体式活塞组件的加工较费事，所以常把活塞与活塞杆分开制造，然后再连接成一体。图 2-7 所示为几种常见的活塞与活塞杆的连接形式。

图 2-7（a）所示为活塞与活塞杆之间采用螺母连接，它适用负载较小，受力无冲击的液压缸中。螺纹连接虽然结构简单，安装方便可靠，但在活塞杆上车螺纹将削弱其强度。图 2-7（b）和（c）所示为卡环式连接方

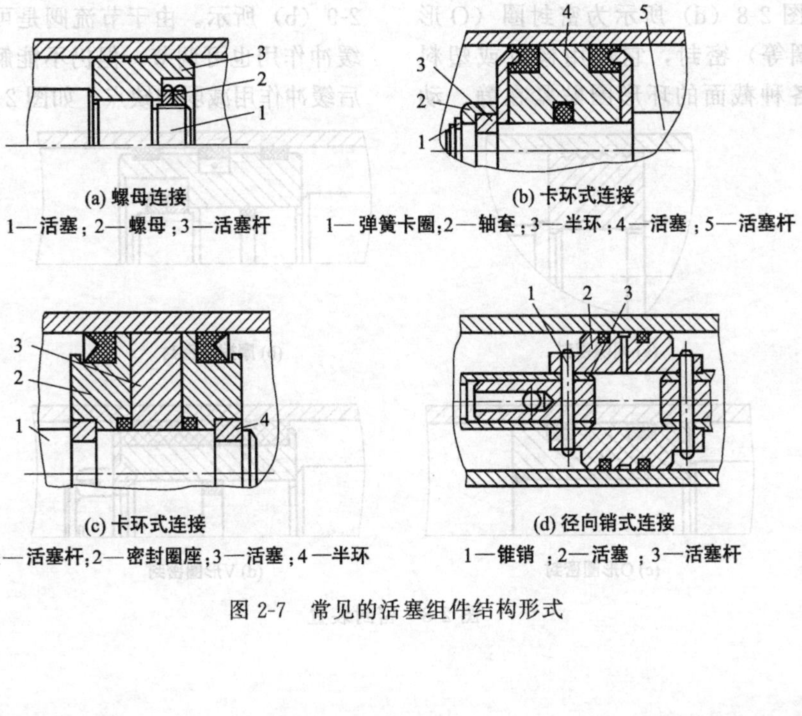

(a) 螺母连接

1—活塞；2—螺母；3—活塞杆

(b) 卡环式连接

1—弹簧卡圈；2—轴套；3—半环；4—活塞；5—活塞杆

(c) 卡环式连接

1—活塞杆；2—密封圈座；3—活塞；4—半环

(d) 径向销式连接

1—锥销；2—活塞；3—活塞杆

图 2-7　常见的活塞组件结构形式

式。图 2-7（b）中活塞杆 5 上开有一个环形槽，槽内装有两个半环 3 以夹紧活塞 4，半环 3 由轴套 2 套住，而轴套 2 的轴向位置用弹簧卡圈 1 来固定。图 2-7（c）中的活塞杆，使用了两个半环 4，它们分别由两个密封圈座 2 套住，半圆形的活塞 3 安放在密封圈座的中间。图 2-7（d）所示是一种径向销式连接结构，用锥销 1 把活塞 2 固连在活塞杆 3 上。这种连接方式特别适用于双出杆式活塞。

③ 密封装置　液压缸中常见的密封装置如图 2-8 所示。图 2-8（a）所示为间隙密封，它依靠运动间的微小间隙来防止泄漏。为了提高这种装置的密封能力，常在活塞的表面上制出几条细小的环形槽，以增大油液通过间隙时的阻力。它的结构简单，摩擦阻力小，可耐高温，但泄漏大，加工要求高，磨损后无法恢复原有能力，只有在尺寸较小、压力较低、相对运动速度较高的缸筒和活塞间使用。图 2-8（b）所示为摩擦环密封，它依靠套在活塞上的摩擦环（尼龙或其他高分子材料制成）在 O 形密封圈弹力作用下贴紧缸壁而防止泄漏。这种材料效果较好，摩擦阻力较小且稳定，可耐高温，磨损后有自动补偿能力，但加工要求高，装拆较不便，适用于缸筒和活塞之间的密封。图 2-8（c）、图 2-8（d）所示为密封圈（O 形圈、V 形圈等）密封，它利用橡胶或塑料的弹性使各种截面的环形圈贴紧在静、动配合面之间来防止泄漏。它结构简单，制造方便，磨损后有自动补偿能力，性能可靠，在缸筒和活塞之间、缸盖和活塞杆之间、活塞和活塞杆之间、缸筒和缸盖之间都能使用。

对于活塞杆外伸部分来说，由于它很容易把脏物带入液压缸，使油液受污染，使密封件磨损，因此常需在活塞杆密封处增添防尘圈，并放在向着活塞杆外伸的一端。

④ 缓冲装置　液压缸一般都设置缓冲装置，特别是对大型、高速或要求高的液压缸，为了防止活塞在行程终点时和缸盖相互撞击，引起噪声、冲击，则必须设置缓冲装置。

缓冲装置的工作原理是利用活塞或缸筒在其走向行程终端时封住活塞和缸盖之间的部分油液，强迫它从小孔或细缝中挤出，以产生很大的阻力，使工作部件受到制动，逐渐减慢运动速度，达到避免活塞和缸盖相互撞击的目的。

如图 2-9（a）所示，当缓冲柱塞进入与其相配的缸盖上的内孔时，孔中的液压油只能通过间隙 δ 排出，使活塞速度降低。由于配合间隙不变，故随着活塞运动速度的降低，起缓冲作用。当缓冲柱塞进入配合孔之后，油腔中的油只能经节流阀排出，如图 2-9（b）所示。由于节流阀是可调的，因此缓冲作用也可调节，但仍不能解决速度减低后缓冲作用减弱的缺点。如图 2-9（c）所示，

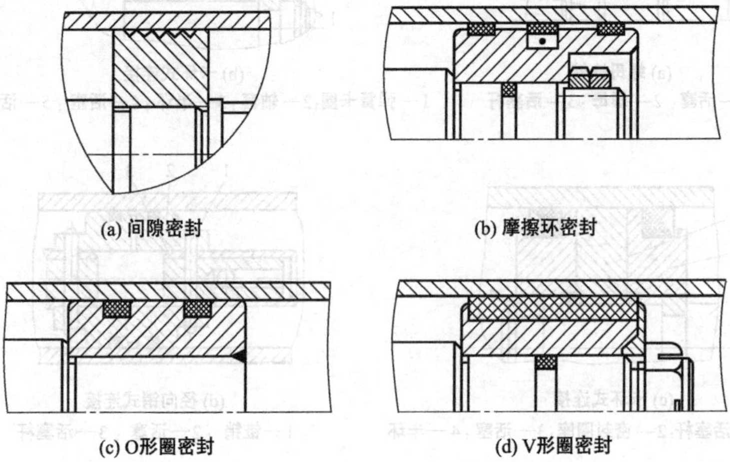

图 2-8　密封装置

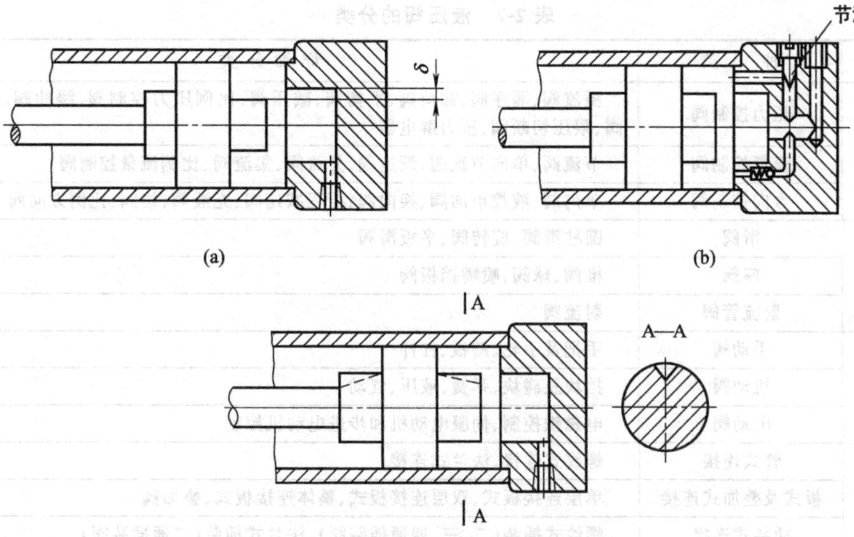

图 2-9　液压缸的缓冲装置

在缓冲柱塞上开有三角槽，随着柱塞逐渐进入配合孔中，其节流面积越来越小，解决了在行程最后阶段缓冲作用过弱的问题。

⑤ 放气装置　液压缸在安装过程中或长时间停放重新工作时，液压缸里和管道系统中会渗入空气，为了防止执行元件出现爬行、噪声和发热等不正常现象，需把缸中和系统中的空气排出。一般可在液压缸的最高处设置进出油口把气带走，也可在最高处设置如图 2-10（a）所示的放气孔或专门的放气阀，见图 2-10（b）、（c）。

2.2.4　液压阀

液压阀是用来控制液压系统中油液的流动方向或调节其压力和流量的，因此它可分为方向阀、压力阀和流量阀三大类。一个形状相同的阀，可以因为作用机制的不同，而具有不同的功能。压力阀和流量阀利用通流截面的节流作用控制着系统的压力和流量，而方向阀则利用通流通道的更换控制着油液的流动方向。这就是说，尽管液压阀存在着各种各样不同的类型，它们之间还是保持着一些基本共同之点的。例如：

① 在结构上，所有的阀都由阀体、阀芯（转阀或滑阀）和驱使阀芯动作的元、部件（如弹簧、电磁铁）组成。

② 在工作原理上，所有阀的开口大小，阀进、出口间压差以及流过阀的流量之间的关系都符合孔口流量公式，仅是各种阀控制的参数各不相同而已。

液压阀按不同方式可分为不同类别，如表 2-7 所示。

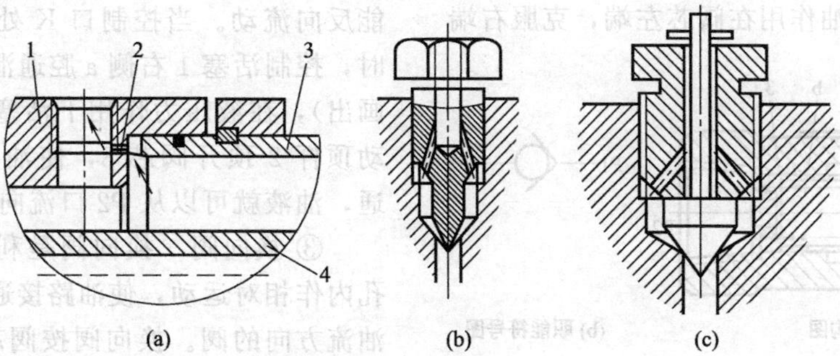

图 2-10　放气装置

1—缸盖；2—放气小孔；3—缸体；4—活塞杆

表 2-7 液压阀的分类

分类方法	种 类	详 细 分 类
按功能分	压力控制阀	溢流阀、顺序阀、卸荷阀、平衡阀、减压阀、比例压力控制阀、缓冲阀、仪表截止阀、限压切断阀、压力继电器
	流量控制阀	节流阀、单向节流阀、调速阀、分流阀、集流阀、比例流量控制阀
	方向控制阀	单向阀、液控单向阀、换向阀、行程减速阀、充液阀、梭阀、比例方向阀
按结构分	滑阀	圆柱滑阀、旋转阀、平板滑阀
	座阀	椎阀、球阀、喷嘴挡板阀
	射流管阀	射流阀
按操作方法分	手动阀	手把及手轮、踏板、杠杆
	机动阀	挡块及碰块、弹簧、液压、气动
	电动阀	电磁铁控制、伺服电动机和步进电动机控制
按连接方式分	管式连接	螺纹式连接、法兰式连接
	板式及叠加式连接	单层连接板式、双层连接板式、整体连接板式、叠加阀
	插装式连接	螺纹式插装(二、三、四通插装阀)、法兰式插装(二通插装阀)
按控制方式分	电液比例阀	电液比例压力阀、电液比例流量阀、电液比例换向阀、电流比例复合阀、电流比例多路阀三级电液流量伺服
	伺服阀	单、二级(喷嘴挡板式、动圈式)电液流量伺服阀、三级电液流量伺服
	数字控制阀	数字控制、压力控制流量阀与方向阀
按其他方式分	开关或定值控制阀	压力控制阀、流量控制阀、方向控制阀

液压阀是挖掘机液压系统中控制液流流动方向、压力高低、流量大小的控制元件。挖掘机液压系统对阀的基本要求是工作可靠，动作灵敏，冲击振动小，压力损失小，结构紧凑，安装调整维护使用方便，通用性好。

(1) *方向控制阀*

① 普通单向阀 普通单向阀是一种液流只能沿一个方向通过，而反向截止的方向阀。其图形和符号如图 2-11 所示，普通单向阀由阀体、阀芯和弹簧等零件组成。阀的连接形式为螺纹管式连接。阀体左端的油口为进油口，右端的油口为出油口，当进油口来油时，压力油作用在阀芯左端，克服右端

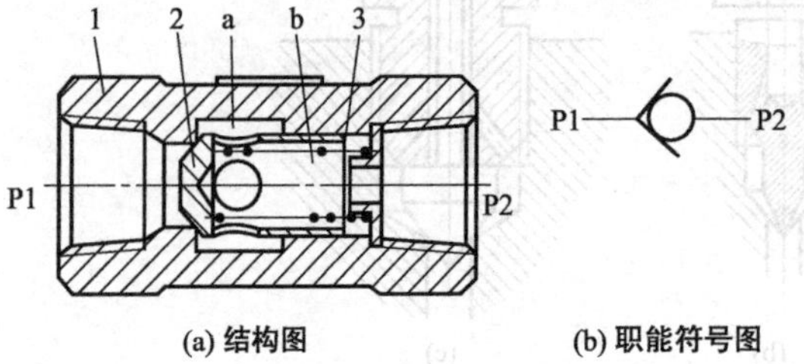

(a) 结构图 (b) 职能符号图

图 2-11 普通单向阀

1—阀体；2—阀芯；3—弹簧

弹簧力使阀芯右移，阀芯锥面离开阀座，阀口开启，油液流经阀口、阀芯上的径向孔和轴向孔，从右端出口流出。若油液反向，由右端油口进入，则压力油与弹簧同向作用，将阀芯锥面紧压在阀座孔上，阀口关闭，油液被截止不能通过。在这里弹簧的力很小，仅起复位的作用。一般单向阀的开启压力为 0.035～0.05MPa，作背压阀使用时，更换刚度较大的弹簧，使开启压力达到 0.2～0.6MPa。

② 液控单向阀 图 2-12 为一种液控单向阀的结构及其符号，当控制口 K 处无压力油通入时，它的工作和普通单向阀一样，压力油只能从进油口 P1 流向出油口 P2，不能反向流动。当控制口 K 处有压力油通入时，控制活塞 1 右侧 a 腔通泄油口（图中未画出），在液压力作用下活塞向右移动，推动顶杆 2 顶开阀芯 3，使油口 P1 和 P2 接通，油液就可以从 P2 口流向 P1 口。

③ 换向阀 换向阀是利用阀芯在阀体孔内作相对运动，使油路接通或切断而改变油流方向的阀。换向阀按阀芯形状分类时，有滑阀式和转阀式两种，滑阀式换向阀在液压系统中远比转阀式用得广泛。

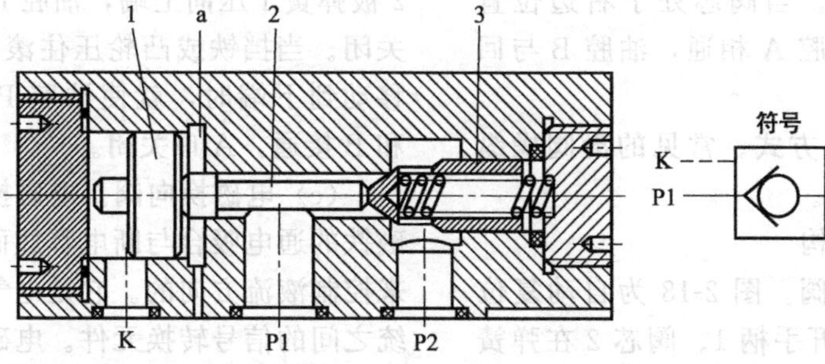

(a) 结构图　　(b) 职能符号图

图 2-12　液控单向阀

1—活塞；2—顶杆；3—阀芯

按阀体连接的主油路数可分为二通、三通、四通等；按阀芯在阀体内的工作位置可分为二位、三位、四位等；按操作阀芯运动的方式可分为手动、机动、电磁动、液动、电液动等。

a. 工作原理。二位二通阀相当于液压开关，如图 2-13 所示，有常开式和常闭式两种。图中 P 为进油腔，A 接工作油腔。当阀芯运动到右端位置时，P 腔和 A 腔接通。当阀芯处于左端位置时，使 P 腔与 A 腔断开。由此可见，阀芯有两个工作位置：P 腔与 A 腔断开时，油路不通；当阀芯运动到右端位置时，P 腔和 A 腔接通。

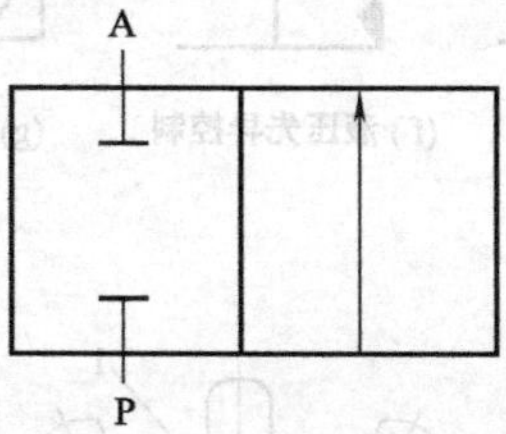

图 2-13　二位二通阀

二位四通阀是靠移动阀芯、改变阀芯在阀体内的相对位置来变换油流方向的。如图 2-14 所示，阀体孔有五条沉割槽，每条沉割槽均有通油孔，P 为进油口，A、B 为工作油口，T 为回油口，阀芯是有三个凸肩的圆柱体，阀芯与阀体相配合，并可在阀体内轴向移动。

三位四通阀的阀芯在阀体内有三个位置，如图 2-15 所示。当阀芯处于中间位置时，油腔 P、A、B、T 均不相同。当阀芯

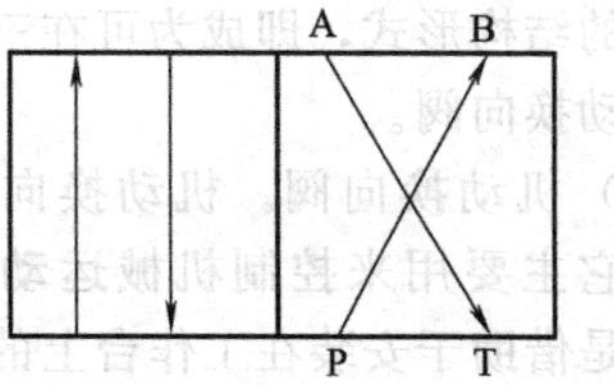

图 2-14　二位四通阀

处于左边位置时，进油腔 P 和油腔 B 相通，而油腔 A 与回油腔 T 相通。当阀芯处于右边位置时，进油腔 P 和油腔 A 相通，油腔 B 通过环槽和回油腔 T 相通。

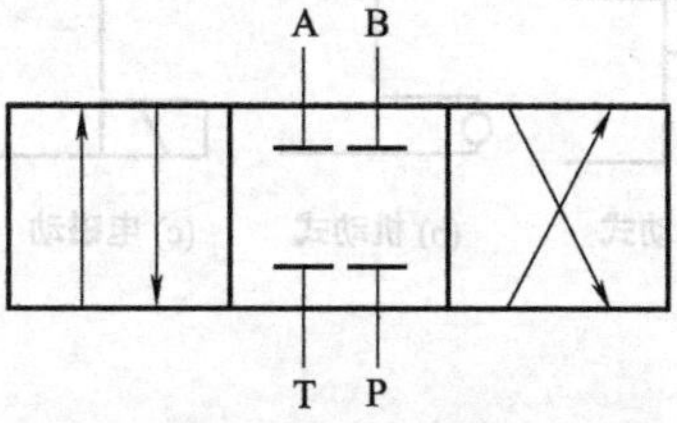

图 2-15　三位四通阀

三位五通阀的阀芯在阀体内有三个位置，如图 2-16 所示。当阀芯处于中间位置时，油腔 P、A、B、T1、T2 全部关闭。系统保持压力，油缸封闭。当阀芯处于左边位置时，进油腔 P 和油腔 B 相通，而油腔 A

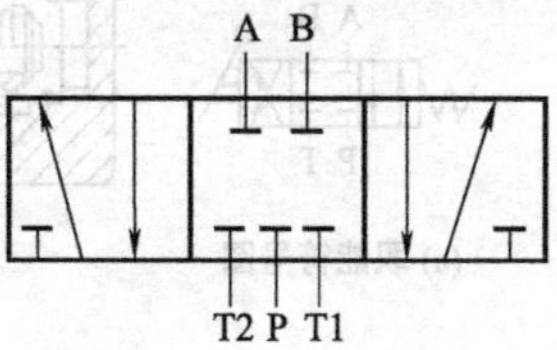

图 2-16　三位五通阀

与回油腔 T1 相通。当阀芯处于右边位置时，进油腔 P 和油腔 A 相通，油腔 B 与回腔 T2 相通。

b. 滑阀的操纵方式。常见的滑阀操纵方式如图 2-17 所示。

c. 换向阀的结构

(a) 手动换向阀。图 2-18 为自动复位式手动换向阀，放开手柄 1、阀芯 2 在弹簧 3 的作用下自动回复中位，该阀适用于动作频繁、工作持续时间短的场合，操作比较完全，常用于工程机械的液压传动系统中。

如果将该阀阀芯弹簧 3 的部位改为可自动定位的结构形式，即成为可在三个位置定位的手动换向阀。

(b) 机动换向阀。机动换向阀又称行程阀，它主要用来控制机械运动部件的行程，它是借助于安装在工作台上的挡铁或凸轮来迫使阀芯移动，从而控制油液的流动方向，机动换向阀通常是二位的，有二通、三通、四通和五通几种，其中二位二通机动阀又分常闭和常开两种。图 2-19 为滚轮式二位三通常闭式机动换向阀，在图示位置阀芯 2 被弹簧 1 压向上端，油腔 P 和 A 通，B 口关闭。当挡铁或凸轮压住滚轮 4，使阀芯 2 移动到下端时，就使油腔 P 和 A 断开，P 和 B 接通，A 口关闭。

(c) 电磁换向阀。电磁换向阀是利用电磁铁的通电吸合与断电释放而直接推动阀芯来控制液流方向的。它是电气系统与液压系统之间的信号转换元件。电磁换向阀就其工作位置来说，有二位和三位等。二位电磁阀有一个电磁铁，靠弹簧复位；三位电磁阀有两个电磁铁。

电磁铁按使用电源的不同，可分为交流和直流两种。按衔铁工作腔是否有油液又可分为“干式”和“湿式”。交流电磁铁启动力较大，不需要专门的电源，吸合、释放快，动作时间约为 0.01～0.03s，其缺点是若电源电压下降 15%以上，则电磁铁吸力明显减小，若衔铁不动作，干式电磁铁会在 10～15min 后烧坏线圈（湿式电磁铁为 1～1.5h），且冲击及噪声较大，寿命短，因而在实际使用中交流电磁铁允许的切换频率一般为 10 次/min，不得超过 30 次/min。直

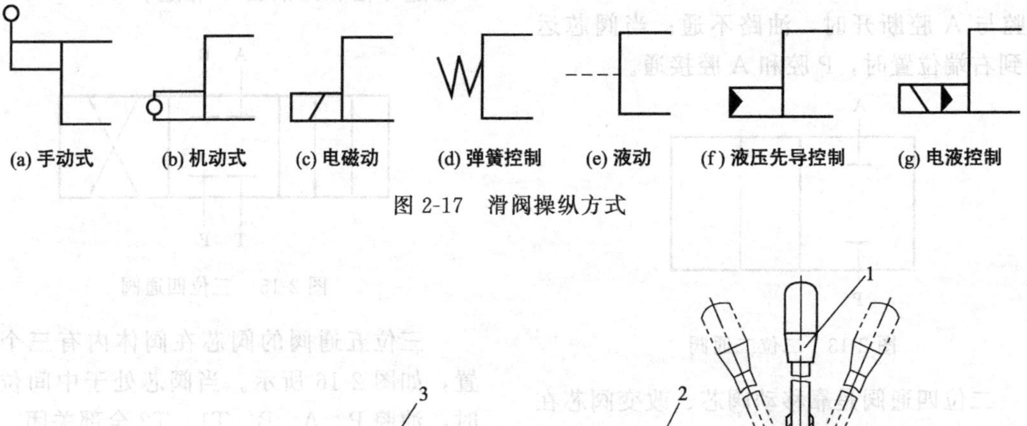

图 2-17 滑阀操纵方式

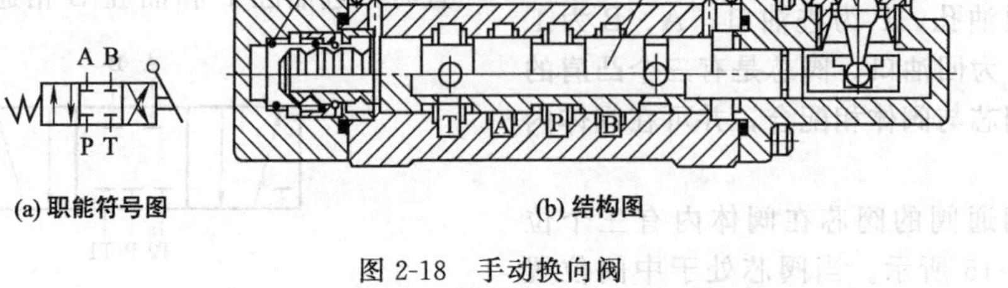

图 2-18 手动换向阀

1—手柄；2—阀芯；3—弹簧

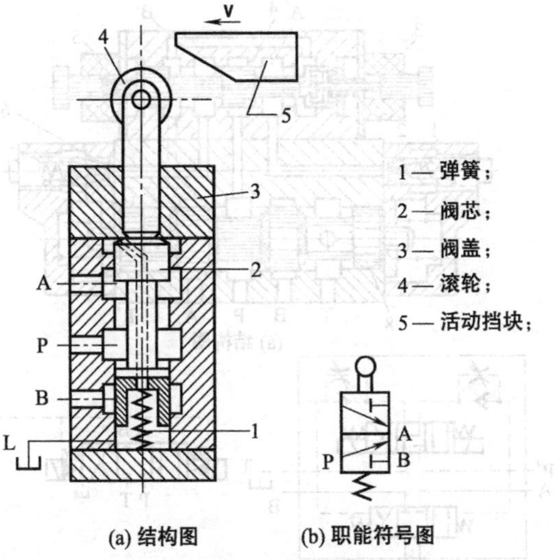

(a) 结构图　(b) 职能符号图

图 2-19　二位三通机动换向阀

流电磁铁工作较可靠，吸合、释放动作时间约为 0.05～0.08s，允许使用的切换频率较高，一般可达 120 次/min，最高可达 300 次/min，且冲击小、体积小、寿命长。但需要专门的直流电源，成本较高。此外，还有整体电磁铁，其电磁铁是直流的，但电磁铁本身带有整流器，通入的交流电经整流后再供给直流电磁铁。油浸式电磁铁，不但衔铁，而且激磁线圈也都浸在油液中工作，它具有寿命更长，工作更平稳可靠等特点，但造价较高。

图 2-20（a）所示为二位三通交流电磁换向阀结构，在图示位置，油口 P 和 A 相通，油口 B 断开；当电磁铁通电吸合时，推杆 1 将阀芯 2 推向右端，这时油口 P 和 A 断开，而与 B 相通。而当磁铁断电释放时，弹簧 3 推动阀芯复位。图 2-20（b）所示为其职能符号。

（d）液动换向阀。液动换向阀是利用控制油路的压力油来改变阀芯位置的换向阀，图 2-21 为三位四通液动换向阀的结构和职能符号。阀芯是由其两端密封腔中油液的压差来移动的，当控制油路的压力油从阀右边的控制油口 K2 进入滑阀右腔时，K1 接通回油，阀芯向左移动，使压力油口 P 与 B 相通，A 与 T 相通；当 K1 接通压力油，K2 接通回油时，阀芯向右移动，使得 P 与 A 相通，B 与 T 相通；当 K1、K2 都通回油

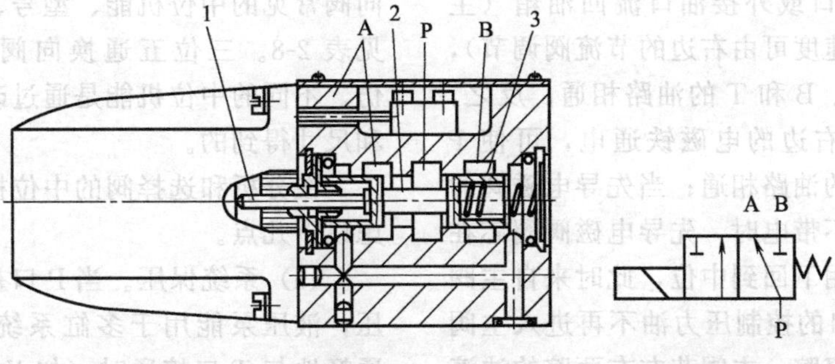

(a) 结构图　(b) 职能符号图

图 2-20　二位三通电磁换向阀

1—推杆；2—阀芯；3—弹簧

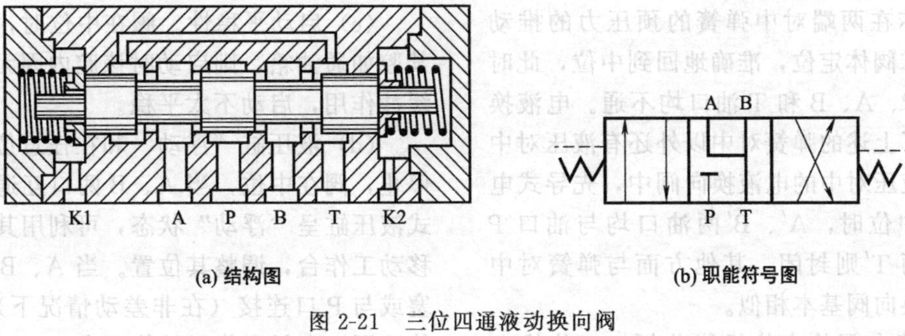

(a) 结构图　(b) 职能符号图

图 2-21　三位四通液动换向阀

时，阀芯在两端弹簧和定位套作用下回到中间位置。

(e) 电液换向阀。在大中型液压设备中，当通过阀的流量较大时，作用在滑阀上的摩擦力和液动力较大，此时电磁换向阀的电磁铁推力相对太小，需要用电液换向阀来代替电磁换向阀。电液换向阀由电磁滑阀和液动滑阀组合而成。电磁滑阀起先导作用，它可以改变控制液流的方向，从而改变液动滑阀阀芯的位置。由于操纵液动滑阀的液压推力可以很大，所以主阀芯的尺寸可以做得很大，允许有较大的油液流量通过。这样用较小的电磁铁就能控制较大的液流。

图 2-22 所示为弹簧对中型三位四通电液换向阀的结构和职能符号，当先导电磁阀左边的电磁铁通电后使其阀芯向右边位置移动，来自主阀 P 口或外接油口的控制压力油可经先导电磁阀的 A′口和左单向阀进入主阀左端容腔，并推动主阀阀芯向右移动，这时主阀阀芯右端容腔中的控制油液可通过右边的节流阀经先导电磁阀的 B′口和 T′口，再从主阀的 T 口或外接油口流回油箱（主阀阀芯的移动速度可由右边的节流阀调节），使主阀 P 与 A、B 和 T 的油路相通；反之，由先导电磁阀右边的电磁铁通电，可使 P 与 B、A 与 T 的油路相通；当先导电磁阀的两个电磁铁均不带电时，先导电磁阀阀芯在其对中弹簧作用下回到中位，此时来自主阀 P 口或外接油口的控制压力油不再进入主阀芯的左、右两容腔，主阀芯左右两腔的油液通过先导电磁阀中间位置的 A′、B′两油口与先导电磁阀 T′口相通，如图 2-22 (b) 所示，再从主阀的 T 口或外接油口流回油箱。主阀阀芯在两端对中弹簧的预压力的推动下，依靠阀体定位，准确地回到中位，此时主阀的 P、A、B 和 T 油口均不通。电液换向阀除了上述的弹簧对中以外还有液压对中的，在液压对中的电液换向阀中，先导式电磁阀在中位时，A′、B′两油口均与油口 P 连通，而 T′则封闭，其他方面与弹簧对中的电液换向阀基本相似。

d. 换向阀的中位机能分析。三位换向阀的阀芯在中间位置时，各通口间有不同的连通方式，可满足不同的使用要求。这种连通方式称为换向阀的中位机能。三位四通换向阀常见的中位机能、型号、符号及其特点见表 2-8。三位五通换向阀的情况与此相仿。不同的中位机能是通过改变阀芯的形状和尺寸得到的。

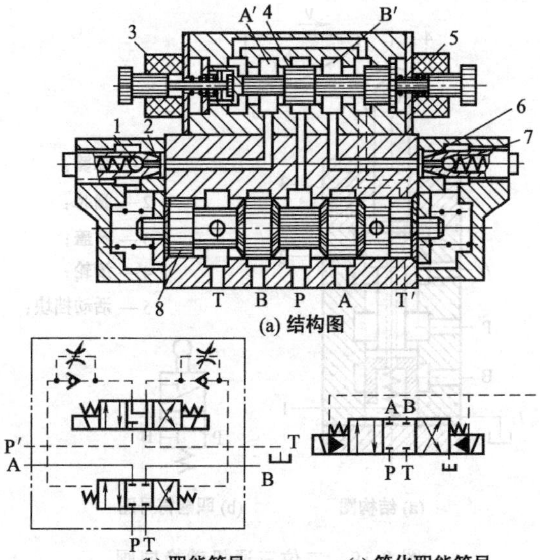

(a) 结构图
(b) 职能符号　(c) 简化职能符号

图 2-22 电液换向阀

1，6—节流阀；2，7—单向阀；3，5—电磁铁；4—电磁阀阀芯；8—主阀阀芯

在分析和选择阀的中位机能时，通常考虑以下几点。

(a) 系统保压。当 P 口被堵塞，系统保压，液压泵能用于多缸系统。当 P 口不太通畅地与 T 口接通时（如 X 型），系统能保持一定的压力供控制油路使用。

(b) 系统卸荷。P 口通畅地与 T 口接通时，系统卸荷。

(c) 启动平稳性。阀在中位时，液压缸某腔如通油箱，则启动时该腔内因无油液起缓冲作用，启动不太平稳。

(d) 液压缸“浮动”和在任意位置上的停止，阀在中位，当 A、B 两口互通时，卧式液压缸呈“浮动”状态，可利用其他机构移动工作台，调整其位置。当 A、B 两口堵塞或与 P 口连接（在非差动情况下），则可使液压缸在任意位置处停下来。

表 2-8　三位四通换向阀常见中位机能

滑阀机能	符　号	中位油口状况、特点及应用
O 型	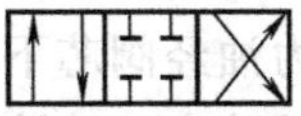	P、A、B、T 四油口全封闭；液压泵不卸荷，液压缸闭锁；可用于多个换向阀的并联工作
H 型	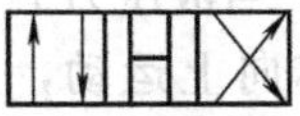	四油口全串通；活塞处于浮动状态，在外力作用下可移动；泵卸荷
Y 型		P 口封闭，A、B、T 三油口相通；活塞浮动，在外力作用下可移动；泵不卸荷
K 型		P、A、T 三油口相通，B 口封闭；活塞处于闭锁状态；泵卸荷
M 型	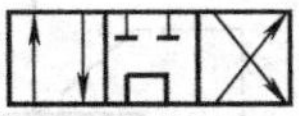	P、T 口相通，A 与 B 口均封闭；活塞不动；泵卸荷，也可用多个 M 型换向阀并联工作
X 型		四油口处于半开启状态，泵基本上卸荷，但仍保持一定压力
P 型	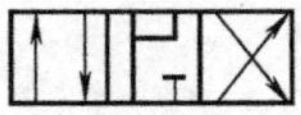	P、A、B 三油口相通，T 口封闭；泵与缸两腔相通，可组成差动回路
J 型		P 与 A 口封闭，B 与 T 口相通；活塞停止，外力作用下可向一边移动；泵不卸荷
C 型	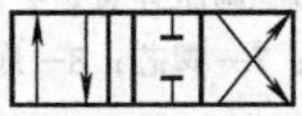	P 与 A 口相通，B 与 T 口皆封闭；活塞处于停止位置
N 型	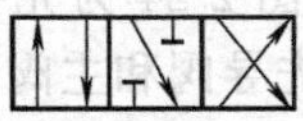	P 和 B 口皆封闭，A 与 T 口相通；与 J 型换向阀机能相似，只是 A 与 B 口互换了，功能也类似
U 型	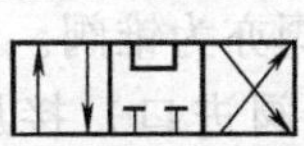	P 和 T 口都封闭，A 与 B 口相通；活塞浮动，在外力作用下可移动；泵不卸荷

e. 主要性能。换向阀的主要性能，以电磁阀的项目为最多，它主要包括下面几项：

(a) 工作可靠性。工作可靠性指电磁铁通电后能否可靠地换向，而断电后能否可靠地复位。工作可靠性主要取决于设计和制造，且和使用也有关系。液动力和液压卡紧力的大小对工作可靠性影响很大，而这两个力是与液流通过阀的流量和压力有关。所以电磁阀也只有在一定的流量和压力范围内才能正常工作。这个工作范围的极限称为换向界限。

(b) 压力损失。由于电磁阀的开口很小，故液流流过阀口时产生较大的压力损失。一般阀体铸造流道中的压力损失比机械加工流道中的损失小。

(c) 内泄漏量。在各个不同的工作位置，在规定的工作压力下，从高压腔漏到低压腔的泄漏量为内泄漏量。过大的内泄漏量不仅会降低系统的效率，引起过热，而且还会影响执行机构的正常工作。

(d) 换向和复位时间。换向时间指从电磁铁通电到阀芯换向终止的时间；复位时间指从电磁铁断电到阀芯回复到初始位置的时间。减小换向和复位时间可提高机构的工作效率，但会引起液压冲击。交流电磁阀的换向时间一般约为 0.03～0.05s，换向冲击较大；而直流电磁阀的换向时间约为 0.1～0.3s，换向冲击较小。通常复位时间比换向时间稍长。

(e) 换向频率。换向频率是在单位时间内阀所允许的换向次数。目前单电磁铁的电磁阀的换向频率一般为 60 次/min。

(f) 使用寿命。使用寿命指使用到电磁阀某一零件损坏，不能进行正常的换向或复位动作，或使用到电磁阀的主要性能指标超过规定指标时所经历的换向次数。电磁阀的使用寿命主要决定于电磁铁。湿式电磁铁的寿命比干式的长，直流电磁铁的寿命比交流的长。

(g) 滑阀的液压卡紧现象。一般滑阀的阀孔和阀芯之间有很小的间隙，当缝隙均匀且缝隙中有油液时，移动阀芯所需的力只需克服黏性摩擦力，数值是相当小的。但在实际使用中，特别是在中、高压系统中，当阀芯停止运动一段时间后（一般约 5min 以后），这个阻力可以大到数百牛顿，使阀芯很难重新移动。这就是所谓的液压卡紧现象。

滑阀液压卡紧原因：脏物进入缝隙；温度升高，阀芯膨胀；但主要原因是滑阀副几何形状和同轴度变化引起的径向不平衡力的作用，当阀芯受到径向不平衡力作用而和阀孔相接触后，缝隙中存留液体被挤出，阀芯和阀孔间的摩擦变成半干摩擦乃至干摩擦，因而使阀芯重新移动时所需的力增大了许多。滑阀副几何形状和同轴度变化主要包括以下方面：

• 阀芯和阀体间无几何形状误差，轴心线平行但不重合。

• 阀芯因加工误差而带有倒锥，轴心线平行但不重合。

• 阀芯表面有局部突起。

滑阀的液压卡紧现象不仅在换向阀中有，其他的液压阀也普遍存在，在高压系统中更为突出，特别是滑阀的停留时间越长，液压卡紧力越大，以致造成移动滑阀的推力（如电磁铁推力）不能克服卡紧阻力，使滑阀不能复位。为避免液动滑阀的液压卡紧现象，可采用如下措施减小径向不平衡力。

• 提高制造和装配精度。

• 阀芯上开环形均压槽。

(2) 压力控制阀

在液压传动系统中，控制油液压力高低的液压阀称为压力控制阀，简称压力阀。这类阀的共同点是利用作用在阀芯上的液压力和弹簧力相平衡的原理工作的。

在具体的液压系统中，根据工作需要的不同，对压力控制的要求是各不相同的：有的需要限制液压系统的最高压力，如安全阀；有的需要稳定液压系统中某处的压力值（或者压力差，压力比等），如溢流阀、减压阀等定压阀；还有的是利用液压力作为信号控制其动作，如顺序阀、压力继电器等。

① 溢流阀 溢流阀的主要作用是对液压系统定压或进行安全保护。它常用于节流调速系统中，和流量控制阀配合使用，调节进入系统的流量，并保持系统的压力基本恒定。用于过载保护的溢流阀一般称为安全阀。常用的溢流阀按其结构形式和基本动作方式可归结为直动式和先导式两种。液压系统对溢流阀的性能要求有：定压精度高；灵敏度要求高；工作要平稳且无振动和噪声；当阀关闭时密封要好，泄漏要小。

a. 直动型溢流阀。图 2-23 为滑阀式直动型溢流阀，主要由阀芯、阀体、弹簧、上盖、调节杆、调节螺母等零件组成。图示位置阀芯在上端弹簧力 F_t 的作用下处于最下端位置，阀芯台肩的封油长度 L 将进、出油口隔断，阀的进口压力油经阀芯下端径向孔、轴向孔进入阀芯底部油室，油液受压形成一个向上的液压力 F。当液压力 F 大于或等于弹簧力 F 时，阀芯向上运动，上移行程 L 后阀口开启，进口压力油经阀口溢流回油箱。此时阀芯处于受力平衡状态。

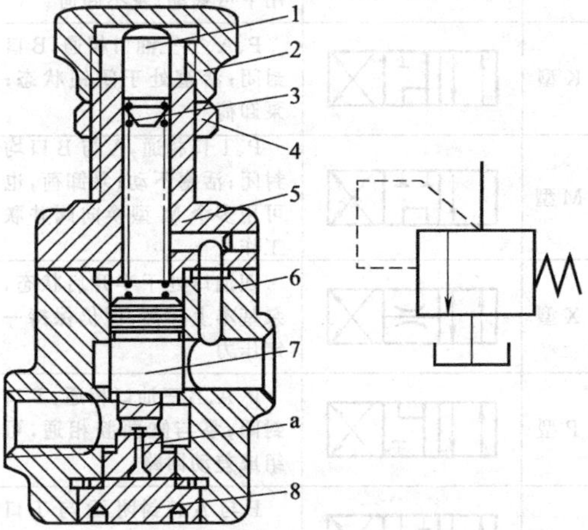

图 2-23 滑阀式直动型溢流阀

1—调节杆；2—调节螺杆；3—调压弹簧；4—紧锁螺母；5—阀盖；6—阀体；7—阀芯；8—底盖

b. 先导型溢流阀。图 2-24 为先导型溢流阀的常见形式，它由先导阀和主阀两部分组成，先导阀为一锥阀，实际上是一个小流量的直动型溢流阀；主阀亦为锥阀。当先导型溢流阀的进口（即主阀进口）接压力油时，压力油除直接作用在主阀芯的下腔外，还分别经过主阀芯上的阻尼孔 5 或阀体上的先导阀座 2、阀体 4 引到先导阀的前端，对先导阀芯形成一个液压力 F_x。若液压力 F_x 小于阀芯另一端弹簧力 F_{t2}，先导阀关闭，主阀芯上下两腔压力相等。因上腔作用面积 A_1 大于下腔作用面积 A，所形成的向下的液压力与弹簧力共同作用将主阀芯紧压在阀座孔上，主阀阀口关闭。随着溢流阀的进口压力增大，作用在先导阀芯上的液压力 F_x 随之增大，当 F_x 大于或等于 F_{t2} 时，先导阀阀口开启，溢流阀的进口压力油经阻尼孔、先导阀阀口溢流到溢流阀的出口，然后回油箱。由于阻尼孔前后出现压力差（压力损失），主阀上腔压力 p_1（先导阀前腔压力）低于主阀下腔压力 p（主阀进口压力）。当压力差（$p-p_1$）足够大时，因压力差形成的向上液压力克服主阀弹簧力推动阀芯上移，主阀阀口开启，溢流阀进口压力油经主阀阀口溢流回油箱。主阀阀口开度一定时，先导阀阀芯和主阀阀芯分别处于受力平衡，阀口满足压力流量方程，主阀进口压力为一确定值。

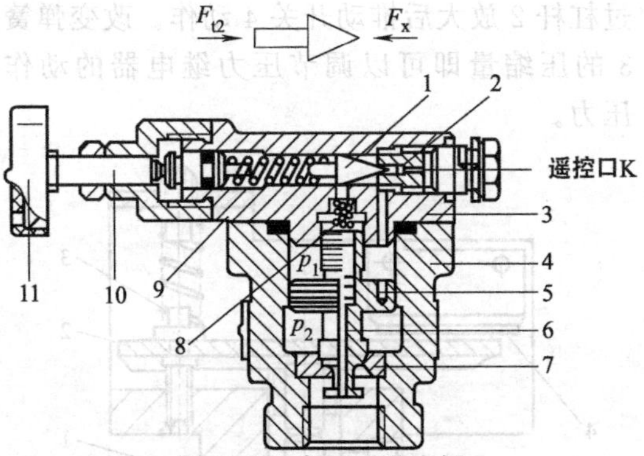

图 2-24 先导型溢流阀

1—先导锥阀；2—先导阀座；3—阀盖；4—阀体；5—阻尼孔；6—主阀芯；7—主阀座；8—主阀弹簧；9—调压弹簧；10—调节螺钉；11—调节手轮

② 减压阀 减压阀是使出口压力（二次压力）低于进口压力（一次压力）的一种压力控制阀。减压阀在各种液压设备的夹紧系统、润滑系统和控制系统中应用较多。此外，当油液压力不稳定时，在回路中串入一减压阀可得到一个稳定的较低的压力。根据减压阀所控制的压力不同，可分为定值输出减压阀、定差减压阀和定比减压阀。

图 2-25 所示的先导式减压阀属于定值输出减压阀。阀口常开，在安装位置，主阀芯在弹簧力作用下位于最下端，阀的开口最大，不起减压作用。引到先导阀前腔的是阀的出口压力油，保证出口压力为定值。进口压力（压力为 p_1）经主阀阀口（减压缝隙）流至出口，压力减少为 p_2。与此同时，出口压力油经阀体、端盖上的通道进入主阀芯下腔，然后经主阀芯上的阻尼孔到主阀芯上腔和先导阀的前腔。在负载较小、出口压力低于调压弹簧所调定压力时，先导阀关闭，主阀芯阻尼孔无液流通过，主阀芯上、下两腔压力相等，主阀芯在弹簧作用下处于最下端，阀口全开不起减压作用。若出口压力 p_2 随负载增大超过调压弹簧调定的压力时，先导阀阀口开启，主阀出口压力油经主阀阻尼孔到主阀芯上腔、先导阀口，再经泄油口回油箱。因阻尼孔的阻尼作用，主阀上、下两腔出现压力差（p_2-p_3），主阀芯在压力差作用下克服上端弹簧力向上运动，主阀口减小，起减压作用。当出口压力 p_2 下降到调定值时，先导阀芯和主阀芯同时处于受力平衡，出口压力稳定不变。调节调压弹簧的预压缩量即可调节阀的出口压力。

先导式减压阀与先导式溢流阀相似，它们之间有如下几点不同之处。

a. 减压阀保持出口压力基本不变，而溢流阀保持进口处压力基本不变。

b. 在不工作时，减压阀进、出油口互通，而溢流阀进出油口不通。

c. 为保证减压阀出口压力调定值恒定，它的导阀弹簧腔需通过泄油口单独外接油箱，而溢流阀的出油口是通油箱的，所以它的导阀的弹簧腔和泄漏油可通过阀体上的通道和出油口相通，不必单独外接油箱。

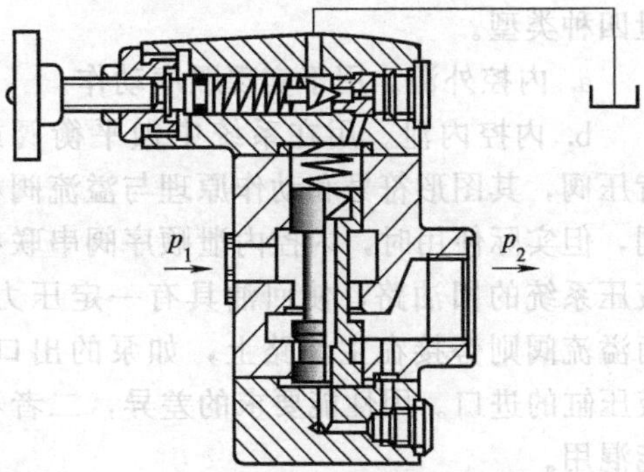

图 2-25 减压阀

③ 顺序阀 顺序阀是一种利用压力控制阀口通断的压力阀，用来控制液压系统中各执行元件动作的先后顺序。顺序阀也有直动式和先导式两种，前者一般用于低压系统，后者用于中高压系统。

顺序阀（图 2-26）的工作原理与溢流阀相似，阀口常闭，由进口压力控制阀口的开启。区别是内控外泄顺序阀调整压力油去工作，当因负载建立的出口压力高于阀的调定压力时，阀的进口压力等于出口压力，作用在阀芯上的液压力大于弹簧力和液动力，阀口全开；当负载所建立的出口压力低于阀的调定压力时，阀的进口压力等于调定压力，作用在阀芯上的液压力、弹簧力、液动力平衡，阀的开口一定，满足压力流量方程。因阀的出口压力不等于零，因此弹簧腔的泄漏油需单独引回油箱，即外泄。

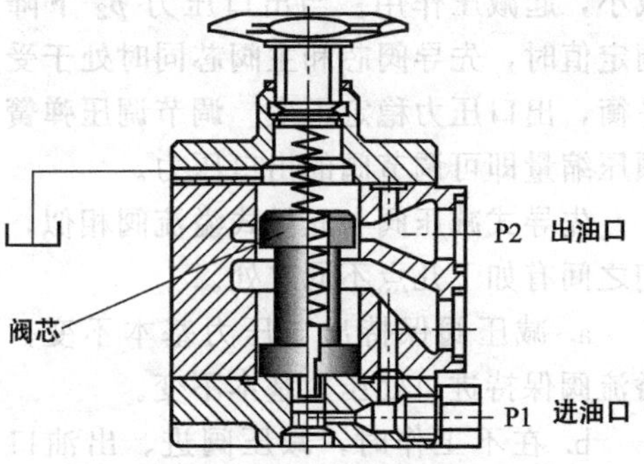

图 2-26 顺序阀

依控制压力的不同，顺序阀又可分为内控式和外控式两种。前者用阀的进口压力控制阀芯的启闭，后者用外来的控制压力油控制阀芯的启闭（即液控顺序阀）。顺序阀分为内控外泄、内控内泄、外控内泄、外控外泄四种类型。

a. 内控外泄。用于实现顺序动作。

b. 内控内泄。用在系统中做平衡阀或背压阀，其图形符号和动作原理与溢流阀相同，但实际使用时，内控内泄顺序阀串联在液压系统的回油路，使回油具有一定压力，而溢流阀则旁接在主油路上，如泵的出口、液压缸的进口。因性能要求的差异，二者不能混用。

c. 外控内泄。用于卸载阀，在功能上等同于液动二位二通阀，且出口接回油箱，因作用在阀芯上的液压力为外力，而且大于阀芯的弹簧力，因此工作时阀口全开，用于双泵供油回路，使大泵卸载。

d. 外控外泄。相当于一个液控二位二通阀，除用于液动开关阀外，类似的结构还用在变重力负载系统，称为限速锁。

④ 压力继电器　压力继电器是一种将油液的压力信号转换成电信号的电液控制元件，当油液压力达到压力继电器的调定压力时，即发出电信号，以控制电磁铁、电磁离合器、继电器等元件动作，使油路卸压、换向，执行元件实现顺序动作，或关闭电动机，使系统停止工作，起安全保护作用等。

图 2-27 所示为常用柱塞式压力继电器的结构示意图和职能符号。如图所示，当从压力继电器下端进油口通入的油液压力达到调定压力值时，推动柱塞 1 上移，此位移通过杠杆 2 放大后推动开关 4 动作。改变弹簧 3 的压缩量即可以调节压力继电器的动作压力。

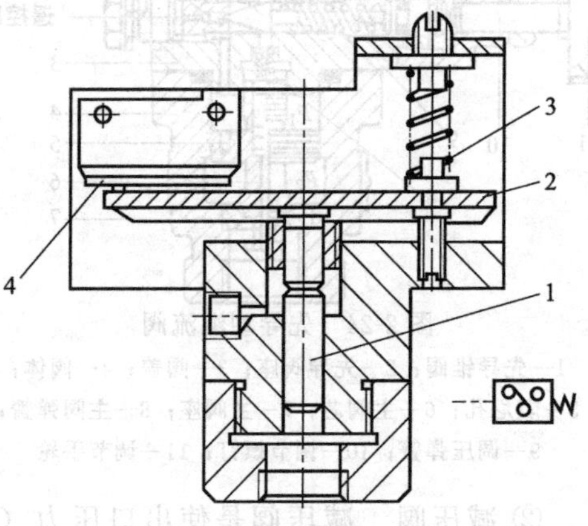

图 2-27 压力继电器

1—柱塞；2—杠杆；3—弹簧；4—开关

(3) 流量控制阀

液压系统中执行元件运动速度的大小，由输入执行元件的油液流量的大小来确定。流量控制阀就是依靠改变阀口通流面积（节流口局部阻力）的大小或通流通道的长短来控制流量的控制阀。常用的流量控制阀有普通节流阀、压力补偿和温度补偿调速阀、溢流节流阀和分流集流阀等。

挖掘机液压传动系统对流量控制阀的主要要求如下。

a. 较大的流量调节范围，且流量调节要均匀。

b. 当阀前、后压力差发生变化时，通过阀的流量变化要小。

c. 油温变化对通过阀的流量影响要小。

d. 液流通过全开阀时的压力损失要小。

e. 当阀口关闭时，阀的泄漏量要小。

① 普通节流阀　普通节流阀（图 2-28）是一个最简单又最基本的流量控制阀，其实质相当于一个可变节流口，即借助于改变阀口的过流面积改变流量。其工作原理是通过旋转阀芯、轴向移动改变阀口的过流面积。节流阀的压力补偿有两种方式：一种是将定差减压阀与节流阀串联起来组合成调速阀；另一种是将稳压溢流阀与节流阀并联起来组成溢流节流阀。这两种压力补偿方式是利用流量变动所引起油路压力的变化，通过阀芯的负反馈动作，来自动调节节流部分的压力差，使其基本保持不变。

油温的变化也必然会引起油液黏度的变化，从而导致通过节流阀的流量发生相应的改变，为此出现了温度补偿调速阀。

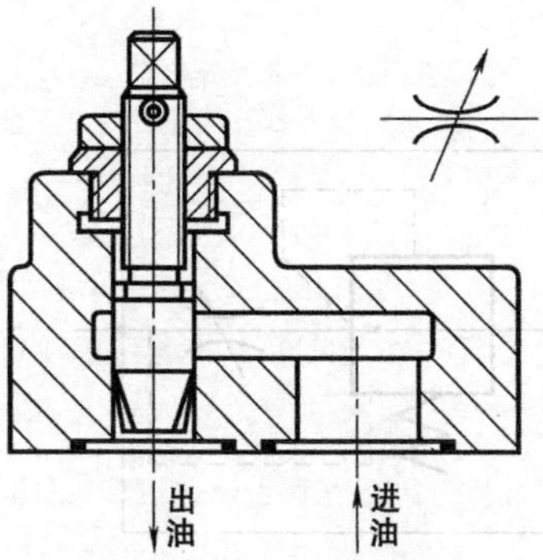

图 2-28　普通节流阀

节流阀的节流口可能因油液中的杂质或由于油液氧化后析出的胶质、沥青等而被局部堵塞，这就改变了原来节流口通流面积的大小，使流量发生变化，尤其是当开口较小时，这一影响更为突出，严重时会完全堵塞而出现断流现象。因此节流口的抗堵塞性能也是影响流量稳定性的重要因素，尤其会影响流量阀的最小稳定流量。一般节流口通流面积越大，节流通道越短和水力直径越大，越不容易堵塞，当然油液的清洁度也对堵塞产生影响。一般流量控制阀的最小稳定流量为 0.05L/min。

为保证流量稳定，节流口的形式以薄壁小孔较为理想。图 2-29 所示为几种常用的节流口形式。图 2-29（a）所示为针阀式节流口，它通道长，湿周大，易堵塞，流量受油温影响较大，一般用于对性能要求不高的场合；图 2-29（b）所示为偏心槽式节流口，其性能与针阀式节流口相同，但容易制造，其缺点是阀芯上的径向力不平衡，旋转阀芯时较费力，一般用于压力较低、流量较大和流量稳定性要求不高的场合；图 2-29（c）所示为轴向三角槽式节流口，其结构简单，水力直径中等，可得到较小的稳定流量，且调节范围较大，但节流通道有一定的长度，油温变化对流量有一定的影响，目前被广泛应用；图 2-29（d）所示为周向缝隙式节流口，沿阀芯周向开有一条宽度不等的狭槽，转动阀芯就可改变开口大小。阀口做成薄刃形，通道短，水力直径大，不易堵塞，油温变化对流量影响小，因此其性能接近于薄壁小孔，适用于低压小流量场合；图 2-29（e）所示为轴向缝隙式节流口，在阀孔的衬套上加工出图示薄壁阀口，阀芯做轴向移动即可改变开口大小，其性能与图2-29（d）所示节流口相似。为保证流量稳定，节流口的形式以薄壁小孔较为理想。

② 调速阀　调速阀是在节流阀 2 前面串接一个定差减压阀 1 组合而成。图 2-30（a）为结构原理，图（b）和图（c）为图形符号。液压泵的出口（即调速阀的进口）压力由溢流阀调定，基本上保持恒定。调速阀出口处的压力由液压缸负载决定。

因为弹簧刚度较低，且工作过程中减压阀阀芯位移很小，可以认为基本保持不变，故节流阀两端压力差也基本保持不变，这就保证了通过节流阀的流量稳定。节流阀的流量随压力差变化较大，而调速阀在压力差大于一定数值后，流量基本上保持恒定。

当压力差很小时，由于减压阀阀芯被弹簧推至最下端，减压阀阀口全开，不起稳定节流阀前后压力差的作用，故这时调速阀的性能与节流阀相同，所以调速阀正常工作时，至少要求有 0.4～0.5MPa 以上的压力差。

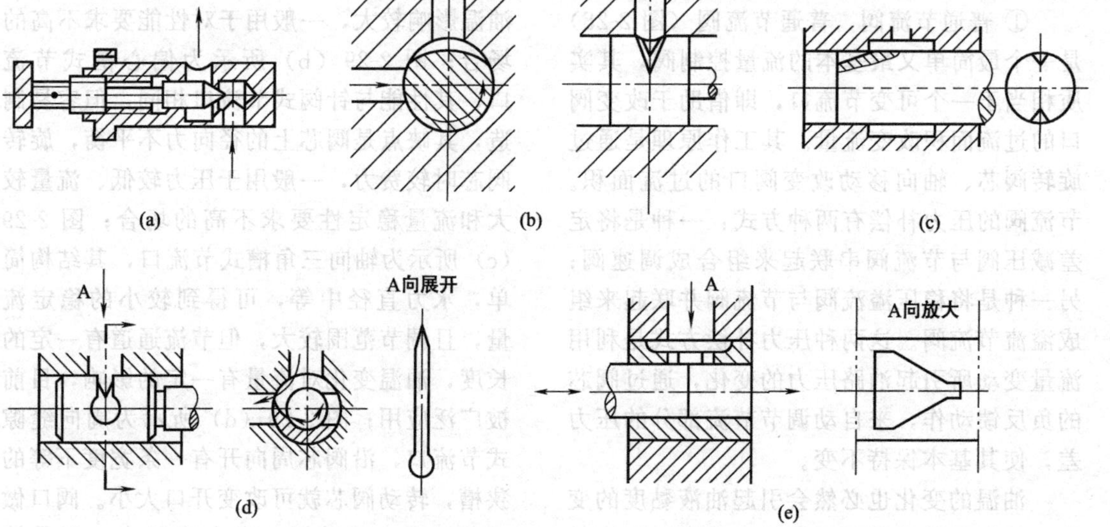

图 2-29 典型节流口的结构形式

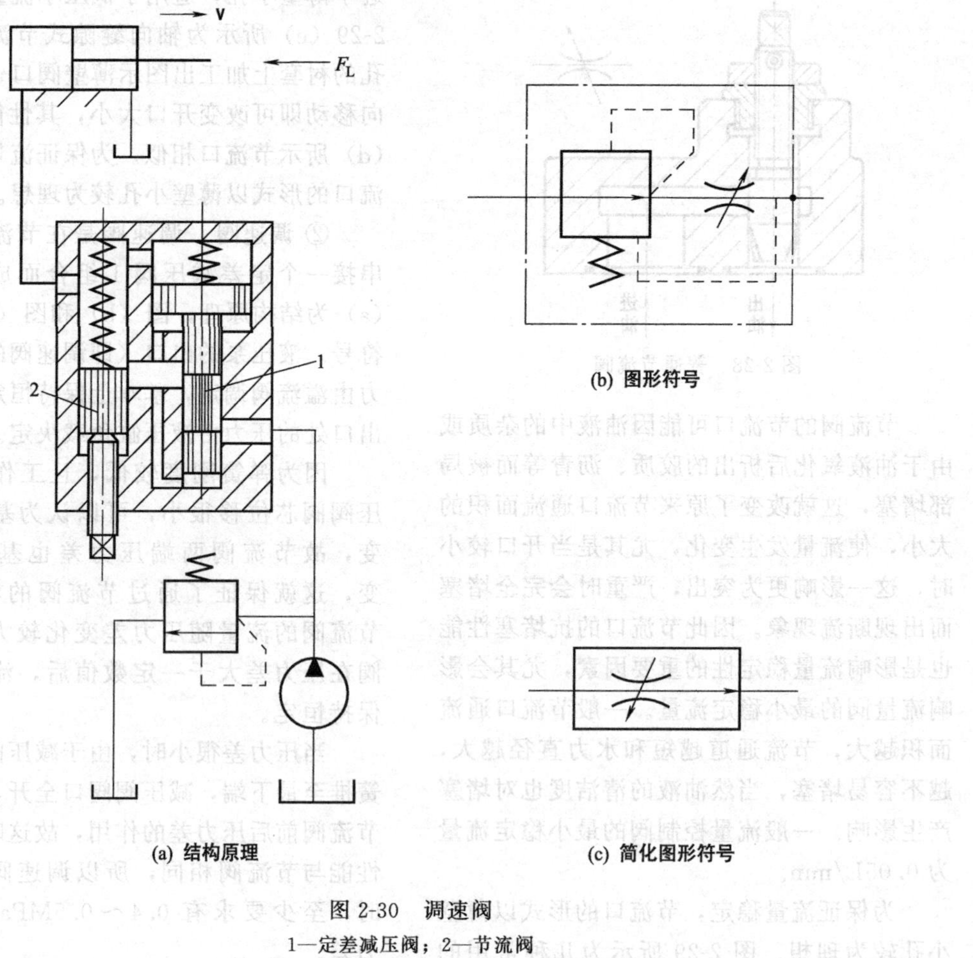

图 2-30 调速阀

1—定差减压阀；2—节流阀

2.2.5 液压辅助元件

液压系统中的液压辅助元件，是指动力元件、执行元件和控制元件以外的其他配件，如油箱、滤油器、管件、密封件、压力表、蓄能器等。

(1) 油箱

油箱主要用来储存油液，此外还起着散发油液中的热量（在周围环境温度较低的情况下则是保持油液中热量）、释出混在油液中的气体、沉淀油中的油污等作用。

液压系统中的油箱分整体式和分离式。整体式油箱利用主机的内腔作为油箱，这种油箱结构紧凑，各处漏油易于回收，但增加了设计和制造的复杂性，维修不便，散热条件不好，且会使主机产生热变形。分离式油箱单独设置，与主机分开，减少了油箱发热和液压源振动。油箱通常由钢板焊接而成。

油箱的典型结构如图2-31所示。由图可见，油箱内部用隔板7、9将吸油管1与回油管4隔开。顶部、侧部和底部分别装有滤油网2、液位计6和排放污油的放油阀8。安装液压泵及其驱动电机的上盖5则固定在油箱顶面上。

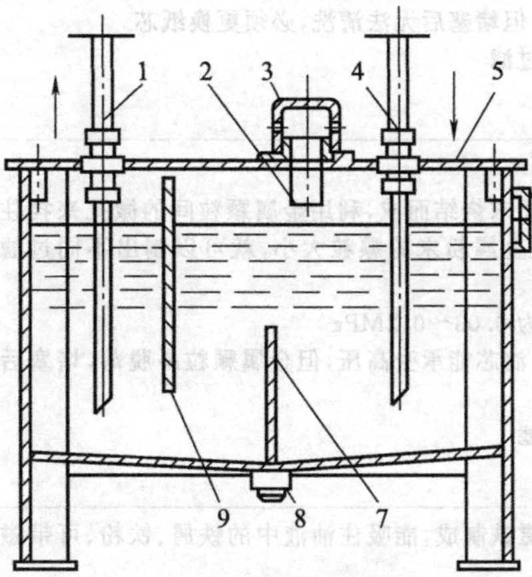

图2-31 油箱

1—吸油管；2—滤油网；3—盖；4—回油管；5—上盖；6—液位计；7,9—隔板；8—放油阀

(2) 滤油器

液压系统中75%以上的故障是和液压油的污染有关，油液的污染能加速液压元件的磨损，卡死阀芯，堵塞工作间隙和小孔，使元件失效，导致液压系统不能正常工作，因而必须使用滤油器对油液进行过滤。

滤油器的功用是过滤混在油液中的杂质，把杂质颗粒控制在能保证液压系统正常工作的范围内。

① 滤油器的过滤精度　指过滤器对各种不同尺寸的污染颗粒的滤除能力。

② 压降特性　指油液流过滤芯时产生的压力降。

③ 纳垢容量　指滤油器在压力降达到规定值之前可以滤除并容纳的污染物数量。

滤油器的类型有表面型滤油器、深度型滤油器和吸附型滤油器。

① 表面型滤油器　整个过滤作用是由一个几何面来实现的。滤下的污染杂质被截留在滤芯元件靠油液上游的一面。其滤芯材料具有均匀的标定小孔，可以滤除比小孔尺寸大的杂质。由于污染杂质积聚在滤芯表面上，因此它很容易被阻塞住。编网式滤芯、线隙式滤芯属于这种类型。

② 深度型滤油器　这种滤芯材料为多孔可透性材料，内部具有曲折迂回的通道。大于表面孔径的杂质直接被截留在外表面，较小的污染杂质进入滤材内部，撞到通道壁上，由于吸附作用而得到滤除。滤材内部曲折的通道也有利于污染杂质的沉积。纸芯、毛毡、烧结金属、陶瓷和各种纤维制品等属于这种类型。

③ 吸附型滤油器　这种滤芯材料把油液中的有关杂质吸附在其表面上。磁芯即属于此类。

常见的滤油器类型及其特点示于表2-9中。

滤油器在液压系统中的安装位置通常有以下几种。

① 安装在泵的吸油口处　泵的吸油路上一般都安装有表面型滤油器，目的是滤去较大的杂质微粒以保护液压泵，此外滤油器的过滤能力应为泵流量的2倍以上，压力损失小于0.02MPa。

表 2-9 常见的滤油器及其特点

类型	名称及结构简图	特点说明
表面型	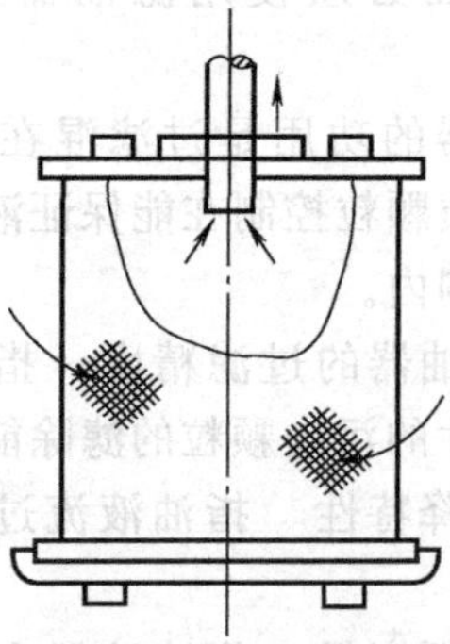	(1)过滤精度与铜丝网层数及网孔大小有关。在压力管路上常用100、150、200目(每英寸长度上孔数)的铜丝网,在液压泵吸油管路上常采用20～40目铜丝网 (2)压力损失不超过0.004MPa (3)结构简单,通流能力大,清洗方便,但过滤精度低
	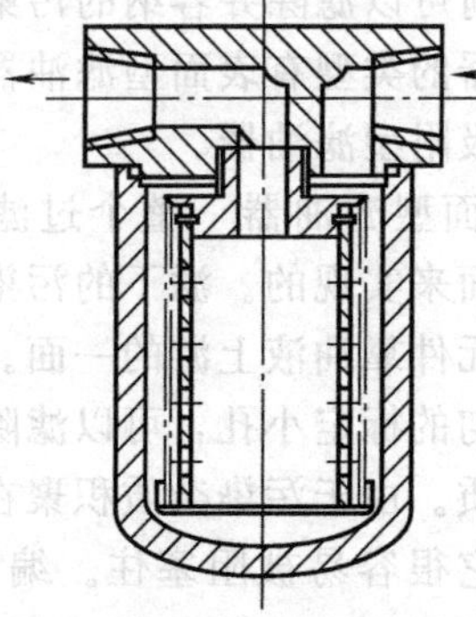	(1)滤芯由绕在芯架上的一层金属线组成,依靠线间的微小间隙来挡住油液中杂质的通过 (2)压力损失约为0.03～0.06MPa (3)结构简单,通流能力大,过滤精度高,但滤芯材料强度低,不易清洗 (4)用于低压管道中,当用在液压泵吸油管上时,它的流量规格宜选得比泵大
深度型	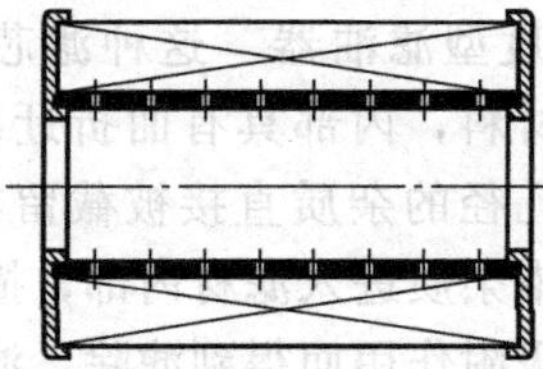	(1)结构与线隙式相同,但滤芯为平纹或波纹的酚醛树脂或木浆微孔滤纸制成的纸芯。为了增大过滤面积,纸芯常制成折叠形 (2)压力损失约为0.01～0.04MPa (3)过滤精度高,但堵塞后无法清洗,必须更换纸芯 (4)通常用于精过滤
	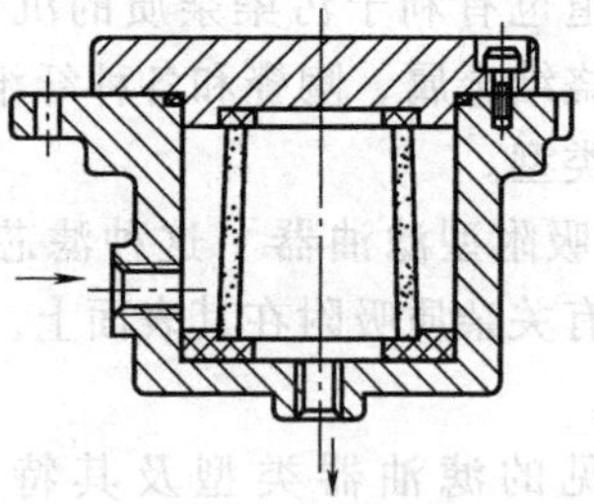	(1)滤芯由金属粉末烧结而成,利用金属颗粒间的微孔来挡住油中杂质通过。改变金属粉末的颗粒大小,就可以制出不同过滤精度的滤芯 (2)压力损失约为0.03～0.2MPa (3)过滤精度高,滤芯能承受高压,但金属颗粒易脱落,堵塞后不易清洗。 (4)适用于精过滤
吸附型	磁性滤油器	(1)滤芯由永久磁铁制成,能吸住油液中的铁屑、铁粉、可带磁性的磨料 (2)常与其他形式滤芯合起来制成复合式滤油器 (3)对加工钢铁件的机床液压系统特别适用

② 安装在泵的出口油路上 此处安装滤油器的目的是用来滤除可能侵入阀类等元件的污染物。其过滤精度应为10～15μm,且能承受油路上的工作压力和冲击压力,压力降应小于0.35MPa。同时应安装安全阀以防滤油器堵塞。

③ 安装在系统的回油路上 这种安装起间接过滤作用。一般与过滤器并联安装一

背压阀，当过滤器堵塞达到一定压力值时，背压阀打开。

④ 安装在系统分支油路上 这种安装方式下，不是所有的油量都通过滤油器，这样可以降低滤油器的容量，也不会在主油路上造成压力损失，滤油器不承受系统工作压力，但不能保证杂质不进入系统。

⑤ 单独过滤系统 大型液压系统可专设一液压泵和滤油器组成的独立过滤回路。

液压系统中除了整个系统所需的滤油器外，还常常在一些重要元件（如伺服阀、精密节流阀等）的前面单独安装一个专用的精滤油器来确保它们的正常工作。

液压系统各部分对过滤精度有特殊要求，见表2-10。

表2-10 液压系统对过滤精度的要求

液压系统与过滤器的安装部位	过滤精度/μm
精密电液伺服系统	2.5～5
电液伺服系统	5～10
速度控制元件进油口处	10～15
高压系统的压力管路	10～15
中高压系统的压力管路	15～25
中低压系统的压力管路	20～40
低压系统的压力管路	30～50
系统的加油管路	50～100
液压泵吸油口	80～120

(3) 管路及接头

管路是液压系统中液压元件之间传送液体的各种油管的总称，管接头用于油管与油管之间的连接以及油管与元件之间的连接。为保证液压系统工作可靠，管路及接头应有足够的强度、良好的密封，其压力损失要小，拆装要方便。

① 管路的种类

管路按其在液压系统中的作用主要分为以下几种。

a. 主管路。包括吸油管路、压油管路和回油管路，用来实现压力能的传送。

b. 泄油管路。将液压元件的泄漏油液导入回油管或油箱的管路。

c. 控制管路。用来实现液压元件的控制或调节以及连接检测仪表。

d. 通管路。将通入压油管路的部分或全部压力油旁路直接引回油箱的管路。

② 管路材料

a. 无缝钢管。无缝钢管耐压高，变形小，而且耐油、抗腐蚀，虽装配时不易弯曲，但装配后能长久保持原形。因此，广泛用于中高压系统。无缝钢管有冷拔和热轧两种。系统压油管路多采用10号、15号冷拔无缝钢管，因为它们不仅外径尺寸准确，质地均匀、强度高，而且可焊性好。

b. 有缝钢管。主管路中的吸油管路和回油管路可采用有缝钢管，因为有缝钢管价格便宜。它的最高工作压力不大于1MPa。

c. 耐油橡胶软管。橡胶软管一般用于有相对运动的部件的连接。它不仅装配方便，而且能吸收液压系统的冲击和振动。缺点是制造困难，成本高，寿命短，刚性差。因此，不拆卸的固定连接一般不用软管。橡胶软管分为高压软管和低压软管两种。高压软管为具有一层或多层钢丝编织层的耐油橡胶管，钢丝层数越多，耐压能力越高。一般钢丝层数为2～3层，最高工作压力可达35MPa。低压软管则由夹有帆布的耐油橡胶制成，工作压力不大于1.5MPa。

d. 紫铜管。紫铜管较易弯曲，安装方便，且管壁光滑，摩擦阻力小。因为其耐压力低，抗振能力差，因此仅用于压力低于5MPa的管路。另外，由于铜与油接触能加速氧化，而且铜材较缺且价格贵，因此应尽量不用或少用铜管。现仅限于用做仪表和控制装置的小直径油管。

e. 耐油塑料管。耐油塑料管价格便宜，装配方便，但耐压力低，使用压力不超过0.5MPa，可用做泄漏油管和某些回油管。

f. 尼龙管。尼龙管是一种有发展前途的非金属油管，目前小管径的尼龙管使用压力可达8MPa。

③ 油管的尺寸 油管的尺寸主要是指内径、外径和壁厚。

油管的内径大小取决于管路的种类及管内的流速。在流量一定的情况下，内径小则流速高、压力损失大，而且可能产生噪声，内径大时虽可避免上述缺点，但难以安装，管路所占空间大，机器的质量增加。因此，要合理选择油管内径，内径确定后，再通过计算拉伸应力确定壁厚。

钢管的通径代表它的通流能力的大小，一般用 mm 为单位表示。通径仅表示管道的名义尺寸。对于某一通径的钢管，工作压力越高，壁厚越厚，内径越小，管内流速越高。

对于橡胶软管，确定内径后，再由工作压力和内径按标准 HG4-406-66 来选择合适的钢丝层数，不必计算壁厚。

橡胶软管一般规定有破坏压力，其工作压力的选取应考虑胶管的工作情况。

④ 管路的安装　管路安装不合理时，不仅会给安装检修带来麻烦，而且会造成过大的压力损失，以致出现振动、噪声等异常现象。因此，必须重视液压管路的安装。

液压系统管路包括高压、低压及回油管路，其安装要求各不相同，为了便于检修，最好分别着色加以区别。

此外，安装管路时应注意如下几点。

a. 管路安装时，对于平行或交叉的管子，相互之间必须有 10mm 以上的空隙，防止干扰和振动。对高压大流量的场合，为防止管路振动，需每隔 1m 左右用管夹固定。

b. 管道安装要求尽量短，布管整齐，直角转弯少，避免过大的弯曲。一般规定钢管的弯曲半径应大于 3 倍管子的外径。另外，弯曲后管径的椭圆度小于 10%，不得有波浪变形、凸凹不平及压裂与扭坏等现象。油管悬伸太长时，要有支架支撑。在布置活接头时，应保证拆装方便。

c. 对安装前的管子以及因贮存不当而造成管子内部锈蚀的管子，一般要用 20% 的硫酸或盐酸进行酸洗，酸洗后用 10% 的苏打水中和，再用温水洗净之后，进行干燥、涂油，并作预压试验，确认合格后再安装。

d. 软管的弯曲半径应不小于外径的 9 倍，弯曲处距管接头的距离至少是外径的 6 倍。安装和工作时不允许有拧扭现象，不能靠近热源。

e. 软管在直线安装时，要有一定的长度余量，以防胶管受拉以及油温变化、振动等原因引起的 −2%～+4% 的长度变化。

⑤ 管接头　在液压系统中，金属管之间以及金属管与元件之间的连接，可以采用直接焊接、法兰连接和管接头连接。直接焊接时，焊接工作要在安装现场进行，需经过试装、焊接、除渣、酸洗等一系列工序，安装后拆卸不便，焊接质量不易检查，因此很少采用。法兰连接工作可靠，装拆方便，但外形尺寸较大，而且要在油管上焊接或铸造法兰，因此多用于外径大于 50mm 的油管连接。当油管外径小于 50mm 时，普遍采用管接头连接，管接头的形式包括焊接式管接头、卡套式管接头、扩口式管接头以及软管接头等，结构与特点如表 2-11 所示。

表 2-11　常用管接头结构与特点

名称	结构简图	特点和说明
焊接式管接头	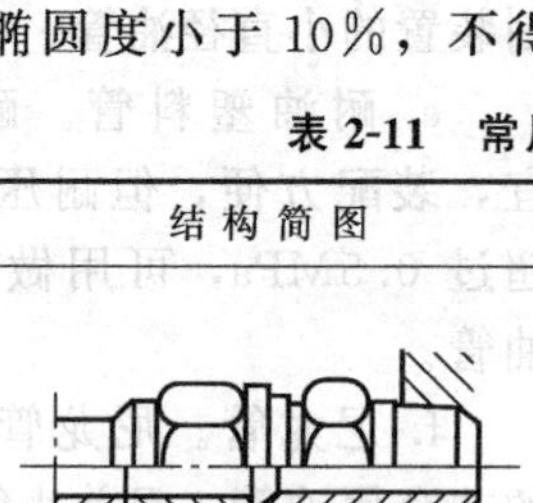	(1)连接牢固，利用球面进行密封，简单可靠 (2)焊接工艺必须保证质量，必须采用厚壁钢管，装拆不便
卡套式管接头	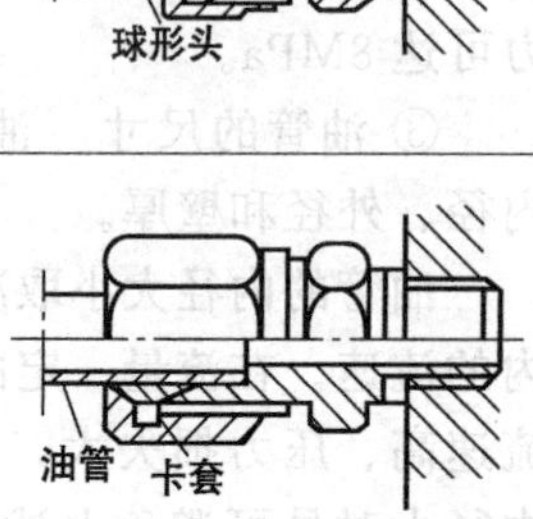	(1)用卡套卡住油管进行密封，轴向尺寸要求不严，装拆简便 (2)对油管径向尺寸精度要求较高，为此要采用冷拔无缝钢管

续表

名称	结构简图	特点和说明
扩口式管接头	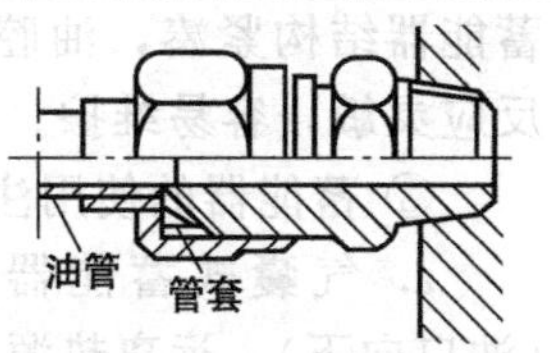	(1)用油管管端的扩口在管套的压紧下进行密封，结构简单 (2)适用于铜管、薄壁钢管、尼龙管和塑料管等低压管道的连接
扣压式管接头	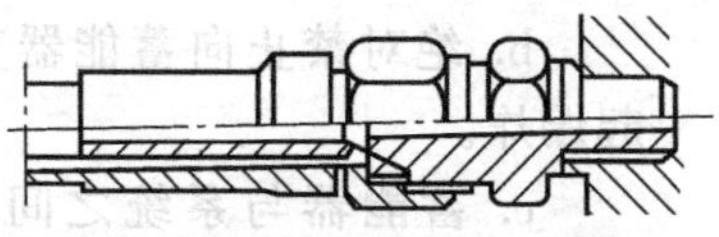	(1)用来连接高压软管 (2)在中、低压系统中应用
固定铰接管接头	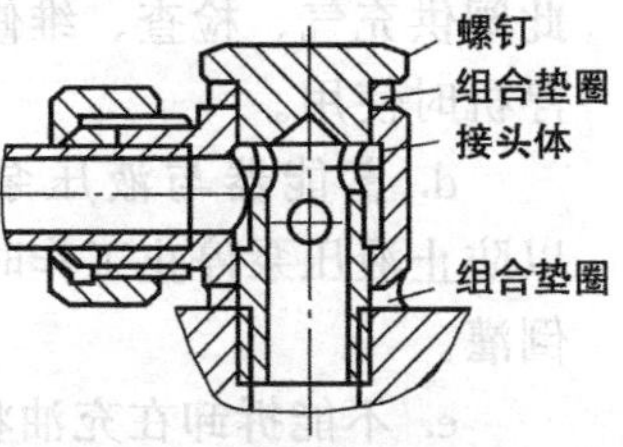	(1)是直角接头，优点是可以随意调整布管方向，安装方便，占空间小 (2)接头与管子的连接方法，除本图卡套式外，还可用焊接式 (3)中间有通油孔的固定螺钉把两个组合垫圈压紧在接头体上进行密封

a. 焊接式管接头。焊接式管接头主要由接头体、螺母和管体组成。接头体拧入机体（如阀体、泵体等），螺纹为细牙圆柱螺纹，接合面加组合密封圈防漏，接头体与接管之间用 O 形密封圈密封，接管与管路系统中的钢管焊接相连。焊接管接头具有结构简单、制造方便、耐高压、密封性能好等优点，工作压力可达 31.5MPa，是目前应用较广泛的一种接头形式。焊接管接头的缺点是对焊接质量要求高，特别是高压时焊缝往往成为它的薄弱环节。此外，焊缝处可能会残留少量焊渣或其他金属屑，它们在受到冲击或振动脱落后会影响系统的正常工作。

与焊接管接头连接的钢管为普通级精度的 10 号、15 号冷拔无缝钢管。根据系统管路连接的不同要求，焊接管接头又分为端直通管接头、直通管接头、直角管接头、三通管接头、四通管接头、隔壁直通管接头和分管管接头等多种形式，尺寸都已标准化和系列化，可参考有关标准选用。

b. 卡套式管接头。它主要由接头体、卡套和螺母等三个基本零件组成。其中卡套是接头中的关键零件，它的质量好坏直接影响接头的密封性能、连接强度和重复使用性能。卡套式管接头可用于高压，不需用密封件，其工作可靠，装卸方便，避免了麻烦的焊接工艺，但卡套的制作工艺要求较高，而且对被连接油管的精度要求也较高。随着技术水平和专业化生产水平的提高，卡套式管接头的使用越来越广泛。

c. 扩口式管接头。扩口式管接头是由接头体、螺母和管套组成。装配时先将管扩成喇叭口，再用螺母把管套连同喇叭形管口压紧在接头体的锥面上，以保证密封。管套的作用是拧紧螺母时使管子不跟着转动。扩口式管接头适用于铝管或壁厚小于 2mm 的薄壁钢管，也可用来连接尼龙管和塑料管。这种接头结构简单，连接强度可靠，装配维护方便。但由于导管扩口部分是在冷状态下加工的，故只能采用低强度的有一定塑性的管材。

d. 软管接头。软管接头一般用来与钢丝编织的高压橡胶软管配合使用，分为可拆式和扣压式（不可拆）两种结构。它主要由接头芯子和接头外套组成。胶管夹在二者之间，拧紧后连接部分胶管被压缩，从而达到连接和密封的目的。扣压式软管接头由接头螺母、接头芯、接头套和胶管构成。装配前先剥去胶管上的一段外胶，然后把接头套套在剥去外胶的胶管上，再插入接头芯，然后将接头套在压床上，用压模进行挤压收缩，使接头套内锥面上的环形齿嵌入钢丝层达到牢固的连接，也使接头芯外锥面与胶管内胶层压紧而达到密封的目的。值得注意的是，软管接头的规格是以软管内径为依据。金属管接头则是以金属管外径为依据。

(4) 蓄能器

蓄能器是液压系统的能量储存装置，主要功能是储存系统中的部分压力能，在需要的时候重新释放，使能量的利用达到充分合理。

① 蓄能器的作用

a. 作为辅助动力源。

b. 补偿油漏和保持恒压。对于执行元件长时间不动而要保持恒压的系统，可采用蓄能器来补偿泄漏使压力恒定。

c. 作为紧急动力源。在事故状态下（原动机发生故障），短时间内仍可向系统供给压力油。

d. 吸收液压冲击。

② 蓄能器的结构形式　蓄能器的种类很多，根据结构不同可分为重力式、弹簧式和充气式三大类。充气式蓄能器是目前应用较广泛的一种。根据蓄能器内油、气两者间隔条件的不同，充气式蓄能器又可分为活塞式和气囊式两种，其工作原理都是利用压缩气体来储存能量。

a. 活塞式蓄能器。在使用时先由充气阀充入预定压力的空气或氮气，然后在系统油液压力作用下，油液从进入蓄能器，压缩活塞，到气腔和油腔的压力始终相等，从而使活塞处于浮动平衡状态。当系统需要油时，在气体压力作用下，使油液排入系统。在活塞上装有O形密封圈，以进行油、气密封。活塞式蓄能器结构简单、寿命长，但活塞有一定惯量，在密封处有摩擦损失，灵敏性差，不适于吸收液压冲击。

b. 气囊式蓄能器。气囊用特殊耐油橡胶制成，固定在壳体的上半部，气体（常用氮气）从充气阀充入，气囊外部是压力油。在蓄能器下部有一受弹簧力作用的提升阀，它的作用是防止油液全部排出时气囊膨胀出容器之外。一般气囊中的充气压力可为系统油液最低工作压力的60%～70%。气囊式蓄能器结构紧凑，油腔、气腔之间无泄漏，反应灵敏，容易维护。

③ 蓄能器的使用注意事项

a. 气囊式蓄能器原则上应垂直安装（油口向下），远离热源并便于检查、维修。

b. 绝对禁止向蓄能器充氧气，以免引起爆炸。

c. 蓄能器与系统之间应装设截止阀，此阀供充气、检查、维修蓄能器或者长时间停机时使用。

d. 蓄能器与液压泵之间应设单向阀，以防止液压泵停止工作时蓄能器中的压力油倒灌。

e. 不能拆卸在充油状态下的蓄能器。

检查蓄能器充气压力的方法：将压力表装在蓄能器的油口附近，用泵向蓄能器注满油液，然后使泵停止，让压力油通过与蓄能器相接的阀慢慢从蓄能器中流出。在排油过程中观察压力表。压力表指针慢慢下降，达到蓄能器充气压力时，蓄能器中的提升阀就关闭，所以压力表指针迅速降到零。在压力迅速下降以前压力表上的读数即为蓄能器的充气压力。此外还可以利用充气式工具直接检查充气压力。由于检查一次都要放掉一点气体，故这种方法不适用于容量很小的蓄能器。

(5) 密封装置

密封是解决液压系统泄漏问题最重要、最有效的手段。液压系统如果密封不良，可能出现不允许的外泄漏，外漏的油液将会污染环境；还可能使空气进入吸油腔，影响液压泵的工作性能和液压执行元件运动的平稳性（爬行）；泄漏严重时，系统容积效率过低，甚至工作压力达不到要求值。若密封过度，虽可防止泄漏，但会造成密封部分的剧烈磨损，缩短密封件的使用寿命，增大液压元件内的运动摩擦阻力，降低系统的机械效率。因此，合理选用和设计密封装置在液压系统的设计中十分重要。

① 密封装置的作用和要求　密封装置

用来防止液压元件和系统的内、外泄漏。内泄漏降低了系统的容积效率，严重时使系统建立不起压力而无法工作。外泄漏会弄脏设备，污染环境。因此，密封装置对保证液压系统正常工作是很重要的。

对密封装置的基本要求如下。

a. 具有良好的密封性，泄漏量尽可能小。随着工作压力增加，密封装置能自动提高密封性能。

b. 相对运动的零件间，因密封装置引起的摩擦力要小并且稳定，不使零件运动时发生卡滞和运动不均匀现象。

c. 耐热、耐磨、抗腐蚀性好，工作寿命长。

d. 结构简单、维修方便，成本低。

② 密封装置的种类、特点和使用 密封按其工作原理来分可分为非接触式密封和接触式密封。前者主要指间隙密封，后者指密封件密封，常用的是各种成形密封圈。

a. 间隙密封。间隙密封是靠相对运动件配合面之间的微小间隙来进行密封的，常用于柱塞、活塞或阀的圆柱配合副中，一般在阀芯的外表面开有几条等距离的均压槽，它的主要作用是使径向压力分布均匀，减少液压卡紧力，同时使阀芯在孔中对中性好，以减小间隙的方法来减少泄漏。同时槽所形成的阻力，对减少泄漏也有一定的作用。均压槽一般宽 0.3～0.5mm，深为 0.5～1.0mm。圆柱面配合间隙与直径大小有关，对于阀芯与阀孔一般取 0.005～0.017mm。

这种密封的优点是摩擦力小，缺点是磨损后不能自动补偿，主要用于直径较小的圆柱面之间，如液压泵内的柱塞与缸体之间，滑阀的阀芯与阀孔之间的配合。

b. O形密封圈。O形密封圈一般用耐油橡胶制成，也有用尼龙或其他材料制作的，以提高耐磨性。O形密封圈安装时有一定预压缩，同时受油压作用产生变形，紧贴密封表面而起密封作用。其特点是结构简单，密封性能良好（它的外侧、内侧和端面都能起密封作用），摩擦力小。工作压力为 0～70MPa，工作温度范围为－40～＋120℃。这种密封圈的缺点是当工作压力较高或密封圈沟槽尺寸选择不当时，密封圈容易被挤出而造成严重磨损。为此，当工作压力大于 10MPa 时，应在 O形密封圈侧面放置挡圈。

O形密封圈应用广泛。可用于直线往复运动和回转运动密封，也可用于固定密封。O形密封圈安装时，要有合适的预压缩量。预压缩量过小，密封性能不好；过大，则压缩应力增加，摩擦力增大，密封圈容易在沟槽中产生扭曲，加快磨损，缩短寿命。

c. V形密封圈。V形密封圈用多层涂胶织物压制而成，工作压力可达 50MPa。它由形状不同的支撑环、密封环、压环组成。通常三个环叠在一起使用。压力小于 10MPa 时，使用三个环的组合已足够保证密封性。当压力增高时，可增加密封环的数量，以提高密封性能。

V形密封圈安装时必须注意方向，使它在压力油作用下能够张开。V形密封圈的密封性能好，耐磨，在直径大、压力高、行程长等条件下多采用这种密封圈。缺点是轴向尺寸长，外形尺寸较大，摩擦系数大等。

d. Y形密封圈。Y形密封圈具有唇形密封边，其工作压力为 14MPa，用聚氨酯材料则可达 70MPa，使用温度为－30～＋80℃。安装时，应形成预压缩，使唇边与被密封面贴紧。同时唇边要对着压力油侧，使油压把唇边紧压在密封面上，随着压力升高愈压愈紧。通常 Y形密封圈可不用支撑环而直接装入沟槽内。但当压力变动较大、滑动速度较高时，则应使用支撑环以固定密封圈。为使油压作用到密封圈内外唇边上，必须在支撑环上开孔。Y形密封圈适应性强，使用十分普遍。它具有摩擦系数小、安装方便等优点。

e. 组合密封圈。组合密封圈由聚四氟乙烯密封圈和O形橡胶密封圈组合而成。聚四氟乙烯耐高温，摩擦系数极小，是一种减小滑动摩擦阻力的理想材料，但它缺乏弹性。因此将它包在O形橡胶密封圈上，作为滑动面的密封材料，利用O形圈的弹性施加压紧力。它可使两种密封材料互相取长补短，获得很好的密封效果。

f. 油封。油封是用来防止旋转轴润滑油外漏的密封件，一般用耐油橡胶制成，有多种形状。常用于旋转轴线速度不大于5～12m/s，压力不大于0.2MPa的场合。有骨架油封，也用耐油橡胶制成，内部有一直角形圆铁环骨架作支撑。油封在自由状态下，内径比轴径小，油封装进轴后，即使无弹簧也对轴有一定的径向力，该力随油封使用时间的增加而减小，因此应加弹簧予以补偿。油封安装时应使唇边在油压力作用下贴在轴上，不可装反。

(6) 其他辅件

① 热交换器　为了使液压油的工作温度保持在一定范围内，需利用冷却器强制散热，或利用加热器进行预热。冷却器和加热器统称为热交换器。

a. 冷却器。当利用油箱散热不能使油温保持在允许范围之内时，就应在液压系统中设置冷却器。冷却器一般分为水冷和风冷两类。

水冷式冷却器有多种形式。蛇形管式冷却器，冷却器直接装在油箱内，冷却水在蛇形管内通过，将油中热量带走。其结构简单，但散热面积小，冷却效果差。多管式水冷却器，是一种强制对流式冷却器，水从管内流过，而油液在水管周围流动，散热效率高，但体积大、质量大。风冷式冷却器一般用风扇吹风进行冷却，风冷式冷却效率低于水冷式，但使用时不需用水，适用于挖掘机的液压系统。冷却器一般安装在回油路，以免承受高压。

b. 加热器。液压系统中油液的加热一般采用电加热器，由于直接与加热器接触的油液温度可能很高，会加速油液老化，故应慎用。

② 锁紧装置　液压挖掘机的锁紧和限速是两项重要的安全技术要求。制动后锁紧，要使机构制动后，液压缸（液压马达）不因重力作用而自行下降。

液压挖掘机换向阀的阀芯与阀体之间多采用间隙密封，在其自身重力及起吊载荷重力的双重作用下，制动时高压油液常会通过换向阀阀芯与阀体之间的微小间隙缓慢泄漏，不能对各机构液压缸或液压马达实现有效地锁紧，因而极易发生吊重下降、吊臂内缩、幅度增大、支腿下沉的事故，轻则使挖掘机无法正常工作，重则导致车辆倾覆、人员伤亡等恶性事故的发生。消除隐患的安全措施至少有以下四条。

a. 在回油路中串联液压锁。液控单向阀的反向油路只有当其控制油路输入一定压力油液之后才可能连通。它是一种能对油路实现通断控制的开关元件，通常又称为液压锁。将液压锁反向串接在液压缸（液压马达）的回油路中，并将其控制油路与液压缸（液压马达）的进油路相连，就能使回油路在制动状态下因控制油路无压力油作用而切断，对液压缸（液压马达）起到应有的锁紧作用。

液压锁的锁紧效果取决于阀芯形状和阀的结构形式。阀芯如果采用球阀式或滑阀式，其泄漏仍将是难免的，即油液有可能通过因阀芯冲击而产生的沟槽或阀芯与阀体间的间隙泄漏。因此，用在挖掘机中的液压锁阀芯应该选用密封性能好的锥芯，即使长久使用也能保证不漏油。

根据挖掘机的工况特点，应选用带有卸荷阀芯的高压液压锁。对支腿油路，有支撑锁紧和悬挂锁紧两项锁紧要求。根据不同油路，每个支腿可采用仅为一个液控单向阀、仅能起单向锁紧作用的单向液压锁，或由两个液控单向阀交叉连接而成的双向液压锁。一般采用的是后一种方案。每个支腿锁紧装置都必须独立设置。

b. 在回油路中串联平衡阀。平衡阀实质上是单向阀与外控内泄式顺序阀组合而成的组合阀，它在挖掘机中的安装位置和锁紧原理与液压锁的完全相同，即安装在回油路中，制动后切断回油路。如果对油路无其他特殊要求，还是应尽量采用价格相对低的液压锁。

c. 提高液压元件的密封性。在油路中安装液压锁或平衡阀后，并不一定能完全保证机构制动后能锁紧，液压缸（液压马达）的密封性也是制约锁紧效果的关键因素。液压元件的漏油分内泄漏和外泄漏两种。液压缸内泄漏不易察觉，将导致支腿收放、吊臂伸缩、吊臂变幅三机构无法锁紧而发生下沉现象。因此，提高液压缸的密封效果，关键是解决发生在其内部的内泄漏问题。

一般来说，对挖掘机液压缸内部的漏油量应严格限制。安全检查时，规定额定压力下活塞的移动距离为10min内不应大于0.5mm。超过此值，说明密封性能不好，要及时更换新的Y形密封圈。

d. 吊重升降液压马达外抱制动器。欲使液压缸、液压马达长久地不产生内泄漏是很难实现的，其密封件磨损后泄漏会在不知不觉中产生。安装制动器可以较好的实现牢固锁紧，但只能在使吊重升降的液压马达上采用，其他的如对吊臂伸缩、变幅等则无法采用。

对吊重升降机构起作用的制动器实际上是一只小型的单杆单作用液压缸，制动器为常闭式，制动力取决于缸内的弹簧力。为了获得理想的锁紧效果，当然希望弹簧力越大越好，但过大的弹簧力又会使制动器松闸能耗加大，所以外抱制动器是其锁紧方案的辅助手段。

③ 限速装置　运动中限速，则要求机构运动时，液压缸（液压马达）不因重力作用而加速运动。由于挖掘机吊重升降、吊臂伸缩、吊臂变幅的行程都较长，机构或载荷下行过程中因重力作用而产生的加速现象也是一个比较突出的问题。

挖掘机限速通常采用以下两种方法。

a. 在回油路中串联平衡阀。平衡阀的作用不但能锁紧，还能限速。当机构或载荷下降时，平衡阀内的顺序阀能借助阀芯的平衡作用，使液压缸（液压马达）的回油流量保持稳定状态，从而使液压缸（液压马达）保持匀速运动。为了获得均匀的下降速度，设计系统时要注意两点：一是不能为了节省成本，就简单地用一般的单向阀与外控内泄漏式顺序阀并接组合来代替平衡阀，这是因为平衡阀虽然也是单向阀与外控内泄漏式顺序阀的组合，但其顺序阀已经增加了双层弹簧、阻尼小孔等使阀芯减振的装置；二是平衡阀的控制油路要串联节流阀，以使顺序阀的阀芯动作“迟滞”，不因外部压力的微小变化而使其速度有所改变。在限速方案中，使用平衡阀的效果是最理想的，是首选的方法。

b. 用手动换向阀限速。在所有的换向阀中，只有手动换向阀在换向的同时，通过控制阀口开度的大小可以兼有限速和节流调速的作用。因此，当汽车起重机机构或载荷发生下行加速现象时，可通过驾驶员减小手动换向阀手柄的拉动程度来减小阀口开度的办法加以解决。当然，由于驾驶员手的抖动会使手动换向阀的限速效果不甚理想，但因为挖掘机的装卸作业速度往往要根据施工现场的具体情况不断地调整，机构的运动常常为不连续的间歇作业，因此熟练驾驶员操纵手动换向阀还是能够收到一定限速效果的。

总之，对挖掘机吊重升降、吊臂伸缩、吊臂变幅三机构既有锁紧要求，又有限速要求，应当采用能同时满足锁紧和限速两项要求的平衡阀，再加以机械制动。支腿应采用能起双向锁紧要求的双向液压锁。双向液压锁用于轮式液压挖掘机液压系统中。当支腿放下后，液压锁能防止因油液渗漏而造成支腿自行收缩；在油管发生破裂等意外情况下，可防止支腿失去作用而造成事故；在液压挖掘机行驶或停止时，可防止支腿受自重的影响而下落。

④ 阻尼塞　为了保护压力表等液压检视仪表，一般在仪表的前面装有阻尼塞，它是靠阻尼塞的螺纹间隙对液流起阻尼作用，而使流经仪表的液流稳定，防止流量与压力急剧变化而损坏仪表。

⑤ 放气阀　为了防止泵内进入空气而影响系统工作，可增设放气阀。当系统正常工作时，上活塞被液体压力推动压于支持块上，并且将活塞头部的放气孔堵死。这样，球式单向阀打开，液体流向液压系统。当空气进入泵时，油泵中的压力使单向阀关闭，活塞上的压力也同时减小，所以活塞在弹簧

的作用下移动，并使放气孔打开，空气便经此孔面返回到油箱里。空气排除后，油泵中压力又恢复，活塞又重新被压紧在支持块上。将放气孔堵死，单向阀打开，则系统又进入正常工作状态。

⑥ 补油阀 为了充分利用势能以加速工作，可采用补油阀来弥补主油泵供油量不足。当挖掘机下坡时，由于自重而下滑，使低压腔的压力增高，而高压腔的压力降低，液体压力作用于游动活塞上，使低压腔和泵的油液流入高压腔，从而起到补油作用。

⑦ 减压器 当单泵供油而各工作系统需要的压力低于油泵压力时，一般可采用减压器加以解决。其作用原理是利用两个缸径不等的液压缸，其活塞的面积比等于高压与低压的比值。从泵来的油经过接头进入小直径活塞的内腔中，这时大直径活塞在液压力的作用下移动，由于低压活塞（大直径活塞）与高压活塞（小直径活塞）之差，在低压腔中产生低压，此低压经过接头进入所需的低压系统。为防止低压活塞（大活塞）移动时，可能在油腔中出现真空，设计了一个较小的通气孔 L，当大活塞移动时，空气从通气孔中排除。正常工作时，由于单向阀的作用，液体不能从接头进入低压腔中。当使用低压系统时，如果低压腔中的液体由于泄漏而减少时，那么高压腔中的压力迫使大活塞移动，并将弹簧压缩；如果液体泄漏或消耗连续产生，而使大活塞达到极大位置时，那么大缸筒底部的销便将单向阀打开，液体便从高压腔进入低压腔中。当单向阀两边的压力相等时，单向阀恢复为初始位置。大活塞在弹簧的作用下回到原来位置。弹簧的推力必须克服活塞移动时的摩擦力和低压系统的液体阻力。

2.3 液压挖掘机液压系统原理

2.3.1 工作原理

（1）基本原理

按照液压挖掘机工作装置和各个机构的传动要求，把各种液压元件用管路有机地连接起来的组合体，称为挖掘机的液压系统。它是以油液为工作介质、利用液压泵将原动机输出的机械能转换成液压能并进行传送，再通过液压缸和液压马达等执行元件将液压能转变为机械能，进而实现挖掘机的各种动作。

按照不同的功能可将挖掘机液压系统分为三个基本部分：工作装置系统、回转系统和行走系统。挖掘机的工作装置主要由动臂、斗杆、铲斗及相应的液压缸组成，它包括动臂、斗杆、铲斗三个液压回路。回转装置的功能是将工作装置和上部转台向左或向右回转，以便进行挖掘和卸料，完成该动作的液压元件是回转马达。行走装置的作用是支撑挖掘机的整机质量并完成行走任务，多采用履带式和轮胎式机构，所用的液压元件主要是行走马达。

（2）液压系统的基本动作分析

① 挖掘 通常以铲斗液压缸或斗杆液压缸分别进行单独挖掘，或者两者配合进行挖掘。在挖掘过程中主要是铲斗和斗杆有复合动作，必要时配以动臂动作。

② 满斗举升回转 挖掘结束后，动臂缸将动臂顶起、满斗提升，同时回转液压马达使转台转向卸土处，此时主要是动臂和回转的复合动作。动臂举升以及臂和铲斗自动举升到正确的卸载高度。由于卸载所需回转角度不同，随挖掘机相对自卸车的位置而变，因此动臂举升速度和回转速度相对关系应该是可调整的，若卸载回转角度大，则要求回转速度快些，而动臂举升速度慢些。

③ 卸载 回转至卸土位置时，转台制动，用斗杆调节卸载半径和卸载高度，用铲斗缸卸载。为了调整卸载位置，还需动臂配合动作。卸载时，主要是斗杆和铲斗复合作用，兼以动臂动作。

④ 空斗返回 卸载结束后，转台反向回转，同时动臂缸和斗杆缸相互配合动作，把空斗放到新的挖掘点，此工况是回转、动臂和斗杆复合动作。由于动臂下降有重力作用、压力低、泵的流量大、下降快，要求回

转速度快，因此该工况的供油情况通常是一个泵全部流量供回转，另一泵大部分油供动臂，少部分油经节流供斗杆。

(3) 液压系统基本要求

挖掘机的动作复杂，主要机构经常启动、制动、换向，负载变化大，冲击和振动频繁，而且野外作业，温度和地理位置变化大，因此液压挖掘机的液压系统应满足的作业动作要求如下。

① 保证液压挖掘机动臂、斗杆和铲斗可以各自单独动作，也可以相互配合实现复合动作。

② 保证工作装置的动作与回转平台的回转动作既能单独进行，又能作复合动作，以提高液压挖掘机的作业效率。

③ 履带式液压挖掘机的左、右履带应能分别驱动，使挖掘机行走转弯方便灵活，并能实现原地转向，以提高挖掘机的机动性。

④ 保证液压挖掘机工作安全可靠，对各机构及液压执行元件应具有完善的安全保护措施。例如，对回转机构和行走装置有可靠的制动和限速；防止动臂因自重而下降过快；防止机器下坡行驶时超速溜坡等。

根据液压挖掘机的作业动作和环境特点，应对液压系统提出如下要求。

① 液压挖掘机的液压系统应具有较高效率，以充分发挥发动机的动力性和燃油经济性。

② 液压系统和液压元件在大负载和剧烈振动冲击作用下，应具有足够的可靠性。

③ 选择轻便、适用、耐振的冷却散热系统，减少系统总发热量，使液压系统工作温度及温升在规定范围内。

④ 由于液压挖掘机作业现场尘土多，液压油容易被污染，因此液压系统的密封性能要好，整个液压系统要设置滤油器和防尘装置。

⑤ 在必要时采用液压先导或电液伺服操纵装置，提高液压挖掘机操作的舒适性，减轻操作人员的劳动强度。

⑥ 在液压系统中采用先进的自动控制技术，提高液压挖掘机的技术性能指标，使液压挖掘机具有节能、高效和自动适应负载变化的特点。

2.3.2 基本回路分析

基本回路是由一个或几个液压元件组成、能够完成特定的单一功能的典型回路，它是液压系统的组成单元。液压挖掘机液压系统中基本回路有限压回路、卸荷回路、缓冲回路、节流回路、行走回路、合流回路、再生回路、闭锁回路等。

(1) 限压回路

限压回路用来限制压力，使其不超过某一调定值。限压的目的有两个：一是限制系统的最大压力，使系统和元件不因过载而损坏，通常用安全阀来实现，安全阀设置在主油泵出油口附近；二是根据工作需要，使系统中某部分压力保持定值或不超过某值，通常用溢流阀实现，溢流阀可使系统根据调定压力工作，多余的流量通过此阀流回油箱，因此溢流阀是常开的。

液压挖掘机执行元件的进油和回油路上常成对地并联有限压阀，限制液压缸、液压马达在闭锁状态下的最大闭锁压力，超过此压力时限压阀打开、卸载保护了液压元件和管路免受损坏，这种限压阀（图2-32）实际上起了卸荷阀的作用。维持正常工作，动臂油缸虽然处于“不工作状态”，但必须具有足够的闭锁力来防止活塞杆的伸出或缩回，因此须在动臂油缸的进出油路上各装有限压阀，当闭锁压力大于限压阀调定值时，限压阀打开，使油液流回油箱。限压阀的调定压力与液压系统的压力无关，且调定压力愈高，闭锁压力愈大，对挖掘机作业愈有利，但过高的调定压力会影响液压元件的强度和液压管路的安全。通常高压系统限压阀的压力调定不超过系统压力的25%，中高压系统可以调至25%以上。

(2) 缓冲回路

液压挖掘机满斗回转时由于上车转动惯量很大，在启动、制动和突然换向时会引起

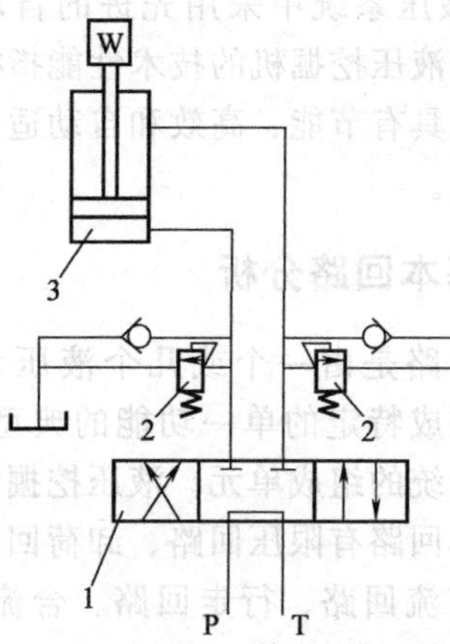

图 2-32 限压回路

1—换向阀；2—限压阀；3—油缸

很大的液压冲击，尤其是回转过程中遇到障碍突然停车。液压冲击会使整个液压系统和元件产生振动和噪声，甚至破坏。挖掘机回转机构的缓冲回路就是利用缓冲阀等使液压马达高压腔的油液超过一定压力时获得出路。图 2-33 为液压挖掘机中比较普遍采用的几种缓冲回路。

图 2-33（a）中回转马达两个油路上各装有动作灵敏的小型直动式缓冲（限压）阀 2、3，正常情况下两阀关闭。当回转马达突然停止转动或反向转动时，高压油路Ⅱ的压力油经缓冲阀 3 泄回油箱，低压油路Ⅰ则由补油回路经单向阀 4 进行补油，从而消除了液压冲击。缓冲（限压）阀的调定压力取决于所需要的制动力矩，通常低于系统最高工作压力。该缓冲回路的特点是溢油和补油分别进行，保持了较低的液压油温度，工作可靠，但补油量较大。

图 2-33（b）是高、低压油路之间并联有缓冲阀，每一缓冲阀的高压油口与另一缓冲阀的低压油口相通。当回转机构制动、停止或反转时，高压腔的油经过缓冲阀直接进入低压腔，减小了液压冲击。这种缓冲回路的补油量很少，背压低，工作效率高。

图 2-33（c）是回转马达油路之间并联有成对单向阀 4、5 和 6、7，回转马达制动或换向时高压腔的油经过单向阀 5、缓冲（限压）阀 2 流回油箱，低压腔从油箱经单向阀 6 获得补油。

上述各回转回路中的缓冲（限压）阀实际上起了制动作用，换向阀 1 中位时回转马达两腔油路截断，只要油路压力低于限压阀的调定压力，回转马达即被制动，其最大制动力矩由限压阀决定。

当回转操纵阀回中位产生液压制动作用时，挖掘机上部回转体的惯性动能将转换成液压位能，接着位能又转换为动能，使上部回转体产生反弹运动来回振动，使回转齿圈和油马达小齿轮之间产生冲击、振动和噪声，同时铲斗来回晃动，致使铲斗中的土撒落，因此挖掘机的回转油路中一般装设防反弹阀。

(3) 节流回路

节流调速是利用节流阀的可变通流截面改变流量而实现调速的目的，通常用于定量系统中改变执行元件的流量。这种调速方式结构简单，能够获得稳定的低速，缺点是功率损失大，效率低，温升大，系统易发热，

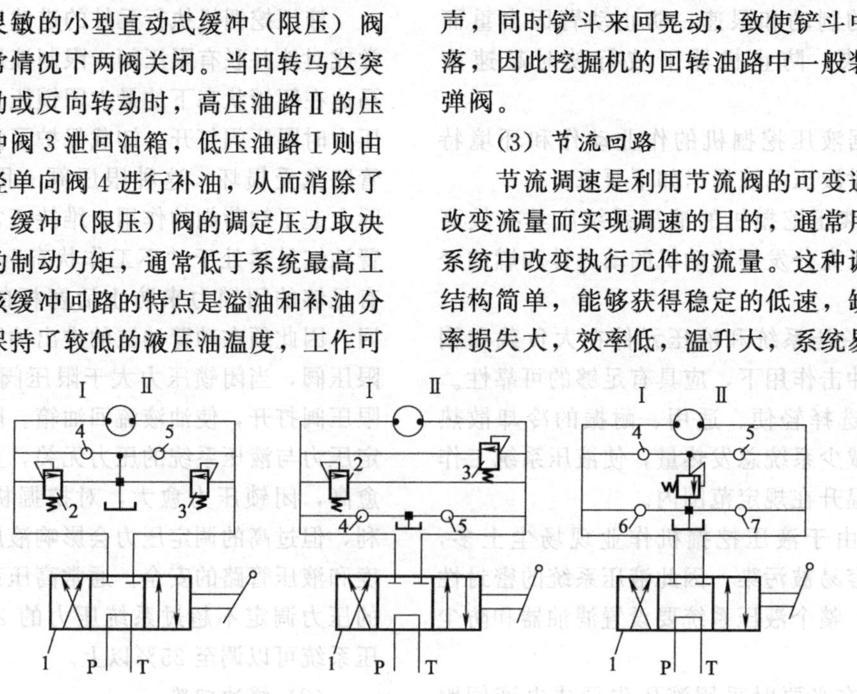

图 2-33 缓冲回路

1—换向阀；2,3—缓冲阀；4～7—单向阀

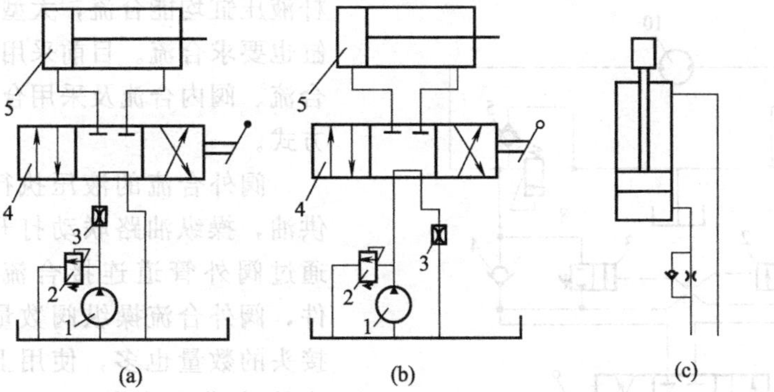

图 2-34　节流回路

1—齿轮泵；2—溢流阀；3—节流阀；4—换向阀；5—液压缸

作业速度受负载变化的影响较大。根据节流阀的安装位置，节流调速有进油节流调速和回油节流调速两种，如图 2-34 所示。

图 2-34（a）为进油节流调速，节流阀 3 安装在高压油路上，液压泵 1 与节流阀串联，节流阀之前装有溢流阀 2，压力油经节流阀和换向阀 4 进入液压缸 5 的大腔使活塞右移。负载增大时液压缸大腔压力增大，节流阀前后的压力差减小，因此通过节流阀的流量减少，活塞移动速度降低，一部分油液通过液流阀流回油箱。反之，随着负载减小，通过节流阀进入液压缸的流量增大，加快了活塞移动速度，液流量相应地减少。这种节流方式由于节流后进入执行元件的油温较高，增大渗漏的可能性，加上回油无阻尼，速度平稳性较差，发热量大，效率较低。

图 2-34（b）为回油节流调速，节流阀安装在低压回路上，限制回油流量。回油节流后的油液虽然发热，但进入油箱，不会影响执行元件的密封效果，而且回油有阻尼，速度比较稳定。

液压挖掘机的工作装置为了作业安全，常在液压缸的回油回路上安装单向节流阀，形成节流限速回路。如图 2-34（c）所示，为了防止动臂因自重降落速度太快而发生危险，其液压缸大腔的油路上安装由单向阀和节流阀组成的单向节流阀。此外，斗杆液压缸、铲斗液压缸在相应油路上也装有单向节流阀。

（4）行走限速回路

履带式液压挖掘机下坡行驶时因自重加速，可能导致超速溜坡事故，且行走马达易发生吸空现象甚至损坏。因此应对行走马达限速和补油，使行走马达转速控制在允许范围内。

行走限速回路是利用限速阀控制通道大小，以限制行走马达速度。比较简单的限速方法是使回油通过限速节流阀，挖掘机一旦行走超速，进油供应不及，压力降低，控制油压力也随之降低，限速节流阀的通道减小，回油节流，从而防止了挖掘机超速溜坡事故的发生。

履带式液压挖掘机行走马达常用的限速补油回路如图 2-35 所示，它由压力阀 2、3，单向阀 4、5、6、7 和安全阀 8、9 等组成。正常工作时换向阀 1 处于右位，压力油经单向阀 4 进入行走马达 10，同时沿控制油路推动压力阀 2，使其处于接通位置，行走马达的回油经压力阀 2 流回油箱。当行走马达超速运转时，进油供应不足，控制油路压力降低，压力阀 2 在弹簧的弹力作用下右移，回油通道关小或关闭，行走马达减速或制动，这样便保证了挖掘机下坡运行时的安全。

这种限速补油回路的回油管路上装有 5～10bar 的背压阀，行走马达超速运转时若主油路压力低于此值，回油路上的油液推开单向阀 5 或 7 对行走马达进油腔补油，以消除吸空现象。当高压油路中压力超过安全

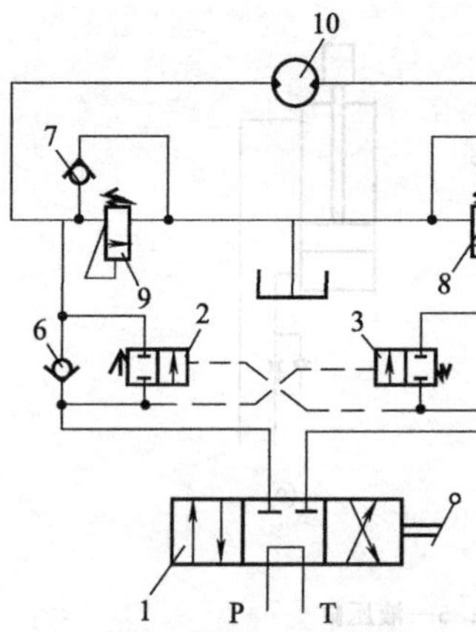

图 2-35　行走限速回路

1—换向阀；2,3—压力阀；4～7—单向阀；8,9—安全阀；10—行走马达

阀 8 或 9 的调定压力时，压力油经安全阀返回油箱。

此外为了实现工作装置、行走同时动作时的直线行驶，一般采用直行阀，图 2-36 为直行阀工作原理图。在行驶过程中，当任一作业装置动作时，作业装置先导操纵油压就会作用在直行阀上，克服弹簧力，使直行阀处于上位。图中前泵并联供左右行走，后泵并联供回转、斗杆、铲斗和动臂动作，后泵还可通过单向阀和节流孔与前泵合流供给行走。

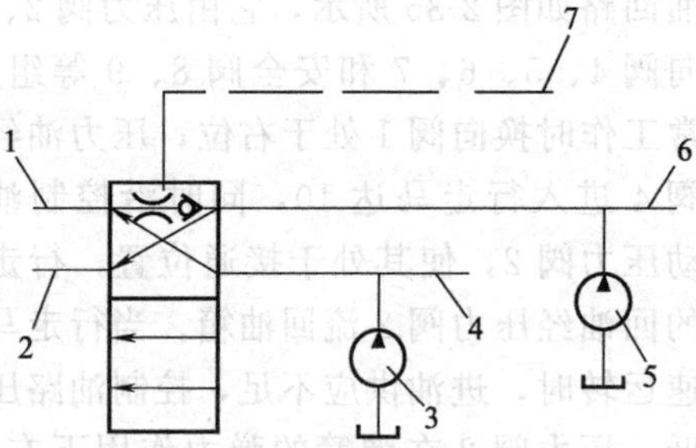

图 2-36　直行阀油路

1—行走；2—动臂，铲斗；3—前泵；4—行走；5—后泵；6—回转，斗杆；7—先导油压

(5) 合流回路

为了提高挖掘机生产效率、缩短作业循环时间，要求动臂提升、斗杆收放和铲斗转动有较快的作业速度，要求能双（多）泵合流供油，一般中小型挖掘机动臂液压缸和斗杆液压缸均能合流，大型挖掘机的铲斗液压缸也要求合流。目前采用的合流方式有阀外合流、阀内合流及采用合流阀供油几种合流方式。

阀外合流的液压执行元件由两个阀杆供油，操纵油路联动打开两阀杆，压力油通过阀外管道连接合流供给液压作用元件，阀外合流操纵阀数量多，阀外管道和接头的数量也多，使用上不方便。阀内合流的油道在内部沟通，外面管路连接简单，但内部通道较复杂，阀杆直径的设计要综合平衡考虑各种分合流供油情况下通过的流量。合流阀合流是通过操纵合流阀实现油泵的合流，合流阀的结构简单，操纵也很方便。

(6) 闭锁回路

动臂操纵阀在中位时油缸口闭锁，由于滑阀的密封性不好会产生泄漏，动臂在重力作用下会产生下沉，特别是挖掘机在进行起重作业时要求停留在一定的位置上保持不下降，因此设置了动臂支持阀组。如图 2-37 所示，二位二通阀在弹簧力的作用下处于关闭位置，此时动臂油缸下腔压力油通过阀芯内钻孔通向插装阀上端，将插装阀压紧在阀座上，阻止油缸下腔的油从 B 至 A，起闭锁支撑作用。当操纵动臂下降时，在先导操纵油压 P 作用下二位二通阀处于相通位置，动臂油缸下腔压力油通过阀芯钻孔油道经二位二通阀回油，由于阀芯内钻孔油道节流孔的节流作用，使插装阀上下腔产生压差，在压差作用下克服弹簧力，将插装阀打开，压力油从 B 至 A。

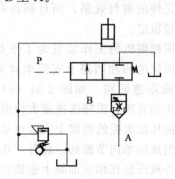

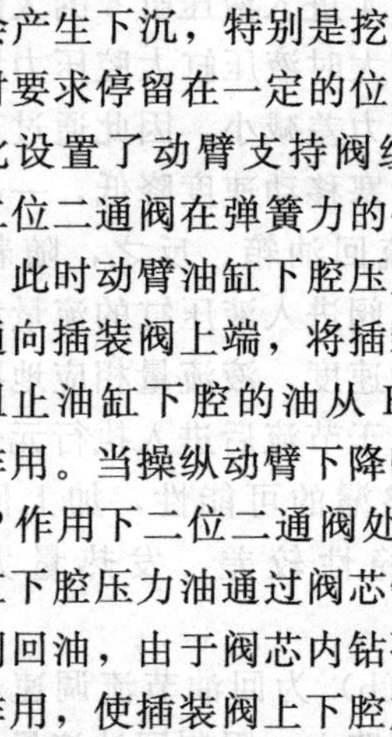

图 2-37　闭锁回路

(7) 再生回路

动臂下降时，由于重力作用会使降落速度太快而发生危险，动臂缸上腔可能产生吸空，有的挖掘机在动臂油缸下腔回路上装有单向阀和节流阀组成的单向节流阀，使动臂下降速度受节流限制，但这将引起动臂下降慢，影响作业效率。目前挖掘机采用再生回路，如图2-38所示，动臂下降时，油泵的油经单向阀通过动臂操纵阀进入动臂油缸上腔，从动臂油缸下腔排除的油需经节流孔回油箱，提高了回油压力，使得液压油能通过补油单向阀供给动臂缸上腔。这样当发动机在低转速和泵的流量较低时，能防止动臂因重力作用迅速下降而使动臂缸上腔产生吸空。

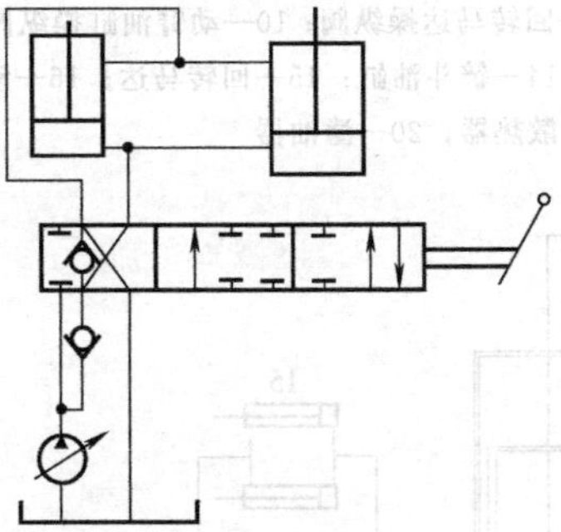

图2-38 再生回路

2.3.3 基本类型与特点

尽管目前液压挖掘机的液压系统种类繁多，从功能上看各有特点，但从液压挖掘机的工作特点和基本控制要求出发，可以归纳出一些基本类型和特点，并从中总结出液压挖掘机液压系统的发展思路，为进一步理解和掌握复杂的液压挖掘机液压控制系统打下基础。

液压挖掘机液压系统一般按主油泵的数量、功率调节方式和回路的数量来分类。按液压泵特性，液压挖掘机采用的液压系统大致上有定量系统、变量系统和定变量混合系统等三种类型。

(1) 定量系统

液压挖掘机定量系统采用定量泵为液压系统提供压力油。系统中泵的输出流量恒定，不能随外负荷的变化而使流量作相应的变化。通常依靠节流来调节速度。根据定量系统中油泵和回路的数量及组合形式，分为单泵单回路、双泵单回路定量系统、双泵双回路定量系统及多泵多回路定量系统等。

液压挖掘机在作业过程中，外负载是随作业工况不断变化的，发动机功率只能按最大负载压力和作业速度来确定。一般情况下，单泵定量系统的平均负荷为最大负荷的60%左右，所以发动机的功率平均只用了约60%。因流量恒定，当负荷发生变化时，不能通过改变流量来改变作业速度。为了获得不同的作业速度，常依靠多路阀来进行节流调节，其结果是发热量大，功率浪费严重。

定量系统在小型液压挖掘机上应用较多，主要原因是：定量泵结构简单，价格低，工作可靠；由于定量泵经常在非满负荷下工作，其寿命比变量泵相对长一些；由于定量系统流量固定，执行元件的速度也稳定，工作装置的轨迹容易控制。其缺点是在复合动作时，各机构工作速度大大降低。

① 单泵单回路定量系统 图2-39为某0.2m³悬挂式挖掘机单泵单回路定量系统。该机前部装载，后部挖掘，但两种作业不能同时进行。系统中各分配阀并联，可以实现复合动作。为了防止系统过载，设置了安全溢流阀2。在装载斗动臂油缸5、挖掘斗动臂油缸16、斗杆油缸17大腔和回转马达15的管路上安装了过载阀，以防止液压元件过载损坏。

各分配阀的进油路都设有单向阀，当复合动作时，不会因工作装置自重等因素引起动作间的相互干扰。

② 双泵双回路定量系统 国产某型履带式液压挖掘机采用双泵双回路定量开式系统，液压系统如图2-40所示。

图示全液压挖掘机的液压系统为双泵双回路定量系统。系统中所用的是斜轴式径向

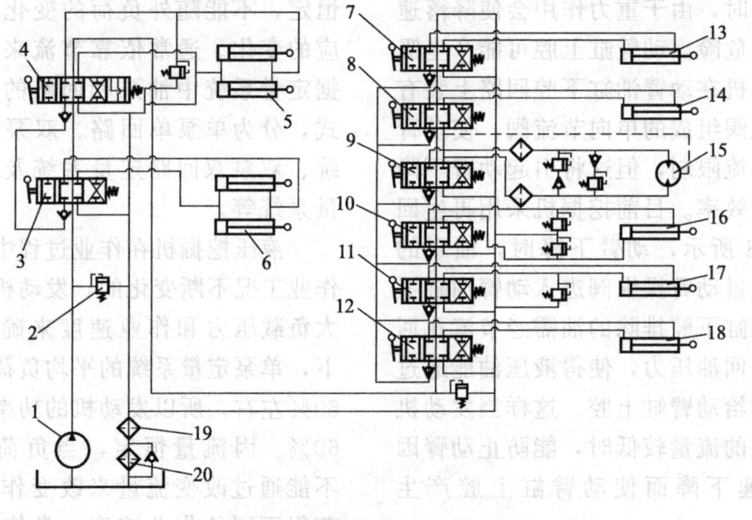

图 2-39 单泵单回路定量系统

1—油泵；2—安全溢流阀；3—装载斗转斗油缸操纵阀；4—装载斗动臂油缸操纵阀；5—装载斗动臂油缸；6—装载斗转斗油缸；7—左支腿油缸操纵阀；8—铲斗油缸操纵阀；9—回转马达操纵阀；10—动臂油缸操纵阀；11—斗杆油缸操纵阀；12—右支腿油缸操纵阀；13—左支腿油缸；14—铲斗油缸；15—回转马达；16—动臂油缸；17—斗杆油缸；18—右支腿油缸；19—散热器；20—滤油器

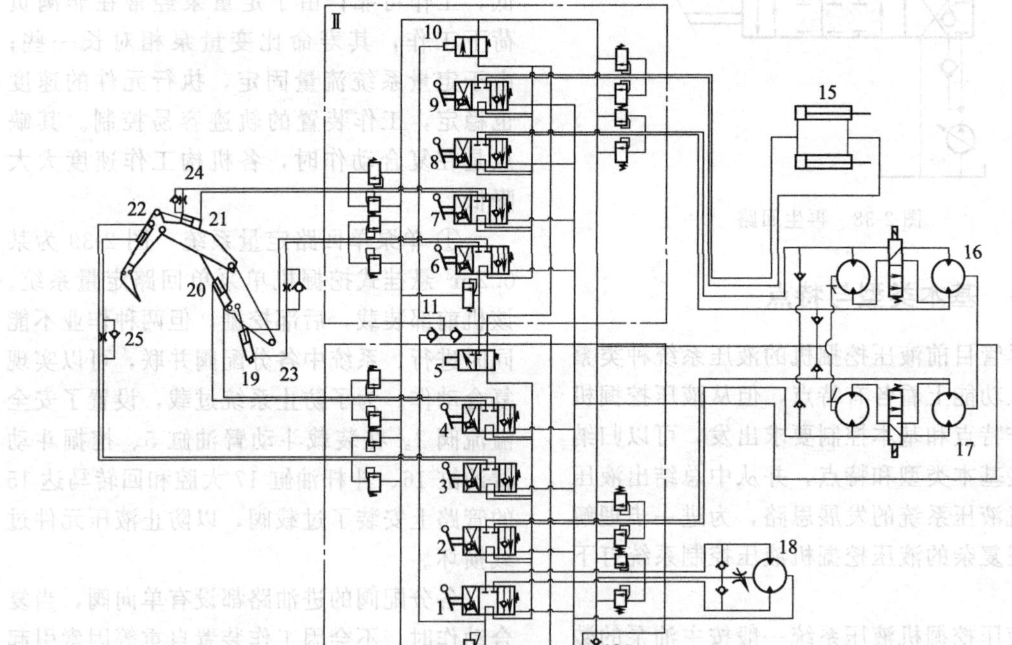

图 2-40 某液压挖掘机液压系统原理

A,B—液压泵；1～4—第一组四联换向阀；5—合流阀；6～9—第二组四联换向阀；10—限速阀；11—梭阀；12—背压阀；13—散热器；14—滤油器；15—推土液压缸；16—左行走马达；17—右行走马达；18—回转马达；19—动臂液压缸；20—辅助液压缸；21—斗杆液压缸；22—铲斗液压缸；23～25—单向节流阀

柱塞泵。它有两个出油口，相当于A，B两台泵供油，其流量为328L/min。A泵输出的压力油进入多路阀组Ⅰ（带合流阀5）驱动回转马达18，铲斗缸22和辅助缸20动作，并经中央回转接头驱动右行走马达17。泵B输出的压力油进入多路阀组Ⅱ（带限速阀10）驱动动臂缸19，斗杆缸21，并经过中央回转接头驱动左行走马达16和推土缸15。每组多路阀中的四联换向阀组成串联油路。

a. 系统工作循环分析。根据挖掘机的作业要求，液压系统应完成挖掘，满斗提升回转，卸载和返回工作循环。该工作循环由系统中的一般工作回路实现。

(a) 铲斗挖掘。通常以铲斗缸或两者配合进行挖掘，必要时配以动臂动作：操纵多路阀组Ⅰ中的换向阀3处于右位，这时油液的流动是：进油路A泵—换向阀1，2的中位—换向阀3右位—铲斗缸22大腔。回油路：铲斗缸22小腔—单向节流阀25—换向阀3右位—换向阀4中位—合流阀5右位—多路阀组Ⅱ—限速阀10右位—背压阀12—散热器13—滤油器14—油箱。此时铲斗缸活塞伸出，推动铲斗挖掘。或者同时操纵换向阀3，7使两者配合进行挖掘。必要时操作换向阀6，使处于右位或左位，则B泵来油进入动臂缸19的大腔或小腔，使动臂上升或下降以配合铲斗缸和斗杆缸动作，提高挖掘效率。

(b) 满斗提升回转。操纵换向阀6处于右位，B泵来油进入动臂缸大腔将动臂顶起，满斗提升；当铲斗提升到一定高度时操纵换向阀1处于左位或右位，则A泵来油进入回转马达18驱动马达带转台转向卸土处。完成满斗回转主要是动臂和回转马达的复合动作。

(c) 卸载。操纵换向阀7控制斗杆缸，调节卸载半径；然后操纵换向阀3处于左位，使铲斗缸活塞回缩，铲斗卸载。为了调整卸载位置还要有动臂缸的配合。此时是斗杆缸和铲斗复合动作，兼以动臂动作。

(d) 返回。操纵换向阀Ⅰ处于右位或左位，则转台反向回转。同时操纵换向阀6和7使动臂缸和斗杆缸配合动作，把空斗放到挖掘点，此时是回转马达和动臂或斗杆复合动作。

b. 主要液压元件在系统中的作用。

(a) 换向阀4控制的辅助液压缸20供抓斗作业时使用。

(b) 为了限制动臂、斗杆、铲斗因自重而快速下降，在其回路上均设置了单向节流阀23、24、25。

(c) 整机行走由行走马达16、17驱动。左右马达分别属于两条独立的油路。如同时操纵换向阀8和2使处于左位和右位，左右马达16、17即正转或反转，且转速相同(在两条油路的容积效率相等的情况下)。因此挖掘机可保持直线行驶。若使用单泵系统，则难以做到（在左右马达行驶阻力不等的情况下）。

(d) 在左、右行走马达内设有电磁双速阀，可获得两挡行走速度。一般情况下，行走马达内部两排柱塞缸并联供油，为低速挡；如操纵电磁双速阀，则成串联供油（图示位置），为高速挡。

(e) 系统回油路上的限速阀10在挖掘机下坡时用来自动控制行走速度，防止超速滑坡。在平路上正常行驶或进行挖掘作业时，因液压泵出口油压力较高，高压油将通过梭阀11使限速阀10处于左位，从而取消回油节流。如在下坡行驶时一旦出现超速现象，液压泵输出的油压力降低，限速阀在其弹簧力的作用下又会回到图示节流位置，从而防止超速滑坡。

(f) 该机在挖掘作业时，常需动臂缸与斗杆缸快速动作以提高生产效率。为此在系统中增加了合流阀5。合流阀在图示位置时，泵A，B不合流。当操纵合流处于左位时A泵输出的压力油经合流阀5的左位进入多路阀组Ⅱ，与B泵一起向动臂缸和斗杆缸供油，以加快动臂和斗杆的动作速度。

(g) 在两组多路阀的进油路上设有安全阀以限制系统的最大工作压力。在各液压缸和液压马达的分支油路上均设有过载阀以吸收工作装置的冲击能量。

c. 低压回路。该型液压挖掘机除了主油路外，还有如下低压油路。

(a) 背压油路（或补油油路）。由系统回路上的背压阀所产生的低压油（0.8～1MPa）在制动或出现超速吸空时，通过双向补油阀 26 向液压马达的低油腔补油，以保证滚轮始终贴紧导轨表面，使马达工作平稳并有可靠的制动性能。

(b) 排灌油路。将低压油经节流阀减压后引入液压马达壳体，使马达即使在不运转的情况下壳体内仍保持一定的循环油量。其目的，一是使马达壳体内的磨损物经常得到冲洗；二是对马达进行预热，防止当外界温度过低时由主油路通入温度较高的工作油液以后引起配油轴及柱塞副等精密配合局部不均匀的热膨胀，使马达卡住或咬死而发生故障（即所谓的“热冲击”）。

(c) 泄油回路。该油路将多路换向阀和液压马达的泄漏油液用油管集中起来，通过五通接头和滤油器流回油箱。该回路无背压，以减少外漏。液压系统出现故障时，可通过检查泄漏油路滤油器，判定是否属于液压马达磨损引起的故障。

该液压系统在回油路设置了强制式风冷式散热器和滤油器，使回油得到冷却和过滤，以保证挖掘机在连续工作状态下油箱内的油温不超过 80℃。

(2) 变量系统

20 世纪 60 年代，液压挖掘机上开始应用恒功率变量泵，其目的是既能充分利用发动机功率，又不会使发动机过载。液压挖掘机采用的变量系统多采用变量泵—定量马达的组合方式实现无级变量，且一般都是双泵双回路，它能随负载变化而自动改变液压泵的流量，使发动机经常接近于其设计功率工作。根据两个回路的变量有无关联，分为分功率变量系统和全功率变量系统两种。其中分功率变量系统的每个油泵各有一个功率调节装置，油泵的流量变化只受自身所在回路压力变化的影响，与另一回路的压力变化无关，即两个回路的油泵各自独立地进行恒功率变量调节，两个油泵各拥有一个发动机输出功率；全功率变量系统中的两个油泵由一个总功率调节机构进行平衡调节，使两个油泵的摆角始终相同，同步变量、流量相等。决定流量变化的是系统的总压力，两个油泵的功率在变量范围内是不相同的。其调节机构有机械联动式和液压联动式两种形式。

变量系统的基本原理如图 2-41 所示。随着液压技术的发展，针对挖掘机作业循环中的各种动作，以提高复合动作的准确性为目的，将恒功率控制原理应用于双泵系统，可以组合成分功率调节系统、全功率调节系统和交叉功率调节系统等，其功能各有所长。

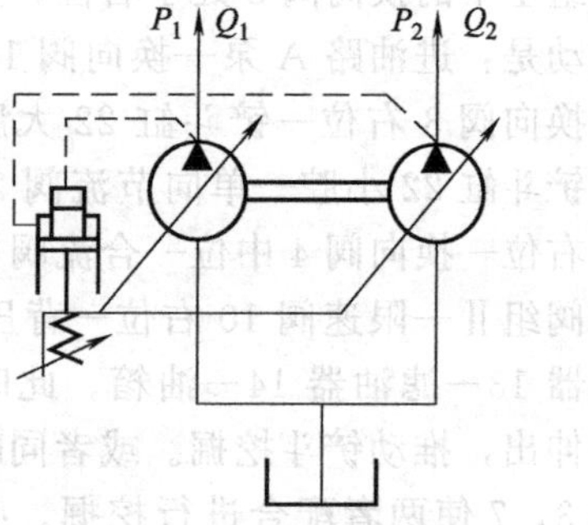

图 2-41 双泵变量系统

P_1，Q_1—分别为第一变量泵的压力和流量；

P_2，Q_2—分别为第二变量泵的压力和流量

① 双泵双路分功率调节变量系统 图 2-42 为 WY-200 型挖掘机液压系统，系双泵双路分功率调节变量系统。主液压泵为两台轴向柱塞式变量泵，由柴油机或电动机驱动。挖掘机小负荷工作时，泵输出的流量大，动作速度快；大负荷工作时，泵输出的流量小，工作装置可以较低的速度克服较大的负荷。流量的改变通过压力变化反馈到泵本身的变量调节机构来实现。由于每台泵只能输出发动机功率的 1/2，且各自独立调节，故称为分功率调节变量系统。

该机设计为正铲工作装置，经脚踏单向阀借回油油路的背压，操纵油缸 3 开启斗底。当动臂油缸 6 和斗杆油缸 5 独自工作

时，通过两个分配阀由双泵合流供油。背压阀 10 压力调到 1MPa，系统中各执行元件均设有各自的过载阀，以起到安全保护作用。滤油器 12 与开启压力为 0.3MPa 的单向阀并联，以防止因滤油器被污物堵塞而使油泵过载。行走马达油路中装有速度限制阀 7，防止挖掘机溜坡。

② 双泵双路全功率调节变量系统　图 2-43 所示为双泵双回路全功率调节变量挖掘机液压系统。其主要参数为：反铲斗容量为 0.6m³，液压系统工作压力为 25MPa，液压泵排量为 2×106.5mL/r，液压马达排量为 1.79L/r。

该液压系统采用一台双联轴向变量柱塞泵作为液压系统的动力源，主要控制阀为两组三位六通液控多路换向阀 15。这两组控制阀之间是并联关系并可互锁。泵 A 为多路阀①②③④提供高压油，以控制铲斗缸、动臂缸和左侧行走马达。其中多路阀④用于和阀⑦并联向斗杆缸供油。泵 B 为多路阀⑤⑥⑦⑧提供高压油，用以控制回转马达、右侧行走马达、斗杆缸、铲斗缸无杆腔和动臂缸无杆腔。液控多路阀由两个特殊的手动减压式先导阀 20 控制，该阀的特点是根据操纵手柄位置和方向的不同，既可以控制操纵液压泵 1 输出的压力在 1～2.5MPa 的范围内变化，同时也可控制多路阀换向，而手柄的行程与减压阀的输出压力在工作区段内

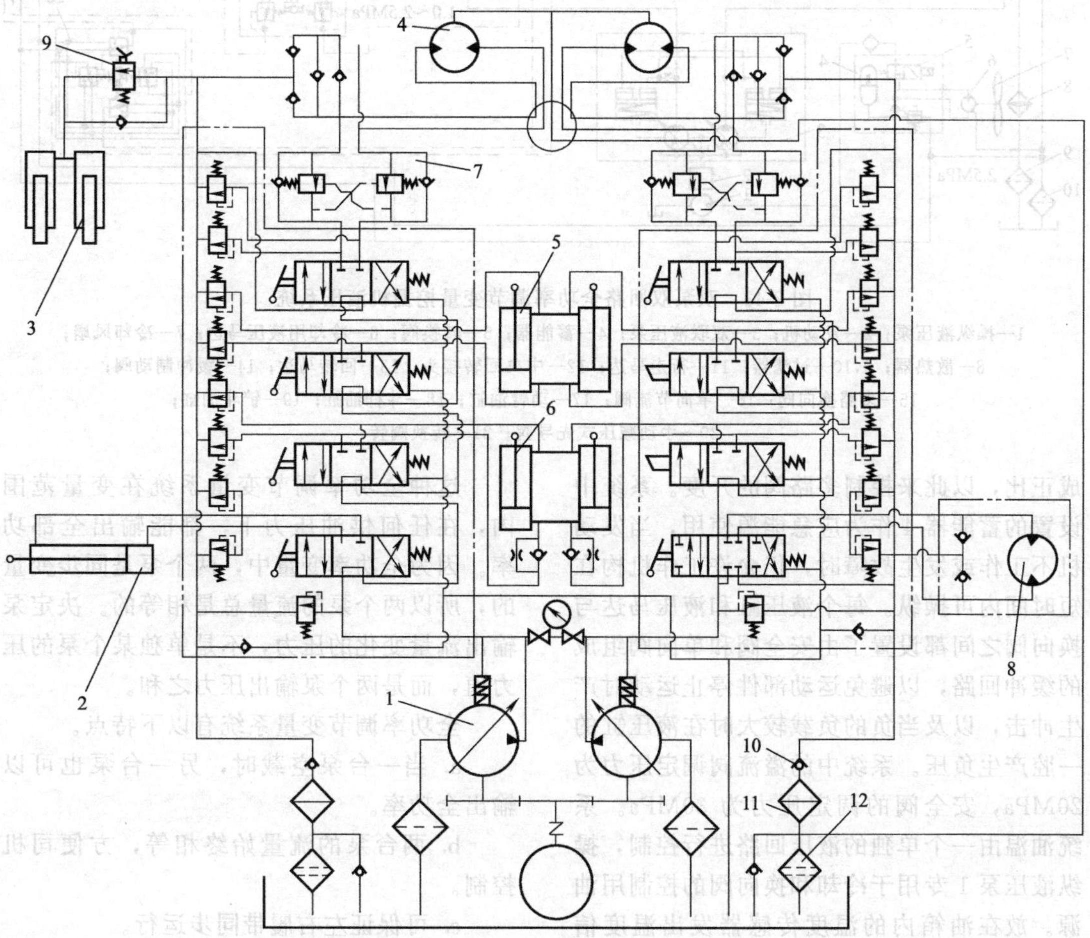

图 2-42　WY-200 型挖掘机液压系统

1—变量油泵；2—铲斗油缸；3—斗底开启油缸；4—行走油缸；5—斗杆油缸；6—动臂油缸；7—速度限制阀；8—回转马达；9—脚踏单向阀；10—背压阀；11—散热器；12—滤油器

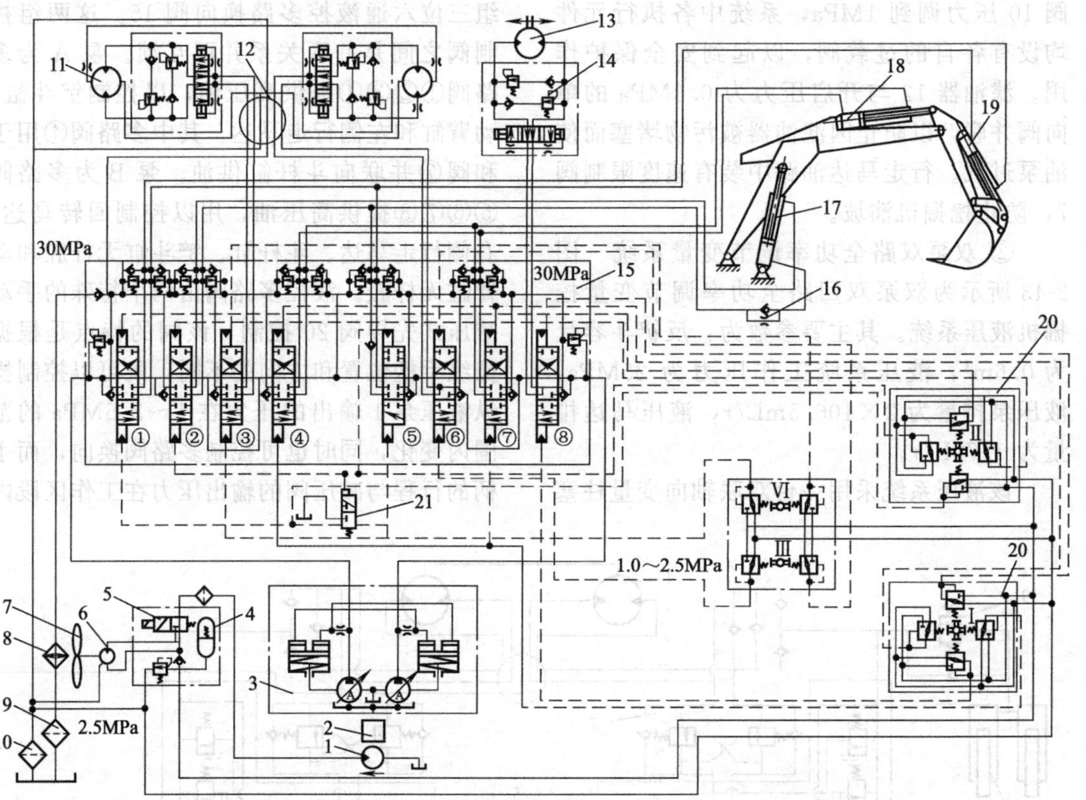

图 2-43 双泵双回路全功率调节变量挖掘机液压系统

1—操纵液压泵；2—发动机；3—双联液压泵；4—蓄能器；5—转换阀；6—冷却用液压马达；7—冷却风扇；8—散热器；9,10—过滤器；11—行走马达；12—中央回转接头；13—回转马达；14—缓冲制动阀；15—多路换向阀；16—单向节流阀；17—动臂油缸；18—斗杆油缸；19—铲斗油缸；20—手动减压式先导阀；21—转换阀转

成正比，以此来控制多路阀的开度。系统中设置的蓄能器 4 作为应急能源使用，当发动机不工作或发生故障时，仍允许工作机构在短时间内可操纵。每个液压缸和液压马达与换向阀之间都设置了由安全阀和单向阀组成的缓冲回路，以避免运动部件停止运动时产生冲击，以及当负的负载较大时在液压缸的一腔产生负压。系统中的溢流阀调定压力为 20MPa，安全阀的调定压力为 30MPa。系统油温由一个单独的液压回路进行控制，操纵液压泵 1 专用于冷却和换向阀的控制用油源。放在油箱内的温度传感器发出温度信号，当达到一定的温度时，温控器控制转换阀 5 动作，这时液压马达 6 带动风冷式冷却风扇 7 旋转，对油温进行控制。

这种全功率调节变量系统在变量范围内，在任何供油压力下，都能输出全部功率。因为全功率变量中，两个泵是同步变量的，所以两个泵的流量总是相等的。决定泵输出流量变化的压力，不是单独某个泵的压力值，而是两个泵输出压力之和。

全功率调节变量系统有以下特点。

a. 当一台泵空载时，另一台泵也可以输出全功率。

b. 两台泵的流量始终相等，方便司机控制。

c. 可保证左右履带同步运行。

d. 在挖掘作业中，卸土完毕后机械回转和动臂的下降可同时动作，提高了作业效率。

第3章 液压挖掘机的使用维护与检修常识

3.1 日常使用注意事项

3.1.1 施工作业准备工作

① 向施工人员了解施工条件和任务。内容包括：填挖土的高度和深度、边坡及电线高度、地下电缆、各种管道、坑道、墓穴和各种障碍物的情况和位置。挖掘机进入现场后，司机应遵守施工现场的有关安全规则。

② 挖掘机在多石土壤或冻土地带工作时，应先进行爆破再进行挖掘。

③ 按照日常例行保养项目，对挖掘机进行检查、保养、调整、紧固。

④ 检查燃料、润滑油、冷却水是否充足，不足时应予添加。在添加燃油时严禁吸烟及接近明火，以免引起火灾。

⑤ 检查电线线路绝缘和各开关触点是否良好。

⑥ 检查液压系统各管路及操作阀、工作油缸、油泵等，是否有泄漏，动作是否异常。

⑦检查钢丝绳及固定钢丝绳的卡子是否牢固可靠。

3.1.2 操作使用

(1) *发动机启动前的检查*

① 绕机巡视检查　启动发动机前，应查看机器周围和机器下面是否有螺栓、螺母松动的情况，检查机油、液压油、柴油和冷却液是否泄漏，检查工作装置和液压系统的状态，还要检查导线是否松动，检查各种间隙大小和高温地方的灰尘聚积情况。

② 启动发动机前，按如下所述进行检查。

a. 检查工作装置、液压缸、连杆和软管是否破裂、过量磨损和松动，若发现异常情况，应修理。

b. 清除发动机、散热器和蓄电池周围堆积的干树叶、杂草等易燃物。

c. 检查发动机是否泄漏机油、柴油，冷却系统是否泄漏冷却液。

d. 检查液压系统、液压油箱、管路及接头是否泄漏。

e. 检查驱动轮、引导轮、支重轮、托链轮、履带和护板等是否损坏或严重磨损。

f. 检查驾驶室内仪表、监视器是否损坏，螺栓是否松动。

g. 司机座椅和后视镜的调整。

h. 检查护盖、踏板和扶手是否损坏，螺栓是否松动。

i. 检查座椅安全带和固定吊扣是否正常，若不良，则更换。

j. 检查铲斗上所带的吊钩、限制器和吊钩座是否损坏。

k. 检查冷却液的液位。一定要等发动机冷却下来后再检查，若冷却液液位太低，则应添加冷却液至规定位置。

l. 检查发动机油底壳内的机油油位。要等发动机熄火15min后再检查机油油位。检查机油油位时，机器应处于水平位置。油位应在规定范围内。

m. 检查柴油油位。通过柴油箱上的观测窗、油位计或监测器检查柴油油位，若油位过低，则补充柴油。要经常清理柴油箱盖上的透气孔。

n. 检查液压油油位。首先将机器停放在平坦的地面上，启动发动机并怠速运转，收回斗杆和铲斗液压缸，降下动臂，使斗齿接触地面。关闭发动机15s后，在各个方向全行程操作每个操纵杆，以卸掉内部压力。

此时，检查液压油油位是否在上限与下限之间。因为油位随油温的变化而变化，所以在操作前（油温在10～30℃），油位应在下限位置，在正常工作时（油温在50～80℃），油位应在上限位置。

o. 检查空气滤清器滤芯。可根据显示屏或灰尘指示器等检查、清洗或更换滤芯。

p. 检查电气配线。检查保险丝是否损坏，线路中有无断路或短路现象。检查接线柱是否松动，若松动，则进行紧固。仔细检查蓄电池、启动电机、发电机。要及时清除蓄电池周围的易燃物。若保险丝频繁地烧坏或线路中有短路现象，则应进行检修。

q. 检查油水分离器中的水和沉积物。如果有沉积物，则应立即放掉。放水时，若空气被吸入柴油管，则要按照与燃油滤清器放气相同的方法放气。

（2）*发动机启动*

① 正常情况下启动

a. 确定安全锁定杆在锁定位置，确认周围区域内无人或障碍物。

b. 把油门操纵杆拉到怠速和高速间的中间位置。

c. 插入钥匙后先按喇叭，以警示挖掘机周围的人，再将钥匙转动到启动位置。

d. 启动发动机后要立刻松开钥匙，钥匙会自动回到ON位置。

e. 不要使启动电机持续运转15s以上，若发动机不能启动，则至少要等2min后再重新启动。

② 寒冷情况下启动

在寒冷的冬天启动时，油的黏度增加，蓄电池性能降低，所以很难启动发动机。可使用预热的方法来启动发动机。其步骤如下：

a. 首先进行“在正常情况下启动”中的前两个步骤。

b. 插入钥匙后先按喇叭，以警示附近的人。

c. 转动钥匙到预热位置，约30s后再将钥匙转到启动位置。

d. 启动发动机后要立刻松开钥匙，钥匙会自动回到ON位置。

e. 油门操纵杆在怠速位置，预热发动机。

f. 不要使启动电机持续运转15s以上，若发动机不能启动，则至少要等2min后再重新启动。

g. 预热时间不要持续30s以上。若发动机无法启动，则将钥匙转至OFF位置，等30s后再重新预热启动。

③ 用辅助线启动

当使用辅助线启动发动机时应注意：

a. 蓄电池会产生爆炸性氢气，不要让辅助线的端点接触到机器，避免产生火花，检查蓄电池电解液液位时不要吸烟。

b. 不要让蓄电池电解液接触皮肤、眼睛，要戴护目镜。

c. 与辅助线相连的蓄电池电源电压应与有故障机器的蓄电池电压相同，千万不要用高电压电源启动，如电焊机的电源等。

d. 连接辅助线前，应先关掉所有的灯及附件开关。

用辅助线启动步骤：

a. 使发动机熄火。

b. 将辅助线的一端连接在有故障机器的蓄电池正极上，另一端连在正常机器的蓄电池正极上。

c. 将另一条辅助线一端连在正常机器的蓄电池负极上，另一端连在有故障机器的机体上并远离蓄电池。

d. 启动有故障机器的发动机。

e. 启动后拆下辅助线，拆下辅助线时，先拆下辅助线与有故障机器机体的连接，然后拆下该辅助线与正常机器蓄电池负极的连接，再拆下另一条辅助线与正常机器蓄电池正极的连接，最后拆下该辅助线与有故障机器蓄电池正极的连接。

（3）*发动机启动后的暖机运转与检查*

① 发动机启动后的暖机运转　液压油最合适的工作温度为50～80℃。为了延长机器的使用寿命，在开始工作前要进行暖机运转。当液压油温度低于25℃时，不要突然操作操纵杆。在暖机操作完成之前，不要

突然增加发动机转速。不要使发动机在怠速或高速下连续运转 20min 以上。若发动机必须空转，则应不时地加载或者使其中速运转。

a. 将油门操纵杆置于怠速和高速间的中间位置，使发动机中速无载运转 5min。

b. 全行程交替操作铲斗和斗杆 5min，时间间隔为 30s。

c. 液压油温度达到规定值后，在无负载状况下操作斗杆、动臂以及回转装置。

d. 把液压油加热后，再把发动机转速增加到最大，然后进行操作。

② 发动机启动后的检查

a. 查看各仪表、指示灯或显示屏上显示的发动机水温、柴油油位、发动机机油压力和充电程度是否正常。

b. 通过液压油箱上的油位计，检查油位是否在规定范围的位置。

c. 检查柴油、机油或冷却液是否泄漏。

d. 检查发动机排气声音和排气颜色是否正常。

e. 检查是否有不正常的杂音或振动。

(4) 液压挖掘机的行驶和转向

① 机器向前行驶

a. 把油门操纵杆拉向高速位置，提高发动机转速。

b. 将安全锁定杆置于松开位置，将工作装置抬离地面 40～50cm。

c. 当驱动轮在后边时，向前推动行走操纵杆，机器便向前行驶。当驱动轮在前边时，向后拉行走操纵杆，机器便向前行驶。操纵前先鸣喇叭并检查周围情况。

d. 机器的最大爬坡能力为35°，在斜坡上下行时，要低速缓慢操作。

e. 当操纵杆在中立位置时，会自动刹车。挖掘机不要长时间连续行走，不要当交通工具使用，只能在工地上短距离移动。

② 机器向后行驶

a. 进行“机器向前行驶”中的前两个步骤。

b. 当驱动轮在后边时，向后拉行走操纵杆，机器便向后行驶。当驱动轮在前边时，向前推动行走操纵杆，机器便向后行驶。操纵前先鸣喇叭并检查周围情况。

③ 机器转向

a. 机器不移动时的单侧转向：在前进方向左转时，应向前推右行走操纵杆，在后退方向左转时，应向后拉右行走操纵杆；向右转弯时，以同样方式操作左行走操纵杆。

b. 机器在行驶时的单侧转向：向左转时，若左行走操纵杆回到中位，机器就转向左边；向右转时，以同样的方式操作右行走操纵杆。

c. 两履带反向转动时的双侧转向（原地转弯）：向左转时，向后拉左行走操纵杆，同时向前推右行走操纵杆；向右转时，向后拉右行走操纵杆，同时向前推左行走操纵杆。

(5) 液压挖掘机回转和工作装置操作

① 向左或向右扳动左操纵杆，挖掘机向左或向右回转。

② 向前或向后扳动左操纵杆时，斗杆收回或向外伸出。

③ 向前或向后扳动右操纵杆，可使动臂下降或提升。

④ 向左或向右扳动右操纵杆，可使铲斗挖掘或卸载。

⑤ 如果松开操纵杆，操纵杆会自动回到中位，工作装置即在该位置停住。

(6) 禁止使用的操作方法

① 不要使用回转力来压实土壤或破坏土堆、建筑物。回转时不要把斗齿插入土中。

② 不要使铲斗插入地中而使用行走力来挖掘。

③ 不要使液压缸活塞杆运动到其行程终点，应保留一小段安全距离。

④ 不要把铲斗当做手镐、破碎器或打桩机来使用。

⑤ 不要将机体升起来后，再到地面挖掘。

⑥ 对于岩质地面，要利用其他方法破碎后再挖掘。

⑦ 机器从水中驶出时，机器的倾角要

小于15°，不要使机器浸入超过允许深度的水中（一般水深在托链轮中心以下）。对在水中浸泡很长时间的部件，要加黄油，直到润滑部位的旧黄油挤出为止。

(7) 机器停车、停放和完工后的检查

① 机器停车：把左、右行走操纵杆置于中间位置，机器便停止行走。

② 机器停放：

a. 把左、右行走操纵杆置于中位，机器停止行走。

b. 把发动机转速降至怠速转速，运转5min后让发动机温度渐渐降低。

c. 斗杆垂直，水平降下铲斗，直至铲斗底部接触地面。

d. 将安全锁定杆置于锁定位置。

e. 将钥匙转到OFF位置，然后拔出钥匙。

f. 离机前关好窗户、门及每个盖子等，最后将门锁好。

③ 完工后的检查

a. 检查发动机冷却液温度、发动机机油压力、机油温度和柴油油位。

b. 燃油箱要加满柴油，但不要加到油箱顶，防止温度升高时柴油外溢。

c. 清除粘在履带总成上的泥土和污物。

d. 检查液压油、柴油、机油或冷却液是否泄漏。

e. 检查工作装置、履带总成、回转支撑装置等是否损坏，若损坏，则立即修理。

3.1.3 特殊作业环境下的注意事项

(1) 上坡和下坡

① 在超过15°的斜坡上向上或向下行驶时，斗杆与动臂应保持90°～110°的夹角，铲斗背面离地距离为20～30cm，并降低发动机转速。

② 在上坡行驶时，若履带板打滑，除了依靠履带板的驱动力行驶上坡外，还应利用斗杆的拉力帮助机器上坡。若在上坡时发动机熄火，则可将行走操纵杆移至中位，把铲斗降至地面，使机器停止，然后再启动发动机。

③ 在下坡行驶时，利用行走操纵杆和油门操纵杆保持较低的行驶速度。若下坡时要制动，则把行走操纵杆置于中位，这样制动器就会自动起作用。

④ 当在斜坡上工作时，不要进行回转，因为这样容易使机器因失去平衡而倾翻、滑动。若必须在斜坡上回转时，应在低速下小心地进行操作。在斜坡上发动机熄火时，禁止进行回转操作，并防止上部结构在其自重作用下回转。

⑤ 若机器在斜坡上，驾驶室门应始终关闭，避免因打开驾驶室门引起的操作力的突然变化。

⑥ 在斜坡上行走时，不要改变行走方向，否则会导致机器倾翻或滑动。如果必须要在斜坡上改变行走方向，则应在较平缓的坚固的斜坡上操作。避免横越斜坡，因为这样可能导致机器滑动。

(2) 在泥水中和松软的地面上作业

① 如果河床是平的而水流速度缓慢，则在水中的操作深度应在托链轮的中心线以下。如果河床的状况不佳而水流速度快，则一定要注意，不要使水或砂石侵入回转支撑机构、回转小齿轮、中央回转接头等。如果水或砂石侵入回转大轴承、回转小齿轮、大齿圈及中央回转接头，则应立刻更换新黄油或回转大轴承，要暂停作业并及时修理。

② 在松软的地面上作业时，地面可能会慢慢地陷落，作业时要随时注意机体下部的情况，不要超过机器的下陷深度。

③ 在泥水中作业时，若工作装置连接销浸在水中，则每次完工后都要加黄油。作业或深度挖掘作业，每次作业前都要给工作装置连接销加黄油。每次加黄油后，臂、斗杆和铲斗动作数次，然后再加黄油，直到将旧黄油挤出为止。

④ 当单侧履带陷入泥水中时，可利用动臂、斗杆和铲斗抬起履带，然后垫上木板或圆木，让机器驶出。如有必要，则在铲斗下面也垫一块木板。在使用工作装置抬起机器时，动臂和斗杆间夹角应为90°～110°，应始终使铲斗底部与泥水地面接触。

⑤ 当两侧履带都陷入泥水中时，应按上述方法，垫放木板，把铲斗锚入地中（铲斗的斗齿插入地中），然后拉回斗杆，同时把行走操纵杆置于前进位置，拉出挖掘机。

⑥ 如果机器陷在泥水中，并且无法靠自己的力量脱离时，应用有足够强度的钢丝绳牢牢地拴在机体的行走架上，在钢丝绳和行走架间放置厚木板，以免损坏钢丝绳和机体，然后用另一台机器向上拖拉。行走架上的孔是用来牵引较轻的物体的，千万不能用来拉重物，否则孔会破裂，造成危险。

(3) 在海滨地区作业

① 在操作之前，检查螺塞、放水阀和各盖子是否松动，若松动，则拧紧。

② 必要时，在电气设备里面加适量黄油，防止设备锈蚀。

③ 操作后要彻底清洗整个机器，以除去盐分，必要时在需要的地方加黄油或机油，以避免锈蚀。

(4) 在多尘地区作业

① 要经常检查并清洗空气滤芯，必要时予以更换。

② 经常检查水箱中水质污染情况，缩短清洗水箱的时间间隔，以防内部被杂质堵塞，影响发动机及液压系统散热。

③ 添加柴油时要小心，不要让杂质混入柴油中，而且要在适当的时间检查柴油滤芯，必要时予以更换。

④ 应在适当的时候清洁启动电机和发电机，以免累积灰尘。

(5) 在寒冷的冬天作业

当温度特别低时，各种油的黏度增大，发动机启动会变得困难。为避免损害发动机和水箱，应采取以下措施。

① 换用黏度低的柴油、机油和液压油。

② 在寒冷的冬天使用机器时，加到冷却系统中防冻液的比例应为最低温度时的比例。禁止使用甲醇、乙醇或丙醇基的防冻液。无论是单独使用，还是与防冻剂混合使用，一定要避免使用防漏水剂。不能把一种防冻液与另一种不同牌号的防冻液混合使用。对于永久型防冻液，一年之内不需要更换。若没有永久型防冻液，则在冬季仅允许使用无抗腐蚀剂的乙二醇防冻液。在这种情况下，每年（在春季或秋季）应清洗冷却系统两次，仅在秋季加防冻液，在春季不再加防冻液。

③ 温度降低后，蓄电池充电的能力会降低并可能结冰，应盖上蓄电池或者把它从机器上卸下，放在温暖的地方，第二天作业前再装上。若发现蓄电池电解液液位太低，则应在第二天早上工作前加蒸馏水，不要在当天完工后加水，以防止晚上结冰。

④ 为防止因泥、水结冰，第二天早上机器不能开动，必须彻底清除机体上的泥和水，避免泥或脏物随水滴进密封圈，损坏密封装置。

⑤ 将液压缸的活塞杆缩回到液压缸筒内，避免泥土和水粘在活塞杆上，损害液压缸密封圈。

⑥ 把机器停在坚硬、干燥的地面上。若没有条件，可把机器停在木板上，第二天开走。

⑦ 打开放水阀，放掉聚集在燃油系统中的水，防止冻结。

⑧ 机器在泥水中作业后，必须按下述方法清除车上的泥水：

a. 发动机低速运转，将上部装置回转90°，使工作装置转到履带侧面。

b. 将工作装置慢慢地压向地面，使履带轻轻浮起，让履带空转，清除上面的泥水，另一侧履带也按此办法清除泥水。

⑨ 由于电气设备对于水汽特别敏感，所以在洗车或遇到雨雪时应避免电气设备接触水汽。由于控制器、监测器等电气元件都安装在驾驶室中，所以绝不能让雪水侵入驾驶室内。

3.1.4 安全使用知识

挖掘机是具有高温高压的机器，其水温可达98℃，液压油温可达85℃，发动机的涡轮增压器和消声器的温度可达700℃，工作管路的最高压力可超过30MPa。因此，操作、维修人员必须是经过专门培训，并取得相应资格证，操作前要掌握挖掘机使用说明书中内容。在挖掘机作业、维护、维修时，必须严格按规定操作。

在操作或使用挖掘机的过程中，大多数事故和故障都是由于忽视安全和不遵循操作、维修基本安全规程所造成的。因此，司机和现场工作人员都必须完全掌握安全操作规程、严格按操作程序操作，以防止事故的发生，消除事故隐患。

(1) 安全常识

① 进行操作和维护时，一定要看清产品使用说明书中的安全规定、注意事项、操作程序和使用说明。

② 在作业现场禁止穿松散、破损和有油污的衣服，不要戴饰品和披长发。操作或维护保养时应戴安全帽、防护镜、口罩和手套，穿工作鞋。

③ 不要跳上、跳下机器，切勿登上或离开行驶中的机器。上、下机器时，总要面对机器，始终保持手与扶手、梯子、履带至少三点接触。随时擦去扶手、梯子（或踏板）和履带上的油污和泥土。

④ 人体不要进入，也不要把手、手臂或身体的某个部位放入运动的部件之间，如工作装置与液压缸之间、机体与工作装置之间。

⑤ 机上应备有灭火器并懂得其使用方法。在储存处应备有急救箱，还要备有紧急情况下应急联系人员的电话号码。

⑥ 在驾驶室内应将工具和备件放在工具箱内。不要让驾驶室内地板、操纵杆、踏板上有油和其他污染物。操作时要系好安全带。

⑦ 蓄电池电解液内含有硫酸，其危害较大。如果硫酸溅到身上，应立即用清水冲洗。酸液溅入眼内要立即用大量的清水冲洗，并及时送往医院。若意外喝了酸液，则要饮大量的水、牛奶、生鸡蛋或植物油并马上送往医院。

(2) 作业前安全检查

① 操作前，应仔细检查场地是否有危险，检查工作场地的地面和土壤条件，确定最好、最安全的操作方法。

② 如果在施工场地下面埋有水管、煤气管、高压电缆、通信光缆等管线，则要先与有关部门联系并确定其位置，避免挖破或切断这些管线。

③ 在水中或跨河作业前，要检查水的深度和流速，禁止在深度或流速超标的水中作业。

④ 彻底清除聚积在发动机上的木屑、树叶、废纸和其他易燃物。

⑤ 擦去窗和灯表面的灰尘和沉积物。调整后视镜，检查前灯和工作灯的安装和照明。

⑥ 检查燃油、润滑油和液压油系统是否泄漏，若泄漏则应立即修复。

⑦ 在蓄电池盖上严禁放置易燃物品，尤其是油类物品，并应擦净多余的油污，杜绝火灾的发生。

(3) 作业时安全事项

① 挖掘机工作时，应停放在坚实、平坦的水平地面上，并将行走机构刹住。轮胎式挖掘机应把支腿顶好。

② 上机操作前，应再次巡视机器周围，检查是否有人或物体挡道。只有坐在座椅上时，才可启动和操作机器。启动发动机时，应先鸣喇叭示警。不允许司机以外的任何人进入驾驶室或停留在机体上。

③ 行驶前，要检查机体上部的方位，驱动轮在行走架的后面时为前进方向。开始行驶前，使动臂与斗杆铰接处和动臂液压缸与动臂铰接处成水平状态。斗杆收回且与动臂夹角保持在45°～110°，铲斗和地面的距离保持在300～500mm。在不良路面上行驶时，要低速移动机器，不要突然改变方向。不要越过障碍物。如果必须越过时，应降低工作装置，使其尽量接近地面，并放慢行驶速度。不准跨越倾斜度过大（10°或更大）的障碍物。

④ 回转和向后行驶前，先确认作业范围内没有人员或障碍物，再鸣喇叭或给出信号，警告人们不要靠近机器。配合挖掘机作业，进行清底、平地、修坡的人员，须在挖

掘机回转半径以外工作。若必须在挖掘机回转半径内工作时，挖掘机必须停回转，并将回转机构刹住后，方可进行工作，同时，机上机下人员要彼此照顾，密切配合，确保安全。在危险地段或视线不良的地区作业时，须设置信号员。

挖掘机回转时，应用回转离合器配合回转机构制动器平稳转动，禁止急剧回转和紧急制动。

⑤ 铲斗未离开地面前，不得做回转、走行等动作。铲斗满载悬空时，不得起落臂杆和行走。铲斗挖掘时每次吃土不宜过深，提斗不要过猛，以免损坏机械或造成倾覆事故。铲斗下落时，注意不要冲击履带及车架。

⑥ 拉铲作业中，当拉满铲后，不得继续铲土，防止超载。拉铲挖沟、渠、基坑、等项作业时，应根据深度、土质、坡度等情况与施工人员协商，确定机械离边坡的距离。

⑦ 反铲作业时，必须待臂杆停稳后再铲土，防止斗柄与臂杆沟槽两侧相互碰击。

⑧ 挖掘机装载活动范围内，不得停留车辆和行人。若往汽车上卸料时，应等汽车停稳，驾驶员离开驾驶室后，方可回转铲斗，向车上卸料。挖掘机回转时，应尽量避免铲斗从驾驶室顶部越过。卸料时，铲斗应尽量放低，但要注意不得碰撞汽车的任何部位。

⑨ 在离开机器之前，先将铲斗完全降至地面，然后锁定安全锁定杆，使发动机熄火，再用钥匙锁上所有设备，并把钥匙带在身上。对于装有蓄能器的机器，还要用锁销锁住附属装置踏板。

⑩ 机器应尽可能停放在水平地面上，如果必须在斜坡上停机时，要用楔块卡住履带或车轮并把铲斗插入地面。在公路上停放时，要设置围栏，机上悬挂警示旗或信号灯，以警示行人，应确保机器、旗子和灯不影响交通。

(4) 特殊作业环境下的安全事项

① 在山坡、堤坝或较陡的斜坡上行驶时，可能会造成机器倾翻或滑移，因此，要特别小心，并降低速度。行驶时，应让铲斗离地面约 20～30cm，不要倒退着下坡。挖掘机跨越隆起物或其他障碍物时，应使工作装置接近地面并慢慢行驶。挖掘机在斜坡上转弯或横穿斜坡是十分危险的，一定要下到一个平坦的地方来完成这些动作。虽然时间长些，但能确保安全。严禁铲斗满载下坡回转，若必须在斜坡上回转，应用土在斜坡上堆起一个平台，使机器在工作时保持水平。不要在超过 35°的斜坡上行驶。

挖掘机上坡时，驱动轮应在后面，臂杆应在上面；挖掘机下坡时，驱动轮应在前面，臂杆应在后面。上下坡度不得超过 20°。下坡时应慢速行驶，途中不许变速及空挡滑行。

② 挖掘机在通过轨道、软土、黏土路面时，应铺垫板。在冰雪覆盖的地面上工作时要低速行驶，不要突然启动、停车、转向或回转。大雪过后，路肩和路旁的物体埋在雪中看不见，土质变软，要加倍小心。

③ 在路肩或悬崖边缘等危险区域作业时，机器可能失衡，所以要使驱动轮位于行走架的后面，以便在紧急状态下快速后退。

不要挖掘机器上方突出来的工作面，以防突出部分塌方而砸坏机器。若土壤挖成悬空状态而不能自然塌落时，则需用人工处理，不准用铲斗将其砸下或压下，以免造成事故。

在高的工作面上挖掘散粒土壤时，应将工作面内的较大石块和其他杂物清除，以免塌下造成事故。

在机器的前下方不要深挖，因为机器下面的地面可能会塌陷，导致机器陷落。

④ 在高度受限制的地方工作时（如在隧道中、桥梁下、电线下面或修理车间内），应特别注意不要让异物碰撞动臂和斗杆。

⑤ 挖掘机不论是作业或走行时，都不得靠近架空输电线路。若接近高压电缆，则可能会遭受电击，导致严重伤亡。

如必须在高低压架空线路附近工作或通过时，机械与架空线路的安全距离，必须符合规定的尺寸，要穿橡胶底鞋或皮底鞋，设置信号员，以便随时发出警告，并不要让任何人接近机器。万一工作装置碰到电缆，司机不应离开驾驶室。雷雨天气，严禁在架空高压线近旁或下面工作。

⑥ 在进行吊重作业时，吊装物不能载人，任何人不得进入工作区。吊重作业需要专用起重吊钩（如在铲斗上装的吊钩），禁止用钢丝绳固定在斗齿上或直接缠在动臂或斗杆上吊重。

吊装时，应降低发动机转速，缓慢进行吊装作业。避免操纵杆突然变挡。挖掘机的回转速度是自行式起重机的3～4倍，所以回转时要特别小心。吊起重物时，司机切勿离开座位。

严禁超载作业。禁止纵向或横向拖拉重物，也不要随意收回斗杆，切勿吊物行走。

⑦ 要在适当位置安装防护罩，防止下落或飞起的物体伤人。当使用液压锤或做拆毁、破碎工作时，要在前窗上安装防护罩，在驾驶室顶上安装顶护罩，还要在窗上安装层压安全玻璃。

在矿山、隧道或者其他有落物的危险地方工作时，要安装落物保护装置和层压玻璃。在进行上述工作时，除司机外的所有人员都应在危险区之外。

(5) 检修保养安全事项

① 柴油、液压油、机油和防冻液遇明火会燃烧，尤其是柴油，属于高度易燃品，所以要拧紧柴油、液压油、机油箱盖，严禁烟火接近机器。应在通风良好的地方加油，并使发动机熄火。

② 避免在高温时开盖检查。在刚停止作业时，发动机冷却液、机油、液压油等的温度、压力都非常高。此时，如果打开盖子检查或更换滤芯，会造成严重烫伤。一定要等温度降下来后，再按规定的步骤检查。

③ 拆卸任何管路、塞子或相关部件之前，应先释放系统的压力（如空气、液压油、机油、水等）。打开水箱盖、液压油箱盖、机油盖和其他堵头时要特别小心，避免高压液体向外喷出。拆卸盖板时，要慢慢地拆下最后两个螺栓或螺母。完全拆卸之前，要注意弹簧或有压力的部位。

④ 松弛或受损的燃油管、机油管和液压油管绝对不能再使用，必须立即更换。对于漏油的管子，不能用手去测漏，高速喷出的高压液体会伤人。必须测漏时，可使用纸片或夹板找出泄漏孔的位置。

⑤ 拆卸时，不要损伤电线。重新安装时，应保护好电线。连接电线时小心不要沾上液体。

⑥ 当部件上有石棉纤维时要特别注意。不要使用压缩空气清洁部件，不要刷磨石棉纤维质，要用水进行清洗，并尽可能背风操作，必要时应戴防护面罩。

⑦ 检修蓄电池时，始终要戴护目镜。蓄电池产生的氢气很容易爆炸，遇火花或明火很容易点燃。处理蓄电池前，要关闭发动机，把启动开关转至关闭位置。应避免金属物品与蓄电池接线柱意外接触。拧紧蓄电池盖，使接线柱与蓄电池线连接牢固。松动的蓄电池线会产生火花并导致爆炸。禁止使用冰冻的蓄电池。

⑧ 蓄能器内充有高压氮气，处理不当是非常危险的。因此，禁止在蓄能器上打孔或使它处于明火之中。不要在蓄能器上焊接任何凸台，不要擅自从蓄能器中放气。

⑨ 用辅助电缆启动时，应戴安全眼镜。当用另一台机器启动时，不允许两台机器接触。接通辅助电缆时，一定要先连接正(+)极电缆，拆卸时则要先拆地线或负(−)极电缆。若任一工具搭在正(+)极和机架间，则会产生火花，这是很危险的。将两台机器蓄电池组并联，正极接正极，负极接负极。地线与要启动的机器机架相连时，一定要远离蓄电池。

⑩ 若牵引发生故障的挖掘机的方法不正确，则会造成伤亡事故。牵引机器时，要使用有足够强度的钢丝绳。禁止在斜坡上牵引失效的机器。人不要跨立在牵引缆绳或钢丝绳上。与牵引机器连接好后，不要让任何人进入牵引机器与被牵引机器之间。它们之间的连接要成直线。在牵引钢丝绳和机体间

应加木块。禁止使用轻载牵引孔牵引机器。

3.2 液压挖掘机的维护保养

挖掘机长期使用后，会产生自然磨损、疲劳和松动。恶劣的作业环境，又是加剧磨损的重要因素。因此，定期检查、维护和保养挖掘机，可以减少挖掘机的故障，延长挖掘机的使用寿命，缩短机器的停工时间，提高工作效率，大大降低作业成本，使机器达到最佳状态。

3.2.1 维护保养注意事项

① 进行维护保养工作时，要在操纵杆处挂上“不准操作”警示牌。必要时，在机器周围也要挂警示牌。此时，若有人启动发动机或扳动操纵杆，则会给工作人员造成严重伤害。

② 只能使用合适的工具，使用损坏的、劣质失效的或代用工具会造成人员伤害。

③ 要保持机器的整洁。泄漏的液压油、机油、黄油，乱放的工具和杂物都可能导致意外事故发生。所以，要随时保持机器的干净、整洁。

④ 检查和维护保养前，应关闭发动机。若必须启动发动机，则应把安全锁定杆置于锁定位置，并由两人来完成维修作业，一人进行维修，另一人坐在司机座椅上，以便必要时立即关闭发动机。进行维护保养的人员应特别小心，不要碰上或被卷入运动的部件中，并注意不要让任何物品卷入其中。

⑤ 在机器下面进行维护和修理之前，应把所有可动的工作装置降至地面或最低位置。动臂和斗杆角度应保持在90°～110°，然后降下铲斗，使底面向下，撑起机器，再用安全的支架支撑机器。如果机器支撑不良，则不要在其下面工作。

⑥ 禁止向下水道、河流或地面上乱倒机油、柴油、冷却液、液压油、溶剂，禁止乱扔滤芯、蓄电池或其他有害物质。有害物质要存入容器中，遵照有关规则处理。

⑦ 当发生火灾时，若时间来得及，则应把钥匙开关转到停止位置，使发动机熄火。可使用灭火器灭火并立即通知消防人员。

⑧ 从机器上卸下来的铲斗、液压锤或推土铲等附件应放到一个不会翻倒的地方，并确保小孩和其他人员远离存放区域。

⑨ 应在通风良好的地方添加柴油、液压油和机油，要将溅出的油立即清除掉，拧紧加油盖，禁止用柴油清洗零件或机器。

⑩ 夜晚检查柴油、机油、液压油、冷却液或蓄电池电解液时，要使用防爆灯，否则有爆炸的危险。

3.2.2 定期保养的内容

（1）新机保养

新机工作250h后就应更换燃油滤芯和附加燃油滤芯；检查发动机气门的间隙。

（2）日常保养

日常维护是各级维护的基础，属于防范性的例行作业，以检查、清洁为中心，是减少液压系统故障最重要的环节。通过检查，可以较早地发现一些异常现象即故障预兆，如外渗漏、压力不稳定、温升较高、声音异常及液压油变色等。日常维护应在出车前、作业中、收车后进行。

① 检查、清洗或更换空气滤芯。

② 清洗冷却系统内部。清洗冷却系统内部时，待发动机充分冷却后，缓慢拧松注水口盖，释放水箱内部压力，然后才能放水；不要在发动机工作时进行清洗工作，高速旋转的风扇会造成危险。

③ 检查液压油箱的油平面是否正确，若油液不足，应添加同牌号的油液，同时应检查油液的颜色、气味、黏度是否异常。深褐色、乳白色、有异味的液压油是变质油，不能使用。

④ 检查液压油散热器的工作情况，散热片不要被油污染，尘土、油泥附着会影响散热效果；检查进气加热器；检查、调节空调。

⑤ 检查各液压泵和马达的固定螺栓是否松脱；液压泵驱动轴的轴头油封应密封良

好，该处应使用“双唇”正品油封，因为“单唇”油封只能单向封油，不具备封气的功能。

⑥ 检查、清洁或更换冷却液和防腐蚀器；检查或更换破碎器滤芯（若有）；检查前窗清洗液液面。

⑦ 检查和拧紧履带板螺栓；检查和调节履带反张紧度；更换斗齿；调节铲斗间隙。

⑧ 每次启动发动机前，要检查以下内容：检查冷却液的液面位置高度（加水）；检查发动机机油油位（加机油）；检查燃油油位（加燃油）；检查液压油油位（加液压油）；检查空气滤芯是否堵塞；检查电线；检查喇叭是否正常；检查铲斗的润滑；检查油水分离器中的水和沉淀物。

(3) 每100h保养项目

动臂缸缸头销轴；动臂铰脚销；动臂缸缸杆端；斗杆缸缸头销轴；动臂、斗杆连接销；斗杆缸缸杆端；铲斗缸缸头销轴；斗杆、铲斗缸缸杆端；铲斗缸缸头销轴；斗杆连杆连接销；检查回转机构箱内的油位（加机油）；从燃油箱中排出水和沉淀物。

(4) 每250h保养项目

250h维护是为保证液压系统正常工作，尽早发现潜在故障隐患并进行修复或排除，提高其寿命与可靠性。维护的内容包括：规定必须作定期维修的基础部件、日常检查中发现的不利现象而又未及时排除者、潜在的故障预兆等。

① 检查液压油中含有杂质的情况，拆下滤油器，将滤油器中的液压油倒出，取数滴液压油放在手上，用手指捻一下，察看是否有金属颗粒，或在太阳光下观察是否有微小的闪光点。如果有较多的金属颗粒或闪光点，说明液压油含有机械杂质较多，往往标志着液压泵（马达）磨损或液压缸拉缸。必须进一步确诊并采取相应措施。

② 检查液压油的氧化程度，如果液压油的颜色呈黑褐色，并有恶臭味说明已被氧化。褐色越深，恶臭味越浓，则说明被氧化的程度越严重。如果在初步检查中发现液压油性能恶化，应取样对液压油进行化验室检测，根据检测结果进行过滤或更换。

③ 检查液压油中含水分的程度，如液压油的颜色呈乳白色，气味没变，则说明混入水分过多。取少量液压油滴在灼热的铁板上，如果发出“叭叭”的声音，则说明含有水分。

④ 更换滤油器，工程机械运行250h后，不管滤芯状况如何均应更换，如果长时间高温作业还应适当提前更换滤芯。选用包装完好的正品滤油器（若包装损坏，可能不洁），同时应注意新滤油器的过滤精度是否合适。换油的同时认真清洗滤油器的密封表面。

⑤ 维护时应注意：不要盲目拆卸；不同的油不能混合使用；液压泵（马达）和各类阀不得任意解体；更换管类（包括软管）辅件时，必须在油压消失后进行；液压元件、液压胶管要认真清洗，用高压风吹干后组装。

⑥ 检查终传动箱内的油位（加齿轮油）；更换发动机油底壳中的油。

⑦ 润滑回转支撑（2处）。

⑧ 检查风扇皮带的张紧度，并检查空调压缩机皮带的张紧度，并进行调整。

⑨ 检查蓄电池电解液。

(5) 每500h保养项目

同时进行每100h和250h保养项目；更换燃油滤芯；检查回转小齿轮润滑脂的高度（加润滑脂）；检查和清洗散热器散热片、油冷却器散热片和冷凝器散热片；更换液压油滤芯；更换终传动箱内的油（仅首次在500h进行，以后每1000h一次）；清洗空调器系统内部和外部的空气滤芯；更换液压油通气口滤芯。

(6) 每1000h保养项目

同时进行每100h、250h和500h保养项目；更换回转机构箱内的油；检查减振器壳体的油位（回机油）；检查涡轮增压器的所有紧固件；检查涡轮增压器转子的游隙；发电机皮带张紧度的检查及更换；更换防腐蚀滤芯；更换终传动箱内的油。

彻底清洗液压系统。清洗液最好采用系统用过、牌号相同的、经过过滤的洁净的液压油。切忌使用煤油或柴油作清洗液。清洗时应采用尽可能大的流量，使管路中的液流呈紊流状态，并完成各个执行元件的动作，以便将污染物从各个泵、阀与液压缸等元件中冲洗出来。清洗结束后，在热状态下排掉清洗液。加入新的液压油，同时更换滤油器。

(7) 每 2000h 保养项目

先完成每 100、250、500 和 1000h 的保养项目；清洗液压油箱滤网；清洗、检查涡轮增压器；检查发电机、启动电机；检查发动机气门间隙（并调整）；检查减振器。

(8) 4000h 以上的保养

每 4000h 增加对水泵的检查；每 5000h 增加更换液压油的项目。

(9) 长期存放

机器长期存放时，为防止液压缸活塞杆生锈，应把工作装置着地放置；整机洗净并干燥后存放在室内干燥的环境中；如条件所限只能在室外存放时，应把机器停放在排水良好的水泥地面上；存放前加满燃油箱，润滑各部位，更换液压油和机油，液压缸活塞杆外露的金属表面涂一薄层黄油，拆下蓄电池的负极接线端子，或将蓄电池卸下单独存放；根据最低环境温度在冷却水中加入适当比例的防冻液；每月启动发动机一次并操作机器，以便润滑各运动部件，同时给蓄电池充电；打开空调制冷运转 5～10min。

3.2.3　油品的使用管理

(1) 机油、液压油、齿轮油的使用管理

① 根据环境温度和用途选用合适的油。环境温度高时，应选用黏度大的油；环境温度低时，应选用黏度小的油。严禁混用不同牌号和等级的油。

② 在恶劣的条件（高温、高压）下，发动机和工作装置用的油会变质。因此，即使油不脏，也应在规定的时间按要求更换新油。换油时，一定要同时更换相应的滤油器。

③ 油使用时一定要小心，以防杂物（如水、金属颗粒、粉尘等）进入其中，挖掘机在作业中发生的故障，大多数都是由于油液中混入杂质而引起的。

④ 应按照规定的量加油。加油太多和太少都会产生不良现象。

⑤ 加油时应采用专门的加油装置，无加油装置，可在油箱的入口处放置 150～200 目的滤网过滤，并保持从取油到注油的全过程应保持桶口、油箱口、漏斗等器皿的清洁。

⑥ 为了检查挖掘机的工作状态，应定期对油的品质进行分析。

(2) 柴油的使用管理

① 当存放或加注柴油时应特别小心，不要混入水或杂物。因为燃油泵是一种特别精密的部件，如果使用含有水或杂质的柴油，燃油泵就要受到损坏而不能正常工作。

② 应选用牌号符合要求的柴油。柴油可能由于温度低而凝固（特别是在－15℃以下的低温时），应根据温度选用合适的柴油。

③ 为防止空气中的湿气在燃油箱内冷凝成水，在工作完成后，应将柴油注满油箱。

④ 在启动发动机前或加柴油 10min 后，应排出油箱中的沉淀物和水。

⑤ 柴油用尽或更换柴油滤清器后，必须排尽管路中的空气。

(3) 冷却液的使用管理

① 新机器的发动机散热器中都装有挖掘机生产厂家加注的原装防冻液。这种防冻液可有效地防止冷却系统被腐蚀，可连续使用两年或 4000h。因此，即使在天气炎热的地区也可使用。

② 尽量选用永久型防冻液，由于某种原因不能采用时，应采用含有乙二醇的防冻液。防冻液与水的比例应根据环境温度来确定，并且最好将温度低估约 10℃。

③ 应及时检查补充冷却液。如果冷却液液位低，将使发动机过热，冷却液中的空气还会腐蚀冷却系统。补充冷却液时，应等发动机冷却后再加入冷却液。

④ 河水中含有大量的钙和其他杂物，所以如果机器使用河水，水垢将黏附在发动机和散热器内壁上，导致热交换不良，发生过热现象。不要采用不能饮用的水作冷却液。

⑤ 防冻液是易燃物，一定要注意烟火。

(4) 油脂的使用管理

采用润滑油（黄油）可以减少运动表面的磨损，防止出现噪声。油脂的使用管理要注意以下几点。

① 加注油脂可减少铰接处的磨损。任一润滑点有异常声响或零件运动不灵活时，不管是否到了润滑周期，都应及时加注油脂。

② 加注油脂时，要将挤出的旧油脂擦干净。在油脂中黏附的砂子或污物将增加旋转零件的磨损，因此一定要注意。

③ 调整履带松紧度时，应小心高压黄油。张紧油缸内存有高压黄油，若螺塞、黄油嘴松动，高压黄油会喷射出来，造成损坏或人员伤亡。因此，在逆时针转动松开放油螺塞时，决不能超过一圈。禁止把脸、手、脚或身体其他部位正对着放油螺塞或黄油嘴。

(5) 滤油器的使用与更换

① 滤油器是十分重要的元件，它可在油路和气路中阻止杂质进入重要装置，从而减少故障的发生。应根据要求定期更换滤油器。在恶劣的条件下使用挖掘机时，应根据所用柴油（含硫量）的质量，缩短更换周期。

② 切勿清洗滤油器（圆柱形）并再次使用，应该更换新的滤油器。

③ 更换旧滤油器时，应该检查是否有金属颗粒、橡胶碎渣等吸附在旧滤芯上。如果发现有金属或橡胶颗粒等，应请专业人员进一步检查处理。

④ 在使用滤油器之前，切勿过早地将包装盒打开。

3.2.4 液压系统维护保养

(1) 一般知识

① 液压系统维护保养时，要将机器置于水平地面上，铲斗降至地面，然后释放液压缸管路压力。正常情况下，每根液压油管内都有很大的压力，在释放内压力之前，不要加油、放油或进行保养和检查。

② 在作业中和作业刚结束时，发动机冷却液和各部件、管道中的油仍处于高温、高压状态。此时，打开盖子放水、放油或更换滤芯，都会造成烫伤或其他伤害。所以，必须等温度降低之后，再进行检查和维护。即使油温下降了，检查和保养液压回路前也要释放系统内部仍存的压力。

③ 应定期更换关键零件，如燃油系统中的燃油管、回油软管和燃油管盖以及液压系统中的高压软管等。这些零件不管是否失效，都要定期更换新件。橡胶软管含有可燃物质，若管子老化、疲劳或擦伤，则在高压作用下会爆裂，很难单纯依靠检查来判定其状况，因此要定期更换。

④ 定期检查液压油油位，更换滤油器，加注液压油。在清洗或更换液压油滤油器滤芯和滤网之后，或拆卸液压管道之后，应排出油路中的空气。

⑤ 当拆卸高压软管后，应检查O形圈或密封垫是否损坏，如损坏，应更换。

⑥ 蓄能器内有高压氮气，使用不正确是相当危险的，一定要严格遵照规定使用。

(2) 液压系统的清洗

可靠的过滤油液可以提高液压系统中元件的使用寿命和减少机器的故障率。液压系统在制造、试验、使用和储存中都会受到污染，而清洗是清除污染，使液压油、液压元件和管道等保持清洁的重要手段。生产中，液压系统的清洗通常有主系统清洗和全系统清洗。全系统清洗是指对液压装置的整个回路进行清洗，在清洗前应将系统恢复到实际运转状态。清洗介质可用液压油，清洗时间一般为2～4h，特殊情况下也不超过10h，清洗效果以回路滤网上无杂质为标准。

① 清洗时注意事项

a. 一般液压系统清洗时，多采用工作用的液压油或试车油。不能用煤油、汽油、酒精、蒸汽或其他液体，防止液压元件、管路、油箱和密封件等受腐蚀。

b. 清洗过程中，液压泵运转和清洗介质加热同时进行。清洗油液的温度为50～80℃时，系统内的橡胶渣容易除掉。

c. 清洗过程中，可用非金属锤棒敲击油管，连续或不连续敲击均可，以利清除管路内的附着物。

d. 液压泵间歇运转有利于提高清洗效果，间歇时间一般为10～30min。

e. 在清洗油路的回路上，应装过滤器或滤网。刚开始清洗时，因杂质较多，可采用80目滤网，清洗后期改用150目以上的滤网。

f. 清洗时间要根据系统的复杂程度、过滤精度要求和污染程度等因素决定。

g. 为了防止外界湿气引起锈蚀，清洗结束时，液压泵还要连续运转，直到温度恢复正常为止。

h. 清洗后要将回路内的清洗油排除干净。

② 液压系统的清洗步骤

a. 选定清洗油液。新装配的装载机系统管路、油箱较干净，因此采用与工作油液同黏度或同种油清洗；对于旧液压系统不太干净，可采用稍低黏度的清洗油液进行清洗。

b. 加热清洗油液。热油使系统内附着物容易游离脱落，一般加热至50～60℃清洗压力0.1～0.2MPa。

c. 在清洗油路的回路上，应装过滤器或滤网。刚开始清洗时，因杂质较多，可采用80目滤网，清洗后期改用150目以上的滤网。

d. 清洗过程中，可用非金属锤棒敲击油管，可连续地敲击，也可不连续地敲击，以利清除管路内的附着物。

e. 清洗后要将回路内的清洗油排除干净。

f. 为了防止外界湿气引起锈蚀，清洗结束时，液压泵还要连续运转，直到温度恢复正常为止。

【注意】

• 清洗油液的流速尽可能大些，以利于带走污物。

• 液压泵间歇运转有利于提高清洗效果，间歇时间一般为10～30min。

(3) 液压油更换

液压挖掘机运转一段时间以后就需要更换液压油，否则将使系统污染，造成液压系统故障。据统计，液压系统的故障中90%左右是由于系统污染所造成的。

① 准备工作

a. 熟悉液压系统的工作原理、操作规程、维修及使用要求，做到心中有数，不盲目蛮干。

b. 按说明书上规定的油品准备新油，新油使用前要沉淀48h以上。

c. 准备好拆卸各管接头用的工具、加注新油用的滤油机、液压系统滤芯等。

d. 准备清洗液、刷子和擦拭用的绸布等。

e. 准备盛废油的油桶。

f. 选择平整、坚实的场地，保证机器在铲斗、斗杆臂完全外展的工况下能回转无障碍，动臂完全举升后不碰任何障碍物，离电线的距离应＞2m以上。

g. 准备4块枕木，以便能前后挡住履带。

h. 作业人员至少需4人，其中：驾驶员、现场指挥各一人，换油人员2人。

② 换油方法及步骤

a. 将动臂朝履带方向平行放置，并在向左转45°位置后停止，使铲斗缸活塞杆完全伸出，斗杆缸活塞杆完全缩回，慢慢地下落动臂，使铲斗放到地面上，然后将发动机熄火，打开油箱放气阀，来回扳动各操作手柄、踩踏板数次，以释放自重等造成的系统余压。

b. 用汽油彻底清洗各管接头、泵与马达的接头、放油塞、油箱顶部加油盖和底部放油塞处及其周围。

c. 打开放油阀和油箱底部的放油塞，使旧油全部流进盛废油的油桶中。

d. 打开油箱的加油盖，取出加油滤芯、检查油箱底部及其边、角处的残留油品中是否含有金属粉末或其他杂质。彻底清洗油箱，先用柴油清洗两次，然后用压缩空气吹干油箱内部。检查内部边角处是否还有残留的油泥、杂质等，直至清理干净为止，最后再用新油冲洗一遍。

e. 拆卸以下各油管

(a) 拆下回油路中的各油管，如主控制阀至全流滤清器、回油滤清器的油管，滤清器至油箱、油冷却器之间的油管等。

(b) 拆开回转控制阀至滤清器的回油管及回转马达的补油管。

(c) 拆下液压泵的进油管路。

(d) 拆开先导系统回油路油管。

(e) 拆开主泵、马达的泄油管。彻底清洗其油管。钢管用柴油清洗两遍，软管用清洗液清洗两遍，然后用压缩空气吹干，再用新油冲洗一遍。各接头用尼龙堵、盖堵住，或用干净的塑料布包扎好，以防灰尘、水分等进入而污染系统。

f. 拆下系统内所有滤清器的滤芯。更换滤芯时，要仔细地检查滤芯上有无金属粉末或其他杂质，这样可以了解系统中零件的磨损情况。

g. 放掉主液压泵、回转马达、行走马达腔内的旧油，并注满新油。

h. 安装曾拆卸过的油管。安装各油管前，一定要重新清洗管接头，并用绸布擦干净，严禁用棉纱、毛巾等纤维织物擦拭管接头。安装螺纹接头时应使用密封胶带，粘贴时应与螺纹的旋转方向相反。应按次序、按规定的扭矩依次安装和连接好各管接头。

i. 从加油口给油箱加油。先将加油滤芯安装好，再打开新油油桶，用滤油机将新油注入油箱内，将油加至油标的上限处为止，盖好加油盖。

j. 更换下列各动作回路中的旧油。各回路换油前，机器均应处在铲斗缸活塞杆完全伸出、斗杆缸活塞杆完全缩回和铲斗自由地放于地面上这三种状态下。

(a) 先导控制系统回路。拆开左、右行走马达停车制动器的控制油管接头，使选择阀处于中位，启动马达带动发动机空转数圈，从而使先导系统供油路中的旧油排出，然后清洗管接头，再将其连接好；启动发动机，怠速运转 5min，再分别松开控制阀上的先导油管接头，并分别来回操作各动作，直至有新油排出为止，再清洗各管接头并连接好。

(b) 动臂回路。将铲斗放于地面，来回扳动各手柄数次，拆开动臂缸无杆腔的油管接头，放掉液压缸无杆腔中的旧油，再操作动臂手柄，向举升方向慢慢地扳动手柄，待接头排出新油为止，然后清洗管接头并连接好；松开动臂缸有杆腔的油管接头，操作动臂手柄，向降落方向慢慢地扳动手柄，直至油管排出新油为止；操作动臂手柄，向举升方向慢慢地扳动手柄，以排出有杆腔中的旧油，清洗管接头并连接；操作动臂使之升、降数次，以排出系统中的空气。

(c) 铲斗回路。松开铲斗缸有杆腔的油管，操作手柄，向铲斗外转方向慢慢地扳动手柄，到管接头排出新油为止，清洗管接头并连接之；拆开无杆腔油管接头，慢慢地举升动臂，使铲斗离地约 1.5m，然后慢慢地操作铲斗手柄，使之外转至顶端，下落动臂，使铲斗一着地；操作铲斗手柄，向铲斗内转方向慢慢地扳动手柄，从而排出油管中的旧油，清洗管接头并连接之；举升动臂，使铲斗离地 2.5m，向内、外方向转铲斗数次，以排出残存于回路中的空气。

(d) 斗杆回路。拆开斗杆缸无杆腔的油管接头，操作手柄，向斗杆内转方向慢慢地扳动手柄，排出油管中的旧油，直至流出新油为止，清洗管接头并连接之；松开斗杆缸的有杆腔管接头，放出有杆腔中的旧油，向斗杆外转方向慢慢地扳动手柄，顶出管中的旧油至排出新油为止，清洗管接头并连接之；举升动臂，向内、外方向转斗杆数次。

(e) 回转系统。拆开回转控制阀上的右(后)端油管接头，操作回转手柄，使之慢慢地向右回转一圈后再插上回转锁销，待无旧油排出时清洗管接头并连接之。用同样的方法排出左回转缓冲制动阀中的旧油。

(f) 行走系统。单边支起左履带，要以

铲斗的圆面部分接触地面，并使动臂与斗杆之间的夹角为90°～110°；拆开左行走控制阀上的前端油管接头，踩下左行走踏板，使左边履带慢慢地向前行走，直至管接头排出新油为止，清洗管接头并连接之。以同样方法排出右行走管路中的旧油。

k. 当全部油换完并接好各管接头后，还须再一次排放系统中的残存空气，因为此残存空气会引起润滑不良、振动、噪声及性能下降等。因此，换完油后应使发动机至少运转5min，再来回数次慢慢地操作动臂、斗杆、铲斗及回转动作；行走系统若处于单边支起履带的状态下，可使液压油充满整个系统，残存的空气经运动后便会自动经油箱排放掉。最后关闭好放气阀。

l. 复检油箱油位。将铲斗缸活塞杆完全伸出、斗杆缸活塞杆完全缩回，降落动臂使铲斗着地；查看油箱油位是否在油位计的上限与下限之间，如油面低于下限，应将油添加到油面接近上限为止。

③ 注意事项

a. 在换油过程中，当油箱未加油，以及液压泵和马达的腔内未注满油时，严禁启动发动机。

b. 换油过程中，履带前、后必须放置挡块，回转机构插上锁销；铲斗、斗杆和动臂等动作时，严禁其下方或动作范围内站人。

c. 拆卸各管接头时，一定要使该系统自由地放置在地面上，确认该管路无压力时方可拆卸。拆卸时，人要尽量避开接头泄油的方向；工作时，要戴防护眼镜。

d. 挖掘机上部回转或行走时，驾驶员一定要按喇叭，做出警示。严禁上部站人，以及履带和回转范围内站人。

e. 拆装时，不要损伤液压系统各管接头的结合面和螺纹等处。

f. 作业现场，严禁吸烟和有明火。

g. 换油时，最好当天完成，不要隔夜，因为夜间或降温时，空气中的水分会形成水蒸气而凝结成水滴或结霜，并进入系统而使金属零件锈蚀，造成故障隐患。

3.2.5 电气系统维护与保养

① 电气系统短路极易引起火灾。要经常清洁和紧固所有的电气连接部件。工作前要检查电缆或电线是否有松动、扭结、发硬或绽裂现象，还要检查端子盖是否丢失或损坏，并及时补上新的。对于不能用的电缆、电线，应及时更换。

② 已烧断的保险丝，一定要用相同容量的保险丝更换，而不能用加大容量的保险丝更换，更不能使用细铜丝更换。如果同一个保险丝被烧断数次，则说明系统出了故障，应立即请专业人员进行检修。

③ 当清洗机器或在雨天作业时，不要使电气系统沾水或驾驶室内部进水。若水进入电气系统，则会使机器不能启动或不能工作。如果电线受潮或绝缘层损坏，则电气系统会漏电，并可能导致机器误动作或造成其他事故。在海滩工作时，应仔细清洁电气系统，以防腐蚀。

④ 修理电气系统或进行电焊作业时，应先拆下蓄电池的负（－）极接线柱，以切断电流。

⑤ 当安装冷风机或其他电气设备时，应将其连接在独立的电源接头上，所选的电源绝不可连接在熔断器、启动开关或蓄电池继电器上。

⑥ 不得拆卸或分解安装在机器上的任何电气元件，不得安装不符合要求的伪劣电气元件。

⑦ 定期检查风扇皮带的张紧度、损坏程度和磨损情况。经常检查蓄电池电解液液位，及时补充。

3.2.6 易损件和关键零件的定期更换

① 为了延长挖掘机的使用寿命，应正确地按时更换易损件。各种滤芯、斗齿等易损件应在保养周期或磨损极限之前更换。

② 随着时间的推移，低压回油胶管、高压软管、橡胶水管等安全要害零件，会老化、疲劳、磨损、变质、变形，造成油、水泄漏，酿成火灾或重大事故，这是十分危险

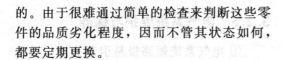

的。由于很难通过简单的检查来判断这些零件的品质劣化程度，因而不管其状态如何，都要定期更换。

3.3 拆装和检查常识

3.3.1 一般事项

① 拆卸零、部件前，要仔细了解设备购置图和技术文件的有关规定，要掌握设备的构造、性能及配合情况、原装配程序等。要周密地确定拆卸方法和顺序。对特殊、复杂、技术要求高的零件、部件拆卸时，要制定专门的拆卸方案，经批准后实施。

② 拆卸前，要检查测量出被拆卸零件、部件的装配间隙和必要的相对位置，并做出记录和标记。

③ 加热装配的零、部件，一般不要拆卸，如必须进行拆卸时，应按照加热操作要求，将其加热到规定温度后，再进行拆卸。

④ 滚动轴承不宜拆卸，如要拆卸时，要选用正确的工具和拆卸方法。对加热装配到轴颈上的滚动轴承，严禁用火焰直接加热的方式拆卸。一般可用热机油浇注并轻敲内套的方法进行拆卸。

⑤ 拆卸装配在轴上的带轮、齿轮、联轴器和滚动轴承等配件时，需要支撑好套装的配件，把轴从配件孔中打出来，或是将轴固定，把套装的配件表面垫上木块轻轻敲下。

⑥ 拆卸后的零、部件，要按先后顺序排列放置。拆下的螺栓、螺母、垫圈和销等，应连在一起，防止丢失和错乱。

3.3.2 常用拆卸方法

(1) 击卸

用锤击的方法，使装配零件产生位移。这种方法简单，主要适用于不重要部位的零件拆卸。击卸前，为减少摩擦，在连接部位加润滑油润滑。但若操作不当，易造成零件破坏。

击卸所用工具：

① 锤子　重约0.5～1kg，铁锤、铜锤、木锤或大锤。

② 冲子　用钢料制作，顶部经热处理，与工件接触的顶部一般用铜、铝等做衬垫，以保护工件表面不损坏。锤击顶部要做成球形，使锤击力集中在冲子的中心。接触工件一段可做成平的。

③ 垫块　通常用铜、铝或木块做成，用以保护工件外表面。

(2) 压卸与拉卸

主要用于拆卸尺寸较大、配合过紧的零件。这种拆卸方法优点很多，如加力均匀，用力方向容易控制，因而零件不容易损坏等。但必须采用相应的机械设备，如压床、拉模等。

压卸用的压床种类较多，如螺旋压床、齿条压床、风动压床和液压压床等。拆卸量小，且零件轻便时，多采用压条式压床。压卸小零件时，可在平行台虎钳上进行，较大零件不易用压床时，可利用顶拔器进行。

在部件孔中的压卸，首先要选择好用力的方向和着力点部位，同时还要加以必要的润滑，但对于形体受到限制的部位压卸就比较困难。

(3) 热、冷拆卸

用加热的方法使配件的孔径增大，用冷却的方法使轴颈缩小，这样装配件间产生了间隙，不但使拆卸便捷，而且不会产生装配件间卡住或零件损伤的现象。这种方法适用于紧配合和尺寸较大的零件。

在实际操作中，加热零件温度不应超过100～120℃；超过时，由于零件金属组织产生变化并发生变形，精度降低。因而有时采用轴向加力和零件加热的综合方法进行拆卸。

3.3.3 清洗

在安装现场，为了清除机械设备零部件加工面上的防锈剂和残留在内部的铁屑、锈斑，以及运输保管过程中落入的灰尘和杂质，安装前要对设备的各部件进行清洗。

(1) 清洗前的准备

① 熟悉施工图和有关技术资料，弄清设备性能、结构和清洗技术要求。

② 一般不需要清洗的部分有：密封设备部件、铅封的有过盈的部件及技术文件中规定不要拆卸的零部件。

③ 要仔细检查设备外部是否完整、有无损伤，然后才可拆卸和清洗。如在清洗过程中发现内部有损伤时，应做出记录，并保告。

④ 准备好清洗现场和所需要的工具和清洗用料，清洗现场要干燥、清洁，并备有水、电、压缩空气等设施。

(2) 清洗的步骤

清洗的步骤分初洗、细洗和精洗三种。初洗主要是去掉设备旧油、污泥、漆片和锈层。旧防锈油可用软金属片、竹片刮掉，对加工面的漆层用溶解剂清洗除掉。初洗后的机件，再用清洗剂将机件表面的油渍等赃物冲洗干净，必要时还可用热油去掉干涸变质的油脂，这是细洗阶段。精洗是用洁净的清洗剂进行最后的清洗，也可用压缩空气吹扫清洗表面，再用清洗剂冲洗。

清洗后的零件不能立即装配时，应涂上油脂，并用清洁的纸或布包好，防止灰尘落入。

(3) 清洗的方法

清洗的方法很多，常用的有：擦洗、浸洗、喷洗、电解清洗和超声波清洗等。

① 擦洗　用棉布、棉纱浸上清洗剂对零件进行清洗，这种方法多用于对零部件进行初洗。

② 浸洗　将零部件放入有清洗剂的容器内浸泡一段时间。它适用于清洗形状复杂的零件或油脂干涸、变质的零部件。浸洗时间一般为2～20min，浸洗后要对零部件进行干燥。

③ 喷洗　利用清洗机对严重污垢和干涸油污进行清洗的方法。

④ 电解清洗　它是将被清洗的零部件放入装有碱液的电解槽中，然后通电，利用电化学反应清除零件上的油渍。这种方法清洗效果好、效率高，但现场应用较少。

⑤ 超声波清洗　选择好适宜的清洗剂，用超声波清洗装置产生的超声波作用，将零部件上黏附的泥尘油污除掉。这种方法清洗效果好、效率高，但设备成本高。

3.3.4 装配

装配工作的优劣，对产品质量起着决定性的作用，装配不符合要求的设备，会加速零部件的磨损和早期破损，严重时可造成事故。所以，必须认真对待装配工作。

(1) 一般注意事项

① 装配分为部件装配和总装配。前者是将零件结合在一起组成部件，后者是将部件装配成一个整体。

② 装配前，要认真熟悉设备技术文件，了解其性能、结构和装配数据，要全面考虑装配方法和装配程序。

③ 装配时，先按图纸核对零、部件的规格和数量，并仔细检查与装配有关的外表形状和尺寸精度，符合要求后，方可进行装配。

④ 装配前，要将零、部件的结合面清洗干净，除掉毛刺，并涂以适量的润滑油脂，然后按装配顺序进行装配。要防止错装或漏装。每个零、部件在装配过程中都要做到边装配、边检查，并及时做好装配记录。

⑤ 装配零、部件时，要选用合适的工具，不得用铁锤敲打装配件，如要敲击时，应垫以衬垫或用铜锤。当用千斤顶装配时，也要垫以衬垫，防止损坏零、部件及其表面。

⑥ 在装配工艺和吊装工艺允许的情况下，要尽量将零件装配成较大部件，以利于整体吊装，减少高空作业。对有特殊要求的设备，装配过程中，还要按设计、设备说明书的要求，检查其防漏、防腐、防爆等是否符合规定。

⑦ 对装配后不易拆下检查的零、部件，应在装配前作渗漏和压力试验检查。

(2) 液压系统中安装液压元件时的注意事项

① 液压元件安装前，要用煤油清洗，

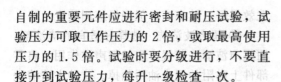

自制的重要元件应进行密封和耐压试验，试验压力可取工作压力的2倍，或取最高使用压力的1.5倍。试验时要分级进行，不要直接升到试验压力，每升一级检查一次。

② 方向控制阀应保证轴线呈水平位置安装。

③ 板式元件安装时，要检查进出油口处的密封圈是否合乎要求，安装前密封圈应突出安装平面，保证安装后有一定的压缩量，以防泄漏。

④ 板式元件安装时，固定螺钉的拧紧力要均匀，使元件的安装平面与元件底板平面能很好地接触。

3.3.5 常用零部件的拆装与检查

(1) 螺纹连接的拆装与检查

螺纹连接是机械设备（包括挖掘机）中重要的一种连接形式，应用广泛。螺纹装配质量直接关系到产品的安全性和可靠性。

① 螺栓连接的拆卸

a. 拆卸螺栓连接的一般事项。只有在连接件处于自然停用状态下，经过必要的安全检查后才能进行拆卸作业。

拆卸作业需采用合适的工具，按规定力矩进行拆卸作业。拆卸之初，应先试探性用力或逐渐加大到规定力矩，待确定安全后，才可拧松螺栓连接。

若拆卸对象为一组多个螺栓连接时，按规定顺序逐次拧松和拆卸螺栓连接。

b. 拆卸锈死的螺栓连接常采用的方法。采用先紧后松的原则，在拆除中，先向拧紧的方向转动，然后再进行松动。拆卸锈蚀螺母不宜用扳手，采用套筒扳手为好，因为普通扳手容易打滑，不利于螺母拆卸。

(a) 冲击法。又简称“振或敲”，对于生锈的螺丝，千万不能用扳手硬拧，以防拧滑螺丝的六面棱角，拧断螺丝或拧坏扳手。此时，先在连接处滴入煤油，若能浸泡20～30min更好，可用铁锤轻轻震动扳手的手柄或用手锤敲击螺母四周“震松锈层”，使其松动。这种情况下一定掌握好用力大小。铸铁的螺母可用力稍大些，塑料处的螺母要轻轻敲打。如果还是不行的话，用铁锤沿方向转圈敲打螺母。

(b) 局部加热法。又简称“烧”，有些螺丝锈蚀很严重，用上述方法仍不奏效，即可采用“火攻”。用气焊氧化焰或喷灯把螺丝、螺母充分烧烤，然后向烧红的螺丝滴上一滴油。加热螺母的目的是使螺母受热膨胀。滴油的目的是使螺丝遇冷迅速收缩，加大丝杆与螺母间的间隙，油流入后螺母即可拧下。不过如果附近有塑料器件慎用此法。

(c) 破坏法。有些器件的螺丝顶部腐蚀走形，无法用扳手、钢丝钳卸出，即可用此方法。首先用铁锤和透顶平改锥在螺丝顶部垂直方向冲击一个V形槽。然后，调整冲锥角度，沿螺丝旋出的方向冲击。待松动后，即可用钢丝钳将螺丝旋出。“一”字或“十”字螺丝滑口时，也可采用此方法，结合钢丝钳拧出螺丝。

(d) 焊接法。拆卸器件时，拧断螺丝的情况屡见不鲜。对断顶的螺丝，一般不采用电钻，因为稍有不慎就会钻坏丝孔。较好的办法是在断丝上用电焊焊上一根长的铁块。铁块的截面由螺丝直径确定。把铁块焊牢后，迅速向焊点滴入油，使油浸润螺母。冷却后，用小铁锥沿水平方向来回敲打铁块的另一端，待螺丝松动时，旋转铁块，即能旋出断丝。

若当断头螺钉直径较大又比较松时，可用手锤和扁凿按螺纹反方向慢慢剔出来。若断头高出端面，可将其锉成方形，拧出，或在断头上加焊一个螺母将其拧出。

如果是螺纹滑扣，可在螺纹孔处钻加大的孔，重新改制螺纹。再配制一端加大而另一端保持原直径的阶梯形螺栓，将原螺孔加大，然后加工一有内外螺纹的螺塞，外径与加大螺孔相匹配，内螺孔与原直径相同，在外螺纹上涂502胶黏剂，然后旋入加大螺孔。

(e) 化学药剂法。用除锈剂或松动剂等，直接喷涂在锈蚀螺栓螺母上，过一段时间再进行拆除，这种方法容易对设备造成损害，一般慎用。

② 螺栓连接的检查与故障分析 对螺栓连接装配质量的“效果检验”包括两项内容：执行螺栓拧紧工艺的电动拧紧枪的准确性和可靠性是否能满足要求；对已经拧紧的螺栓连接能否通过正确的方法做出准确的评价。

a. 螺栓连接的检查 拧紧工具的检查。一般通过采用模拟工况的动态校准法将拧紧枪或扭矩扳手的输出值与用于测量标准的传感器读数值加以比对，一般精度要求为±5%。

螺纹连接质量的检查：

(a) 螺孔必须垂直于表面，任何歪斜都会削弱螺纹的拉力，如不能垂直时，可采用斜垫圈来找正。

(b) 装配工序后利用指示式扭矩扳手对相关的螺纹副进行拧紧扭矩测试，以评价螺栓连接的质量。

(c) 较重要的装配部位则都采用扭矩—转角控制法。执行这种方法时，先按扭矩法确定转角控制的起始点，电动拧紧枪达到这个点以后停顿1～2s或更短时间后速度变慢，然后边旋转边计算角度，直到达到要求的角度为止。在计算转角的同时记录扭矩，如果扭矩太大，则表明存在螺栓材料的抗拉强度太高或热处理后材料太硬的情况；扭矩太小则表明螺栓抗拉强度太低或热处理不好。因此，通过观察拧紧过程中的扭矩值变化可以达到监控螺栓连接质量的目的。

(d) 对密封要求严格的连接件，要用着色法检查接触紧密程度，以达到不漏气或不漏油的要求。

(e) 螺母拧紧后，螺栓末端应露出螺母外，露出长度应符合规定，沉头螺栓不要凸出于连接件表面。

(f) 成组螺栓连接会产生松紧不一，通常是拧紧后再重拧一次，以达到全部紧固。同时通过敲击检查，可发现是否有松动现象，以便进行紧固。使用这种方法检查时，要防止螺钉松动。

b. 螺栓连接故障分析

(a) 螺栓头根部断裂，如果是单件估计是应力集中的原因，批量断裂应是材料或热处理问题。

(b) 拧紧力矩过大（8.8级M8螺栓的合理拧紧力矩在18～23N·m）。

(c) 螺栓根部设计不合理导致了应力集中。

(d) 热处理没有达到要求，导致硬度过高，发生脆性断裂。检查是否有回火脆性，螺纹处是否有脱碳组织。

(e) 材料问题（8.8级螺栓的材质应该是40MnB或者是35CrMoA）。

(f) 电镀时如处理不当，容易受到氢的侵蚀，导致氢脆；氢脆断口的特征为：微观准解理面、微孔及韧性的发丝（判断是否为氢脆有个最简单的办法：把样品表面水和油污清洗干净、烘干，倒一烧杯石蜡，加热到没有气泡冒出为止，然后把样品放入石蜡中，如果有气泡冒出就说明氢含量高）。

(g) 电动拧紧枪未调好扭矩，有冲击，出现瞬间过载。

(h) 如果螺栓头杆结合处有微裂纹，则说明材料本身有缺陷。

(i) 热装的螺栓，加热温度一般不超过400℃，温度过高会影响材质的金相组织。加热拧紧螺栓应对角进行。

(2) 轴承的拆装与检查

滚动轴承属比较精密的零件，因此，要细致地进行清洗、检查、拆卸、安装和间隙调整等操作。

① 滚动轴承的拆卸 图3-1所示为用虎钳和锤子拆卸滚动轴承的示意图，具体步骤是：

a. 击卸时，在轴承内衬套圈面上用力，不得在外套圈施力，否则会损坏轴承。

b. 用力不宜过大，并且打击部位应沿圆周频频移动，使内衬套圈均匀受力。

在拆卸齿轮、联轴器、带轮时，由于这些零件的侧平面受力面积大，拆卸操作比较方便。但拆卸时，用力也要均匀，以防止轴发生变形或零件卡住。

滚动轴承外套与滑动轴承衬套，都是紧配合。在拆卸时，锤子的打击力落在衬套

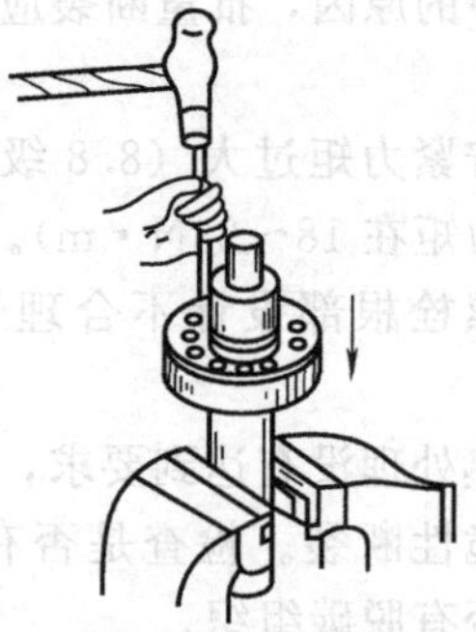

图 3-1　在虎钳上拆卸轴承

上，在衬套上必须加垫块，如图 3-2 所示。另外，还可采用圆管冲子，如图 3-2（b）所示，圆管冲子内径要和轴承衬套内径一致，外径比衬套外径小 0.5mm 左右，拆卸时，也可在圆管冲子上加放木垫块，避免损坏衬套表面。

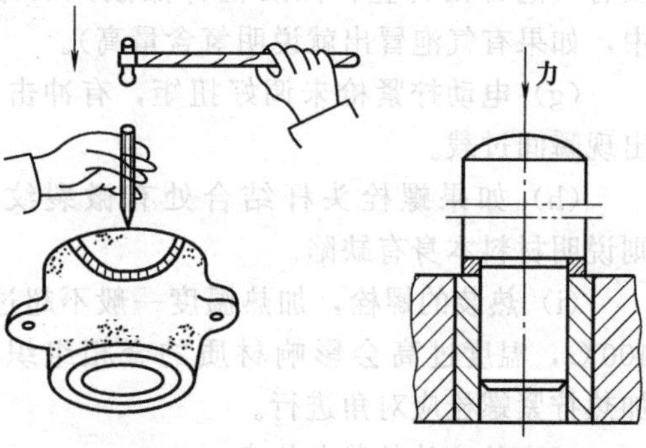

(a) 用冲子击卸　(b) 用圆管冲子

图 3-2　孔中轴承衬套的拆卸

② 轴瓦盖的拆卸　对于小型瓦盖的拆卸，可对称、均匀地打入特制的楔铁将其敲开，见图 3-3。较大的轴瓦盖，可用链式起重机钩挂边棱轻轻拉起，掀拉动作要缓慢，并随时观察操作情况，防止卡阻及掀翻现象的发生。

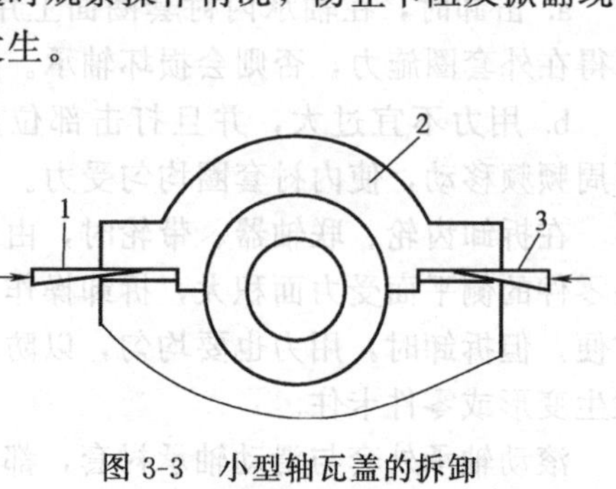

图 3-3　小型轴瓦盖的拆卸

1,3—楔铁；2—轴瓦盖

③ 滚动轴承的清洗　清洗前，先将轴承中润滑油或防锈油除掉，涂有防锈油脂的轴承可用机油加热后冲洗，油温不应超过 100℃，然后再用煤油或汽油清洗干净，经擦拭后用白布包好。

清洗过程中，要检查滚动轴承内外圈、滚动体、隔离罩等，是否生锈、碰伤或损坏，轴承转动是否灵活。有无卡住现象。轴承间隙是否合适，轴承内外圈与轴肩是否紧密相切等。再用千分尺检查轴承各部位尺寸是否符合要求，同时还要检查轴肩和轴承座的端面跳动量。

④ 滚动轴承的装配　装配前，应检查与轴承相配合的零件，是否有凹陷、毛刺、锈蚀、污垢等缺陷。轴承经清洗，擦净并涂一层薄油后，方可进行装配。它的装配方法根据轴承的结构、尺寸大小和配合性质而确定。装配时的压力应加在待配合的内外圈端面上，不能通过滚动体传递压力。

a. 深沟球轴承的装配　当轴承内圈与轴颈配合较紧，外圈与轴承座孔配合较松时，在装配时先将轴承装在轴上，压装时在轴承内圈端部垫上钢环或低碳钢的装配套，然后把轴承与轴一起装入轴座孔内。当轴承外圈与轴承座孔配合较紧，内圈与轴颈配合较松时，可将轴承先压入轴承座孔内，这时装配套筒的外径应略小于轴承座孔的直径。当轴承内圈与轴颈、轴承外圈与轴承座孔都是较紧配合时，装配套的端面应做成同时压紧轴承内外圈端面的圆环形，其内径应略大于轴颈的尺寸，并使压力同时传到内外圈上，把轴承压入轴颈和轴承开孔之中。

滚动轴承装配时应注意滚动轴承上标有代号的端面应装在可见部位，以便于更换时辨认。轴颈或轴承座孔台肩处的圆弧半径应小于轴承内圈的圆弧半径。轴承装配在轴上和轴承座孔中后，应没有歪斜或卡住现象。为了保证滚动轴承工作时有一定的热胀余地，在同轴的两个轴承中，要有一个轴承的外圈或内圈可以在热胀时产生轴向移动，装配后轴承运转灵活、无噪声、工作温升不超过 50℃。

b. 角接触球轴承的装配　对于角接触球轴承，因内外圈可以分离，可分别把内圈装在轴颈上，外圈装在轴承座孔中，当过盈量较小时，可用锤子敲击；当过盈量较大时，可用机械压入，过盈量过大时，用温差法装配，即将轴承放入油液中加热80～100℃后进行装配。

c. 推力球轴承的装配　推力球轴承装配时，应区分紧环与松环。松环的内孔尺寸比紧环内孔尺寸大，装配时一定要使紧环靠在转动零件的平面上，松环靠在静止零件的平面上。否则会使滚动体丧失作用，同时也会加速配合零件的磨损。

⑤ 滚动轴承的间隙调整　滚动轴承的间隙分径向和轴向两种。间隙的作用是保证滚动体的正常运转、润滑以及热膨胀的补偿量。滚动轴承间隙的正确与否，直接影响轴承的工作和寿命，也会影响到设备的运转。因此间隙的调整非常重要。

在安装中需要进行调整的是径向推力滚锥轴承，它的调整是通过轴承外套来进行。根据轴承部件的不同，主要有三种方法。

a. 垫调整。先用螺钉将卡盖把紧到轴承中没有任何间隙时为止。同时转动轴，用塞尺量出卡盖与机体间的间隙再加上所要求的轴向间隙，即等于要加垫的厚度。垫要平整光洁，在垫的边缘或穿眼（螺钉穿过的孔洞）处不能有卷边和不平的现象。为了精确地调整轴向间隙，要准备好不同厚度的垫片。一般用软金属垫片为好，纸片也可以。如用几层垫片叠起使用时，总厚度应以螺钉拧紧后，再卸下量出的尺寸为准，不能以垫片相加的厚度来计算。

b. 螺钉调整。先把调整螺钉上的锁帽松开，任何拧紧调整螺钉，这时螺钉压在止推盘上，止推盘挤向外座圈，直到轴转动时发紧为止。最后根据轴向间隙的要求，将调整螺钉倒转一定的角度，并把锁帽拧紧，以防调整螺钉在设备运转中产生松动。

c. 止推环调整。先把具有外螺纹的止推环拧紧，到轴转动时发紧为止，然后根据轴向间隙的要求，将止推环拧到一定角度，最后用止动片予以固定。

以上三种方法，以垫片调整用得普遍，后两种因为制造麻烦，应用较少。

轴承间隙调整完后，应进一步检查调整的是否正确。检查方法可用百分表或塞尺测量轴向间隙。百分表法用于剖分式滚动轴承箱。检查时，应先将上盖揭起，用力将轴推向一方，在其反方向的轴肩或轴上用物体固定，垂直于轴端面上安装百分表，然后再用力将轴向反方向推紧，这样便可以在百分表上直接读出轴向间隙的数值来。塞尺检查法仅适用于圆锥滚子轴承。检查时，先将轴向一端推紧，直到轴承没有任何间隙为止，然后用塞尺量出另一端轴承斜面的间隙尺寸，就可用式（3-1）计算轴承的轴向间隙

$$s=\frac{a}{2\sin\beta} \tag{3-1}$$

式中　s——轴承的轴向间隙，mm；

a——轴承的斜面间隙，mm；

β——轴承外套斜面与轴中心线所成的角度（随型号改变）。

轴向间隙的大小，要根据轴长以及轴在工作时的温度来决定。又因为滚动轴承轴向间隙与径向间隙的关系是一定的，所以轴向间隙也要根据径向间隙的需要来决定。

(3) 键的拆卸

轴与轮的配合一般采用过渡配合和动配合，拆下的轮、键如果整体完好可不必更换。如键已损坏，可用油槽铲把键取出。对于滑键有专供拆卸用的螺纹孔，用合适的螺钉拧入孔中，就可将键取出。当要拆卸配合紧且又要保持完好的键时，可在无螺纹孔的键上钻孔、套螺纹，再用螺钉提取出来。

3.3.6 液压油缸的拆装与检查

(1) 液压油缸的拆卸

① 拆卸液压油缸之前，应使液压回路卸压。否则，当把与油缸相连接油管接头拧松时，回路中的高压油就会迅速喷出。液压回路卸压时应先拧松溢流阀等处的手轮或调压螺钉，使压力油卸荷，然后切断电源或切断动力源，使液压装置停止运转。

② 拆卸时应防止损伤活塞杆顶端螺纹、油口螺纹和活塞杆表面、缸套内壁等。为了防止活塞杆等细长件弯曲或变形，放置时应用垫木支撑均衡。

③ 拆卸时要按顺序进行。由于各种液压缸结构和大小不尽相同，拆卸顺序也稍有不同。一般应放掉油缸两腔的油液，然后拆卸缸盖，最后拆卸活塞与活塞杆。在拆卸液压缸的缸盖时，对于内卡键式连接的卡键或卡环要使用专用工具，禁止使用扁铲；对于法兰式端盖必须用螺钉顶出，不允许锤击或硬撬。在活塞和活塞杆难以抽出时，不可强行打出，应先查明原因再进行拆卸。

④ 拆卸紧固件时，可对活塞杆上的紧固件拧入区域适当加温，以促使黏合剂的熔化。建议在活塞杆完全外伸的情况下进行加温，以防止端盖密封件被高温损坏。再次安装紧固件时，可采用适当的保护剂对零件再次进行防护处理。

⑤ 拆卸前后要设法创造条件防止液压缸的零件被周围的灰尘和杂质污染。例如，拆卸时应尽量在干净的环境下进行；拆卸后所有零件要用塑料布盖好，不要用棉布或其他工作用布覆盖。

⑥ 油缸拆卸后要认真检查，以确定哪些零件可以继续使用，哪些零件可以修理后再用，哪些零件必须更换。

下面以单出杆液压缸（结构如图 3-4 所示）为例说明液压油缸的拆卸步骤。

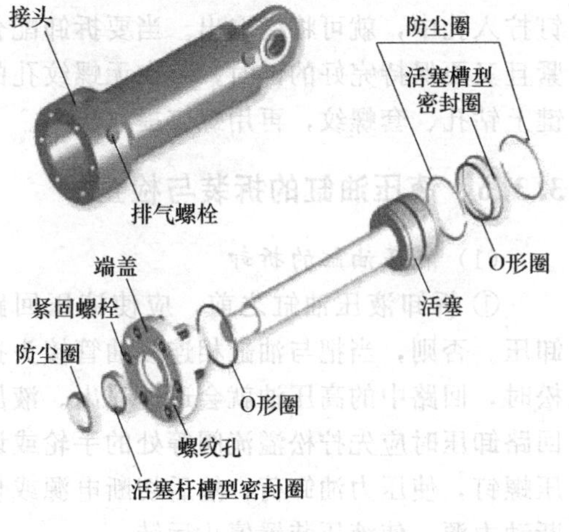

图 3-4　单出杆液压缸结构图

a. 拆除活塞杆端盖上的紧固螺栓（内六角螺栓）。

b. 将其中两枚螺栓均匀地重新拧入端盖上预留的螺纹孔。

c. 卸下活塞杆的端盖。

d. 将活塞杆连同活塞从缸筒中抽出。

提示：拆卸带位移传感器的液压缸时，为避免传感装置损坏，请注意应先拆除位移传感器。

(2) 液压油缸的安装

① 装配前必须对各零件仔细清洗。

② 装配及运行期间，应特别注意不要超过活塞杆上允许的侧向力。侧向力会导致活塞杆导向装置、活塞杆以及缸筒不同程度的损坏。

③ 在安装枢轴结构的液压缸时，应注意在球面轴承耳环、U 字形接头、轴承座等部件之间预留足够的翻转和摆动空间。装配此类液压缸时，如活塞杆不带扳手面，则应参照有关标准的规定采用带有圆形耳轴的钩形扳手固定活塞杆。

④ 带紧固支脚的液压缸，各个紧固支脚的安装面都应同液压缸的中轴始终保持平行。安装此类液压缸时应注意，液压缸不能过分卡紧。长液压缸装配时尽可能使用油缸配套的热接头和膨胀接头。

⑤ 要正确安装各处的密封装置

a. 安装 O 形圈时，不要将其拉到永久变形的程度，也不要边滚动边套装，否则可能因形成扭曲状而漏油。

b. 安装 Y 形和 V 形密封圈时，要注意其安装方向，避免因装反而漏油。对 Y 形密封圈而言，其唇边应对着有压力的油腔；此外，Y 形密封圈还要注意区分是轴用还是孔用，不要装错。V 形密封圈由形状不同的支撑环、密封环和压环组成，当压环压紧密封环时，支撑环可使密封环产生变形而起密封作用，安装时应将密封环的开口面向压力油腔；调整压环时，应以不漏油为限，不可压得过紧，以防密封阻力过大。

c. 密封装置如与滑动表面配合，装配时应涂以适量的液压油。

d. 拆卸后的 O 形密封圈和防尘圈应全部更换。

⑥ 在带有内螺纹的直径≤25mm 的活塞杆，对杆孔、球面头部、U 字形接头等旋入型紧固件，需采用黏合剂进行保护。

(3) 液压油缸的调试

① 在对液压缸作调试前，请务必确认压力峰值不超过型号铭牌上规定的最大压力。另外，还请注意设备说明书中有关活塞速度、温度范围、活塞杆纵向弯曲负荷等参量的提示信息。

② 液压缸在工作时，应采用规定型号的液压油。

③ 最终调试前，应对设备进行彻底清洁，并仔细过滤介质。

④ 液压缸在作调试前必须经过排气处理。一般情况下，液压缸两侧都带有排气螺栓。借助于排气系统，能够确保液压软管在避免外部杂质渗入的前提下实现缓和排气。

a. 建议选用专用的排气装置。该排气装置一般作为油缸附件由供货商提供。

b. 不用排气装置的排气。当排气螺栓位于液压缸最高端位置时，能够实现无障碍排气。排气过程中，液压缸内腔必须承载有一定的压力（约为 20～50bar）。排气螺栓只需旋松约 2 圈，直至无气泡液压油从缝隙中流出。液压油流出后请将排气螺栓重新拧紧。只要液压缸内还存在空气，请务必重复进行上述步骤，直至顺利完成排气。接着，用较低的压力使液压缸空运行 3～5 次。

⑤ 带缓冲机构的液压缸，在排气螺栓的高度位置上设有调节螺栓，以起到终端缓冲的作用。该调节螺栓由一个内六角螺钉和一个防松螺母组成。

顺时针旋转调节螺栓，缓冲效果增强；逆时针旋转调节螺栓，缓冲效果则减弱。精确调节（校准）阻尼，应通过机器来完成。旋松调节螺栓，直至密封塞同孔径边缘接合为止（参看图 3-5）。图中所示的调节螺栓，其开启高度（螺栓头和防松螺母之间的空间）为 5～8mm。

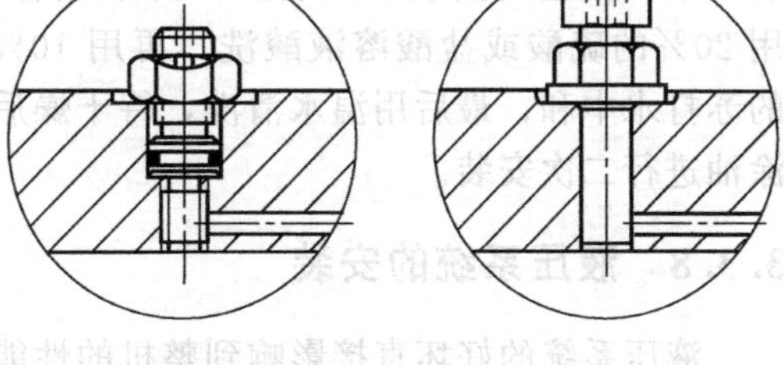

(a)　　(b)

图 3-5　缓冲调节螺栓

3.3.7　管件的安装与检查

(1) 油管安装的注意事项

① 吸油管不应漏气，各接头要紧牢和密封好。

② 吸油管道上应设置过滤器。

③ 回油管应插入油箱的油面以下，防止飞溅泡沫和混入空气。

④ 电磁换向阀内的泄漏油液，必须单独设回油管，以防止泄漏回油时产生背压，避免阻碍阀芯运动。

⑤ 溢流阀回油口不许与液压泵的入口相接。

⑥ 安装时不得有砂子和氧化皮等杂质。

(2) 卡套式管接头的安装

① 用油脂润滑卡套的密封锥面和接头体外螺纹。

② 将管子插入接头体时不能用力过大。

③ 拧紧螺母时应采用力矩扳手，当力矩开始突然增大时，再将螺母拧紧 1/6 圈能满足紧固的要求。

(3) 软管的安装

① 由于软管在工作压力变动下有－4%～＋2%的伸缩变化。因此，在长度上不允许有拉紧状态。

② 软管不允许有扭曲现象。

③ 为了避免软管外表面与机器摩擦，可用捆扎的方式将几根软管捆在一起。

④ 要避免接头处急剧的弯曲，装配时弯曲的半径应大于软管外径的 9 倍，软管的弯曲中心距接头距离为直径的 6 倍。

(4) 安装过程

全部管路应进行两次安装，第一次试

装，第二次正式安装。试装后，拆下油管，用20%的硫酸或盐酸溶液酸洗，再用10%的苏打水中和，最后用温水清洗，待干燥后涂油进行二次安装。

3.3.8 液压系统的安装

液压系统的好坏直接影响到整机的性能和使用寿命。为了使液压系统能更好地为整机服务，液压系统的安装就显得尤为重要。

（1）安装前的准备工作

① 清洁环境　安装液压元件前应保持周围环境的清洁。有技术资料显示：80%的故障是来自液压油，因此如何控制液压油的清洁度是至关重要的，液压油的污染有两个因素：

a. 外界污物混入工作介质。

b. 液压油在使用过程中变质和酸值变化。

② 技术资料准备　首先熟悉液压元件和液压管路的布置图和安装要求。

③ 液压元件和管路的检查

a. 检查是否所有需要安装的零件都已准备齐全。

b. 运输过程中零件是否有损伤。

c. 液压元件的锁紧螺母是否完整无缺。

d. 检查所安装的液压元件的各油口的密封是否完好。

e. 螺纹连接的连接口处是否有毛刺和磕碰凹痕。

f. 油口内部是否清洁。

g. 液压件所带的附件质量是否合格。

【注意】若钢管发现下列情况不能使用：

• 管子内外壁已严重锈蚀。

• 管体划痕深度为壁厚的10%以上。

• 管体表面凹入达管径的20%以上。

• 管断面壁厚不均、椭圆度比较明显等。

【注意】接头发现下列情况不能使用：

• 螺纹和O形圈沟槽棱角有伤痕、毛刺、断丝口等缺陷。

• 接头体与螺母卡涩。

④ 液压元件的测试

a. 液压泵测试其额定压力，流量下的容积效率。

b. 液压缸测试其内外泄漏，缓冲效果，最低启动压力。

c. 方向控制阀应测试其换向状况，压力损失，内外泄漏。

d. 压力阀应测试其调压状况，开启闭合压力，内外泄漏。

e. 流量阀应测试其调节状况，外泄漏。

（2）液压元件的安装

① 安装原则

a. 液压元件在装配中应杜绝野蛮操作，如：过度用力将使零件产生变形，特别是用铜棒等敲打缸体、密封法兰等。

b. 装配前应对零件进行仔细检查，装配时应将零件蘸少许液压油，轻轻压入。

c. 清洗时应用柴油，特别是密封圈、防尘圈、O形圈等橡胶元件，如果用汽油则使其易老化失去原有弹性，从而失去密封功能。

d. 禁止使用麻线、密封带、粘接剂作为密封材料，否则会污染系统，并可能造成系统故障。

e. 清洁时必须使用无绒布或专用纸张。

② 液压泵和液压马达的安装

a. 液压泵和液压马达的轴与发动机驱动轴的联轴器安装不良就会产生噪声和振动，因而安装要同心，同轴度应在0.1mm以内，二者的轴线倾角不大于1°，一般采用挠性联轴节连接，不允许用V带直接带动泵轴转动，以防泵轴受径向力过大，影响泵的正常运转。

b. 在安装的过程中避免用力敲击轴。

c. 液压泵的旋转方向和进、出油口应按要求安装。

d. 各类液压泵的吸油高度，一般要小于0.5m。

③ 油缸的安装

详见本章3.3.6。

④ 阀类的安装

a. 安装前，先用干净煤油或柴油（忌用汽油）清洗元件表面的防锈剂及其他污物，此时不可将在各油口的塑料塞子拔掉，以免脏东西进入阀体。

b. 安装密封圈的沟槽是否有飞边、毛刺、棱角，以及磕碰凹槽。

c. 方向控制阀应保证轴线呈水平位置安装。

⑤ 管路的安装

详见本章 3.3.7。

3.4 常用的胶黏剂和润滑剂

在挖掘机的制造、使用与维护中，离不开胶黏剂和润滑剂的应用。如设备在使用中由于操作不当或发生意外导致机械部件断裂、零件表面磨损、研伤、腐蚀等表面破坏以及设备振动引起的松动、泄漏，都可以用粘接与密封技术修复解决。

3.4.1 胶黏剂

胶黏技术（又称胶接、黏合、粘接、胶结技术）是指同质或异质物体表面用胶黏剂连接在一起的技术，具有应力分布连续，重量轻，密封性好，多数工艺温度低等特点。胶黏剂特别适用于不同材质、不同厚度、超薄规格和复杂构件的连接。

胶黏技术近代发展最快，应用行业极广，对工业技术进步有重大影响。近些年来，胶接技术在挖掘机制造、装配与维护中的应用日益广泛。主要具有如下突出特点。

① 提高劳动生产率，节省能源和材料，减少配件消耗和维护费用。

② 用密封剂代替传统的垫片实现螺纹锁固、平面与管路接头密封、圆柱件固持，避免三漏（漏油、漏气、漏水）和松动，提高产品质量和可靠性。

③ 可以实现对难以焊接的材料制成零件（如铸铁、硬化钢板、塑料和有橡胶涂层）的连接。

④ 可以进行现场施工，解决拆卸困难的大型零部件、油、气管路的现场修复。

⑤ 可以使金属零件再生，修复因磨损、腐蚀、破裂、铸造缺陷而报废的零件，使之起死回生，延长设备的使用寿命。

(1) 胶黏剂的分类

胶黏剂的分类方法如下。

① 按应用方法可分为热固型、热熔型、室温固化型、压敏型等。

② 按应用对象分为结构型、非构型或特种胶。

③ 按形态可分为水溶型、水乳型、溶剂型以及各种固态型等。

④ 按粘料的化学成分可分合成橡胶型、橡胶树脂型等。

(2) 常用胶黏剂简介

挖掘机主要由金属零件装配而成，承受摩擦、振动、温度等作用，因此要求所用的胶黏剂有一定的粘接强度和耐久性。在挖掘机的制造、装配和维修中所用的胶黏剂有环氧类胶、厌氧胶、RTV 硅橡胶、改性丙烯酸酯、氰基丙基丙烯酸酯、聚氨酯等，一般属于工业胶黏剂。

① 环氧胶黏剂 主要组分是环氧树脂。它有较高的粘接强度、良好的电绝缘性能和机械性能，适用于受力部位的粘接。环氧胶黏剂因配方不同，可制得室温固化和加热固化两种胶，主要用来粘接金属、玻璃、陶瓷、橡胶、木材、塑料等。加热固化的环氧胶，粘接性能比室温固化的优良，可用于结构材料的粘接。室温固化胶供一般日常粘接。

② 厌氧胶 该胶的主要成分是甲基丙烯酸双酯。它在室温、有空气时不能固化，排除空气（即无氧条件）就能迅速固化。根据不同需要，可加入引发剂、促进剂、增稠剂和染料等组分。它的主要用途是作螺纹的紧固密封和轴承的装配。对非活性金属，如不锈钢、锌、银等需加入促进剂以加速固化。它不宜粘接多孔材料和填充较大缝隙。产品分高、中、低档强度和黏度，牌号有铁锚 300 系列，GY-100、200、300 系列，Y-150胶等。

③ 有机硅胶黏剂 它的主要组分是有机硅氧烷。它有优良的耐紫外线、耐臭氧、耐化学介质和耐潮湿，还有很好的热稳定性

和低温柔韧性。它能粘接金属、玻璃、陶瓷等材料，特别能粘接通常不易粘接的硅橡胶、氟橡胶等。主要用于电子工业中的灌封、电气元件连接部位和接头处的密封，以防止灰尘和潮气等的侵害。有机硅胶黏剂分单组分、双组分、室温硫化和加热硫化等多种，室温硫化型的主要产品牌号有703、704、D-05、FS-203、GD-400等。

④ 丙烯酸胶黏剂　简称SGA，在粘接时形成化学键，粘接强度比较大，可用于结构件的粘接。胶液虽是双组分的，但不要调配，只要把胶液分别涂于被粘接的材料上，黏合后几分钟内就有一定的强度，并有良好的耐冲击性能，适合金属和非金属（聚烯烃和氟、硅塑料除外）材料的自粘和互粘。市售的品种有SA-200、AB胶、J-39、J-50、SGA-404、丙烯酸酯胶等。此外，丙烯酸共聚物可制成压敏型胶黏剂，涂在各种基材上制得各种胶黏带，如聚氯乙烯胶黏带、聚酯透明胶黏带、B0PP封箱胶黏带、表面保护膜等。

⑤瞬间胶黏剂　由α-氰基丙烯酸酯单体和少量稳定剂、增塑剂等配制而成。这类胶组分简单，不用配料，能在常温常压下迅速固化，因此获得瞬间胶黏剂的美称。使用时，被粘物表面不需特殊处理，能满足工业自动化流水线的需要。它无毒，因而应用范围广，不仅适合粘接各种金属、非金属材料，还用于医疗方面的粘接。这种胶的缺点是不适宜于大面积和多孔材料的粘接。常用的是α-氰基丙烯酸乙酯，商品牌号为502胶，医用的α-氰基丙烯酸丁酯，商品牌号为504胶。

⑥ 酚醛—氯丁橡胶胶黏剂　由酚醛树脂和氯丁橡胶混炼胶溶于苯或醋酸乙酯和汽油的混合溶剂中配制而成。由于初粘力强，又能在室温下粘接和固化，使用简便，所以应用较广，适用于粘接金属和非金属材料。市售的商品有铁锚801强力胶、百得胶、JX-15-1胶、FN-303胶、CX-401胶、XY-401胶、CH-406胶等。

⑦ 酚醛—丁腈橡胶胶黏剂　由酚醛树脂和丁腈混炼胶溶于溶剂中而制得。这种胶韧性好、耐油、耐水、耐冲击，能在−60～150℃的温度下长期使用，是一种应用比较普遍的结构胶。可用于钢、不锈钢、硬铝等金属材料或非金属材料的粘接。胶黏剂中所含组分不同，分子量大小有差别，所以同一种胶黏剂有不同的品种，国内研制和生产的主要品种有J-01、J-03、J-15、JX-9、JX-10、CH-505等。

(3) 胶黏剂应用理论与破坏形式

胶黏是不同材料界面间接触后相互作用的结果。聚合物之间，聚合物与非金属或金属之间，金属与金属和金属与非金属之间的胶接等都存在聚合物基料与不同材料之间界面胶接问题。诸如被粘物与粘料的界面张力、表面自由能、官能基团性质、界面间反应等都影响胶接。胶接是综合性强，影响因素复杂的一类技术，具体理论包括吸附理论、化学键形成理论、弱界层理论、扩散理论、静电理论、机械作用力理论等。

胶接破坏一般有三种不同情况：

① 界面破坏　胶黏剂层全部与粘体表面分开（胶黏界面完整脱离）；

② 内聚力破坏　破坏发生在胶黏剂或被粘体本身，而不在胶黏界面间；

③ 混合破坏　被粘物和胶黏剂层本身都有部分破坏或这两者中只有其一。

这些破坏说明粘接强度不仅与被粘剂与被粘物之间作用力有关，也与聚合物粘料的分子之间的作用力有关。

(4) 常用材料的胶黏特性

① 金属　金属表面的氧化膜经表面处理后，容易胶接；由于胶黏剂粘接金属的两相线膨胀系数相差太大，所以胶层容易产生内应力；另外金属胶接部位因水作用易产生电化学腐蚀。

② 橡胶　橡胶的极性越大，胶接效果越好。其中丁腈氯丁橡胶极性大，胶接强度高；天然橡胶、硅橡胶和异丁橡胶极性小，粘接力较弱。另外橡胶表面往往有脱模剂或其他游离出的助剂，妨碍胶接效果。

③ 塑料 极性大的塑料其胶接性能好。

(5) 胶黏剂的选用

① 考虑胶接材料的种类性质大小和硬度。

② 考虑胶接材料的形状结构和工艺条件。

③ 考虑胶接部位承受的负荷和形式(拉力、剪切力、剥离力等)。

④ 考虑材料的特殊要求如导电导热耐高温和耐低温。

⑤ 高温固化的胶黏剂性能远远高于室温固化，如要求强度高、耐久性好的，要选用高温固化胶黏剂。

⑥ 对α-氰基丙烯酸酯胶(502强力胶)除了应急或小面积修补和连续化生产外，对要求粘接强度高的材料，不宜采用。

⑦ 不能只重视初始强度高，更应考虑耐久性好。

⑧ 白乳胶和脲醛胶不能用于粘接金属。

⑨ 胶黏剂不应对被粘接物有腐蚀性。

⑩ 脆性较高的胶黏剂不宜粘软质材料。

(6) 胶黏工艺

由于胶黏剂和被粘物的种类很多，所采用的粘接工艺也不完全一样，概括起来可分为：

① 胶黏剂的配制。

② 被粘物的表面处理。

③ 涂胶。

④ 晾置，使溶剂等低分子物挥发凝胶。

⑤ 叠合加压。

⑥ 清除残留在制品表面的胶黏剂。

(7) 胶黏剂在使用时的注意事项

① 对AB组分的胶黏剂，在配比时，请按说明书的要求配比。

② 对AB组分的胶黏剂，使用前一定要充分搅拌均匀。不能留死角，否则不会固化。

③ 被粘物一定要清洗干净，不能有水分(除水下固化胶)。

④ 为达到粘接强度高，被粘物应尽量打磨。

⑤ 粘接接头设计的好坏，决定粘接强度高低。

⑥ 胶黏剂使用时，一定要现配现用，切不可留置时间太长，如属快速固化，一般不宜超过2min。

⑦ 如要强度高、固化快，可视其情况加热，涂胶时，不宜太厚，一般以0.5mm为好，越厚粘接效果越差。

⑧ 粘接物体时，最好施压或用夹具固定，为使强度更高，粘接后最好留置24h。

⑨ 单组分溶剂型或水剂型，使用时一定要搅拌均匀。

⑩ 对溶剂型产品，涂胶后，一定要凉置到不大粘手为宜，再进行粘接。

(8) 胶黏剂的环保问题

胶黏剂工业突飞猛进的发展，胶黏剂的功能和应用正受到广泛重视，同时也给环境带来了污染，对接触人体健康造成了危害，这是由于胶黏剂中的有害物质，如挥发性有机化合物，有毒的固化剂、增塑剂、稀释剂以及其他助剂，有害的填料等所造成的。这些有害物质主要是苯、甲苯、甲醛、甲醇、苯乙烯、三氯甲烷、四氯化碳、1,2—二氯乙烷、甲苯二异氰酸酯、间苯二胺、磷酸三甲酚酯、乙二胺、二甲基苯胺、防老剂D、煤焦油、石棉粉、石英粉等。

所以，选用时优先考虑环保型胶黏剂，使用过程中注意采取必要的防护措施。

3.4.2 润滑剂

润滑剂是用以润滑、冷却和密封机械摩擦部分的物质。主要作用有以下几个方面。

① 减摩抗磨，降低摩擦阻力以节约能源，减少磨损以延长机械寿命，提高经济效益。

② 确定合适的摩擦系数，便于精确数字控制。

③ 减少损耗，其中热量损失占20%，摩擦造成零件寿命损失50%。

④ 冷却，要求随时将摩擦热排出机外。

⑤ 密封，要求防泄漏、防尘、防窜气。

⑥ 抗腐蚀防锈，要求保护摩擦表面不受油变质或外来侵蚀。

⑦ 清净冲洗，要求把摩擦面的积垢清洗排除。

⑧ 应力分散缓冲，分散负荷和缓和冲击及减振。

⑨ 动能传递，液压系统和遥控马达及摩擦无级变速等。

(1) 润滑剂的类型特点

润滑剂的种类很多，应用广泛。根据来源有矿物性润滑剂（如机械油）、植物性润滑剂（如蓖麻油）、动物性润滑剂（如牛脂）和合成润滑剂等。根据性状有液体润滑剂、固体润滑剂、半固体润滑剂和气体润滑剂。根据用途可分为工业润滑剂（包括润滑油和润滑脂）和其他润滑剂。

① 固体润滑剂　这类润滑材料虽然历史不长，但其经济效果好，适应范围广，发展速度快，能够适应高温、高压、低速、高真空、强辐射等特殊使用工况，特别适合于给油不方便、装拆困难的场合。当然，它也有摩擦因数较高、冷却散热不良等缺点。习惯上人们把固体润滑剂分为无机物和有机物两类。前一类包括石墨、二硫化钼、氧化物、氟化物、软金属及其他；后一类包括聚四氟乙烯、尼龙、聚乙烯、聚酰亚胺等。

a. 石墨。石墨有天然石墨和人造石墨，它是六方晶体的层状结构。石墨是黑色、柔软、在化学上非常稳定的物质，几乎不受所有有机溶剂、腐蚀性化学药品的侵蚀，还具有不受很多熔融金属或熔融玻璃浸润的特点。因此，石墨与水、溶剂、油脂、橡胶、树脂、一些金属等混合时不失掉其特性。石墨的热膨胀系数和弹性模量都较小，能抗热冲击。石墨的使用温度范围为－270～1000℃（大气中），熔点3500℃，450～500℃时氧化。另外石墨具有良好的导电性和导热性。石墨的结晶性、杂质、粒度和粒子形状对石墨的润滑性有较大影响，外部使用条件如环境温度、使用温度、速度和负荷也对其润滑性有影响。石墨润滑剂的应用多见于复合材料中或与其他固体润滑剂共用，单独用石墨作为润滑剂的不多，有水基石墨润滑剂、油基石墨润滑剂等。

b. 二硫化钼。具有黑灰色金属光泽，一样有六方晶体层状结构，摩擦因数可低到0.04，而且对热或化学都比较稳定。二硫化钼的使用温度为：－270～350℃（大气中），熔点1250℃，380～450℃时氧化。二硫化钼能抗大多数酸的腐蚀。在室温、湿空气中二硫化钼的氧化是轻微的，但结果能得到一个可观的酸值。一般认为，对于重负荷、中低速、高（低）温下的滑动摩擦部件，应用二硫化钼粉剂能发挥其优良效果，市售的二硫化钼粉剂的纯度在98%～99.8%。很少使用二硫化钼单体粉剂，在多数情况下常常混用必要的其他物质。常见的有二硫化钼糊状润滑剂和二硫化钼润滑油脂。

c. 聚四氟乙烯。聚四氟乙烯等塑料具有良好的润滑性、吸振性、抗冲击性、抗腐蚀性和绝缘性。聚四氟乙烯的使用温度为：－270～260℃。

d. 软金属。如金、银、锌、铅、锡等，这类软金属作为固体润滑剂主要以薄膜形式应用。

② 液体润滑剂　这是用量最大、品种最多的一类润滑材料，包括矿物油、合成油、动植物油和水基液体等。由于这些液体润滑剂有较宽的黏度范围，对不同的负荷、速度和温度条件下工作的运动部件提供了较宽的选择余地。液体润滑剂可提供低的、稳定的摩擦因数，低的可压缩性，能有效地从摩擦表面带走热量，保证相对运动部件的尺寸稳定和设备精度，而且多数是价廉产品，因而获得广泛应用。其中矿物油是目前用量最大的一种液体润滑剂。

a. 水。具有良好的导热性，资源丰富，价廉易得，但其黏度太小，因此必须添加增黏剂或油性剂。目前大量使用的有水基切削液和水－乙二醇液压液，这是一类很有发展前途的润滑材料，将来世界石油资源枯竭时，这将是代替矿物油的重要润滑材料。

b. 动植物油。主要是植物油，如菜子油、茶籽油、蓖麻油、花生油和葵花籽油等，其优点是油性好，生物降解性好。缺点是氧化安定性和热稳定性较差，低温性能也不够好。目前仍为某些切削液的重要组分。随着石油资源的逐渐短缺以及环保要求的日益苛刻，人们又重新重视动植物油脂作为润滑材料的开发应用，希望通过化学方法改善其热氧化稳定性和低温性能，作为未来代替矿物油的重要润滑材料。

c. 合成油。合成油是第二次世界大战中发展起来的。合成油又包含多种不同类型、不同化学结构和不同性能的化合物，多使用在条件比较苛刻的工况下。近年来，合成润滑油脂得到了更加广泛的使用和认同。

③ 半固体润滑剂　在常温、常压下呈半流体状态，并且有胶体结构的润滑材料，称为润滑脂。一般分为皂基脂、烃基脂、无机脂、有机脂四种。它们除具有抗磨、减摩性能外，还能起密封、减振等作用，并使润滑系统简单、维护管理方便、节省操作费用，从而获得广泛使用。其缺点是流动性小，散热性差，高温下易产生相变、分解等。

润滑脂产量占整个润滑剂总产量的比例虽然不大，约2%，但在润滑领域中所起的作用却很大，据统计，大约90%的滚动轴承是用脂润滑的。而且目前滚动轴承的失效中，大约43%是由于不适当的润滑所引起的。因此润滑脂的选用和维护非常重要。由于锂基脂具有多方面的优良性能，因而获得大量使用。目前主要工业国的锂基脂产量一般占其润滑脂总产量的60%以上。

④ 气体润滑剂　一般用于气体动压轴承，挖掘机目前没有应用，不再详述。

(2) 润滑方式

① 循环润滑　润滑剂送至摩擦点进行润滑后又回到油箱再循环使用的润滑方式。

② 全损耗性润滑　润滑剂送至摩擦点进行润滑后不再返回油箱循环使用的润滑方式。

③ 浸油润滑　即油浴润滑。

④ 飞溅润滑　将润滑剂飞溅到运动副摩擦表面上以保持润滑的方式。

⑤ 滴油润滑　间歇而有规律地将润滑油滴至运动副摩擦表面上以保持润滑的方式。

⑥ 油链润滑　使用油链随轴一起转动，将下面储油器中的润滑油带至轴颈上的润滑方式。

⑦ 集中润滑系统　由一个集中油源向机器或机组的摩擦点供送润滑剂的系统。

⑧ 脂润滑　装填、喷涂、滴下。

(3) 润滑油

润滑油是由不同等级黏度的基础油配以不同比例的添加剂调制而成的。基础油质量对于润滑油性能至关重要，它提供了润滑油最基础的润滑、冷却、抗氧化、抗腐蚀等性能。为了提高润滑油的性能，在润滑油中包含了提高其综合性能的添加剂。例如对于发动机油，基础油通常约占90%，剩下是添加剂。添加剂种类繁多，例如发动机油的添加剂就有抗氧化添加剂、防锈添加剂、防腐蚀添加剂、黏度指数改进剂、降凝剂、清洁添加剂、分散剂、抗磨损添加剂等，但并不能说添加剂越多越好，没有基础油的质量保证仅仅靠添加剂是达不到规定要求的，添加剂只能起一部分作用。因此，润滑油需要进行台架试验来确定或评定配方的性能优劣。

目前，挖掘机中主要用到的润滑油包括矿物油与合成油，两者最主要的差别在于基础油不同。矿物油的基础油是原油提炼过程中，在分馏出有用的轻物质后，残留的塔底油再经提炼而成。在提炼过程中因无法将所含的杂质清除干净，因此倾点较高，不适合寒带作业使用。

合成油基础油来自原油中的瓦斯气或天然气所分离出来的乙烯、丙烯，再经聚合、催化等繁复的化学反应才炼制成大分子组成的基础油。在本质上，它使用的是原油中较好的成分，加以化学反应并透过人为的控制，达到预期的分子形态，其分子排列整齐，抵抗外来变数的能力自然很强，因此合成油品质较好，其流动性、黏温性、抗氧化性等性能优于矿物油。对发动机油来说，合成机油有良好的节省燃油效能、噪声变小、不产生油泥、引擎寿命更长、更长于矿物油的换油周期等优异的性能。但某种合成油可能只具有某方面的特殊优点，应用时必须熟悉每类合成油的结构特点和性能优缺点，用其所长，避其所短。合成油生产工艺复杂，使用原料为化工原料或石油化工多次加工产品，因而生产成本较高，其价格较矿物油贵几倍或十几倍。

① 润滑油种类及应用场合

润滑油种类繁多，每种油根据参数又可分为若干种。挖掘机使用、维护中用到的有：

a. 发动机油——引擎（如发动机、动力机械）机油也叫引擎油。例如5W-40，其中5代表黏度，数值越小，表示耐低温（5指-25℃，10指-20℃），W表示多级可调黏度，40表示高温黏度。

b. 液压油——液压传动系统。

c. 齿轮油——传动齿轮机构（开式、闭式齿轮用油不同）。

d. 循环油——循环系统。

e. 压缩机油——空气压缩机（分往复式、螺杆式和叶片式）。

f. 防锈油——机件防锈（如钢板、钢缆、链条）。

g. 绝缘油——电路绝缘（如变压器、绝缘开关）。

② 润滑油的常用指标及意义

a. 黏度：液体流动时内摩擦力的量度。

b. 黏度指数：表示油品黏度随温度变化特性的一个约定量值。黏度指数高，表示油品的黏度随温度变化小。

c. 倾点：在规定条件下，被冷却的试样能流动的最低温度，以摄氏度（℃）表示。

d. 凝点：试样在规定条件下冷却至停止移动时的最高温度，以℃表示。

e. 闪点：在规定条件下，加热油品所逸出的蒸汽和空气组成的混合物与火焰接触发生瞬间闪火时的最低温度，以℃表示。根据所用测定器的不同，可分为闭口闪点和开口闪点。

f. 燃点：在规定条件下，当火焰靠近油品表面的油气和空气混合物时即会着火并持续燃烧至规定时间所需的最低温度，以℃表示。

g. 色度：在规定条件下，油品颜色接近于某一号标准色板（色液）的颜色时所测的结果。

h. 酸值：中和1克油品中酸性物质所需的氢氧化钾毫克数，以mgKOH/g油表示。

i. 酸度：中和100mL油品中的酸性物质所需的氢氧化钾毫克数，以mgKOH/100mL油表示。

j. 水分：存在于油品中的水含量。

k. 灰分：在规定条件下，油品被炭化后的残留物经燃烧所得的无机物，以重量百分数表示。

l. 残炭：在规定条件下，油品在裂解中所形成的残留物，以重量百分数表示。

m. 热安定性：油品抵抗热影响，而保持其性质不发生永久变化的能力。

n. 氧化安定性：油品抵抗大气（或氧气）的作用保持其性质不发生永久变化的能力。

o. 乳化性：油品和水形成乳化液的能力。

p. 机械杂质：存在于油品中所有不溶于规定溶剂的杂质。

q. 润滑剂承载能力：在规定条件下的试验系统中，运动接触表面的润滑剂可承受的最大负荷，以牛顿（N）表示。

③ 润滑油添加剂种类及用途 添加剂是能赋予油品某种特殊性能或加强其本来具有的某种性能而加入的物质。添加剂是近代高级润滑油的精髓，正确选用合理加入，可改善其物理化学性质，对润滑油赋予新的特殊性能，或加强其原来具有的某种性能，满足更高的要求。一般常用的添加剂有：

a. 抑制剂：能阻止或延迟油品发生不良现象（如油贮存时胶质的生成，润滑油变色等）的物质。

b. 多效添加剂：具有同时改善油品两种性能以上的添加剂。

c. 清净添加剂：有助于固体污染物颗

粒悬浮于油中的一种具有表面活性的添加剂。

d. 分散添加剂：能将低温油泥分散于油中的添加剂。

e. 抗氧化添加剂：加入油品中可以抑制其氧化的添加剂。

f. 抗腐蚀添加剂：能防止或延缓金属发生腐蚀而加入的添加剂。

g. 缓蚀剂：能保护设备及零部件，减轻腐蚀又不污染油品而加入的添加剂。

h. 极压添加剂：能和接触的金属表面起化学反应形成一种高熔点化学反应膜，属以防止其发生熔结、咬黏（或咬死）、胶合或刮伤的添加剂。

i. 抗磨添加剂：防止或减少与油品接触的金属表面磨损的添加剂。

j. 油性添加剂：能增加油膜强度，减小摩擦因数，提高抗磨损能力的添加剂。

k. 增稠剂：能提高润滑油、液压油或润滑脂的黏度或稠度的组分。

l. 黏度指数改进剂：能改善油品黏温性，提高黏度指数的添加剂。

m. 倾点降低剂：能减低油品倾点（或凝点）的添加剂。又称降凝剂。

n. 抗泡沫添加剂：能防止或减少油品起泡的添加剂。

o. 防锈添加剂：能防止金属机件生锈，延迟或限制生锈时间，减轻生锈程度的添加剂。

p. 抗菌添加剂：能阻止细菌在燃料、切削液（油）中繁殖而加入的添加剂。

q. 抗静电添加剂：加入燃料中能预防产生静电聚积并能排除静电荷的添加剂。

r. 乳化剂：能使油品乳化并保持稳定的一种表面活性物质。

(4) 润滑脂

润滑脂是将稠化剂分散于液体润滑剂中所组成的一种稳定的固体或半固体产品，并可加入旨在改善某种特性的添加剂和填料。一般润滑脂中稠化剂含量约为10%～20%，基础油含量约为75%～90%，添加剂及填料的含量在5%以下。润滑脂主要起减摩、防护、密封等作用，大部分用于工业轴承。优点是温度宽、寿命长。缺点是转速低、难分离、阻力大。

① 主要组成

a. 基础油。基础油是润滑脂分散体系中的分散介质，它对润滑脂的性能有较大影响。一般润滑脂多采用中等黏度及高黏度的石油润滑油作为基础油，也有一些为适应在苛刻条件下工作的机械润滑及密封的需要，采用合成润滑油作为基础油，如聚α-烯烃油、有机酯类油、聚乙二醇油、硅树脂油。

b. 稠化剂。稠化剂是润滑脂的重要组分，稠化剂分散在基础油中并形成润滑脂的结构骨架，基础油被吸附和固定在结构骨架中。润滑脂的抗水性及耐热性主要由稠化剂所决定。用于制备润滑脂的稠化剂有两大类，皂基稠化剂（即脂肪酸金属盐）和非皂基稠化剂（类、无机类和有机类）。

c. 添加剂与填料。胶溶剂是润滑脂所特有的添加剂，它使油皂结合更加稳定。如甘油与水等。钙基润滑脂中一旦失去水，结构就完全被破坏，不能成脂，如甘油在钠基润滑脂中可以调节脂的稠度。另一类添加剂和润滑油中的一样，如抗氧、抗磨和防锈剂等，但用量一般较润滑油中为多。有时为了提高润滑脂抵抗流失和增强润滑的能力，常添加一些石墨、二硫化钼和炭黑等作为填料。

② 主要类型及特点

a. 皂基润滑脂。皂基润滑脂占润滑脂的产量90%左右，使用最广泛。最常使用的有钙基、钠基、锂基钙钠基、复合钙基等润滑脂。复合铝基、复合锂基润滑脂也占有一定的比例，这两种脂是有发展前景的品种。

(a) 钙基润滑脂。由天然脂肪或合成脂肪酸用氢氧化钙反应生成的钙皂稠化中等黏度石油润滑油制成。滴点在75～100℃之间，其使用温度不能超过60℃，如超过这一温度，润滑脂会变软甚至结构破坏不能保证润滑。具有良好的抗水性，遇水不易乳化变质，适于潮湿环境或与水接触的各种机械部件的润滑。具有较短的纤维结构，有良好的剪断安定性和触变安定性，因此具有良好的润滑性能和防护性能。

(b) 钠基润滑脂。由天然或合成脂肪酸钠皂稠化中等黏度石油润滑油制成。具有较长纤维结构和良好的拉丝性，可以使用在振动较大、温度较高的滚动或滑动轴承上。尤其是适用于低速、高负荷机械的润滑。因其滴点较高，可在80%或高于此温度下较长时间内工作。钠基润滑脂可以吸收水蒸气，延缓了水蒸气向金属表面的渗透。因此它有一定的防护性。

(c) 钙钠基润滑脂。具有钙基和钠基润滑脂的特点。有钙基脂的抗水性，又有钠基脂的耐温性，滴点在120℃左右，使用温度范围为90～100℃。具有良好的机械安全性和泵输送性，可用于不太潮湿条件下的滚动轴承上。最常应用的是轴承脂和压延机润滑脂，可用于润滑中等负荷的电机、鼓风机、汽车底盘、轮毂等部位滚动轴承。

(d) 锂基润滑脂。由天然脂肪酸（硬脂酸或12-羟基硬脂酸）锂皂稠化石油润滑油或合成润滑油制成。由合成脂肪酸锂皂稠化石油润滑油制成的，称为合成锂基润滑脂。因锂基润滑脂具有多种优良性能，被广泛用于各种机械设备的轴承润滑。滴点高于180℃，能长期在120℃左右环境下使用。具有良好的机械安定性、化学安定性和低温性，可用在高转速的机械轴承上。具有优良的抗水性，可使用在潮湿和与水接触的机械部件上。锂皂稠化能力较强，在润滑脂中添加极压、防锈等添加剂后，制成多效长寿命润滑脂，具有广泛用途。

(e) 复合钙基润滑脂。用脂肪酸钙皂和低分子酸钙盐制成的复合钙皂稠化中等黏度石油润滑油或合成润滑油制成。耐温性好，润滑脂滴点高于180℃，使用温度可在150℃左右。具有良好的抗水性、机械安定性和胶体安定性。具有较好的极压性，适用于较高温度和负荷较大的机械轴承润滑。复合钙基润滑脂表面易吸水硬化，影响它的使用性能。

(f) 复合铝基润滑脂。由硬脂酸和低分子有机酸（如苯甲酸）的复合铝皂稠化不同黏度石油润滑油制成。固有各种良好的润滑特性，适用于各种电机、交通运输、钢铁企业及其他各种工业机械设备的润滑。只有短的纤维结构，具有良好的机械安定性和泵送性，因其流动性好，适用于集中润滑系统。具有良好的抗水性，可以用于较潮湿或有水存在下的机械润滑。

(g) 复合锂基润滑脂。由脂肪酸锂皂和低分子酸锂盐（如壬二酸、癸二酸、水杨酸和硼酸盐等）两种或多种化合物共结晶，稠化不同黏度石油润滑油制成，广泛应用于轧钢厂炉前辊道轴承、汽车轮轴承、重型机械、各种高阻抗磨轴承以及齿轮、涡轮、蜗杆等润滑。具有高的滴点，具有耐高温性；复合皂的纤维结构强度高，在高温条件下具有良好的机械安定性，有长的使用寿命；有良好的抗水淋特性，适于潮湿环境工作机械的润滑，如轧钢机械等。

(h) 复合磺酸钙基润滑脂，美国SOLTEX公司率先开发出的高金属含量的新型润滑脂，具有强抗腐蚀性、极压耐磨性能和长的使用寿命，复合磺酸钙基润滑脂不需要加入添加剂即可达到锂基脂的效果，是最有发展前途的润滑脂品种之一。

b. 无机润滑脂。主要有膨润土润滑脂及硅胶润滑脂两类。表面改性的硅胶稠化甲基硅油制成的润滑脂，可用于电气绝缘及真空密封。膨润土润滑脂是由表面活性剂处理后的有机膨润土稠化不同黏度的石油润滑油或合成润滑油制成，适用于汽车底盘、轮轴承及高温部位轴承的润滑，它具有以下特点。

膨润土润滑脂没有滴点，它的耐温性能决定于表面活性剂和基础油的高温性能，它的低温性能决定于选用的基础油类型。稠化剂的用量对脂的低温性能也有影响。具有较好的胶体安定性，润滑脂的机械安定性随表面活性剂的类型而异。对金属表面的防腐蚀性稍差。因此，润滑脂中要添加防锈剂以改善这个性能。

c. 有机润滑脂。各种有机化合物稠化石油润滑油或合成润滑油，各具有不同的特性，这些润滑脂大都作特殊用途。如阴丹士林、酞菁铜稠化合成润滑油制成高温润滑脂可用于 200～250℃工况；含氟稠化剂如聚四氟乙烯稠化氟碳化合物或全氟醚制成的润滑脂，可耐强氧化，作为特殊部件的润滑。又如聚脲基润滑脂可用于抗辐射条件下的轴承润滑等。

③ 润滑脂主要术语

a. 时效硬化：润滑脂的稠度随贮存时间而增加的现象。

b. 稠度：稠度是指塑性物质在外力作用下抵抗变形的程度。

c. 锥入度：锥入度是润滑脂稠度的一个量度。锥入度越大，脂越软。

d. 稠度等级：NLGI（美国润滑脂协会）分为九个等级。

e. 触变性：润滑脂受到剪切时，稠度变小，停止剪切时，稠度又增加的性质。

f. 抗水性：润滑脂抵抗从轴承中冲洗掉的能力，抵抗因吸收水分而使脂结构破坏的能力，在水存在时防止金属表面腐蚀的能力。

g. 胶体稳定性：润滑脂抵抗分油的能力。

h. 外观：只用直观检查的方法所看到的润滑脂特性，通常包括整体外观、质地、颜色和光泽等。

④ 润滑脂的选用　工程机械（包括挖掘机）应根据设备使用条件，选择合适的润滑脂。

a. 温度。温度对润滑脂的使用性能影响很大。温度升高时，润滑脂的稠度和基础油黏度变小。不同品种的润滑脂，其稠度和相似黏度的变化不相同，因此它们的使用温度范围也不一样。温度每升高约 10℃，润滑脂的氧化速度平均增长一倍，其使用寿命相应降低约一半。随着温度的升高，润滑脂基础油的蒸发及分油现象渐趋严重，润滑性能逐渐变坏。基础油损失达 50%～60%时，润滑脂即失去润滑能力。

b. 速度。轴承的转速越快，润滑脂所经受到的剪应力愈大，稠化剂纤维骨架受到的破坏作用愈多，结果使润滑脂寿命缩短。对高转速不太适用。一般来说，普通的矿物油润滑脂只允许使用的转速值（轴承的内径 mm×转速 r/min）小于 3×10^5 mm · r/min。随着润滑脂使用技术的发展，合成润滑脂能适用于更高的转速。

c. 负荷。负荷是指工作轴承上单位面积承受的压力，用 Pa 表示，在使用中常把负荷≥4.9×10^6 kPa 时，称为重负荷，负荷为 2.9×10^6 kPa～4.9×10^6 kPa 称为轻负荷。对于重负荷设备选用稠度大、基础油黏度大、加有极压剂或填料的润滑脂，对于中负荷设备选用短纤维结构、中等黏度基础油、一般选用 2 号脂。

d. 环境：润滑部位的工作环境，如气温、温度、灰尘、腐蚀性介质等。例如，在潮湿或与水接触的工况下，应选用抗水性好的钙、锂基脂；防锈性要求严格时，应选用加有防锈剂的脂；负荷大或有冲击的选用极压润滑脂。

e. 供脂方式：所选润滑脂应与摩擦副的供脂方式相适应，属集中供脂时，应选择 00～1 号润滑脂；对于定期用脂枪、脂杯等加注脂的部位，应选择 1～3 号润滑脂；对于长期使用而不换脂的部位，应选用 2 号或 3 号润滑脂。

f. 工作状态：所选润滑脂应与摩擦副的工作状态相适应，如振动较大时，应用黏度高、黏附性和减振性好的脂，如高黏度环烷基或混合基润滑油稠化的复合皂基润滑脂。

g. 使用目的：所选润滑脂应与其使用目的相适应，对于保护用脂，应能有效地保护金属免受腐蚀，如保护与海水接触的机件，应选择黏附能力强、抗水能力强的铝基润滑脂。一般保护用脂可选用固体烃稠化高黏度基础油制成的脂。对于密封用脂，应考虑接触的密封件材质和介质，根据润滑脂与材质的相容性来选择适宜的润滑脂。

h. 经济性：所选润滑脂应尽量保证减少脂的品种，提高经济效益。在满足要求的情况下，尽量选用锂基脂、复合皂基脂、聚脲基脂等多效通用的润滑脂。这样，既减少了脂的品种，简化了脂的管理，且因多效脂使用寿命长而可降低用脂成本，减少维修费用。

⑤ 润滑脂的正确使用

a. 所加注的润滑量要适当。加脂量过大，会使摩擦力矩增大，温度升高，耗脂量增大；而加脂量过少，则不能获得可靠润滑而发生干摩擦。一般来讲，适宜的加脂量为轴承内总空隙体积的1/3～1/2。但根据具体情况，有时则应在轴承边缘涂脂而实行空腔润滑。

b. 注意防止不同种类、牌号及新旧润滑脂的混用。避免装脂容器和工具的交叉使用，否则，将对脂产生滴点下降、锥入度增大和机械安定性下降等不良影响。

c. 重视更换新脂工作。由于润滑脂品种、质量都在不断改进和变化，老设备改用新润滑脂时，应先经试验，试用后方可正式使用；在更换新脂时，应先清除废润滑脂，将部件清洗干净。在补加润滑脂时，应将废润滑脂挤出，在排脂口见到新润滑脂时为止。

d. 重视加注润滑脂过程的管理。在领取和加注润滑脂前，要严格注意容器和工具的清洁，设备上的供脂口应事先擦拭干净，严防机械杂质、尘埃和砂粒的混入。

e. 注意季节用脂的及时更换。如设备所处环境的冬季和夏季和温差变化较大，如果夏季用了冬季的脂或者相反，结果都将适得其反。

f. 注意定期加换润滑脂。润滑脂的加换时间应根据具体使用情况而定，既要保证可靠的润滑又不至于引起脂的浪费。

g. 不要用木制或纸制容器包装润滑脂。防止失油变硬、混入水分或被污染变质，并且应存放于阴凉干燥的地方。在库房存储时，温度不宜高于35℃，包装容器应密封，不能漏入水分和外来杂质。当开桶取样品或产品后，不要在包装桶内留下孔洞状，应将取样品后的脂表面抹平，防止出现凹坑，否则基础油将被自然重力压挤而渗入取样留下的凹坑，而影响产品的质量。

第4章 液压挖掘机性能检测和故障诊断

液压挖掘机的性能检测是对挖掘机在使用、维护和修理中的技术状况进行测试和检验。故障诊断则是找出故障部位并对故障原因进行分析、判断的过程。

从事挖掘机故障诊断与维修须具备4个基本要素，即背景知识、工具、方法手段和零配件。背景知识主要包括相关的基础理论和专业技术知识，该机型的原理、构造、安装方法、使用与维修方法等方面的知识；工具是指检测、分析、推理方法及相应的实践经验；零配件是指与原机械型号规格相同或可以近似替换而不影响主机性能的零件、部件成品。

维修活动把这几个要素串了起来：从具体现象入手，采集、提取故障特征信息，提出故障假说，再在科学的理论指导下，运用各种专业技术知识和逻辑推理、数学运算等方法、手段，对各种故障假说进行排除或确认，即所谓“大胆假设，小心求证”，使整个过程成为具有创造性思维特征的有机整体。

4.1 概述

4.1.1 主要内容

挖掘机性能检测和故障诊断的主要内容包括：

① 进行性能检测，确定故障现象和性质。

② 判断故障部位和程度，寻查故障元件。

③ 分析故障原因并排除故障。

④ 恢复机械的功能并试用。

⑤ 提出预防故障的方法。

4.1.2 故障处理原则

挖掘机故障诊断与维修是一项艰苦、复杂的工作。在故障处理过程中，对各种故障假说进行确认、选择时，应注意以下处理原则。

(1) 简单性原则

查找故障时应从简单、易处理的故障入手，从简到繁逐一分析确认。现代挖掘机大多数是机电液一体化产品，技术含量高，我们在处理故障时，一般先检查电气系统，再检查液压系统，最后检查机械传动系统。检查液压系统时，应按辅助油路、控制油路、主油路和关键元件的顺序逐步检查。千万不可一遇到故障就乱拆乱卸，以免扩大故障范围或造成新的故障。

(2) 概率性原则

指根据各种故障假说成立的可能性大小进行择优的原则。根据该机械使用的时空条件、机型结构及相关的致障因素，结合维修经验，优先考虑最可能的故障假说。对这一原则的掌握情况，直接反映了维修人员的素质和技术水平。

(3) 效益原则

即优先选择那些能够尽快得以确认的故障假说，优先选择确认对整台机械或系统损害最小，需要的工具、手段、经费最省的故障假说。

(4) 慎思慢动手原则

要求故障诊断与维修人员要勤于思考，充分发挥主观能动性，安全第一，不要随意调整或拆卸不应轻易调整或拆卸的部件，尤其是那些不熟悉、不易确认或调整后不易还原的部件，如液压系统的压力阀、节流阀等。

4.1.3 故障分析常用方法

故障分析是一个观察、假设、推理、验证、修正假设、再验证……直到准确判定故障的过程，主要通过各种哲学方法、逻辑方法和数学方法，对获取的故障信息进行科学论证或演绎推理，以便透过事物的表面现象，揭示其本质。常用的故障分析方法如下。

(1) 分析、归纳和逻辑推理法

根据故障信息，首先分析导致某一故障现象（结果）的各种故障假说（原因），然后比较、验证各种可能的故障假说，排除虚假成分，探求真正的原因。

对于因果关系比较复杂的情况，可以借助因果关联图、鱼刺图、故障树等，使思路清晰明了。

归纳法指从个别事实推出一般结论的方法，通常情况下我们只能采用不完全归纳法。例如某台液压挖掘机，其动臂机构不动作，铲斗机构不动作，回转机构也不动作，我们可以通过归纳法得出结论：同时控制这3个机构动作的主油泵或先导油泵有故障。当然这个结论还需要有其他证据进一步证实。

(2) 证明与反驳法

各种故障假说都是试探性的，具有主观猜测的成分。要达到论证的目的，论据必须真实、充分，而我们获取的个别信息只能对它提供弱支持，寻找否定证据即反驳证据，将对故障诊断更为有利。

在上述例子中，某液压挖掘机动臂机构不动作，其可能的故障假说之一是液压泵损坏，即：主油泵损坏，动臂机构不动作；但反过来其逆命题不成立，必须寻找其他否定证据，比如说，主油泵损坏，回转机构也不能动作，而现在观察到回转机构工作正常，就可以反证出主油泵没有损坏，即主油泵损坏的故障假说不成立。

(3) 替换法

替换法（也称为原型置换法）是指在挖掘机故障诊断与维修实践中，用同一型号规格的零部件替换怀疑已发生故障的零部件，并对新、旧零部件的工作状况进行对比分析，从而达到确定故障部位的目的。在不具备原型置换条件时，可对某一局部系统或部件施加相似的模拟信号或荷载（如对液控变量的液压泵施加规定的先导变量压力），再对工况进行比较判断。采用这种方法时应注意用来替换的新、旧零部件或模拟信号的合适性，不能盲目替换，而使故障扩大或产生新的故障。

(4) 演绎法

演绎法是指从一般原理推出特殊情况的思维方法，其主要形式是由大前提、小前提和结论构成的“三段论式”。它是一种必然性推理，形式为：所有A都具有性质C（大前提），B是A中的一个（小前提），则B一定具有性质C（结论）。

4.2 整机性能检测

4.2.1 整机性能试验概述

挖掘机整机性能可以用操作性能试验来定量地检测。性能试验的目的是将性能试验的数据同标准数据作比较，综合地评价每个功能。根据评价结果，必要时进行修理、调整或更换零部件，以把机器的性能恢复到所要求的标准。

性能试验的种类有：

① 主机性能试验，用以检查每个系统，例如发动机、行走、回转和液压油缸的操作性能。

② 液压部件试验，用以检查每个部件，例如液压泵、马达和各种阀门的操作性能。

一般将“性能标准”即标准数据列于各表格中，用以评价性能试验数据。“性能标准”的定义：

① 新机器的作业速度值和尺寸。

② 调整到技术规格的新部件的操作性能，必要时将给出容许误差。

在进行试验数据评价时应注意：

① 不仅要评价试验数据是否正确，还要评价这些试验数据是在什么范围。

② 评价试验数据一定要看机器的工作小时数、工作载荷的种类和状态，以及机器的保养条件。

机器的性能并不总是随着工作小时数的增加而降低。但是，机器的性能一般认为是随着工作小时数的增加而按比例降低。所以，通过修理、调整或更换零部件来恢复机器的性能应考虑机器的工作小时数。

为了准确和安全地进行性能检验，在准备性能试验时，请遵循以下原则。

① 机器　在试验前要修好已发现的任何缺陷和损坏，如漏水、螺丝松动等。

② 检验场地

a. 选择一块坚实的、平坦的地面。

b. 保证足够开阔的地面，允许机器可以行驶 20m 以上，并且可以在装上前端附件时作整圈回转。

c. 如有需要时，在试验区设置标牌和围绳，隔开无关的人员。

③ 注意事项

a. 在开始试验之前，要在共同工作的人员中对在通信中采用的一些信号取得一致的认识。在试验开始之后，要确保在相互通信中采用这些信号，没有失误。

b. 仔细操作机器，安全第一。

c. 在试验中要注意防止由于滑坡或触到高压输电线所造成的事故。要保证有完全回转所需要的足够的空间。

d. 避免漏油污染机器和地面。用油盘来接住溢出的油，特别在拆卸液压管道时要注意这一点。

④ 进行精确的计量

a. 准确地校验试验仪器，以便得到准确的数据。

b. 按照每一项试验所预定的检验条件进行检验。

c. 重复同一试验，确认所测得的数据能够重复地测得。必要时使用测得数值的平均值。

4.2.2　整机性能检测方法

(1) 行走速度检测

① 检测前的准备

a. 调整履带的下垂度，使两条履带的下垂度相等。

b. 找一条平坦、坚固的试验道路，长度为 10m，在两端还要增加 3～5m 加速区和减速区。

c. 将铲斗保持在离地面 0.3～0.5m 的高度，斗杆和铲斗都翻入（见图 4-1）。

d. 液压油温度为 50℃±5℃。

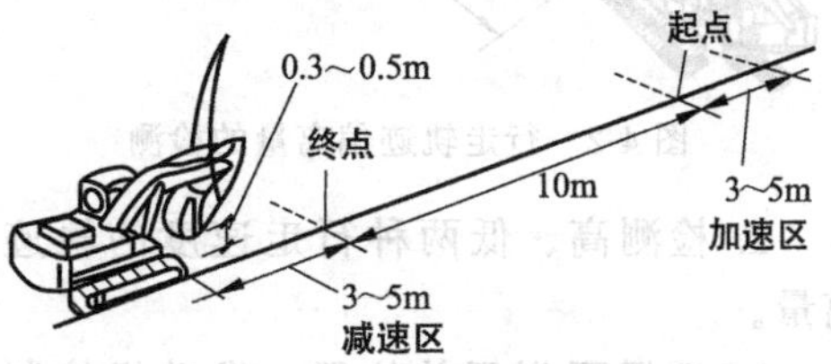

图 4-1　行走速度检测

② 行走速度检测

a. 对挖掘机中速和高速行走进行检测。

b. 选择下列开关位置：发动机控制表盘—最大位置；E 方式开关—OFF；HP 方式开关—OFF；工作方式选择开关——一般用途方式；自动慢车开关—OFF。

c. 挖掘机开始行走，在加速区将行走操纵杆推到全行程位置。

d. 分别测量中速和高速行走 10m 时所需时间。

e. 在测量向前行走的速度后，将上部回转平台回转 180°，再测量后退的行走速度。

f. 重复 d、e 两个步骤，每个方向各测 3 次，并计算其平均值。

(2) 行走轨迹偏离量的检测

检测行走轨迹与起点到终点之间直线的最大轨迹偏差，可以检查行走液压系统两侧的均衡性。

① 检测前的准备

a. 调整履带的下垂度，使两条履带的下垂度一致。

b. 找一条平坦、坚固的试验道，除 20m 长度外，还要各增加 3～5 加速区和减速区。

c. 将铲斗保持在离地面 0.3～0.5m 的高度，铲斗和斗杆都翻入（见图 4-2）。

d. 液压油温度为 50℃±5℃。

② 行走轨迹偏离量的检测

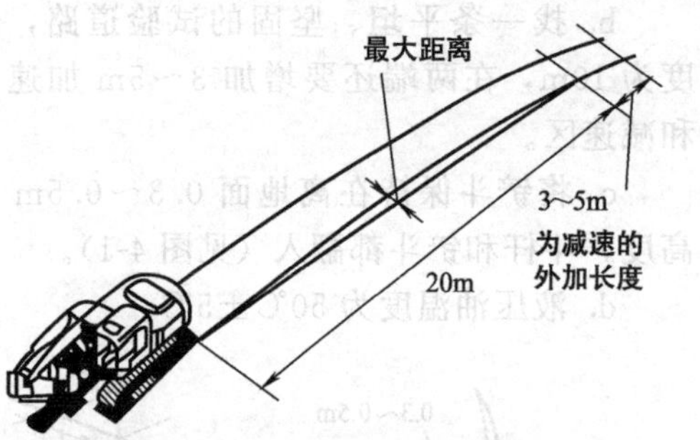

图 4-2 行走轨迹偏离量的检测

a. 检测高、低两种行走速度的轨迹偏离量。

b. 选择下列开关位置：发动机控制表盘—最大位置；E 方式开关—OFF；HP 方式开关—OFF：工作方式选择开关——般用途方式；自动慢车开关—OFF。

c. 从加速区开始行走，把行走操纵杆推到全行程位置。

d. 检测 20m 直线与行走轨迹之间的最大距离。

e. 使上部回转平台回转 180°，测量后退行走轨迹的偏离量。

f. 重复上述步骤 3 次，并计算平均值。

(3) 行走停车功能检测

检测的目的是在规定的坡道上检查行走停车制动器的功能。

① 检测前的准备（图 4-3）

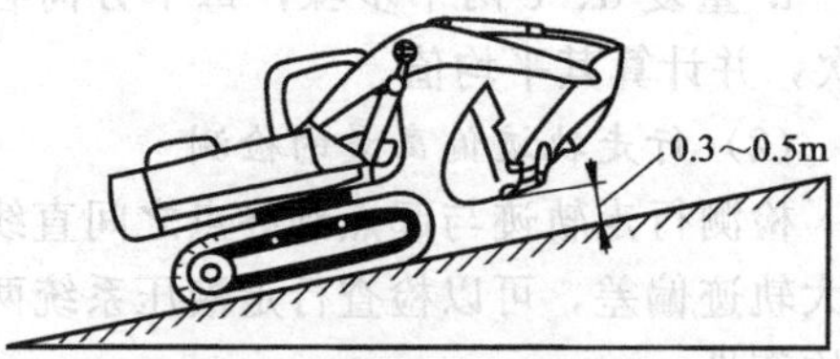

图 4-3 行走停车功能的检测

a. 试验用的斜坡表面必须平坦，斜度为 11.31°。

b. 在行走减速机构的端盖上用粉笔画一白线记号。

c. 铲斗离地 0.3～0.5m，斗杆和铲斗完全翻入。

d. 液压油温度为 50℃±5℃。

② 行走停车功能的检测

a. 在快速方式下检测。

b. 选择下列开关位置：行走方式开关—快速方式；发动机控制表盘—最大位置：E 方式开关—OFF ；HP 方式开关—OFF；工作方式选择开关——般用途方式；自动慢车开关—OFF。

c. 检测行走减速机构端盖的角位移，直到施加行走停车制动为止。

(a) 爬坡，把行走操纵杆置于空挡位置。

(b) 当行走操纵杆在空挡位置时，记下行走减速机构端盖上所画记号的位置，当挖掘机停止移动时，也记下该记号的位置，然后测量这两个记号之间的角位移（见图 4-4）。

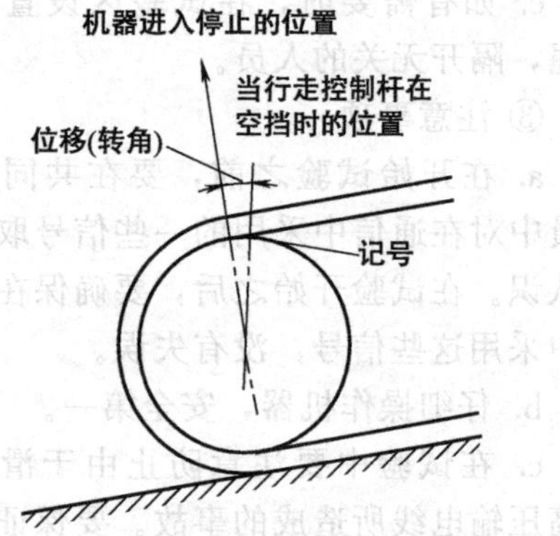

图 4-4 行走减速机构端盖的角位移

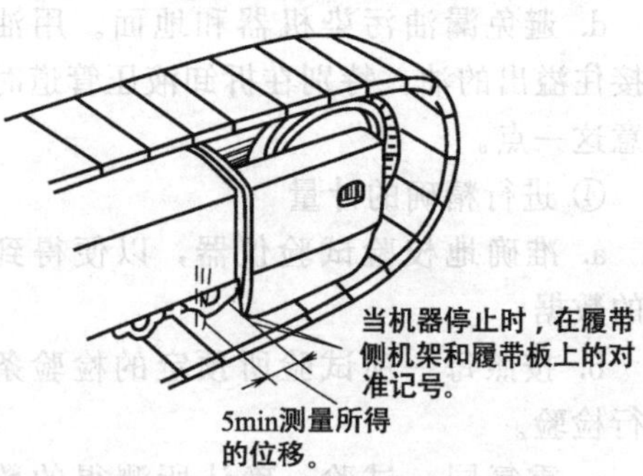

图 4-5 行走停车制动器的打滑量

d. 检测在停放时行走停车制动器的打滑量。

(a) 爬坡，把行走操纵杆置于空挡位置。

(b) 发动机熄火。

(c) 停车后，在履带链条（或履带板内侧）和行走架上画上对准记号。

(d) 5min 后，测量在履带链条（或履带板）和行走架之间所画记号的移动距离（见图 4-5）。

(4) *履带旋转速度的检测*

① 检测前的准备

a. 调整两个履带的下垂度，使两个履带的下垂度一致。

b. 将被测一侧的一块履带板用粉笔做好标记。

c. 将上部回转平台旋转 90°，使动臂与斗杆的夹角为 90°～110°，降低铲斗至地面后，将履带顶起离开地面，在机器下面用木块垫好（见图 4-6）。

d. 液压油温度为 50℃±5℃。

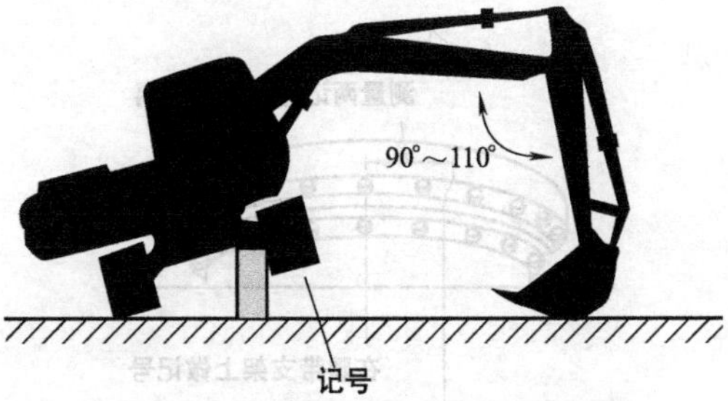

图 4-6　履带旋转速度的检测

② 履带旋转速度的检测

a. 选择下列开关位置：发动机控制表盘—最大位置；E 方式开关—OFF；HP 方式开关—OFF；工作方式选择开关—一般用途方式；自动慢车开关—OFF。

b. 把被顶起一侧的行走操纵杆推到全行程位置。

c. 当履带旋转速度稳定后，测量履带在前进、后退两个方向旋转 3 圈所需的时间。

d. 把另一侧履带顶起，重复上述步骤。

e. 重复上述步骤 3 次，并计算其平均值。

(5) *回转功能滑移的检测*

① 检测前的准备

a. 检查回转齿轮和回转轴承的润滑情况。

b. 将挖掘机停放在平坦、坚固的地面上，要有足够的空间，不要在斜坡上进行检测。

c. 将斗杆伸出，铲斗翻入，铲斗连接销和动臂下端的销轴在同一高度（铲斗必须是空斗）。

d. 用粉笔在回转轴承的外缘和其下面的行走架上画上标记［图 4-7（a）］。

e. 将上部回转平台回转 180°。

f. 液压油温度为 50℃±5℃。

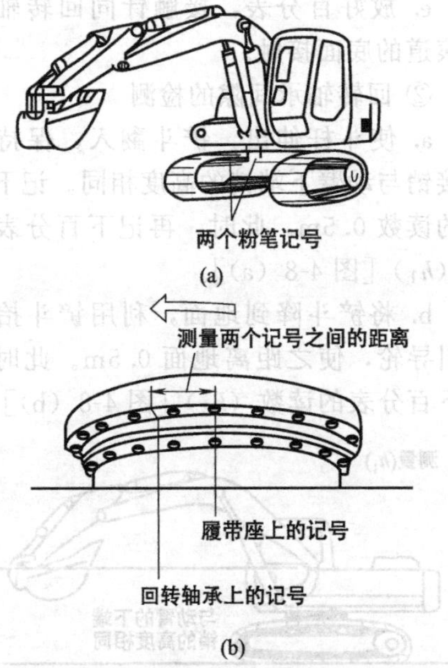

图 4-7　回转功能滑移的检测

② 回转功能滑移的检测

a. 选择以下各开关的位置：发动机控制表盘—最大位置；E 方式开关—OFF；HP 方式开关—OFF；工作方式选择开关—一般用途方式；自动慢车开关—OFF。

b. 把回转操纵杆推到全行程位置，回转 180°，当上部回转平台的记号同行走架上的记号对准后，使操纵杆回到空挡位置。

c. 测量这两个记号之间的距离［图 4-7（b）］。

d. 重新对准记号，回转 180°，再进行相反方向的测量。

e. 重复上述步骤 3 次，并计算平均值。

(6) *回转轴承间隙的检测*

用一个百分表检测回转轴承的间隙，以便检查轴承滚道和钢球的磨损情况。

① 检测前的准备

a. 检查回转轴承安装螺栓是否松动。

b. 检查回转轴承的润滑情况，确认轴承回转平滑，无任何异响。

c. 用一个磁力表座将百分表安装在回转轴承外缘下面的行走架平面上。

d. 将上部回转平台放正，使动臂在两履带中间，引导轮在前。

e. 放好百分表，接触针同回转轴承外面滚道的底面接触。

② 回转轴承间隙的检测

a. 使斗杆伸出，铲斗翻入，保持铲斗连接销与动臂下端销的高度相同。记下百分表的读数 0.5m。此时，再记下百分表的读数（h_1）[图 4-8（a）]。

b. 将铲斗降到地面，利用铲斗抬起前部引导轮，使之距离地面 0.5m。此时，再记下百分表的读数（h_2）[图 4-8（b）]。

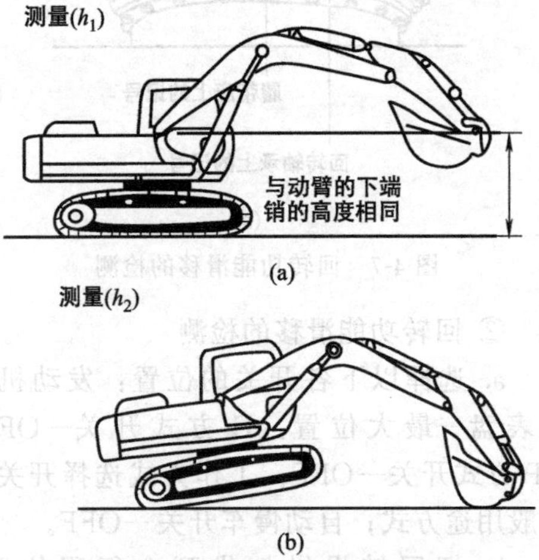

图 4-8 回转轴承间隙的检测

c. 用以上数据（h_1、h_2）计算轴承的间隙（H），公式如下

$$H = h_2 - h_1$$

（7）回转马达泄漏的检测

① 检测前的准备

a. 检查回转齿轮和回转轴承的润滑情况。

b. 将挖掘机停放在一个平整的斜坡上，坡度为 15°。

c. 斗杆伸出，铲斗翻入，使斗杆顶部与铲斗连接销和动臂下端销轴的高度相同（铲斗满载）。

d. 将上部回转平台回转到和斜坡成 90°的位置上。在回转轴承外缘上和其下面的行走架上做标记。

e. 液压油温度为 50℃±5℃。

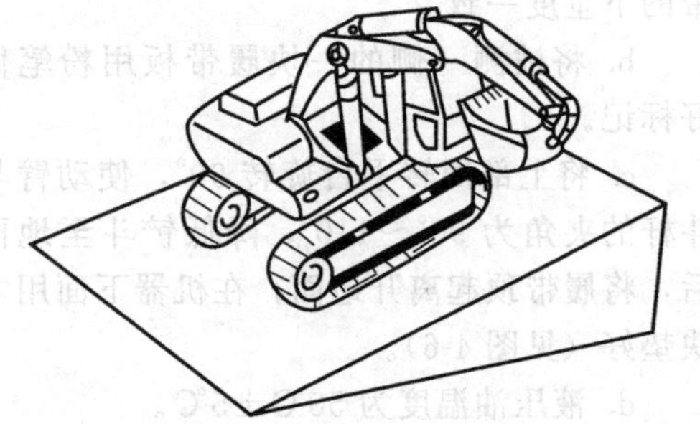

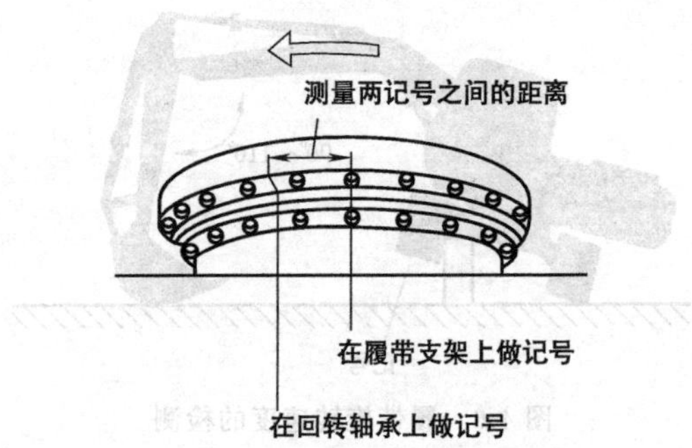

图 4-9 回转马达泄漏的检测

② 回转马达泄漏的检测

a. 选择下列开关位置：E 方式开关—OFF；HP 方式开关—OFF；工作方式选择开关—一般用途方式；自动慢车开关—OFF。

b. 保持发动机慢速空转。5min 后，测量在回转轴承外缘和行走架上两个标记间的距离（见图 4-9）。

c. 在左右两个回转方向上都进行测量。

d. 每个方向测量 3 次，计算其平均值。

（8）最大可回转倾斜角的检测

① 检测前的准备

a. 检查回转齿轮和轴承的润滑情况。

b. 铲斗满载。

c. 让斗杆油缸全缩回，铲斗油缸全伸出，使斗杆与铲斗连接销和动臂下端销轴在同一高度。

d. 爬坡，并让上部回转平台回转到同斜坡成 90°的位置。

e. 液压油温度为 50℃±5℃。

② 最大可回转倾斜角的检测

a. 选择下列开关位置：发动机控制表盘—最大位置；E 方式开关—OFF；HP 方式开关—OFF；工作方式选择开关——般用途方式；自动慢车开关—OFF。

b. 把回转操纵杆推到全行程位置，把上部回转平台向下坡一侧回转。

c. 如果挖掘机回转，则测量驾驶室地板的倾斜角度。

d. 继续增加倾斜角的度数，重复上述步骤。在顺时针和逆时针两个方向上进行检测。

e. 测量 3 次。

(9) *液压油缸循环时间的检测*

① 检测前的准备

a. 测量动臂油缸的循环时间时，将斗杆伸出，空的铲斗翻入，将铲斗降至地面[图 4-10 (a)]。

b. 测量斗杆油缸的循环时间时，将空的铲斗翻入，斗杆与地面垂直，降下动臂直至铲斗与地面的距离为 0.5m [图 4-10 (b)]。

c. 测量铲斗油缸的循环时间时，空的铲斗放在翻入和翻出的行程中间，使其侧板的边垂直地面 [图 4-10 (c)]。

d. 液压油温度为 50℃±5℃。

② 液压油缸循环时间的检测

a. 选择下列开关位置：发动机控制表盘—最大位置；E 方式开关—OFF；HP 方式开关—OFF；工作方式选择开关——般用途方式；自动慢车开关—OFF。

b. 液压油缸循环时间的检测（油缸全行程，包括缓冲区）。

(a) 动臂油缸：测量升启动臂的时间和降下动臂的时间。为此，把动臂操纵杆放在行程的一端，然后尽快把操纵杆推到行程的另一端。

(b) 斗杆油缸：测量斗杆伸出所需的时间和斗杆收回所需的时间。为此，将斗杆操纵杆置于行程的一端，然后尽快把操纵杆推到行程的另一端。

(c) 铲斗油缸：测量铲斗翻入所需的时间和铲斗翻出所需的时间。为此，将铲斗操纵杆置于行程的一端，然后尽快把操纵杆推到行程的另一端。

c. 每项测量 3 次，计算其平均值。

(10) *液压油缸滑移检测*

这种滑移是当铲斗有负载时，由于主操纵阀、动臂、斗杆和铲斗油缸泄漏而造成的。

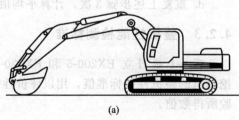

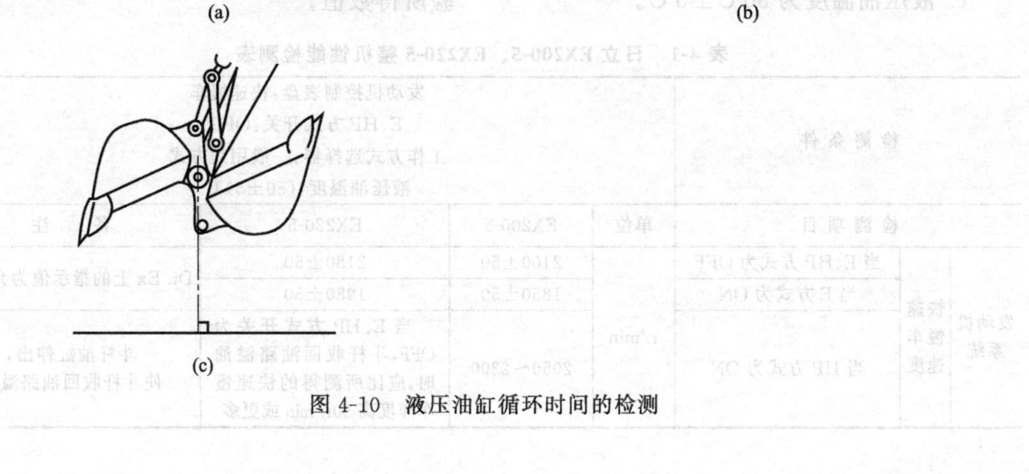

图 4-10 液压油缸循环时间的检测

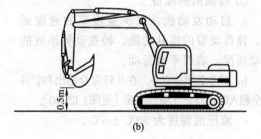

① 检测前的准备

a. 铲斗满载。

b. 将斗杆油缸的活塞杆从完全收回的位置伸出50mm。

c. 将铲斗油缸的活塞杆从完全伸出的位置缩回50mm。

d. 将斗杆伸出，铲斗翻入，使铲斗连接销与动臂下端的销轴在同一高度。

e. 液压油温度为50℃±5℃。

② 液压油缸滑移检测

a. 发动机熄火。

b. 在发动机熄火5min后，测量铲斗底部与地面之间的距离，测量斗杆油缸活塞杆伸出的距离，测量动臂油缸、铲斗油缸的活塞杆缩回的距离（见图4-11）。

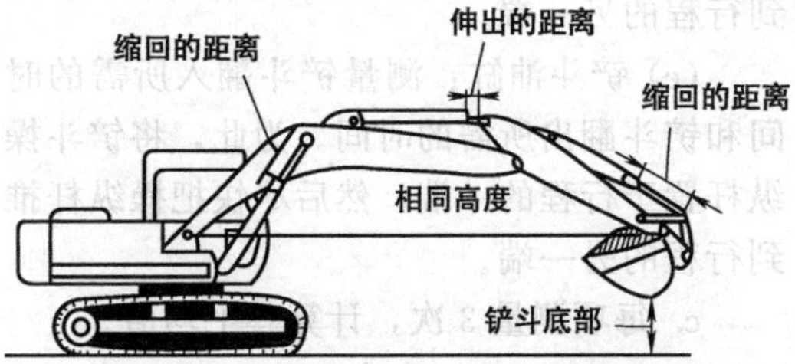

图4-11 液压油缸滑移检测

c. 重复上述步骤3次。计算平均值。

(11) 动臂提升和回转联合作业功能的检测

① 检测前的准备

a. 启动发动机，以快速慢车的速度运行。操作动臂的提升功能。检查动臂油缸的运动情况，确保平滑运动。

b. 铲斗必须是空斗。在斗杆完全伸出和铲斗完全翻入时，将铲斗降到地面［见图4-12 (a)］。

c. 液压油温度为50℃±5℃。

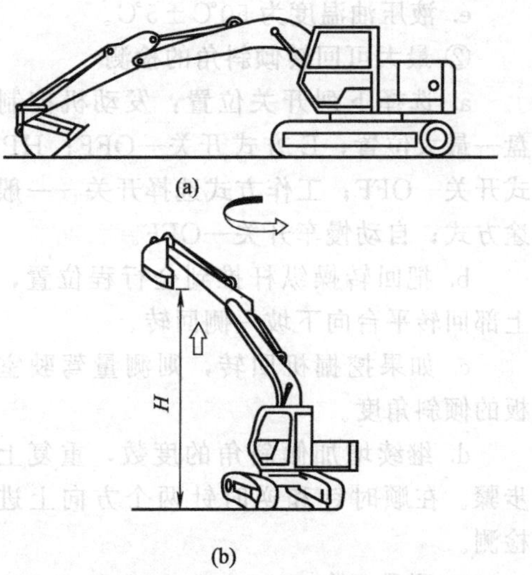

图4-12 动臂提升和回转联合作业功能的检测

② 动臂提升和回转联合作业功能的检测

a. 选择下列开关位置：发动机控制表盘—最大位置；E方式开关—OFF；HP方式开关—OFF；工作方式选择开关——一般用途方式；自动慢车开关—OFF。

b. 提升动臂同时回转，操纵杆为全行程，测量每圈所用的时间。

c. 当上部回转平台回转90°时，松开操纵杆回到空挡位置，停止动臂提升和回转。测量回转90°所需要的时间和铲斗斗齿距地面的高度H［见图4-12 (b)］。

d. 重复上述步骤3次，计算平均值。

4.2.3 整机性能检测标准

表4-1是日立EX200-5和EX220-5型挖掘机的整机性能标准值，用以评价性能试验所得数值。

表4-1 日立EX200-5、EX220-5整机性能检测表

检测条件			发动机控制表盘：快速慢车 E、HP方式开关：OFF 工作方式选择器：一般用途方式 液压油温度：(50±5)℃			
检测项目			单位	EX200-5	EX220-5	备注
发动机系统	快速慢车速度	当E、HP方式为OFF	r/min	2100±50	2180±50	Dr. Ex上的指示值为允许值
		当E方式为ON		1850±50	1980±50	
		当HP方式为ON		2050～2300	当E、HP方式开关为OFF，斗杆收回油路溢油时，应比所测得的快速慢车速度高50r/min或更多	斗杆油缸伸出，使斗杆收回油路溢油

续表

检测项目		单位	EX200-5	EX220-5	备注
发动机系统	低速慢车速度	r/min	900±100	900±100	Dr. Ex上的指示值为允许值
	自动慢车速度		1200±100	1200±100	
	发动机压缩压力（发动机加温后）	MPa	2.94	3.04～3.34	—
	气门间隙（进气、排气）	mm	0.40	0.30，0.45	当发动机冷态
	喷油嘴喷射压力	MPa	18.14	17.65	—
	喷射正时（上死点前度数）	(°)	12	11	—
行走速度	快速	s	6.5±0.6	6.8±0.6	挖掘机行走10m所需时间
	慢速		10.3±1.0	10.3±1.0	
履带转动速度	标准型挖掘机		26.0±1.0	26.5±2.0	履带旋转3圈所需时间
	加长型挖掘机		28.2±1.0	28.8±2.0	
轨迹偏离（用快速和慢速行走方式）		mm	200或以下	200或以下	挖掘机行驶20m，直线与行走轨迹之间的最大距离
行走停放功能检测		r	1/6或以下	1/6或以下	—
行走马达泄漏		mL	O	0	发动机低速慢车运行5min后测量
回转速度		s	13.1±1.0	13.3±1.0	回转3圈测得的时间
回转功能滑移检测		(°)	1250或以下	1500或以下	回转180°所测距离
回转马达泄漏		mL	O	0	发动机低速慢车运行5min后测量
回转轴承游隙		mm	1.2或以下	1.3或以下	使用极限：EX200-5：4.0 EX220-5：4.3
最大可回转倾斜角		(°)	20或以上	19.2或以上	EX200-5：2.91m斗杆，0.8m³满斗 EX220-5：2.96m斗杆，1.0m³满斗
液压油缸循环时间	动臂提升	s	3.0±0.3	3.1±0.3	EX200-5：2.91m斗杆，0.8m³满斗 EX220-5：2.96m斗杆，1.0m³满斗
	动臂下降		2.4±0.3	2.5±0.3	
	斗杆收回		3.6±0.3	3.9±0.3	
	斗杆伸出		2.4±0.3	2.6±0.3	
	铲斗挖掘		3.3±0.3	4.1±0.3	
	铲斗卸料		2.1±0.3	2.5±0.3	
工作装置滑移检测	动臂油缸	mm	20或以下	20或以下	EX200-5：2.91m斗杆，0.8m³满斗 EX220-5：2.96m斗杆，1.0m³满斗 发动机运行5min后测量
	斗杆油缸		20或以下	20或以下	
	铲斗油缸		20或以下	20或以下	
	铲斗底部		150或以下	150或以下	
操纵杆的操作力	动臂操纵杆	N	19.61或以下	19.61或以下	—
	斗杆操纵杆		16.67或以下	16.67或以下	
	铲斗操纵杆		16.67或以下	16.67或以下	
	回转操纵杆		19.61或以下	19.61或以下	
	行走控制杆		24.52或以下	24.52或以下	

续表

检测项目		单位	EX200-5	EX220-5	备注
操纵杆行程	动臂操纵杆	mm	105±10	105±10	—
	斗杆操纵杆		83±10	83±10	
	铲斗操纵杆		83±10	83±10	
	回转操纵杆		105±10	105±10	
	行走控制杆		100±10	115±10	
动臂提升/回转	回转时间	s	3.5±0.3	3.7±0.3	EX200-5：2.91m 斗杆，$0.8m^3$ 空斗
	铲斗齿高度：*H*		6700 或以上	6700 或以上	EX220-5：2.96m 斗杆，$1.0m^3$ 空斗
初级先导压力（发动机：快速慢车）		MPa	$3.92^{+1.0}_{-0.5}$	$3.92^{+1.0}_{0.5}$	—
次级先导压力（发动机：快速慢车/低速慢车）			3.34～3.92	3.34～3.92	Dr. Ex 上的指示值（操纵杆：全行程）
电磁阀设定压力			Dr. Ex上的指示值±0.2		
主泵输油压力			$1.77^{+1.5}_{0.7}$	$1.77^{+2.45}_{-0.7}$	Dr. Ex 上的指示值
主溢流阀设定压力	动臂、斗杆和铲斗		$34.33^{+2.0}_{-0.5}$	$34.33^{+2.0}_{-0.5}$	
	回转		$32.36^{+2.0}_{-0.5}$	$32.36^{+2.0}_{-0.5}$	
	行走		$34.33^{+2.0}_{-0.5}$	$34.33^{+2.0}_{-0.5}$	
	动力助力		$36.29^{+2.0}_{-1.0}$	$36.29^{+2.0}_{-1.0}$	
过载补油阀设定压力	动臂（提升/下降）、斗杆收回、铲斗卸载		$37.27^{+1.0}_{0}$	$37.27^{+1.0}_{0}$	参考值为 50L/min
	斗杆伸出、铲斗挖掘		$39.23^{+1.0}_{0}$	$39.23^{+1.0}_{0}$	
回转马达排放	恒定在最高转速	L/min	0.2～1.0	0.2～1.0	使用极限：2.0
	当回转马达溢流时		8	8	使用极限：16
行走马达排放	当把履带顶起时		1.5～2.0	1.5～2.0	使用极限：3.4
	当行走马达溢流时		1.5～4.8	1.5～4.8	使用极限：5.2
主泵流量检测	当输油压力为 11.77MPa		185^{+3}_{-6}	—	根据主泵 *p*-*Q* 曲线图 EX200-5： 发动机额定转速：1950r/min 液压油温度：(50±5)℃ EX220-5： 发动机额定转速：2000r/min 液压油温度：(50±5)℃

4.3 发动机性能检测和故障诊断

发动机是整个挖掘机的动力来源，它的性能直接决定了挖掘机的工作效率和工作质量。因此，应严格按照使用说明书进行定期保养维护，避免过劳性损伤。一旦出现故障，将直接影响挖掘机的正常工作。因此，发动机的性能检测和故障诊断就显得的至关重要。下面以日立 EX200-5 型挖掘机为例进行介绍。

（1）发动机转速

如果发动机的转速没有调整正确，与标

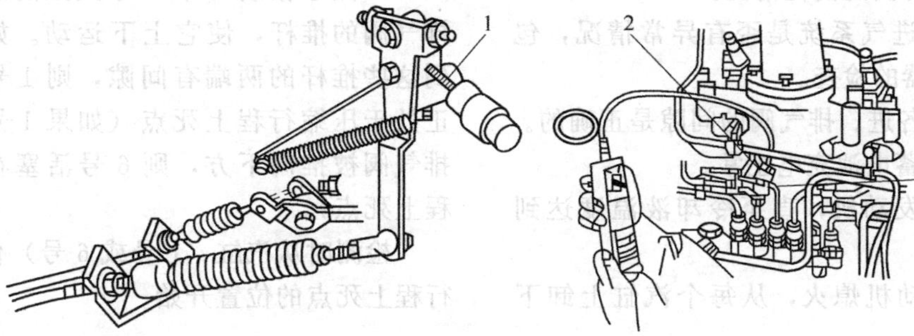

图 4-13 Dr. Ex 诊断分析仪连接方法

1—调整限位挡块；2—转速读出装置；3—喷射管

准值相差较大，则对挖掘机其他各种性能的检测都是不可靠的。因此，在进行其他检测前应先测量发动机在每种方式下的转速，检查发动机转速是否符合技术规范。

① 检测前的准备

a. 把 Dr. Ex 诊断分析仪（如果没有，可采用发动机转速表）连接到位于司机座椅后面保险丝盒旁的诊断连接器上（见图 4-13）。当使用发动机转速表时，可把转速读出装置 2 安装到喷射管 3 上（注：决不能去重新调整限位挡块 1）。另外，也可用光电测速仪测量转速。

b. 把机器加温，直到发动机冷却液温度达到 50℃或以上，液压油温度为（50±5）℃。

② 空载发动机速度

a. 测量发动机的启动速度（启动慢车速度）、低速慢车速度、快速慢车速度（在正常方式）和快速慢车速度（在 E 方式和 HP 方式两种）。

b. 选择开关位置（图 4-14），如表 4-2 所示。

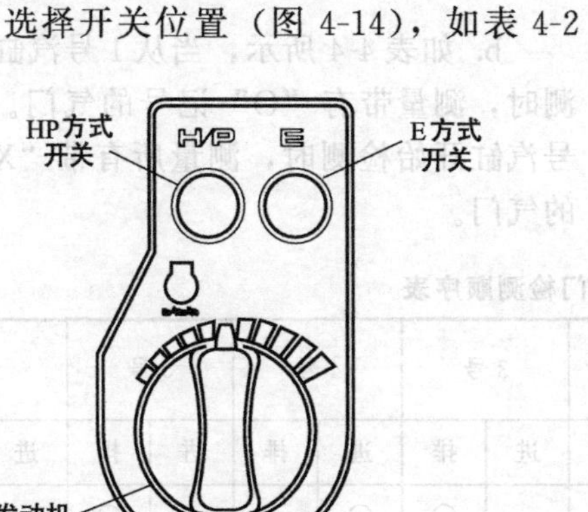

图 4-14 开关位置选择

表 4-2 开关位置的选择

发动机控制表盘	E 方式开关	HP 方式开关	自动慢车开关	工作方式选择
自动慢车	OFF	OFF	OFF	一般用途方式
低速慢车	OFF	OFF	OFF	
快速慢车（正常方式）	OFF	OFF	OFF	
快速慢车（E 方式）	ON	OFF	OFF	
快速慢车（HP 方式）	OFF	ON	OFF	

c. 从启动慢车速度开始测量。

d. 当发动机控制表盘、E 方式开关和 HP 方式开关转换时进行测量。

③ 空载自动慢车速度

a. 选择开关位置，如表 4-3 所示。

表 4-3 开关位置的选择

发动机控制表盘	E 方式开关	HP 方式开关	自动慢车开关	工作方式选择
快速慢车（HP 方式）	OFF	OFF	ON	一般用途方式

b. 启动发动机并操作铲斗操纵杆。

c. 使铲斗操纵杆返回到空挡位置，等待约 4s，直至发动机转速自动降低，然后测量已降低的发动机转速。

(2) 发动机的汽缸压缩压力检测

测量各汽缸的压缩压力，以便检查发动机功率下降的情况。

① 检测前的准备

a. 检查排气的颜色和曲轴箱的漏气量，

检查机器润滑油的消耗情况。

b. 检查进气系统是否有异常情况，包括空气滤清器的检查。

c. 确认各进、排气阀的间隙是正确的。

d. 确认蓄电池充电正常。

e. 启动发动机，直至冷却液温度达到50℃或以上。

f. 使发动机熄火，从每个汽缸上卸下热线点火塞。

g. 在一个汽缸热线点火塞的位置处装上带接头和高压软管的压力表（图 4-15）。

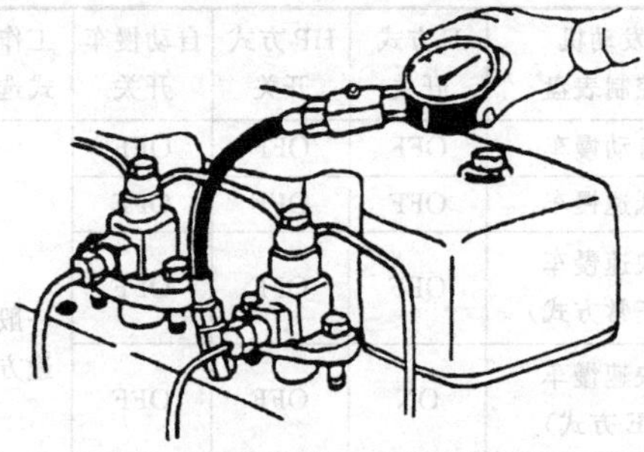

图 4-15 发动机汽缸压缩压力的检测

② 发动机汽缸压缩压力的检测

a. 旋转启动器，使发动机曲轴转动，记录每个汽缸的压缩压力。

b. 每个汽缸都重复测量 3 次，然后计算出平均值。

(3) 进、排气阀门间隙的测量和调整

在发动机冷态时进行测量。在开始检测前，将安装发动机盖的地方清扫干净。

① 检测前的准备

a. 找出压缩行程上死点（TDC）。将曲轴皮带轮上的 TDC 信号对准正时齿轮外罩上的指针（见图 4-16），此时 1 号活塞（或 6 号活塞）正位于压缩行程上死点。

b. 拆下发动机盖。

c. 用手推动一下 1 号汽缸的进气阀和排气阀的推杆，使它上下运动。如果感觉到这些推杆的两端有间隙，则 1 号活塞就正处于压缩行程上死点（如果 1 号汽缸的排气阀被推向下方，则 6 号活塞在压缩行程上死点）。

检测时从汽缸（1 号或 6 号）位于压缩行程上死点的位置开始。

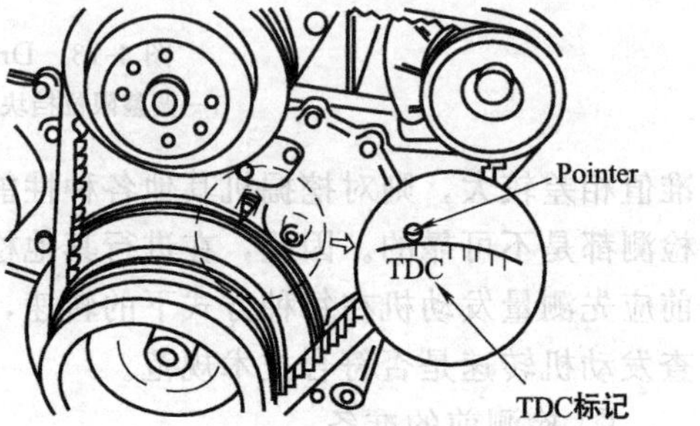

图 4-16 TDC 标记

② 进、排气阀门间隙的检测

a. 将厚薄规（塞尺）插入摇臂和气门杆之间的间隙内（见图 4-17），以检测气门间隙。

图 4-17 气阀门间隙的测量

b. 如表 4-4 所示，当从 1 号汽缸开始检测时，测量带有“O”记号的气门。当从 6 号汽缸开始检测时，测量所有带“X”记号的气门。

表 4-4 进、排气门检测顺序表

汽缸号(排列顺序由风扇一侧开始)	1号		2号		3号		4号		5号		6号	
气门位置	进	排	进	排	进	排	进	排	进	排	进	排
从 1 号汽缸开始测量时	○	○	○			○	○			○		
从 6 号汽缸开始测量时				×	×			×	×		×	×

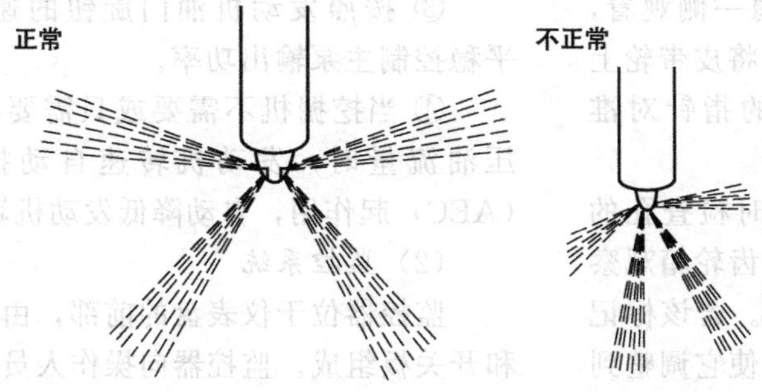

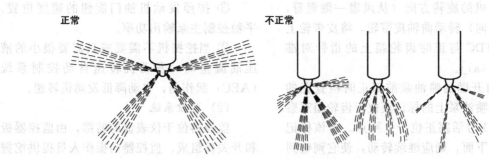

图 4-18 燃油喷射分布角度

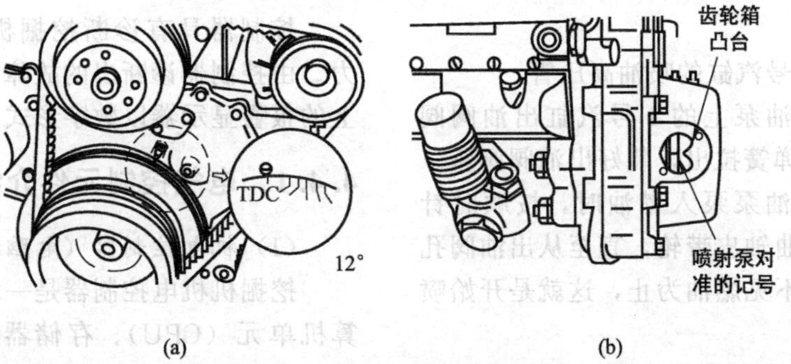

图 4-19 1号活塞位置的调整

c. 将曲轴旋转 360°，使 TDC 记号对准指针，然后以同样的方法继续测量其余各气门。

③ 进、排气阀门间隙的调整

当检测的结果与标准值有差距时，则按与检测相同的顺序调整气门间隙，选取塞尺厚度。

a. 松开摇臂上调节螺丝的锁紧螺母。按照进、排气门标准间隙值调整气门间隙。

b. 在调整后，重新拧紧锁紧螺母达到规定扭矩，规定扭矩为 (25.5±4.9)N·m。在锁紧螺母拧紧之后，再次检查气门间隙。

(4) 喷油器总成的检测

① 检测前的准备

a. 用一个喷油嘴检验器检查喷射压力和喷油的情况。

b. 在开始检测之前，将安装喷油器总成的地方清扫干净。

c. 从发动机上拆下所有喷油器总成和燃油高压油管。

d. 将喷油器总成安装在喷油嘴检验器上。

e. 使用清洁的柴油进行检测。

② 喷油器总成的检测

注意：绝对不能直接触摸喷射柴油。

a. 喷射压力的检测。将喷油器总成装在喷油检验器上之后，用力压检验器的手柄若干次，使之喷油，然后以大约 60 次/min 的速度操作检验器，检测喷射压力。EX200-5 型挖掘机的喷射压力为 18.1MPa。

b. 在检测喷油器总成喷射压力的同时，检测喷油分布的情况。要求为：不应有肉眼能看见的大粒状喷雾；不应有可以看见的零乱的侧喷；在开始喷射阶段，喷射的粒子应该是细的，喷射是有间歇的；不应有油滴；喷射分布的角度必须正常（见图 4-18）。

③ 喷射压力的调整 松开锁紧螺母，调整调节螺丝，以便调整喷射压力。顺时针方向旋转增加压力，逆时针方向旋转降低压力。在调整后，重新拧紧锁紧螺母。

(5) 喷油正时的检测与调整

① 喷油正时的检测

a. 把 1 号活塞的位置调整到上死点。

按照发动机的旋转方向（从风扇一侧观看，顺时针方向）转动曲轴皮带轮，将皮带轮上的标记 TDC 与正时齿轮箱上的指针对准［图 4-19（a）］。

b. 打开燃油喷油泵前部正时检查孔的盖子。当喷油泵上的标记正位于齿轮箱观察下面时，1 号活塞正位于上死点。若该标记没在凸台下面，则应继续转动，使它调整到位［图 4-19（b）］。

c. 将曲轴皮带轮逆时针方向旋转约 30°。

d. 拆去 1 号汽缸的喷油高压管。

e. 拆开喷油泵上的 1 号汽缸出油阀阀座，将气门和弹簧拉出，装好出油阀阀座。

f. 当以输油泵泵入燃油时，按顺时针方向慢慢转动曲轴皮带轮，直至从出油阀孔的顶部刚好看不见燃油为止，这就是开始喷油的位置。

g. 检查曲轴皮带轮上的正时标记，看看指针指在几度上。

② 喷油正时的调整

a. 转动曲轴皮带轮，使指针正对着曲轴皮带轮上的正时位置（在 TDC 前 12°）。

b. 松开喷油泵的安装螺母。

c. 当正时超前时，将喷油泵向离开汽缸的方向倾斜；当正时滞后时，将喷油泵向靠近汽缸体的方向倾斜。

（6）发动机性能检测标准

发动机的性能标准值参见表 4-1。

4.4 控制系统检测和故障诊断

液压挖掘机的电子控制系统一般由发动机控制系统、主泵控制系统和监控系统组成，这些系统都通过控制器起作用。

（1）发动机控制系统和主泵控制系统

① 发动机控制系统和主泵控制系统的主要作用：以最有效的方式使发动机的有效功率变为液压功率，使挖掘机高效工作。

② 根据挖掘机的载荷，调节主泵的输出功率，改善燃油消耗水平。

③ 按照发动机油门旋钮的速度位置，平稳控制主泵输出功率。

④ 当挖掘机不需要或只需要很小的液压油流量时，发动机转速自动控制系统（AEC）起作用，自动降低发动机转速。

（2）监控系统

监控器位于仪表盘的前部，由监控器板和开关板组成。监控器向操作人员提供挖掘机的工作情况。开关板上装有各种开关，以便控制挖掘机。

控制器具有诊断挖掘机各种故障的能力。由控制器诊断出的故障，可由监控器板上的报警显示器以数字形式显示出来。

4.4.1 电气控制元件介绍

（1）机电控制器（电脑板）

挖掘机机电控制器是一块集成了微型计算机单元（CPU）、存储器和输入/输出接口的电路板。机电控制器将输入的模拟信号转化为数字信号，根据存储的参考数据进行对比处理，计算出输出值并输出，输出信号经过功率放大后控制执行器，如电磁阀和步进电机等。

挖掘机电脑板具有一定的智能性，它具有自诊断和检测能力，能及时发现系统中产生的故障，通过报警显示故障码，并自动选择应对控制，例如：若神钢挖掘机启动后机油压力过低超过 10s，就会主动报警并自动熄火。

除了可以通过机载显示器或专用检测仪检测故障以外，多数电脑板设置有观测窗口，可根据观测窗口中不同位置、不同颜色或不同闪烁频率组成的 LED 灯显代码分析故障。

（2）电磁阀

电磁阀有两种：比例减压阀和开关型电磁阀。比例减压阀用于输出压力可调节的场合，如泵功率控制、可调再生等。比例减压阀的输出压力与控制电流成正比或成反比。对于成反比的控制（如住友 SH200A2 泵功率控制），在断电时比例减压阀输出压力最高；对于成正比的控制（卡特 320B、小松

PC200-7泵功率控制），在断电时比例减压阀输出压力最低。

开关型电磁阀用于输出压力只需要两个挡位的场合，如回转制动解除、行走快慢挡、先导压力截止等。开关型电磁阀有常通型和常断型两种：常通型（如小松PC200-6合流/分流电磁阀）在断电时输出油口与压力油口相通；常断型（如制动解除电磁阀、行走快慢挡电磁阀）在断电时输出油口与压力油口不相通。

（3）压力传感器

小松机型压力传感器如图4-20所示。

当油从压力进口进入，将压力施给油压检测器的膜板时，膜板弯曲变形。测量层安装在膜板对面，测量层的电阻值发生变化，将膜板的弯曲度变为输出电压传给电压放大器，电压放大器将电压进一步放大，然后传给机电控制器（电脑板）。

传感器受到的压力越高，输出的电压就越高；按照传感压力的高低，压力传感器常分为高压传感器和低压传感器两种，高压传感器用于主泵输出压力和负载压力部位。低压传感器用于先导控制系统和回油系统。

压力传感器的常见工作电压有5V、9V、24V等（更换时须特别注意分辨）。一般而言，同一台机器上的压力传感器的工作电压相同。压力传感器工作电流都很小，由电脑板直接供电。

（4）压力开关

压力开关如图4-21所示。压力开关将先导回路的压力状态（ON/OFF）检测出来，然后传送给电脑板。按照油口没有压力时电路接通与否，压力开关有常通型和常断型两种。不同机型、不同部位的压力开关，其执行压力和复位压力有所不同，一般用于回转和工作装置的压力开关的执行压力较低，而用于行走的压力开关的执行压力较高。

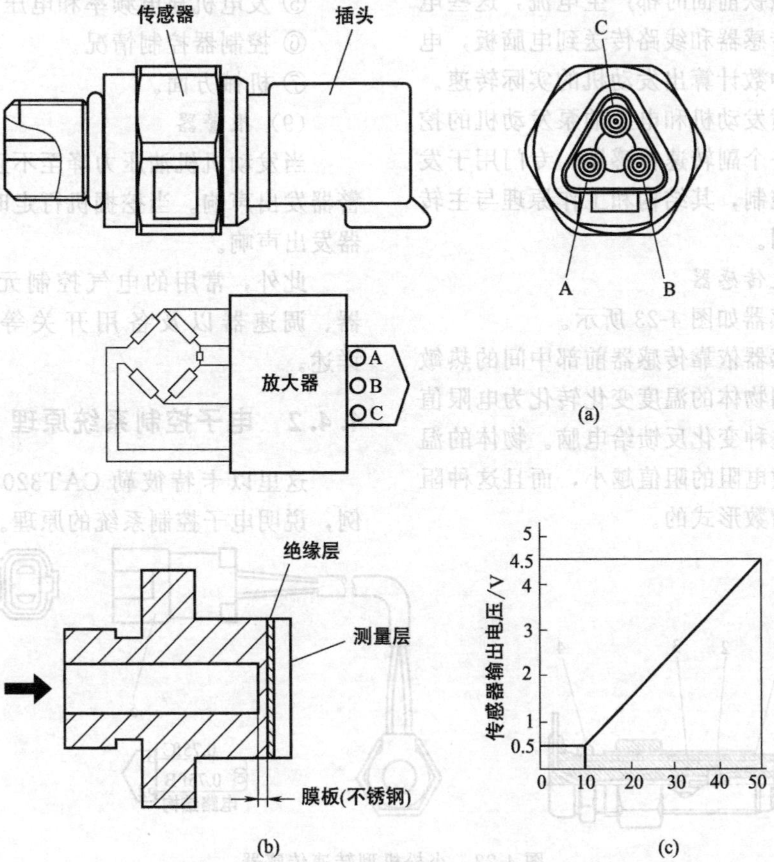

图4-20 小松机型压力传感器

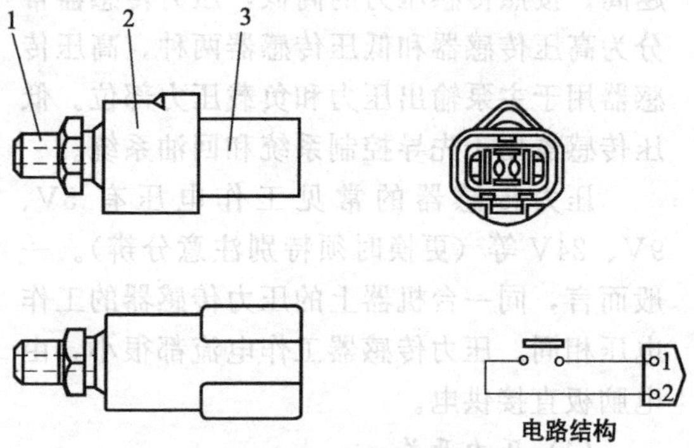

图 4-21　压力开关

1—螺塞；2—开关；3—插头

(5) 转速传感器

转速传感器是挖掘机进行功率控制的最重要元件之一。小松机型转速传感器如图 4-22 所示。

发动机转速传感器安装在发动机飞轮的齿轮部位或其他装置的齿轮部位。转速传感器中的磁铁与齿轮构成发电回路，每当齿轮轮齿经过电磁铁前面时都产生电流，这些电流脉冲通过传感器和线路传送到电脑板，电脑板通过脉冲数计算出发动机的实际转速。

采用电喷发动机和电控油泵发动机的挖掘机，还有一个副转速传感器。专门用于发动机的转速控制，其结构和工作原理与主转速传感器相同。

(6) 温度传感器

温度传感器如图 4-23 所示。

温度传感器依靠传感器前部中间的热敏电阻，将被测物体的温度变化转化为电限值变化，并将这种变化反馈给电脑。物体的温度越高，热敏电阻的阻值越小，而且这种阻值的变化是指数形式的。

挖掘机上常用的温度传感器包括水温传感器、液压油温度传感器、进气温度传感器和燃油温度传感器等。

(7) 发动机油门旋钮

发动机的油门旋钮（油门盘）控制着发动机的转速。卡特彼勒 CAT320 型发动机油门旋钮位于右操纵台上，其作用是向控制器发出 10 种速度信号，也就是说，发动机油门旋钮有 10 个位置。启动发动机后，发动机油门旋钮的位置数字，可在监控器上显示出来。如果显示的不是数字 1～10，则说明发动机有别的故障。

(8) 监控器

监控器可以告诉操作人员以下各项是否出现问题：

① 发动机冷却液温度。

② 液压油温度。

③ 燃油油面高度。

④ 发动机机油压力。

⑤ 发电机充电频率和电压。

⑥ 控制器控制情况。

⑦ 机械方面。

(9) 报警器

当发动机机油压力降至不正常值时，报警器发出声响。当挖掘机行走时，行走报警器发出声响。

此外，常用的电气控制元件还有电位器、调速器以及备用开关等，这里不再详述。

4.4.2 电子控制系统原理

这里以卡特彼勒 CAT320 型挖掘机为例，说明电子控制系统的原理。

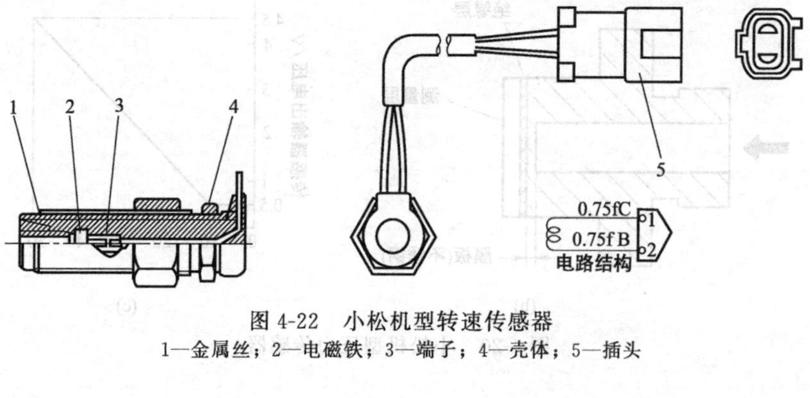

图 4-22　小松机型转速传感器

1—金属丝；2—电磁铁；3—端子；4—壳体；5—插头

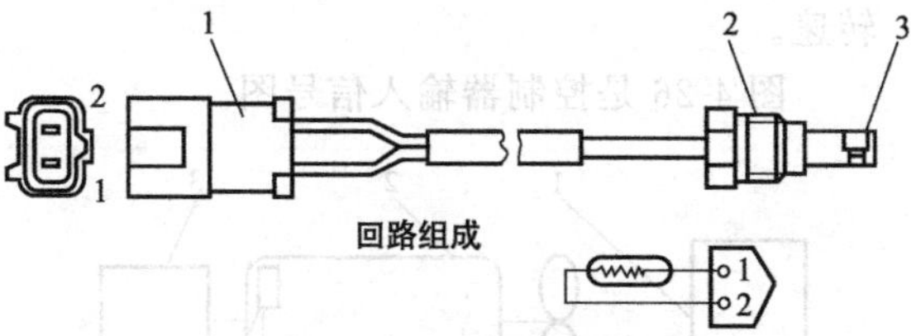

图 4-23 温度传感器

1—插头；2—塞子；3—热敏电阻

4.4.2.1 发动机控制系统和主泵控制系统

发动机控制系统和主泵控制系统如图4-24所示。

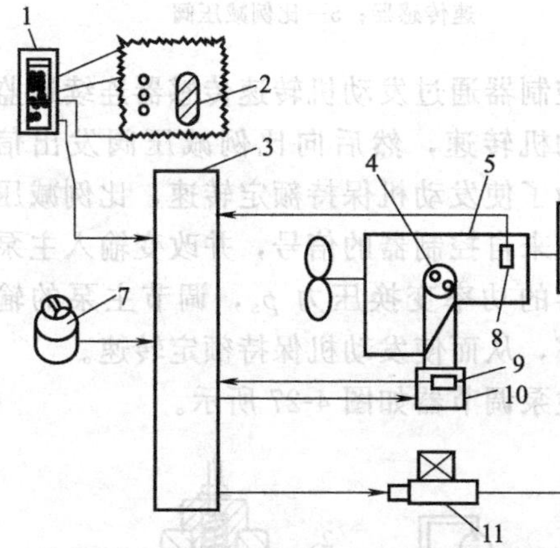

图 4-24 发动机控制系统和主泵控制系统

1—监控器；2—动力模式选择开关；3—控制器；4—带轮；5—发动机；6—主泵；7—发动机油门旋钮；8—发动机转速传感器；9—电位器；10—调速器；11—比例减压阀

控制器3接收到发动机油门旋钮7的位置信号后，对其进行处理，然后向调速器10发出指令信号，使调速器转动，并通过钢索带动皮带轮转动，带动调速器杆，使发动机转速与发动机油门旋钮7对应的转速一致。带轮带动钢索逆时针转动时，发动机加速；皮带轮顺时针转动时，发动机减速。

发动机油门旋钮有10个位置，位置1为低速，而位置10为高速。当发动机启动后，在发动机无载荷的情况下，发动机油门旋钮的10个位置所对应的发动机转速见表4-5。此外，发动机启动后，发动机油门旋钮的位置数字会在数字显示屏上显示。

控制器接收到来自发动机油门旋钮、动力模式选择开关和发动机转速传感器的信号后，对其进行加工和处理，然后向比例减压阀11发出信号。此时，比例减压阀将电信号转换成液压信号，产生功率变换压力 p_s。p_s增大，主泵输出功率减小；p_s减小，主泵输出功率增大。

表 4-5 卡特彼勒 CAT320 型挖掘机发动机油门旋钮位置与发动机转速对照表

发动机油门旋钮位置	发动机转速/(r/min)	发动机油门旋钮位置	发动机转速/(r/min)
1	800	6	1460
2	940	7	1590
3	1070	8	1720
4	1200	9	1850
5	1300	10	1970

注：位置1为低速（“乌龟”标记），位置10为高速（“兔”标记）。

主泵输出功率随着发动机油门旋钮位置的变化而变化。发动机油门旋钮指向位置10，功率变换压力 p_s最小，主泵产生最大的输出功率。当发动机油门旋钮逆时针转动，位置数字减小时，功率变换压力 p_s增大，此时主泵的输出功率减小。主泵输出功率的大小，是由动力模式选择开关2来确定的。当动力模式选择开关2位于Ⅲ位置时，主泵输出功率最大；当动力模式选择开关2位于Ⅱ位置时，主泵输出功率中等；当动力模式选择开关2位于Ⅰ位置时，主泵输出功率最小。

(1) 动力模式选择开关的工作情况

动力模式选择开关是用来改变挖掘机工作时发动机输出的有效功率的。应根据挖掘机的工作情况和载荷的大小来选择动力模式。但是，当钥匙启动开关转到ON位置时，动力模式选择开关总是在Ⅱ位置。每按下一次开关，动力模式改变一次。选择3种动力模式中的一种，其对应的指示灯点亮。表明选择的是这种动力模式。

图4-25列出了在3种动力模式工况下，主泵的输出压力—流量（p—Q）特性曲线图。此图是发动机油门旋钮位于位置10、动力模式选择开关位于Ⅲ（100%）、Ⅱ（85%）、Ⅰ（60%～65%）时的特性曲线图。

a. 动力模式Ⅲ（发动机油门旋钮位于位置10）。动力模式Ⅲ用于工作速度高的重载工况。动力模式选择开关位于Ⅲ位置，发动机油门旋钮位于位置10，通过调速器调节主泵的输出流量和压力，为挖掘机作业提供最大的发动机有效功率。

控制器通过调节油泵，使发动机保持恰当的转速，以产生最大转矩和有效功率。当发动机载荷增加时，发动机转速与无载荷时相比略有下降，从1970r/min降至1800r/min。在额定转速工况下，发动机的有效功率最大。当发动机载荷进一步增加时，发动机转速降到低于额定转速的数值，此时控制器调整油泵的输出流量，使发动机保持额定转速(CAT320型挖掘机为1750r/min，此时发动机提供的功率几乎与在额定转速时提供的功率相同)。

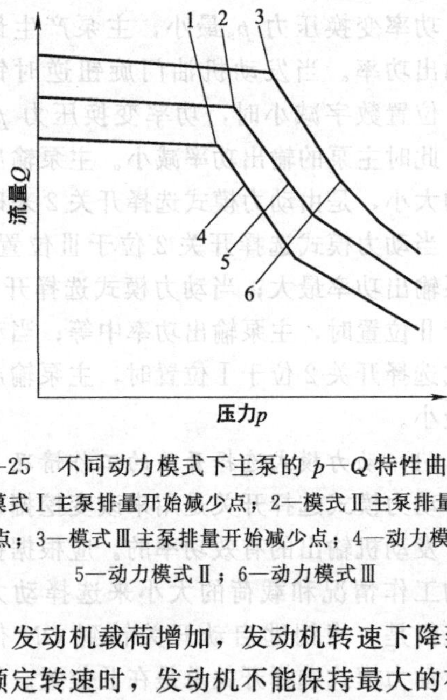

图 4-25　不同动力模式下主泵的 p—Q 特性曲线图
1—模式Ⅰ主泵排量开始减少点；2—模式Ⅱ主泵排量开始减少点；3—模式Ⅲ主泵排量开始减少点；4—动力模式Ⅰ；5—动力模式Ⅱ；6—动力模式Ⅲ

发动机载荷增加，发动机转速下降到低于额定转速时，发动机不能保持最大的有效功率，此时，控制器立刻调节主泵的输出流量，使发动机转速保持为输出最大有效功率时对应的转速；发动机载荷减少，发动机转速升高，此时控制器又会调整主泵的流量，增大输出流量。总之，无论发动机载荷如何变化，控制器会连续地按照动力模式Ⅲ的特性曲线恒功率地调整主泵的输出压力和流量，使发动机保持输出最大功率时的额定转速。

图4-26是控制器输入信号图。

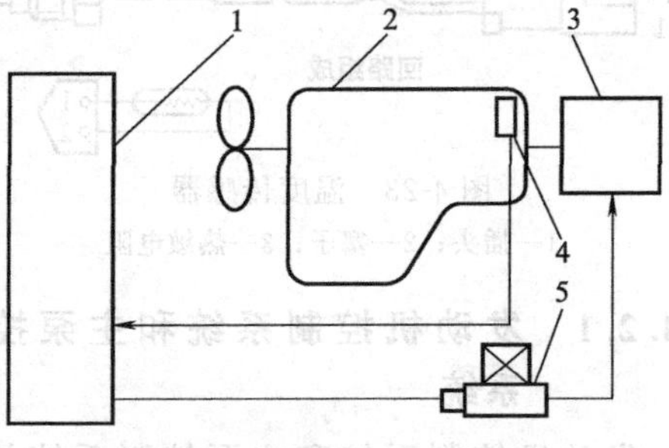

图 4-26　控制器输入信号图
1—控制器；2—发动机；3—主泵；4—发动机速传感器；5—比例减压阀

控制器通过发动机转速传感器连续地监控发动机转速，然后向比例减压阀发出信号。为了使发动机保持额定转速，比例减压阀处理来自控制器的信号，并改变输入主泵调节器的功率变换压力 p_s，调节主泵的输入功率，从而使发动机保持额定转速。

主泵调节器如图4-27所示。

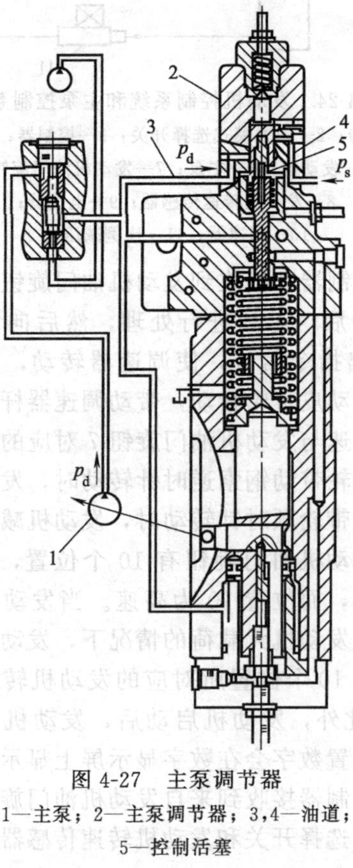

图 4-27　主泵调节器
1—主泵；2—主泵调节器；3,4—油道；5—控制活塞

如图 4-27 所示，动力模式选择开关位于Ⅲ位置，当载荷增加、主泵输出压力 p_d 增大时，主泵排量开始减少，以使发动机保持额定转速。主泵输出压力 p_d 通过油道 3 到控制活塞肩部，而功率变换压力 p_s 通过油道 4 到控制活塞顶端，使主泵排量减少。

动力模式选择开关位于Ⅲ位置，控制器接收来自发动机转速传感器和行走压力开关或工作装置、回转压力开关的信号。控制器对这些信号进行加工处理后，向比例减压阀发出指令，使比例减压阀改变控制两个主泵调节器的功率变换压力 p_s，从而增加或减少主泵的输出功率。当动力模式选择开关位于Ⅲ位置时，两个主泵是相互独立的。当一个主泵输出功率减少时，另一个主泵输出功率可以增加。发动机提供给主泵的最大有效功率的百分比由总功率控制系统决定。

(a) 当单独操作行走控制阀或与工作装置——回转装置同时操作时，发动机可利用的最大有效功率约为 90%～100%。

(b) 当操作行走控制阀以外的其他控制阀时，发动机可利用的最大有效功率约为 60%～70%。

若发动机磨损，燃油质量低劣或在高海拔地区工作，则主泵由电子控制系统调节，发动机可在额定转速下运行，直到发动功率下降 30%为止。

当发动机的功率下降时，减少主泵的输出功率，可使发动机保持额定转速，这就是说，发动机功率即使下降了 30%，发动机也不会失速。

b. 动力模式Ⅲ（发动机油门旋钮位于位置 9 或以下）。在发动机油门位置选定以后，功率变换压力 p_s 几乎保持恒定。当载荷减少直至无载荷时，发动机转速降低 250r/min 或更多。如果发动机转速降低量低于这个值，则功率变换压力增加，以减少主泵的输出流量，从而导致发动机功率的有效利用率下降。主泵压力和流量由功率变换压力 p_s 调节，并且按照 p—Q 特性曲线输出。

这种动力模式和发动机油门旋钮的位置，主要适用于装载重型卡车或挖沟作业，此时发动机油门旋钮可位于位置 3，可提供较高的功率变换压力 p_s，这样主泵的输出功率减少 7%。

c. 动力模式Ⅱ。动力模式Ⅱ适用于平常作业，选择这种动力模式时，挖掘机的工作速度稍慢，但与动力模式Ⅲ相比较，其噪声减少，耗油量减少。

选择动力模式Ⅰ时，在无载荷工况下，发动机油门旋钮位于位置 10 时的转速与位于位置 9 时的转速相同。单独进行行走或同时进行行走和其他操作时，发动机输出功率与选择动力模式Ⅲ时的有效功率相同。

发动机油门旋钮位于 1～9，功率变换压力几乎保持恒定。当工况由最大载荷工况变为无载荷工况时，发动机转速降低 250r/min 或更多。如果发动机转速降低量超过这个值，则功率变换压力 p_s 增大，主泵的输出流量减少。动力模式Ⅱ的功率变换压力比动力模式Ⅲ的功率变换压力要高一些，这就使得主泵排量开始减少的时刻要早些（如图 4-25 所示）。

d. 动力模式Ⅰ。动力模式Ⅰ只适用于不需要高速和大功率的轻载作业，例如抄平作业。选择这种动力模式时，减慢了工作速度，改善了微动操作性能，与动力模式Ⅱ相比，还减轻了噪声，减少了燃油消耗量。

选择动力模式Ⅰ时，发动机油门旋钮位于位置 2～4 时的发动机转速，与选择动力模式Ⅱ或Ⅲ时，发动机油门旋钮位于位置 1 时的发动机转速相同。单独进行行走或同时进行行走和其他操作时，发动机有效功率与动力模式Ⅱ的有效功率相同。

当发动机油门旋钮位于位置 1～7 时，功率变换压力几乎保持恒定。当工况由最大载荷工况变为无载荷工况时，发动机转速降低 250r/min 或更多。如果降低量超过这个值，则功率变换压力增大，主泵的输出流量减少。动力模式Ⅰ的功率变换压力高于动力模式Ⅱ的功率变换压力，这就使得主泵在点 1 处开始变量（减小排量），比动力模式Ⅱ早（如图 4-25 所示）。

(2) 发动机转速自动控制系统（AEC）

控制器输入和输出信号简图（一）如图4-28所示。

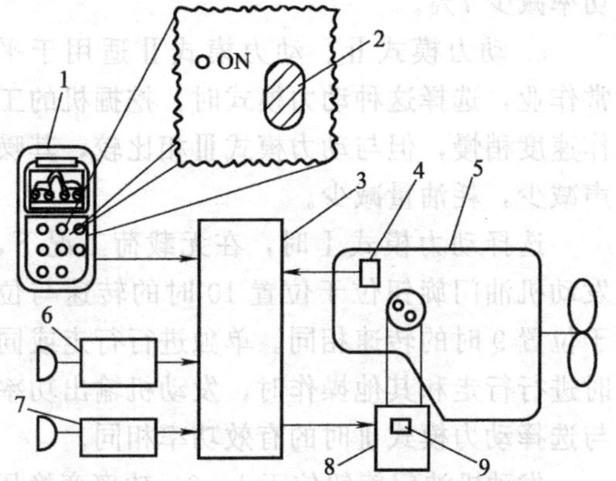

图 4-28 控制器输入和输出信号简图（一）

1—监控器；2—开关；3—控制器；4—发动机转速传感器；5—发动机；6—行走压力开关；7—工作装置/回转压力开关；8—调速器；9—电位器

当挖掘机不需要液压油或需要少量液压油，而发动机油门旋钮位于位置5或5以上的位置时，发动机转速自动控制系统（AEC）起作用，自动降低发动机转速，这有助于减轻噪声，减少燃油消耗量。当液压系统的载荷超过一定数值时，发动机转速会自动恢复到发动机油门旋钮所调定的转速。

当控制器接收到无载荷信号3s或接收到很小的载荷信号（该信号来自液压系统中的3个压力开关之一）10s时，控制器向调速器发出指令信号，使发动机转速降低。

当AEC开关位于OFF位置时，如果挖掘机没有液压油需求或液压油流量需求很少，则控制器直接控制调速器，移动调速器杆，发动机转速最大能降低100r/min。

当AEC开关位于ON位置时，控制器控制调速器。当挖掘机不需要液压油或载荷很小时，发动机转速会自动降至1300r/min。

在载荷很小的情况下，发动机转速的自动降低量与当时发动机油门旋钮的位置有很大关系。

(3) 低速控制

控制器输入和输出信号简图（二）如图4-29所示。

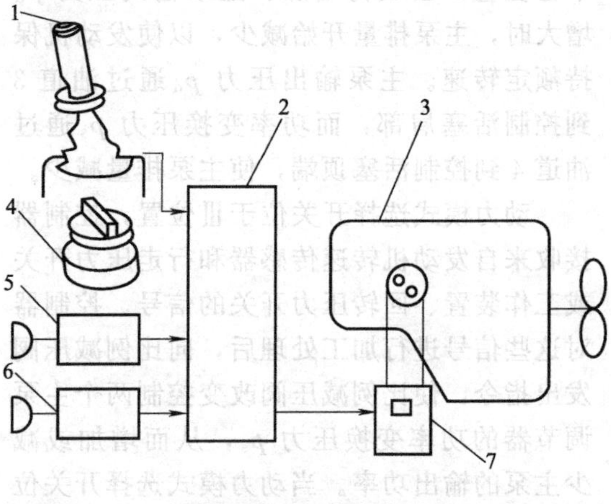

图 4-29 控制器输入和输出信号简图（二）

1—低速开关；2—控制器；3—发动机；4—发动机油门旋钮；5—行走压力开关；6—工作装置/回转压力开关；7—调速器

当挖掘机不工作、各操纵杆都位于空挡位置时，按下低速开关1，发动机转速降至低于1900r/min。

控制器总是监控行走压力开关5和工作装置/回转压力开关6的信号。当低速开关1转换到ON位置时，控制器检查并校核系统有没有液压油需求。如果系统没有液压油需求，则控制器告知调速器7把发动机转速调整到发动机油门旋钮位置2对应的转速。此时低速开关1取消了发动机转速自动控制功能。

当低速开关1转到OFF位置时，不同的机型，其发动机转速恢复情况不同，下面以CAT320型为例进行说明。

如果发动机油门旋钮位于位置4或更低位置，则发动机转速恢复到原来调定的转速。如果发动机油门旋钮位于位置4或更高位置，发动机转速自动控制开关位于ON位置，则发动机转速恢复到1300r/min。如果发动机油门旋钮位于位置5或更高位置，但发动机转速自动控制开关位于OFF位置，则发动机转速降低100r/min。

操作任何控制阀时，低速开关都会断开，发动机转速会恢复到发动机油门旋钮对应的转速。低速取消后，如果再次需要低速，则必须重新按动低速开关。

4.4.2.2　监控系统

控制器输入和输出信号简图（三）如图4-30所示。图4-31是CAT320型挖掘机功能警告器电路图（与图4-30对应）。

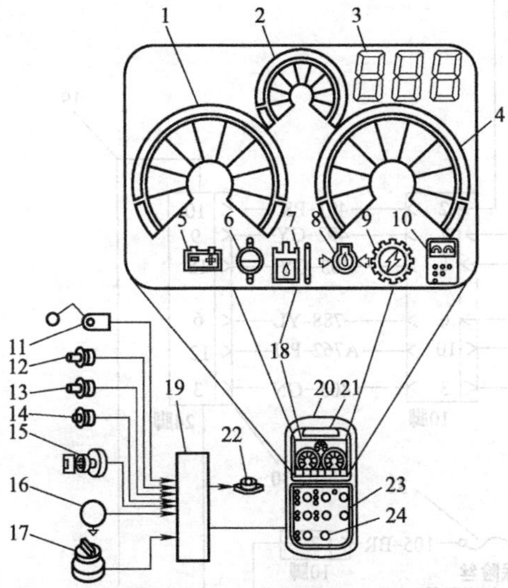

图4-30　控制器输入和输出信号简图（三）

1—发动机冷却液温度表；2—燃油表；3—数字显示屏；4—液压油温度表；5—充电警告指示器；6—发动机冷却液温度警告指示器；7—液压油温度警告指示器；8—发动机机油压力警告指示器；9—控制器警告指示器；10—监控器警告指示器；11—燃油油位传感器；12—发动机冷却液温度传感器；13—液压油温度传感器；14—发动机机油压力开关；15—钥匙启动开关；16—交流发电机；17—发动机油门旋钮；18—监控器面板；19—控制器；20—监控器；21—功能指示灯；22—功能警告器；23—开关面板；24—警告消除开关

（1）功能

监控系统有下列几种功能：

① 告诉操作者挖掘机出现的问题。

② 使操作者知道挖掘机的状态参数，如发动机转速、液压油温度、功率变换压力等。

③ 告诉操作者电子控制系统中存在的问题和过去已经出现过的问题。

④ 为电子控制系统的测试和调整提供信息。

通过如下几种方式提供上述功能：

① 监控器面板18上的指示灯显示。

② 功能指示灯21显示。

③ 功能警告器22发出声响。

④ 控制器19的指示灯显示。

由监控系统监控的各种问题和挖掘机的状态参数会自动显示在监控板上，但是有些监控系统监控的机械状态参数必须要使用维修模式功能才能显示出来。

（2）监控器自我测试

为了确保监控系统正常工作，在挖掘机工作之前，功能警告器和功能指示器要检验，检查是否正常，当钥匙启动开关15转到ON位置时，监控器电源接通。监控器20上所有的显示器开始发光约2.5s，而功能警告器发出声响约1.5s。

（3）发动机冷却液温度

冷却液温度传感器12通过控制器（24脚连接器）的9号插脚，向控制器输入信号。当发动机冷却液温度达到极限值时，控制器向控制器与监控器之间的数字电路提供信号。当发动机冷却液温度数在105℃（红色范围内）时，发动机冷却液温度警告指示器6和功能指示灯21将点亮。

（4）液压油温度

液压油温度传感器13通过控制器（24脚连接器）的10号插脚，向控制器输入信号。当液压油温度到达极限值95℃时，控制器向控制器与监控器之间的数字电路提供信号，液压油温度警告指示器7和功能指示灯21点亮。

（5）机油压力

当机油压力不正常的信号从发动机机油压力开关14传送到控制器时，功能指示灯21和机油压力警告指示器8点亮，信号传递过程为：机油压力开关—连接器28的1号插脚—控制器30（24脚连接器）的18号插脚—控制器。此时如果控制器确认发动机在运行，则使功能警告器22工作。发动机正在运行的信号利用交流发电机接线柱（CAT320型为W接线柱的信号电压），从控制器30（24脚连接器）的3号插脚输入的。此信号电压最小是5V（DC），而发动机运行时正常电压为14V（DC）。另外控制器还能通过发动机转速传感器29确定发动

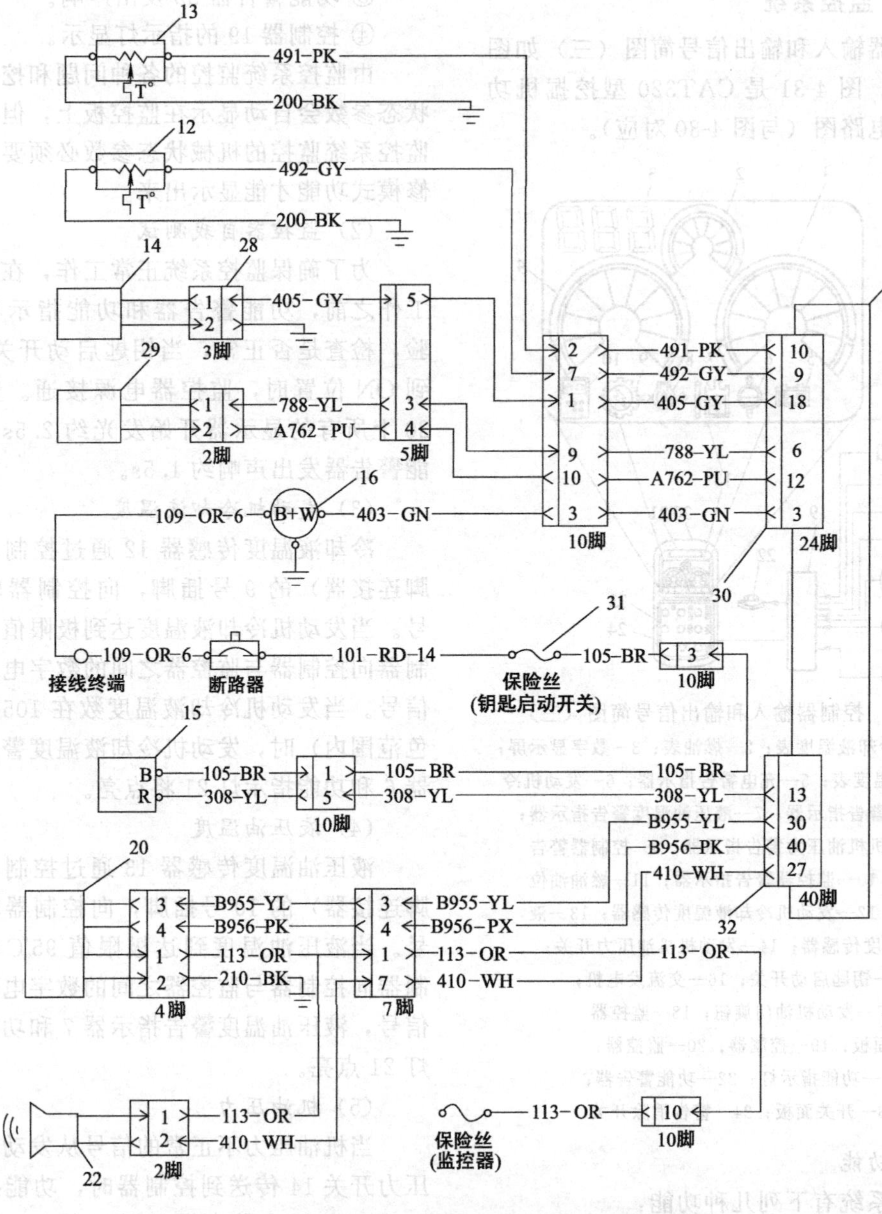

图 4-31　CAT320 型挖掘机功能警告电路图

12—发动机冷却液温度传感器；13—液压油温度传感器；14—发动机机油压力开关；15—钥匙启动开关；16—交流发电机；19—控制器；20—监控器；22—功能警告器；28—连接器；29—发动机转速传感器；30—控制器（24 脚连接器）31—保险丝；32—控制器（40 脚连接器）

机正在运行的信号。该信号是从控制器 30（24 脚连接器）的 6 号插脚处输入的，该信号电压最小为 2V，频率 750Hz。

（6）控制器

当控制器出现问题或控制器 19 与监控器 20 之间的数字电路出现问题时，控制器警示器会点亮。数字电路是连接控制器 32（40 脚连接器）的 30 号插脚与监控器的 3 号插脚的电路，也是连接控制器 32 的 40 号插脚与监控器的 4 号插脚之间的电路。

为了帮助检查控制器中的问题，位于控制器上的警告指示器会点亮。为了区别不同的问题，警告指示器以红、黄、绿 3 种不同颜色的灯光进行显示。

① 黄灯亮时，表示监控器与控制器之间的数字电路有问题或者监控器无信号。

② 红灯以闪烁形式点亮时，表明监控器已查出控制器计算机中央处理单元（CPU）有问题。

③ 红灯连续亮时，表示控制器有问题。

④ 绿灯亮时，表示控制器正常。

（7）监控器

当监控器20与控制器19之间的数字电路有问题时，监控器警告指示器10闪亮；当控制器警告指示器9亮时，监控器指示器也可能亮。

（8）维修功能

有以下两种方式：

① 数字方式　这种方式提供挖掘机工作状态方面的信息，例如：功率变换压力、发动机机油压力和控制器的问题，这些信息会以数字形式显示出来，但必须掌握其识别方法。

② 校核方式　这种方式可以提供电子控制系统元件方面的信息，这些信息可以用于排除系统故障和校准一些电子元件。使用这种方式时，要掌握其操作程序。

（9）控制器保护

为防止控制器损坏，采取以下特别保护措施：

① 噪声滤清器：滤去来自输入信号电路的高频噪声。

② 过载电流切断：防止输出电路短路产生过载电流，切断电流标准值不同，控制器的输出不同。

③ 反电压供给保护电路：防止因蓄电池极性接错，使控制器内部电子电路损坏，从而烧坏控制器。

④ 过电压切断：如果电源向控制器提供的电压达到43V更大，则控制器中的晶体管电路会切断，防止控制器损坏。

⑤ 监控定时器（WDT）：WDT具有连续监控控制器计算机中央处理单元（CPU）的功能。如果CPU出现问题，则WDT向CPU发出信号，重新调整信号。如果问题继续存在，则控制器指示器和位于监控器面板上的指示器会亮，而控制器上的红灯也会亮。如果出现这种情况，则挖掘机将无法正常工作。此时可以启动备用系统，使挖掘机恢复工作能力，但在这种状态下挖掘机的输出功率将减少30%～40%。

⑥ 全防水式控制器：控制器是一个印刷电路板，由一个铝合金冲压外壳保护，可防止水侵入。

4.4.2.3 备用系统

控制器有由操作者手动操作的备用系统。在电子控制系统出现问题时，操作者可以启用备用系统，控制主泵和发动机油门的大小。备用系统由控制发动机转速的调速器备用装置和控制主泵的备用装置组成。当控制调速器的电子控制系统出现问题时，操作者可以启用调速器备用装置，而当控制主泵的电子控制系统出现问题时，操作者可以启用主泵备用装置。

在主泵备用装置使用期间，主泵的输出功率相当于选择动力模式Ⅰ或Ⅱ时的输出功率。

（1）备用系统的工作原理

备用系统电路图如图4-32所示。

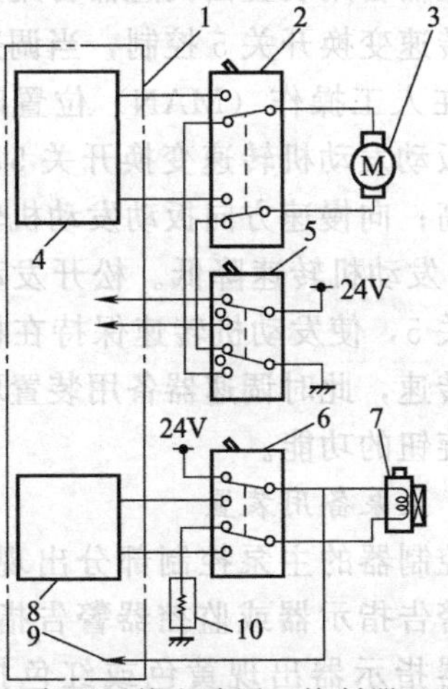

图4-32　备用系统电路图（控制器正常工况）

1—控制器；2—调速器备用开关；3—调速器；4—调速器驱动电路；5—发动机转速变换开关；6—主泵备用开关；7—比例减压阀；8—比例减压阀驱动电路；9—备用信号；10—备用电阻器

当控制器工作正常时，不得使用备用系统，此时调速器3由调速器驱动电路4供电，而比例减压阀 7 由比例减压阀驱动电路 8 供电，此时主泵调节正常。

调速器备用开关 2 和发动机转速变换开关 5 位于右操纵台的后端，主泵备用开关 6 位于左操纵台的后端。当控制器工作正常时，调速器备用开关应该位于 AUTO 位置，此时发动机转速变换开关 5 处于空闲位置，主泵备用开关 6 处于 AUTO 位置。

调速器备用装置和主泵备用装置可以分别单独控制。

(2) 调速器备用装置

如果控制器出现问题，则数字显示屏将不再显示发动机油门旋钮位置的数值。产生这种情况后，应该使用调速器备用开关清除控制器的显示功能，并利用发动机转速变换开关调节发动机转速。

在调速器备用装置工作期间，数字显示屏将会显示英文字母 A 或 U。当只单独使用调速器备用开关时，显示 A；当调速器备用开关和主泵备用开关同时使用时，显示 U。当调速器驱动电路出现问题时，数字显示屏会显示相同的信息，所以使用期间要特别注意，不要错认为这是备用装置的显示。

调速器备用装置由调速器备用开关 2 和发动机转速变换开关 5 控制，当调速器备用开关 2 在人工操作（MAN）位置时，向快速方向扳动发动机转速变换开关 5，发动机转速升高；向慢速方向扳动发动机转速变换开关 5，发动机转速降低。松开发动机转速变换开关 5，使发动机转速保持在松开以前选定的转速，此时调速器备用装置取消发动机油门旋钮的功能。

(3) 主泵备用装置

当控制器的主泵控制部分出现问题时，控制器警告指示器或监控器警告指示器亮，或控制器指示器出现黄色或红色指示。发生这种情况时，应该扳动主泵备用开关 6。当将主泵备用开关扳向慢速（“乌龟”）位置时，比例减压阀 7 与控制器之间的电路断路，此时比例减压阀 7 由电源供电，与备用电阻器 10 构成回路，比例减压阀的电磁线圈通过的电流为恒定电流，因此比例减压阀输出的主泵功率变换压力也是恒定的，而控制器仅得到备用开关已使用的备用信号。

在主泵备用开关工作期间，数字显示屏显示下列符号，H：表明只使用了主泵备用开关；U：表明同时使用主泵备用开关和调速器备用开关。

4.4.2.4 发动机转速控制器

发动机转速控制器如图 4-33 所示。

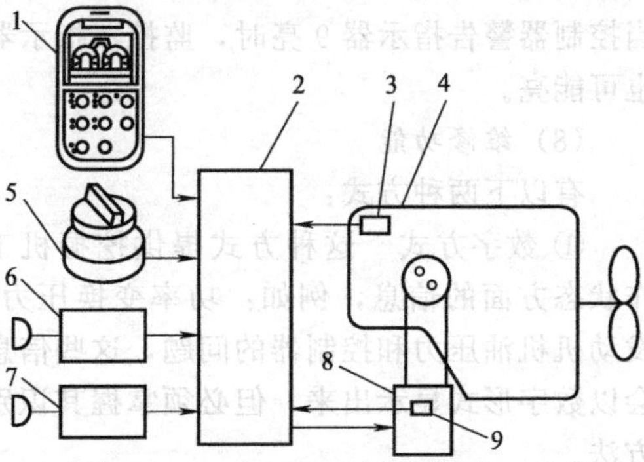

图 4-33 发动机转速控制器
1—监控器；2—控制器；3—发动机转速传感器；4—发动机；5—发动机油门旋钮；6—行走压力开关；7—工作装置/回转压力开关；8—调速器；9—电位器

发动机的实际转速是由图 4-33 中所示的各种装置联合控制的，这些装置中只要有一个出现故障，就可能导致发动机转速控制器失效。这里只介绍当电位器或其电路有问题时发动机转速的控制情况。在正常情况下，控制器根据电位器 9 发出的信号控制发动机转速。

只要主泵不供油，即使电位器 9 或其电路出现问题，控制器也根据发动机油门旋钮的位置对发动机转速进行控制，而不是根据电位器的信号进行控制。

当电位器故障被排除以后，发动机转速控制器便立即恢复正常，取代 AEC 开关和低速开关。

当电位器 9 或其电路正常工作时，与发动机油门旋钮位置相对应的调速器杆位置信号反馈到控制器。

当电位器 9 或其电路出现故障时，电位器 9 便不能向控制器发出调速器杆位置信号。当发动机油门旋钮位置改变，各液压操纵杆位于中位（行走压力开关 6 和工作装置/回转压力开关 7 不动作）时，控制器将按如下所述控制发动机转速：控制器向调速器 8 发出信号，使得调速器杆移动到与发动机油门旋钮相对应的位置。当发动机转速接近发动机油门旋钮指定的转速时，控制器发出指令，使调速器 8 停止动作。修正发动机油门旋钮转动后的发动机转速，需要 5～10s 的时间。任何控制阀动作，控制器都会停止驱动调速器。出现这种情况时，数字显示屏在第一个数字位置会显示“L”，在第三个数字位置显示“A”。

4.4.2.5　在液压油温度过低情况下油泵的调节

（1）基本原理

液压油温度过低情况下，控制器的输出信号如图 4-34 所示。

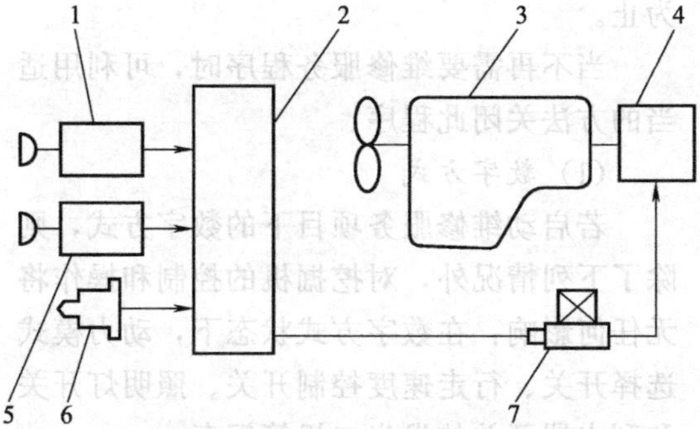

图 4-34　液压油温度过低情况下控制器的输出信号
1—行走压力开关；2—控制器；3—发动机；4—主泵；5—工作装置/回转压力开关；6—液压油温度传感器；7—比例减压阀

在寒冷的季节，由于液压油温度过低，挖掘机工作装置的动作速度可能变得缓慢。为了防止这种情况出现，当液压油工作温度太低时，控制器 2 能适当调整主泵的输出功率。

在液压油温度正常的情况下，主泵是根据发动机额定转速进行调节的。当液压油温度未达到标准温度时，利用控制器调节功率变换压力，降低主泵的输出功率，而不是调节发动机转速，此时泵的输出功率比正常情况下小。

（2）卡特彼勒 CAT320 型挖掘机的工作情况

当动力模式选择开关位于Ⅲ位置，发动机油门旋钮位于位置 10 时，操作工作装置/回转装置，或者当动力模式选择开关位于Ⅲ或Ⅱ位置，操纵行走装置时，控制器接收到来自工作装置/回转压力开关 5 和行走压力开关 1 的信号。如果此时液压油温度低于 26℃，则控制器利用恒功率变换压力，对主泵的输出功率进行调节，而不是利用发动机额定转速进行调节。当液压油温度达到 26℃以上时，控制器利用发动机额定转速进行调节。在利用恒功率变换压力调节主泵的输出功率时，主泵的输出功率要降低 10%。

当单独进行行走作业，而动力模式选择开关位于Ⅱ或Ⅰ位置，发动机油门旋钮位于位置 6～9 时，控制器接收到来自行走压力开关 1 的信号，此时主泵输出功率的调节情况与上面所述完全相同，但是功率变换压力要高些，而主泵的输出功率要降低 2%～10%。

在利用恒功率变换压力调节主泵的输出功率期间，数字显示屏的第一个数字位置显示“L”，第三个数字位置显示“B”。

4.4.3　控制系统的检测与维修

挖掘机的监控器和控制器是电子控制系统的主要部件，监控器和控制器具有自我诊断功能，可以诊断自身故障及二者之间电路的故障。检测控制系统时，首先要检查监控器和控制器的自我诊断情况。

监控器面板上的故障警告指示器，可告诉操作人员电子控制系统中出现的问题。利用控制器的“数字模式”也能识别故障。在挖掘机工作期间，如果启动“数字模式”服务项目，由监控系统监测到的问题，会在数字显示屏上显示。当挖掘机停止操作但发动机仍在运转时，如果启动“数字模式”服务项目，则电子控制系统存在的所有问题和过去已存在的问题，都会在数字显示屏上显示。

只有当电子控制系统显示正常时，才能进行检验工作。将检查结果与标准数值进行比较，可以确定故障范围。在检查过程中，如果要确定液压系统的压力和工作装置的速度，则必须在挖掘机有负荷的工况下进行。

如果主泵、先导泵和控制阀之间的油路有问题，则挖掘机的性能将下降。当液压系统出现故障时，电子控制系统不能进行自我诊断。要判断是否只是液压系统的问题，就必须检查主泵的压力、流量和先导系统的压力等。

卡特彼勒 CAT320 挖掘机的监控器面板布置如图 4-35 所示。

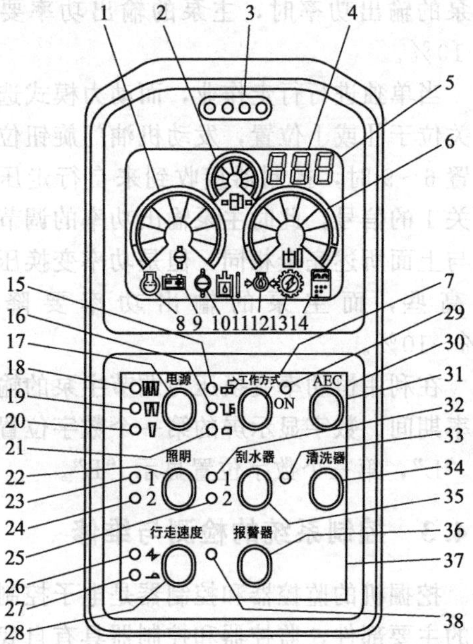

图 4-35　卡特彼勒 CAT320 监控器面板

1—发动机冷却液温度表；2—燃油表；3—故障指示灯；4—数字显示屏；5—监控器板；6—液压油温度表；7—工作方式选择开关；8—空气加热指示器；9—充电警告指示器；10—发动机冷却液温度警告指示器；11—液压油温度警告指示器；12—发动机机油压力警告指示器；13—控制器警告指示器；14—监控器警告指示器；15—动臂优先指示器；16—回转优先指示器；17—动力模式选择开关；18—动力模式Ⅲ指示器；19—动力模式Ⅱ指示器；20—动力模式Ⅰ指示器；21—微动控制指示器；22—指示灯开关；23—指示灯Ⅰ；24—指示灯Ⅱ；25—刮水器Ⅱ速指示器；26—行走高速指示器；27—行走低速指示器；28—行走速度变换开关；29—AEC 指示器（自动油门）；30—开关板；31—AEC 开关（自动油门）；32—刮水器Ⅰ速指示器；33—清洗器指示器；34—清洗器开关；35—刮水器开关；36—警告消除开关；37—维修服务开关；38—警告消除指示器

监控器打开后，可以显示控制器接收到的信号。控制器的维修服务程序有两种，每种都有自己的特殊功能。

① 数字方式。这种方式具有 8 种功能，其作用是为了解挖掘机的工作状况提供必要的信息。

② 校核方式。这种方式具有 10 种功能，当检修电子控制系统和更换元件后，可用其调整和确认系统和元件的可靠性，同时也用其排除系统中的故障并进行调整。

使用维修服务程序时，必须使用监控器面板上的各种开关。若不小心碰压开关，则会出现一些意想不到的信号，对此不必担心。

为了选择所要求的方式，首先要启动适当的维修服务程序，接着操作相应的控制开关，直到需要的信息在数字显示屏上显示为止。

当不再需要维修服务程序时，可利用适当的方法关闭此程序。

(1) *数字方式*

若启动维修服务项目下的数字方式，则除了下列情况外，对挖掘机的控制和操作将无任何影响：在数字方式状态下，动力模式选择开关、行走速度控制开关、照明灯开关和刮水器开关的发光二极管闪亮。

数字方式提供以下 8 种信息：(a) 功率变换压力。(b) 发动机转速。(c) 发动机冷却液温度。(d) 液压油温度。(e) A/D 转换信息。(f) 挖掘机现有故障。(g) 数字输入信号。(h) 输出控制信号。

① 启动步骤　显示和查阅数字方式的 8 种功能时，发动机可以处于运行状态，也可以处于停止状态。如果发动机处于运行状态，则显示工作参数；如果发动机没有处于停止状态，则启动开关必须处于 ON 位置。

数字方式的启动步骤如下：

a. 按下警告消除开关 36，直到警告消除指示器闪亮。

b. 在警告消除开关被按压期间，再按下动力模式选择开关 17，直到动力模式Ⅲ

指示器闪亮，此时立即松开警告消除开关 36 和动力模式选择开关 17。

c. 数字方式现已启动完毕，数字显示屏将显示出第一项数字（功率变换压力）。如果动力模式选择开关 17 按下时间太长，则数字显示屏将按照 8 种功能的顺序，不断改变显示的数字。

② 数字方式的选择　数字方式的选择步骤如下。

a. 重复按下警告消除开关 36 和动力模式开关 17，直到数字显示屏 4 上显示需要的功能数字。

b. 当同时按下上述两个开关时，功能数字将按照 8 种功能的顺序不断变化，并反复出现。

c. 与此同时，若功能数字被显示，则相应开关指示器闪亮。为了确定所选择的功能，则要查看闪亮的指示器。

如果按下警告消除开关 36 超过 2s，则将取消数字方式，数字显示屏上会出现发动机油门旋钮位置数字。

数字方式的 8 种功能和指示器如表 4-6 所示。

表 4-6　数字方式的 8 种功能和指示器

序号	数字方式的功能	指示器编号
1	功率变换压力/Pa	18
2	发动机转速/(r/min)	19
3	发动机冷却液温度/℃	20
4	液压油温度/℃	23
5	模拟/数字信息转换	24
6	现有故障	26
7	数字输入	27
8	输出控制	32

a. 功率变换压力。当选择这种功能时，动力模式Ⅲ指示器 18 闪亮，数字显示屏 4 在第一个位置显示“P”，在第二个位置和第三个位置显示功率变换压力的实际值，单位是 kgf/cm^2。

b. 发动机转速。当选择这种功能时，动力模式Ⅱ指示器 19 闪亮，数字显示屏 4 显示发动机转速。实际转速值等于显示数字×10，单位是 r/min。

表 4-7　电子控制系统故障码

E00	无　故　障
E1	发动机机油压力太低
E2	发动机冷却液温度太高
E3	液压油温度太高
E4	蓄电池电压太高
E5	交流发电机接线柱 P 断开(仅指 2DL 和 9KK 机型)
E5	交流发电机接线柱 W 断开
E6	发动机转速传感器安装不正确或其电路断开
E6	发动机转速传感器安装不正确或其电路断开(仅指 2DL 和 9KK 机型)
E7	发动机转速不正常
E7	发动机转速不正常(仅指 2DL 和 9KK 机型)
E9	调速器、电位器的电压太低
E10	调速器、电位器短路或断路
E11	调速器、电位器线路短路
E12	调速器、电位器电压不稳定
E13	调速器电机电路短路
E14	调速器电机不转，或调速器电机电路短路
E15	调速器备用开关在 MAN 位置或调速器电机电路断路
E16	比例减压阀电路与机体短路
E17	比例减压阀电路与蓄电池短路
E18	比例减压阀电路断路
E25	发动机冷却液温度传感器电路与机体短路
E27	液压油温度传感器电路与机体短路
E31	控制器接收到的发动机转速信息与发动机油门旋钮对应的转速不同
E32	发动机油门旋钮对应的转速与实际转速之间相差大于 100r/min
E33	数字输出电路与蓄电池短路
E34	发动机油门旋钮转动 2.5s 后，调速器保持不动
E36	监控器对控制器的信号反应迟缓(最少 1s)
E37	监控器 RAM 不正常
E38	监控器向控制器传出错误信号
E39	控制器自我检查的信号错误
E40	控制器记忆错误
E41	安装的控制器与该机型不相符，或线束号有问题
E41	安装的控制器与该机型不相符，或线束号有问题(仅对 2DL 和 9KK 机型)
E48	发动机失速

c. 发动机冷却液温度。当选择这种功能时，动力模式Ⅰ指示器 20 闪亮，数字显示屏 4 将显示发动机冷却液温度，其显示温度范围为 14～127℃。如果温度低于 0℃，则数字面前有“－”号。

d. 液压油温度。当选择这种功能时，动力模式Ⅰ指示灯 23 闪亮，数字显示屏 4 将显示液压油温度，其显示温度范围为 14～127℃。

e. 模拟/数字（A/D）信息转换。当选择这种功能时，动力模式Ⅱ指示灯 24 闪亮，数字显示屏 4 将显示挖掘机功能方面的 8 种模拟信息。为了了解这些信息，需要利用 A/D 转换表。这些信息不直接参与机械维修和故障诊断。

f. 现有故障。当选择这种功能时，行走高速指示器 26 闪亮，数字显示屏 4 将显示已产生的故障码。电子控制系统故障码见表 4-7。故障码是按照由低到高的顺序显示的。每个故障码显示 2s，出现两个以上故障码时，两个故障码的显示时间间隔为 1s，并且重复显示。

出现故障码［E00］时，表明电子控制系统无故障。

故障码［E33］诊断见表 4-8。

表 4-8　故障码［E33］诊断

序号	诊断内容
1	微动控制电磁阀电路
2	回转优先电磁阀电路
3	行走速度电磁阀电路
4	底盘灯电路
5	动臂灯电路
6	刮水器电路
7	清洗器电路
8	报警器电路

g. 数字输入。当选择这种功能时，行走低速指示器 27 闪亮，数字显示屏 4 显示 21 种信息。

(a) 压下并按住警告消除开关 36，然后压下动力模式选择开关 17，当行走低速指示器 27 闪亮时，立即松开警告消除开关 36 和动力模式选择开关 17。

(b) 数字显示屏 4 将显示［09］或［010］字样：第一个位置的“0”，表示是 21 种部件的第一个部件，而“9”表示使用的是 3066 型发动机（CAT 320 型或 CAT 320L 型挖掘机）的导线线束，“10”表示使用的是 3116 型发动机（CAT320 型 CAT320L 型、CAT320N 型或 CAT320S 型挖掘机）的导线线束。

(c) 首先压下并按住警告消除开关 36，然后压下工作方式选择开关 7，直到数字显示屏显示需要的部件号为止。

部件编号（其中 8 个是备用号）及数字显示对照表见表 4-9。

表 4-9　部件编号及数字显示对照表

部件编号	部件名称	数字显示［ON］	数字显示［OFF］
0	线束编号	［09］	
1	发动机油门旋钮	［11］	［110］
2	行走压力开关	［2ON］	［2OF］
3	备用装置压力开关	［3ON］	［3OF］
4	机油压力开关	［4ON］	［4OF］
5	备用	［5ON］	［5OF］
6	备用	［6ON］	［6OF］
7	备用	［7ON］	［7OF］
8	低速开关	［8ON］	［8OF］
9	动臂升起压力开关	［9ON］	［9OF］
A	变速开关	［AON］	［AOF］
B	主泵备用开关	［BON］	［BOF］
C	预热启动器开关	［2ON］	［COF］
D	启动器开关位置	［DON］	［DOF］
E	工作装置/回转压力开关	［EON］	［EOF］
F	交流发电机	［FON］	［FOF］
G	备用	［GON］	［GOF］
H	备用	［HON］	［HOF］
I	备用	［ION］	［IOF］
J	备用	［JON］	［JOF］
K	备用	［KON］	［KOF］
L	备用	［LON］	［LOF］
N	备用	［NON］	［NOF］
P	备用	［PON］	［POF］

注：对于部件号“0”和“1”，显示屏不会显示［ON］或［OF］。

例如：显示［09］，表示该挖掘机是使用3066型发动机的CAT320型或CAT320L型挖掘机。如果在第二位或第三位出现不同的数码，则应检查线路接地线是否良好。显示［010］，表示该挖掘机是使用3116型发动机的CAT320型、CAT320L型、CAT320N型或CAT320S型挖掘机。如果在第二位或第三位出现不同的数码，则应检查线路接地线是否良好。显示［11］，表示发动机油门旋钮位置数字为“1”。显示［110］，表示发动机油门旋钮位置数字为“10”。显示［1Er］，表示发动机油门旋钮有故障或发动机油门旋钮与控制器之间的电路有问题。显示［2ON］，表示行走压力开关接通。显示［2OF］，表示行走压力开关断开。

h. 输出控制。当选择这种功能时，刮水器Ⅰ速指示器32闪亮，数字显示屏4将显示主泵输出流量的代码。开始显示的代码是［L00］，表示主泵的输出流量正常，显示持续2s。如果出现两个以上的代码，则两个代码之间显示间隔时间为0.5s。例如：显示［L00］，表示主泵输出流量正常。显示［LA］，表示调速器、电位器不正常时的主泵输出流量。显示［LB］，表示液压油温度太低时的主泵输出流量。

在此显示期间，AEC和低速开关不起作用，发动机油门旋钮只能在无载荷的情况下控制发动机转速。

③ 数字方式的取消方法　可以采用下面两种方法取消数字方式。

a. 把发动机启动开关转到OFF位置。

b. 按下警告消除开关36至少2s，直到数字显示屏显示发动机油门旋钮的位置信号为止。

(2) *校核方式*

校核方式的每一种功能的操作都是互相独立的，表4-10列出了校核方式的各种功能以及是否需要启动发动机。

① 校核方式的启动　启动校核方式时，发动机油门旋钮应位于位置1，钥匙启动开关必须位于OFF位置。

表4-10　校核方式功能表

序号	功　能	是否启动发动机
1	挖掘机和发动机型号	否
2	控制器/监控器软件形式	否
3	故障记录	否
4	数字输出检测	否
5	比例减压阀扫描试验	是
6	发动机转速变化	是
7	功率变换压力调整	是
8	发动机油门旋钮位置检查	是
9	调速器自动校核	是
10	比例减压阀校核	是

a. 如图4-33，按下维修服务开关37，并启动发动机。若不启动发动机就能获得信息，则可以不启动发动机，但钥匙启动开关要转到ON位置。

b. 继续按下维修服务开关37，直到故障指示灯3亮。除了数字显示屏外，其他所有警告指示器全部熄灭。

c. 此时校核方式已启动，数字显示屏4显示表4-10所示的10种功能中的第1种（挖掘机和发动机型号）。采用这种校核方式期间，故障指示灯，一直闪亮。

校核方式启动后，下列元件不起作用：发动机冷却液温度表1、燃油表2、故障指示灯3、液压油温度表6、空气加热器指示器8、充电警告指示器9、发动机冷却液温度警告指示器10、液压油温度警告指示器11、发动机机油压力警告指示器12、控制器警告指示器13和监控器警告指示器14。

② 校核方式的选择　当使用校核方式的某一种功能时，可以按照功能说明，按下动力模式选择开关17、指示灯开关22、AEC开关31、刮水器开关35和行走速度变换开关28等，具体操作步骤见后面。启动校核方式后，关闭了AEC的功能，功率变换压力保持在无载荷情况下的数值，发动机油门旋钮位置按正常工作情况选取。

a. 挖掘机和发动机型号

(a) 启动校核方式，显示的第一个挖掘机和发动机型号。

(b) 数字显示屏4显示［20H］，“20”

指挖掘机型号，即 CAT320 型或 CAT320L 型挖掘机；“H”表示发动机的型号为 3066 型。如果显示［20C］，“20”指挖掘机型号，即 CAT320 型、CAT320L 型、CAT320N 型或 CAT320S 型挖掘机；“C”表示发动机的型号为 3116 型。

(c) 如果不需要使用其他功能时，则取消校核方式。

b. 控制器/监控器软件形式

(a) 启动校核方式。

(b) 按下动力模式选择开关 17，直到动力模式Ⅱ指示器 19 闪亮为止。

(c) 数字显示屏 4 显示［17C］，“17”表示挖掘机的软件形式，“C”表示控制器。

(d) 为了确认监控器软件形式，按下 AEC 开关 31，数字显示屏会显示出［20P］，“20”表示挖掘机型号，“P”表示监控器软件形式。

(e) 如果不需要使用其他功能时，则取消校核方式。

c. 故障记录

(a) 启动校核方式。

(b) 按下动力模式选择开关 17，直到动力模式Ⅰ指示器 20 闪亮为止。

(c) 数字显示屏 4 显示［Hd］，表示储存的故障可以显示出来，在挖掘机工作期间，控制器有连续自我诊断的功能。如果出现故障，即使是间断性故障，控制器也会记录下来，直到记忆清除为止。

(d) 在数字显示屏上显示的故障号，既可以按上升顺序显示，也可以按下降顺序显示。按下 AEC 开关 31，储存的故障号以上升顺序显示在数字显示屏上，如［Hd］、［F6］、［F10］、［F40］、［F41］、［END］。

(e) 按下清洗器开关 34，储存的故障号以下降顺序显示在数字显示屏上，如［END］、［F41］、［F40］、［F10］、［F6］、［Hd］。

(f) 如果数字显示屏 4 上第一个位置显示的字母是“F”，则表示该故障是过去发生的故障；如果数字显示屏 4 上第一个位置显示的字母是“E”，则表示该故障是现在发生的故障。数字显示屏 4 上第二个和第三个位置显示的数字为故障码（参见表 4-7）。

(g) 若要清除过去和现在的故障码，则顺序按压 3 个开关（AEC 开关 31、动力模式选择开关 17 和行走速度变换开关 28），按下每个开关后都要压住 3s 以上。

(h) 故障码被清除后，数字显示屏 4 会显示［CLr］，然后显示［Hd］。排除故障后，必须将储存的故障码清除。

(i) 如果不需要使用其他功能，则取消校核方式。

(j) 采用校核方式期间，故障码 F1～F5、F7、F9、F12、F15、F32、F34、F37、F38、F39、F48 不会出现。

4.5 其他性能检测和维修标准

(1) 油缸速度测试

① 动臂油缸速度测试

a. 测试条件

(a) 发动机高速运转（转速约为 2000r/min）。

(b) 液压油温度约为 50℃。

(c) 控制斗杆油缸完全缩回（缩到极限位置），铲斗油缸完全伸出。

b. 测试步骤

(a) 把动臂操纵手柄拉到极限位置，升启动臂，测量动臂升起时间。

(b) 把动臂操纵手柄拉到极限位置，降下动臂，测量动臂下降时间。

(c) 按上述步骤操作 3 次，取平均值。

c. 动臂油缸速度标准值和维修极限值（如表 4-11 所示）

② 斗杆油缸速度测试

a. 测试条件

(a) 发动机高速运转（转速约为 2000r/min）。

(b) 液压油温度约为 50℃。

b. 测试步骤

(a) 把斗杆操纵手柄拉到极限位置，伸出斗杆，测量斗杆伸出时间。

(b) 把斗杆操纵手柄拉到极限位置，缩回斗杆，测量斗杆缩回时间。

表 4-11 动臂油缸速度标准值和维修极限值

机型		履带式					轮胎式	
		DH130LC	DH200LC	DH220LC-5	DH290LC-5	DH450LC	DH130	DH400
标准值	动臂上升	3.7±0.4	3.5±0.4	2.9±0.3	3.6±0.4	3.9±0.4	3.7±0.4	3.3±0.4
	动臂下降	3.0±0.3	2.6±0.3	2.3±0.3	2.5±0.3	3.5±0.4	3.0±0.4	2.7±0.3
维修极限值	动臂上升	4.7	4.5	3.8	4.7	4.4	4.7	4.0
	动臂下降	4.0	3.3	3.0	3.3	4.1	4.0	1.4
使用极限值	动臂上升	5.3	5.3	3.8	4.7	4.6	5.3	4.5
	动臂下降	5.8	3.8	3.0	3.3	3.7	4.8	3.7

表 4-12 斗杆油缸速度标准值和维修极限值

机型		履带式					轮胎式	
		DH130LC	DH200LC	DH220LC-5	DH290LC-5	DH450LC	DH130	DH400
标准值	斗杆伸出	2.6±0.4	3.9±0.4	3.5±0.4	4.0±0.4	4.8±0.5	2.8±0.3	3.3±0.4
	斗杆缩回	2.5±0.3	3.0±0.4	2.3±0.3	3.4±0.4	3.9±0.4	2.1±0.3	2.7±0.3
维修极限值	斗杆伸出	3.6	4.5	4.6	5.2	5.3	4.0	4.0
	斗杆缩回	3.8	3.3	3.8	4.4	4.2	3.0	3.0
使用极限值	斗杆伸出	4.7	5.7	4.6	5.7	5.8	4.5	4.5
	斗杆缩回	4.0	5.0	3.8	5.0	4.7	3.5	3.5

(c) 按上述步骤操作3次，取平均值。

c. 斗杆油缸速度标准值和维修极限值(如表4-12所示)

③ 铲斗油缸速度测试

a. 测试条件

(a) 发动机高速运转（转速约为2000r/min)。

(b) 液压油温度约为50℃。

b. 测试步骤

(a) 把铲斗操纵手柄拉到极限位置，铲斗齿尖离地约500mm，张开铲斗，测量铲斗卸载的时间。

(b) 把铲斗操纵手柄拉到极限位置，铲斗齿尖离地约500mm，关闭铲斗，测量铲斗控制的时间。

(c) 按上述步骤反复动作3次，取测试结果的平均值。

c. 铲斗油缸速度标准值和维修极限值(如表4-13所示)

(2) 油缸爬行测试（操纵手柄在中间位置时)

① 测试步骤

a. 将动臂油缸完全伸出，斗杆油缸完全缩回，铲斗油缸完全伸出，关闭铲斗，齿尖离地约1m。

b. 测量各油缸活塞杆的实际长度，并用胶带标上记号。

c. 让发动机熄火，各油缸在原来位置停留5min。

d. 再次测量各油缸活塞杆的实际长度，然后计算出再次测量的差值。

e. 油缸的爬行值=第二次测量值－第一次测量值。

f. 重复上面的步骤，测量3次，取平均值。

② 各油缸爬行时铲斗的负荷情况（如表4-14所示)

③ 油缸爬行标准值和维修极限值（如表4-15所示)

(3) 回转速度测试

① 测试条件

a. 发动机高速运转（转速约为2000r/min)。

b. 液压油温度约为50℃。

c. 斗杆油缸完全缩回，铲斗油缸完全伸出，使铲斗离地约1m。

② 测试步骤

a. 把回转操纵手柄拉到极限位置，让挖掘机回转1圈后开始用秒表计时，测量挖掘机回转3圈（或5圈、10圈）时间。

表 4-13 铲斗油缸速度标准值和维修极限值

机型		履带式					轮胎式	
		DH130LC	DH200LC	DH220LC-5	DH290LC-5	DH450LC	DH130	DH400
标准值	铲斗收回	2.0±0.3	3.6±0.4	3.0±0.4	4.4±0.3	4.8±0.5	3.1±0.3	3.5±0.3
	铲斗打开	2.3±0.3	2.5±0.4	2.0±0.3	2.8±0.3	2.9±0.3	2.1±0.3	2.6±0.3
维修极限值	铲斗收回	3.3	4.6	3.9	5.8	5.5	4.0	4.0
	铲斗打开	3.3	3.4	2.6	4.0	3.3	3.0	3.0
使用极限值	铲斗收回	3.7	5.5	4.5	6.5	5.8	4.5	4.5
	铲斗打开	3.7	4.4	3.0	4.5	3.5	3.5	2.5

表 4-14 各油缸爬行时铲斗的负荷情况

机型	履带式					轮胎式	
	DH130LC	DH200LC	DH220LC-5	DH290LC-5	DH450LC	DH130	DH400
标准负荷	7	12.6	13.5	18	27.5	空斗	空斗

表 4-15 油缸爬行标准值和维修极限值

机型		履带式					轮胎式	
		DH130LC	DH200LC	DH220LC-5	DH290LC-5	DH450LC	DH130	DH400
动臂油缸	标准值	40	40	40	40	25	15	15
	维修极限值	47	47	55	47	33	25	25
	使用极限值	55	55	55	55	38	45	45
斗杆油缸	标准值	60	60	60	60	85	20	20
	维修极限值	68	68	75	68	105	30	30
	使用极限值	75	75	75	75	128	65	65
铲斗油缸	标准值	40	40	60	40	30	15	15
	维修极限值	48	48	75	48	38	25	25
	使用极限值	60	60	75	60	45	45	45

b. 按上述步骤操作 3 次，取平均值。

③ 回转速度标准值和维修极限值（如表 4-16 所示）

(4) 回转惯性测试

① 测试条件

a. 将挖掘机放置在坚硬平坦的地面上。

b. 发动机高速运转（转速约为 2000r/min）。

c. 液压油温度约为 50℃。

d. 斗杆油缸完全缩回，铲斗油缸完全伸出，使铲斗离地约 1m。

② 测试步骤

a. 以铲斗为基准画一条 90℃的标记线。

b. 把回转操纵手柄拉到极限位置，让挖掘机回转。

c. 当铲斗到达先前的标记线时，将回转操纵手柄扳回到中间位置，测量挖掘机的滑行值。

d. 按上述步骤操作 3 次，取平均值。

③ 回转惯性测试标准值和维修极限值（如表 4-17 所示）

(5) 行走速度测试（轮胎式挖掘机）

① 测试条件

a. 将挖掘机放置在坚硬平坦的地面上。

b. 发动机高速运转（转速约为 2000r/min）。

c. 液压油温度约为 50℃。

d. 铲斗油缸完全伸出，铲斗离地约 1m。

② 测试步骤

a. 把行走操纵手柄拉到极限位置，让挖掘机全速前进，直到通过 B 点。

b. 测量挖掘机从 A 点到 B 点（距离 50m）的行驶时间。

c. 按上述步骤操作 3 次，取平均值。

③ 行走速度（轮胎式挖掘机）标准值和维修极限值（如表 4-18 所示）

表 4-16 回转速度标准值和维修极限值

机型	履带式					轮胎式	
	DH130LC	DH200LC	DH220LC-5	DH290LC-5	DH450LC	DH130	DH400
回转转数/r	10	3	3	3	5	10	3
标准值/s	43.8	15.5±1.5	12.6±1.5	16.5	32±2	43.8	15.5±1.5
维修极限值/s	48	17.5	13	18	36	48	17.5
使用极限值/s	51	18.5	15	19	38	51	18.5

表 4-17 回转惯性测试标准值和维修极限值

机型	履带式					轮胎式	
	DH130LC	DH200LC	DH220LC-5	DH290LC-5	DH450LC	DH130	DH400
回转转数/r	10	3	3	3	5	10	3
标准值/s	43.8	15.5±1.5	12.6±1.5	16.5	32±2	43.8	15.5±1.5
维修极限值/s	48	17.5	13	18	36	48	17.5
使用极限值/s	51	18.5	15	19	38	51	18.5

表 4-18 行走速度（轮胎式挖掘机）标准值和维修极限值

机型	轮胎式			
	大宇 DH360	大宇 DH220	大宇 DH200	大宇 R200W-2
标准值	5.6	5.3	5.3	5.3
维修极限值	6.5	5.5	5.5	5.5
使用极限值	7.5	6	6	6

第5章 液压系统的检测和维修

目前广泛使用的挖掘机，不论是国产的还是进口的，多为全液压挖掘机，因此液压系统的状况对挖掘机性能的影响至关重要。

液压系统的检测就是利用现代科学技术手段和仪器设备，根据对液压系统中流量、压力、温度等基本参数的检测和执行机构（液压马达和液压缸）的运动速度、噪声，油液状态以及外部泄漏等因素的观测来判断液压系统的工作状态和液压元件的损伤情况。

正常运转、工作可靠的液压系统必须具备以下性能要求：液压缸的行程、推力、速度及其调节范围；液压马达的转向、扭矩、转速、调节范围等技术性能；运转平稳性、精度、噪声、效率、油温、多液压缸系统中各个液压缸动作的协调性等运转品质。如果液压系统在实际工作中，能完全满足这些要求，整个设备就能够正常、可靠地工作；如果出现了某些不正常情况，而不能完全满足这些要求，影响到了液压系统的正常工作，就可认为系统出现了故障。系统中会有许多检测点，我们可以用各种各样的仪器仪表得到上述参数来加以分析、判断，这些参数是评价和判断一个系统好坏的主要依据。

5.1 概述

液压挖掘机液压系统是个复杂的系统，其故障原因是多方面的，是综合性的，往往是一种故障多种原因，一种原因多种现象，情况比较复杂，要想在这种复杂情况下迅速准确地诊断并排除各种故障，需要具有液压传动的基础知识、丰富的实践经验和一定的综合分析故障的技能。

5.1.1 液压系统检测方法

① 测试 p_1、p_2 压力时，一般测试高速溢流压力、低速溢流压力能反映系统的泄压程度，这两个压力的差值越大，说明泄压越严重。工作模式对泵的吸收功率、合流、分流以及是否加压有影响，必要时可分别测试。空载运动时的压力应该比较低，必要时加以测试。若发现空载运动时的压力较高，甚至达到溢流压力，则说明机构运动时有干涉现象，或液压系统有堵塞、失控问题。例如：挖掘机斗杆空载收回缓慢而泵压力超过了 25MPa，原因很可能是防止沉降阀不能完全打开。

② 测试油缸动作速度时以油缸启动至油缸停止运动为准，一般从开始操纵至油缸启动需要 0.3～1s。回转和行走速度测试方法有多种，可选择安全、方便的方法进行测试。

③ 对于 5min 油缸滑移量的测试，小松挖掘机是负载测试，其他机型是空载测试。若目测有明显滑移，说明油缸滑移量已经超限。装有防止沉降阀的油缸沉降量较小。动臂油缸无杆腔、斗杆油缸有杆腔一般装有防止沉降阀，动臂油缸活塞密封圈损坏后，动臂抬起时沉降不明显而动臂下降将车身顶起时沉降较快，斗杆油缸活塞密封圈损坏后也是有杆腔沉降快，即斗杆伸出状态沉降较快。

④ 马达泄漏量测试分为溢流状态测试和空转状态测试，测试时要特别注意安全。

⑤ 行走偏移量测试包括复合动作时偏移量测试，若单独行走时偏移大而复合动作时偏移很小，则原因一般是液压泵输出差别大。

⑥ 进行冲击式破碎机压力测试时必须关闭破碎机高压侧球阀，严禁空击。

⑦ 测试标准是液压油温度为 50℃时的数据，挖掘机实际作业时（尤其是夏季）的

液压油温度一般都会达到甚至超过 80℃，许多挖掘机只有在液压油温度较高时才表现出故障，在必要时应进行高温状态下的性能测试。

下面以小松 PC200-5 型和 PC220-5 型挖掘机为例说明液压系统的测试方法，见表 5-1。

表 5-1　小松 PC200-5 型和 PC220-5 型挖掘机液压系统测试方法

<table>
<tr><td colspan="5">挖掘机型号</td><td>PC200-5</td><td>PC220-5</td><td>PC200-5</td><td>PC220-5</td></tr>
<tr><td>分类</td><td>项目</td><td colspan="2">检测条件与方法</td><td>单位</td><td colspan="2">标准值</td><td colspan="2">允许值</td></tr>
<tr><td rowspan="6">油压</td><td>动臂</td><td colspan="2" rowspan="6">(1)液压油温度:45～55℃
(2)发动机高速空转时被测油路的溢流压力
(3)H.O 和 H 方式
(4)在泵的出口测量
(5)行走一侧溢流时的压力
(6)操作行走操纵杆时,2 级溢流・CO 电磁阀动作</td><td rowspan="6">MPa</td><td colspan="2" rowspan="3">$32.5^{+0.8}_{-1.1}$</td><td colspan="2" rowspan="3">最大 34
最小 31</td></tr>
<tr><td>斗杆</td></tr>
<tr><td>铲斗</td></tr>
<tr><td>回转</td><td colspan="2">$29^{+1.0}_{-0.5}$</td><td colspan="2">最大 30
最小 28.5</td></tr>
<tr><td>行走</td><td colspan="2">$34^{+1.0}_{-1.5}$</td><td colspan="2">最大 36.5
最小 32.5</td></tr>
<tr><td>先导压力</td><td colspan="2">$3.2^{+0.4}_{-0.1}$</td><td colspan="2">最大 3.6
最小 2.5</td></tr>
<tr><td rowspan="7">油压</td><td rowspan="2">TVC 阀输出压力</td><td rowspan="2">(1)油温:45～55℃
(2)发动机高速空转
(3)H.O 和 H 方式</td><td>操纵杆在中位</td><td rowspan="7">MPa</td><td>2.3±0.1</td><td>2.4±0.1</td><td>最大 1.8</td><td>最大 1.8</td></tr>
<tr><td>(1)泵卸载
(2)泵平均油压 16～17MPa</td><td>1.6±0.1</td><td>1.7±0.1</td><td>最大 1.7
最小 1.4</td><td>最大 1.8
最小 1.5</td></tr>
<tr><td rowspan="3">CO、NC 阀输出压力</td><td rowspan="3">(1)油温:45～55℃
(2)发动机高速空转
(3)H.O 和 H 方式
(4)在 NC 阀出口处测量</td><td>操纵杆在中位(CO 阀不动作,NC 阀动作)</td><td colspan="2">最大 0.55</td><td colspan="2">最大 0.55</td></tr>
<tr><td>行走操纵杆在全行程,履带自由转动(CO 阀、NC 阀均未动作)</td><td colspan="2">最小 1.7</td><td colspan="2">最小 1.7</td></tr>
<tr><td>油泵溢流(CO 动作,NC 阀不动作)</td><td colspan="2">最大 0.55</td><td colspan="2">最大 0.55</td></tr>
<tr><td rowspan="2">射流传感器压差</td><td>(1)油温:45～55℃
(2)发动机高速空转</td><td>操纵杆在中位</td><td colspan="2">1.6±3</td><td colspan="2">最大 1.9
最小 1.3</td></tr>
<tr><td>(1)油温:45～55℃
(2)发动机高速空转
(3)油泵排油压力符合要求</td><td>操纵杆在行程末端</td><td colspan="2">最大 0.2</td><td colspan="2">最大 0.2</td></tr>
<tr><td rowspan="3">回转</td><td>回转制动角</td><td colspan="2">(1)油温:45～55℃
(2)发动机高速空转
(3)动臂在水平位置,斗杆油缸全缩回,铲斗空载
(4)回转 1 圈后制动,并测量回转支撑的移动角度</td><td>(°)</td><td>最大 90</td><td>最大 130</td><td>最大 120</td><td>最大 160</td></tr>
<tr><td rowspan="2">回转启动所需时间</td><td rowspan="2">(1)油温:45～55℃
(2)发动机高速空转
(3)动臂在水平位置,斗杆油缸全缩回,铲斗空载
(4)H.O 和 H 方式
(5)从开始位置回转 90°及回转 180°所需时间</td><td>90°</td><td rowspan="2">s</td><td>2.9±0.3</td><td>3.2±0.3</td><td>最大 3.5</td><td>最大 3.8</td></tr>
<tr><td>180°</td><td>4.3±0.4</td><td>4.7±0.5</td><td>最大 5.2</td><td>最大 5.6</td></tr>
</table>

续表

分类	项目	检测条件与方法		单位	标准值		允许值	
		挖掘机型号			PC200-5	PC220-5	PC200-5	PC220-5
回转	回转时间	(1)油温:45～55℃ (2)发动机高速空转 (3)H.O和H方式 (4)回转1圈后测量回转下5圈所需时间		s	25±2	24±2	最大31	最大32
回转	液压回转滑移	(1)油温:45～55℃ (2)发动机高速空转 (3)将机器停在15°斜坡上,工作装置回转至与坡成90°处 (4)在回转盘外轨与履带架上作对应标记 (5)5min后测量对应标记分开的距离		mm	0		0	
回转	回转马达泄漏	(1)油温:45～55℃ (2)发动机高速空转 (3)回转锁紧开关接通 (4)回转油路溢流		L/min	最大5		最大10	
行走	行走空转速度	(1)油温:45～55℃ (2)发动机高速空转 (3)使一侧履带升起,同时转1圈,然后测量下5圈所需时间	低速挡	s	48.1±3	47.3±3	最大54.1 最小54.1	最大53.5 最小44.3
行走	行走空转速度		高速挡	s	28.0±2	21.2±2	最大32.0 最小26.0	最大33.2 最小27.2
行走	行走速度	(1)油温:45～55℃ (2)发动机高速空转 (3)H.O和H方式 (4)至少行驶10m,然后测量平地上行驶20m所需时间	低速挡	s	22.5±2	21.2±2	最大26.5 最小20.5	最大25.2 最小19.2
行走	行走速度		高速挡	s	13.1±2	13.1±2	最大17.1 最小11.1	最大17.1 最小11.1
行走	行走跑偏	(1)油温:45～55℃ (2)发动机高速空转 (3)先至少行驶10m,然后测量在硬水平地面上行驶20m的偏移量		mm	最大200		最大300	
行走	行走液压滑移	(1)油温:45～55℃ (2)发动机高速空转 (3)将机器停在12°斜坡上,使链轮正对斜坡上,测量5min内机器移动距离		mm	0		0	
行走	行走马达泄漏	(1)油温:45～55℃ (2)发动机高速空转 (3)锁定履带,并且行走回路溢流		L/min	最大13.6		最大27.2	
工作装置	工作装置液压滑移:整个工作装置(斗齿顶部液压沉降)	(1)动臂油缸全伸,斗杆油杆全缩,铲斗缸全伸,并测量各油缸的收缩量或伸长量及斗齿端的下沉 (2)铲斗:额定负载 (3)水平、平坦地面 (4)操纵杆在中位 (5)发动机熄火 (6)放置后立即开始测量,每5min测量一次下沉量,并根据15min的结果进行判定		mm	最大600		最大900	
工作装置	工作装置液压滑移:动臂油缸伸缩量			mm	最大50		最大75	
工作装置	工作装置液压滑移:斗杆油缸伸长量			mm	最大160		最大240	
工作装置	工作装置液压滑移:铲斗油缸收缩量			mm	最大35		最大53	

续表

分类	项目		检测条件与方法		单位	标准值 PC200-5	标准值 PC220-5	允许值 PC200-5	允许值 PC220-5
工作装置	工作装置速度	动臂油缸斗齿接触地面	(1)油温:45～55℃ (2)发动机高速空转 (3)H.O和H方式 (4)铲斗空载	提升	s	3.5±0.4	3.5±0.4	最大4.3	最大4.3
		动臂油缸完全伸出		下降		2.9±0.3	3.2±0.4	最大3.6	最大3.5
		斗杆油缸完全缩回		收进		4.1±0.4	4.5±0.4	最大5.3	最大5.2
		斗杆油缸完全伸出		伸出		3.0±0.3	3.5±0.4	最大4.0	最大4.1
		铲斗油缸完全收进		收斗		3.8±0.4	4.3±0.4	最大4.5	最大5.1
		铲斗油缸完全伸出		翻斗		2.3±0.3	2.6±0.3	最大2.9	最大3.3
	时滞	动臂	(1)油温:45～55℃ (2)发动机低怠速 (3)铲斗接地后,测量底盘升离地面所需时间			最大1.0		最大1.2	
		斗杆	(1)油温:45～55℃ (2)发动机低怠速 (3)斗杆瞬时停止动作的时间量			最大1.0		最大2.8	
		铲斗	(1)油温:45～55℃ (2)发动机低怠速 (3)铲斗瞬时停止动作的时间量			最大1.0		最大3.6	
	内漏	油缸	(1)油温:45～55℃ (2)发动机高速空转 (3)被测量油路溢流		mL/min	4.5		20	
		中央回转接头				10		50	
复合操作性能	行走跑偏(行走和工作装置)		(1)油温:45～55℃ (2)发动机高速空转 (3)在硬水平地面上		mm	最大200		最大220	
液压泵性能	排量	先导泵	(1)油温:45～55℃ (2)发动机在额定转速时测量 (3)卸载限定压力3.2MPa		L/min	43.3	47.00	39.5	42.9

5.1.2 液压系统参考检测标准

表5-2是CAT320B液压系统参考测试标准,其他机型见附录。

表 5-2 CAT320B 液压系统参考测试标准

项　目	p1(泵1压力)(必要时区分挡位、高速/低速、运动中/溢流)/MPa	p2(泵2压力)(必要时区分挡位、高速/低速、运动中/溢流)/MPa	动作时间(动作速度)/s	滑移量、内漏量、偏移量、制动距离等
无操作	3.0	3.0	—	—
动臂上升	34.3	34.3	3.0±0.5	<6mm
动臂下降	34.3	3.0	2.1±0.5	—
斗杆收回	34.3	34.3	3.4±0.5	—
斗杆打开	34.3	34.3	2.6±0.5	<10mm
铲斗收回	34.3	3.0	3.3±0.5	<10mm
铲斗打开	34.3	3.0	2.1±0.5	—
左回转	0.8	26.0	4.4 (由静止转180°)	滑移量:0mm 内漏量:30L/min 制动角度:<100°
右回转	0.8	26.0		
左前进	3.0	34.3	高速:18 低速:29(转3圈)	滑移量:0mm 内漏量:<13.6L/min 偏移量:150mm
左后退	3.0	34.3		
右前进	34.3	3.0		
右后退	34.3	3.0		
冲击式破碎机	16.0～22.0	单泵工作:3.0 合流:16.0～22.0	—	—
发动机转速/(r/min)	低速空转:900 高速空转:1970 额定转速:1800			
先导泵压力/MPa	低速时:3.8 高速时:4.2			
TVC/PRV压力/MPa	0.5～2.9(取决于发动机转速、工作模式和负载状况) 低速空转:2.9 高速空载运动:0.5～2.5 高速空转:1.8～2.2			
负反馈压力/MPa	低速空转:2.9 高速空转:2.9 操纵杆全行程:0～0.5			
主溢流压力/MPa	34.3			
过载溢流压力/MPa	回转:26.0 动臂下降:35.0 其他工作装置:36.8			

5.1.3 液压系统故障诊断与分析

液压系统故障诊断是判断挖掘机液压系统的运行状态是否正常、是否存在故障，并确定发生故障的部位及产生故障的性质和原因的过程。

一般说，液压系统的工作是可靠的，但在使用过程中，由于维护不好，液压元件损坏或设计不合理、装配调整不适当等原因，也会出现一些故障。在液压系统中，各种元件和辅助装置的机构和油液大都在封闭的壳体和管道内，不能像机械传动那样直接从外部观察，而在测量和管路连接方面又不如电路那样方便。因此，液压系统的故障诊断是比较困难的。

(1) 故障分类

液压挖掘机的液压系统故障主要表现在系统或其回路中的元件损坏，伴随漏油、发热、振动、噪声等现象，导致系统不能发挥正常功能。

故障按性质可分为突发性和缓发性两种。突发性的特点是具有偶然性。它与使用时间无关，如管路破裂、液压件卡死、油泵压力失调、速度突然下降、液压振动、噪声、油温急剧上升等，故障难以预测与预防；缓发性的特点是与使用时间有关，尤其是在使用寿命的后期表现最为明显，主要是与磨损、腐蚀、疲劳、老化、污染等劣化因素有关，故障通常可以预防。

故障按在线显现情况，可分为实际和潜在两种。实际故障又称为功能性故障，由于这种故障的实际存在，使液压系统不能工作或工作能力显著降低，如关键液压元件被损坏等；潜在故障与缓发性（或渐进性）故障相似，尚未在功能性方面表现出来，但可以通过观察及仪器测试出来它的潜在程度。

故障按发生的原因，可分为人为的和自然的两种。由于设计、制造、运行安装、使用及维修不当等造成的故障均称为人为故障；由于不可抗拒的自然因素（如磨损、腐蚀、老化及环境等因素）产生的故障均属于自然故障范围。

故障按液压传动系统的特点，可分为以下五种类型：

① 系统总流量不足，即液压泵泵油不足，总流量过小，各项动作迟缓无力。

② 系统工作油压低，各执行元件工作无力或无动作。

③ 系统内泄漏，液压泵、阀及执行元件内泄，造成动作不良或无动作。

④ 系统外泄漏，液压件及液压附件有明显外泄，造成污染或油量不足，油压降低。

⑤ 振动和噪声，工作时液压件或管路振动和噪声，造成工作不良或损坏机件。

液压系统的故障，一般在初期因设计、制造、运输、安装、调试等原因而故障率较高，随着运用时间延长及故障的不断排除，故障率将逐渐降低。到了设备使用后期，由于长期使用过程中的磨损、腐蚀、老化、疲劳等而逐渐使故障增多。只有在使用中期，设备故障才趋于随机的较稳定期，也就是设备的有效工作寿命期。但如果由使用不当或对潜在的故障不及时诊断与排除，即使在有效寿命期也不能排除出现突发性的各种严重故障。故认真研究和总结各设备故障及诊断技术，则是正确及时地排除各种故障的前提。

(2) 故障诊断顺序

一般来说，故障诊断应遵循由外到内、由易到难的顺序逐一排除。建议检查顺序如下：了解故障前后设备工作情况→外部检查→试车观察→内部系统油路布置检查（参照系统原理图）→仪器检查（压力、流量、转速和温度等）→分析判断→拆检修理→试车调整→故障总结记录。

其中先导系统、溢流阀、过载阀、液压泵及滤清器为故障率较高部件，应作重点检查。

液压系统故障初步诊断内容如图5-1所示。

(3) 故障诊断方法

液压系统故障诊断的常用方法有观察诊断法（经验法）、状态监测法和综合法等。

① 观察诊断法 观察诊断法又称主观诊断法或经验法，就是根据故障现象，联系工作原理，按照由表及里、由简到繁的原则，以看、听、摸、闻、等方法诊断故障的方法，这种方法多用于现场快速诊断。

实际就是凭人的眼、鼻、耳、手的观察、嗅觉、听觉及触摸感觉与日常经验结合起来，辅以简单的仪器对挖掘机液压系统、液压元件出现的故障进行诊断，具体方法如下：

- 液压系统故障的初步诊断
  - 液压系统总流量不足
    - 发动机功率不足，转速偏低
    - 液压泵磨损，泵油不足；液压泵变量机构失灵
    - 管路及滤清器堵塞，通油不畅
    - 油箱缺油
  - 液压系统工作油压低
    - 液压泵磨损内泄，泵油压力低
    - 液压系统工作油压低，溢流阀调整不当或阀芯发卡
    - 主操作阀磨损间隙过大或发卡
  - 液压系统内泄漏
    - 液压泵内泄
    - 液压缸液压马达内泄
    - 控制阀内泄
  - 液压系统外泄漏
    - 液压附件漏油
    - 液压泵、控制阀密封损坏漏油
    - 液压缸、液压马达漏油
  - 液压系统振动和有噪声
    - 缺油、油中进空气、液压泵吸油口进空气、粗滤器堵塞
    - 液压泵密封失灵进空气、轴承或旋转体损坏
    - 溢流阀工作不良
    - 液压马达内部旋转体损坏
    - 控制阀失灵
    - 硬油管固定不良、系统回油不畅

图 5-1　液压系统故障初步诊断内容

a. 看。观察挖掘机液压系统、液压元件的真实情况，一般有六看：

一看速度。观察执行元件（液压缸、液压马达等）运行速度有无变化和异常现象。

二看压力。观察液压系统中各测压点的压力值是否达到额定值及有无波动。

三看油液。观察液压油是否清洁、变质；油量是否充足；油液黏度是否符合要求，油液表面是否有泡沫等。

四看泄漏。看液压管道各接头处、阀块接合处、液压缸端盖处、液压泵和液压马达轴端处等是否有渗漏和出现油垢现象。

五看振动。看液压缸活塞杆及运动机件有无跳动、振动等现象。

六看产品。根据所用液压元件的品牌和加工质量，判断液压系统的工作状态。

b. 听。用听觉分辨液压系统的各种声响，一般有四听：

一听冲击声。听液压缸换向时冲击声是否过大；液压缸活塞是否撞击缸底和缸盖；换向阀换向是否撞击端盖等。

二听噪声。听液压泵和液压系统工作时的噪声是否过大；溢流阀等元件是否有啸叫声。

三听泄漏声。听油路板内部是否有细微而连续的声音。

四听敲击声。听液压泵和液压马达运转时是否有敲击声。

c. 摸。用手抚摸液压元件表面，一般有四摸：

一摸温升。用手抚摸液压泵和液压马达的外壳、液压油箱外壁和阀体表面，若接触2s时感到烫手，一般可认为其温度已超过65℃，应查找原因。

二摸振动。用手抚摸内有运动零件的部件的外壳、管道或油箱，若有高频振动应检查原因。

三摸爬行。当执行元件、特别是控制机构的机件低速运动时，用手抚摸内有运动零件的部件的外壳可感觉到是否有爬行现象。

四摸松紧程度。用手抚摸开关、紧固件或连接螺栓等可检查连接件的松紧可靠程度。

d. 闻。闻液压油是否发臭变质，导线及油液是否有烧焦的气味等。

简易诊断法虽然有不依赖于液压系统的参数测试、简单易行的优点，但由于个人的感觉不同、判断能力的差异、实践经验的多寡和对故障的认识不同，其判断结果会存在一定差异，因此在使用简易诊断法诊断故障

有疑难问题时，通常通过拆检、测试某些液压元件以进一步确定故障。

② 状态检测法 状态检测法又称精密诊断法，是一种相对客观的诊断方法。它是指采用检测仪器和电子计算机系统等对挖掘机液压元件、液压系统进行定量分析，从而找出故障部位和原因。精密诊断法包括仪器仪表检测法、油液分析法、振动声学法、超声波检测法、计算机诊断的专家系统等。

a. 仪器仪表检测法。这种诊断法是利用各种仪器仪表测定挖掘机液压系统、液压元件的各项性能参数（压力、流量、温度等），将这些数据进行分析、处理以判断故障所在。该诊断方法可利用被监测的液压挖掘机已配置的各种仪表，投资少，并且已发展成在线多点自动监测，因此它在技术上是行之有效的。

b. 油液分析法。据资料介绍，挖掘机液压系统的故障约有70%是油液污染引起的，因而利用各种分析手段来鉴别油液中污染物的成分和含量，可以诊断挖掘机液压系统故障及液压油污染程度。目前常用的油液分析法包括光谱分析法、铁谱分析法、磁塞检测法和颗粒计数法等。

油液分析诊断过程，大体上包括如下五个步骤：

(a) 采样。从液压油中采集能反映液压系统中各液压元件运行状态的油样。

(b) 检测。测定油样中磨损物质的数量和粒度分布。

(c) 识别。分析并判断液压油污染程度、液压元件磨损状态、液压系统故障类型及严重性。

(d) 预测。预测处于异常磨损状态的液压元件的寿命和今后损坏类型。

(e) 处理。对液压油的更换时间、液压元件的修理方法和液压系统的维护方式等做出决断。

c. 振动声学法。通过振动声学仪器对液压系统的振动和噪声进行检测，按照振动声学规律识别液压元件的磨损状况及其技术状态，在此基础上诊断故障的原因、部位、程度、性质和发展趋势等。此法适用于所有液压元件，特别是价值较高的液压泵和液压马达的故障诊断。

d. 超声波检测法。应用超声波技术在液压元件壳体外和管壁外进行探测，以测量其内部的流量值。常用的方法有回波脉冲法和穿透传输法。

e. 计算机诊断的专家系统。基于人工智能的计算机诊断系统能模拟故障诊断专家的思维方式，运用已有的故障诊断的理论知识和专家的实践经验，对收集到的液压元件或液压系统故障信息进行推理分析并做出判断。

③ 综合法 就是综合运用经验法和状态监测法诊断故障的一种方法，这种方法一般在工厂检修时使用。

(4) 故障诊断的注意事项

① 切忌盲目拆卸。在故障没最后确定前，不能采用随意拆卸的办法来试验。

② 注意相关回路。动臂、斗杆、铲斗都有合流回路，要联系起来分析、判断。

③ 液压马达不转时，除考虑压力、流量的因素外，对制动器、离合器等机械方面的因素也要综合考虑。

④ 调压时一定要按规定操作。在诊断试验时要空载，若压力已调到额定值的60%却仍无动作时，应停止调压，待重新检查和分析确认故障原因后，再进行调整。

⑤ 在诊断故障、拆装和修理液压元件的过程中，应尽量保持工具和环境的清洁。

(5) 液压系统常见故障

① 液压元件常见故障 全液压挖掘机的液压系统由动力元件、执行元件、控制元件和辅助元件四大部分组成。

动力元件多为变量柱塞泵，其功能是将发动机的机械能转化为液体的压力能，常见的故障现象是泵油压力不足，流量减小。如果这一现象是渐变的，且温度愈高愈明显，则为液压泵磨损过甚所致；如果这一现象是突发的，多为某一柱塞不工作所致；如果压力正常，流量突然减小，一般是变量机构卡在小流量位置造成的。

执行元件包括液压缸和液压马达，其功能是将液体的压力能转化为机械能，常见的故障现象是动作变慢或无动作。如果确认泵和阀都无故障，执行元件动作慢的原因肯定是因其磨损过甚而造成的；如果泵工作正常，某一执行元件动作慢，很可能是控制该执行元件的阀有故障，如阀不到位、溢流阀关闭不严或弹簧弹力减弱、发卡等。因各执行元件的磨损程度不会相差很多，如其他原因造成，则应是多个执行元件的动作同时突然变慢；如果已知泵和阀均无故障，某一执行元件突然无动作，则多为其内部卡死所致。

控制元件包括各种阀，如先导阀、多路换向阀、主安全阀、溢流阀及单向节流阀等。尽管各种阀的功能千差万别，但其常见故障大同小异，主要有发卡、关闭不严和弹簧弹力减弱及内漏和外漏等。

辅助元件主要包括油箱、油管、散热器、过滤器和蓄能器等。散热器的功能是将液压系统产生的热量散发至大气，其常见故障有漏油、散热不良等。过滤器的功能是过滤混入液压油内的杂质，其常见故障有滤网堵塞等。蓄能器的功能是稳定控制油压和储存一定的能量，以保证操作平稳和当发动机产生故障而不能工作时，能将工作装置降于地面；常见故障有蓄能效果差，不能完成以上功能。

辅助元件的故障现象一般较明显，容易诊断。

② 常见故障分析　液压系统的常见故障有漏油、压力失调、系统失灵，等等。下面就这几个方面的问题进行分析。

a. 漏油。液压系统的漏油分为内漏和外漏，通常所说的漏油是指系统的外部漏油。漏油最常见的是管接头出故障，此时拆卸并重新拧紧即可治愈。元件漏油常常是由于密封损坏，虽对某些元件来说少量漏油是正常的，如果密封过早损坏，应全力找出损坏的原因，因为换一种密封形式可能延长寿命。当密封件损坏而不得不拆卸元件时，还应检查元件摩擦表面的状态。变质或生锈这些原因也许是构成密封损坏的主要原因。内部漏油往往更难发觉，问题应有条理地加以解决，每次解决一个元件。在多数场合下可由回路图确定在给定条件下哪些口应和压力源脱开。如果拆掉与油口连接的管子把这个油口敞开，从油口流出的流量是明显的，必有内部漏油达到这个油口。回路图还能说明哪些元件构成从压力管到通油箱的回油管的漏油通路。

b. 系统压力失常。在工作着的系统中不可避免地有压力变化，例如蓄能器有效压缩比的变化及背压效应在双作用油缸里造成的压力冲击。因此，系统中某一特定点的实际压力只能凭经验验定。此时压力变化在整个工作循环里最好不超过3%～5%。压力不足是漏油或泵的某些故障的一般迹象，有时也可能是由于溢流阀或旁通阀的故障所致。一个旁路打开的座式阀也会使具体的管路缺油，因为阀芯有一种在液流中保持浮动的趋势，这种阀在预定的压力下开启后，要在一个低得多的压力下才能复位（启闭特性）。系统压力过高可能是由于部分堵塞所致。虽通常可由系统中的溢流阀来卸荷，但是过多的流量通过溢流阀会使供给执行元件的流量不足，造成运动速度降低。系统压力过高也会增加油液发热量并导致油温过高。系统中压力显著变化的最常见的原因如下。

(a) 不带阻尼的旁通阀，这种情况的处理是换一个带阻尼的阀或恒压式阀。

(b) 阀堵塞，需要清洗，必要时换成带有防堵塞运动的更合用的阀。

(c) 泵的压力脉动，这种压力脉动通常可用蓄能器阻尼来减缓，或者可采用不同类型的、压力输出特性比较恒定的泵。

(d) 由于混入空气而使油箱中气泡太多，这可能是由于油箱设计不当，系统漏气或类似的设计过失，使得空气混入油液中。

c. 系统操纵失灵。系统操纵失灵是指操纵系统工作时，系统不能按照操作者的意愿工作，压力该升高不升高，流量该增大不增大。这里的基本问题主要是查明失灵到底是由于上述比较明显的故障引起的，还是由于控制系统工作的一个或几个液压元件的故障引起的。回路越复杂，各种元件的控制和动作的相互依赖关系就越紧密，可能涉及的单个基本回路就越多。此时故障诊断的基本方法是根据动作失灵的表现把故障划在具体的小范围里，据以确定使这个小圈子失灵的基本故障。处置措施具体到回路，并要求仔细研究回路和充分理解各个元件的功能。最简便的方法常常是从所涉及的执行元件往回查找，以确定行为和控制究竟是在哪一点开始丧失，而不考虑那些与故障的机能没有直接关系的元件。具体方法如下：

(a) 系统压力正常，执行元件无动作。原因可能是无信号；收到信号的电磁阀中的电磁铁出现故障或机械故障。

(b) 压力正常，执行元件速度不够。原因可能是外部漏油；执行元件或有关管路控制阀内部漏油；控制阀部分堵塞；泵出故障或输出管堵塞；减少了输出流量，但不一定降低压力；出口油液过热，黏度下降，致使泄漏量增多；执行元件过分磨损；过大的外负载使执行元件超载；执行元件摩擦加大；如由于压缩密封调整不当，弯曲载荷引起的变形等所致。

(c) 系统压力低，执行元件速度不够。原因可能是泵出故障（磨损）或漏油使输出流量不足；蓄能器出故障或气压不足需要充气；泵的驱动出故障；阀的调整不正确，溢流阀或旁通阀出故障。

(d) 不规则动作。通常是由于混入空气所致，按上述压力不稳检查。其他可能的原因是：

摩擦太大，由于密封太紧或配合不当而楔紧所致，如果使用挡圈，在高压下O形圈可能被挤入间隙或楔紧，滑动副不足或卡紧等可能是摩擦增大的另一个原因；执行元件不对中，执行元件、工作台、滑块等不对中，导致不规则运动；压缩效应，油液在高压作用下的压缩性会影响精密的运动和控制，这是正常的油液特性，在这方面合成液压油好一些，混入空气会加大油的弹性。

(e) 卸荷时系统压力仍很高。原因可能是把系统卸荷部分隔离出来的单向阀出故障；卸荷阀调整不好。注意：如果调整卸荷阀并不改变系统压力，则故障出在单向阀上。

③ 液压系统常见故障实质　由上可知，全液压挖掘机液压系统常见故障大致分两类，一类是突发性的，这类故障在实际工作中较常见，其现象比较明显，很多是由于滤芯堵塞、滑阀被污油卡死、阀关闭不严、弹簧折断或阀调整不当等而引起，只需经简单的清洗、更换或调整就能解决。引发这类故障的主要原因是，所用液压油的牌号不符合要求、液压油污染严重等，只要严格按有关要求使用，及时维护保养，完全可以减少甚至避免这类故障的出现。另一类故障是渐变性的，这类故障是在使用过程中，由于元件磨损或密封老化而产生的内泄漏，现象为动作迟缓、无力，一般需经过修理才能恢复工作。虽然这类故障具有必然性，不可避免，但在使用中如果注意液压油的正确选用和液压系统的维护保养，就能避免这类故障早期发生。

5.2 液压泵的检测和维修

液压泵是挖掘机液压系统的核心部件和动力单元，负责将发动机输出的机械能转换为液压油的压力能和动能，并输送到各个部位，驱动油缸和马达等执行元件做功。因此，液压泵出现故障将影响整个液压系统。

在维修拆卸液压泵之前，应通过检查确定泵的病况，判断是否该拆，若修的话，要修泵的哪部分，以免造成人工、配件和油料浪费，检查内容如下。

① 检查是否有异响（因进油滤芯堵塞或空气进入产生噪声除外），是机械噪声还是液压噪声，拆开泵回油管或泵壳体底部放油螺塞，检查是否有金属屑或金属碎块。

② 在油温较高时检测泵的压力、流量和泵壳体的回油流量是否符合规定。

③ 检查泵变量机构的调节性能。

④ 检查挖掘机是否装了破碎器，检查

液压油的型号和污染程度。

⑤只更换液压泵前轴油封时，一般不需要拆解液压泵。

⑥ 最好不要动液压泵和调节器上的调整螺丝，必须拆动时，要先做好标记。

5.2.1 液压泵输出特性

液压油泵的输出特性由油泵输出油路压力和功率变换压力两个压力值而定。油泵开始变量后，每个油泵都有自己的压力—流量（p—Q）特性曲线。p—Q 曲线代表着油泵在不同压力下输出的流量。

图 5-2 是小松 PC60-7 的液压泵输出特性。

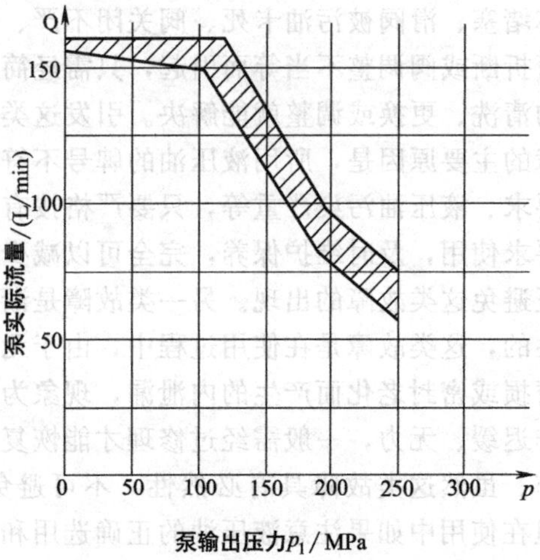

系列号：DBK0001 及以上

泵转速度：2100r/min

检查项目	测试泵输出压力/MPa	平均压力/MPa	流量标准值 Q/(L/min)	判断标准下限 Q/(L/min)
任意点	p_1	p_2	见图	见图

注：1. 曲线弯折点附近误差大，因而要避免在该点测量。

2. 对安装在机器上的泵进行测量时，如果不能通过燃油控制旋钮使发动机转速达到额定值，则在测量点上测取泵的流量和发动机转速，以这些值为基准计算在额定转速下泵的流量。

图 5-2 小松 PC60-7 液压泵输出特性（参考）

5.2.2 油泵调节器的调整

（1）油泵调节器的结构

油泵调节器是用来控制液压泵的功率和流量的一种机械装置。下面是川崎 K3V 液压泵的泵调节器的外观（图 5-3）和液压原理图（图 5-4）。泵 1 和泵 2 各装一个泵调节器，泵调节器根据各种指令信号控制主泵流量，以适应发动机功率和操作者的要求。泵调节器的主要零件有：杆 A、杆 B、先导柱塞、销、反馈杆、补偿柱塞、阀套、阀柱和止动器等。功率控制电磁阀位于泵 2 调节器上。

（2）油泵调节器的控制功能

① 操纵杆行程控制 如图 5-5 所示，当操纵杆操纵行程增大时，泵的流量增加；当操纵杆操纵行程减小时，泵的流量减少；当操纵杆返回中位时，泵的流量最小。

泵调节器通过以下几种方式获取操纵杆行程信号：

a. 直接通过管道获得主控制阀的负反馈压力。操纵杆操纵行程越大，负反馈压力越低，泵的流量越大；操纵杆操纵行程越小，负反馈压力越高，泵的流量越小；当操纵杆在中位时，负反馈压力最高，此时泵的流量最小。卡特彼勒、大宇、加藤等挖掘机都采用这种方式。

b. 直接通过管道获得主控制阀的正反馈压力。这种反馈方式常见为高压反馈，如小松 PC200-6、PC200-7 挖掘机，LS 压力即是高压正反馈压力。操纵杆操纵行程越大，LS 压力越高，泵的流量越大；操纵杆操纵行程越小，LS 压力越低，泵的流量越小；当操纵杆在中位时，LS 压力最低，此时泵的流量最小。日立 EX200-2、EX200-3 挖掘机电控改液控后也相当于直接通过管道从主控制阀处获取 LS 压力。直接获得低压正反馈压力的机型较少，且多为老机型。

c. 通过先导操纵压力传感器、电脑板和比例电磁阀获得，如神钢 SK200-2、SK200-3、

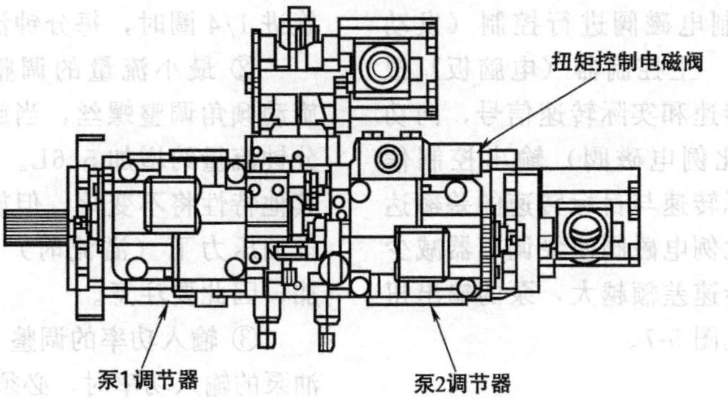

图 5-3 K3V 液压泵的泵调节器外观

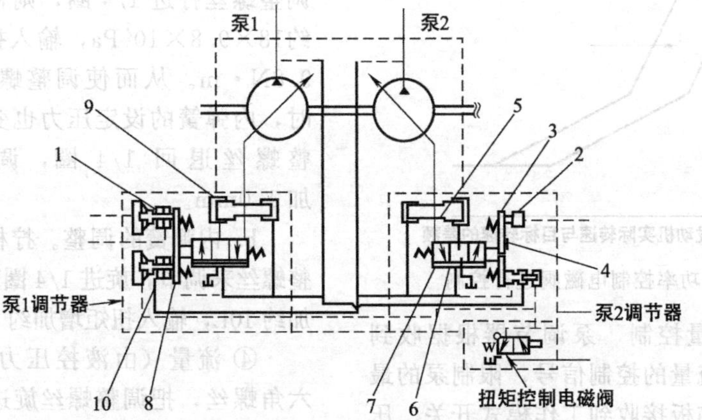

图 5-4 K3V 液压泵的泵调节器液压原理

1—止动器；2—先导柱塞；3—杆 B；4—销；5—反馈杆；6—阀套；7—阀柱；8—杆 A；9—伺服柱塞；10—补偿柱塞

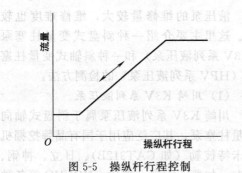

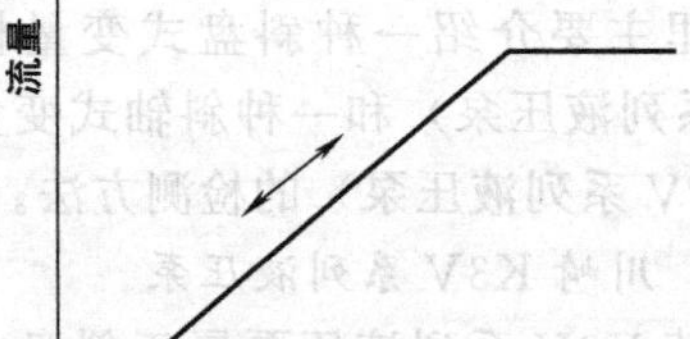

图 5-5 操纵杆行程控制

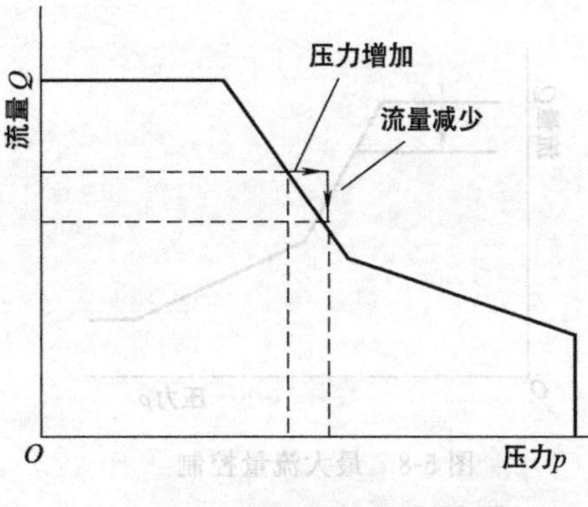

图 5-6 主泵输油压力控制

SK200-6、SK200-6E 挖掘机等。

d. 通过主控制阀的旁通压力传感器或压差传感器、电脑板和比例电磁阀获得，如 EX200-2、EX200-3、EX200-5 挖掘机等。

② 由主泵输油压力进行控制 泵调节器接收自身泵的输油压力 P_{d1} 和配油泵的输油压力 P_{d2} 作为控制压力。如果平均输油压力超过 p—Q 曲线设定值，则泵调节器根据超过 p—Q 曲线的压力，减少泵的流量，使泵的总输油功率回到设定值，避免发动机过载，见图 5-6。p—Q 曲线是根据两个泵同时作业来制定的，两个泵的流量调整得近似相等，因此，尽管高压侧泵的负载比低压侧的大，泵的总输出与发动机的输出也是一致的。

③ 由功率控制电磁阀进行控制（发动机转速传感控制） 主控制器（电脑板）根据发动机的目标转速和实际转速信号，向功率控制电磁阀（比例电磁阀）输出控制信号。当发动机实际转速与目标转速的差额达到一定程度时，比例电磁阀使泵调节器减少泵的输出扭矩，转速差额越大，泵的输出扭矩降低得越多，见图 5-7。

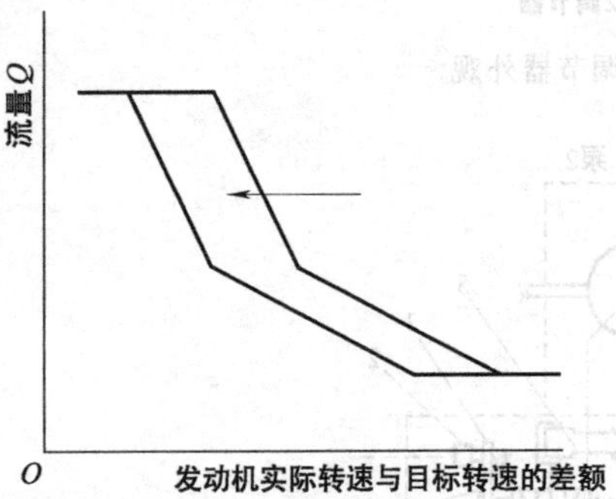

图 5-7 由功率控制电磁阀进行控制

④ 最大流量控制 泵调节器根据收到的限制泵最大流量的控制信号，限制泵的最大流量。当电脑板接收到工作模式开关、压力传感器或附件模式开关的信号后，向泵最大流量控制电磁阀发出指令，电磁阀根据指令动作，改变泵调节器的控制参数，从而限制泵的最大流量，见图 5-8。

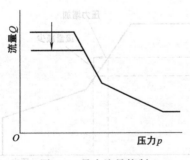

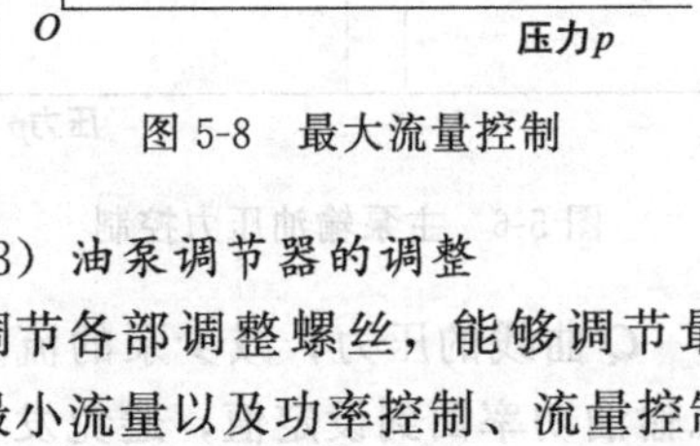

图 5-8 最大流量控制

(3) 油泵调节器的调整

调节各部调整螺丝，能够调节最大流量、最小流量以及功率控制、流量控制的程度等。下面是大宇挖掘机的油泵调节器的调整方法：

① 最大流量的调整 拧松六角螺母，旋动倾角调整螺丝来调整流量。把调整螺丝旋进 1/4 圈时，每分钟流量约减少 5.6L。

② 最小流量的调整 拧松六角螺母，旋动倾角调整螺丝，当旋进去 1/4 圈时，每分钟流量约增加 5.6L。在最大流量调整时，其他特性将不变化，但旋动量大时，在最高排油压力下（溢流时）可能使所需动力增加，因此要注意。

③ 输入功率的调整 在变更前油泵和后油泵的输入功率时，必须调整成两者相等。

a. 外弹簧的调整。拧松六角螺母，把调整螺丝拧进 1/4 圈，则补偿控制压力增加约$18\times9.8\times10^4$Pa，输入扭矩约增加 4.0×9.8N·m。从而使调整螺丝拧进去 1/4 圈时，内弹簧的设定压力也变化，因此需把调整螺丝退回 1/4 圈，调进 1/4 圈时再加 1.0mm。

b. 内弹簧的调整。拧松六角螺母，用调整螺丝来调节，旋进 1/4 圈时，每分钟流量增加约 10L，输入扭矩增加约 4.0×9.8N·m。

④ 流量（由液控压力的）调整 拧松六角螺丝，把调整螺丝旋进 1/4 圈，则液控压力约增加 $1.5\times9.8\times10^4$Pa，每分钟流量约增加 16L。

5.2.3 典型产品液压泵的检测和维修

液压泵的维修量较大，维修难度也较大。这里主要介绍一种斜盘式变量柱塞泵（K3V 系列液压泵）和一种斜轴式变量柱塞泵（HPV 系列液压泵）的检测方法。

(1) 川崎 K3V 系列液压泵

川崎 K3V 系列液压泵属于斜盘式轴向变量柱塞泵，其广泛应用于国有品牌挖掘机和卡特彼勒（如 CAT312B）、日立、神钢、住友、加藤、大宇、现代、VOLVO 等各种机型的挖掘机。在维修时，经常将其他型号的液压泵改装为川崎 K3V 系列泵。川崎 K3V 系列泵有多种排量和多种控制形式，但其基本结构大致相同，一般由两个主泵、一个齿轮泵及相应的油泵调节器构成。下面主要介绍 K3V112 液压泵的检测方法。K3V112 液压泵和调节器外观以及油口如图 5-9 所示。

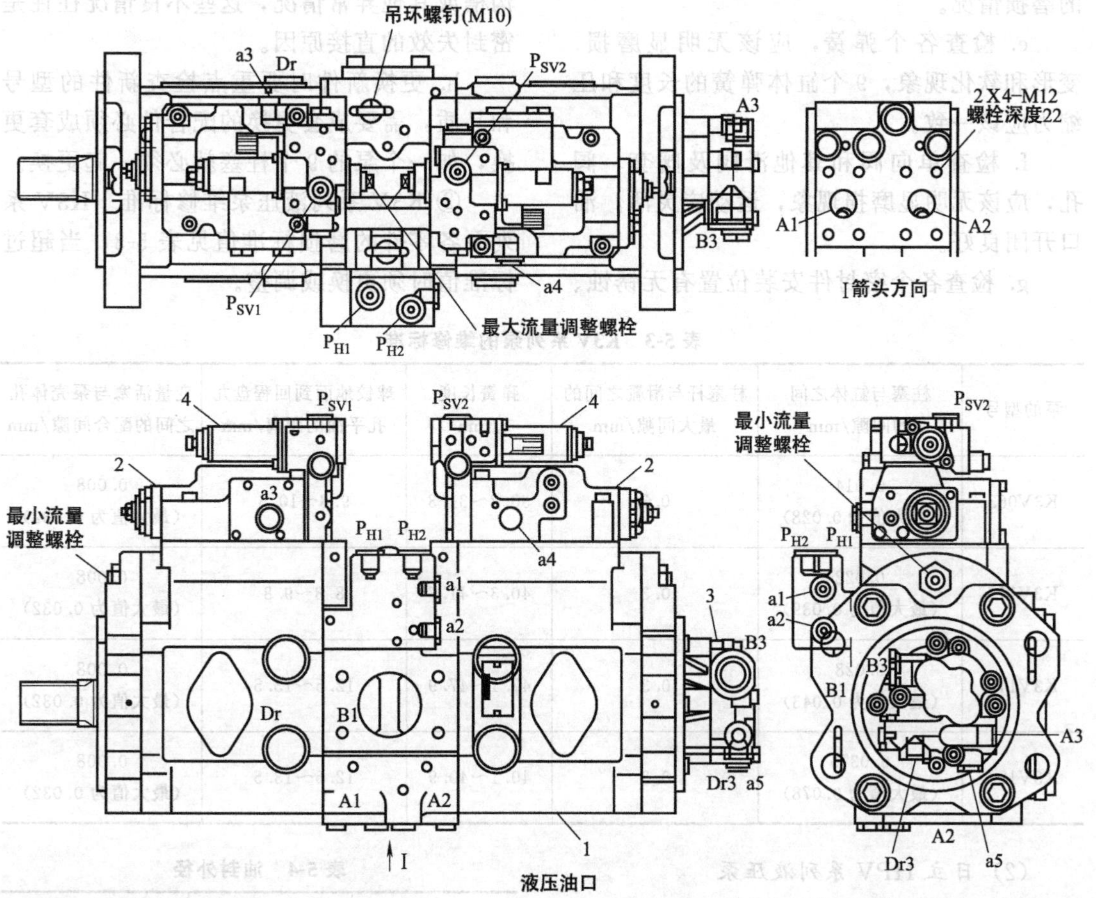

标号	名 称	数量
1	主泵组件	1
2	调节器组件	2
3	齿轮泵组件(先导专用)	1
4	电磁比例减压阀	2

标 号	名 称	尺 寸
A1、A2	出油油口	SAE 6000psi 1″
B1	吸油油口	SAE 2500psi $2\frac{1}{2}$″
Dr	泄油口	PF3/4-20
P_{SV1}、P_{SV2}	安装油口	PF1/4-13
P_{H1}、P_{H2}	压力传感器油口	PF3/8-17
a1～a4	测试油口	PF1/4-15
a5	测试油口	PF1/4-14
A3	齿轮泵出油油口	PF1/2-19
B3	齿轮泵吸油油口	PF3/4-20.5

图 5-9 K3V112 液压泵和调节器外观以及油口

① K3V 系列液压泵的检查内容

a. 检查柱塞与缸体、柱塞杆与滑靴、变量活塞与泵壳体孔的配合间隙。

b. 检查缸体与配流盘、配流盘与中间座、斜盘与斜盘座、滑靴与靴板、回程盘与球铰的配合状况，配合表面应该平整光滑，运动时无阻滞现象。

c. 检查各个轴承，表面应无剥落情况且间隙合适，转动灵活。

d. 检查各轴油封部位轴颈和花键部位

的磨损情况。

e. 检查各个弹簧，应该无明显磨损、变形和软化现象，9个缸体弹簧的长度和压缩力应该一致。

f. 检查单向阀和其他滑阀及阀套、阀孔，应该无明显磨损现象，运动应灵活，油口开闭良好。

g. 检查各个密封件安装位置有无锈蚀、沟槽或其他异常情况，这些不良情况往往是密封失效的直接原因。

h. 更换新件时要重点检查新件的型号和品质，需要成套更换的配合件必须成套更换，如一个泵的9个柱塞就必须一起更换。

② K3V系列液压泵维修标准 K3V系列泵各零件的磨损标准值见表5-3，当超过标准值时须更换或调整。

表5-3 K3V系列泵的维修标准

泵的型号	柱塞与缸体之间的间隙/mm	柱塞杆与滑靴之间的最大间隙/mm	弹簧长度/mm	球铰地面到回程盘九孔平面的距离/mm	变量活塞与泵壳体孔之间的配合间隙/mm
K3V063	0.014 (最大值为0.028)	0.3	30.2～31.3	9.8～10.5	0.008 (最大值为0.032)
K3V112	0.022 (最大值为0.039)	0.3	40.3～41.7	8.8～9.8	0.008 (最大值为0.032)
K3V140	0.028 (最大值为0.043)	0.3	47.1～47.9	12.5～13.5	0.008 (最大值为0.032)
K3V180	0.0375 (最大值为0.078)	0.3	40.1～40.9	12.5～13.5	0.008 (最大值为0.032)

(2) 日立HPV系列液压泵

日立HPV系列液压泵主要包括EX100-2、EX100-3、EX200-2和EX200-3挖掘机采用的HPV091斜轴式高速电磁阀变量柱塞泵和其他机型采用的HPV斜轴式液压伺服变量柱塞泵。这里以日立ZAXIS200挖掘机采用的HPV102GW-RH23A液压泵为例，介绍日立HPV系列液压泵的检测方法。

日立HPV102GW-RH23A液压泵外观如图5-10所示。

对于日立HPV液压泵，要特别注意检查4个销上的卡簧槽与卡簧的磨损情况以及配流盘与泵后座的磨损情况。

HPV泵的检查标准：

① 花键齿厚标准值为5.4mm，极限值为3.8mm。

② 油封外径见图5-11 (a)，数值见表5-4。

表5-4 油封外径

标号	标准值	极限值
1	45	44.8
2	55	54.8
3	55	54.8

③ 柱塞球头与驱动盘之间的间隙见图5-11 (b)，标准值为0.058mm，极限值为0.400mm。

④ 柱塞与缸体间的间隙 ($D-a$) 见图5-11 (c)，标准值为0.043mm，极限值为0.080mm。

⑤ 连杆与柱塞之间的间隙见图5-11 (d)，标准值为0.15mm，极限值为0.40mm。

⑥ 伺服活塞小头与孔间的间隙 ($D-a$) 见图5-11 (e)，标准值为0.083mm，极限值为0.200mm。

⑦ 伺服活塞大头与孔间的间隙 ($D-a$)，标准值为0.079mm，极限值为0.200mm。

⑧ 伺服销与配流盘之间的间隙 ($D-a$) 见图5-11 (f)，标准值为0.051mm，极限值为0.300mm。

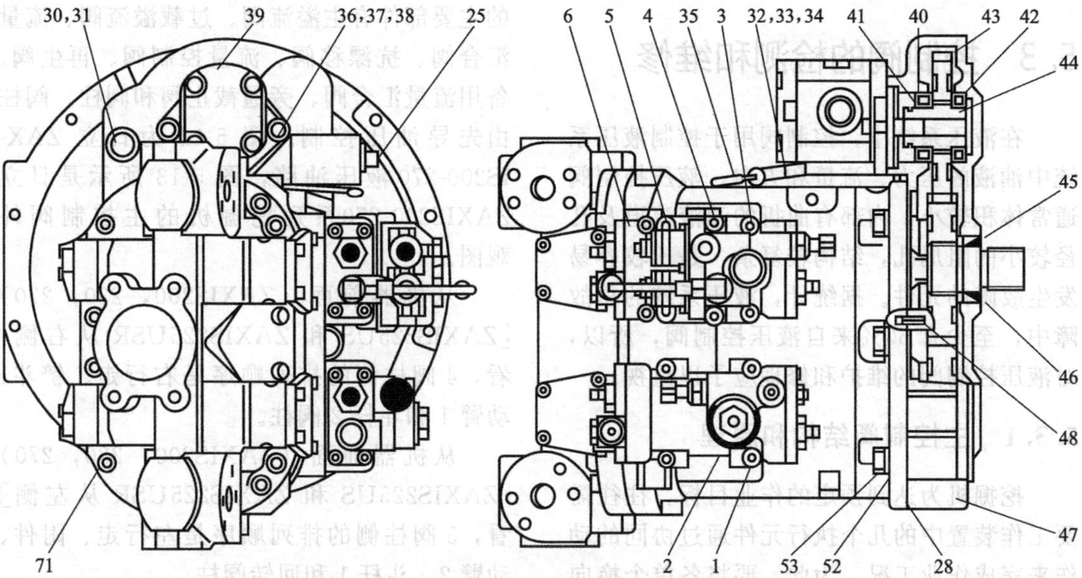

图 5-10　日立 HPV102GW-RH23A 液压泵外观图

1—内六角螺栓（4 个）；2—右调节器；3～5，33，36—内六角螺栓（2 个）；6—左调节器；25，30—螺塞；28，32—衬垫；31—O 形环；34—管子；35—液位计；37—弹簧垫圈（2 个）；38—垫圈（2 个）；39—先导泵；40，41，45—卡簧；42—滚珠轴承（2 个）；43—齿轮；44—齿轮轴；46—油封；47—齿轮箱；48—弹簧销（2 个）；52—弹簧垫圈（6 个）；53—螺栓（6 个）；71—内六角螺栓（12 个）

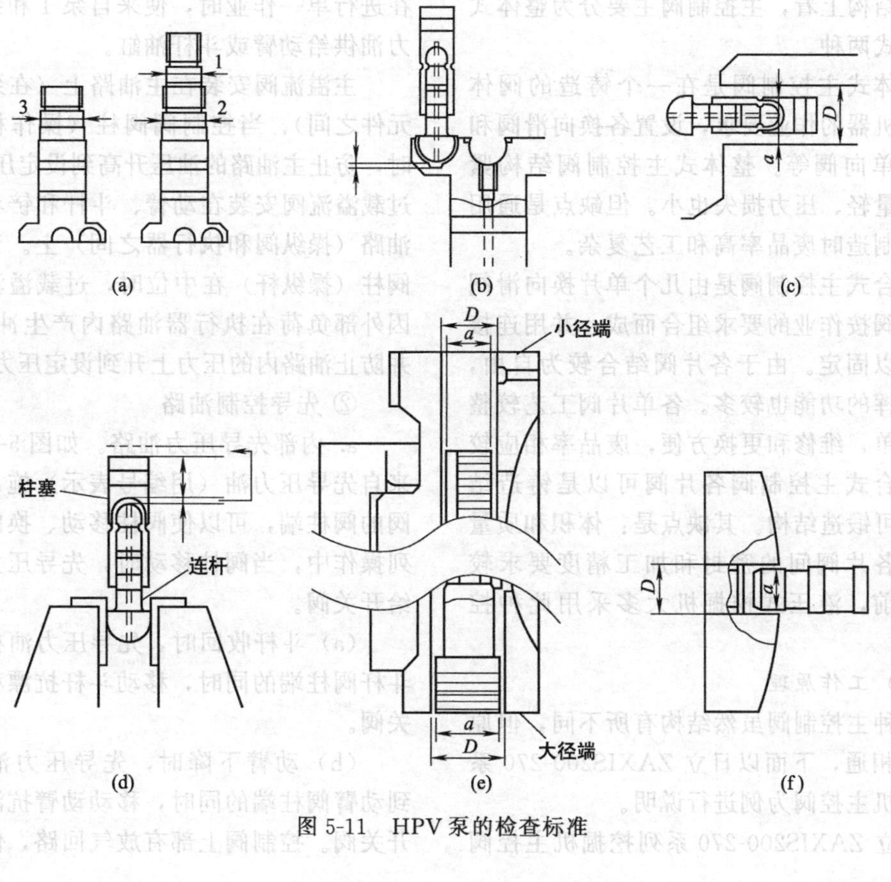

图 5-11　HPV 泵的检查标准

5.3 控制阀的检测和维修

在液压系统中，控制阀用于控制液压系统中油液的压力、流量和方向。液压控制阀通常体积较小，内部有曲折的油液流道及孔径较小的阻尼孔，结构较复杂，是比较容易发生故障的元件。据统计，液压系统的总故障中，至少有50%来自液压控制阀，所以，对液压控制阀的维护和修理应予以重视。

5.3.1 主控制阀结构和原理

挖掘机为达到预定的作业目标，往往需要工作装置中的几个执行元件通过协同的动作来完成作业工况。为此，要将各单个换向阀组合起来，根据动作的需要，再配以单向阀、过载阀或补油阀等，这种经组合而成的以换向阀为主的组合阀称为多路换向阀，即主控制阀。

(1) 结构形式

从结构上看，主控制阀主要分为整体式和组合式两种。

整体式主控制阀是在一个铸造的阀体内，按机器的作业要求，设置各换向滑阀和附加的单向阀等。整体式主控制阀结构紧凑、质量轻、压力损失也小。但缺点是通用性差，制造时废品率高和工艺复杂。

组合式主控制阀是由几个单片换向滑阀和附加阀按作业的要求组合而成，并用连接螺栓加以固定。由于各片阀结合较为自由，因此发挥的功能也较多。各单片阀工艺较整体式简单，维修和更换方便，废品率相应较低。组合式主控制阀各片阀可以是铸造结构，也可锻造结构。其缺点是：体积和质量较大，各片阀间的密封和加工精度要求较高。目前，液压式挖掘机大多采用此种控制阀。

(2) 工作原理

各种主控制阀虽然结构有所不同，但原理基本相通，下面以日立ZAXIS200-270系列挖掘机主控阀为例进行说明。

日立ZAXIS200-270系列挖掘机主控阀的主要部件有主溢流阀、过载溢流阀、流量汇合阀、抗漂移阀、流量控制阀、再生阀、备用流量汇合阀、旁通截止阀和阀柱。阀柱由先导油压控制。图5-12为日立ZAXIS200-270液压油路，图5-13所示是日立ZAXIS200-270系列挖掘机的主控制阀外观图。

从机器前面（ZAXIS200，230，270）[ZAXIS225US和ZAXIS225USR从右侧]看，4阀柱侧的排列顺序是右行走、铲斗、动臂1和斗杆2阀柱。

从机器前面（ZAXIS200，230，270）[ZAXIS225US和ZAXIS225USR从左侧]看，5阀柱侧的排列顺序是左行走、附件、动臂2、斗杆1和回转阀柱。

① 主控制阀主油路　如图5-14所示为主控制阀的主油路系统图，来自泵1和泵2的压力油分别流进控制阀的4阀柱侧和5阀柱侧。左右侧油路为并联油路，使复合作业可以执行。动臂、斗杆油路内有合流油路，在进行单一作业时，使来自泵1和泵2的压力油供给动臂或斗杆油缸。

主溢流阀安装在主油路上（在泵和执行元件之间），当控制阀阀柱（操作杆）操作时，防止主油路的油压升高到设定压力以上。过载溢流阀安装在动臂、斗杆和铲斗执行器油路（操纵阀和执行器之间）上。当控制阀阀柱（操纵杆）在中位时，过载溢流阀防止因外部负荷在执行器油路内产生冲击压力，并防止油路内的压力上升到设定压力以上。

② 先导控制油路

a. 内部先导压力油路。如图5-15所示，来自先导压力油（用编号表示）施加给控制阀的阀柱端，可以使阀柱移动、换向。在下列操作中，当阀柱移动时，先导压力油施加给开关阀。

(a) 斗杆收回时，先导压力油在施加到斗杆阀柱端的同时，移动斗杆抗漂移阀的开关阀。

(b) 动臂下降时，先导压力油在施加到动臂阀柱端的同时，移动动臂抗漂移阀的开关阀。控制阀上部有放气回路，使控制阀

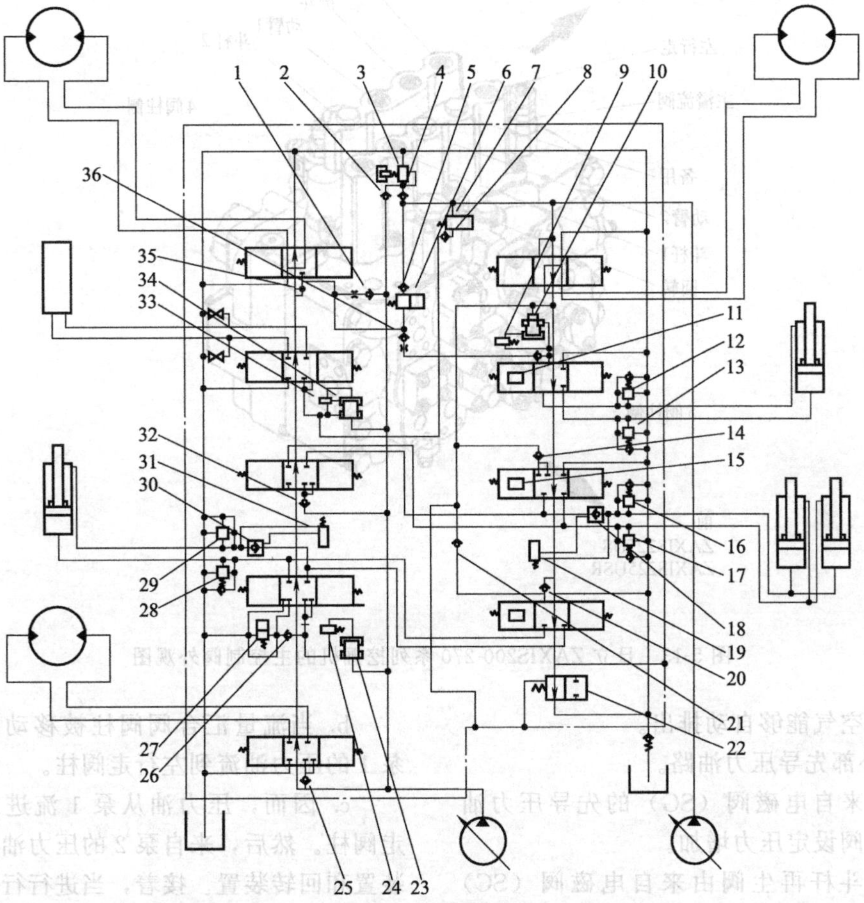

图 5-12 日立 ZAXIS200-270 挖掘机的主控制阀工作回路

1—载荷单向阀（行走并联油路）；2—单向阀（主溢流油路）；3—主溢流阀；4—单向阀（主溢流油路）；5—单向阀（流量汇合阀油路）；6—流量汇合阀；7—备用流量汇合阀；8—单向阀（备用流量汇合阀油路）；9—铲斗流量控制阀（开关阀）；10—铲斗流量控制阀（提升阀）；11—铲斗再生阀；12—过载溢流阀（铲斗：杆侧）；13—过载溢流阀（铲斗：底侧）；14—载荷单向阀（动臂 1 并联油路）；15—动臂再生阀；16—过载溢流阀（动臂：底侧）；17—过载溢流阀（动臂：杆侧）；18—动臂抗漂移阀（单向阀）；19—动臂抗漂移阀（开关阀）；20—载荷单向阀（斗杆串联油路）；21—单向阀（节流孔）（4 阀柱并联油路）；22—旁通截止阀；23—斗杆流量控制阀（提升阀）；24—斗杆流量控制阀（开关阀）；25—载荷单向阀（回转油路）；26—单向阀（斗杆再生油路）；27—斗杆再生阀；28—过载溢流阀（斗杆：底侧）；29—过载溢流阀（斗杆：杆侧）；30—斗杆抗漂移阀（单向阀）；31—斗杆抗漂移阀（开关阀）；32—载荷单向阀（动臂 2 并联油路）；33—备用流量控制阀（开关阀）；34—备用流量控制阀（提升阀）；35—载荷单向阀 1（行走串联油路）；36—载荷单向阀（节流孔）（铲斗）

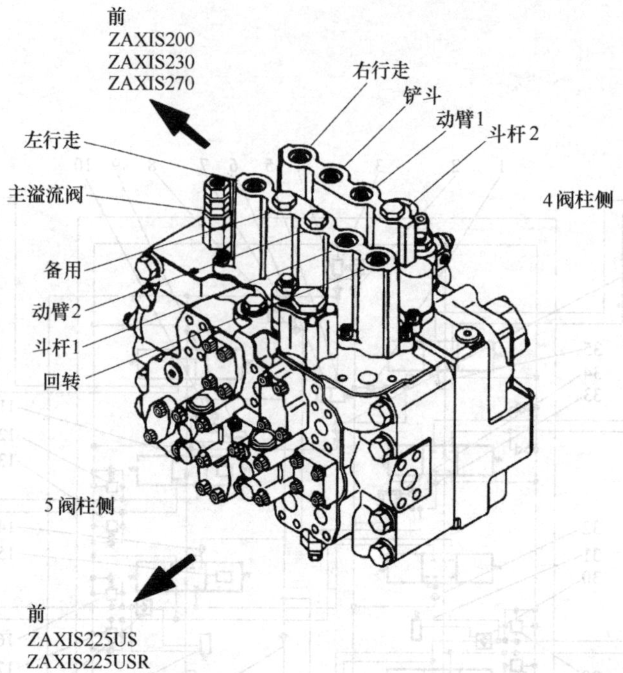

图 5-13　日立 ZAXIS200-270 系列挖掘机的主控制阀外观图

内的滞流空气能够自动排出。

b. 外部先导压力油路。

(a) 来自电磁阀（SG）的先导压力油使主溢流阀设定压力增加。

(b) 斗杆再生阀由来自电磁阀（SC）的先导压力油控制。

(c) 斗杆流量控制阀由来自电磁阀（SE）的先导压力油控制。

(d) 流量汇合阀由来自信号控制阀内的流量汇合阀控制阀柱的先导压力油控制。

(e) 铲斗流量控制阀由来自信号控制阀内的铲斗流量控制阀阀柱的先导压力油控制。

(f) 备用流量汇合阀和旁通截止阀由来自备用先导阀的先导压力油控制。

③ 流量汇合阀及油路

a. 当执行工作装置和行走复合作业功能时，信号控制阀内的流量汇合控制阀阀柱移动，使先导压力油移动流量汇合阀阀柱，如图 5-16 所示。

b. 当流量汇合阀阀柱被移动时，来自泵 1 的压力油流到左行走阀柱。

c. 因而，压力油从泵 1 流进左、右行走阀柱。然后，来自泵 2 的压力油流进工作装置和回转装置。接着，当进行行走、工作装置和回转的复合作业时，机器能直线行走，如图 5-17 所示。

④ 动臂、铲斗再生阀及油路　再生阀安装在动臂下降、斗杆收回和铲斗卷入油路，以提高油缸的速度，防止油缸暂停，提高机器的可控制性。

动臂再生阀的操作原理与铲斗再生阀相同，下面以铲斗再生阀为例加以说明。图 5-18 为再生阀的工作原理，图 5-19 为再生阀的结构。

操作过程：

a. 铲斗卷入时，油缸杆侧（动臂油缸底部）的回油进入阀柱的 A 孔并作用于单向阀。

b. 这时，如果油缸底部（动臂油缸杆侧）的压力比杆底低，单向阀打开。

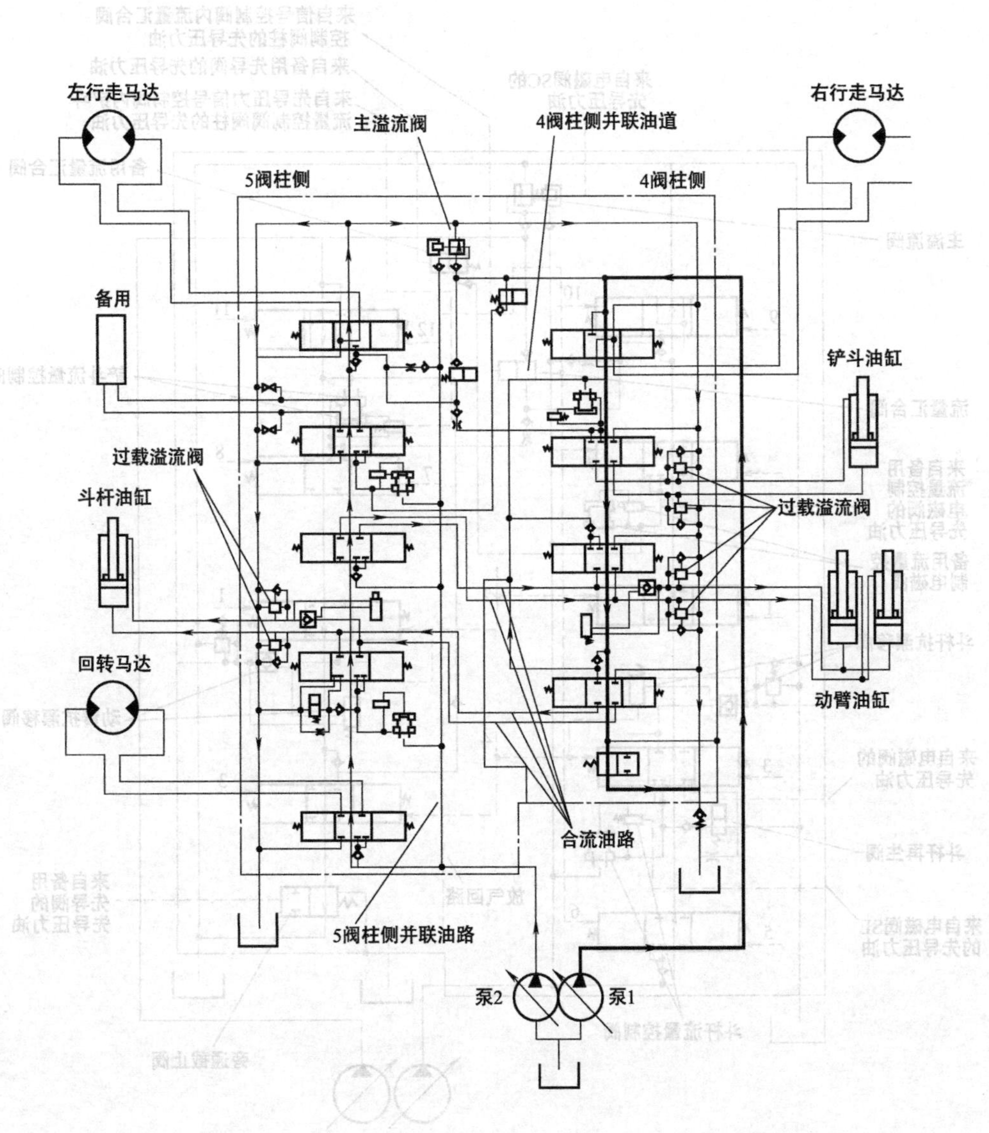
左行走马达
右行走马达
主溢流阀
4阀柱侧并联油道
5阀柱侧
4阀柱侧
备用
铲斗油缸
过载溢流阀
斗杆油缸
过载溢流阀
回转马达
动臂油缸
合流油路
5阀柱侧并联油路
泵2
泵1

图 5-14 主油路系统图

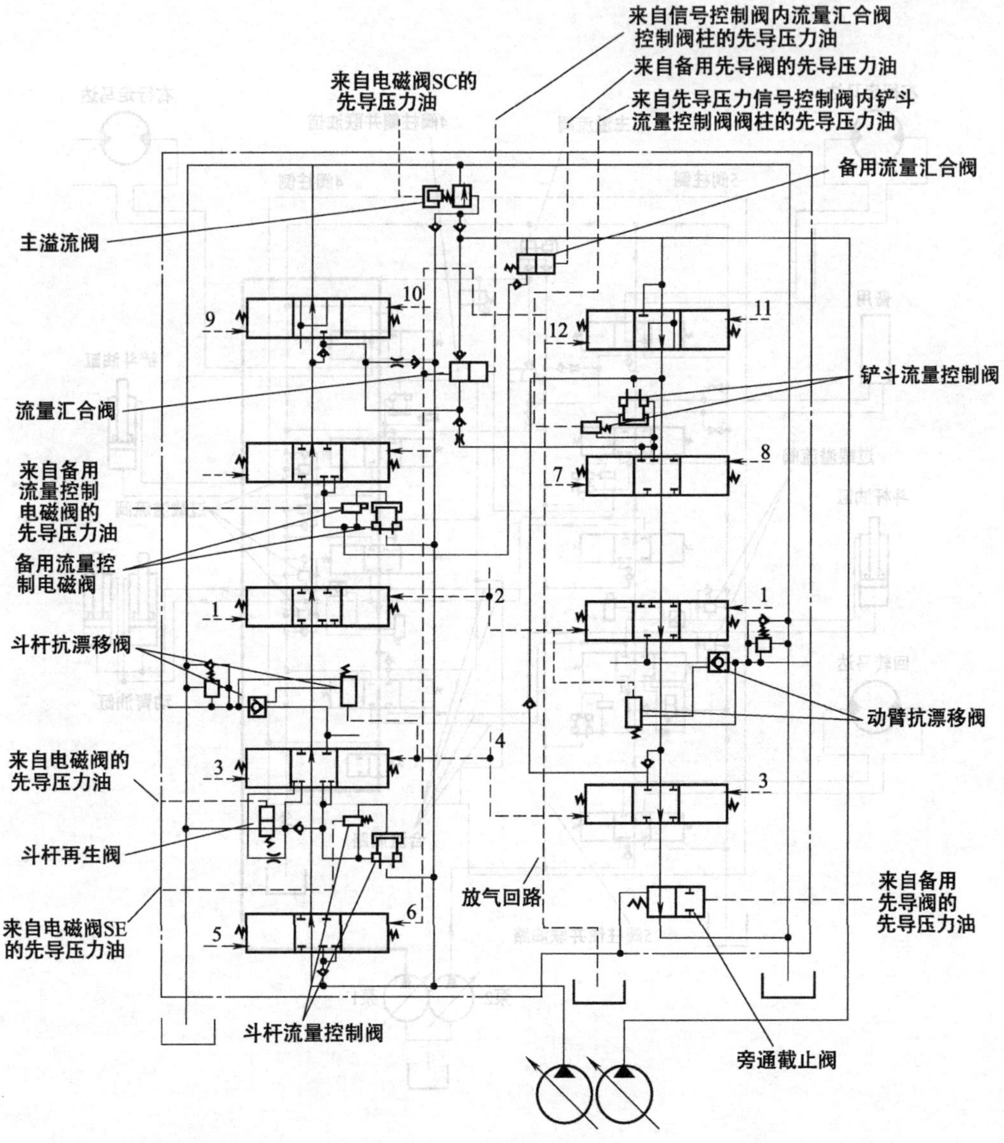

图 5-15 先导油路

1—动臂提升；2—动臂下降；3—斗杆伸出；4—斗杆收回；5—左回转；6—右回转；7—铲斗卷入；8—铲斗翻出；9—左前进；10—右后退；11—右前进；12—右后退

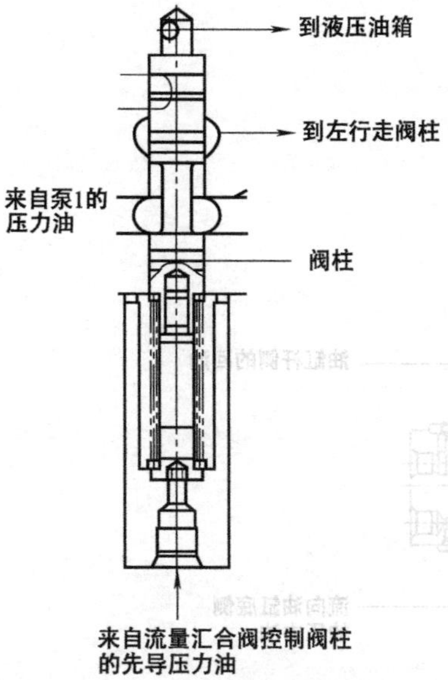

图 5-16 流量汇合阀

c. 然后，油缸杆侧的回油与泵输出的油一起流进底侧，提高油缸的速度。

d. 当油缸全行程移动或挖掘负荷增加时，油缸底侧油路的压力将增加到杆侧压力之上，使单向阀关闭并停止再生作业。

⑤ 斗杆再生阀及油路　斗杆再生阀的功能是加快斗杆收回速度以防止斗杆在收回作业时发生暂停。图 5-20 所示为斗杆及其再生阀的结构图。

a. 操作过程

(a) 一般情况下，斗杆收回作业时，油缸杆侧的回油通过斗杆再生阀阀柱的油孔（节流孔）流回油箱。

(b) 当电磁阀单元（SC）被来自 MC（主控制器）的信号激活时，来自电磁阀单元（SC）的先导压力油推动斗杆再生阀阀柱，堵住油缸杆侧的回油油路。

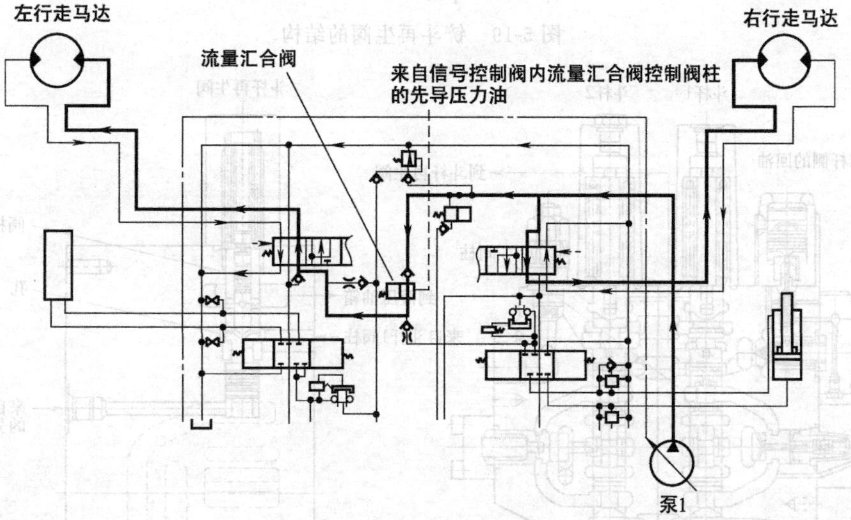

图 5-17 流量汇合油路

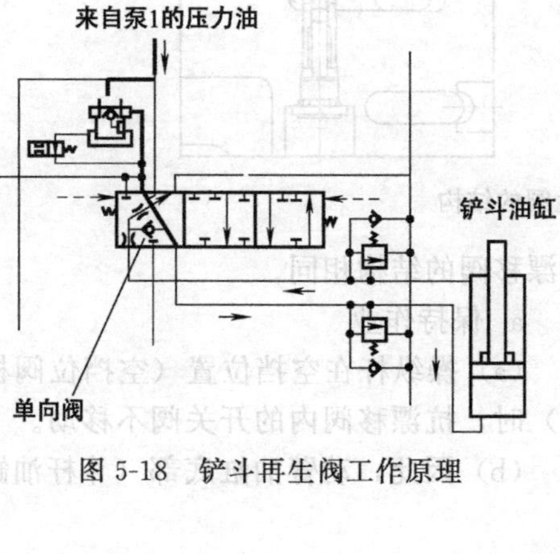

图 5-18 铲斗再生阀工作原理

(c) 从而，油缸杆侧的回油与泵输出的油一起流进底侧，提高油缸速度。

b. 斗杆再生阀工作

(a) 泵口输出油压力传感器：低压（斗杆不需要多少功率）。

(b) 斗杆收回压力传感器：高输出（斗杆操纵杆行程大）。

(c) 回转或动臂提升传感器：输出信号。

注意：为了提高斗杆平地功能，当液压油温为 0～10℃时，MC 逐渐激活电磁阀（SC）。

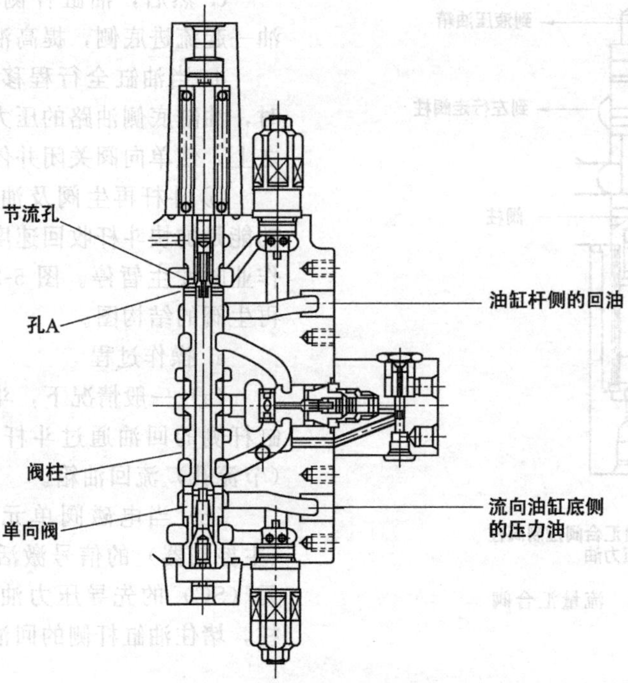

图 5-19 铲斗再生阀的结构

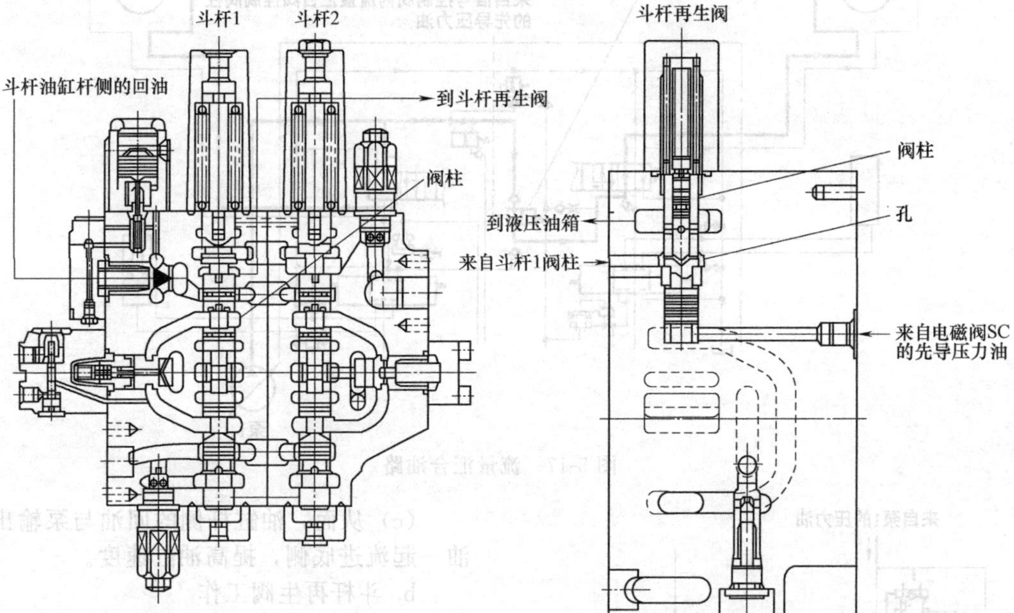

图 5-20 斗杆及再生阀的结构

⑥ 抗漂移阀及其油路 图 5-21 所示为抗漂移阀的结构。图 5-22 所示为抗漂移阀的操作原理。

抗漂移阀安装在动臂油缸底侧和斗杆油缸杆侧油路上，防止油缸漂移，动臂和斗杆抗漂移阀的结构相同。

a. 保持作业

(a) 操纵杆在空挡位置（空挡位阀柱位置）时，抗漂移阀内的开关阀不移动。

(b) 因此，动臂油缸底部（斗杆油缸杆

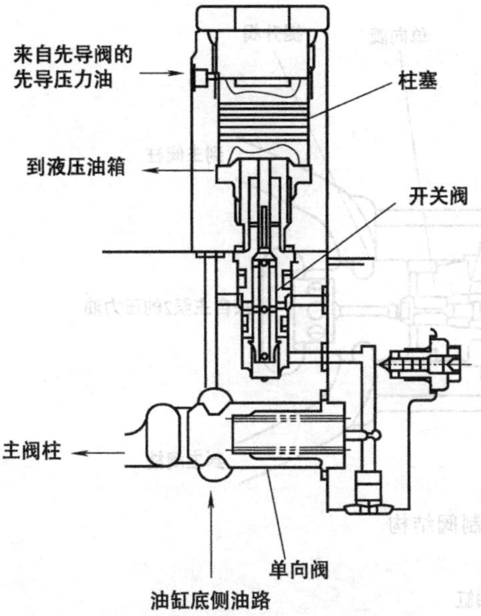

图 5-21 抗漂移阀的结构

侧）的压力油通过开关阀施加到抗漂移阀内的单向阀（弹簧侧）。

（c）单向阀关闭使油缸的回油被切断，减少油缸的漂移。

b. 溢流作业

（a）斗杆收回或动臂下降时，来自先导阀的先导压力油推动抗漂移阀的活塞使开关阀移动。

（b）然后，单向阀弹簧室内的油通过开关阀流回液压油箱。

（c）单向阀打开，使回流从动臂油缸底侧（斗杆油缸杆侧）流到阀柱。

⑦ 流量控制阀及油路 流量控制阀安装在斗杆、铲斗和备用油路上，在进行复合作业时，优先于其他执行器限制油路的流量，图 5-23 为流量控制阀的结构。图 5-24 是流量控制阀的操作原理图。

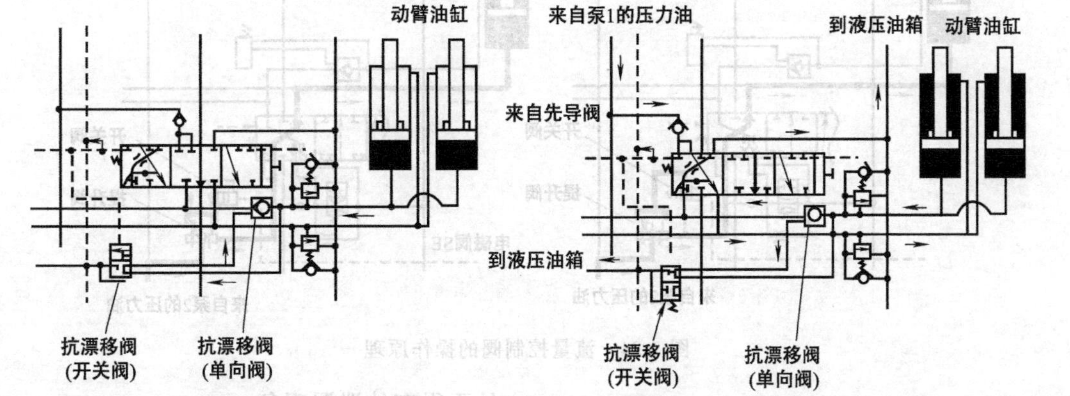

图 5-22 抗漂移阀的操作原理

各个流量控制阀在相应的复合作业中的功能如表 5-5 所示，以下以斗杆流量控制阀作业为例进行说明。

表 5-5 流量控制阀功能说明

流量控制阀	复 合 作 业
斗杆	回转和斗杆收回作业
铲斗	动臂提升和斗杆收回作业
备件	工作装置和备件

a. 正常作业

（a）来自泵 2 的压力油施加于提升阀内的单向阀。

（b）正常情况下，开关阀处于打开状态，然后，来自泵 2 的压力油打开单向阀开关阀流到主阀柱。

（c）提升阀打开，来自泵 2 的压力油流到主阀柱。

b. 流量控制作业

（a）来自电磁阀（SE）的先导压力推动斗杆流量控制阀内的开关阀。

（b）当开关阀被移动时，油压被封闭在提升阀之后，限制提升阀打开。

（c）提升阀限制流向主阀柱的油流量，使压力油供给回转马达，它的负荷比斗杆高。

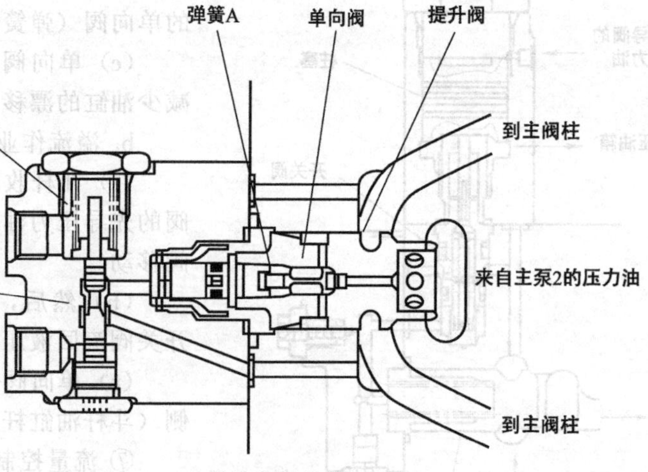

图 5-23 流量控制阀结构

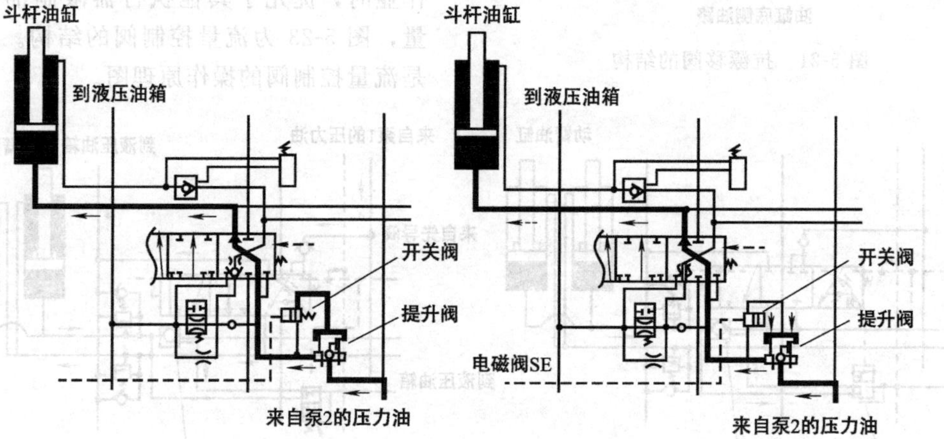

图 5-24 流量控制阀的操作原理

5.3.2 主控制阀的检测和维修

(1) 主控制阀的测试

主控制阀是挖掘机液压系统的枢纽。下面从压力、流量和方向三个方面，简要介绍主控制阀的测试。

① 压力控制阀的测试

a. 调节压力特性。在最低压力至额定压力范围内能调节，且压力值稳定，调节灵敏、可靠。

b. 压力损失。在额定流量下，测量阀的压力损失，其值不得超过规定值。

c. 内泄漏。在额定压力下，测定内泄漏量，不得超过规定值。

d. 外泄漏。在额定压力下，在阀盖等处不得有外泄漏现象。

e. 压力摆差。压力摆差的大小反映该阀的稳定性，不得超过规定值。

② 流量控制阀的测试

a. 调节流量的特性。在最小流量至最大流量范围内均能调节，且流量值稳定，调节机构灵敏、可靠。

b. 稳定性测试。将调速阀的节流开口调节到最小开度时，测量通过调速阀的流量稳定情况，其变化值不得超过规定值，应满足使用要求。

c. 内泄漏。在额定压力下，测量内泄漏量，不得超过规定值。

d. 外泄漏。在额定压力下，在阀盖等处不得有外泄漏现象。

③ 方向控制阀的测试

a. 换向平稳性。换向阀在换向时应平稳，换向冲击不应超过规定值或应满足使用要求。滑阀在不同位置时各油路的通断与要求相符。

b. 换向时间和复位时间。换向阀主阀芯换向时应灵活，复位迅速，换向压力和换向时间的调节性能必须良好，换向时间和复位时间不得超过规定值或应达到使用要求。

c. 压力损失。在通过公称流量时，压力损失不得超过规定值或应满足使用要求。

d. 内泄漏。在额定压力下，测量内泄漏量，不得超过规定值或应满足使用要求。

e. 外泄漏。在额定压力下，在阀盖等处不得有外泄漏现象。

(2) 拆装检查注意事项

主控制阀管道多而密集，拆装空间有限，总成的拆装难度较大，拆装时要特别注意以下一些问题。

① 在拆卸主控制阀之前应该正确摆放机器，工作装置和履带必须可靠落地，然后释放系统剩余压力和油箱气压。若估计短时间内不能完成维修任务，则应将油箱内的液压油放出并储存好。

② 为防止沙尘、水和其他异物进入油口，拆卸前应先将各油孔堵好，然后将外表的污垢清洗干净，清洗时尽量使油口向下。

③ 应特别注意管道的连接位置，最好在拆卸前做好连接标记。主控制阀内部零件的形状和尺寸相似，容易混淆，阀柱两端不易区分，因此拆卸时应做好记录并按次序和方向放置。许多零件很脆弱，需要格外小心拆装。

④ 很多时候拆卸主控制阀的目的只是为了更换密封件，更换密封件时不必拆解阀柱和调压阀等零件，最好也不要将阀柱从阀壳体上拆离。各个调整螺钉一般不要拆卸，通常调整螺钉部位漏油问题的处理方法是：松开锁紧螺母，缠入 2～3 圈密封胶带，然后拧紧锁紧螺母即可。注意：用扳手插入调整螺钉，以使调整螺钉保持不动。

⑤ 当必须拆下阀柱，而阀柱却因异物卡住而拆卸困难时，应该设法先将异物取出，然后再小心拆卸阀柱，一定不要强行拆卸，强行拆卸极有可能使整个主控制阀报废。

⑥ 检查阀柱与阀孔的配合情况，应密封良好而运动灵活。若阀柱和阀孔的配合面有磨损的沟槽或缺损，则需修理或更换。

⑦ 当必须分解阀柱时，由于阀柱是圆柱体，因此需要使用专用夹持工具或衬以厚而软的木板才行，千万不要直接用台钳夹持或用棍棒穿过油道孔强行拆卸。一旦阀柱变形，将很难修复。

⑧ 必要时检查溢流阀、安全阀、压力补偿阀等，若发现任何密封面偏磨、变形或损坏，则都要更换总成。

⑨ 高压滑动密封组合一般不需要更换，但要注意检查，必要时再更换。小松 PC200-6 的压力补偿阀、LS 阀上的高压滑动密封组合较易损坏。

⑩ 组装时需要更换大量的 O 形圈，对各个部位的 O 形圈要严格区分，过粗的 O 形圈将会造成杯罩等薄弱零件损坏。

⑪ 必要时检查主控制阀中间接合面的平面度，若平面度超限，则应进行修复。

⑫ 安装主控制阀总成固定螺栓时必须涂锁固胶并正确拧紧。

(3) 小松 PC300-5、PC400-5 型控制阀装配检修标准

小松 PC300-5、PC400-5 型主控制阀由行走往复阀、四联换向阀（内装有直线行走阀、斗杆节流阀）、五联换向阀（内装有回转定压阀）、动臂保持阀等组成。各阀用螺栓连成一体，油道在阀内汇通，结构紧凑，便于维修。

① 四联换向控制阀装配检修标准（见表 5-6）。

②五联换向控制阀装配检测标准（见表 5-7）。

③ 左控制阀（左行走、回转、动臂降低、动臂升高）装配检修标准（见表 5-8）。

④ 右控制阀（铲斗、斗杆抬高、斗杆降低、右行走）装配检修标准（见表 5-9）。

⑤ 行走往复阀装配检修标准（见表 5-10）。

表 5-6 四联换向控制阀装配检修标准

序号	项 目	标 准			修理极限		措 施
		标准尺寸					
		自由长度×外径/(mm×mm)	安装长度/mm	安装载荷/N	自由长度/mm	安装载荷/N	
1	主卸载阀先导阀弹簧	30.7×9.6	26.8	324.7	—	260	发现任何损坏或变形，应更换弹簧
2	主卸载阀主阀弹簧	30.4×11.3	25.0	45.1	—	36.3	
3	喷嘴传感器卸载阀先导阀弹簧	26.3×8.0	26.1	3.8	—	3.0	
4	喷嘴传感器卸载阀主阀弹簧	23.8×7.8	18.1	23.6	—	19	
5	滑阀回位弹簧（直线行走阀）	78.3×22.1	54.5	140.3	—	111.8	
6	滑阀回位弹簧（斗杆节流阀）	53.8×26.5	52.5	104	—	83.4	

表 5-7 五联换向控制阀装配检修标准

序号	项 目		标 准			修 理 极 限		措 施
			标 准 尺 寸					
			自由长度×外径/(mm×mm)	安装长度/mm	安装载荷/N	自由长度/mm	安装载荷/N	
1	主卸载阀先导阀弹簧		30.7×9.6	26.8	324.7	—	260	发现任何损坏或变形，应更换弹簧
2	主卸载阀主阀弹簧		30.4×11.3	25.0	45.1	—	36.3	
3	喷嘴传感器卸载阀先导阀弹簧		26.3×8.0	26.1	3.8	—	3.0	
4	喷嘴传感器卸载阀主阀弹簧		23.8×7.8	18.1	23.6	—	18.9	
5	滑阀回位弹簧（回转定压阀）	PC300	53.8×27.5	52.5	119.6	—	96.1	
		PC400	53.8×26.5	52.5	104	—	83.4	

表 5-8 左控制阀（左行走、回转、动臂降低、动臂升高）装配检修标准

序号	项 目	标 准			修 理 极 限		措 施
		标 准 尺 寸					
		自由长度×外径/(mm×mm)	安装长度/mm	安装载荷/N	自由长度/mm	安装载荷/N	
1	单向阀弹簧	31.2×12.2	19.5	13.0	—	10.4	发现任何损坏或变形，应更换弹簧
2	单向阀弹簧	31.8×7.6	26.5	1	—	0.8	
3	滑阀回位弹簧（左行走、动臂降低、动臂升高）	30.7×32.5	26.5	255	—	204	
4	滑阀回位弹簧（左行走、动臂降低、动臂升高）	54×34.2	52	255	—	204	

续表

序号	项目	标准					措施
5	滑阀回位弹簧(动臂降低、回转)	54.8×34	53.5	124.6	—	100	发现任何损坏或变形,应更换弹簧
6	滑阀回位弹簧(回转)	21×16.9	21	1	20	—	
7	单向阀弹簧	55.9×30.2	29	7.8	—	6.3	

表 5-9 右控制阀(铲斗、斗杆抬高、斗杆降低、右行走)装配检修标准

序号	项目	标准					措施
		标准尺寸			修理极限		
		自由长度×外径/(mm×mm)	安装长度/mm	安装载荷/N	自由长度/mm	安装载荷/N	
1	滑阀回位弹簧(铲斗、斗杆抬高、斗杆降低、备用)	54.8×34	53.5	124.6	—	100	发现任何损坏或变形,应更换弹簧
2	滑阀回位弹簧(右行走)	30.7×32.5	26.5	255	—	204	
3	滑阀回位弹簧(右行走)	54×34.2	52	255	—	204	
4	单向阀弹簧	55.9×30.2	29	7.8	—	6.3	

表 5-10 行走往复阀装配检修标准

序号	项目	标准					措施
		标准尺寸			修理极限		
		自由长度×外径/(mm×mm)	安装长度/mm	安装载荷/N	自由长度/mm	安装载荷/N	
1	滑阀回位弹簧	53.7×13.4	34.0	45.1	—	36.3	如发现任何损坏或变形,应更换弹簧
2	螺栓拧紧力矩	22±2.5N·m					

5.3.3 动臂优先阀(BP)的检测

东芝公司生产的 DX22(28)型主控制阀(图 5-25、图 5-26)和 UDX36 型主控制阀,都具有动臂优先功能,主动臂优先阀结构如图 5-27 所示。

检查动臂优先阀,主要是检查主控制阀各部单向阀的密封情况。

① 检查回路是否工作正常。

② 检查动臂提升合流逻辑阀是否工作正常,密封是否良好。

③ 检查铲斗合流单向阀是否工作有效。

④ 检查主溢流阀是否工作正常。

⑤ 斗杆合流单向阀是收车用的,安装在回路上左侧控制阀位置。检查时应将提升和收斗杆配合起来,主要是检查其工作是否正常,有无泄漏或密封不好。

⑥ 检查动臂优先阀和斗杆合流用的工作阀。主要检查斗杆、动臂工作情况是否正常,有无泄漏。

⑦ 检查直线行走阀,在行走时进行,看行走是否顺利,有无不良反应。

除此之外,还应检查动臂油缸和操纵阀的工作情况,其检查方法如下:

① 检查动臂油缸的内漏情况。最简单的方法是把动臂升起,看其是否有明显的自由下降,若下降明显则拆卸油缸检查,如密封圈已磨损,应予更换。

② 检查操纵阀。首先清洗安全阀,检查阀芯是否磨损,如磨损应更换。安装安全

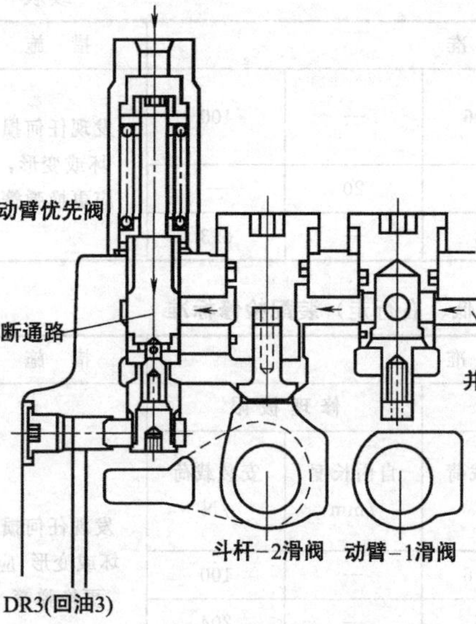

图 5-25　东芝 DX22（28）型主控制阀外观

阀后若仍无变化，再检查操纵阀阀芯磨损情况，其间隙使用限度一般为 0.06mm，如磨损严重应更换。

③ 测量液压泵的压力。若压力偏低，则进行调整，如压力仍调不上去，则说明液压泵严重磨损。

5.3.4　主溢流阀压力调整

(1) 主溢流阀的检查

① 检查回路是否正常。

② 检查阀芯是否磨损。

③ 检查各活塞有无磨损。

④ 检查调节是否有效。

(2) 主溢流阀压力的调整

① 首先调整升压压力。在调整压力之前检测 PZ 液控信号压力，然后拧松锁定螺

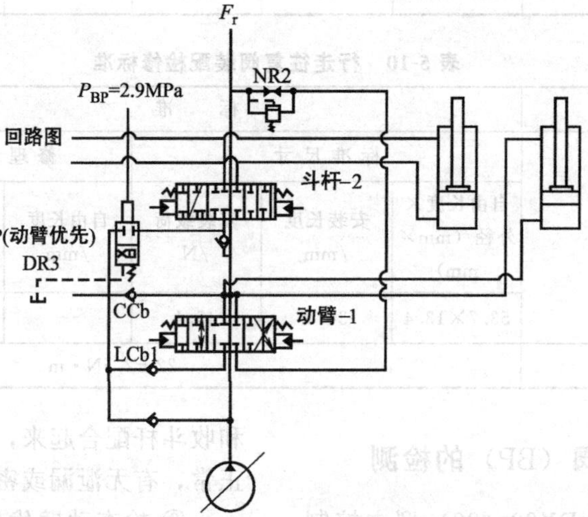

图 5-26　东芝 DX22（28）型主控制阀液压原理

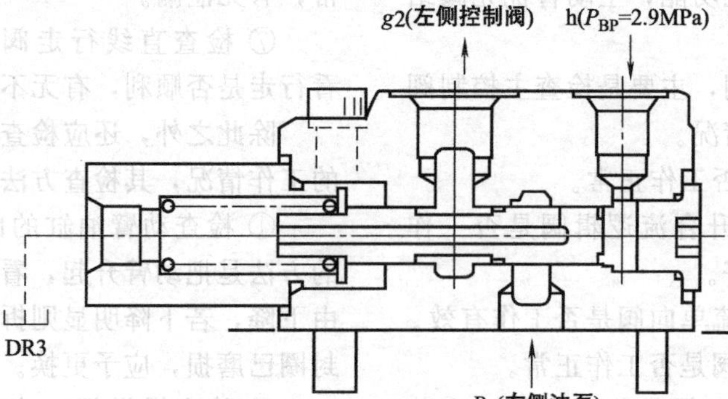

图 5-27　主动臂优先阀结构

母，用调整螺丝来调节压力（顺时针旋动时压力增高）。

② 调完升压压力之后，拧松锁定螺母，用调整螺丝来调节通常压力，顺时针旋动时压力增高。

5.4 先导操纵阀的检测和维修

先导操纵阀控制先导泵输出的先导压力油作用在主操作阀阀芯上，使阀芯移动，完成挖掘机作业。同时，从先导操纵阀流向主操作阀中的先导压力油还作用在某些开关阀上（斗杆、动臂抗滑移阀和铲斗流量控制阀），并使它们移动，满足某些要求。

（1）先导操纵阀的结构和原理

先导操纵阀（PPC 阀）包括左、右先导操纵阀和行走先导操纵阀。其中动臂先导阀和铲斗先导阀共用一个阀体，由驾驶室内右操纵杆控制；斗杆先导阀和回转先导阀共用一个阀体，由驾驶室内左操纵杆控制；左、右行走先导阀共用一个阀体，由驾驶室内左右行走操纵杆控制。若挖掘机安装有破碎锤等附属工具，则还有相应的脚踏式先导操纵阀。

先导操纵杆有中位、微动、全行程 3 个位置。先导阀的工作原理如图 5-28 所示。

① 操纵杆在中位，操纵阀 A、B 油口和 PPC 阀的 P_1、P_2 油口都通过滑阀 1 中的精细控制孔 f、f′与油箱相通。

② 轻微扳动操纵杆（微动），当压盘 7 开始推动柱塞 6 时，弹簧座 9、调节弹簧 2 将滑阀 1 向下推动，此时精细控制孔 f 与回油腔 D 被切断，而孔 f 与先导泵的压力腔 P_p 相通，先导压力油从先导泵经 P 口、油孔 f、P_1 口流向主操作阀 A 腔，当 P_1 口压力升高时，滑阀 1 被推回，油孔 f 切断压力腔 P_p 而与回油腔 D 相通，滑阀 1 上下移动，直至调节弹簧 2 的作用力和 P_1 口压力相平衡时，滑阀 1 才处于某一平衡位置。滑阀 1 与阀体 8 之间的位置关系只有在减振器活塞 4 接触柱塞 6 时才会改变。因此，调节弹簧 2 的压缩量与先导操纵阀杆的行程成比

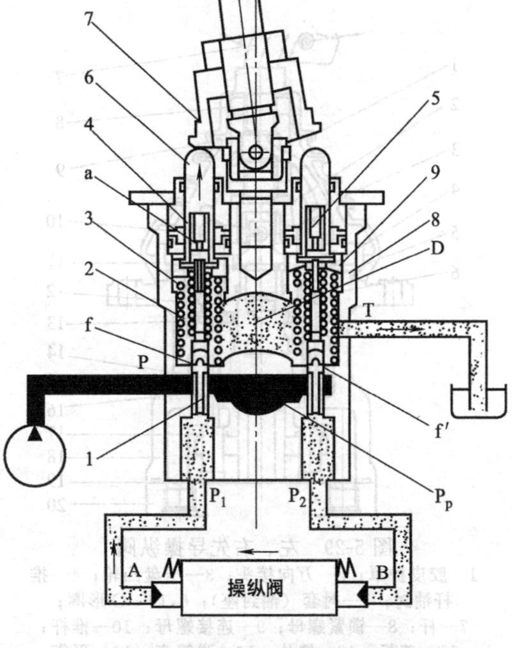

图 5-28 先导操纵阀的工作原理

1—滑阀；2—调节弹簧；3—复位弹簧；4—减振器活塞；5—减振器弹簧；6—柱塞；7—压盘；8—阀体；9—弹簧座；A，B，P，T，P_1，P_2—油口；f′，f—精细控制孔；P_p—压力腔；D—回油腔

例，油口 P_1 的压力也与先导操纵阀杆的行程成比例。这样主操作阀的阀芯移动到油腔 A 的压力与主操作阀阀芯回位弹簧作用力相平衡的某一位置时，油腔 B 的压力油经 P_2 口、油孔 f′、流回回油腔 D。

当操纵杆回位时，滑阀 1 在复位弹簧 3 的作用力和 P_1 口压力的共同作用下向上推移，油孔 f 接通回油腔 D，当 P_1 口压力下降过快时，滑阀 1 在调节弹簧 2 的作用下向下移动，油孔 f 接通压力腔 P_p，直到 P_1 口的压力恢复到相应于先导操纵杆位置的压力时，滑阀 1 才处于平衡位置。同时，回油腔 D 内的压力油经精细控制孔 f′、P_2 口进入主操作阀 B 腔。

③ 操纵杆在全行程位置，压盘 7 向下推动柱塞 6，减振器活塞 4 也随着往下动，并且下推滑阀 1 向下移动，油孔 f 切断回油腔 D 而与压力腔 P_p 相通，因此，来自先导泵的压力油通过油孔 f、P_1 口流向 A 腔，推动操纵阀阀芯移动。来自 B 腔的回油从

P_2口经油孔 f′流向回油腔 D。操纵杆突然操作的时间滞后由减振活塞来防止。

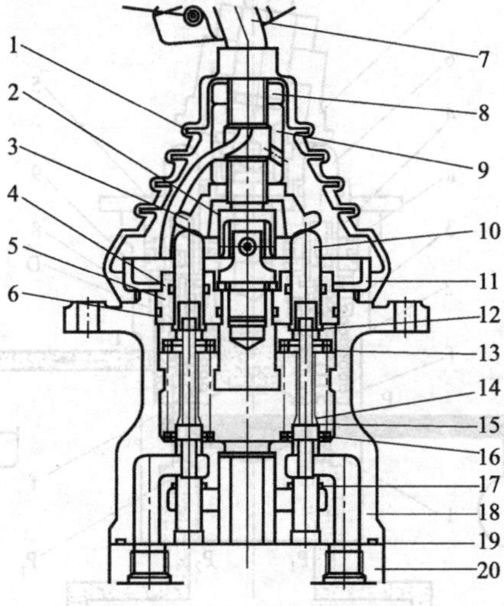

图 5-29 左、右先导操纵阀

1—胶皮护罩；2—万向接头；3—压盘凸轮；4—推杆油封；5—衬套（油封座）；6,19—O 形圈；7—杆；8—锁紧螺母；9—连接螺母；10—推杆；11—盖板；12—锁片；13—弹簧座；14—平衡弹簧；15—垫片；16—回程弹簧；17—阀柱；18—壳体；20—底盖

(2) 左、右先导操纵阀

① 左、右先导操纵阀的结构 卡特、神钢、住友、大宇、现代、沃尔沃和大部分国产品牌挖掘机采用图 5-29 所示的通用型左、右先导操纵阀。

② 左、右先导操纵阀的检查

a. 检查万向接头和压盘凸轮的磨损情况。

b. 检查按钮导线是否破损、连接不良。

c. 检查推杆顶部和密封部位的磨损情况。

d. 检查衬套的磨损情况，检查是否变形。

e. 检查阀柱的运动灵活性，检查平衡弹簧和回程弹簧是否变形、破损。

(3) 行走先导操纵阀

行走先导操纵阀较少出现漏油故障，其检查方法可参考左、右先导操纵阀。图5-30是卡特彼勒 CAT320C 的行走先导操纵阀的结构图。

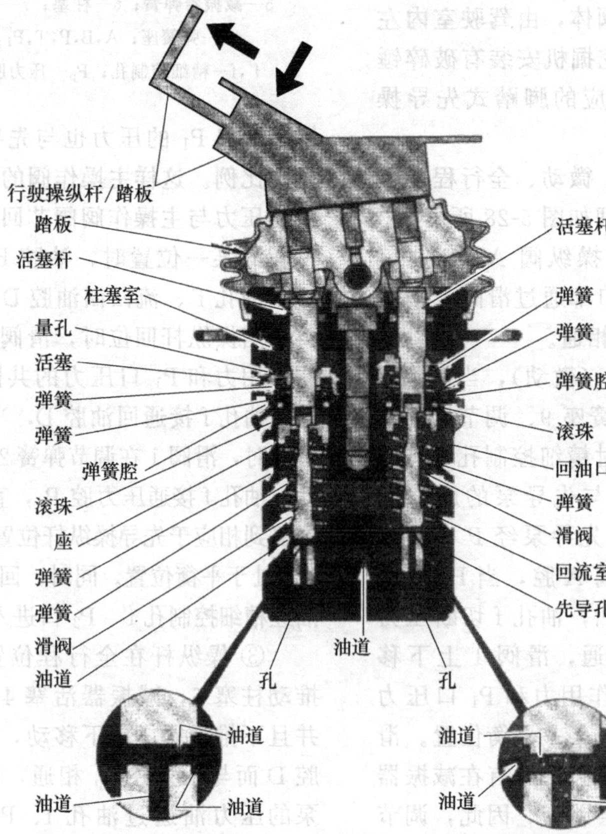

图 5-30 卡特彼勒 CAT320C 行走先导操纵阀结构

5.5 液压故障维修实例

(1) 日立EX350挖掘机无回转的故障排除

一台日立EX350挖掘机在运转15000h后出现故障，左右都不能回转。除了回转外其他动作均正常，这说明工作泵应是正常的。按从易到难的顺序进行故障排查。先用压力表测了泵的回转压力，此正常压力应是30MPa，而检测压力最高是8MPa，相差很多，这说明控制回转的油路中泄漏严重。

出现这种现象有四种原因：

① 先导压力较低，不能打开主操纵阀；

② 回转主操纵阀的阀芯卡住；

③ 回转马达的补油阀卡住，或弹簧断了失去补油功能；

④ 马达配流盘接触面有划痕使进回油路相通。

首先把斗杆的先导油管和回转的先导油管对换，再操作回转手柄，此时斗杆的动作正常，这说明回转的先导压力正常。排除第一种原因。

拆开控制回转的主阀芯后没发现异常磨损，也没卡住，排除了第二种原因。说明故障不在多路阀上。

故障就在回转马达上，先检查补油阀，发现此阀没有卡住，弹簧也没有断，第三种原因也排除了。把马达的后端盖打开发现轴承坏了，再把整个马达拆下来，解体后发现配流盘和滑靴全部损坏。此马达是斜轴式定量马达，轴承是造成马达损坏的直接原因，15000h对轴承来说已超过其寿命，所以对液压泵或马达等高负荷运转的总成其轴承应定期更换。

(2) 挖掘机行走无力故障的排除

一台已使用了约10年的EX400型挖掘机，其工作装置和回转装置均工作正常，而行走系统却明显地表现出动力不足，但行走并不走偏。

通过对该机液压系统的分析知，引起行走系统动力不足的原因可能是：液压泵及其控制系统有故障；主卸荷阀失调或被卡死；行走控制系统（如先导油路、控制阀等）有故障；中心回转接头出现故障，如窜油或因磨损而泄漏等；行走马达及其阀组有故障。

由于工作装置和回转系统工作正常，故可以判定泵及其挖掘机系统和主卸荷阀工作正常；在用量程为6MPa的测压表检测控制阀的先导油路时，无论发动机转速是高还是低，先导油路的压力始终在标准值（3.0～3.2MPa）范围内，说明先导油路正常；拆下行走系统控制阀，发现阀芯和阀座并无磨损、卡滞现象，表明控制阀的工作正常；用铁块固定履带，不让其转动，然后用量程为60MPa的测压表检测行走马达的进油压力，结果压力仅为20MPa。远远低于标准压力值（36MPa）。

由此，可判断该机故障的原因是：中心回转接头严重泄漏；行走马达严重泄漏；行走马达安全阀失调。

于是，用自制回转接头（安上测压表）装在某一行走马达的两条主管路上，再扳动操纵杆使另一个行走马达工作，结果测压表值无变化，说明中心回转接头正常；再用铁块固定履带使其不能转动，用量程为60MPa的测压表装在行走马达的进油系统中并使其工作，此时系统压力为20MPa，重新调整此安全阀后，工作系统压力由原来的20MPa升至36MPa。由此可知行走马达正常，故障是由于安全阀失调引起的。

调好此安全阀后试机时，机器行走正常、有力。

(3) 挖掘机行走跑偏的排除

一台韩国大宇产的DH220LC-V型的液压挖掘机，在工作约5000h后出现了前进或后退行走时均向右跑偏的故障。

分析原因主要与液压主泵、泵调节器、主控制阀上的行走阀芯、中心接头和行走马达等液压元件以及先导压力、履带张紧度等有关。于是，进行了如下检查：

首先，检查了两边履带的张紧度是否一致。将两边履带分别支撑起来，检查履带下沉量最大处与底架上水平线间的距离，结果均在标准范围内（一般路面为 320～340mm，泥泞路面为 340～380mm，砂石、雪地上为 380mm）。

其次，从仪表盘上检查了前、后泵的先导压力是否一致。如果不一致，则要进行调整，使前、后泵的先导压力怠速（发动机）时为 3.2MPa，高速时为 4MPa。

然后，将行走马达的高压油管从中心接头处加以互换，试机时若故障现象已发生改变，则可排除右侧行走马达有故障，否则为右侧行走马达有故障，应拆开行走马达进行检查，找出故障的原因。

将主控制阀与中心接头之间为左、右行走供油的 4 根油管进行互换，试机时若故障现象已发生改变，可排除中心接头有故障，否则为中心接头有故障，应拆开并找出故障的原因。

检查了左右行走控制阀的阀芯，发现阀芯在阀体内运动灵活，且无损坏情况，故可排除控制阀有故障。将两主泵调节器互换后试机时发现，行走跑偏的故障也随之改变，这样，就可判断故障就在调节器上，否则故障应在液压主泵上。

通过以上步骤的检查，得知故障应在泵调节器上。拆开调节器时，果然，发现其阀芯上的 O 形密封圈已老化损坏，致使阀芯运动不灵活，无法对斜盘角度进行正常的调节，因而使后泵排量变小，行走速度减慢，机器行驶时向右跑偏。

清洗泵调节器、更换 O 形圈，装复后试机时，故障排除。

（4）卡特彼勒 CAT320B 挖掘机动臂不能下降原因

一台卡特彼勒 CAT320B 型挖掘机，在工作过程中突然出现动臂只能升不能降的故障现象，但此时发动机的运转并无异常，机器的其他动作也均正常。

因为发生此故障时发动机运转正常，且机器能完成除动臂下降外的其他动作，说明发动机没有问题。经分析认为，故障应在液压系统上。于是，首先检查了液压油滤清器，看是否有金属屑及其他污物，结果未发现有明显的异物。而后，我们根据可能造成此故障的原因进行了下列的检查。

① 检测主油路的压力　因为动臂下降时只有上泵供油，因此只需检测上泵的输出压力，此时压力表的显示值为 34.3MPa，表明上泵输出压力正常，因此可排除主泵有问题。

② 检测先导油的压力　先导油压力不足也可导致机器的动作不正常。因其他动作正常，所以就直接测量动臂下降时的先导油压力，并查看油路是否畅通。经检查，先导油压力及油路均正常。

③ 查看动臂主控制阀 1 阀芯的动作是否阻滞　如果阀芯被污物卡住，先导油就不能推动此阀芯运动，则动臂也就不能下降。经检查，该阀芯在阀体内运动自如，故可排除此因素。

④ 检查动臂防漂移总成阀是否有问题　当动臂已处于抬起状态而动臂操作手柄也已回到了中位时，或在发动机突然熄火时，为减少动臂的自动沉降量而设置了该总成阀。该阀只在动臂下降过程中起作用，在动臂上升时对系统并无影响。

动臂液压回路的工作过程是：当动臂操作手柄作“动臂起升”的动作时，先导油推动动臂主控制阀 1 的阀芯，使主泵压力油通过动臂主控制阀到达动臂防漂移总成阀并推动控制阀芯 2，这样，主泵压力油即可到达动臂缸的缸底端；当动臂操作手柄处于中位时（动臂处在抬起状态），动臂的自重作用使动臂缸缸底端的压力较高，由于动臂防漂移总成阀内插装阀 5 的活塞两端的油路已经控制阀芯 2 沟通，且活塞左端面积大于右端，在油压的作用下活塞右移，封住了动臂缸缸底端至动臂主控制阀的油路，因而减少了流经动臂主控制阀的液压油流量，从而减少了动臂的沉降量，当动臂操作手柄作“动臂下降”的动作时，经先导控制阀的先导油分成两路：一路去推动动臂主控制阀的阀芯，使主泵压力油通过动臂主控制阀到达动臂缸的缸杆一端；另一路至动臂防漂移总成阀中的控制阀芯 2，通过该阀芯的作用切断了插装阀5的活塞两端的油路，同时将其左腔油经控制阀芯与油箱沟通，左腔的压力降低，活塞左移，打开了动臂缸底端与动臂主控制阀的通道，动臂缸底端的油遂经动臂主控制阀回油箱，或在动臂快速下降时，一部分动臂缸底端的回油经动臂再生油路重新回到动臂缸的缸杆端（动臂再生油路是为了加快动臂的下降而设置的）。如果插装阀的左腔油不能通过控制阀芯与油箱沟通，其左腔压力就不能降低，则活塞将始终抵在右方，从而封住了动臂缸底端的回油路，造成动臂不能下降。

根据上述油路认为，造成该机故障的原因应在动臂防漂移总成阀内。当拆下动臂防漂移总成阀并进行解体检查时发现，控制阀芯2上的节流孔已被污物阻塞，致使油路不通。于是，拧下该阀端部的内六角螺堵，彻底清洗了油道内的污物，并清洗、组装防漂移总成阀，装复后试机时，该机的故障消失。

第6章 工作装置构造与维修

挖掘机的工作装置是直接用来进行挖掘作业的施工工具，是挖掘机的主要组成部分之一。因用途不同，工作装置的种类繁多，其中最常用的工作装置是反铲和正铲，其他还有抓斗、拉铲、起重、松土、装载、钻孔、破碎等多种工作装置。同一种工作装置也有许多不同的结构形式，以适合各种不同的作业条件。

6.1 正铲与反铲结构特点

图 6-1 为正铲、反铲挖掘机。正铲主要用来挖掘停机面以上的土，最大挖掘高度和最大挖掘半径是它的主要作业尺寸，正铲主要用于挖掘土方量比较集中的工程和深、广的大型建筑基坑的开挖。反铲主要用来挖掘停机面以下的土，最大挖掘深度和最大挖掘半径是它的主要作业尺寸，反铲主要用于Ⅰ～Ⅲ级土的开挖，开挖深度一般不超过4m，如开挖一般建筑基坑、路堑、沟渠等。

6.1.1 机械式单斗挖掘机的工作装置

（1）机械式正铲

图 6-2 所示为机械单斗挖掘机的正铲工作装置，它主要由动臂 8、斗柄 3、铲斗 1 和机械操纵系统等组成。机械操纵系统由动力绞盘和钢索滑轮系统组成。动臂为箱形截面，上下两端均为叉形，上叉内装提升钢索 9 的定滑轮，下叉与回转平台上的耳座铰接。变幅卷筒 11 引出的变幅钢索操纵动臂变幅；主卷扬筒引出的提升钢索 9 操纵铲斗升降。动臂中部装有推压轴，轴上装有左右两个鞍形座和推压驱动小齿轮。斗柄的左右两杆插在鞍形座内，推压齿轮通过链传动装

图 6-1　正铲、反铲挖掘机

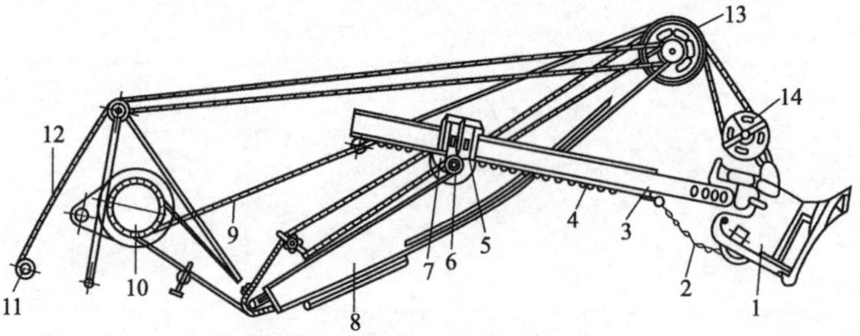

图 6-2　机械式正铲工作装置

1—铲斗；2—斗底开启索链；3—斗柄；4—推压齿条；5—鞍形座；6—推压轴；7—推压齿轮；8—动臂；9—提升钢索；10—主卷扬筒；11—变幅卷筒；12—变幅钢索；13—定滑轮；14—动滑轮

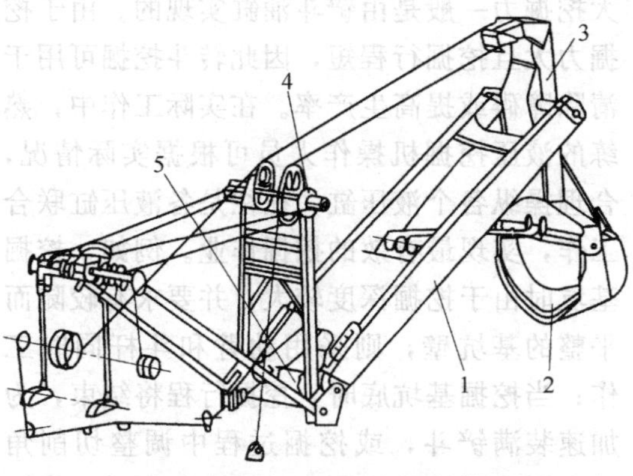

图 6-3 机械式反铲工作装置

1—动臂；2—圆弧铲斗；3—斗柄；

4—前支架；5—牵引机构

置驱动，并与推压齿条相啮合。齿轮正反旋转时，可以使斗柄的左右两杆来回伸缩，以适应铲斗工作的需要。

(2) 机械式反铲

图 6-3 所示为机械单斗挖掘机的反铲工作装置，它由铲斗 2、斗柄 3、动臂 1 和钢索滑轮系等组成。由于工作中动臂要同斗柄一起升降，所以必须有前支架及相应的钢索来支持它们。前支架 4 的下端铰接在转台上，上端由可调节的拉杆或钢索来支持。

动臂有单杆与双杆两种。但其中心线必须是直线，这是由于它要经常作上、下快速运动。动臂中部装有牵引钢索的导向滑轮，顶部铰装着斗柄。斗柄的尾部装有动滑轮和升降索，斗柄的下端装有铲斗，斗柄与铲斗铰接处装有牵引索，牵引索和升降索都卷绕在主卷扬机构的左右两个卷筒上，同时操纵两索能实现挖掘和卸料作业。

铲斗有固装式的，也有铰装式的。后者可以转动，在挖掘过程中可用牵引索相对斗柄拉转 90°。这有利于垂直挖掘或作定形沟的挖掘，卸料也比较方便。

反铲斗有斗底可开启（图 6-4）与斗底不可开启（图 6-5）两种形式。反铲斗斗底的概念与正铲斗的不同，它是指敞开口的前侧，在斗柄处于垂直位置时，它正好处于斗的下方。斗底可开启的反铲斗卸料面积小。斗底不可开启的反铲斗，卸料时必须斗柄带着铲斗一起翻转，使斗口朝下，因此卸料面积较大，斗的后部呈弧形以利卸料。反铲斗的刃口多制成圆弧状，以减小挖掘阻力。

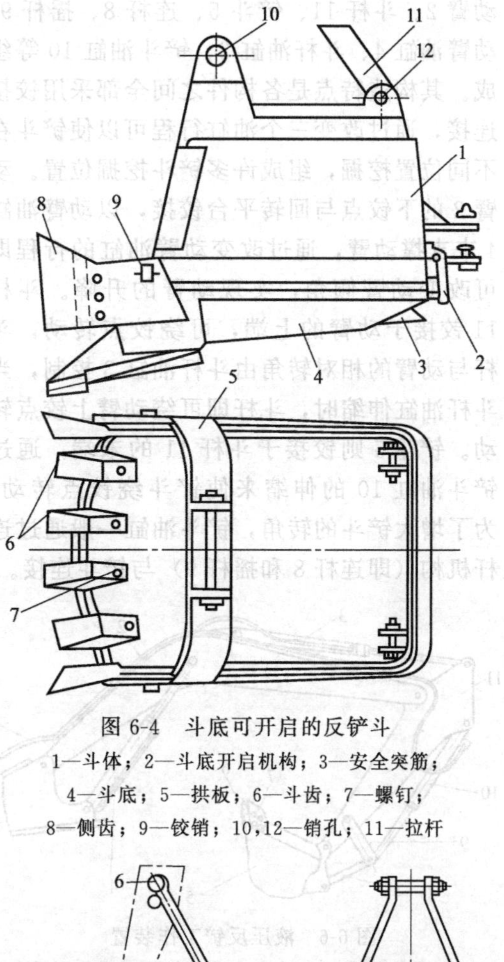

图 6-4 斗底可开启的反铲斗

1—斗体；2—斗底开启机构；3—安全突筋；

4—斗底；5—拱板；6—斗齿；7—螺钉；

8—侧齿；9—铰销；10,12—销孔；11—拉杆

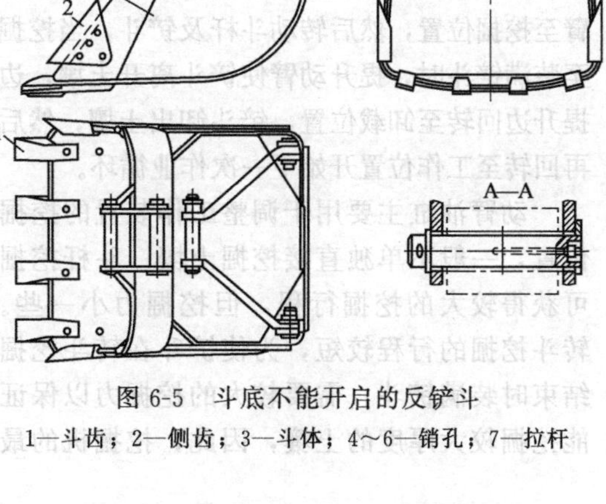

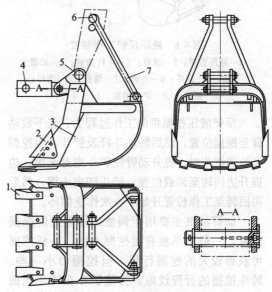

图 6-5 斗底不能开启的反铲斗

1—斗齿；2—侧齿；3—斗体；4～6—销孔；7—拉杆

6.1.2 液压式单斗挖掘机的工作装置

(1) 反铲工作装置

如图 6-6 所示为液压反铲工作装置，由动臂 2、斗杆 11、铲斗 5、连杆 8、摇杆 9、动臂油缸 4、斗杆油缸 3、铲斗油缸 10 等组成。其构造特点是各构件之间全部采用铰接连接，通过改变三个油缸行程可以使铲斗在不同位置挖掘，组成许多铲斗挖掘位置。动臂 2 的下铰点与回转平台铰接，以动臂油缸 4 来支撑动臂，通过改变动臂油缸的行程即可改变动臂倾角，实现动臂的升降。斗杆 11 铰接于动臂的上端，可绕铰点转动，斗杆与动臂的相对转角由斗杆油缸 3 控制，当斗杆油缸伸缩时，斗杆即可绕动臂上铰点转动。铲斗 5 则铰接于斗杆 11 的末端，通过铲斗油缸 10 的伸缩来使铲斗绕铰点转动。为了增大铲斗的转角，铲斗油缸一般通过连杆机构（即连杆 8 和摇杆 9）与铲斗连接。

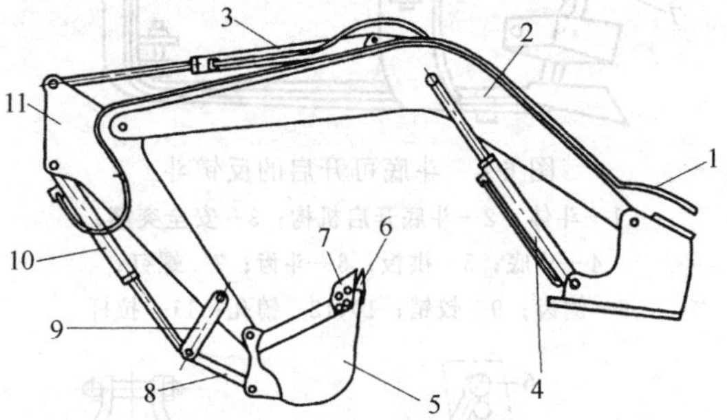

图 6-6 液压反铲工作装置

1—液压管路；2—动臂；3—斗杆油缸；4—动臂油缸；5—铲斗；6—斗齿；7—侧齿；8—连杆；9—摇杆；10—铲斗油缸；11—斗杆；

反铲液压挖掘机的工作过程为：先下放动臂至挖掘位置，然后转动斗杆及铲斗，当挖掘至装满铲斗时，提升动臂使铲斗离开土壤，边提升边回转至卸载位置，铲斗卸出土壤，然后再回转至工作位置开始下一次作业循环。

动臂油缸主要用于调整工作装置的挖掘位置，一般不单独直接挖掘土壤；斗杆挖掘可获得较大的挖掘行程，但挖掘力小一些。转斗挖掘的行程较短，为使铲斗在转斗挖掘结束时装满铲斗，需要较大的挖掘力以保证能挖掘较大厚度的土壤，因此，挖掘机的最大挖掘力一般是由铲斗油缸实现的。由于挖掘力大且挖掘行程短，因此转斗挖掘可用于清除障碍或提高生产率。在实际工作中，熟练的液压挖掘机操作人员可根据实际情况，合理操纵各个液压缸，往往是各液压缸联合工作，实现最有效的挖掘作业。例如，挖掘基坑时由于挖掘深度较大，并要求有较陡而平整的基坑壁，则采用动臂和斗杆同时工作；当挖掘基坑底时，挖掘行程将结束，为加速装满铲斗，或挖掘过程中调整切削角时，则需要铲斗油缸和斗杆油缸同时工作。

(2) 正铲工作装置

正铲工作装置根据挖掘对象的不同可以分为以挖掘土方为主的正铲挖掘机和以装载石方为主的正铲挖掘机。前者一般是挖掘停机面以上的土壤，而且往往是通用型挖掘机的一种换用工作装置，所挖掘土壤一般不超过Ⅳ级；而后一种则以爆破后的岩石、矿石为主要的工作对象，一般都为履带式，属于中、大型机，斗容量常在 $1m^3$ 以上。这些挖掘机的工作条件十分恶劣，有时由于爆破得不好而存在大块和出现要“啃根底”的情况，因而要求斗齿上的作用力大，而斗齿磨损也很剧烈。这种挖掘机通常的作业高度在 3～5m 以内，因此要求在地面以上 3～5m 范围以内必须保证较大的斗齿挖掘力。前一种挖掘机的构造与反铲相类似，其动臂、斗杆、铲斗往往与反铲通用或稍作改动，不再介绍。而以装载岩石为主要对象的正铲挖掘机的正铲装置由动臂 1、斗杆 2、铲斗 3、工作油缸 4 和辅助件（如连杆装置 5）等组成，见图 6-7 所示。

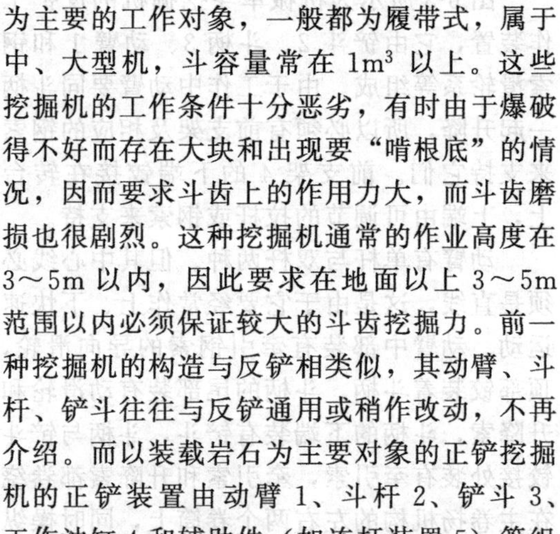

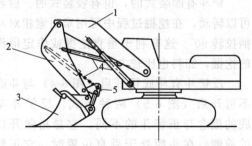

图 6-7 以装载石方为主的正铲装置结构示意

1—动臂；2—斗杆；3—铲斗；4—工作油缸；5—连杆装置

6.2 工作装置构造原理

铰接式工作装置是挖掘机最常见和最通用的一种结构形式。用钢板焊成的动臂、斗杆和铲斗等主要结构件用铰链连接在一起。各杆件系统围绕铰点可以转动，在油缸的作用下，完成各种作业动作。

6.2.1 动臂

动臂是工作装置的主要构件，斗杆的结构一般取决于动臂的结构。反铲动臂可分为整体式和组合式两类。

(1) 整体式动臂

整体式动臂有直动臂和弯动臂两种。直动臂构造简单、轻巧、布置紧凑，主要用于悬挂式挖掘机，如图 6-8 所示。整体式弯动臂有利于得到较大的挖掘深度，它是反铲工作装置最常见的形式，如图 6-6 所示。常用的中小型反铲液压挖掘机主要采用这种结构形式。整体式动臂结构简单、价廉，刚度相同时结构重量较组合式动臂轻。它的缺点是替换工作装置比组合式少，通用性差。所以说，长期用于挖掘作业的反铲采用整体式动臂结构形式比较合适。

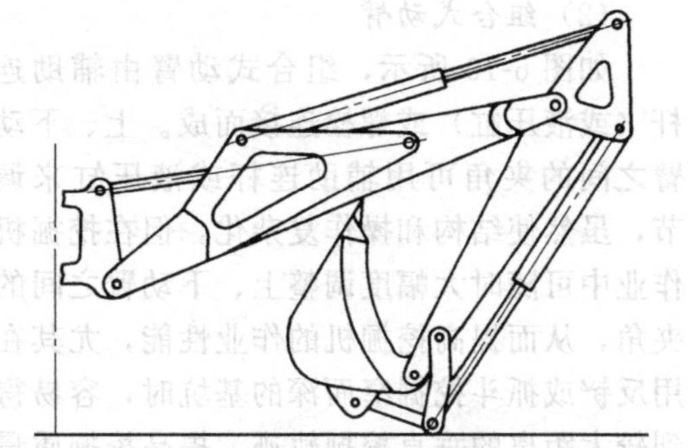

图 6-8　整体式直动臂

动臂与回转平台、斗杆及各油缸的连接均采用铰接，其常见结构如图 6-9 所示。图中 A—A 剖面图为动臂与斗杆的铰接结构，动臂与斗杆之间用带有止动板的长销 14 连接，并用螺栓固定，斗杆与动臂铰支座之间装有垫片 15，用于调整间隙。B—B 剖面为斗杆油缸在动臂上的安装结构，油缸与动臂支座之间用带有止动板的销轴连接并用螺栓固定。C—C 剖面为动臂油缸在动臂上的安装结构，动臂两侧的两个动臂油缸用一个长销穿过，使之与动臂上的支座铰接，在两外端面用轴端挡板和螺栓固定。D—D 剖面为动臂与回转平台的铰接结构，孔内装有滑动轴

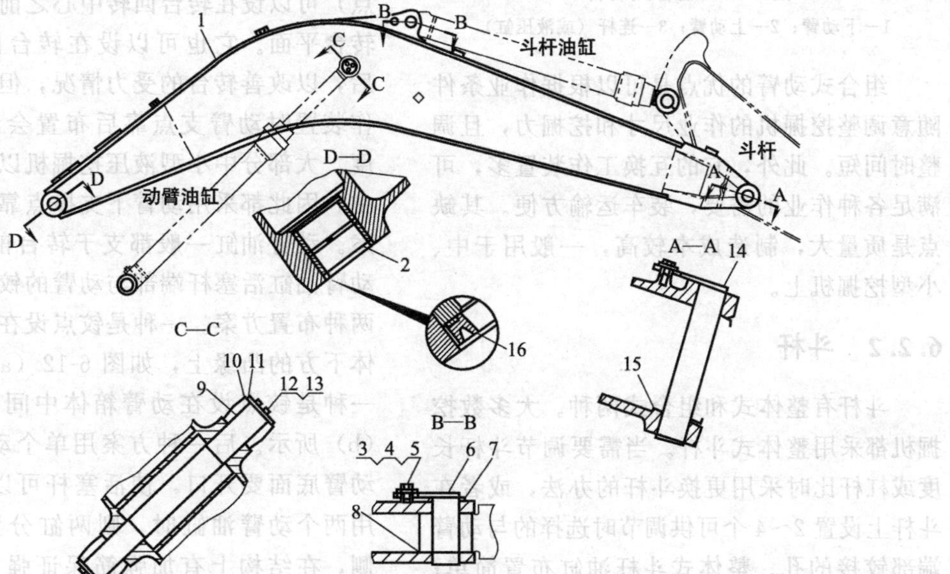

图 6-9　整体式弯动臂铰接结构

1—动臂；2—滑动轴承；3—弹簧垫圈；4—平垫圈；5，12—螺栓；6，9，14—销；7，8，10，15—垫片；11—轴端挡板；13—垫圈；16—油封

承 2，两端面装有油封 16。

(2) 组合式动臂

如图 6-10 所示，组合式动臂由辅助连杆（或液压缸）或螺栓连接而成。上、下动臂之间的夹角可用辅助连杆或液压缸来调节，虽然使结构和操作复杂化，但在挖掘机作业中可随时大幅度调整上、下动臂之间的夹角，从而提高挖掘机的作业性能，尤其在用反铲或抓斗挖掘窄而深的基坑时，容易得到较大距离的垂直挖掘轨迹，提高挖掘质量和生产率。

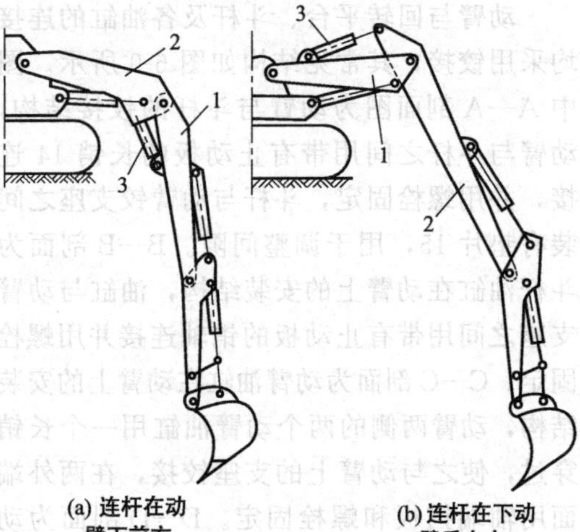

图 6-10 组合式动臂

1—下动臂；2—上动臂；3—连杆（或液压缸）

组合式动臂的优点是可以根据作业条件随意调整挖掘机的作业尺寸和挖掘力，且调整时间短。此外，它的互换工作装置多，可满足各种作业的需要，装车运输方便。其缺点是质量大，制造成本较高，一般用于中、小型挖掘机上。

6.2.2 斗杆

斗杆有整体式和组合式两种。大多数挖掘机都采用整体式斗杆。当需要调节斗杆长度或杠杆比时采用更换斗杆的办法，或者在斗杆上设置 2～4 个可供调节时选择的与动臂端部铰接的孔。整体式斗杆油缸布置简单；挖掘时效率高，原因是挖掘时受力好；相对来说耐用性好。组合式斗杆是采用改变斗杆长短的方法来改变工作装置以满足工作要求。

斗杆一般是由钢板焊接而成的变截面箱型结构，其一端与动臂铰接，另一端与铲斗铰接。图 6-11 所示为斗杆各铰点处的剖面结构示意图。

图中 A—A 剖面为铲斗油缸与斗杆连接处的支座结构。铲斗油缸用带有止动板的销 4 连接到斗杆上的油缸支座上，并用螺栓固定。油缸和支座间装有垫片 6，用于调整油缸与支座间的间隙；B—B 剖面为斗杆与铲斗连接处铰点的结构，铰接孔内部装有轴套 8，端面装有油封 11；C—C 剖面为摇杆与斗杆连接处铰点，结构与 B—B 剖面相同；D—D 剖面为斗杆与动臂连接处的铰接结构，内部装有轴套 10，并可通过油杯 12 加注润滑油，端面用油封 14 密封；E—E 剖面为斗杆油缸安装铰点，其结构与 A—A 剖面相同。

6.2.3 动臂油缸、斗杆油缸和铲斗油缸的布置

动臂油缸、斗杆油缸和铲斗油缸的连接大都采用铰接方式。

动臂油缸的布置方案一般有两种。第一种是动臂油缸位于动臂的前下方［图 6-12 (a)、(b)］。动臂下支撑点（即与转台的铰点）可以设在转台回转中心之前，并稍高于转台平面。它也可以设在转台回转中心之后，以改善转台的受力情况，但使用反铲工作装置时动臂支点靠后布置会影响挖掘深度。大部分中小型液压挖掘机以反铲作业为主，因此都采用动臂下支撑点靠前布置的方案。动臂油缸一般都支于转台前部凸缘上。动臂油缸活塞杆端部与动臂的铰点通常也有两种布置方案。一种是铰点设在动臂封闭箱体下方的凸缘上，如图 6-12 (a) 所示。另一种是铰点设在动臂箱体中间，如图 6-12 (b) 所示。后一种方案用单个动臂油缸时，动臂底面要开口，使活塞杆可以伸入连接；用两个动臂油缸时，则两缸分置于动臂两侧，在结构上有加强筋保证强度。图 6-12 (a) 中的铰点布置不削弱动臂结构强度，但影响动臂下降幅度，而图 6-12 (b) 则相反，但对双动臂较合适。

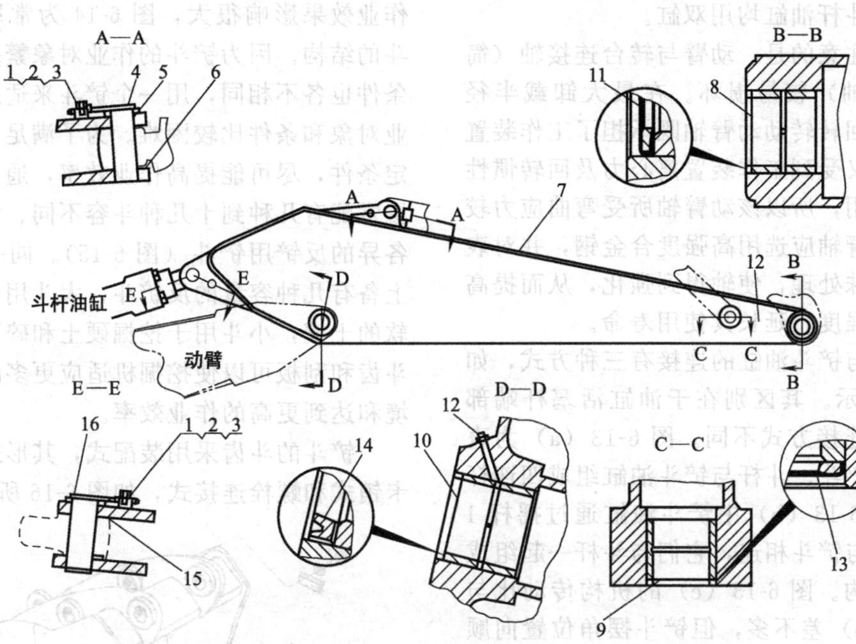

图 6-11　斗杆铰接结构

1—螺栓；2—平垫圈；3—弹簧垫圈；4,16—销；5—定距环；6,15—垫片；7—斗杆；8～10—轴套；11,13,14—油封；12—油杯

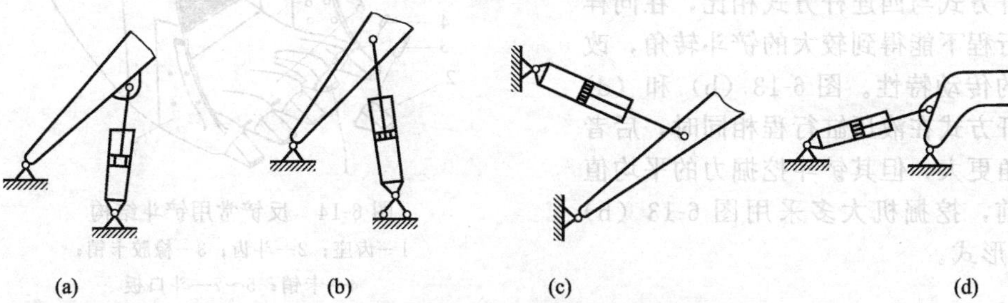

图 6-12　动臂油缸的布置方式

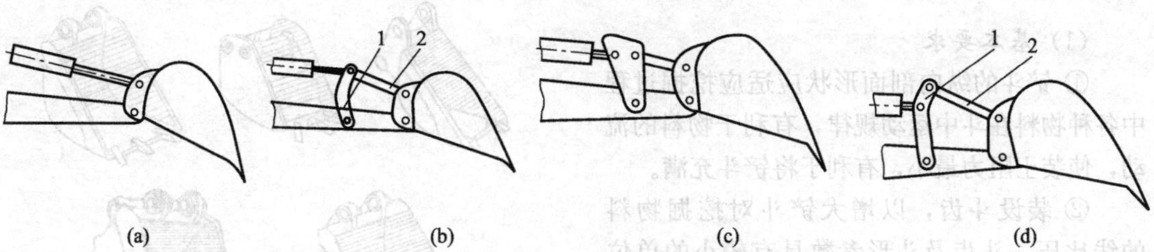

图 6-13　铲斗与铲斗油缸的连接方式

1—摇杆；2—连杆

第二种方案如图 6-12（c）和（d）所示，动臂油缸装于动臂的上方或后方，有的称为“悬挂式油缸”。这种方案的特点是动臂下降幅度较大，在挖掘时，尤其在挖掘深度较大时动臂油缸往往处于受压状态，闭锁能力较强。尽管在动臂提升时油缸小腔进油，提升力矩一般尚够用，提升速度也较快。故作为专用的反铲装置这种方案也可采用。

为了统一缸径和保证油缸的闭锁能力，双动臂油缸的方案采用较广。这也是考虑到不破坏动臂箱形截面，且不与斗杆油缸发生碰撞。斗杆油缸一般只用一个，大型反铲有的动臂和斗杆油缸均用双缸。

需要注意的是：动臂与转台连接轴（简称为动臂轴）较易损坏。在最大卸载半径下，满斗回转转动动臂轴既承担了工作装置的重量，又受到工作装置离心力及回转惯性力等的作用，所以该动臂轴所受弯曲应力较大。该动臂轴应选用高强度合金钢，并对表面进行特殊处理，使轴得到强化，从而提高轴的疲劳强度，延长其使用寿命。

铲斗与铲斗油缸的连接有三种方式，如图 6-13 所示。其区别在于油缸活塞杆端部与铲斗的连接方式不同。图 6-13（a）为直接连接，铲斗、斗杆与铲斗油缸组成四连杆机构。图 6-13（b）中铲斗油缸通过摇杆 1 和连杆 2 与铲斗相连，它们与斗杆一起组成六连杆机构。图 6-13（c）的机构传动比与图 6-13（b）差不多，但铲斗摆角位置向顺时针方向转动了一个角度。图 6-13（d）与图 6-13（b）类似，区别在于前者油缸活塞杆端铰接于摇杆两端之间。

六连杆方式与四连杆方式相比，在同样的液压缸行程下能得到较大的铲斗转角，改善了机构的传动特性。图 6-13（b）和（d）中的六连杆方式在液压缸行程相同时，后者的铲斗转角更大，但其铲斗挖掘力的平均值较小。目前，挖掘机大多采用图 6-13（b）和（d）的形式。

6.2.4 铲斗

（1）基本要求

① 铲斗的纵向剖面形状应适应挖掘过程中各种物料在斗中运动规律，有利于物料的流动，使装土阻力最小，有利于将铲斗充满。

② 装设斗齿，以增大铲斗对挖掘物料的线比压，斗齿及斗形参数具有较小的单位切削阻力，便于切入及破碎土壤。斗齿应耐磨、易于更换。

③ 为使装进铲斗的物料不易掉出，斗宽与物料直径之比应大于 4∶1。

④ 物料易于卸净，缩短卸料时间，并提高铲斗有效容积。

（2）结构

铲斗的结构形状和参数选择对挖掘机的作业效果影响很大，图 6-14 为常用反铲铲斗的结构。因为铲斗的作业对象繁多，作业条件也各不相同，用一个铲斗来适应所有作业对象和条件比较困难。为了满足不同的特定条件，尽可能提高作业效率，通用反铲装置常配有几种到十几种斗容不同、结构形式各异的反铲用铲斗（图 6-15）。同一挖掘机上备有几种容量的反铲斗，大斗用于挖掘松软的土壤，小斗用于挖掘硬土和碎石。配备斗齿和刮板可以使挖掘机适应更多的工作环境和达到更高的作业效率。

铲斗的斗齿采用装配式，其形式有橡胶卡销式和螺栓连接式，如图 6-16 所示。

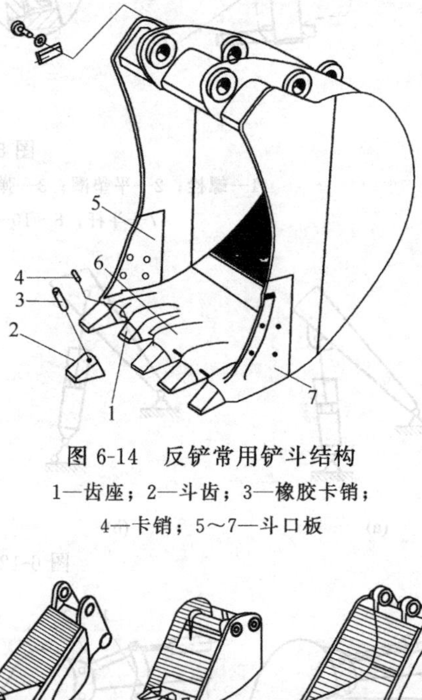

图 6-14 反铲常用铲斗结构

1—齿座；2—斗齿；3—橡胶卡销；4—卡销；5～7—斗口板

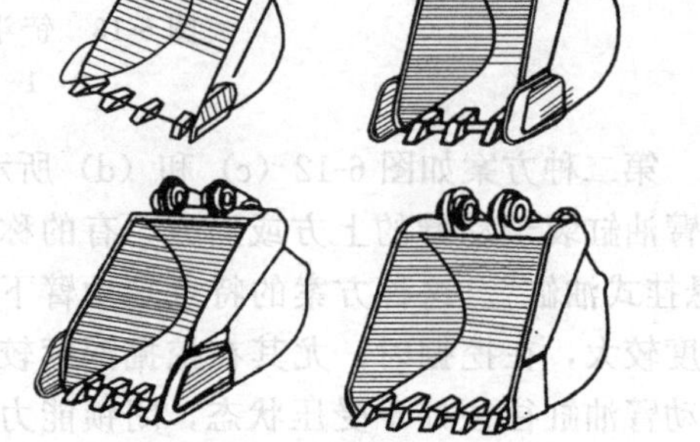

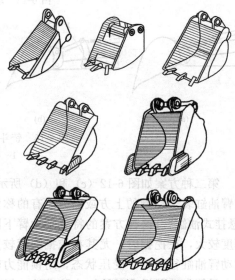

图 6-15 反铲用铲斗基本形式

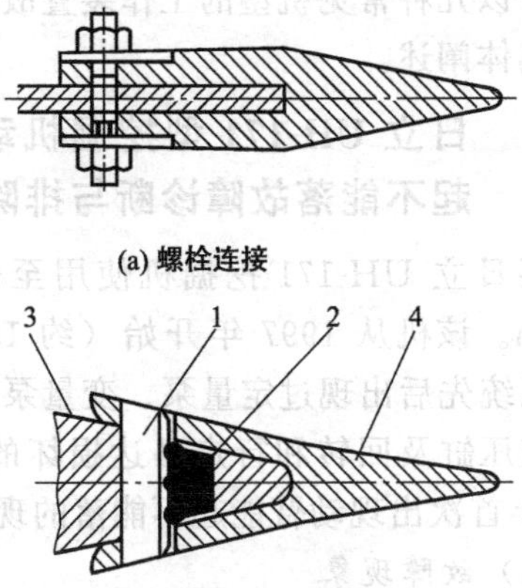

(a) 螺栓连接

(b) 橡胶卡销连接

图 6-16 斗齿安装形式

1—卡销；2—橡胶卡销；3—齿座；4—斗齿

正铲铲斗根据结构和卸土方式不同可分为前卸式和底卸式两大类，如图 6-17 所示。

前卸式铲斗卸土时直接靠铲斗油缸使铲斗翻转，土壤从斗的前方卸出，如图 6-17（a）所示。此种结构构造简单，斗体是整体结构，刚度和强度都比较好，并且不需要另设卸土油缸，但是为了能将土卸净，要求卸土时前壁与水平夹角大于 45°，因而要求铲斗的转角加大，结果导致所需的铲斗油缸功率增加，或者造成转斗挖掘力下降或卸土时间延长。此外，前卸式铲斗还影响有效卸载高度。

底卸式铲斗靠打开斗底卸土。如图6-17（b）所示的铲斗是靠专门的油缸 2 开闭斗底。挖掘时斗底关闭，卸土时斗底打开，土壤从底部卸出。此种结构卸土性能较好，要求铲斗的转角较小，但必须增设卸土油缸，此外，斗底打开后影响到有效卸载高度。这类开斗方式现已少用，目前挖掘机上采用较多的是另一种底卸式铲斗，如图 6-17（c）和（d）所示，铲斗由两半组成，靠上部的铰 1 连接。卸土油缸 2 装在斗的后壁中。油缸收缩时通过杠杆系统使斗前壁（颚板）向上翘起，将土壤从底部卸出。用这种方式卸载，卸载高度大，卸载时间较短，装车时铲斗得以更靠近车体并且还可以有控制地打开颚板，使土或石块比较缓慢地卸出，因而减少了对车辆的撞击，延长了车辆的使用寿命。

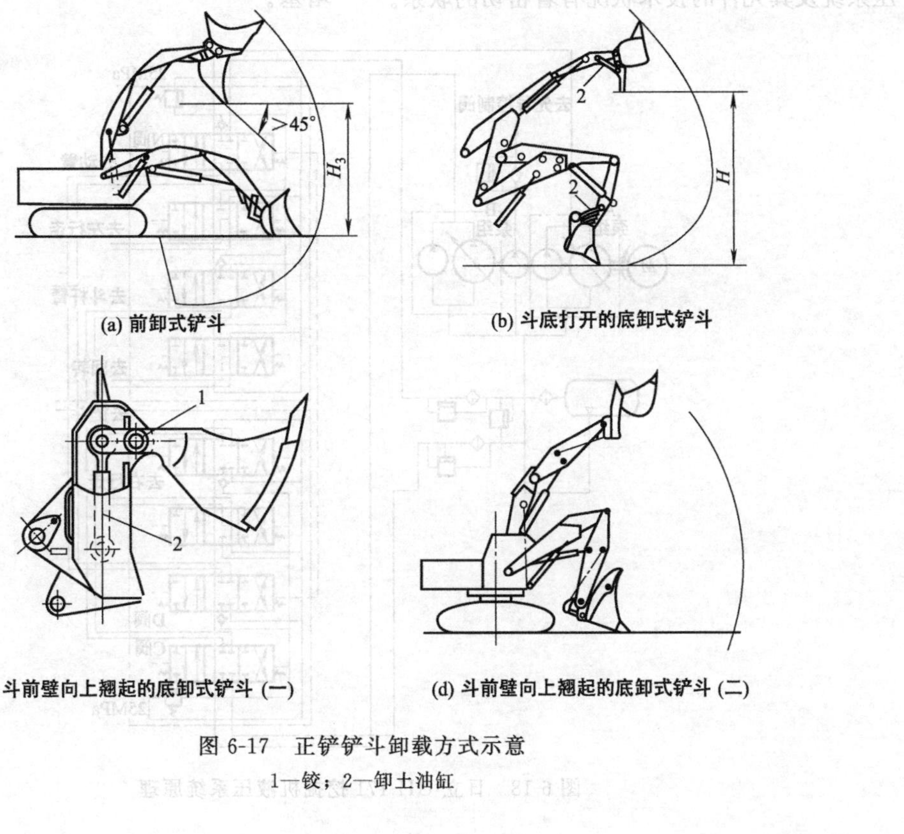

(a) 前卸式铲斗

(b) 斗底打开的底卸式铲斗

(c) 斗前壁向上翘起的底卸式铲斗 (一)

(d) 斗前壁向上翘起的底卸式铲斗 (二)

图 6-17 正铲铲斗卸载方式示意

1—铰；2—卸土油缸

另外这种斗还能用于挑选石块，很受欢迎，但铲斗的重量加大较多，因而在工作装置尺寸、整机稳定性相同的情况下斗容量有所减少，并且由于斗由两部分组成，受力情况较差。采用底卸式铲斗结构，铲斗的转角可以减小，因而有些挖掘机已取消了铲斗油缸的连杆装置，铲斗油缸直接与斗体相连接，简化了结构，并在一定程度上加大了转斗挖掘力。

当挖掘比较松软的对象，或用于装载散粒物料时，正铲斗可以换成装载斗，在整机重量基本不变的情况下，这种斗的容量可以大大增加，提高了生产率。装载斗一般都是前卸式，不装斗齿，以减小挖掘松散物料时的挖掘阻力。

6.3 工作装置故障诊断与维修

由于目前的挖掘机绝大多数为液压挖掘机，各工作装置动作过程也都是由液压系统驱动和控制，所以工作装置的故障必然和液压系统及其元件的技术状况有着密切的联系。本小节以几种常见机型的工作装置故障为例进行具体阐述。

6.3.1 日立 UH-171 型挖掘机动臂能起不能落故障诊断与排除

某日立 UH-171 挖掘机使用至今已近 20000h。该机从 1997 年开始（约 13000h）液压系统先后出现过定量泵、变量泵、先导泵、液压缸及回转和行走马达损坏的故障。1999 年首次出现动臂能起不能落的现象。

（1）故障现象

该机在高速公路施工中，动臂升起后突然不能降落。经检查，发现两个动臂液压缸伸出后收不回来，同时还发现该机的 B 泵组（见图 6-18）在运转不足 3min 时，泵体烫得手不能摸，并伴有 B 泵组的高压油管剧烈抖动现象。

（2）故障诊断

产生故障的原因可能有以下几个方面。

① B 泵组系统混入空气、泵组吸空、吸油管接头松动、吸油管漏气和吸油管堵塞。

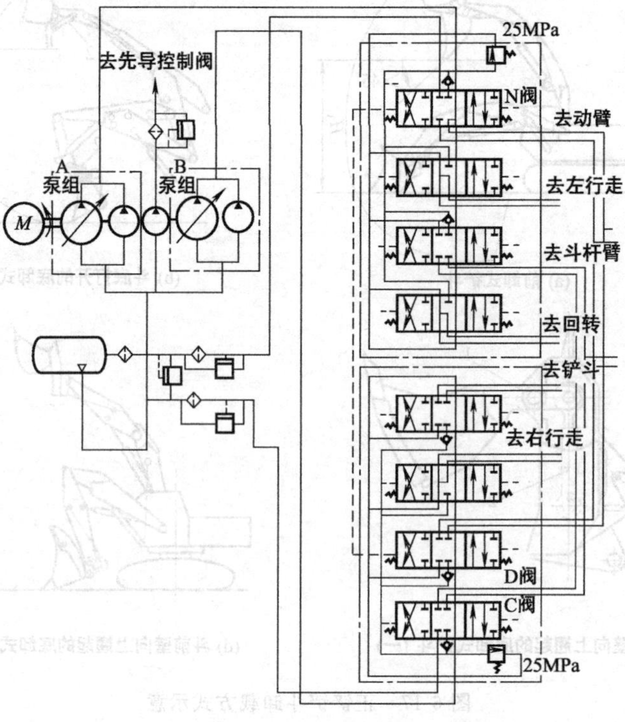

图 6-18 日立 UH-171 挖掘机液压系统原理

② B泵组系统回油管堵塞、回油滤芯损坏堵塞、旁通阀和溢流阀咬死不能开启。

③ B泵组柱塞折断，柱塞与缸体咬死，回程盘破碎。

④ 先导控制油路失控，先导泵损坏，先导阀不开启。

⑤ 液控换向阀弹簧对中失灵，卡在不对中位置。

针对上述原因分析，维修人员采用先易后难的方法拆检了油路和B泵组，随后用检测表测量，得知先导控制油路正常。在否定了前四项原因后，对该机进行了长达15min的试机运转，除动臂缸不能缩回外，其他各个动作均正常，但B泵组仍热得烫手，高压软管仍剧烈抖动，显示故障的原因集中在液控换向阀上。从图6-18的液压原理图中可知，动臂和斗杆工作均由A、B两个泵组组合供油，必须查清，究竟哪一个液控换向阀被卡死。

动臂的起升是由D阀和N阀同时开启，A、B两泵组合供油；动臂的下降是由D阀单独开启，B泵组单独供油的。所以动臂能起不能落的原因是D阀卡死在不对中位置，而无压力油进入动臂液压缸上腔所致。

为了证明动臂能起不能落是由于D阀卡死所致，可以对B泵组热得烫手和高压油管剧烈抖动进行论证。当D阀卡死时，B泵组的液压油在经过C阀后便被D阀堵死，B泵组的液压油只有在克服安全阀的开启压力25MPa后方能通过安全阀形成回路流回油箱。此时的安全阀在B泵组回路中起到了减压阀的作用，由此而产生巨大的热量使B泵体产生高温。所以只要发动机开始运转，B泵组及其高压油管就处在系统最高压力下工作，使其在空载下发烫和抖动。分析了动臂升降的工作原理后，找到了故障的原因。

(3) 故障排除

拆检D阀，发现有少量金属颗粒把阀芯卡死在阀体中，使D阀芯处在通道堵死的位置上。抽出该阀芯用磨缸砂条和水磨砂纸打磨后复装试机，动臂伸缩自如。

6.3.2 小松PC200-5型挖掘机斗杆油缸活塞杆不缩回故障的诊断与排除

(1) 故障现象

某单位一台PC200-5型挖掘机在操纵斗杆阀时，出现斗杆缸活塞杆伸出后不能缩回的故障，但若联合操纵动臂PPC阀加之挖掘机本身的重力，斗杆活塞杆可以被动压回。该机的其余各机构动作和性能均未见异常。

(2) 故障诊断与排除

根据斗杆缸的液压系统原理（见图6-19），该斗杆缸活塞杆只伸不缩的故障原因可能有以下几个方面。

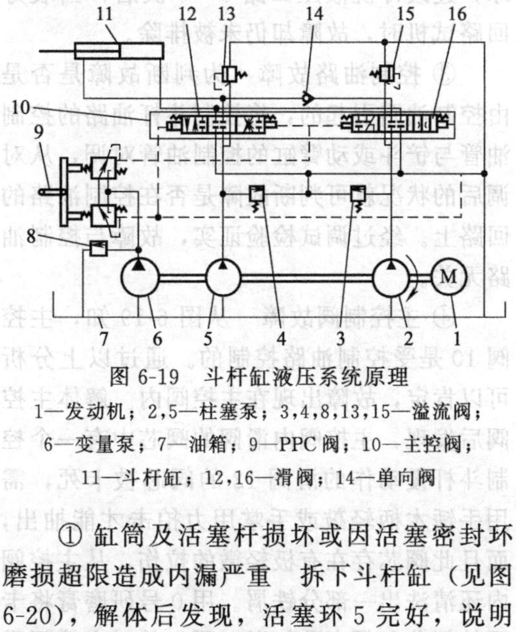

图6-19 斗杆缸液压系统原理

1—发动机；2,5—柱塞泵；3,4,8,13,15—溢流阀；6—变量泵；7—油箱；9—PPC阀；10—主控阀；11—斗杆缸；12,16—滑阀；14—单向阀

① 缸筒及活塞杆损坏或因活塞密封环磨损超限造成内漏严重 拆下斗杆缸（见图6-20），解体后发现，活塞环5完好，说明内漏不严重。而后又检查了活塞杆1及缸筒2，发现活塞底部缓冲柱塞10已松脱，并在活塞杆的运动作用力下撞伤液压缸底部。从解剖后的斗杆缸知，底部缓冲柱塞松脱是由于锁紧螺母6未能压住螺纹胶粒8，使胶粒在液压油中受浸泡、冲蚀，在油压和油温的长时间作用下日久失效，并从活塞杆小孔中脱出，导致其上的12粒钢球7部分脱落，缓冲柱塞也因无锁紧而脱出，最终造成缸筒损坏和液压回路出故障，从而出现斗杆缸活塞杆只伸不缩的现象。

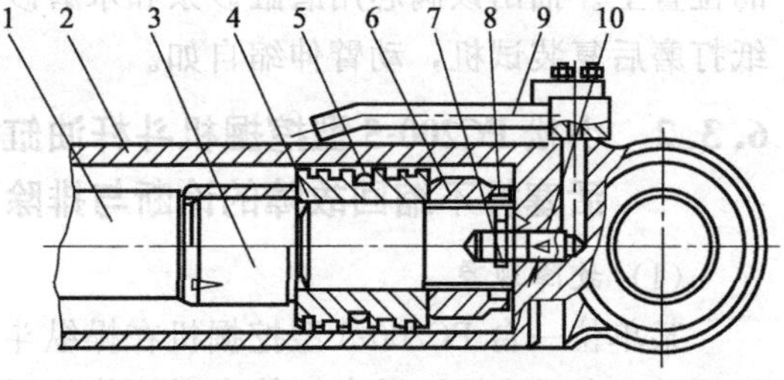

图 6-20 斗杆缸结构

1—活塞杆；2—缸筒；3—上部缓冲柱塞；4—活塞；5—活塞环；6—锁紧螺母；7—钢球；8—螺纹胶粒；9—底部油管；10—底部缓冲柱塞

② 液压回路堵塞　清洗了液压回路，除去了回路中的油垢、泥沙和铁屑等污物，从清洗后的液压油中还找到了已破损的钢球，连续冲洗液压回路 5～6 次后，当装好回路试机时，故障却仍未被排除。

③ 控制油路故障　为判断故障是否是由控制油路引起的，将控制斗杆油路的控制油管与铲斗或动臂缸的控制油管对调，从对调后的状况就可判断故障是否在控制油路的回路上。经过调试检验证实，故障与控制油路无关。

④ 主控制阀故障　从图 6-19 知，主控阀 10 是受控制油路控制的。通过以上分析可以肯定，故障出现在主控阀内。解体主控阀后发现，主控阀内滑阀的阀芯中有一个控制斗杆慢动作的滑阀 12 的阀芯被卡死，需用手锤木柄轻敲或手掌用力拍击才能抽出，而且此阀芯存在有极轻微的拉伤，从主控阀内还清洗出一部分铁屑。用 0 号研磨膏将卡死的阀芯和阀座孔加以对研，并对主控阀进行彻底的清洗。重新装配后，机器故障彻底排除。

6.3.3 小松 PC220-5 型挖掘机铲斗缸和左行走马达工作无力故障的诊断与排除

(1) 故障现象

一台 PC220-5 型小松挖掘机，工作 8500h 后出现铲斗缸和左行走马达工作无力的故障，但回转动作和右行走均正常，其余动作略显迟缓。

(2) 故障诊断

铲斗缸工作无力故障的可能原因：

① 控制铲斗的先导油路有故障。

② 控制阀阀芯卡死或严重磨损。

③ 铲斗回路的补油阀卡死。

④ 铲斗缸、活塞或油封严重损坏。

⑤ 主卸荷阀卡死。

⑥ 后泵或其控制系统有故障。

左行走马达工作无力故障的可能原因：

① 控制左行走的先导油路有故障。

② 控制阀阀芯卡死或严重磨损。

③ 行走马达有故障。

④ 中心回转接头窜油严重。

⑤ 主卸荷阀卡死。

⑥ 后泵或其控制系统有故障。

由 PC220-5 的液压系统原理可知，其液压泵系统由前泵、后泵、先导泵、各种控制阀等组成，铲斗缸和左行走马达都是由后泵单独供油的，因而铲斗缸和左行走马达同时出现工作无力，其原因最有可能出在主卸荷阀或后泵及其控制系统上。于是将前泵、后泵的高压油管相互交换，再试机时发现，铲斗缸和左行走马达已工作正常，相反，回转马达和右行走马达却工作无力了。由此说明铲斗缸和左行走马达及其控制系统均属正常，故障应在为铲斗缸和左行走马达单独供油的后泵或其控制系统上。

检查后泵及其控制系统并分析：

① 由于前泵工作正常，证明前泵、后泵公用的控制先导泵和 TVC 阀工作正常。

② 在 NC 阀出口处装一个量程为 6MPa 的油压表，测得该处油压为 P_1（因 CO 阀出口压力没有测试点）。将 CO 阀调节螺栓调紧 2～4 圈时，发现 P_1 值上升，再将调节螺栓调回原位时，P_1 下降到原来的数值。检测结果符合 CO 阀工作特性，说明 CO 阀工作正常。

③ 将 NC 阀调节螺栓调紧 2～4 圈时，发现 P_1 值上升，再将调节螺栓调回原位时，P_1 下降到原来的数值。检测结果符合 NC 阀工作特性，说明 NC 阀工作正常。

④ 拆检伺服机构后得知，回位弹簧无

折断且弹性良好，连杆机构没有脱落，阀芯无卡滞和磨损现象，由此说明伺服机构工作正常。

由上述检查结果可知，后泵的控制系统工作正常，铲斗和左行走马达工作无力只能是后泵本身有故障引起的。

拆下液压泵总成，经解体检查发现，前泵各液压元件完好无损，后泵损坏较为严重，配流盘封油带处有几条较深的沟槽，柱塞缸端面有轻度拉伤，其余液压元件并无明显的磨损现象。显然，后泵不能正常工作是因为柱塞缸与配流盘的接触面严重磨损，造成液压油严重泄漏，致使油压建立不起来，从而导致铲斗缸和左行走马达工作无力。

(3) 故障排除

鉴于柱塞缸端面损伤不大而配流盘损坏严重的情况，可采用修磨柱塞缸和更换配流盘的维修方法，即先用平面磨床精磨柱塞缸的磨损端面，然后用氧化铬进行抛光，最后用手工对研柱塞缸和配流盘，保证其接触面积达 95%以上。

将修复后的柱塞缸和配流盘装好后试机，挖掘机工作恢复正常。

6.3.4　小松 PC200-6 型挖掘机斗杆回路故障的诊断与排除

(1) 故障现象

一台小松 PC200-6 型挖掘机，正常使用 8000h 后出现斗杆伸出动作不正常的故障：即单独操作“斗杆伸出”动作时，斗杆运动先快后慢；当机器进行复合动作或其他回路出现溢流时，斗杆运动变得更慢甚至完全停止，但该机的其他回路均正常。

(2) 故障诊断与排除

经分析，可能是斗杆回路有故障（该机的斗杆回路见图 6-21）。故障原因有：安全吸油阀 3 或压力补偿阀 2 动作不良；斗杆先导 PPC 操作阀或其连接软管有问题，使斗杆换向阀行程变短；斗杆换向阀内的弹簧折断等，使阀的运动受阻，导致换向阀行程不到位。为排除此故障，按照先易后难的顺序做下列检查。

① 测斗杆回路系统的压力。当操作“斗杆伸出”动作时，斗杆回路中的系统压力由初始的 30MPa 迅速下降至 22MPa，此时斗杆挖掘及其他回路的压力均为 31.9MPa，而且稳定。再将故障回路中的安全吸油阀和压力补偿阀与该机正常回路中的同型号阀进行互换，故障症状没有任何变化。由此可排除安全吸油阀和压力补偿阀有故障。

② 将两只量程 6MPa 的压力表分别装在斗杆换向阀的两端（该液压回路为先导控制回路），当操作“斗杆伸出”动作时，斗杆 PPC 阀 P_2 端先导压力为 3MPa，P_2 端压力随故障动作负荷的增加由 0.4MPa 上升至 0.8MPa。但是，正常状态下此处应不存在压力，可见是先导压力所产生的阻力导致斗杆换向阀运动不到位。于是，拆下 P_2 软管接头，再操作“斗杆伸出”动作时，故障消失。此外，故障出现时，从 P_2 口（弹簧室）有油液喷出，当操作“斗杆伸出”动作时，其油液的喷射量达到最大，由此可断定该压力是因斗杆换向阀内部有高压油泄漏所致。于是，取出换向阀的阀杆，发现阀内一个油封已损坏。

更换油封并装回阀体，又将拆下的其他零部件装回原处再操作时，机器已能正常工作了。

该油封是用于 LS 负载感应导孔与弹簧室之间的静密封的。油封损坏后，随负荷变化的 LS 压力油就进入先导回路，再经 P_2 口至斗杆 PPC 阀流回油箱。因该回路软管的内径小且较长，而泄油流量又大，故回油时就产生节流压差，即 P_2 腔内压力升高。因原换向阀的先导推力已被该压力抵消至 2.2MPa（3MPa－0.8MPa＝2.2MPa），远低于额定压力（正常值为 2.7MPa～3.3MPa），故使斗杆换向阀不能到位，并使（斗杆伸出时）阀的流量和压力降低，造成斗杆伸出动作不正常；挖掘机进行复合动作时，由于其他回路产生的 LS 压力远大于斗杆换向阀的出油压力，从而使故障回路中的

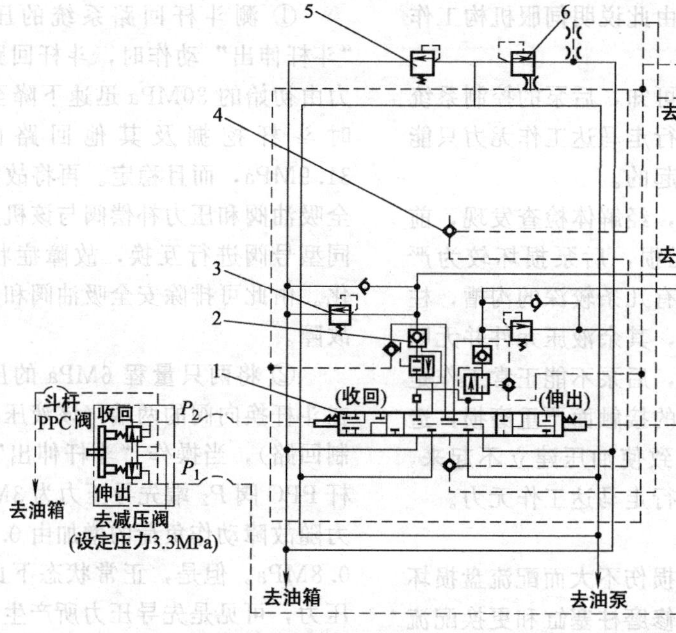

图 6-21 PC200-6 挖掘机斗杆回路图

1—斗杆换向阀；2—压力补偿阀；3—安全吸油阀（设定压力为 35.8MPa）；4—LS 梭阀；
5—主安全阀（设定压力为 31.9MPa）；6—卸荷阀（开启压力为 2.9MPa）

压力补偿阀关闭，致使斗杆无力伸出。

6.3.5 小松 PC300-6 型斗杆挖掘机挖掘无力故障的诊断与排除

(1) 故障现象

小松 PC300-6 型挖掘机在挖第一斗时工作正常，待卸土后再挖即出现斗杆挖掘无力的现象，但斗杆外伸及其他各部件动作均正常。

(2) 故障诊断与排除

① 测得主泵压力为 33MPa，属正常。

② 拆检斗杆缸总成，结果正常。

③ 拆检主控制阀上的斗杆滑阀阀芯，结果也正常。

④ 拆检斗杆再生回路阀（见图 6-22），发现单向阀 4 的回位弹簧弹力较弱。于是，在弹簧座上加了一个厚度为 3mm 的垫片，再试机时一切正常。

分析其原因，单向阀 4 中弹簧的弹力弱，挖掘时斗杆再生回路中的 D 处不能及时关闭，导致 D 处两侧油腔互通，故斗杆挖掘无力。

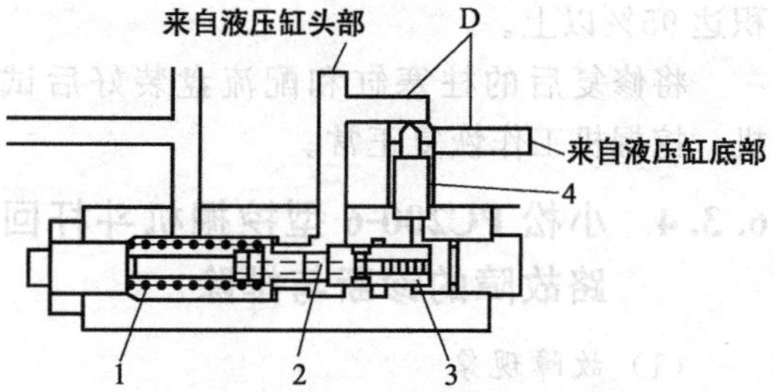

图 6-22 斗杆再生回路阀结构

1—弹簧；2—滑阀；3—活塞；4—斗杆再生回路单向阀

6.3.6 国产 W4-60 型挖掘机挖掘无力故障的诊断与排除

(1) 故障现象

某单位在使用 W4-60 型挖掘机作业时发现不正常现象：挖掘硬物料时挖不动，挖掘松散物料时不满斗且非常吃力。

(2) 故障诊断

根据 W4-60 型挖掘机的液压系统工况的分析，挖掘无力故障原因有可能是：

① 液压油不足；

② 主泵磨损；

③ 主安全阀调整压力偏低；

④ 操纵阀磨损严重；
⑤ 铲斗缸活塞油封损坏。

(3) 故障排除

① 首先查看液压油箱，发现液压油充足，即可排除此故障的可能性。

② 通过对液压系统原理进行分析可知，如主泵磨损或主安全阀调整压力偏低，整个系统就达不到额定的系统工作压力，那么动臂、斗杆、回转马达及液压支腿等部分工作都将发生异常。但经观察，其余工作装置均正常工作，未发现任何异常的情况，因此可排除主泵磨损及主安全阀调整压力偏低这两个故障原因。

③ 通过以上分析，可将故障原因集中在操纵阀严重磨损与铲斗缸的活塞油封损坏上，由于这两个故障比较隐蔽，究竟是两个故障同时发生了，还是只发生其中的一个，仅通过现象观察难以判断，但如果盲目拆检又代价太大。在此情况下可进行堵漏试验，即应用仪器测量回路的流量即可迅速判断故障所在。但由于条件的限制，施工单位不一定都配备有此类故障的检测仪，此时可根据液压系统的结构特点进行分析：铲斗回路出现故障并不影响其他回路执行部件（如动臂、斗杆等）的动作，而且各回路调定压力大小均相同。由于斗杆回路与铲斗回路的油管尺寸完全相同，因此可以利用斗杆回路来进行故障的分析和判断，具体操作如下：将铲斗与斗杆进油及回油油管分别互换连接后，重新观察铲斗与斗杆的工作情况，发现铲斗工作仍不正常，而斗杆工作仍然正常。这样就可以判定故障是发生在铲斗油缸上，于是将铲斗油缸进行拆检，看到活塞上油封已断裂损坏，造成油缸上下腔泄漏严重，致使铲斗挖掘无力。更换油封后，铲斗工作即恢复正常。

从上述故障的排除可以得出，只要掌握液压系统的工作原理和一些技术数据，利用液压系统本身回路的一些规律，通过仔细观察，冷静判断，一般都能找出故障的根源。对于一些隐蔽的故障，可以利用仪器来检测系统的技术性能，如压力、流量和温度等来定量分析，就可迅速找出故障部位。

6.3.7 国产 WY60A 型挖掘机动臂液压缸小腔压力不足的诊断与排除

(1) 故障现象

某公司有一台 WY60A 型液压挖掘机在最近一次施工中，当动臂液压缸小腔进油，铲斗缸直立，铲斗着地，顶抬挖掘机，使其前倾角增大时，与正常情况相比，明显感觉上腔顶力不足，加大油门也无济于事。

(2) 故障分析与排除

本系统主安全阀压力 $P=25\text{MPa}$，液压缸 $P=31.5\text{MPa}$，行走马达 $P=26.5\text{MPa}$，回转马达 $P=21\text{MPa}$，从试机看，其他液压缸动力基本正常，维修人员曾更换动臂缸密封圈，故障仍存在。再进行动臂缸上下腔动力对比试验，下腔（大腔）进油时，起吊 $F=1.5F_{额}$ 的超载试验，与新机能力相同。对此，修理人员设计一只三通压力接口，经检测小腔压力 $P=20\text{MPa}$，与 25MPa 相比相差较大，再将上、下腔过载阀进行对调试验，小腔仍无变化，证明液压缸过载阀无故障。再进一步检测两组主安全阀，结果与动臂缸小腔相关的一组压力偏低，只有 $P=20\text{MPa}$，而另一组高于 25MPa，接近油缸过载阀安全压力 $P=30\text{MPa}$。这样由于动臂大腔、斗杆两腔及铲斗大腔是合流供油的，故两组中因一组压力偏高，造成这些动作从现象上看仍正常。经调整两组主安全阀至标准值，此故障得到解决。

6.3.8 国产 W4-60C 型挖掘机动臂举升缓慢或无力

(1) 故障现象

挖掘机工作时，动臂举升缓慢。

(2) 故障分析与排除

挖掘机动臂举升，是靠油泵输出的压力油顺管道经阀进入动臂油缸的大腔（无杆腔），油缸内的活塞在工作油液压力的作用下移动，通过活塞杆将动臂举起。由此看来，动臂举升的速度与进入油缸油液的压力和流量有关。根据输入油缸的功率等于油缸输出的功率这一道理，再根据输入液压油缸的功率 P 等于液压油缸的工作压力与进入液压油缸流量的乘积，那么，动臂举升缓慢多半是因输入液压油缸的功率减小或流量减少，也就是输入油缸的功率减小所致。引起输入油缸的功率减小的原因有：

① 油泵的影响　根据油缸内的活塞移动速度与进入油缸油液的工作流量成正比关系，如果液压油泵输出的流量减少，必然会使动臂油缸举升缓慢。进而分析，油泵的实际流量等于油泵的理论流量与总效率的乘积(油泵容积效率与机械效率之和)，如果油泵的总效率减小，则油泵实际流量也必然减小。使油泵总效率减小的主要原因是：油泵泄漏量增大和机械摩擦损失增大。

② 油缸的影响　液压油缸活塞密封圈损坏、油缸拉伤、油缸盖密封圈损坏而引起油液窜腔或漏油，使油缸内的容积效率减小。如果活塞及顶杆的配合副装配过紧或其他原因使机械效率减小；即油缸本身效率减小，故输出的功率减小，其表现为动臂举升速度缓慢。

③ 油路泄漏的影响　油泵的吸程段(油泵至油箱)管路密封不良而吸入空气，影响泵油效率；油泵至油缸的压程段向系统外漏油或通过操纵阀漏回油箱，均会使进入油缸的油液流量减小，压力降低，导致动臂举升缓慢。

④ 油路堵塞的影响　液压系统的工作油液一般会有机械杂质，这些杂质在油路中的油流截面小的部位堵塞，使进入油缸油液流量减少，同时还会引起压力降低。因此，致使油缸输出功率减小而使动臂举升缓慢。

吸油口处的滤网堵塞，会使油泵吸油段真空度增大，当达到分离油中的空气压力时，则使溶于油液中的空气被分离出来，被油泵吸入而影响油泵的输出功率。根据油缸的输出功率等于油泵输入油缸功率，所以因油泵输入油缸的功率减小而使动臂举升缓慢。

回油路部分的滤油网或散热器堵塞，会使油缸的背压增大。导致油缸活塞两侧压力差减小。根据油缸的活塞移动速度与活塞两侧的压力差存在着正比关系，当活塞两侧的压力差减小时，动臂举升缓慢。

⑤ 阀的影响　安全阀（过载阀或溢流阀）调定压力过低或阀门关闭不严，均会造成系统内工作油液压力下降，而油液中压力处处相等，所以油缸内的压力也降低，故油缸因压力低而举升速度缓慢。单向阀因机械杂质使阀门与阀座关闭不严，或阀门与阀座密封不良而关闭不严，其结果与上述情况相同。

换向阀的阀芯与配合副的间隙过大，造成工作时会有部分压力油流回油箱，其结果也与上述情况相同。

⑥ 油泵的进出油管接头接反，油缸不动作。

(3) 故障诊断与排除

如果液压工作装置动作均缓慢，表明动臂油缸举升缓慢的故障在主供油或总回油部分。若其他工作装置工作速度正常，唯有动臂油缸举升缓慢，则表明举升无力的故障在动臂支路。

① 外观检查主油路外泄漏　如果主油路有漏出系统外的油迹，表明是动臂举升无力的故障所在，应顺油迹查明漏油的原因，并予以排除。

② 检查油箱内的油液　若油箱内的油液严重不足或气泡过多，便是由于主油路压力不足引起的动臂举升缓慢，应加注油液，使液面满足高度要求。若是气泡过多，可能是回转接头处油路与气路相通，应更换回转接头密封圈。若油液氧化变质呈黑褐色，并发出臭味，说明油液变质，应更换。

③ 检查油温　若系统的油温超过 80℃，表明是引启动臂举升缓慢原因所在，应予以冷却。若冷却后故障消失，证明散热器散热不良或大负荷连续工作时间过长。

另外，若油温低时工作正常，油温高时动臂举升速度缓慢，表明油质变坏或系统液压元件磨损，使系统效率降低之故。前者多发生在正常使用期，后者多发生在耗损期。

④ 检查主安全阀　若将安全阀的调整螺柱旋入（每旋入一圈压力变化 2.352MPa）压

力上升至规定值，且动臂举升速度正常，便是主安全阀调整不当所致。

若调整无效，表明是主安全阀的阀芯卡滞在开启位置或关闭不严所致，应拆下进而检查并予以排除。若调压弹簧折断时，应予以更换。

⑤ 调整主安全阀　调压螺柱每旋入一圈但压力不增加（2.352MPa），表明油泵有故障。若动臂举升缓慢故障发生在早期（走合期），证明吸油道有漏气；若发生在耗损期，证明油泵磨损严重而泵油效率低所致，应予以修理或更换。

⑥ 检查油缸　若油缸举升后操纵阀处于中位时，动臂有明显的自动下降，有可能是油缸密封件密封不良，油缸安全阀关闭不严，油管漏油，操纵阀漏油，应进而查明原因并对症排除。

若油缸举升缓慢发生在早期，多数是装配油缸时密封件损坏的可能性很大；也有可能在装配时未清除制造时的机械杂质（金属屑、砂粒等）将安全阀阀芯或单向阀卡在开启位置影响阀芯的关闭；管道接头连接松动，密封圈损坏而漏油。以上原因都能引起液压系统内压力下降，致使动臂举升缓慢，应进而查明原因并予以排除。

若动臂油缸的安全阀调定压力低于规定值时，应予以调整。其方法是：将螺塞拧出，在弹簧端增加垫片升压（垫片厚每增厚1mm，可增加压力2.45MPa）。

铲斗油缸故障现象，原因分析、诊断与排除方法与动臂油缸基本相同。当上述油缸遇有相似故障时，可参看动臂油缸的故障分析与诊断排除。

6.3.9 全液压挖掘机动臂自动下落故障的诊断与排除

（1）故障现象

挖掘机在施工时动臂自动下落。

（2）故障诊断与排除

动臂自动下落是挖掘机常见故障之一，许多人将这一故障误诊为动臂油缸活塞密封圈磨损严重所致，这是错误的。事实上，如果动臂换向阀和溢流阀没有问题的话，不管动臂缸活塞密封圈磨损多么严重，动臂也绝不会自动下落。这是因为，动臂缸的大腔在下方，如果认为动臂下落是因活塞密封圈磨损严重而使油上窜，那么，下腔排出的多于上腔让出容积的油哪里去了呢？有人也诊断为动臂缸的单向节流阀的故障，这也是错误的。因为如果动臂换向阀和溢流阀无故障，无论单向节流阀的技术状况怎么样，动臂缸下腔的油也不会流出而使动臂下落。单向节流阀的作用是防止动臂点头和过速下降，只有出现动臂点头、动臂下降过速或动臂不能下降时，才应检查该阀。

由以上分析可知，造成动臂自动下落的原因肯定由动臂换向阀或其下腔溢流阀故障所致，如换向阀不到位、关闭不严或发卡，溢流阀关闭不严，弹簧弹力减弱等。

判断动臂缸活塞密封圈磨损是否过甚的简便方法是：将动臂升起后，慢慢松开动臂缸上腔油管接头，如有大量液压油由此流出，且动臂下落，则说明动臂缸活塞密封圈磨损严重（工作时，动臂的上升速度也肯定比正常时的慢）；否则，为正常。

6.3.10 全液压挖掘机动臂不能下降故障的诊断与排除

（1）故障现象

挖掘机动臂不能下降。

（2）故障诊断与排除

全液压挖掘机有的采用双泵合流升臂、单泵降臂的油路，有的采用双泵合流升降动臂。遇到动臂不能下降的现象，要具体问题具体分析。如果是双泵合流升降动臂油路，出现动臂能上升而不能下降的现象，一般来说动臂换向阀不会有发卡和不到位等故障，造成动臂不能下降多为单向节流阀发生故障，通常只要清洗后装复即可。如果是双泵合流升臂、单泵降臂的油路，可采用手摸油管的方法，来判断控制动臂下降的多路阀杆是否卡死，如果进油管有压力油通过的感觉，而出油管却无压力油通过的感觉，则说明阀杆被卡死；否则，表明没有卡死。如果没有卡死，则是单向节流阀的故障。

6.3.11 大宇 DH200-C 型挖掘机斗杆缸活塞杆常断故障的诊断与排除

(1) 故障现象

一台大宇 DH200-C 型挖掘机在一个多月内连续断了 3 根斗杆缸活塞杆。

该挖掘机在开挖沥青路面中，由于负荷过大、操作失当，造成斗杆上端一侧销轴孔处出现裂缝，如图 6-23 所示。因工期紧，只得在工地上采用钢板加固的方法焊修。但焊修后继续施工不到 5 天就又出现了斗杆缸活塞杆断裂的现象，断裂位置如图 6-24 所示。当焊修完后进行挖沟作业不到一星期活塞杆又断了。开始以为是焊接质量问题，所以就更换了此液压缸总成。但换新后的液压缸总成仅工作了 10 天左右就又出现了与上述相同的断裂现象，于是又怀疑是新液压缸的活塞杆质量有问题，故又更换了新活塞杆，但仍然是工作不到 10 天又断裂了。

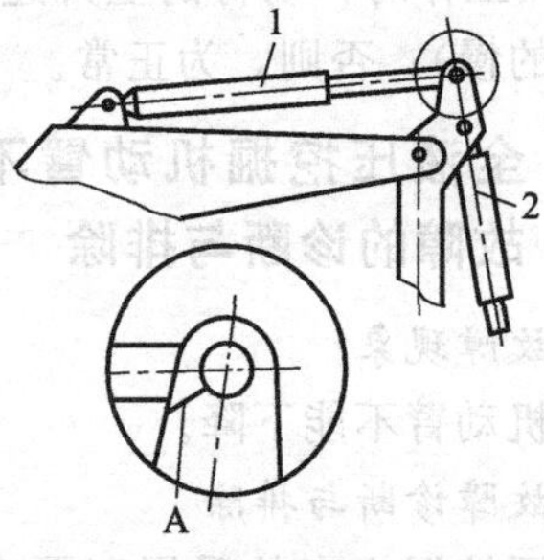

图 6-23 销轴孔处出现裂缝

1—斗杆缸；2—铲斗缸，A—裂纹

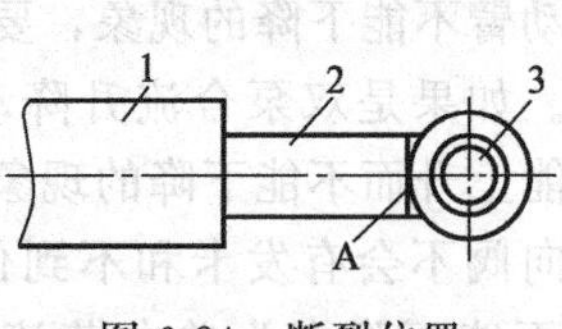

图 6-24 断裂位置

1—缸筒；2—活塞杆；3—销；A—裂纹

(2) 故障诊断与排除

问题到底出在哪儿呢？经分析后认为，是斗杆上端销轴孔中心线与斗杆缸中心线不垂直所致。因为该部位在加钢板焊修裂缝时产生变形，使销轴孔中心线与斗杆缸中心线的原垂直关系遭到破坏，因而斗杆缸在工作中不但要承受轴向力，还要承受左右方向变化的扭矩，特别在挖掘工作过程中其承受的扭矩很大，因而导致斗杆缸活塞杆断裂。

由于在施工现场缺乏相应的焊接技术设备，因此只有采取更换一新斗杆的办法，换上新的斗杆和活塞杆后，问题得以彻底解决。

6.3.12 大宇 DH220-C 型挖掘机动臂液压缸活塞杆断裂故障的诊断与排除

(1) 故障现象

贵阳矿山机械厂引进生产的大宇 DH220-C 型挖掘机在施工中曾两次遇到动臂液压缸不能动作的问题。而且，当动臂液压缸的操纵杆处在工作位置时，油压只有 1.5MPa。如图 6-25 (a) 所示，拆卸检查后发现，该液压缸的活塞杆从卡键的环槽处断裂。

(2) 故障诊断与排除

故障的主要原因是：当液压缸小腔进油时，活塞的推力通过卡键传递给活塞杆，因此卡键的环槽处受力较大，由于此部位是整个活塞杆截面积最小的部位，因而也是强度最差的部位；由于加工时无过渡圆弧而形成应力集中或热处理不当形成裂纹等。当出现断裂后，因进、出油口可通过活塞的中心孔而相通、不能形成油压，因而出现不能上升和下挖无力的现象。

修复时，一般情况下可以更换活塞杆，但活塞杆只能到生产厂家去订购，且造价高、周期长，所以采用了下述修复方法：车削原活塞杆，使活塞杆端部的形状及尺寸与原来的相同，只是其相对位置向左移动一段，如图 6-25 (b) 所示；将断下的活塞杆头部焊接到原活塞杆上即可。断头如不焊上，会出现活塞外端座抵导向套和防尘圈的现象。

用此法修复的挖掘机，其举臂高度虽有所下降，但一般情况下并不影响使用。因此，此方法实用、简单、易行。

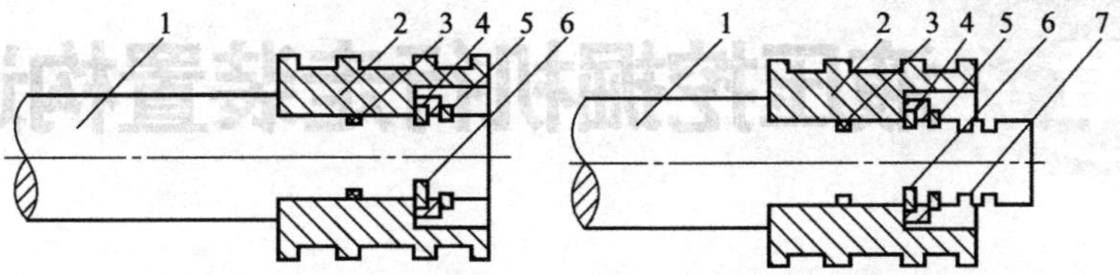

(a) 未断裂前的配置　　(b) 修复后的配置

图 6-25　活塞、活塞杆配置示意

1—活塞杆；2—活塞；3—O形圈；4—卡键护碗；5—卡簧；6—卡键；7—焊接点

第7章 液压挖掘机行走装置构造与维修

液压挖掘机行走装置是整个机械的支撑部分，它承受机械的自重及工作装置挖掘时的反力，使挖掘机挖掘时能稳定地支撑在地面上工作。同时又使挖掘机能在工作场地内运行及转移工地。挖掘机行走装置兼有支撑和运行两大功能，因此，液压挖掘机行走装置应满足以下要求。

① 应有较大的驱动力，使挖掘机在湿软地面或高低不平的地面上行走时具有良好的通过性能、爬坡性能和转向性能。

② 在不增大行走装置高度的前提下使挖掘机具有较大的离地间隙，以提高其在不平地面上的越野性能。

③ 行走装置具有较大的支撑面积或较小的接地比压，以提高挖掘机的稳定性。

④ 挖掘机在斜坡上下行时不发生超速溜坡现象，挖掘时不发生下滑，提高挖掘机工作时的安全可靠性。

⑤ 行走装置的外形尺寸应符合道路运输的要求。

液压挖掘机的行走装置按结构的不同可分为履带式和轮胎式两大类。

履带式行走装置的特点是，驱动力大(通常每条履带的驱动力可达机重的35%～45%)，接地比压小，因而越野性能及稳定性好，爬坡能力大（一般为50%～80%，最大的可达100%），且转弯半径小，灵活性好。

但履带式行走装置制造成本高，运行速度低，运行和转向时功率消耗大，零件磨损快，因此，挖掘机长距离运行时需借助于其他运输车辆。

轮胎式行走装置与履带式相比，最大的优点是运行速度快、机动性好，运行时轮胎不损坏路面，因而在城市建设中很受欢迎。缺点是接地比压大，爬坡能力小，挖掘作业时需要用专门支腿支撑，以确保挖掘机的稳定性和安全性。

液压挖掘机的行走装置多采用履带式。

7.1 履带式行走装置的构造

如图7-1所示，履带式行走装置由“四轮一带”（即驱动轮2、导向轮7、支重轮3、托链轮6及履带1)、张紧装置4和缓冲弹簧5，行走机构11，行走架（包括底架10、横梁9和履带架8）等组成。驱动装置是双速液压马达经过减速器减速，带动驱动轮和履带行走。导向轮是通过张紧装置和行走架连接。张紧缓冲装置是用以调整履带的张紧度，并在前部履带受到冲击时起缓冲作用。履带上部由托链轮支持，下部通过支重轮将载荷传到地面。

挖掘机行走时驱动轮在履带的紧边——驱动段及接地段（支撑段）产生一拉力，企图把履带从支重轮下拉出，由于支重轮下的履带与地面间有足够的附着力，阻止履带的拉出，迫使驱动轮卷动履带，导向轮再把履带铺设到地面上，从而使挖掘机借支重轮沿着履带轨道向前运行。

挖掘机转向时由安装在两条履带上，分别由两台液压泵供油的行走马达（用一台油泵供油时需采用专用的控制阀来操纵）控制油路，可以很方便地实现转向或就地转弯，以适应挖掘机在各种地面、场地上运行。图7-2为液压挖掘机的转弯情况，图7-2（a）为两个行走马达旋转方向相反、挖掘机就地转向，图7-2（b）仅向一个行走马达供油，挖掘机则绕着一侧履带转向。

7.1.1 行走架

行走架是履带式行走装置的承重骨架，

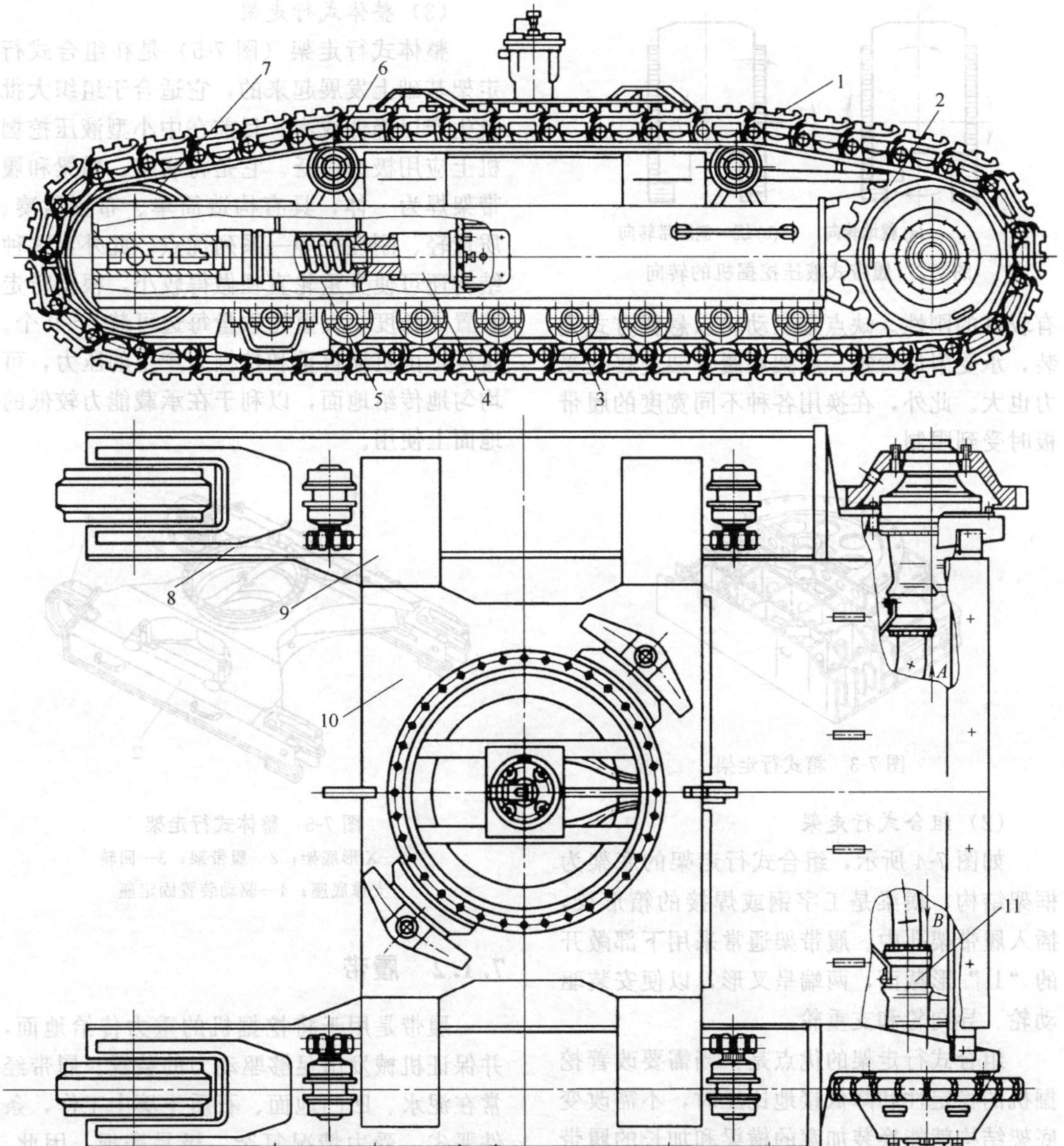

图 7-1　履带式行走装置组成

1—履带；2—驱动轮；3—支重轮；4—张紧装置；5—缓冲弹簧；6—托链轮；7—导向轮；8—履带架；9—横梁；10—底架；11—行走机构

它由底架、横梁和履带架组成，通常用 16Mn 钢板焊接而成。底架连接转台，承受挖掘机上部的载荷，并通过横梁传给履带架。

行走架按结构的不同分为箱式、组合式和整体式三种。

（1）箱式行走架

箱式结构的行走架，一般用在少支点支撑的挖掘机上。底架为封闭的格式结构，内部焊有纵横的隔板，以保证其强度和刚度。底架一般直接和履带架相连。为了方便运输，这种结构往往做成可拆卸的，即将履带架用高强度螺栓连接到行走架上。图 7-3 所示为大型挖掘机的箱式底架。箱形结构刚度大、承载能力高，可保证挖掘机就地转弯时

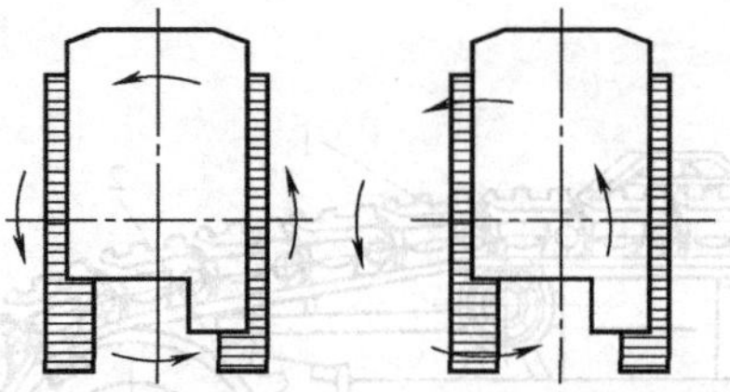

(a) 就地转向　(b) 绕一侧履带转向

图 7-2　履带式液压挖掘机的转向

有较好的刚性。缺点是驱动轮以悬臂方式安装，承受附加弯矩，底架和履带架连接处受力也大。此外，在换用各种不同宽度的履带板时受到限制。

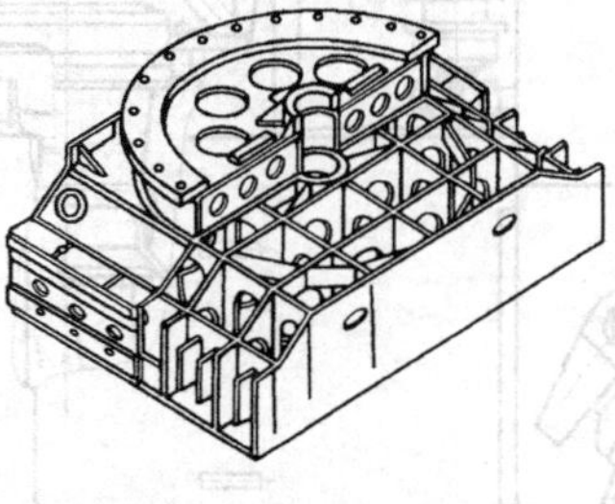

图 7-3　箱式行走架

(2) 组合式行走架

如图 7-4 所示，组合式行走架的底架为框架结构，横梁是工字钢或焊接的箱形梁，插入履带架孔中。履带架通常采用下部敞开的“Ⅱ”形截面，两端呈叉形，以便安装驱动轮、导向轮和支重轮。

组合式行走架的优点是：当需要改善挖掘机的稳定性和降低接地比压时，不需改变底架结构就能换装加宽的横梁和加长的履带架，从而安装不同长度和宽度的履带。它的缺点是：履带架截面削弱较多，刚性较差，在截面削弱处易产生裂缝。

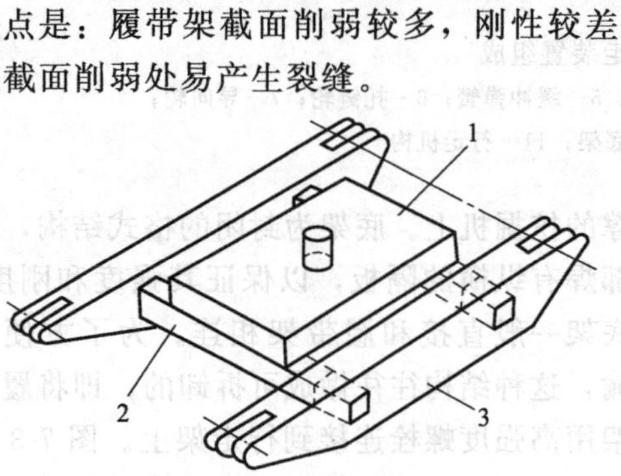

图 7-4　组合式行走架

1—底架；2—横梁；3—履带架

(3) 整体式行走架

整体式行走架（图 7-5）是在组合式行走架基础上发展起来的，它适合于组织大批量生产以降低成本。目前在中小型液压挖掘机上应用极为广泛。它是将底架、横梁和履带架焊为一体，具有构造简单、布置紧凑、质量轻、刚性好等一系列优点。此外，这种结构还可使支重轮直径做得较小，根据行走装置的长度，支重轮数量每边可装 5～9 个。这样，由机器自重和挖掘力产生的压力，可均匀地传给地面，以利于在承载能力较低的地面上使用。

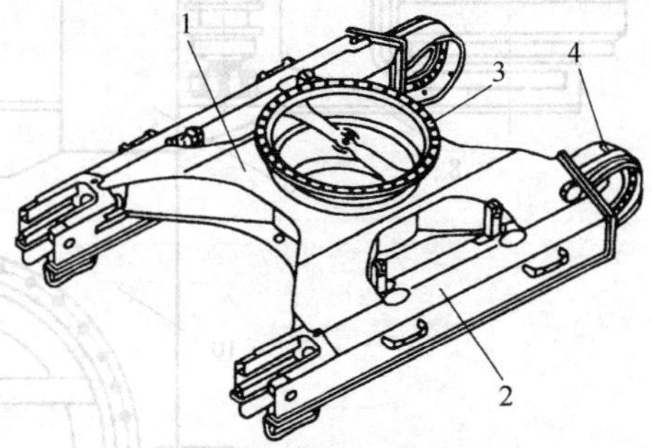

图 7-5　整体式行走架

1—X 形底架；2—履带架；3—回转支撑底座；4—驱动装置固定座

7.1.2　履带

履带是用于将挖掘机的重力传给地面，并保证机械发出足够驱动力的装置。履带经常在泥水、凹凸地面、石质土壤中工作，条件恶劣，受力情况复杂，极易磨损。因此，除了要求它有良好的附着性能外，还要求它有足够的强度、刚度和耐磨性。但是，履带在工作中的状态变化较多，为了减少冲击，重量应该尽可能轻些。

履带有整体式（图 7-6）和组合式（图 7-7）两种。整体式履带是履带板上带啮合齿，直接与驱动轮啮合，履带板本身成为支重轮等轮子的滚动轨道。这种履带的优点是结构简单，制造方便，拆装容易，质量较组合式履带轻。但由于履带销与销孔之间的间隙较大，无法采用任何密封措施，泥沙容易进入，使履带销和销孔磨损较快，且损坏后履带板只能整块更换。

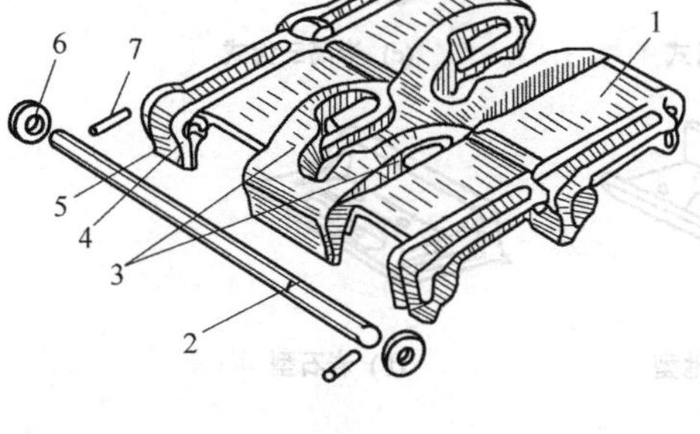

图 7-6 整体式履带

1—履带板；2—履带销；3—导轨；4—销孔；5—节销；6—垫圈；7—锁销

如图 7-7 所示，组合式履带由履带板 1，履带销 4，销套 5，左、右链轨节 11、10 等零件组合而成。其履带板 1 分别用两个螺栓固定在左、右链轨节 11、10 上，相邻两节链轨节用履带销 4 连接，左、右链轨节用销套隔开，销套同时还是驱动链轮卷绕的节销。链轨节是模锻成形，前节的尾端较窄，压入销套 5；后节的前端较宽，压入履带销 4；由于它们的过盈量大，所以履带销、销套与链轨节之间都没有相对运动，只有履带销与销套之间可以相对转动。销套两端装有防尘圈，以防止泥沙浸入。

为了拆卸方便，在每条履带中设有两个易拆卸的销子，如图 7-7 中锁紧履带销 8，其配合过盈量稍小，较易拆卸，它的外部根据不同的机型都有不同的标记，拆卸时根据说明书细心查找。

组合式履带具有更换零件方便的优点，当某零件损坏时，只需更换掉该零件即可，无需将整块履带板报废。

履带板是履带总成的重要组成部分，履带板的形状和尺寸，对挖掘机的牵引附着性能影响很大。液压挖掘机用履带板多为重量轻、强度高、结构简单和价格便宜的轧制履带板，有单齿、双齿和三齿等数种。根据挖掘机作业要求的不同，履带板分为多种形式，如图 7-8 所示。

单齿式履带板的齿较高，易插入土壤，产生较大的附着力，用于要求有较高牵引力和水平推力的履带底盘上，可使挖掘机的行走装置具有较大的附着力，如图 7-8 (a) 所示；双齿履带板使挖掘机转向方便，且履带板刚度较大，如图 7-8 (b) 所示；三齿式履带板的齿的高度小，履带板的强度和刚度高，承载能力大，具有较低的接地比压和较大的附着力，故挖掘机多用，如图 7-8 (c)、(d) 所示。

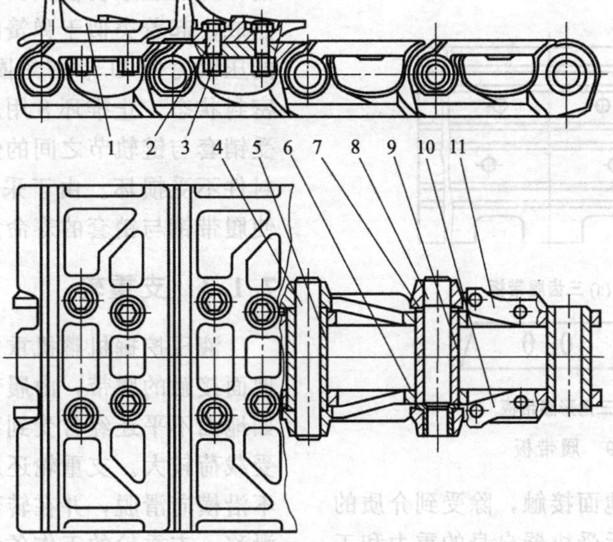

图 7-7 组合式履带

1—履带板；2—螺栓；3—螺母；4—履带销；5—销套；6—弹性锁紧套；7—锁紧销垫；8—锁紧履带销；9—锁紧销套；10—右链轨节；11—左链轨节

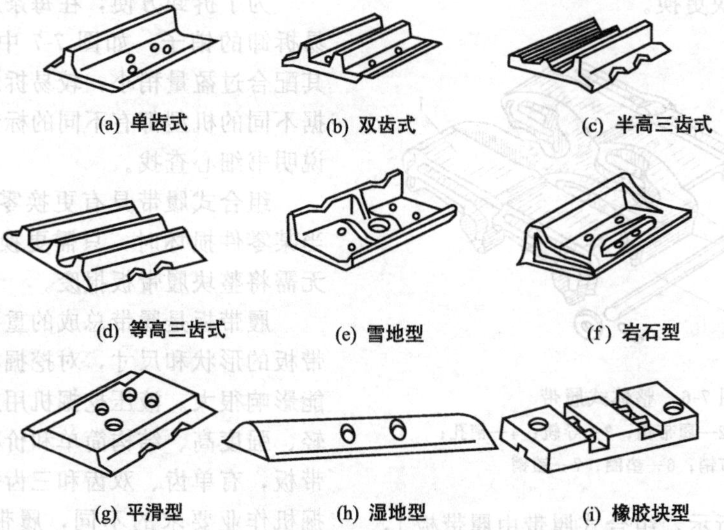

图 7-8 常见的履带板形式

三齿履带板上有四个连接孔，中间有两个清泥孔，链轨绕过驱动轮时可借助轮齿自动清除黏附在链轨节上的泥土。相邻两履带板有搭接部分，防止履带板之间夹进石块而造成履带板异常破坏，如图 7-9（a）所示。

沼泽、湿软地带使用的液压挖掘机可采用三角形履带，如图 7-9（b）所示，其横断面为三角形，纵断面呈梯形，相邻两三角形板的两侧面可挤压松软土壤，使其密实度增大，同时接地比压也较小，从而提高了行走装置的支撑能力。

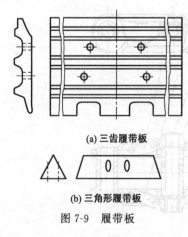

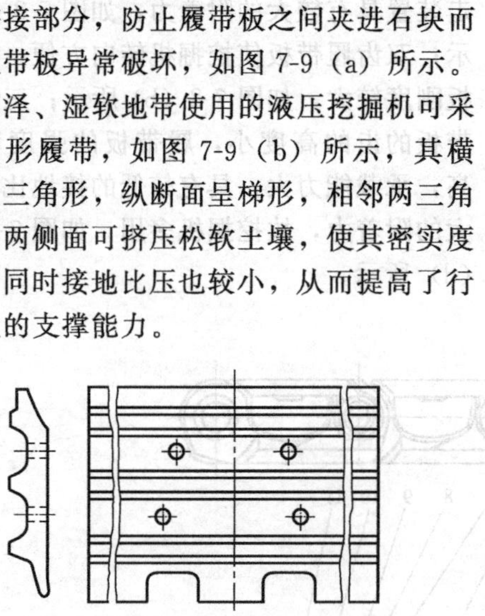

图 7-9 履带板

履带板直接与地面接触，除受到介质的磨料磨损外，还要承受机器自身的重力和工作载荷，并经常受到较大的冲击载荷作用。故对履带板、链轨、履带销和销套等零件可根据不同的需要采用适当材料，并进行适当的热处理以提高表面硬度，增强耐磨性。

普通销和销套之间由于密封不好，泥沙容易进入，形成“磨料”，加速磨损；而且摩擦因数也大。因此，近年来研制出“密封润滑履带”，如图 7-10 所示。履带销 2 的中心钻有储油孔，使得履带销 2 与销套 1 之间的润滑不致中断，润滑油由履带销端头孔中注入。U 形密封圈 4 密贴于销套与链轨节之间的沉孔端面上，可有效地防止润滑油外漏，并阻止杂物侵入。橡胶弹簧圈 5 由橡胶制成，起着类似于弹簧的紧固作用，由于它的压紧力使 U 形密封圈始终保持着良好的密封状态。止推环 8 用以保护密封圈使它不受销套与链轨节之间的侧向压力，保护着密封件不受损坏。由于采用了密封润滑装置，使履带销与销套的寿命大大延长。

7.1.3 支重轮

液压挖掘机整机重力通过支重轮传给与地面接触的履带，由履带传给地面，行走时如地面不平还经常受到冲击，所以支重轮所受载荷较大。支重轮还用来夹持履带，使其不沿横向滑脱，并在转弯时迫使履带在地上滑移。支重轮的工作条件也较恶劣，经常处于尘土中，有时还浸泡于泥水中，故要求密封可靠。支重轮多采用滑动轴承，并用浮动

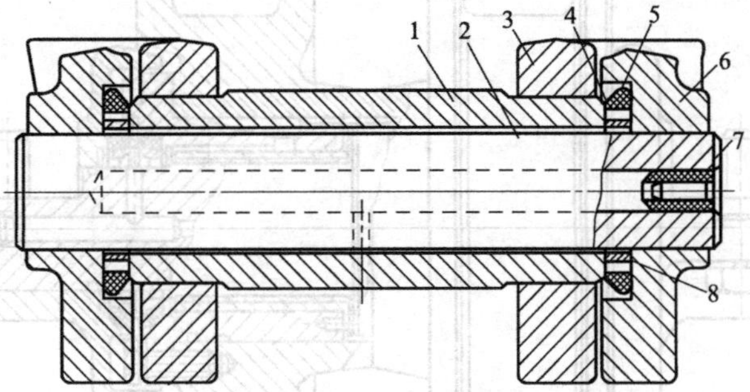

图 7-10 密封润滑履带

1—销套；2—履带销；3,6—链轨节；4—U形密封圈；5—橡胶弹簧圈；7—油封塞；8—止推环

油封防尘。

支重轮有单边（图 7-11）和双边（图 7-12）两种形式，两者的结构除轮体外都相同，双边轮体较单边轮体多一个轮缘，因此，它能更好夹持履带，但滚动阻力较大。为了减小阻力，可以在每个台车上布置两种形式的支重轮，使单边支重轮数目多于双边支重轮。

图 7-11 为单边支重轮，左右对称布置，为单边凸缘。轴承座 5 与支重轮体 3 用螺钉紧固。轴瓦 6 为双金属瓦，用销子与轴承座 5 固定。这样，上述三者固为一体，可相对于轴 4 旋转。支重轮孔两端装有浮动油封 8 以防止泥沙进入或润滑油外泄。支重轮轴 4 的两端削成平面，以保证轴 4 不发生转动。在一端切平面内有梯形凹槽，装入平键 11 保证轴不发生轴向窜动。在轴 4 的一端设有油孔，可从此孔注入润滑油，以润滑轴承。

浮动油封是一种结构较简单、密封效果较好的端面密封装置，如图 7-13 所示。它由两个金属密封圆环（动环 1 和静环 5）及两个 O 形橡胶密封圈 2 组成。动环 1 和静环 5 用特种合金钢制造，外圆面为斜面，其相接触的两端面经过研磨抛光加工。两个 O 形橡胶圈 2 分别放置在动环 1 和旋转件密封支座 3 以及静环 5 和固定密封支座 4 之间的锥面处，组装后轴向上加有预紧力。因此两 O 形圈产生弹性变形被压扁，这样不仅密封了斜面处，而且两环的接触端面也因 O 形圈弹性产生的轴向压力而互相贴紧，保证了

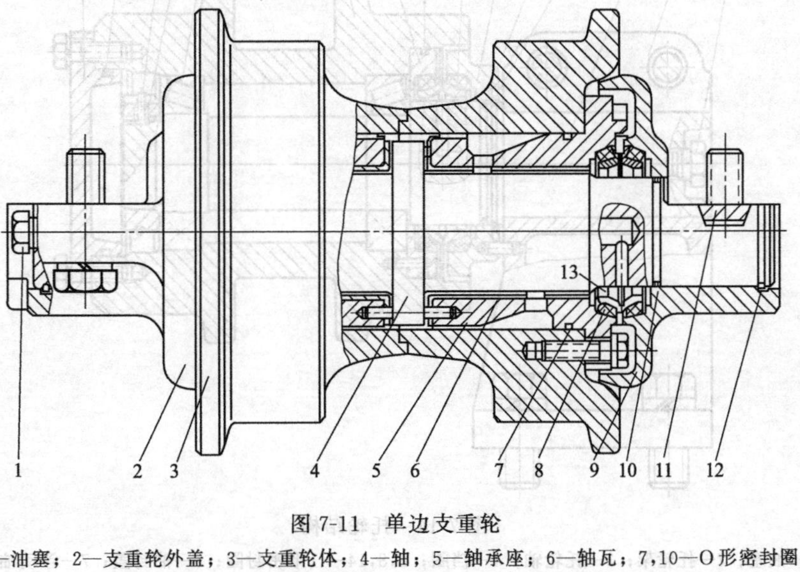

图 7-11 单边支重轮

1—油塞；2—支重轮外盖；3—支重轮体；4—轴；5—轴承座；6—轴瓦；7,10—O形密封圈；
8—浮动油封；9—支重轮内盖；11—平键；12—挡圈；13—浮封环

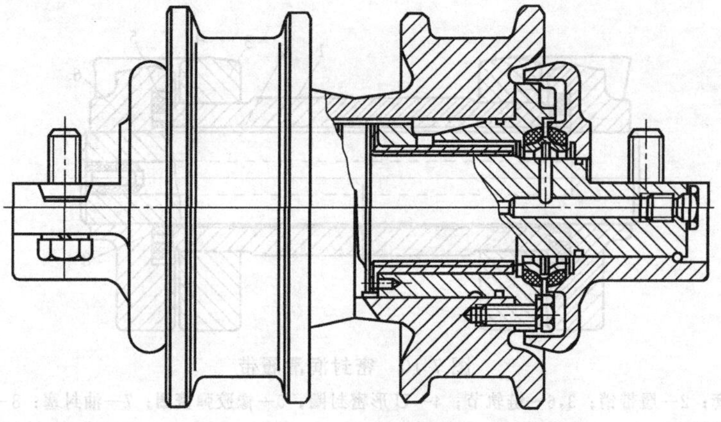

图 7-12　双边支重轮

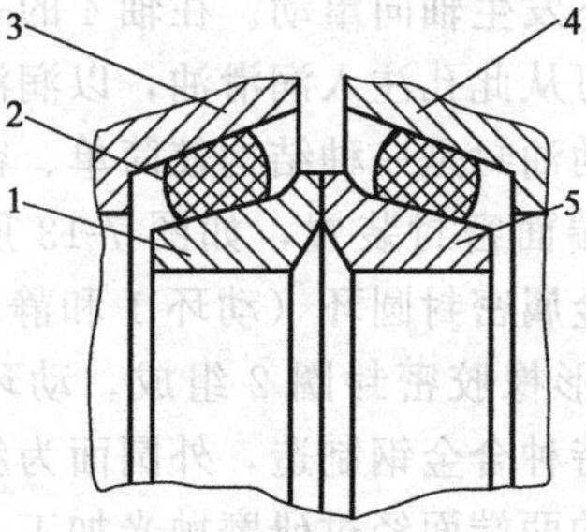

图 7-13　浮动油封

1—动环；2—O 形橡胶密封圈；3—旋转件密封支座；4—固定件密封支座；5—静环

足够的密封。工作时动环 1 在 O 形圈摩擦力的作用下被带动旋转，当两环的接触端面因相对运动而磨损后，O 形圈的弹性可起到补偿作用，从而仍能达到可靠密封。

这种端面浮动油封的密封效果好，使用寿命长，通常在一个大修期间不需加油，减少了维护保养工作量。

7.1.4　托链轮

托链轮（也称为托轮）用来托住履带，防止履带下垂过大，以减小履带在运动中振跳现象，并防止履带侧向滑落。托链轮与支重轮相比，受力较小，工作中受污物的侵蚀也少，工作条件比支重轮好，因此托链轮的结构较简单，尺寸也较小。

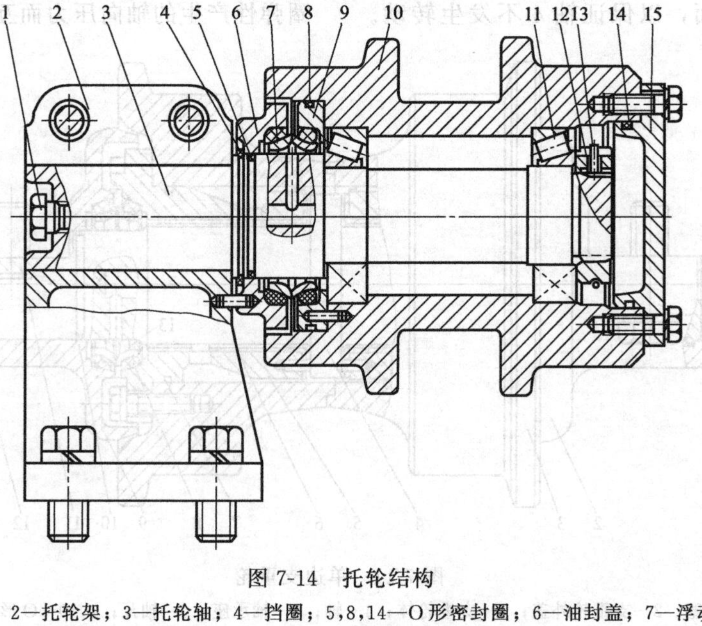

图 7-14　托轮结构

1—油塞；2—托轮架；3—托轮轴；4—挡圈；5,8,14—O 形密封圈；6—油封盖；7—浮动油封；9—油封座；10—托链轮；11—轴承；12—锁紧螺母；13—锁圈；15—托轮盖

图7-14所示为托链轮总成。托链轮10通过2个锥柱轴承11支撑在轴3上，螺母12可以调整轴承的松紧度。其润滑密封与支重轮原理相同。托轮轴3的一端夹紧在托轮架2中，另一端形成悬臂梁安装托链轮，托轮架则固定在台车架上。

为了减少托链轮与履带之间的摩擦损失，托链轮数目不宜过多。每侧履带一般为1～2个。托链轮的位置应有利于履带脱离驱动链轮的啮合，并平稳而顺利地滑过托链轮和保持履带的张紧状态。当采用两个托链轮时后面的一个托链轮应靠近驱动链轮。

7.1.5　导向轮

导向轮用于引导履带正确绕转，可以防止跑偏和越轨。有些液压挖掘机的导向轮同时起到支重轮的作用，可增加履带对地面的接触面积，减小接地比压。导向轮的轮面大多制成光面，中间有挡肩环作为导向用，两侧的环面则能支撑链轨起支重轮的作用。导向轮中间的挡肩环应有足够的高度，两侧边的斜度要小。导向轮与最近的支重轮距离越小，则导向性能越好。

导向轮材料通常用40钢、45钢或35Mn铸钢，调质处理，硬度应达230～270HB。

如图7-15为导向轮的结构，导向轮通过孔内的两个滑动轴承9装在导向轮轴5上，轴5的两端固定在右滑架11与左滑架4上。左、右滑架则通过用支座弹簧合件14压紧的座板16安装在台车架上的导向板18上，同时使滑架的下钩平面紧贴导向板17，从而消除了间隙。故滑架可以在台车架上沿导向板17与18前后平稳地滑动。

支撑盖2与滑架之间设有调整垫片3，以保证支撑盖2和台车架侧面之间的间隙不大于1mm。安装支撑盖2是为了防止导向轮发生侧向倾斜，以免履带脱落。

导向轮与轴5之间充满润滑油进行润滑，并用两个浮动油封7与O形密封圈6、10来保持密封。导向轮轴5通过止动销13进行轴向定位。

7.1.6　驱动轮

液压挖掘机发动机的动力是通过行走马达和驱动轮传给履带，因此对驱动轮的主要要求是啮合平稳，并在履带因销套磨损而伸长时，仍能很好啮合。

驱动轮通常位于行走装置的后部，这样既可缩短履带驱动段的长度、减少功率损失，又可提高履带的使用寿命。

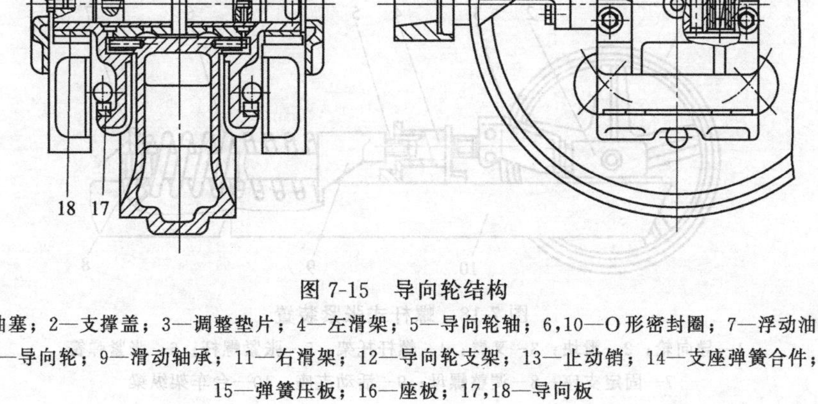

图7-15　导向轮结构

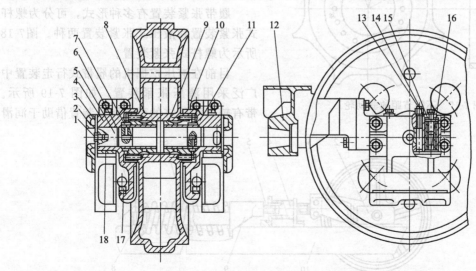

1—油塞；2—支撑盖；3—调整垫片；4—左滑架；5—导向轮轴；6,10—O形密封圈；7—浮动油封；8—导向轮；9—滑动轴承；11—右滑架；12—导向轮支架；13—止动销；14—支座弹簧合件；15—弹簧压板；16—座板；17,18—导向板

驱动轮的结构按轮体构造可分为整体式和分体式两种。分体式驱动轮的轮齿被分成5～9个齿圈，如图7-16所示。此种形式使用更加方便，若驱动轮轮齿磨损，在工地即可就地更换，而无需拆卸其他零件，这不仅给维修带来很大方便，而且延长了驱动轮的使用寿命，但在工艺上一定要保证安装精度。

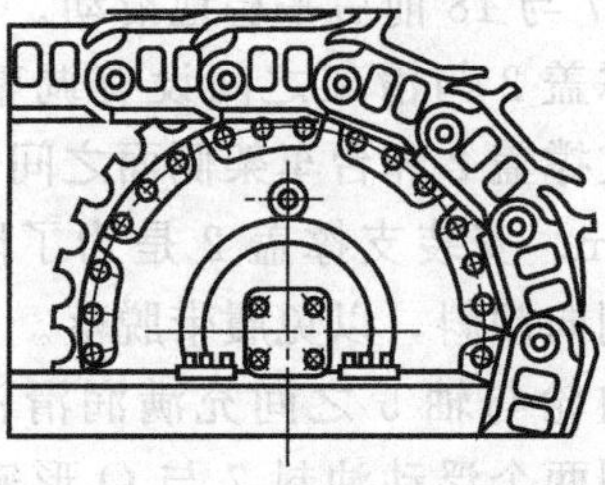

图 7-16 分体式驱动轮

按轮齿节距的不同，驱动轮有等节距的和不等节距的两种。其中等节距驱动轮使用较多，而不等节距驱动轮则是新型结构，它的齿数较少，且有两个齿的节距较小，其余齿的节距均相等，如图7-17所示。

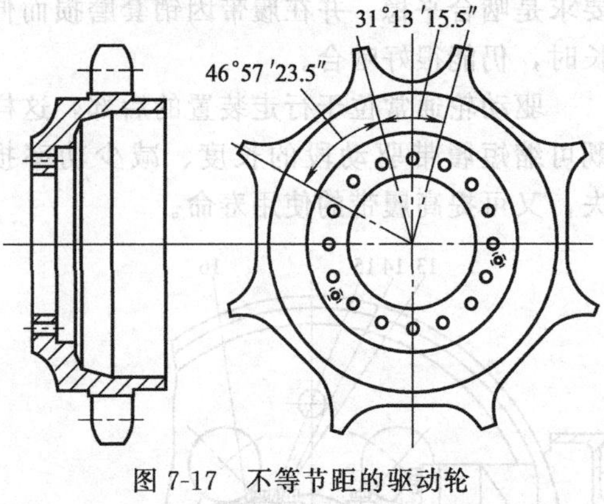

图 7-17 不等节距的驱动轮

不等节距驱动轮在履带包角范围内只有两个轮齿同时啮合，并且驱动轮的轮面与链轨节踏面相接触，因此一部分驱动扭矩便由驱动轮的轮面来传递，同时履带中最大的张紧力也由驱动轮轮面承受，这样就减少了轮齿的受力，减少了磨损，提高了驱动轮的使用寿命。

驱动轮的轮齿工作面要承受销套反作用的弯曲压应力，且轮齿与销套之间存在磨料磨损。齿面节圆处磨损后，机器继续行走就会产生跳齿和冲击性磨损。故驱动轮应选择有较高淬透性和较低热敏感性的材料制成，以提高使用寿命；目前，已采用50Mn和45SiMn钢来代替35钢和40钢。轮齿热处理为中频淬火、低温回火，硬度为55～58HRC。

7.1.7 履带张紧装置

液压挖掘机的履带式行走装置使用一段时间后，由于链轨销轴的磨损会使节距增大，并使整个履带伸长，导致摩擦履带架、履带脱轨、行走装置噪声增大等，从而影响挖掘机的行走性能。因此，每条履带必须装设张紧装置，使履带经常保持一定的张紧度。

履带张紧装置有多种形式，可分为螺杆式张紧装置和液压式张紧装置两种。图7-18所示为螺杆式张紧装置。

目前在液压挖掘机的履带式行走装置中广泛采用液压张紧装置，如图7-19所示。带有辅助液压缸的弹簧张紧装置借助于润滑

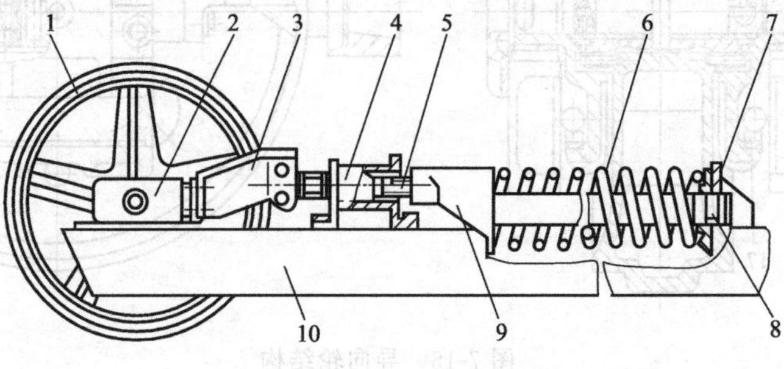

图 7-18 螺杆式张紧装置

1—导向轮；2—滑块；3—叉臂；4—螺杆托架；5—张紧螺杆；6—张紧弹簧；
7—固定支座；8—调整螺母；9—活动支座；10—台车架纵梁

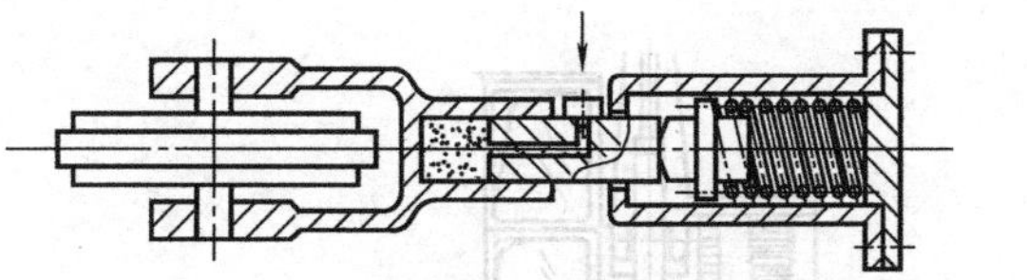

(a) 液压缸与弹簧串联

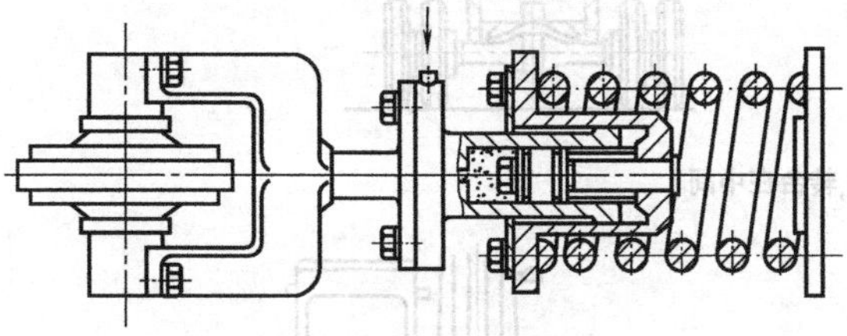

(b) 液压缸与弹簧并联

图 7-19 液压张紧装置示意图

用的黄油枪将润滑脂压注入液压缸，使活塞外伸，一端移动导向轮，另一端压缩弹簧。预紧后的弹簧留有适当的行程，起缓冲作用。图 7-19（a）为液压缸直接顶弹簧，结构简单，但外形尺寸较长；图 7-19（b）为液压缸活塞置于弹簧当中，缩短了外形尺寸，但零件数多。

导向轮前后移动的调整距离大于履带节距的 1/2，这样便可以在履带因磨损伸长过多时去掉一节链轨后仍能将履带连接上。履带松紧度调整应适当，检查方法如图 7-20 所示。先将木楔放在导向轮的前下方，使行走装置制动住，然后缓慢驱动履带使其接地段张紧，此时上部履带便松弛下垂。下垂度可用直尺搁在托轮和驱动轮上测得，通常应不超过 3～4cm。

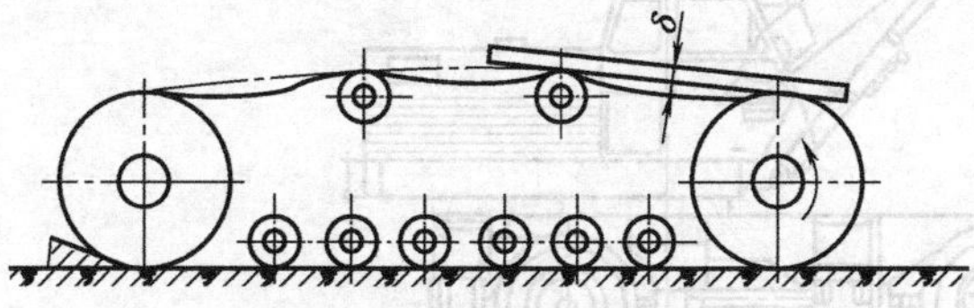

图 7-20 履带松紧度检查方法

7.2 轮胎式挖掘机行走装置构造与原理

7.2.1 轮胎式行走装置形式

轮胎式液压挖掘机行走装置的结构形式很多，有采用标准汽车底盘的，也有采用轮式拖拉机底盘的，这种挖掘机的斗容量都较小，工作装置回转角度受一定的限制。若斗容量稍大、工作性能要求较高的轮式液压挖掘机则采用专用的轮胎底盘行走装置，如图 7-21 所示。

专用轮胎底盘的行走装置是根据挖掘机的工况、行驶要求等因素合理设计的行走装置。挖掘机的作业及行驶操作均在驾驶室内进行，操作方便，灵活可靠。根据回转中心位置布置的不同，专用轮胎底盘行走装置可分为以下几种。

① 全轮驱动，无支腿，转台布置在两轴的中间［图 7-21（a)]，两轴轮距相同。这种底盘的优点是省去支腿，结构简单，便于在狭小地点施工，机动性好。缺点是行走时转向桥负荷大，操作困难或需液压助力装置。因此，这种结构仅用于小型挖掘机。

② 全轮驱动，双支腿，转台偏于固定轴（后桥）一边（$a<b$）［图 7-21（b)]，减轻了转向桥的负荷，并便于操作，支腿装在固定轴一边，增加了工作时的稳定性。这种结构形式适用于中小型挖掘机。

③ 单轴驱动，四支腿，转台远离中心［图 7-21（c)]，驱动轮的轮距较宽，而转向轴短小，两轮贴近，转向时绕垂直轴转动。在公路上行驶时可将铲斗放在前面的加长车架上。由于轮胎形成三支点布置，受力较好，无需悬挂摆动装置。行走时转弯半径小，工作时四个支腿支撑。这种结构的缺点是行走时在松软地面上将会形成三道轮辙，阻力较大，而且三支点底盘的横向稳定性较差。故这种结构仅适用于小型挖掘机。

④ 全轮驱动，四支腿，转台接近固定轴（后桥）一边［图 7-21（d)]，前轴摆动，由于重心偏后，因此转向时负荷较轻，易操作，并且通常采用大型轮胎和低压轮胎，因而对地面要求无标准汽车底盘那样严格。这种轮胎底盘目前在中型、大型挖掘机中应用最普遍。

与履带式液压挖掘机行走装置相比较，轮胎式行走装置的主要特点是：

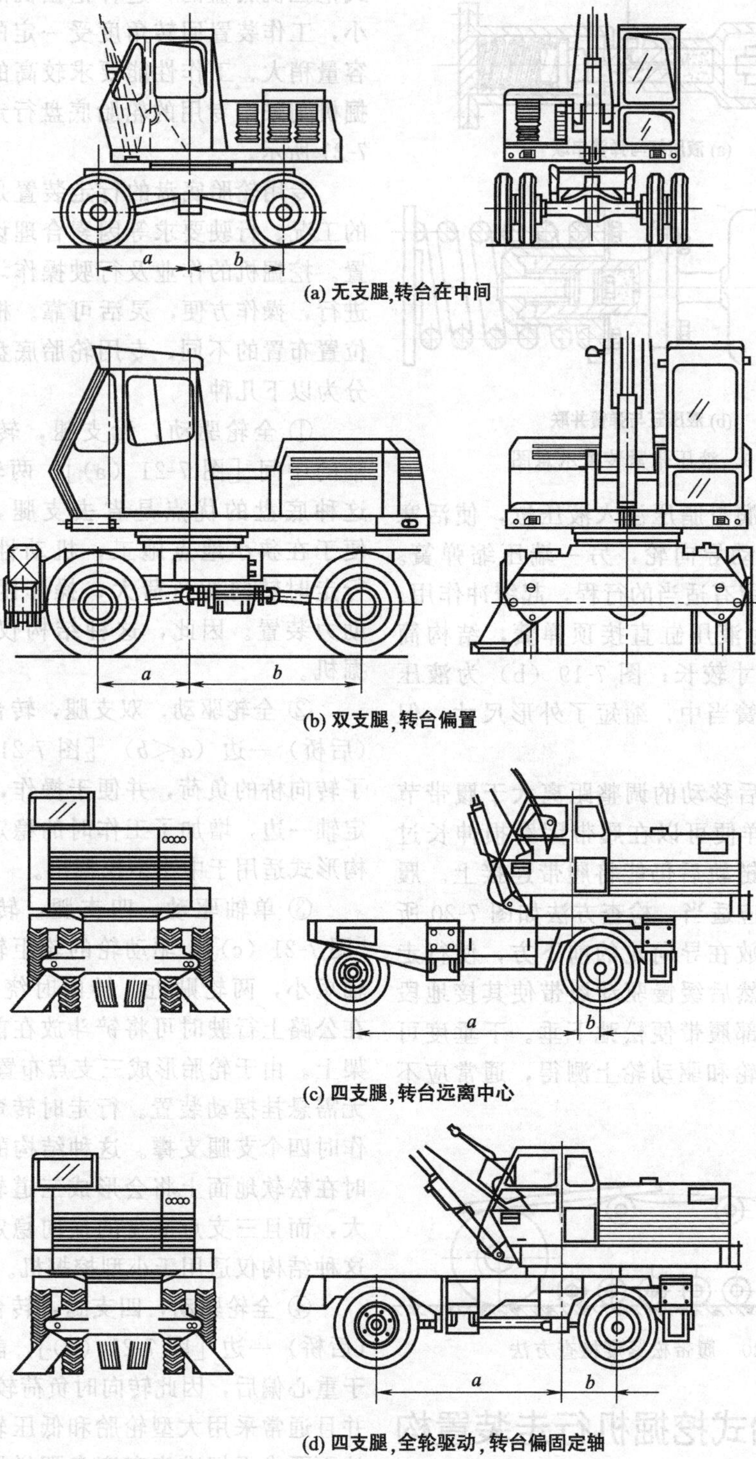

(a) 无支腿,转台在中间

(b) 双支腿,转台偏置

(c) 四支腿,转台远离中心

(d) 四支腿,全轮驱动,转台偏固定轴

图 7-21　专用底盘的各种结构

① 要求地面平整、坚实，以免轮辙过深，增加挖掘机行驶阻力、转向阻力，影响挖掘机的稳定性。

② 轮胎式挖掘机的行走速度通常不超过 20km/h，爬坡能力为 40%～60%。

③ 为了改善挖掘机的越野性能，宜采

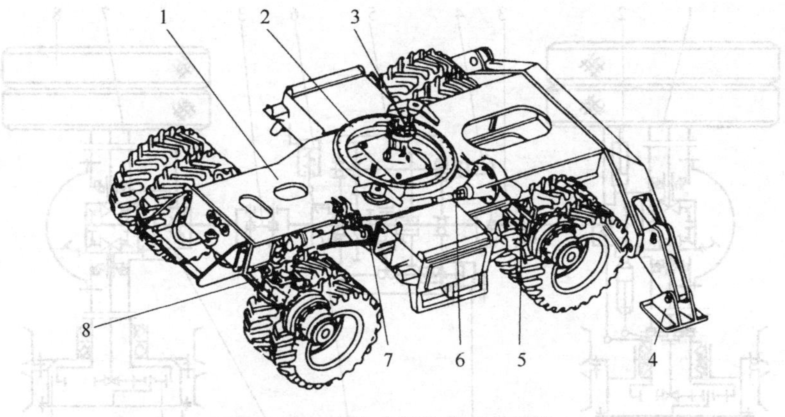

图 7-22 轮胎式行走装置的构造

1—车架；2—回转支撑；3—中央回转接头；4—支腿；5—后桥；
6—传动轴；7—液压马达及变速器；8—前桥

用全轮驱动，液压悬挂平衡摆动轴。作业时由液压支腿支撑，使前后桥卸荷并使整机稳定性得以提高。

7.2.2 轮胎式行走装置的构造

轮胎式液压挖掘机行走装置如图 7-22 所示，通常由车架、前桥、后桥、行走传动机构及支腿等组成。后桥是刚性悬挂，而前桥则制成中间铰接的液压悬挂的平衡装置。

(1) 传动系统

轮胎式液压挖掘机行走装置的传动分机械传动、液压机械传动和全液压传动三种形式。

① 机械传动 在液压挖掘机中有一种所谓半液压传动的挖掘机，即工作装置为液压传动，而行走装置则用机械传动，如图 7-23 所示。机械传动部分由柴油机、离合器及油泵、传动箱、变速箱、上传动箱、传动轴、转台齿圈、下传动箱、车架、后桥、前桥等部件组成。柴油机、离合器及油泵、传动箱、变速箱、上传动箱连成一个整体并通过橡胶减振器固定于回转平台上。下传动

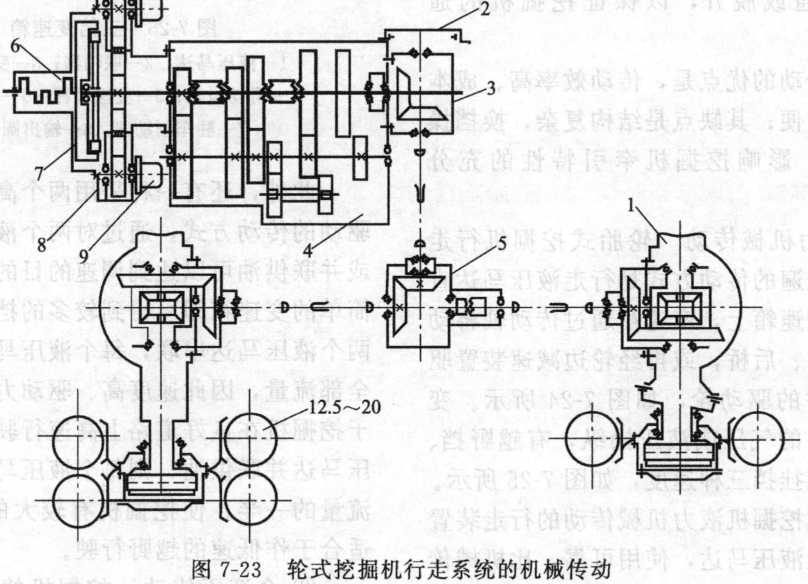

图 7-23 轮式挖掘机行走系统的机械传动

1—前桥；2—驻车制动器；3—上传动箱；4—变速箱；5—下传动箱；6—柴油机；
7—离合器；8—传动箱；9—液压泵

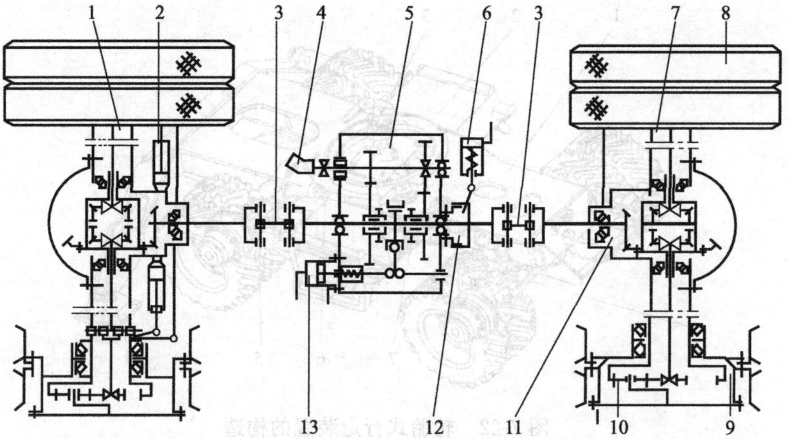

图 7-24 轮式挖掘机行走系统的液力机械传动

1—转向驱动桥；2—转向液压缸；3—转动轴；4—行走马达；5—变速器；6—制动汽缸；7—驱动桥；8—轮胎；9—制动鼓；10—轮边减速器；11—主减速器；12—制动器；13—换挡汽缸

箱、前桥、后桥固定于车架上。下传动箱与上传动箱、前桥、后桥分别用三根传动轴连接。

柴油机 6 的动力经离合器 7 分别传至液压泵 9、传动箱 8 及行走变速箱 4。挖掘机作业时行走变速箱处于空挡位置，行走时可通过拨叉操纵前进挡或倒退挡，此时行走变速箱输出的动力经上传动箱 3 由垂直传动轴、回转中心传至底盘。在底盘上通过下传动箱 5 传至前、后驱动桥。按照地面条件可使前桥接通或脱开，以保证挖掘机的通过性。

机械传动的优点是，传动效率高、成本低、维修方便；其缺点是结构复杂，换挡操作动作慢，影响挖掘机牵引特性的充分发挥。

② 液力机械传动　轮胎式挖掘机行走装置较为普遍的传动方式是行走液压马达直接安装在变速箱上，变速箱通过传动轴将动力传至前桥、后桥，或再经轮边减速装置驱动前、后桥的驱动轮，如图 7-24 所示。变速箱有专用的气压或液压操纵，有越野挡、公路挡和拖挂挡三种速度，如图 7-25 所示。

轮胎式挖掘机液力机械传动的行走装置中采用高速液压马达，使用可靠，比机械传动的结构简单，省掉了上、下传动箱及垂直轴，总体布置也较为方便。

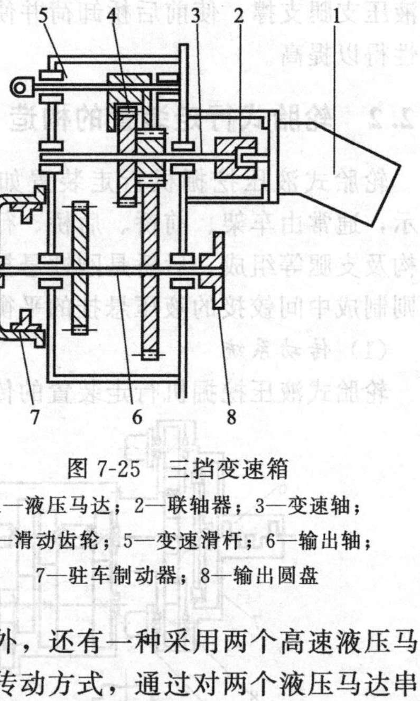

图 7-25 三挡变速箱

1—液压马达；2—联轴器；3—变速轴；4—滑动齿轮；5—变速滑杆；6—输出轴；7—驻车制动器；8—输出圆盘

此外，还有一种采用两个高速液压马达驱动的传动方式，通过对两个液压马达串联或并联供油可以达到调速的目的，并且用较简单的变速箱即可得到较多的挡位数。如果两个液压马达串联，每个液压马达都将得到全部流量，因此速度高、驱动力矩小，适合于挖掘机在良好道路上高速行驶；若两个液压马达并联供油，则每个液压马达只得到全流量的一半，使挖掘机有较大的驱动力矩，适合于作低速的越野行驶。

③ 全液压传动　挖掘机的每个车轮都由一个液压马达单独驱动，挖掘机转弯时车

轮之间的速度由液压系统调节，自行达到差速作用。车轮内所装的液压马达有低速和高速两种。采用低速大扭矩液压马达驱动时可省去减速箱，使行走装置传动机构结构大为简化，维修方便，也使挖掘机的离地间隙加大，改善其通过性能。但对液压马达的要求较高，因为挖掘机行走性能的优劣主要取决于液压马达等液压元件的质量。

图 7-26 为采用高速液压马达驱动的车轮，驱动装置外壳 8 与桥 6 固定连接，高速液压马达 1 经双列行星齿轮减速器减速后驱动减速器外壳 7，车轮轮辋则与减速器壳固定连接，因此车轮得以驱动。采用高速液压马达驱动车轮，使挖掘机行走性能较好，同时行星齿轮传动的结构紧凑，使整个驱动装置可以安装在车轮内。

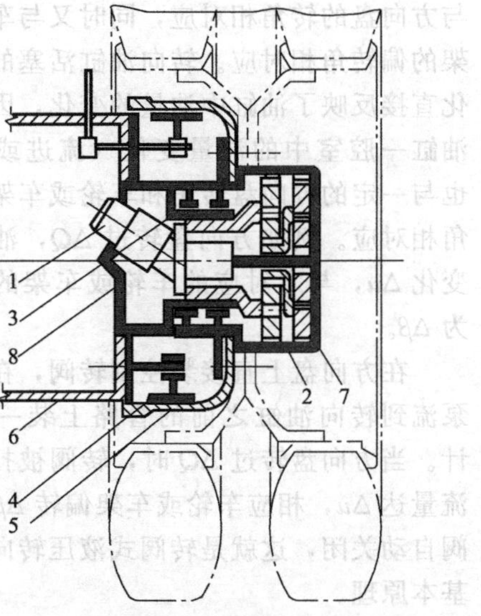

图 7-26 高速液压马达驱动的车轮

1—高速液压马达；2—行星减速器；3—轴承；4—制动蹄；5—制动鼓；6—桥；7—减速器外壳；8—驱动装置外壳

(2) 悬挂装置

轮式挖掘机由于行走速度不太高，因此其后桥与车架一般采用刚性固定连接，使结构简化。但为了改善挖掘机的行走性能，其前桥均采用摆动式悬挂平稳装置，如图7-27所示。车架与前桥 4 通过中间的摆动铰销 3 铰接，两侧的液压缸一端与车架连接，活塞杆端与前桥连接。控制阀 1 有两个位置，图示位置为挖掘机在作业状态，控制阀将两个液压缸的工作腔与油箱的油路切断，此时液压缸将前桥的平衡悬挂锁住，使挖掘机作业稳定性得到保证。当挖掘机行走时，控制阀的阀芯向左移动，使两个液压缸的工作腔相互联通，并与油箱接通，前桥便能适应路面的高低不平状况，上下摆动使轮胎与地面接触良好，充分发挥挖掘机的附着性能。

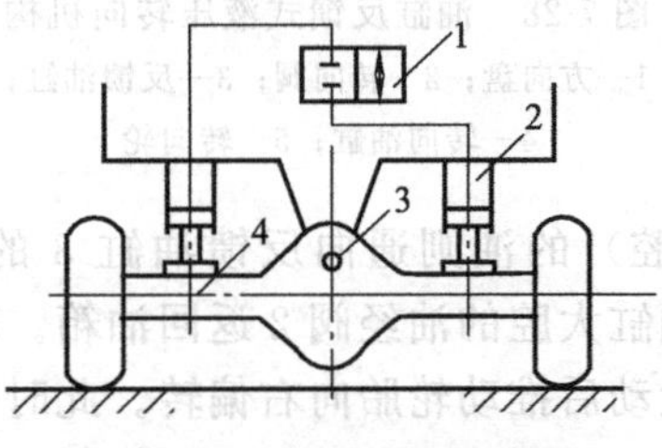

图 7-27 液压悬挂平衡装置

1—控制阀；2—液压缸；3—摆动铰销；4—前桥

7.2.3 轮式挖掘机转向系统

7.2.3.1 转向要求及常见转向形式

轮胎式挖掘机的司机室布置在回转平台上，转台可进行 360°全回转。因而挖掘机行走时在司机室操纵车轮转向，必须有一套专门的转向机构。它应能满足下列要求：

① 转台回转不影响转向机构的操纵；

② 操纵轮胎转向要有随动特性，轮胎的转角随方向盘的转动而转动，方向盘不动，轮胎也应停止转动；

③ 操纵轻便，减轻劳动强度；

④ 要减少转向时车轮受到的冲击反映到方向盘的力。

能实现上述转向的机构有多种，如机械转向、液压助力转向、液压转向和气压助力转向等。其中以液压转向应用最为普遍，下面介绍两种常见的形式。

(1) 油缸反馈式液压转向系统

如图 7-28 所示，这种液压转向机构由两个油缸和一个阀组成的。向右转动方向盘 1 经拉杆拉动杆 AC，最初由于反馈油缸 3 的闭锁，C 点不动而成支点，杠杆 AC 成 $A'C$ 的位置，拉动转向阀 2 的阀杆移动，高压油经阀 2 进入转向油缸 4 的大腔（无杆腔），小腔

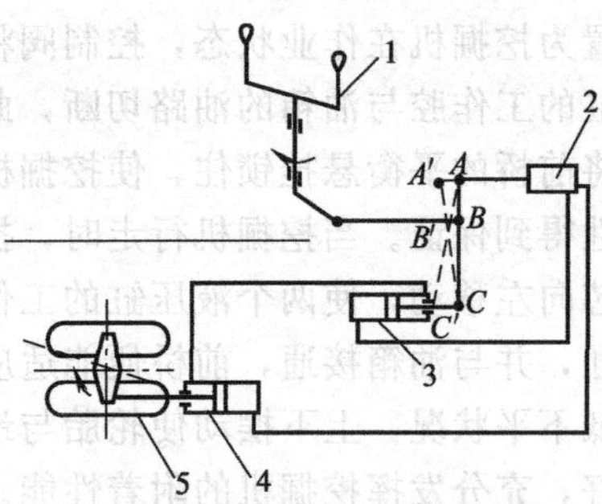

图 7-28 油缸反馈式液压转向机构
1—方向盘；2—转向阀；3—反馈油缸；
4—转向油缸；5—转向轮

(有杆腔) 的油则通向反馈油缸 3 的小腔，反馈油缸大腔的油经阀 2 返回油箱。转向油缸 4 运动后推动轮胎向右偏转。此时由于转向油缸 4 小腔的回油进入反馈油缸 3 的小腔，反馈油缸缩回，如方向盘转动一定角度后不动，拉杆与垂直杠杆的铰点 B' 成为支点，杠杆 AC 成为 AC'，转向阀 2 阀杆又回到中间位置，转向轮停止转动。

这种转向机构结构简单，能实现随动操纵。缺点是行走速度高时不太稳定，操纵有些紧张。如果油泵发生故障，只能拆除转向油缸的联系销子，用机械装置转向。TY-45 等轮式液压挖掘机即是采用此种转向机构。

(2) 转阀式液压转向系统

转阀式液压转向系统又称摆线转阀式全液压转向系统，在轮式挖掘机中应用比较普遍。这种转向系统取消了方向盘和转向轮之间的机械连接，只有液压油管连接。如图 7-29 所示，该转向系统由转阀、液压泵和转向液压缸等组成。

转向系统的转阀与计量马达构成一个整体。液压泵正常工作时，转阀起随动控制作用，即能使转向轮偏转角与方向盘转角成比例随动；当液压泵出现故障不供油时，转阀起手动泵的作用，实现手动静压转向。转阀式液压转向系统与其他转向系统相比，操作灵活、结构紧凑，由于没有机械连接，因此易于安装布置，而且具有在发动机熄火时仍能保证转向性能等优点。存在的主要问题是：路感不明显；转向后方向盘不能自动回位以及发动机熄火时手动转向比较费力。

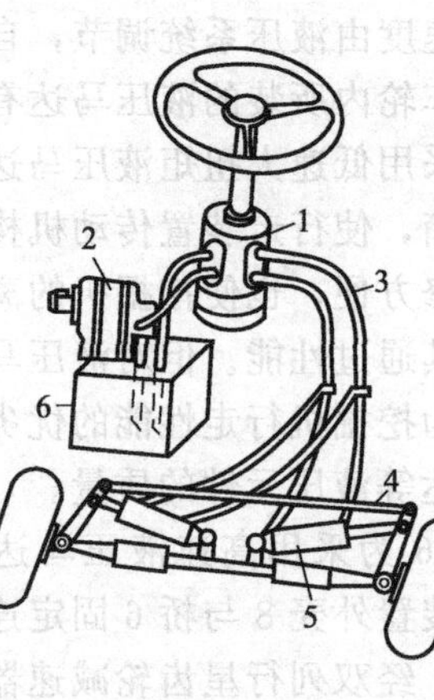

图 7-29 转阀式液压转向系统示意
1—转阀；2—液压泵；3—油管；4—转向梯形拉杆；5—转向油缸；6—油箱

在此种转向系统中，实现转向的动力来自转向油缸。转向油缸中活塞的位置变化既与方向盘的转角相对应，同时又与车轮或车架的偏转角相对应。转向油缸活塞的位置变化直接反映了油缸中油量的变化，因此转向油缸一腔室中的油量变化（流进或流出），也与一定的方向盘转角和车轮或车架的偏转角相对应。例如方向盘转过 ΔQ，油量相应变化 Δu，与之对应的车轮或车架的偏转角为 $\Delta\beta$。

在方向盘上直接装控制转阀，在油从油泵流到转向油缸之前的管路上装一只流量计。当方向盘转过 ΔQ 时，转阀被打开，当流量达 Δu，相应车轮或车架偏转 $\Delta\beta$ 时，转阀自动关闭，这就是转阀式液压转向系统的基本原理。

如图 7-30 所示，转阀式液压转向系统由转阀部分的阀芯 13、阀套 14、定位弹簧 4 等和计量马达部分的定子 15、转子 11、连接轴 12、销子 5 等零件组成。阀体上有 4 个与外管路相连通的进、出油口，图中所示的两个接油泵和油箱的进、出油口。另外两个通往转向油缸两腔，阀芯 13 用连接块 3 与方向盘连接，阀芯、阀套和连接轴 12 用销子 5 穿在一起。

隔盘 8 右边是计量马达，转子 11 与连接轴 12 用花键连接，定子 15、隔盘 8 和端盖 9 构成工作腔。阀芯 13 放在阀套 14 的内腔当中，阀套14由计量马达的转子11通过连接轴12、销子5带动在阀芯外转动。阀芯13由方向盘带动旋转。计量马达在整个系统中主要起反馈作用，既保证供给转向油缸的油量与方向盘的转角大小成正比，同时也使转向轮与方向盘之间保持随动关系。当压力油进入计量马达时，推动转子在腔内绕定子公转（即转子中心绕定子的中心线转动），同时转子也自转，带动连接轴12和阀套14一起转动。

当方向盘不动时，阀芯13和阀套14在定位弹簧4的作用下处于中间位置，压力油进入阀体后将单向阀6关闭，而流入阀芯与阀套上两排互相重合的小孔进入阀芯内腔，然后通过回油口流回油箱，此时转向油缸和计量马达的两腔都处于封闭状态。

当转动方向盘时，通过连接块3带动阀芯13转动，使之与阀套14之间产生相对转角位移，当转过2°左右时，经阀芯、阀套、阀体和隔盘通往马达的油路开始接通，当转过7°左右时油路完全接通，并使原来的回路完全关闭，马达进入全流量运转。

按照方向盘转动方向的不同，压力油驱动转子11正转或反转，使压力油进入转向油缸的左腔或右腔推动前轮偏转，使机械左转弯或右转弯。与此同时转子也通过连接轴12、销子5拨动阀套14产生随动，使阀套与阀芯的相对角位移消失（又回到原来的中位），液压马达的油路重新被封闭，压力油经阀直接流回油箱。若继续转动方向盘一个角位移，则又重复上述过程。简单地说，即只要阀芯与阀套有2°～7°的相对转动，油路即接通。压力油经计量马达进入转向油缸推动车轮转向，而油流通过马达的同时又推动马达，使阀芯与阀套的相对角位移减小，直到完全消除，实现反馈。因此，方向盘的转角大小总是与马达的转动角、流量和油缸的行程成一定比例的。

当驾驶员转动方向盘的速度小于供油量所对应的转子自转速度时，轮子的转向阻力基本上由液压动力克服，液压马达只作为流量计量器使用，所需操纵力很小。

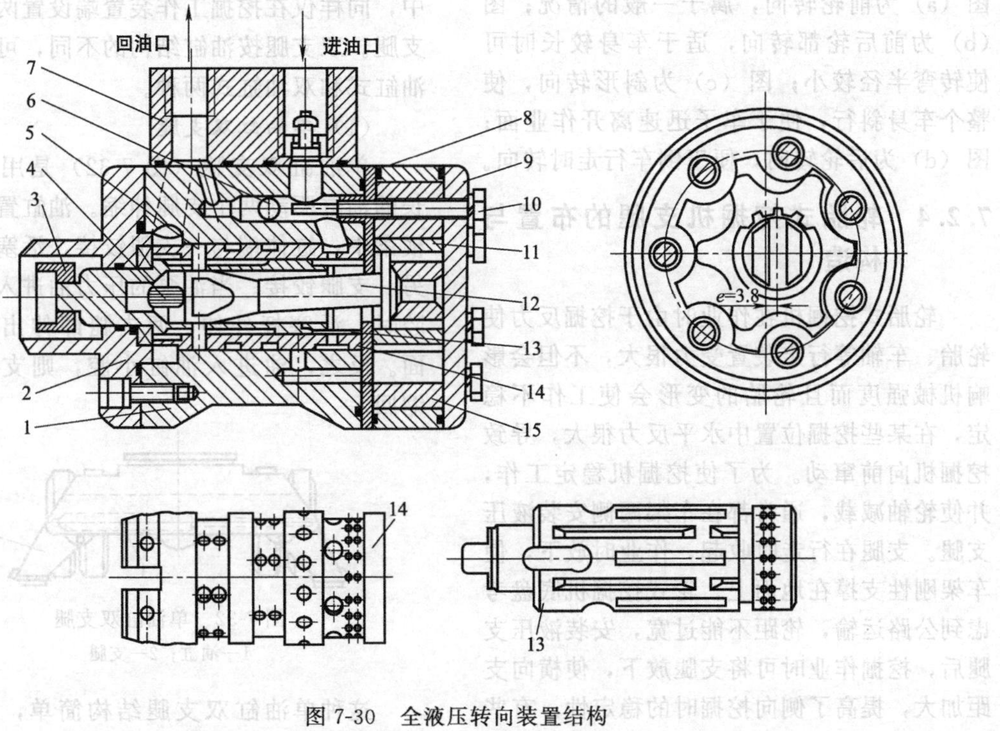

图7-30 全液压转向装置结构

1—阀体；2—阀盖；3—连接块；4—定位碟形弹簧；5—销子；6—单向阀；7—溢流阀；8—隔盘；9—端盖；10—调节螺栓；11—转子；12—连接轴；13—阀芯；14—阀套；15—定子

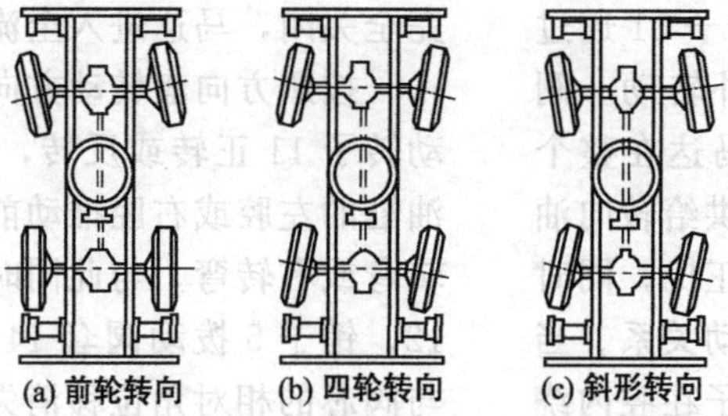

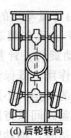

图 7-31　各种转向方式

当发动机熄火或油泵出现故障（供油停止）而不能实现动力转向时，转动方向盘带动阀芯 13、销子 5、连接轴 12、转子 11 转动，这时液压马达就成了手摇泵，单向阀 6 在真空作用下打开，将转向油缸一腔里的油吸入泵内并压入另一腔，驱动转向轮转向，此时需要较大的操纵力。

7.2.3.2　挖掘机的转向方式

液压挖掘机的转向性能优劣也是影响作业效率的因素之一。为了使轮式挖掘机机动灵活，可在转向机构中增加一套变换装置，即装一个四位六通阀，可以按需要成为四种不同的方式操纵转向轮，如图 7-31 所示，图（a）为前轮转向，属于一般的情况；图（b）为前后轮都转向，适于车身较长时可使转弯半径较小；图（c）为斜形转向，使整个车身斜行，便于车子迅速离开作业面；图（d）为后轮转向，便于倒车行走时转向。

7.2.4　轮胎式挖掘机支腿的布置与构造

轮胎式挖掘机在作业时由于挖掘反力使轮胎、车轴等行走装置受力很大，不但会影响机械强度而且轮胎的变形会使工作不稳定，在某些挖掘位置中水平反力很大，导致挖掘机向前窜动。为了使挖掘机稳定工作，并使轮轴减载，通常都在车架两侧安装液压支腿。支腿在行走时收起，作业时放下，使车架刚性支撑在地面上。轮式挖掘机底盘考虑到公路运输，轮距不能过宽，安装液压支腿后，挖掘作业时可将支腿放下，使横向支距加大，提高了侧向挖掘时的稳定性。有些小型轮式挖掘机支腿的支撑面制成带刺的爪形装置，以提高机械与土壤的附着力，防止作业时机械出现水平移动。

对液压支腿的要求是操纵方便，动作迅速，液压回路中应有闭锁装置防止受力后油缸缩回。

液压支腿的结构形式有多种，有单油缸操纵的，双油缸操纵的；有横向收缩的，也有纵向收缩的。液压支腿的形式、数量和设定位置应根据底盘结构、转台位置以及作业范围等因素来决定。

7.2.4.1　双支腿

在小型轮式液压挖掘机中，转台常常偏置于车架的一端，因此设置两个支腿已可保证稳定工作。在拖拉机底盘的悬挂式挖掘机中，同样仅在挖掘工作装置端设置两个液压支腿。双支腿按油缸结构的不同，可分为单油缸式和双油缸式两种。

（1）单油缸双支腿

单油缸双支腿（图 7-32）是用一个较长的油缸驱动两个支腿伸缩。油缸置于箱型横梁中，缸体端与一支腿铰接，活塞杆端与另一支腿铰接。当油泵的压力油进入油缸大腔时，活塞杆外伸，两支腿即伸出支撑地面。反之，油进入油缸小腔，则支腿提起缩回。

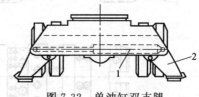

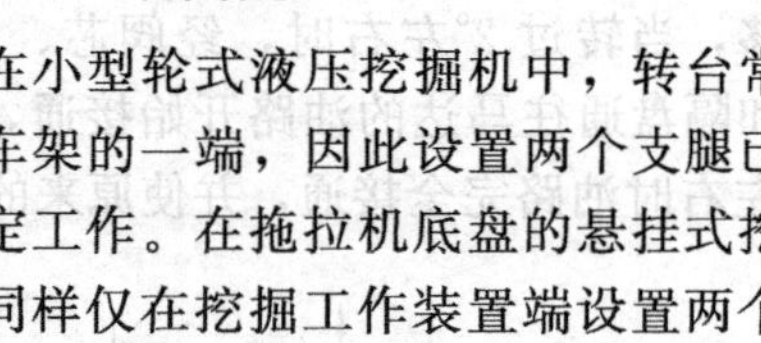

图 7-32　单油缸双支腿

1—油缸；2—支腿

这种单油缸双支腿结构简单，操作方便，但油缸较长，强度差。地面高低不平时左右两支腿不能随意调整。故这种形式一般用于小型轮式挖掘机上。

(2) 双油缸双支腿

双油缸驱动的双支腿是每个支腿由一个油缸驱动。这种支腿具有结构紧凑、动作迅速、速度高等优点。在不平路面上工作时，各个支腿可调整，支撑效果好，同时这种支腿设计时布局方便，故用得较多。

双油缸双支腿由于结构的不同又可分为横向伸缩支腿、纵向伸缩支腿和活动伸缩支腿三种类型。

① 横向伸缩支腿（图 7-33） 这种支腿大多安装在车架后部的两侧，向两侧支撑，增加侧向稳定性，是轮式挖掘机上用得较多的形式。

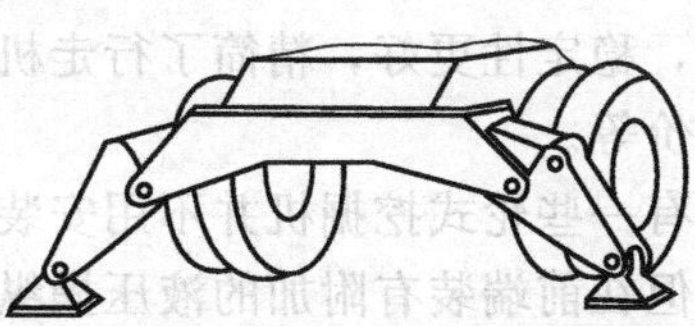

图 7-33 横向伸缩支腿

② 纵向伸缩支腿（图 7-34） 这种支腿通常装在车架的中部两侧，呈纵向布置，支腿一端铰接于车架，另一端与油缸活塞杆铰接。油缸伸出后支腿撑于地面不超出车身宽度。因此，适于狭窄场地工作。当工作装置纵向工作时，支腿能较好地承受水平反力，其缺点是侧向稳定性差。

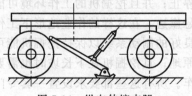

③ 活动伸缩支腿（图 7-35） 活动伸缩支腿是一种位置可任意调整的支腿。在车架两侧焊有悬臂支架，支腿通过垂直销轴铰接于车架上。油缸随支腿可任意调整位置。行走时支腿紧贴于车架两侧，使运输时宽度尺寸紧凑。

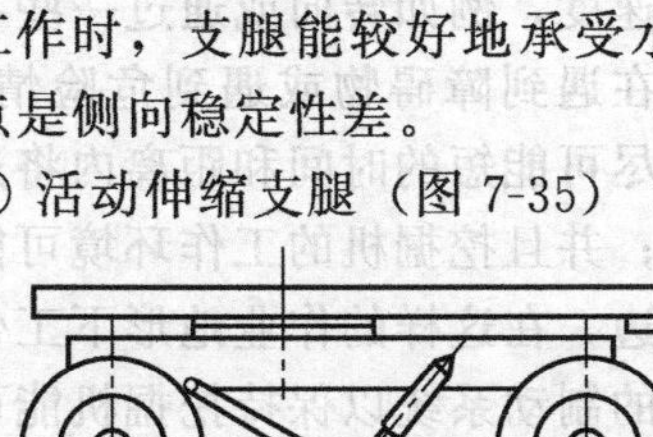

图 7-34 纵向伸缩支腿

工作时先将支腿伸出，随需要确定其位置，如垂直于车架则侧向稳定性最好，如倾斜一定角度则支腿的抗水平剪切力的能力最好。油缸输入液压油后，活塞杆外伸，支腿即撑于地面。

这种支腿能适用于多种作业工况，机械稳定性好，但支腿位置需人工辅助调整，费时而且不便。

7.2.4.2 四支腿

在中型轮式单斗液压挖掘机中通常采用四个伸缩支腿，使车架刚性支撑于地面而稳定工作。此时轮胎车轴减载，甚至离地不受压力。

常见的四支腿布置有两种。

(1) 四支腿装于车架两端

这种形式能使挖掘机的横向和纵向稳定性都得以提高，对转台中心设于车架中部者最合适，前后作业都一样，如图 7-36 所示。

(2) 四支腿中两个设于车架后端，另两个安装在前后轮之间

这种形式用于转台偏置于驱动桥端的挖掘机，行走时转向桥负荷较轻，工作时同样有较好的侧向稳定性。工作装置在端部挖掘时由于有两支腿装在车架端，故承载能力好，如图 7-37 所示。

7.2.4.3 特殊形式的支腿

为了使液压挖掘机结构紧凑或适用于不同的地面和路面，可以设计成多种特殊形式的支腿，下面介绍两种类型。

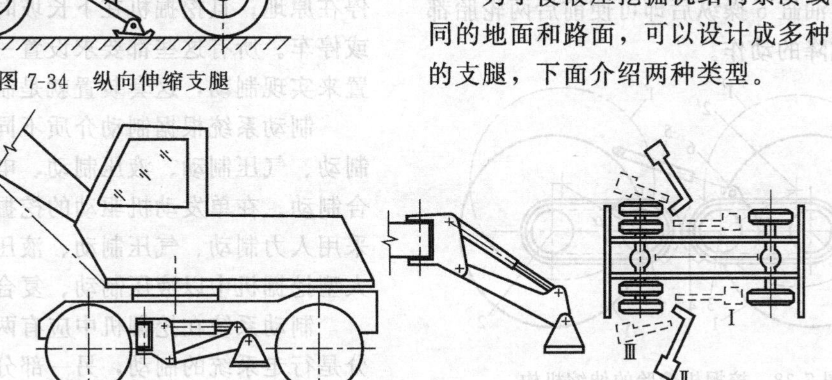

图 7-35 活动伸缩支腿

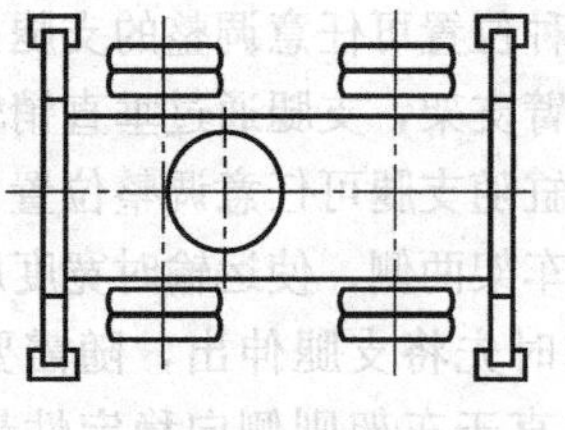

图 7-36　装在车架两端的四支腿轮式挖掘机

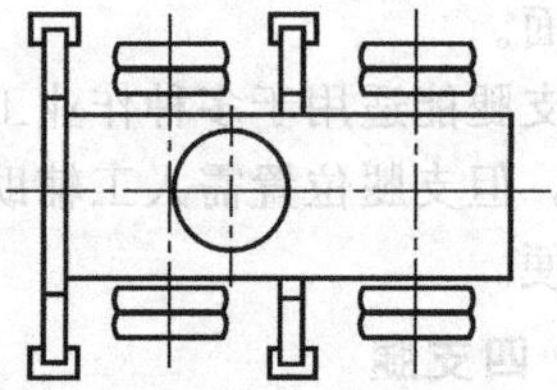

图 7-37　四支腿两个设于车架后端，两个设在前后轮之间

（1）整体型支腿

对于小型液压挖掘机，由于轴距很小，机动灵活，它的回转支撑装置下面连接一支撑平台，平台的前后端即安装支腿。行走时平台离地；工作时四个轮胎上升到转台上部，于是平台落在地面，支撑面积大，承载能力高，可适应多种作业场地。这种支腿使挖掘机的纵向、横向稳定性都较高，并且挖掘机能实现全回转。

这种挖掘机的行走轮胎用链传动驱动（图 7-38），从转台上输出的动力轴端装有链轮 3、7，经链传动驱动链轮 2，链轮 2 与轮胎 1 共轴。由于前后链传动的外壳都装有扇形齿轮 4，并且相互啮合。因此其中一个链壳通过油缸 5 操纵后即可使前后两轮胎都产生升或降的动作。

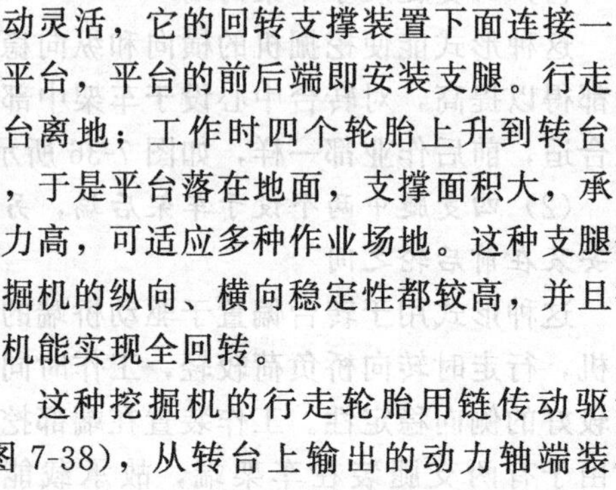

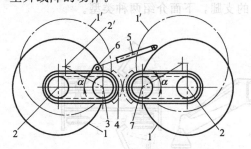

图 7-38　挖掘机轮胎的伸缩机构
1,1′—轮胎；2,2′,3,7—链轮；4—扇形齿轮；5—油缸；6—铰销

这种整体型支腿的特点是使挖掘机既具有轮胎式挖掘机的机动灵活的优点，又具有履带式挖掘机的接地面积大、接地比压小的优点。但因工作时转台降低，降低了卸载高度。

（2）万能型支腿

在步履式挖掘机中，其底盘部分仅有两个后轮和两个带爪的前支腿。这种支腿和后轮可通过油缸操纵上下摆动。支腿是箱型套管式的，可手动调节伸缩，并且调整支腿在扇形板上的固定孔位置后两支腿可分开或合并，使机器运输时支腿不超过后轮的宽度。由于采用这种特殊的支腿，使挖掘机具有独特的性能，如能在斜坡上工作，挖掘的范围可更大，稳定性更好，精简了行走机构，降低了造价等。

还有一些轮式挖掘机并不用安装专门的支腿，但在前端装有附加的液压操纵的推土板，挖掘作业时把它放下，实际上也起到支腿的作用。

7.2.5　制动系统

（1）制动系统的作用

行驶中的轮式挖掘机在很多情况下都要减低行驶速度，例如转向或通过一些不平的地面时，在遇到障碍物或遇到危险情况时，更需要在尽可能短的时间和距离内将速度降低或停止；并且挖掘机的工作环境可能是坡地或悬崖边，在这样的作业地形下工作，就需要良好的制动系统以保持挖掘机能可靠地停在原地；且挖掘机在下长坡时也需要减速或停车。所有这些都要求设置一套专门的装置来实现制动，这套装置就是制动系统。

制动系统根据制动介质不同可分为人力制动、气压制动、液压制动、电力制动、复合制动。在单发动机驱动的挖掘机中，多数采用人力制动、气压制动、液压制动。而在大型挖掘机中以液压制动、复合制动为主。

制动系统在挖掘机中应有两部分，一部分是行走系统的制动，另一部分是回转系统的制动。回转部分的制动在回转系统中介绍，这里不再赘述。在此介绍轮式挖掘机制动系统的构成。

（2）制动系统的结构及其工作原理

① 人力制动　人力制动是依靠驾驶员通过操纵手柄或踏板使机构接合和分离。其结构简单，易于制造。此外，操纵力与机构的接合力成正比，驾驶员易于感觉控制力的大小。它的缺点是反应慢、操纵费力、驾驶员易疲劳、生产率较低等特点。因此人力制动目前只在小型挖掘机上使用。

② 气动制动　在中小型挖掘机中，气压制动具有一定的优势，这是因为气压操纵十分平稳，对机构的动载荷小。同时，气体泄漏不会污染环境，并且气体在低温下工作性能基本不受影响。

气压操纵的气压较低，一般为 0.4～0.7MPa，因此它的元件尺寸要比液压操纵的大。

国产 WLY25 型轮胎式单斗挖掘机的气压操纵系统，如图 7-39 所示。它主要由空压机 1、储气筒 5、脚制动阀 8、车轮制动气室 19 等组成。

空压机是个能量转换装置，由发动机带动，将发动机的机械能转化为气体压力能；储气筒是用来储存压缩空气，以备制动或其他使用。

空压机的压缩空气经单向阀 2 进入储气筒 5，然后分两路输送：一路经脚制动阀 8、梭阀 9 进入车轮制动气室 19，以控制车轮制动器；另一路经油水分离器 6 进入调压阀 7。调压后的气体又分为两路，分别进入三位四通气阀 13 和三位五通气阀 10，进而分别进入各执行机构进行工作。

三位四通气阀控制变速箱换挡。三位五通气阀控制挖掘、吊重行走和运输行走等三种工况。当该阀处于“挖掘”位置时，悬挂分配阀 18 进气，悬挂油缸锁死。与此同时，压缩空气经梭阀 9 进入车轮制动气室 19 使车轮制动。此外，中央制动汽缸 16 排气，传动轴抱死，马达支腿分配阀 17 放气、支腿支撑于地面；当此阀处于“吊重行走”（图示位置时），中央制动汽缸进气，制动器抱闸打开，马达支腿分配阀进气，支腿因油路切断而收回、锁死。另外，悬挂分配阀进气，悬挂油缸锁死。此时行走马达可以进油

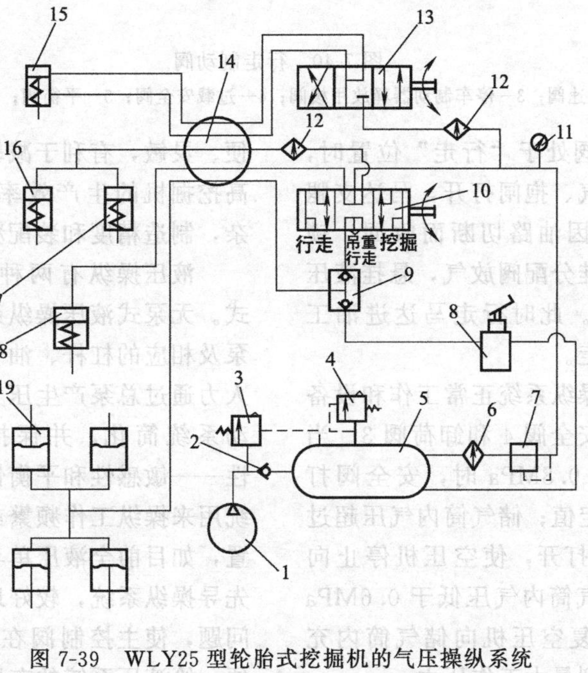

图 7-39　WLY25 型轮胎式挖掘机的气压操纵系统

1—空压机；2—单向阀；3—卸荷阀；4—安全阀；5—储气筒；6—油水分离器；7—调压阀；8—脚制动阀；9—梭阀；10,13—气阀；11—压力表；12—油雾器；14—中央回转接头；15—变速箱汽缸；16—中央制动汽缸；17—支腿分配阀；18—悬挂分配阀；19—车轮制动气室

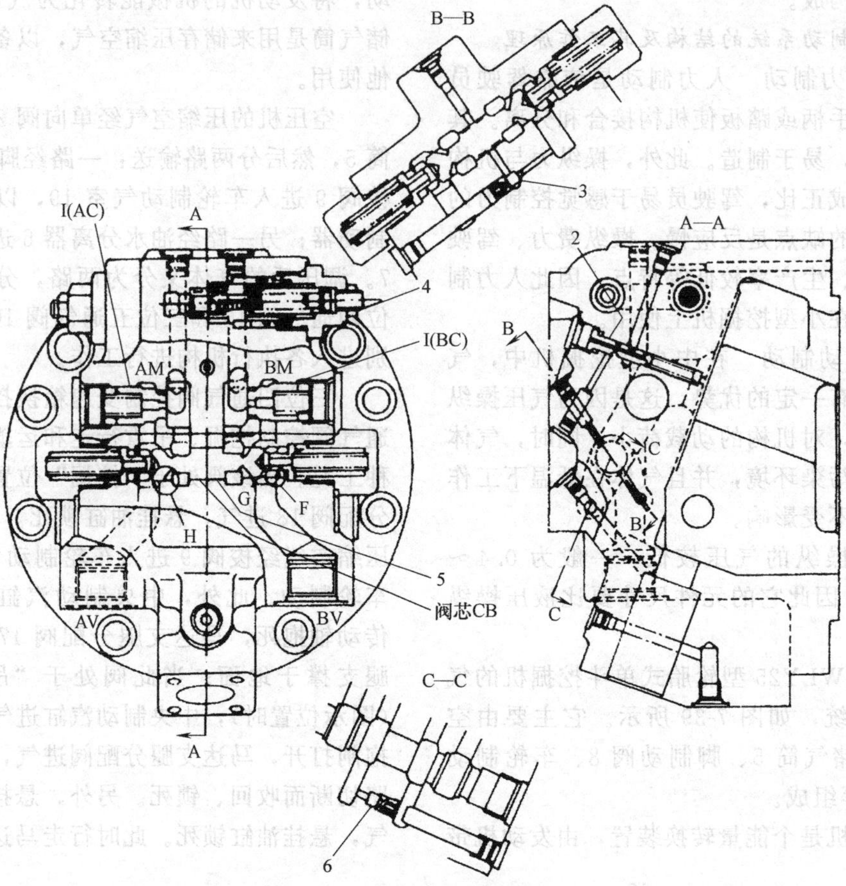

图 7-40　行走制动阀

1—单向阀；2—减速阀；3—停车制动器释放用梭阀；4—过载安全阀；5—平衡阀；6—伺服阀操作用梭阀

而开始工作；当此阀处于“行走”位置时，中央制动器汽缸进气、抱闸打开，马达支腿分配阀进气，支腿因油路切断而收回、锁死。与此同时，悬挂分配阀放气，悬挂液压缸接通油路而浮动。此时行走马达进油工作，挖掘机开始行走。

为了保证气压操纵系统正常工作和设备安全，系统中设有安全阀 4 和卸荷阀 3。当储气筒内气压超过 0.8MPa 时，安全阀打开，放气减压到调定值；储气筒内气压超过 0.75MPa 时卸荷阀打开，使空压机停止向储气筒内充气；储气筒内气压低于 0.6MPa 时卸荷阀关闭，恢复空压机向储气筒内充气，直至储气筒达到最大工作压力。

③ 液压制动　在单斗液压挖掘机中，液压操纵得到广泛的应用。其优点是操纵轻便、灵敏，有利于减轻驾驶员劳动强度和提高挖掘机的生产效率。它的缺点是结构复杂，制造精度和装配精度要求高、成本高。

液压操纵有两种形式：无泵式和有泵式。无泵式液压操纵系统由踏板、总泵、分泵及相应的杠杆、油管等组成。它实际上是人力通过总泵产生压力使分泵起作用，使传动系统简化，并保持了人力操纵的优越性——敏感性和平衡性；有泵式液压操纵系统用来操纵工作频繁或用力较大的机构与装置，如目前全液压单斗挖掘机上广泛采用的先导操纵系统，较好地解决了减小操纵力的问题，使主控制阀在主机上的布置更加方便，给液压系统的布置提供了便利，从而缩短管路，减少整个液压系统的压力损失，还可大大改善多路阀的调节性能。

挖掘机行走系统的液压制动主要是通过液压马达组件来实现。液压马达组件由液压马达、行走制动阀、停车制动器组成。下面以日立EX200-5、EX220-5型挖掘机为例来介绍其结构和工作原理。

行走制动阀安装在行走马达的端盖上，由单向阀、减速阀、停车制动器释放用梭阀、过载安全阀、平衡阀、伺服阀操作用梭阀等组成，其结构及工作原理如图7-40所示。

行走制动阀的功能：

a. 单向阀 确保行走马达平稳启动和停止，与平衡阀一起共同防止在行走马达油路中产生气穴现象。

b. 减速阀 降低从行走马达分流出来的液压油的压力，防止停车制动器突然动作，并将已减压的液压油输送到停车制动器制动腔（行走时）。

c. 停车制动器释放用梭阀 将行走马达作业用的液压油分流到减压阀。

d. 过载安全阀 防止在行走马达及油路中产生冲击压力和过载现象。

e. 平衡阀 确保行走马达平稳启动和停止，防止挖掘机下坡行走时产生超速。

f. 伺服阀操作用梭阀 使行走马达作业用的液压油分流到伺服阀中。

行走制动阀的工作原理：

a. 挖掘机行走控制 当从主操作阀行走阀芯来的压力油进入油口BV时，压力油流到阀芯CB的周围，打开单向阀BC，进入行走马达油口BM。但是，从行走马达油口AM来的回油被单向阀AC和平衡阀芯CB挡住。

由于油口BV处的压力油压力增加，压力油通过阀芯CB内的节流孔F进入油腔G，使阀芯CB向左移动，并使左侧弹簧压缩。这样，来自行走马达油口AM的回油，经过阀芯CB内H区域中的缺口从油口AV处流出，使行走马达转动，挖掘机开始行走。

当行走操纵杆返回到空挡位置时，从主操作阀来的压力油被截止，油腔G内的液压油压力降低，平衡阀芯CB被左侧弹簧的作用力推回到原位。然后，液压油的进、出油路被堵住，使行走马达停止转动，挖掘机停止行走。

b. 挖掘机下坡控制 当挖掘机下坡行驶时，挖掘机的重力可以分解为平行和垂直斜坡面的分力，而平行斜坡面的分力强制驱动行走马达超速运转，使行走马达像泵一样从进油口吸油，当行走马达吸油时，油口BV和油腔G的液压油压力降低，使平衡阀芯CB向右移动，于是，回油口被平衡阀芯CB截住，使油口AM的压力升高，在油口AM处压力升高的液压油对行走马达进行制动。这样，油口BM和油口BV的液压油压力升高，又把平衡阀芯CB推回到左边。平衡阀芯CB的这种反复运动所产生的液压制动作用，可防止行走马达超速旋转，使挖掘机不会超速行驶。

c. 行走液压系统的保护 如果行走液压系统的压力升高到超过过载安全阀的设定压力，过载安全阀就溢流降压，保护系统和马达不因过载而遭到破坏。当行走马达停止时，由于有惯性力而产生冲击压力，过载安全阀也溢流降压，对系统进行保护。当挖掘机停止行走时，由于惯性作用迫使行走马达继续旋转，这就容易引起进油腔形成真空，产生气穴现象，这时进油管路中的单向阀打开，从回油管路中吸油进行补充，防止气穴的产生。

停车制动器是常闭湿式多片制动器，由制动活塞、盘形弹簧、摩擦片、钢片组成，结构和工作原理如图7-41所示。

来自行走马达的压力油通过油道K进入制动腔M时，制动器就脱开。只要行走操纵阀在空挡位置，停车制动器就自动施加制动力。

摩擦片3的内齿与驱动轴6的外齿相啮合，钢片4的外齿与马达外壳的内齿相啮合。当盘形弹簧1将制动活塞2推向摩擦片3时，制动活塞2、摩擦片3、钢片4便紧紧地压在一起，开始停车制动。

解除制动：当行走操纵杆反向拉回时，来

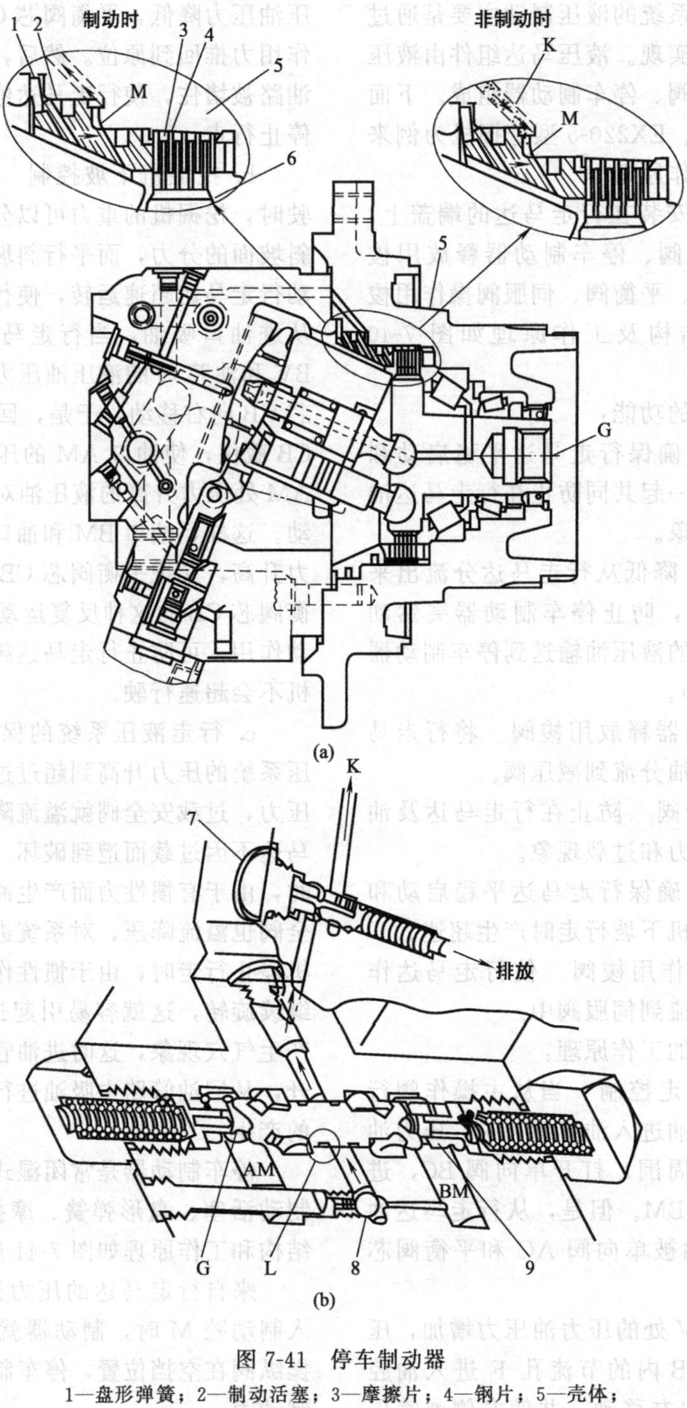

图 7-41　停车制动器

1—盘形弹簧；2—制动活塞；3—摩擦片；4—钢片；5—壳体；
6—驱动轴；7—减压阀；8—梭阀；9—平衡阀芯 CB

自液压泵的压力油通过主操纵阀行走阀芯流到马达的油口 AM。一部分进入马达，另一部分经平衡阀芯 CB上的节流孔进入平衡阀芯 CB 中的油腔 G。停车制动释放压力被平衡阀芯 CB 堵住。当油腔 G 中的液压油压力升高，使平衡阀芯 CB 克服弹簧作用力而向右移动时，压力油从油口 AM 经梭阀 8、平衡阀芯 CB 上的凹口 L 流向减压阀 7，经减压阀 7 减压后又经通道 K 进入停车制动器的制动腔 M，压力油推动制动活塞 2，将盘形弹簧 1 压缩，使钢片和摩擦片分离开来，制动器被释放脱开。

进行制动：当行走操纵杆在空挡位置时，挖掘机停止行走。此时没有压力油进入油口 AM，而停车制动器制动腔 M 中的压力油经油道 K 通过减压阀 7 被引导到排放油路。制动活塞 2 被盘形弹簧 1 逐渐推向摩擦片一方，使制动活塞、摩擦片和钢片紧紧贴在一起，完成制动器的制动。

7.3　行走系统故障诊断与维修

7.3.1　履带式行走装置的传动方式

液压挖掘机的履带式行走装置均采用液压传动，它可以使履带行走架结构简化，并省略了机械传动的一系列复杂的锥齿轮、离合器及传动轴等零部件。履带式行走装置由行走马达、行走减速器、驱动轮等组成。

履带式行走装置液压传动的方式是每条履带各自有驱动的液压马达及减速装置，由于两个液压马达可以独立操纵，因此，挖掘机的左、右履带除可以同步前进、后退或一条履带驱动、另一条履带停止的转弯外，还可以两条履带相反方向驱动，使挖掘机实现就地转向，提高了灵活性。

履带式行走装置的传动方式分为高速液压马达驱动和低速液压马达驱动两种方案。高速方案通常是采用轴向柱塞式、叶片式或齿轮式液压马达，通过多级正齿轮减速或正齿轮和行星齿轮组合的减速器，最后驱动履带的驱动轮。

采用高速液压马达驱动，由于液压马达转速可达 2000～3000 r/min，因此，减速装置需要一对或两对正齿轮与一列、两列或三列行星齿轮组合成减速器，并与液压马达和制动器组成一个独立、紧凑的整体。

图 7-42 (a) 为单列行星齿轮减速器的结构示意图。轴向柱塞式液压马达 1 经两对正齿轮 2、3 驱动行星轮系的太阳轮，由于内齿圈 5 和机壳 4 固定，因此，太阳轮运转时便驱动行星轮 7 绕内齿圈转动，此时与行星架连接的履带驱动轮 6 也随之转动，其转向与太阳轮相同。

图 7-42 (b) 为双列行星减速器，速比（齿轮传动比）较大。液压马达的高速输出轴上直接安装盘式制动器 9，因此结构紧凑、制动效果较好。

行走装置的制动器有常闭和常开两种形式，常闭式制动器平时用弹簧紧闸，工作时用分流油压力松闸；常开式制动器用液压或手动操作紧闸。为了防止润滑油侵入制动器的摩擦面，在制动器和减速器之间装有密封圈。

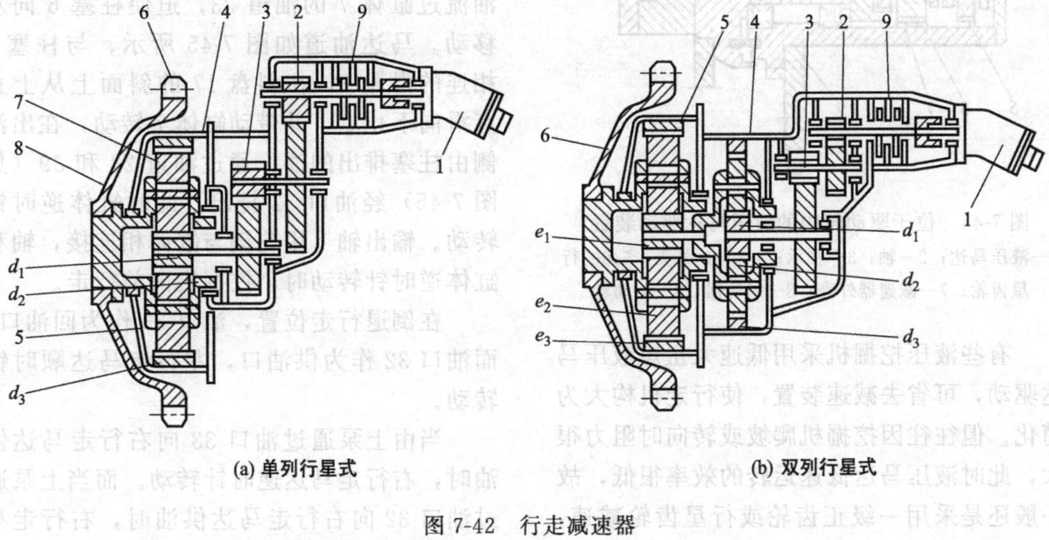

(a) 单列行星式　　(b) 双列行星式

图 7-42　行走减速器

1—液压马达；2,3—正齿轮；4—机壳；5—内齿圈；6—驱动轮；7—行星轮；8—太阳轮；9—制动器

由于减速装置采用了行星齿轮系，因此速比大，体积小，使挖掘机的离地间隙较大，通过性能好。其缺点是减速器连同液压马达一起较长，倒车或越野行走时遇较大的障碍物可能会碰坏液压马达。近年来有一种液压马达和减速器都安装在履带驱动轮内的结构，如图 7-43 所示。液压马达外壳 4 固定在履带架上，液压马达 1 供油后缸体转动，动力由轴 2 输出，经两列行星齿轮 5、6 后，驱动减速器外壳 7 以及与其相固定的驱动轮 9。驱动轮的载荷是通过减速器外壳、轴承 3 由马达壳体 4 来支持。液压马达的输出轴另一端装有制动器 8，以保证安全工作。在马达外壳和减速器外壳之间装有浮动油封，防止灰尘浸入。这种驱动装置结构紧凑，外形尺寸不超过履带板宽度，因此挖掘机的离地间隙大、通过性能好。但液压马达装在中间，散热条件差，且修理不太方便。

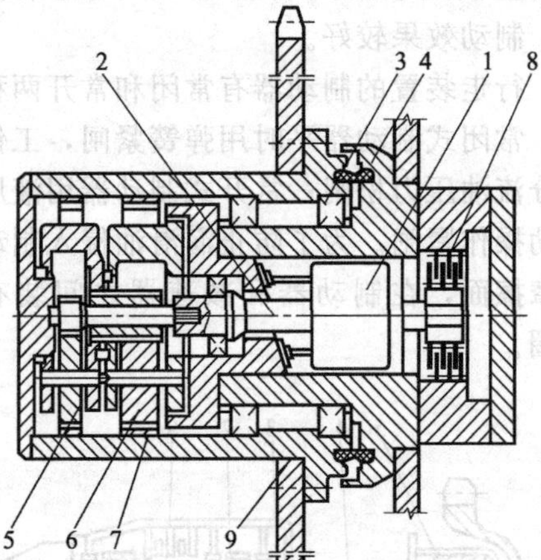

图 7-43　位于驱动轮内的液压马达驱动装置

1—液压马达；2—轴；3—轴承；4—马达外壳；5,6—行星齿轮；7—减速器外壳；8—制动器；9—驱动轮

有些液压挖掘机采用低速大扭矩液压马达驱动，可省去减速装置，使行走机构大为简化。但往往因挖掘机爬坡或转向时阻力很大，此时液压马达低速运转的效率很低，故一般还是采用一级正齿轮或行星齿轮减速，以减小低速液压马达的输出扭矩和径向尺寸。

7.3.2　行走马达和减速器结构

7.3.2.1　行走马达

行走液压马达一般采用斜轴式或斜盘式柱塞马达，目前已有专业厂家生产液压挖掘机行走驱动专用液压马达，一般内部带有液压制动器及摩擦片式停车制动器。图 7-44 所示为卡特彼勒 CAT320、CAT325 型挖掘机行走驱动用斜盘式轴向柱塞液压马达。该液压马达主要由以下 4 部分组成。

① 转动机构　由输出轴 1、衬套 4、垫片 5、缸体中心弹簧 20、缸体 7、压盘 3、滑靴 2 和柱塞 6 组成。

② 制动阀机构　由平衡阀 35，安全补油阀 29、34 组成。

③ 停车制动器　由摩擦盘 10、分离盘 9、制动活塞 11、制动弹簧 12、销子 8 和压力释放阀 36 组成。

④ 变量机构　由变量伺服阀 28，单向阀 37、38，活塞 16、18 和杆 21 组成。

从滑动摩擦副间隙中泄漏到马达壳体中的油通过马达前端盖 13 和泄油口 30 回到液压油箱。

在挖掘机前进行走期间，下泵的油通过油口 33 进入左行走马达，然后流过油道 14、配油盘 26 和油道 24，此时，由泵来的油流过缸体 7 的油道 23，迫使柱塞 6 向左移动。马达油道如图 7-45 所示。与柱塞 6 相连的滑靴 2，在斜盘 17 的斜面上从上止点滑向下止点，并带动缸体 7 转动，在出油侧由柱塞排出的油，通过油道 23 和 39（见图 7-45）经油口 32 排出，此时缸体逆时针转动。输出轴 1 用花键与缸体相连接，轴和缸体逆时针转动时，挖掘机向前行走。

在倒退行走位置，油口 33 作为回油口，而油口 32 作为供油口，左行走马达顺时针转动。

当由上泵通过油口 33 向右行走马达供油时，右行走马达逆时针转动。而当上泵通过油口 32 向右行走马达供油时，右行走马达顺时针转动。

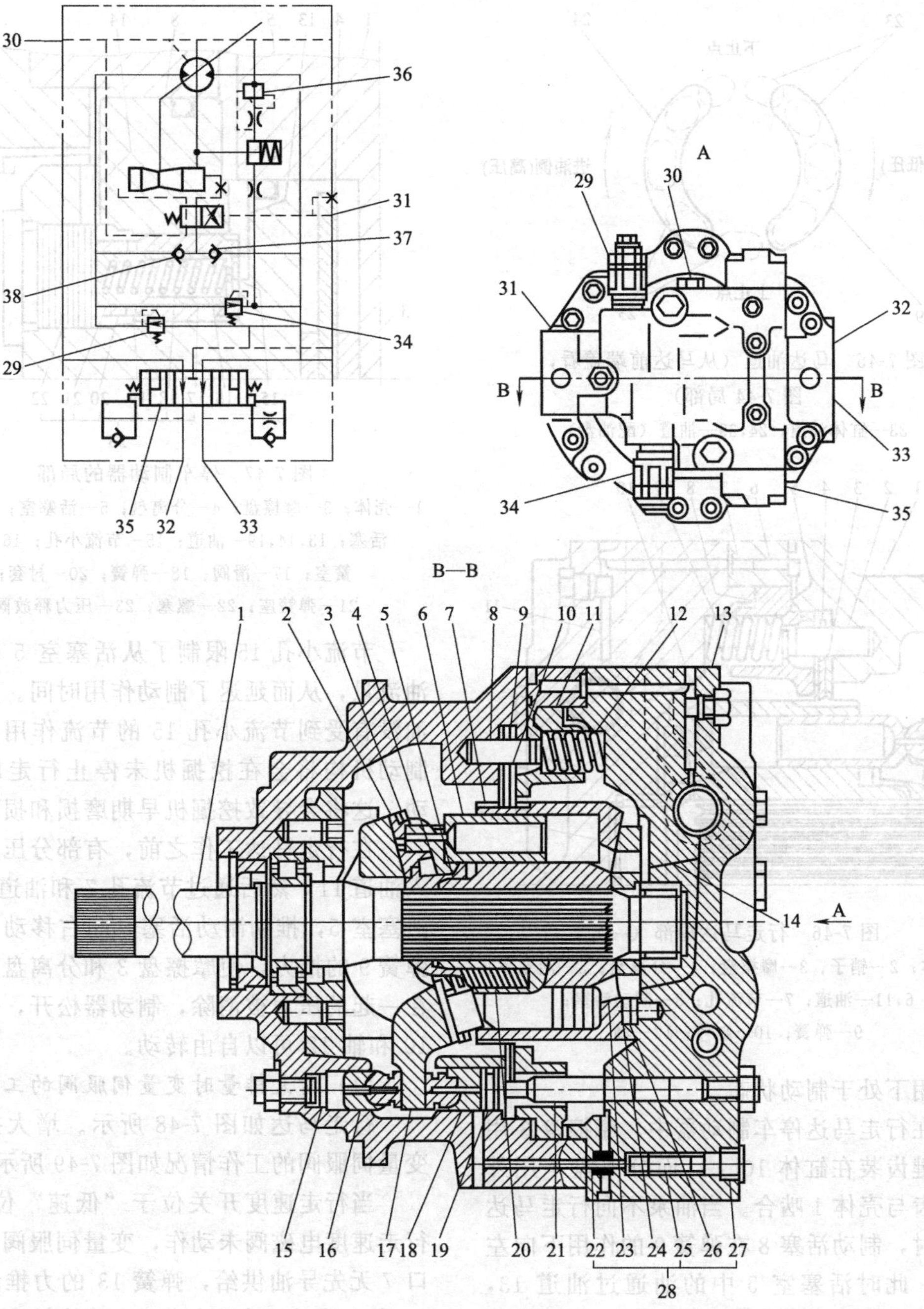

图 7-44 行走马达

1—输出轴；2—滑靴；3—压盘；4—衬套；5—垫片；6—柱塞；7—缸体；8—销子；9—分离盘；10—摩擦盘；11—制动活塞；12—制动弹簧；13—马达前端盖；14,23,24—油道；15—限位器；16,18—活塞；17—斜盘；19—限位器；20—缸体中心弹簧；21—杆；22—弹簧；25—滑阀；26—配油盘；27—螺塞；28—变量伺服阀；29,34—安全补油阀；30—泄油口；31～33—油口；35—平衡阀；36—压力释放阀；37,38—单向阀

如图 7-46 和图 7-47 所示，当主泵向行走马达供油时，停车制动器松开，并且行走马达开始转动；当主泵不向行走马达供油时，行走马达停止转动，停车制动器在弹簧

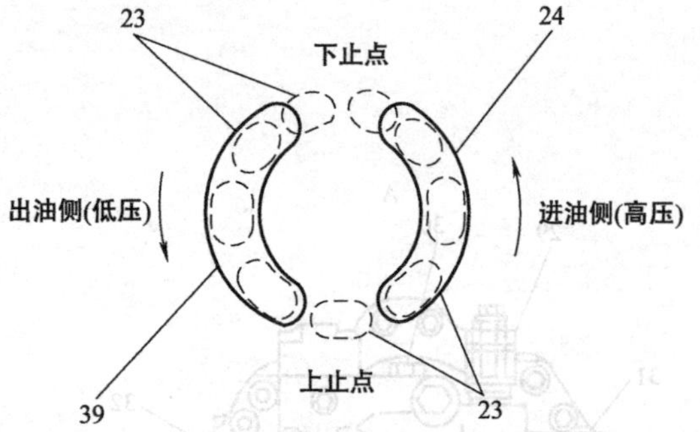

图 7-45 马达油道（从马达前端盖看，图 7-44 局部）

23—缸体油道；24,39—油道（配油盘）

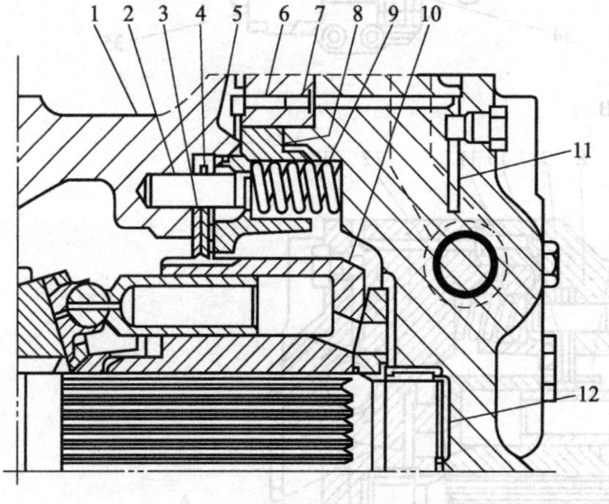

图 7-46 行走马达局部（一）

1—壳体；2—销子；3—摩擦盘；4—分离盘；5—活塞室；6,11—油道；7—节流孔；8—制动活塞；9—弹簧；10—缸体；12—轴

的作用下处于制动状态。

在行走马达停车制动器中，摩擦盘 3 用内花键齿装在缸体 10 上，而分离盘 4 用外花键齿与壳体 1 啮合。当油泵不向行走马达供油时，制动活塞 8 在弹簧 9 的作用下向左移动，此时活塞室 5 中的油通过油道 13，并经节流小孔 15 进入压力释放阀 23 的弹簧室 16 中。油流在节流小孔 15 处受到节流限制，油压升高，迫使滑阀 17 压缩弹簧 18 向右移动，减小了油道 19 的开度，弹簧室 16 中的油通过油道 14 从马达壳体中泄出。

当制动活塞 8 向左移动时，摩擦盘 3 和分离盘 4 在弹簧 9 的弹力作用下压紧成一体，停车制动器处于制动状态，缸体 10 停止转动，轴 12 也被制动。

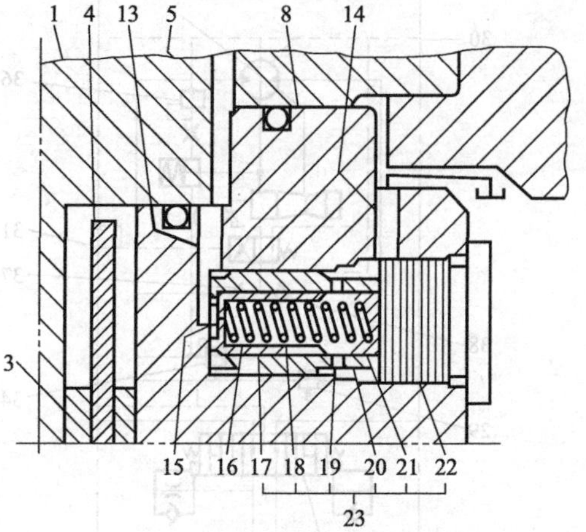

图 7-47 停车制动器的局部

1—壳体；3—摩擦盘；4—分离盘；5—活塞室；8—制动活塞；13,14,19—油道；15—节流小孔；16—弹簧室；17—滑阀；18—弹簧；20—衬套；21—弹簧座；22—螺塞；23—压力释放阀

节流小孔 15 限制了从活塞室 5 来的回油流量，从而延迟了制动作用时间。如果回油没有受到节流小孔 15 的节流作用，停车制动机构将会在挖掘机未停止行走以前制动，这将会导致挖掘机早期磨损和损坏。

在行走马达工作之前，有部分压力油进入油道 11，然后通过节流孔 7 和油道 6，去活塞室 5，推动制动活塞 8 向右移动，克服弹簧 9 的推力，使摩擦盘 3 和分离盘 4 结合在一起的压力被消除，制动器松开，使缸体 10 和轴 12 可以自由转动。

(1) 增大排量时变量伺服阀的工作情况

行走马达如图 7-48 所示。增大排量时变量伺服阀的工作情况如图 7-49 所示。

当行走速度开关位于“低速”位置时，行走速度电磁阀未动作，变量伺服阀 3 的油口 7 无先导油供给，弹簧 13 的力推动滑阀 14 向右移动，直到与螺塞 15 接触为止。从油口 12 进来的液压泵压力油通过油道 9、单向阀 10、油道 26、25 和 21 去活塞室 17，推动活塞 6 向右移动，而活塞室 18 中的油，通过油道 22、24 和 23 排回液压油箱。

此时行走马达斜盘角度最大，行走马达排量大，转动行走马达要求较大流量，因此行走马达转速低，牵引力大。

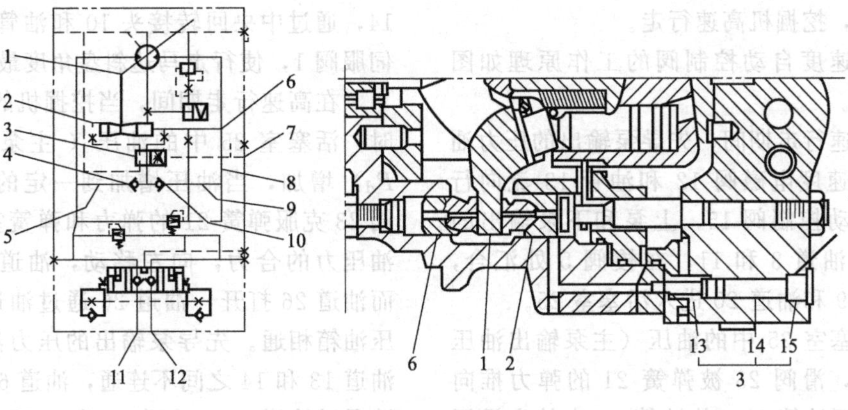

图 7-48 行走马达局部（二）

1—斜盘；2,6—活塞；3—变量伺服阀；4,10—单向阀；5,8,9—油道；7,11,12—油口；13—弹簧；14—滑阀；15—螺塞

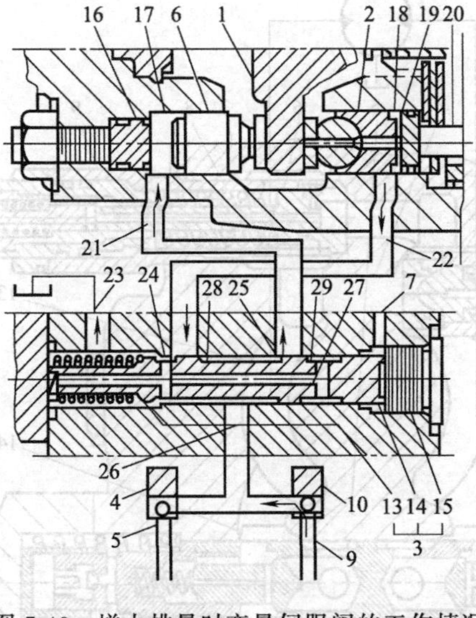

图 7-49 增大排量时变量伺服阀的工作情况

1—斜盘；2,6—活塞；3—变量伺服阀；4,10—单向阀；5,9,21～29—油道；7—油口；13—弹簧；14—滑阀；15—螺塞；16,19—限位器；17,18—活塞室；20—杆

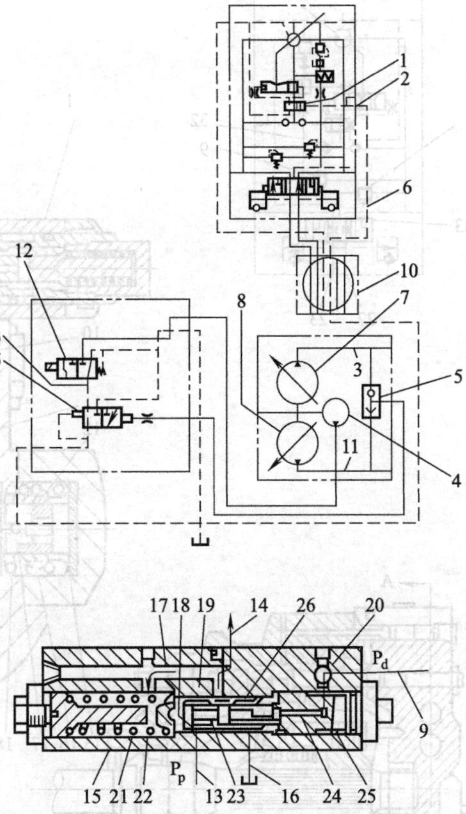

图 7-50 行走速度自动控制阀（在小排量位置）

1—变量伺服阀；2—油口；3,6,9,11,13,14,16～20,26—油道；4—先导泵；5—梭阀；7—上泵；8—下泵；10—中央回转接头；12—行走速度电磁阀；15—行走速度自动控制阀；21—弹簧；22—弹簧室；23—滑阀；24—活塞；25—活塞室；P_d—主泵输出油压；P_p—先导泵输出油压

（2）减小排量时变量伺服阀的工作情况

当行走速度开关位于“高速”位置时，行走速度电磁阀动作。当挖掘机载荷小，液压泵的输出油压低于某一水平时，先导油流向变量伺服阀的油口 7，推动滑阀 14 向左运动，克服弹簧 13 的力，油道 25 关闭，而油道 28 打开，液压泵的油通过油道 26、28 和 22 去活塞室 18，推动活塞 2 向左移动，此时斜盘 1 朝减小斜盘角度的方向转动。活塞室 17 中的油，通过油道 21、29、27 和 23 排回液压油箱，此时行走马达斜盘

角度最小，挖掘机高速行走。

行走速度自动控制阀的工作原理如图7-50所示。

在高速行走期间，先导泵输出的压力油通过行走速度电磁阀12和油管13流向行走速度自动控制阀15，上泵和下泵输出的压力油经油道3和11，在梭阀5处汇合，通过油管9和油道20进入活塞室25。

当活塞室25中的油压（主泵输出油压P_d）小时，滑阀23被弹簧21的弹力推向右方，打开油管19，从油管13来的先导压力油，通过油管17进入弹簧室22，并作用于滑阀23上，同时先导压力油还经油管14，通过中央回转接头10和油管6到变量伺服阀1，使行走马达斜盘角度最小。

在高速行走期间，当挖掘机的载荷增加时，活塞室25中的油压（主泵输出油压P_d）增加，当油压增加到一定的值时，滑阀23克服弹簧21的弹力和弹簧室22中的油压力的合力，向左移动，油道19关闭，而油道26打开，油道26通过油道16与液压油箱相通。先导泵输出的压力油被阻止，油道13和14之间不连通，油道6中的压力油通过油道14、油道26和27回到液压油箱，变量伺服阀1回到大排量位置，行走马达低速转动。

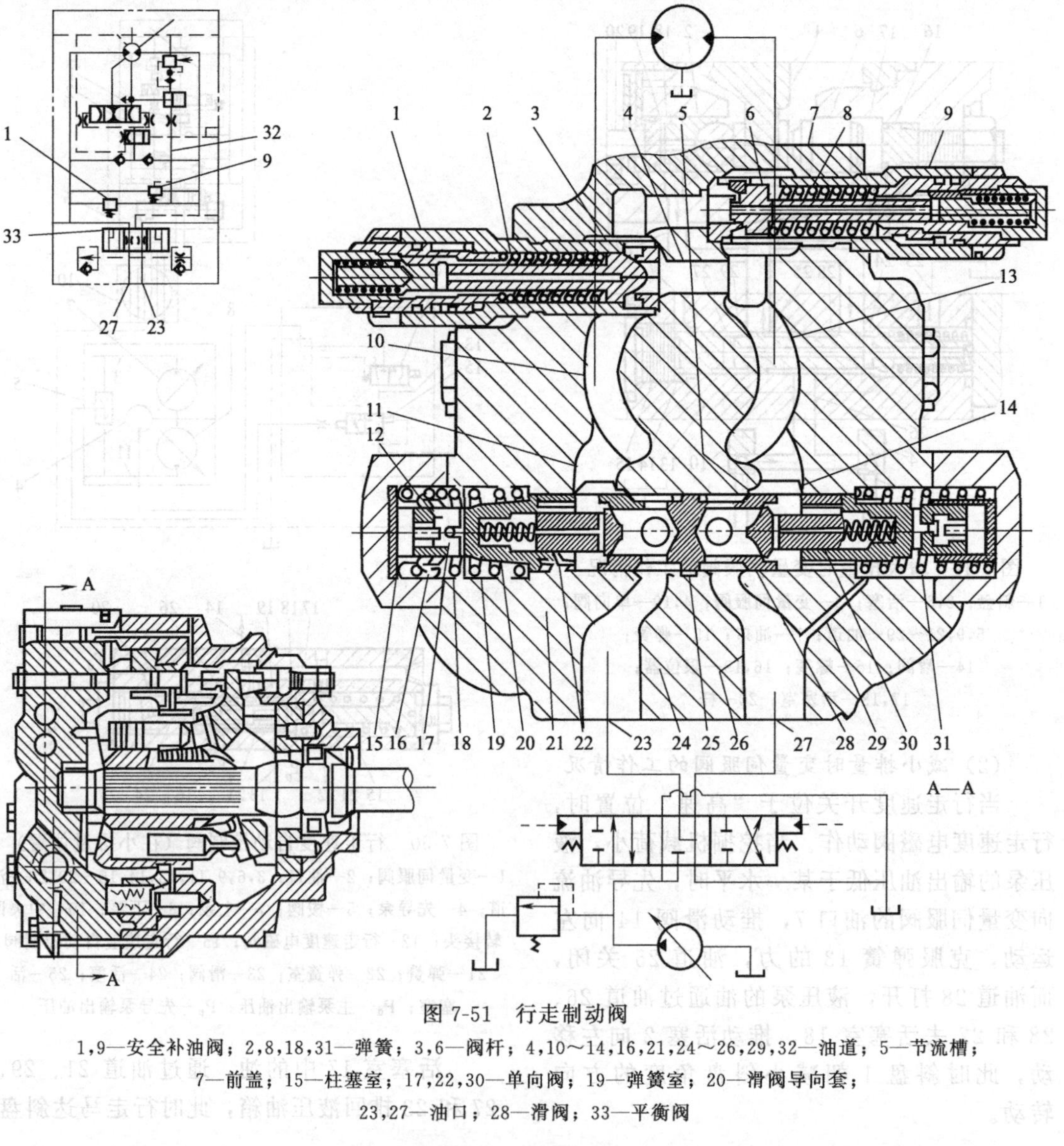

图7-51 行走制动阀

1,9—安全补油阀；2,8,18,31—弹簧；3,6—阀杆；4,10～14,16,21,24～26,29,32—油道；5—节流槽；7—前盖；15—柱塞室；17,22,30—单向阀；19—弹簧室；20—滑阀导向套；23,27—油口；28—滑阀；33—平衡阀

当行走马达在最大排量位置时，主泵输出油压 P_d 随着挖掘机载荷的降低而降低，当油压降低到一定的值时，行走速度自动控制阀 15 又会变到小排量位置。

每个行走马达都有一个由平衡阀和两个安全补油阀组成的行走制动阀，如图 7-51 所示。行走制动阀用螺栓连接在行走马达上，它的作用是防止挖掘机在停止行走操作时出现振动载荷，防止在下坡行驶时超速，此外它还能在挖掘机开始行走前解除制动。

① 平衡阀　当挖掘机在平地行走前进时，主泵的油从油口 23 进入，通过油道 24 流向滑阀 28，压力油迫使单向阀 22 打开，使油经单向阀 22，通过油道 11 和 10 到行走马达，然后驱动行走马达。在油口 23 中的部分油也通过油道 21 进入弹簧室 19，然后通过油道 12 和单向阀 17 进入柱塞室 15，弹簧室 19 中的油流向滑阀导向套 20 的左端面，克服弹簧 31 的力，使滑阀 28 向右移动，打开柱塞室 15。

行走马达的回油通过 13 和 14、节流槽 5 以及油道 26，从油口 27 出来流回液压油箱。

当从油口 23 来的油被控制阀切断时，弹簧室 19 和柱塞室 15 中的油压下降，弹簧 31 的力推动滑阀 28 向左移动，关闭节流槽 5，行走马达的回油被切断，行走马达停止转动。

如果是在平地上倒退行走，则油泵的油从油口 27 进入行走马达，而回油通过油口 23 流出，其工作情况与上述过程相同。挖掘机进行正常平地行驶时，平衡阀 33 的作用不大。

当挖掘机下坡行走时，由于惯性，挖掘机高速行走，液压泵不能向行走马达供给足够的油量，于是在行走马达中产生真空，在油口 23 处形成负压，使弹簧室 19 中的油压下降。

此时，平衡阀 33 中的弹簧 31 迫使滑阀 28 向左移动，关闭节流槽 5，堵住了油道 14 和 26 之间的油流，行走马达回油口和进油口的流量都受到限制，使挖掘机行走速度降低，不会超速。此时，由下泵输出进入油口 23 的压力油，油压增加，部分油进入油道 21，并且按与“平地行走”中所说的相同方法，使滑阀 28 向右移动，打开节流槽 5，调节滑阀 28 的位置，使节流槽 5 保持适当的开度。当挖掘机下坡行走时，行走马达是按照油泵的供油量多少行走的，可防止行走马达产生真空。

当挖掘机停止下坡行走时，滑阀 28 突然关闭节流槽 5，油压会出现峰值。为了防止出现油压峰值，在滑阀 28 的两端各装有一个缓冲器，当滑阀 28 从全开位置向左回位时，柱塞室 15 中的油被加压，钢球 17 向右移动，关闭油道 12，使柱塞室 15 中的油只能通过油道 16 排向弹簧室 19。此时，滑阀 28 的移动速度放慢，节流槽 5 关闭延迟，起到缓冲作用。

② 安全补油阀　挖掘机减速，行走操纵杆回到中间位置停止行走时，主泵不向行走马达和行走制动阀供油，此时，油口 23 的压力降低，弹簧 31 推动滑阀 28 回到中间位置，行走马达在行驶惯性作用下仍在转动，节流槽 5 关闭，封住了回油路，油道 13 中的油压会突然增加。此高压油流过油道 4，打开安全补油阀 1，从阀杆进入行走马达吸油道（油道 10）。

安全补油阀 1 和 9 允许回油侧向吸油侧补油，有助于防止行走马达产生真空。

当行走马达停止转动时，安全补油阀 1 和 9 起两级安全作用，使振动载荷减至最小。安全补油阀的构造和工作情况与回转马达的安全阀完全相同。

对于左履带来说，安全补油阀 1 在履带停止向前行走前打开，而安全补油阀 9 则在履带停止向后行走前打开。

在调整期间，设法使履带固定不动。将行走操纵杆移向前进位置，由油口 23 来的油进入油道 10，因履带卡死，油道 10 中的油压升高，阀杆 6 打开，此时油道 10 中的油通向油道 4。安全补油阀 9 打开，而安全补油阀 1 关闭。

当行走操纵杆移向倒退位置时，安全补

油阀1打开，而安全补油阀9关闭。

③ 停车制动　当主泵向油口23供油、行走马达启动时，滑阀28向右移动，打开油道25。

油道24中的部分油，通过油道25和32到停车制动器，松开停车制动器。因为节流槽5是在油道打开之后开启的，所以行走马达在停车制动器松开之前不会转动。

当油口23的供油压力被切断，行走马达停止转动时，滑阀28回到中间位置，油道25关闭。油道25是在节流槽5关闭之后关闭的，这就使得在停车制动器制动之前，挖掘机已停止行走。

在行走马达开始转动前，停车制动器松开，只有当行走马达停止转动时，停车制动器才抱紧。当行走马达转动时，停车制动器总是松开的。

④ 补油　补油回路如图7-52所示。

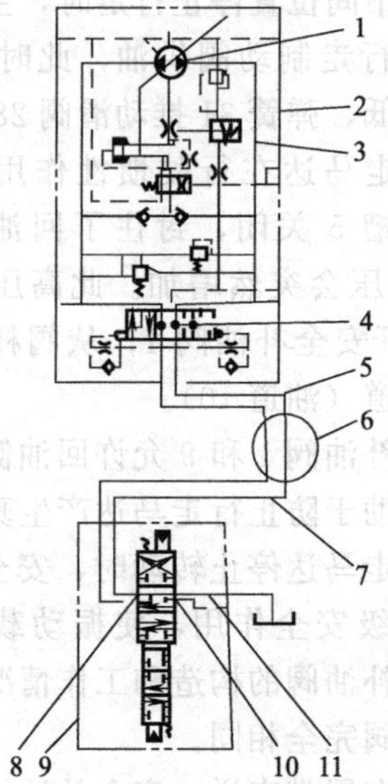

图7-52　补油回路

1—马达转动机构；2—左行走马达；3,7,8,10—油道；4—单向阀；5—油管；6—中央回转接头；9—左行走控制阀；11—回油道

当停止行走操作时，为防止行走马达出现真空，从行走控制阀来的回油可用来补油。左行走的补油情况和右行走的补油情况是相同的。

当左行走操纵杆回到中间位置、停止左行走时，主泵向左行走马达供的油，在油道10处被切断。由于挖掘机的行走惯性，行走马达仍要继续转动，在马达转动机构1的油道3中会产生负压，此时单向阀4被打开。

随着左行走控制阀9的阀杆回到中间位置，回油道11中的油会流向油道8，然后通过油道7、中央回转接头6和油管5进入左行走马达2，压力油通过开启的单向阀4、油道3进入马达转动机构1，为马达补油，消除了行走马达中出现真空的可能。

7.3.2.2　行走减速器

（1）卡特彼勒CAT320、CAT325型挖掘机用行走减速器

卡特彼勒CAT320、CAT325型挖掘机用行走减速器为三级行星齿轮减速器，由3个行星排组成，每个行星排由太阳轮、行星轮、行星架、内齿圈构成，其结构如图7-53所示。

行走减速器的作用是降低行走马达的转速，其输出轴27通过连接套25和第一级太阳轮16连接。行走减速器由以下两部分组成。

① 三级行星齿轮减速机构　第一级太阳轮16、第一级行星齿轮15、第一级行星齿轮架19和齿圈18构成第一级减速轮系；第二级太阳轮20、第二级行星齿轮11、第二级行星齿轮架21和齿圈22构成第二级减速轮系；第三级太阳轮23、第三级行星齿轮3、第三级行星齿轮架24和齿圈22构成第三级减速轮系。

② 动力输出机构　驱动轮壳体28为履带提供输出转矩。壳体28、齿圈22和盖板17用螺栓1连成一体。齿圈18用螺栓固定在盖板17上，形成一个整体，并由滚珠轴承8支承，所以当驱动轮壳体28转动时，它们会同时转动。太阳轮齿数与齿圈齿数的比值不同，行走速度降低值不同。

行走马达输出轴27转动时，通过带花键的连接套25使第一级太阳轮16转动，当第一级太阳轮16顺时针转动时（从行走马达侧看），行走驱动机构按以下原理工作：如

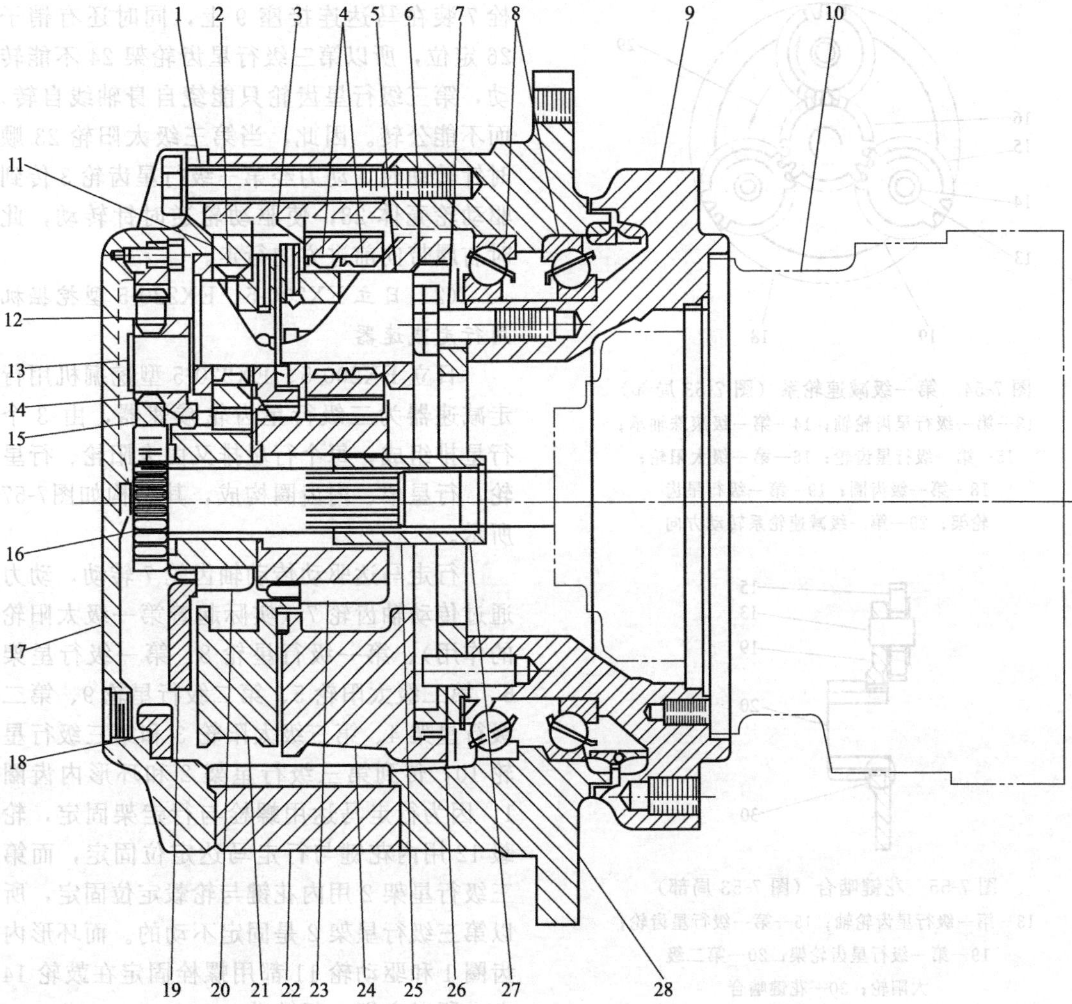

图 7-53　行走减速器

1,7—螺栓；2—第二级滚珠轴承；3—第三级行星齿轮；4—第三级滚珠轴承；5—行星轴；6—齿轮连接盘；8—滚珠轴承；9—马达连接座；10—行走马达；11—第二级行星齿轮；12—第二级行星齿轮轴；13—第一级行星齿轮轴；14—第一级滚柱轴承；15—第一级行星齿轮；16—第一级太阳轮；17—盖板；18—第一级齿圈；19—第一级行星齿轮架；20—第二级太阳轮；21—第二级行星齿轮架；22—齿圈；23—第三级太阳轮；24—第三级行星齿轮架；25—花键连接套；26—销子；27—行走马达输出轴；28—驱动轮壳体

图 7-54 所示，在第一级减速轮系中，第一级行星齿轮 15 和第一级太阳轮 16 啮合，所以当第一级太阳轮 16 顺时针转动时，第一级行星齿轮 15 绕自身轴线逆时针转动，而第一级行星齿轮 15 又与第一级齿圈 18 以太阳轮为中心公转。因第一级行星齿轮 15 也沿着第一级齿圈 18 以太阳轮为中心公转，而第一级行星齿轮 15 是通过轴承装在第一级行星轮架 19 上的，所以第一级行星轮架 19 顺时针转动。

如图 7-55 所示，第一级行星齿轮架 19 转动，使第二级太阳轮 20 顺时针转动，并带动第二级行星轮 11 逆时针自转，顺时针公转，所以第二级行星齿轮架 21 总是顺时针转动的。

如图 7-56 所示，第二级行星齿轮架 21 和第三级太阳轮 23 相互啮合，第二级行星齿轮架 21 将动力传至第三级太阳轮 23，第

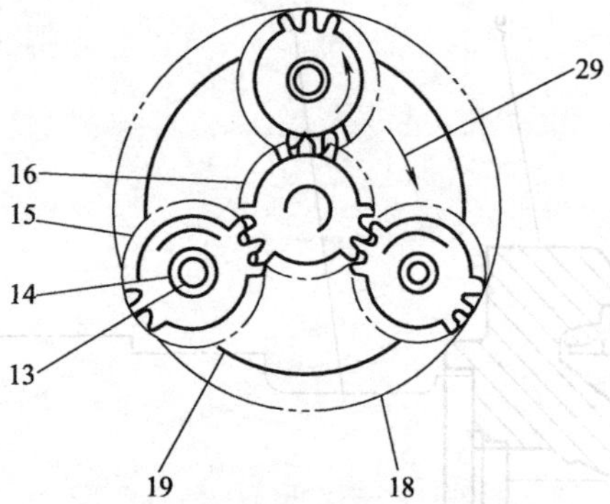

图 7-54 第一级减速轮系（图 7-53 局部）
13—第一级行星齿轮轴；14—第一级滚珠轴承；15—第一级行星齿轮；16—第一级太阳轮；18—第一级齿圈；19—第一级行星齿轮架；29—第一级减速轮系转动方向

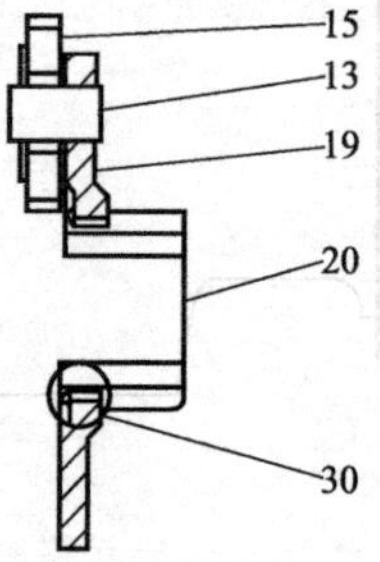

图 7-55 花键啮合（图 7-53 局部）
13—第一级行星齿轮轴；15—第一级行星齿轮；19—第一级行星齿轮架；20—第二级太阳轮；30—花键啮合

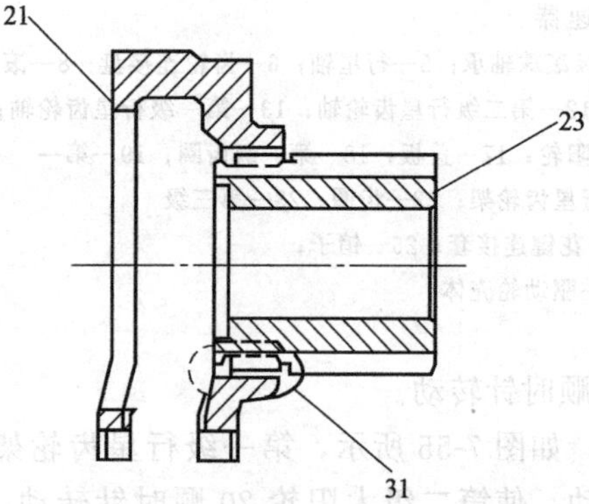

图 7-56 花键啮合（图 7-53 局部）
21—第二级行星齿轮架；23—第三级太阳轮；31—花键啮合

三级太阳轮 23 顺时针转动。

第三级行星齿轮架 24 上的内环齿和齿轮连接盘 6 的外圆啮合，齿轮连接盘 6 用螺栓 7 装在马达连接座 9 上，同时还有销子 26 定位，所以第三级行星齿轮架 24 不能转动，第三级行星齿轮只能绕自身轴线自转，而不能公转。因此，当第三级太阳轮 23 顺时针转动时，动力经第三级行星齿轮 3 传到驱动轮壳体 28，使驱动轮逆时针转动，此时右履带向前进方向行走。

(2) 日立 EX200-5、EX220-5 型挖掘机用行走减速器

日立 EX200-5、EX220-5 型挖掘机用行走减速器为三级行星齿轮减速器，由 3 个行星排组成，每个行星排又由太阳轮、行星轮、行星架、内齿圈构成，其结构如图7-57 所示。

行走马达驱动传动轴齿轮 7 转动，动力通过传动轴齿轮 7（实际起着第一级太阳轮的作用）、第一级行星轮 8、第一级行星架 6、第二级太阳轮 5、第二级行星轮 9、第二级行星架 4、第三级太阳轮 3 和第三级行星轮 10，传到第三级行星架 2 和环形内齿圈 1。因为行走马达用螺栓与行走架固定，轮毂 12 用内花键与行走马达定位固定，而第三级行星架 2 用内花键与轮毂定位固定，所以第三级行星架 2 是固定不动的。而环形内齿圈 1 和驱动轮 11 都用螺栓固定在鼓轮 14 上，所以它们一起转动。

在马达外壳的外缘与鼓轮内侧接触处装有浮动油封，防止齿轮油外溢。

7.3.3 行走装置的拆卸与组装

7.3.3.1 行走液压马达和减速器的拆卸和组装

(1) 行走液压马达的拆卸步骤

① 将液压马达置于工作台上，并使其输出轴向上。

② 用手轮拆下限位环。

③ 拆下密封盖。

④ 固定马达并使其输出轴向下。

⑤ 从阀体上拆下溢流阀和堵塞。

⑥ 从阀体上拆下螺栓。

⑦ 松开螺栓，拆下阀体组件，拆下配流盘。

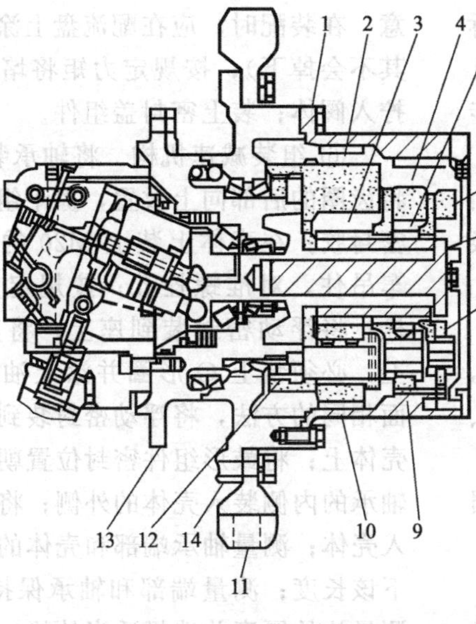

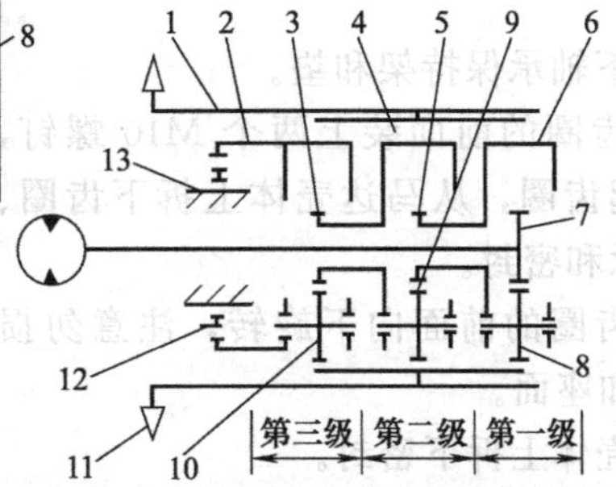

图 7-57 行走减速器

1—环形内齿圈；2—第三级行星架；3—第三级太阳轮；4—第二级行星架；5—第二级太阳轮；6—第一级行星架；7—传动轴齿轮；8—第一级行星轮；9—第二级行星轮；10—第三级行星轮；11—驱动轮；12—轮毂；13—马达外壳；14—鼓轮

⑧ 拆下制动弹簧，用 M16 螺栓拆下制动活塞。

⑨ 拆下缸体、柱塞组件，将马达水平放置。

⑩ 用 M4 螺钉拆下挡块 L 和倾斜活塞。

⑪ 拆下斜盘。

⑫ 将 M12 螺钉拧入斜盘架上后，拆下斜盘架。

⑬ 拆下倾斜活塞和伺服活塞挡块。

⑭ 用塑料锤轻击驱动轴的前部件，将其从壳体上拆下，注意勿损坏滚动轴承。然后拆下阀体。

⑮ 拆下倾斜斜杆、弹簧和倾斜阀柱。

⑯ 拆下螺钉后，拆下盖和阀柱组件。若阀柱和弹簧损坏，一起更换。

⑰ 拆下溢流阀组件，注意切勿损坏滚针轴承。

⑱ 拔出堵塞，拆下逆止阀组件，拆下缸体组件。

⑲ 拆下压力盘、柱塞和滑履。

⑳ 从缸体上拆下摩擦盘、分隔盘。

㉑ 拆下球面衬套、间隙圈和油缸弹簧，但不要拆下阀体和销子。

(2) 行走减速器的拆卸步骤

① 选用干净的场地。在工作台上铺以橡胶板和乙烯薄膜。

② 清洗减速机构和马达的外表。

③ 打开排油口放掉齿轮油。

④ 将端盖向上旋转，松开螺栓，拆下盖。

⑤ 拆下第一级中心齿轮。

⑥ 从第一级行星齿轮和第二级中心齿轮上拆下行星齿轮甲和中心齿轮。

⑦ 拆下第一级行星架组件

拉出挡圈后，拆下侧板、第一级行星齿轮、滚针轴承和侧板；拆下开口弹簧环圈，从第二级中心齿轮上拆下第一级行星架；拆下止推环。

⑧ 从第二级行星齿轮和第三级中心齿轮上拆下第二级行星架。

⑨ 拆下第二级行星架组件。

推出弹簧销后，从第二级行星架上拆下第二级销轴；拆下侧板、第二级行星齿轮和滚针轴承；拆下止推环；拆下开口弹簧环圈，从第三级中心齿轮上拆下第二级行星架；从第三级中心齿轮上拆下止推环。

⑩ 用 M10 螺钉从第三级行星齿轮上拆下第三级行星架。

⑪ 第三级行星架组件的拆卸参见步骤⑨。

⑫ 从轴承保持架上拆下螺栓。注意：该螺栓不能再次使用，重新组装时必须更换新件。

⑬ 拆下轴承保持架和垫。

⑭ 在齿圈的前面装上两个 M10 螺钉，用吊车吊起齿圈，从马达壳体上拆下齿圈、壳体、轴承和密封。

⑮ 将齿圈的前面向下旋转，注意勿损坏 O 形圈和座面。

⑯ 从壳体上拆下密封。

(3) 行走液压马达和减速器的组装顺序

① 组装轴组件　将轴承挡圈装到驱动轴上，装上滚动轴承；装上限位环。

② 组装阀体组件　按规定力矩将堵塞拧到阀体上，装上销，装上轴承，装上座、钢球、挡块和堵塞，装上溢流阀组件，依次装上平衡阀柱、垫圈、弹簧和衬套，用螺栓紧固盖，装上调整螺钉、六角螺母（注意：组装时必须调整油量），装上倾斜阀柱、弹簧和堵塞，装上倾斜杆，必须装上 O 形圈。

③ 组装缸体组件　装上油缸弹簧、间隔圈和球面衬套；装配时，应对好缸体和球面衬套和花键槽；装上摩擦盘和分隔盘；将柱塞装到压力盘上，将滑履件装到缸体上。

④ 组装密封盖组件　装上油封；装上 O 形圈。

⑤ 组装马达　按规定的力矩将堵塞拧到壳体上；装上销；装上驱动轴组件；装上斜盘座；装上伺服活塞挡块和倾斜活塞；将斜盘装到斜盘座上（注意：装配时应在斜盘的滑动表面上涂上油脂）；装上倾斜活塞和外挡块；水平放置壳体使轴指向水平方向；装上缸体组件（必须将销子装入分隔盘的孔中）；垂直放置壳体使其轴指向垂直方向；将第一活塞环、第二活塞环和第三活塞环分别装到制动活塞上；将制动活塞装入壳体；装上制动弹簧；装上堵塞；水平放置壳体，将配流盘装到阀体上，并用螺栓紧固（注意：在装配时，应在配流盘上涂上油脂，使其不会掉下）；按规定力矩将堵塞和溢流阀拧入阀体；装上密封盖组件。

⑥ 组装减速机构　将轴承装到壳体上；将齿圈的后部向上放置，擦干组装面，涂上密封胶；在壳体上装上 M20 的螺钉，用吊车吊住，对准螺栓孔；按规定力矩拧紧螺栓；将浮动密封装到座上，将其装到壳体上，必须装上 O 形圈并涂上油脂；用与上面相同的方法，将浮动密封装到液压马达的壳体上；将鼓形组件密封位置朝下放置，将轴承的内侧装入壳体的外侧；将轴承内侧压入壳体；测量轴承端部和壳体的长度，并记下该长度；测量端部和轴承保持架的差值；测量垫的厚度并选择适当的垫；选择垫，并将其放到轴承的内侧；按规定力矩将轴承保持架的螺栓拧紧，涂上密封胶。

⑦ 组装 3 号齿圈组件　将 3 号齿圈花键向下放置；将滚针轴承插入 3 号行星齿轮的内孔，在其两侧装上侧板，装上 3 号中心齿轮；将 3 号销装入 3 号行星架；将弹簧销装入 3 号行星架和 3 号销的孔内，冲两个眼儿，如图 7-58 所示；在 3 号行星架组件上装上 M10 的吊环螺钉，用吊车装上 3 号行星齿轮和齿圈。

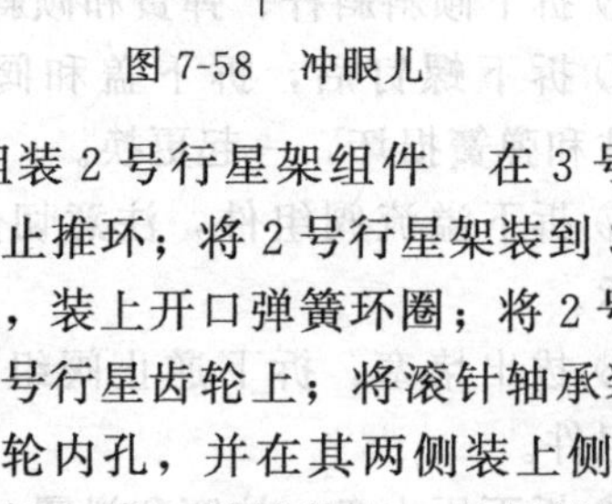

图 7-58　冲眼儿

⑧ 组装 2 号行星架组件　在 3 号太阳轮上装上止推环；将 2 号行星架装到 3 号太阳齿轮上，装上开口弹簧环圈；将 2 号行星架装到 3 号行星齿轮上；将滚针轴承装到 2 号行星齿轮内孔，并在其两侧装上侧板后，装上行星架；将 2 号销装入 2 号行星架；将弹簧销装入 2 号行星架和 2 号销的孔内；将止推环装到 2 号行星架上；转动 2 号行星架，将 3 号太阳轮向下放置；将 2 号行星架

装到 2 号行星轮和齿圈上。

⑨ 组装 1 号行星架组件 将 1 号销装到 1 号行星架上；将弹簧销装入 1 号行星架和 1 号销的孔内；将 1 号行星架装到 2 号太阳齿轮上，并装上开口弹簧环圈；在 2 号太阳轮上装上止推环；将滚针轴承装到 1 号行星齿轮的轴孔，在其后侧装上侧板，前侧也装上侧板，并用定位圈固定。

⑩ 在 2 号行星齿轮和 2 号太阳轮间装上 1 号行星架组件。

⑪ 将 2 号太阳轮装到马达和 1 号行星齿轮的花键上。

⑫ 测量 1 号中心齿轮到齿圈的高度 H。

⑬ 从端盖测量中心孔的高度 L。

⑭ 用游标卡尺测量止推环的厚度 t，按下式计算最佳垫片厚度 δ：

$$H+t+\delta+(1.5\sim2)=L$$

注：太阳齿轮和推力盘之间的轴向间隙为 1.5～2mm。

⑮ 按步骤⑭ 选取垫片并将其装到端盖的中央，用塑料手锤击装入止推环。

⑯ 在齿圈的组装部位涂上密封胶。

⑰ 擦干端盖的接合处，然后将其装到齿圈上。

⑱ 按规定力矩拧紧螺栓，以固定端盖。

⑲ 在堵塞上缠上密封带，将其装到端盖上按规定力矩拧紧。

⑳ 装上螺钉。

7.3.3.2 支重轮的拆卸和组装

(1) 支重轮的拆卸步骤

拆卸前，清洗支重轮的外表。

① 从轴套体上拆下堵塞并排油。

② 从轴套体上拆下销。

③ 压轮轴，将轴套体从轴上拆下。

④ 从轮轴上拆下 O 形圈。

⑤ 从轴套体和滚轮上拆下密封组件。

⑥ 推压轮轴，从其上拆下轴套体和 O 形圈。

(2) 支重轮的组装

组装前，清洗所有零件。

① 将衬套压入滚轮。

② 在 O 形圈上涂油脂，将其装到轮轴上。

③ 对准轴套体和轮轴上的销孔，装上销。

④ 将密封组件装到滚轮和轴套体上。

注：在密封组件接合处涂上干净的机油，给密封组件的 O 形圈涂油脂。

⑤ 将轮轴压入滚轮。

⑥ 装上另一端的轴套体、O 形圈和销。

⑦ 通过堵塞孔给支重轮组件加上机油(350mL)。

7.3.3.3 托轮的拆卸和组装

(1) 托轮的拆卸步骤

① 从履带架上拆下托轮。

② 从盖上拆下堵塞，排油。

③ 拆下螺栓和盖。

④ 拆下内六角螺钉和垫。

⑤ 从轴上拔出滚轮。

⑥ 从滚轮和托架上拆下密封组件。

⑦ 用压机和专用工具（ST-1919）将衬套从滚轮上拆下。

(2) 托轮的组装顺序

组装前，清洗所有零件。更换所有的 O 形圈和密封组件。

① 将衬套压入托轮。

② 将密封组件装到滚轮衬套上。

注：在密封组件接合处涂上干净的机油，给密封组件的 O 形圈涂油脂。

③ 将滚子装到轴上。

④ 将垫和内六角螺钉装到轴上。

⑤ 将 O 形圈装到盖上，将盖和螺栓安装在滚轮上。

⑥ 从堵塞孔给滚轮加机油。

⑦ 装上堵塞。

7.3.4 行走装置的故障诊断与排除

(1) 日立 EX100 型挖掘机无行走高速挡故障的诊断与排除

故障现象：该机行走时高速挡速度变慢，高速挡与低速挡行驶无明显差别（约只有 10km/h），有时变速器内有异响。

故障诊断与排除：该机行走机构为集中液压驱动，由柱塞式变量马达驱动高低速两挡变速器，变速器的变速拨叉用二位电磁阀控制的汽缸推动，控制系统如图 7-59 所示。当变速开关处于高速挡位置时，电磁阀断电右位工作，变速汽缸无杆腔经消声器排气，在弹簧作用下汽缸活塞杆缩回，带动变速拨叉使变速器处于高速挡工况。变速开关置于低速挡时，电磁阀通电左位工作，压缩空气经气压安全阀及变速电磁阀进入汽缸无杆腔，压缩汽缸弹簧使活塞杆伸出，推动变速拨叉使变速器工作于低速挡工况。

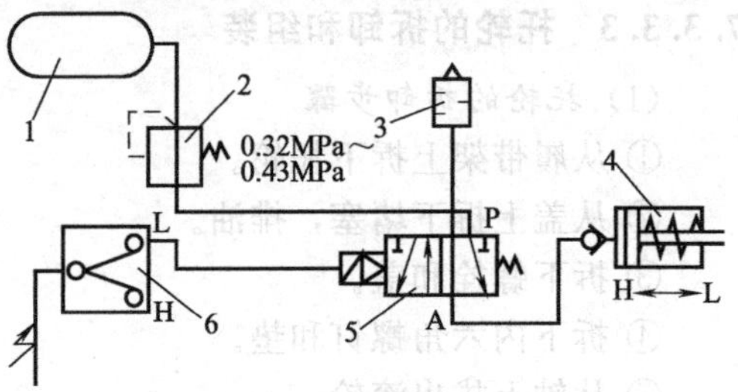

图 7-59 控制系统

1—储气筒；2—气压安全阀；3—排气消声器；4—变速汽缸；5—变速电磁阀；6—变速开关

经仔细观察发现，变速开关置于高速挡位时，变速汽缸活塞杆动作行程很小，而没有完全缩回，这样变速器便始终处于低速挡工况。造成这一故障的原因可能有：

① 变速汽缸活塞卡滞；

② 汽缸弹簧折断失效；

③ 变速电磁阀工作不良导致汽缸无杆腔压缩空气不能完全排出；

④ 换挡齿轮啮合套损坏卡死在低速挡位置。

拆检变速汽缸和换挡齿轮啮合套，没发现弹簧异常和活塞卡滞现象，换挡齿轮啮合套端部有损伤，但并未卡死，不影响换挡。再拆检了变速电磁阀，电磁铁工作正常，阀芯也无卡滞现象，但在不通电的情况下电磁阀的 P 口与 A 口有窜气现象，原因是变速电磁阀内部密封件磨损并变形。这种窜气致使变速汽缸动作不到位，挂不进高速挡，并在半啮合状态下造成啮合套与齿轮间打滑错齿产生异响。

对损伤的啮合套及齿轮端部研磨，更换变速电磁阀，变速机构工作状况即恢复正常。

(2) 小松 PC220-5 型挖掘机行走跑偏故障的诊断与排除

故障现象：一台 PC220-5 挖掘机在前进和后退中向左侧方向跑偏，而右侧行走正常。

故障诊断与排除：可能引起上述故障的部位有：泵及其控制系统、先导控制阀、行走控制阀、中心回转接头、行走马达和最终传动系统等几部分。根据现场施工条件，采用“排除法”进行检查。将中心回转接头 4 根出口液压胶管互换，试机时发现跑偏现象从左侧转移到右侧，因此排除了左侧行走马达及最终传动存在问题的可能性。将控制阀和中心回转接头之间提供左右行走的 4 根液压管互换试机，发现跑偏现象随之改变，因此排除了中心回转接头存在问题的可能。检查左侧行走控制阀，发现其阀杆移动平滑，并且测得先导输出压力为 3.4MPa，说明先导压力和控制阀无问题。最后判定，故障存在于泵及其控制系统中。

由于机器右侧行走正常，因此可以断定两泵共用的先导泵和 TVC 阀工作正常。

对 NC 阀的输出压力进行检测。在 NC 阀出口处接一个量程为 6MPa 压力表，利用挖掘机的工作装置将左侧履带撑起，在履带自由转动条件下测得 NC 阀输出压力为 0.4MPa，操纵杆在空挡（履带不转动）时为 0.28MPa，而 NC 阀正常输出压力空挡时最大应为 0.3MPa，履带自由转动时最小应为 1.4MPa。可见，是 NC 阀输出压力不正常。NC 阀由传感器喷嘴压差推动，当控制杆在空挡时压差最大，当控制杆满行程时压差最小，因此首先应检查此压差是否正确。操纵杆在空挡时测得压差为 1.6MPa，属正常。而操纵杆在满行程时压差为 0.62MPa，超过正常值（正常值为 0.2MPa），说明故障存在于传感器喷嘴量孔或传感器卸载阀的限定压力上。更换传感器喷嘴的卸载阀后试机，故障消失，机器工作恢复正常。

故障原因分析：NC 阀的输出压力由喷

嘴压力传感器的压差和NC阀内弹簧力来控制，当操纵杆在空挡、机器不动时压差最大，NC阀的输出压力减至最小，从而使主泵的旋转斜盘倾角最小，主泵排量最小；相反，操纵杆在满行程时压差最小，主泵排量最大，即主泵排量随控制杆的行程增加而增加。当该挖掘机行走时，控制右侧行走的压力传感器的压差降至标准值（0.2MPa），而控制左侧行走的压差为0.6MPa（远大于标准值），因此使NC阀的输出压力 $P_{左} < P_{右}$，两泵旋转斜盘倾角不同，造成控制左侧行走泵的排量小于控制右侧行走泵的排量，使机器在行走时左侧履带速度小于右侧，因而机器向左跑偏。

(3) 小松PC300-6型挖掘机左行走无力故障的诊断与排除

故障现象： 小松PC300-6型挖掘机新机工作至170h时，挖掘机突然出现左行走无力现象，机上仪表盘显示故障代码E02并报警。

故障诊断与排除：

① 在现场发现，用户自行加装了液压破碎锤的管路系统（见图7-60），该管路系统加装在液压双联泵的后泵出口管路中。用户解释说，该液压锤改装（试机正常后拆除锤头，换回挖斗）后已正常工作了近50h，且另一台PC300-6型挖掘机也进行了同样的改装，现一直工作正常，故认为液压锤管路问题不大。

② 首先将仪表盘设置在故障自诊断显示位置，结果显示故障代码为E02并报警，后来又显示服务代码为E233和E237，说明扭变控制阀（TVC阀）系统有故障。于是，测量前、后泵扭变控制阀螺线管电阻，结果分别为16Ω和20Ω，均属正常（标准值为10～22Ω）。再拆检扭变控制阀螺线管的接线插头，发现插头内有油（估计是用户安装液压锤时溅入），清洗并干燥后，E02故障代码消失。

③ 将中心回转接头至左、右行走马达的两进、出油管互换，则出现左行走正常、右行走无力的状况，即与交换前的情况相反，说明左、右行走马达本身均正常，随即将管路恢复原位。再拆检主控阀上的左行走阀芯及LS（负载感应）梭阀，未发现异常。

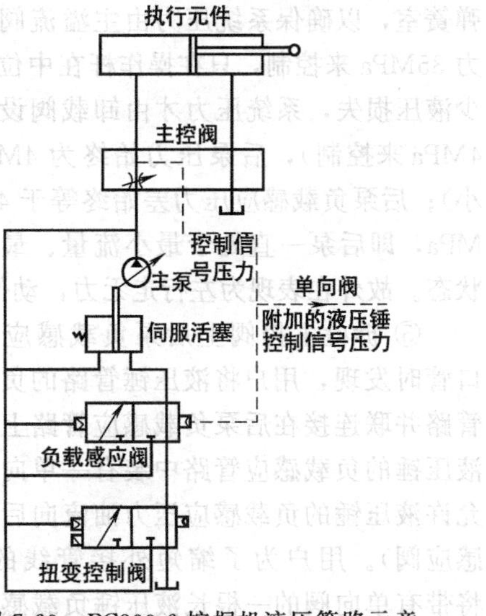

图7-60 PC300-6挖掘机液压管路示意

④ 进行液压测试。因液压系统在工作装置作业时均为前、后泵合流，而机器行走时为前、后泵分流，此状态对单独测试前、后泵压力较为方便，故采取分流状态进行测试，测试结果见表7-1和表7-2。表7-1为主泵溢流阀压力，表7-2为前、后泵的LS（负载感应）压力差（泵压—负载感应压力）。

表7-1 主泵溢流阀压力

项目	前泵压力(MPa)	后泵压力(MPa)	结论
单侧左行走溢流时	4	35	正常
单侧右行走溢流时	35	4	正常
直线行走行进中	15	4	后泵压力不正常

表7-2 前、后泵LS压力差

项目	前泵LS压力差	后泵LS压力差	结论
操纵杆在中立位置时	4(4-0)	4(4-0)	正常
右行走杆在半行程位置时	2.4 (8.4-6)		正常
左行走杆在半行程位置时		4(4-0)	后泵压力不正常

由上述压力测试结果可以看出，后泵负载感应压力始终为0，即后泵负载感应压力差始终4MPa（最大值），后泵卸载管路开启（正常情况下负载感应压力引入卸载阀的

弹簧室，以确保系统压力由主溢流阀设定压力35MPa来控制，只在操作杆在中位时为减少液压损失，系统压力才由卸载阀设定压力4MPa来控制)，后泵压力始终为4MPa（最小)；后泵负载感应压力差始终等于4(4－0)MPa，即后泵一直处于最小流量、最小泵压状态。故外在表现为左行走无力，动作迟缓。

⑤ 拆检主控阀上后泵负载感应压力出口管时发现，用户将液压锤管路的负载感应管路并联连接在后泵负载感应管路上了，因液压锤的负载感应管路中装有一单向阀（只允许液压锤的负载感应压力油流向后泵负载感应阀)。用户为了缩短外接管线的长度，将带有单向阀的一根长液压锤负载感应油管去掉（原液压锤负载感应管是由两根软管对接起来的)，只留了一根不带单向阀的短油管，导致后泵负载感应压力油通过液压锤管路直接流回了油箱，致使后泵负载感应压力始终为0，故引发了上述故障。

故障排除：将带有单向阀的液压锤负载感应软管重新装上后，故障排除。

(4) 卡特彼勒E200B型挖掘机履带行走无力故障的诊断与排除

故障现象：某公司1992年购进一台卡特彼勒E200B型反铲挖掘机，运转到8500h时，逐渐出现爬坡越来越无力，且左侧履带时有停滞的现象，右侧稍好于左侧。

故障诊断与排除：根据卡特彼勒E200B型挖掘机的液压系统原理图分析，可能导致上述故障的原因有：

① 液压泵工作不正常；

② 行走马达内泄；

③ 回转接头环道油封泄油；

④ 操纵阀阀杆卡死。

由于工程急，时间紧，现场又远离大城市，缺乏检测仪器，只能借助压力表测试，从可能发生故障的部位，从易到难依次测压来诊断，测试结果如表7-3所列。

先拆开左侧行走马达，发现配流盘、柱塞、柱塞缸、滑靴等部件光滑，无刮痕，来回活动自如，说明行走马达本身无问题，可以正常工作。

再触摸中央回转接头，发现回转接头温度偏高，高压管有剧烈抖动。拆开接头部，见橡胶油封严重蚀损，部分油封已断掉，由此可以断定故障原因出于此处。

由于油封已损坏不可再用，而且其他油封无法替代，故购新件。更换油封后液压泵空载压力上升为5.4MPa。爬坡时上升到30.5MPa；左侧行走马达空载时压力上升到5.0MPa、爬坡时为30.0MPa；右侧行走马达空载时压力上升到5.6MPa、爬坡时为30.6MPa。这说明故障已经排除。

(5) 国产W4-60C型挖掘机支腿液压锁常见故障的诊断与排除

故障现象：W4-60C挖掘机支腿在使用中经常出现以下两种故障：一是机器在行驶或停放时支腿自动沉降；二是机器在作业时，支腿缸活塞杆自动缩回，使支腿不起作用。

故障诊断与排除：出现以上故障的原因除支腿缸油封损坏外，最主要的原因是支腿液压锁出现故障。支腿液压锁（见图7-61）位于支腿缸的进出油口处，当换向阀位于中位时，支腿缸内的液压油被封闭，确保了机器作业时支腿支承牢固；在行驶或停放时可

表7-3 压力测试结果 MPa

部件名称		空载		爬坡		分析
		正常值	测试值	正常值	测试值	
液压泵		4.0～6.0	5.2	30.0～31.0	15.0	有可能工作不正常
操纵阀		2.5	2.5	2.5	2.5	工作正常
行走马达	左侧	4.0～6.0	4.2	30.0～31.0	16.5	(1)低压时，工作正常，泄漏不明显
	右侧	4.0～6.0	4.5	30.0～31.0	18.0	(2)高压时，工作不正常有内泄现象

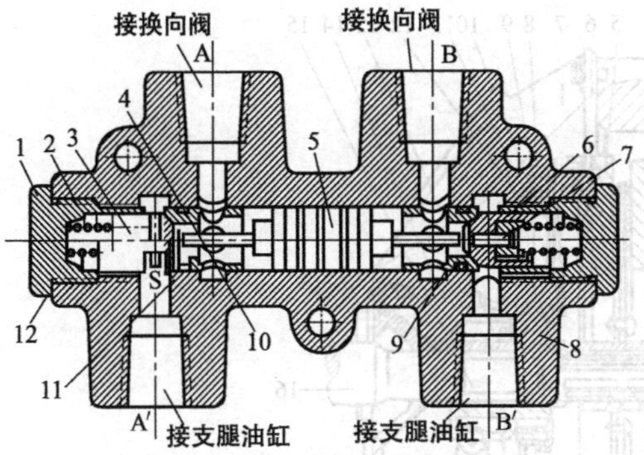

图 7-61　支腿液压锁结构

1—螺塞；2—弹簧；3,6—阀芯；4—密封圈；5—控制活塞；7—销钉；8—阀体；9,10—阀套；11,12—O 形圈

防止支腿由于本身重量和颠簸而自动沉降，从而起到“锁”的作用。支腿液压锁实际上是由两个单向阀并列装在一起构成的，主要由阀体 8、控制活塞 5、阀套 9 和 10、阀芯 3 和 6 及弹簧 2 等组成。出现的主要故障是油液泄漏，从而导致支腿工作不良。

支腿液压锁常见故障及排除方法如下。

① 接头或液压锁螺纹滑扣而漏油　液压锁和液压油管利用专用接头连接，由于拆装频繁，易导致接头和液压锁上的螺纹滑扣而漏油。螺纹损坏的另一个原因是：该锁仅仅靠和油管（钢制）连接而悬浮于支腿缸的一侧，并没有专门的固定装置，这样拆装时极易因固定效果差而拧坏油管或螺纹。

排除方法：可更换接头或采用密封带（生料带）缠绕接头以加强密封；如果锁内螺纹损坏，可采取加大螺纹的方法修复（但比较费事），也可采用将接头和锁焊接在一起的方法解决漏油问题。

② 阀芯与阀套接触面磨损造成封闭不严而泄油　在使用中铝合金材质的阀芯和钢制的阀套（主要考虑有利于密封）因承受油压的反复作用，往往使较软的阀芯被磨损出现沟槽，导致互相接触的密封面不平整而泄油。

排除方法：修磨阀芯与阀套的接触面，以保证其配合面全部密合。

③ 阀芯与阀套接触面被杂质垫起而泄油　若液压油的滤清效果差，较大的杂质颗粒或磨屑进入了阀芯与阀套的密封面，使该处被杂质垫起，导致密封失效而泄油。

排除方法：清洗支腿液压锁并加强油液的滤清工作。

④ 弹簧过软或折断而失灵　由于弹簧过软或折断，使阀芯不能紧密贴合于阀套上，从而导致泄油。

排除方法：更换弹簧。

⑤ O 形密封圈损坏导致漏油　该液压锁内共有 4 个 O 形圈：螺塞处的 O 形圈 12（型号为 22×2.4，共 2 个）用以防止油液外漏；阀套上的 O 形圈 11（型号为 16×2.4，共 2 个）则用以防止油液在 A 与 A′和 B 与 B′间互相串通。使用时，O 形圈 11 最易损坏而导致泄油，应引起重视。

排除方法：更换所有的 O 形圈。

⑥ 控制活塞杆弯曲变形导致泄油　控制活塞常处于较高压力下作往复移动顶推阀芯，这样有时会使其两侧较细的杆部出现弯曲变形，致使顶推阀芯的效果变差，发生顶偏现象，还易破坏阀芯与阀套的配合面，使阀芯过早损坏。

排除方法：校正或更换弯曲的控制活塞杆。一般情况下，当活塞外圆对活塞杆轴线的全跳动超过 0.3mm 时就必须校正或更换。

⑦ 控制活塞与阀体配合间隙过大而泄油　由于控制活塞不断地作往复运动，使其与阀体中心孔间的配合间隙增大，最终导致过量泄油。

排除方法：一般情况下应更换总成。此活塞与阀体中心孔配合间隙应为 0.02～0.03mm，当间隙至 0.04mm 时就必须修复或更换。

(6) 国产 W4-60 型挖掘机离合器分离不彻底故障的诊断与排除

故障现象：W4-60 挖掘机上采用 CA-10 汽车离合器，其结构如图 7-62 所示。该离合器分离不彻底的原因可能有：

① 踏板自由行程过大　离合器正常的踏板自由行程为 20～30mm，反映到分离套

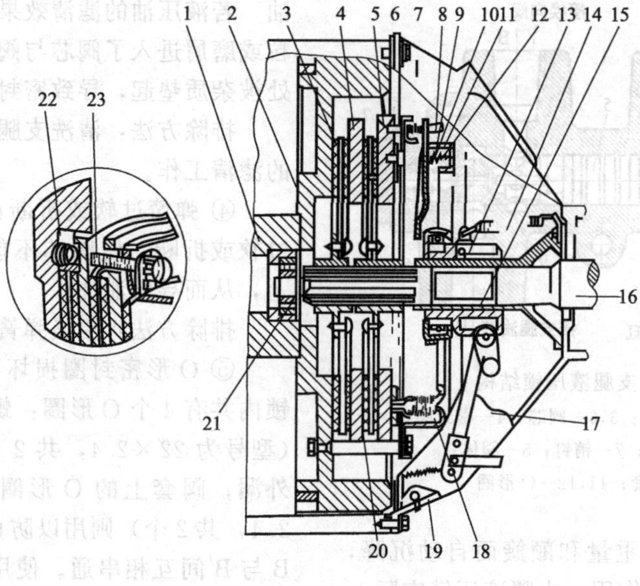

图 7-62 离合器结构

1—曲轴；2—飞轮；3—被动盘；4—中间主动盘；5—压盘；6—隔热环；7—分离臂弹簧；8—分离臂螺母及爪形垫圈；9—分离臂螺杆；10—分离臂；11—离合器压盖；12—支撑弹簧；13—分离套筒轴承；14—分离轴承回位弹簧；15—分离叉；16—变速器输入轴；17—拉臂；18—压紧弹簧；19—壳体；20—传动销；21—轴承；22—分离弹簧；23—限位螺钉

筒轴承 13 与分离臂 10 内端之间的间隙为 3～4mm。如果踏板自由行程过大，就减小了分离套筒轴承 13 压迫分离臂 10 内端向的移动的行程，以致分离臂 10 外端不能带动压盘 5 向后移动足够的距离。使得被动盘 3 不能与中间主动盘 4、飞轮 2 及压盘 5 彻底分离。

② 限位螺钉 23 调整不当 限位螺钉 23 与中间主动盘 4 之间的正常间隙为 1.00 ～ 1.25mm，离合器在长期工作中，压盘 5、中间主动盘 4 和被动盘 3 都会逐渐地磨损变薄。压盘 5 在压紧弹簧 18 作用下前移，使 3 个限位螺钉 23 与中间主动盘 4 之间的间隙增大，同时使分离臂 10 内端与分离套筒轴承 13 之间的间隙即踏板自由行程减小；如果在调整踏板自由行程时，忽略了限位螺钉 23 的检查调整，久而久之，使之与中间主动盘 4 之间的间隙过大。在踩下踏板分离离合器时，因为限位螺钉 23 不能抵住中间主动盘 4，中间主动盘 4 在分离弹簧 22 的作用下过量后移，压迫被动盘 3 靠紧压盘 5，致使离合器分离不彻底。同样地。如果限位螺钉 23 调整不当，间隙过小或者 3 个间隙不一致，也会造成离合器分离不彻底。

③ 分离臂 10 内端高低不一致 由于分离臂 10 内端高低不一致，踩下踏板分离离合器时，各个分离臂 10 所受分离套筒轴承 13 的压力不同、行程不同，带动压盘 5 向后移动的距离也不同，使压盘 5 产生倾斜，造成离合器分离不彻底。

④ 新换摩擦片过厚或被动盘 3 装反 传动销 20 的长度即从飞轮 2 到离合器压盖 11 之间的距离是一定的，新装被动盘 3 的正常厚度为 10mm，其中摩擦片厚 3.5mm，如果过厚，就减小甚至消除了离合器分离时应有的间隙，从而造成离合器分离不彻底，如果被动盘 3 装反，即将其毂长的一面相对安装，也会造成离合器不能分离（此两种情况都只发生于离合器拆修或新装之时）。

⑤ 分离弹簧 22 折断或过软 分离弹簧 22 折断或过软都会因弹簧没有足够的力推动中间主动盘 4 后移而造成离合器分离不彻底。

⑥ 被动盘 3 翘曲不平 主要有摩擦片

因破裂或脱铆而翘曲、钢片破裂弯曲等。从而造成离合器分离不彻底。

⑦ 被动盘3与变速器输入轴16处花键发卡等 主要原因是花键上有脏物、油污或锈蚀等，使得被动盘3不能在输入轴16上灵活地滑动，造成离合器分离不彻底。

故障诊断与排除：发现离合器分离不彻底的现象时，首先应作进一步的确认。将挖掘机停稳，拧紧手制动，变速杆和液压泵传动箱操纵杆挂空挡。一人踩下离合器踏板，另一人用螺丝钉推动被动盘3，如果推不动，说明确是离合器分离不彻底，排查时应按照先易后难、先外后内的顺序进行。

① 检查踏板自由行程 将直尺一端抵在驾驶室前下方玻璃窗上，使带刻度的一侧靠在踏板上，并记下踏板的数值（测量前应使踏板处于最高位置），用手推压踏板直到感觉有阻力时为止，记下此时踏板的数值，前、后数值之差即为踏板的自由行程，应为20～30mm，否则应予调整，调好后，检验故障是否排除。

② 重新调整限位螺钉23 分别将3个限位螺钉拧到底，再退出2/3～5/6圈（可听到限位螺钉23与锁片间发出4～5声响），以使限位螺钉23与中间主动盘4之间有1.00～1.25mm的间隙（3个限位螺钉应调整一致），然后检验故障是否已排除。

③ 检查分离臂10内端高度 如各分离臂的高度不一致应将其调整一致。即拨出分离臂10外端调整螺母的开口销，拧紧调整螺母，使分离臂内端增高，反之降低。应使6个分离臂内端面在同一高度上，并与分离轴承13有3～4mm间隙，并检验离合器能否彻底分离。

④ 拆检其他零件 如果不是拆修或新装的离合器，就可以排除摩擦片过厚或被动盘3装反的问题。经上述步骤仍不能排除故障时，就需要拆卸分解，检查分离弹簧22的技术状况，检查被动盘3有无翘曲不平的现象，检查变速器输入轴16的花键有无脏物、油污或锈蚀。有时还要检查压紧弹簧18的技术状况。因为压紧弹簧18的技术状况恶化不仅会使离合器接合不紧而打滑，在某种条件下也会造成离合器分离不彻底。

故障排除案例如下。

一台W-60挖掘机，曾出现离合器分离不彻底的故障，此故障的排除过程如下：

① 查得踏板自由行程为32mm，较正常值偏大，将其调整至20mm，经试验无明显改进。

② 按规定重新调整限位螺钉23，试验后发现故障没有被排除。

③ 检查分离臂10内端高度，结果是高低不一。按要求调整后试验，故障依旧。

④ 因该离合器更换摩擦片后已经正常工作了一个时期，所以排除了摩擦片过厚或被动盘3装反的问题。

⑤ 经拆检发现，3个分离弹簧22状况良好；被动盘3没有翘曲不平的现象；变速器输入轴16上虽有少量油污，但不至于影响离合器的分离。

进一步检查，发现离合器压盖11和压盘5明显地不平行，如果调整分离臂10外端的螺母使压盖11和压盘5趋于平行，则分离臂10内端的高度就严重不一致。进一步分解发现，12个压紧弹簧18的高度差别较大，压盘5和压紧弹簧18等都有发蓝退火的痕迹。至此，才知道故障的真正原因是：在此之前曾因离合器打滑烧坏了摩擦片，其产生的高温使主动部分，尤其是压紧弹簧18退火，弹性减退。当时未曾仔细检查就更换了摩擦片，装复使用后开始尚能正常工作，但压紧弹簧18退火变软的问题随着工作时间的增加逐渐显露出来，因为退火程度的不同，弹性减弱的程度也大不相同，使得压盖11与压盘5之间产生偏斜，分离臂10内端的高度也不一致，在弹簧最弱的一边，压盘5与压盖11靠得最近，其分离臂10内端也最低。虽然分离臂10内端的高度可通过调整使之一致，但使压盘5的偏斜更大，因此根本无助于故障的排除。更换压紧弹簧18，终于排除了故障。

(7) 国产W4-60C型挖掘机的轮边减速器常见故障的诊断与排除

W4-60C挖掘机在使用中经常会出现前、后桥轮边减速器漏油的情况，此故障看似不大，但可导致油液耗量增大，污染机体，如不及时修理和加添油液，易使机件出现缺油事故。

故障现象1：前桥轮边减速器漏油。

故障诊断：连接边盖、行星轮架和减速器壳这三者的6只螺栓松动或者折断；边盖和行星轮架之间的O形密封圈损坏。

故障排除：紧固连接螺栓；更换损坏的O形密封圈。

故障现象2：后桥轮边减速器漏油。

故障诊断：边盖和行星轮架之间的石棉胶垫（也有用白纸或青稞纸制作的）损坏或6个内六角连接螺栓松动，造成从边盖和行星轮架之间向外漏油；连接行星轮架和轮边减速器壳体的6个连接螺栓松动或折断，因这6个螺栓承受较大扭矩，一旦螺栓上的锁片未锁紧，就会导致在行星轮架及壳体之间的密封处向外漏油，若螺栓松动后未及时紧固，极易造成这6个螺栓在传递力的过程中被剪断，最终导致整个行星轮架（包括太阳轮、行星轮、半轴和边盖）与轮壳分离、掉下，从而使半轴及齿轮损坏。

故障排除：更换边盖和行星轮架之间的受损垫片，检查、紧固其上的6个内六角螺栓；行星轮边减速器壳体间的连接螺栓松动的主要原因是锁片损坏，因此锁片损坏后要及时修复或更换，或者在螺钉头上钻一小孔，而后用铁丝将相邻两只螺钉穿起来拧紧。如果个别螺钉折断，必须用凿子将其剔出或者用手电钻钻出，并换新件，防止因缺少螺钉而受力不均，造成其余螺钉折断。另外，必须选用有足够强度的锁紧螺钉，以免被拧断或损坏。

(8) 制动系统的故障诊断与排除

DH220-C型轮胎式挖掘机的制动系统比较复杂，共有3种制动方式：手制动，主要用于停机时的制动，防止机器自动滑行，属机械传动的手操纵形式；行走气制动，其作用是防止机器作业时车轮移动并用于手制动的辅助制动，属手动开关控制的气压传动形式；脚踏制动，主要用于机器行驶中的制动，使机器减速或停车，属脚制动阀控制的气压传动形式。后两种属于气压传动的车轮制动系统范畴，也是本机使用最频繁的制动系统。车轮制动系统主要由气泵、气体控制阀、脚制动阀、储气筒、双向逆止阀、快速放气阀、手动开关、制动汽缸和车轮制动器等组成。由于使用维护不当或自然磨损等原因，车轮制动系统常发生故障，影响行驶及作业时的安全。下面就其常见故障现象分析其原因并给出排除方法。

① 制动气压不足　该挖掘机车轮制动系统的正常气压应在0.490～0.637MPa之间，出现制动气压不足的原因如下：

a. 气泵工作不良　气泵皮带过松而打滑；进、出气阀门被卡住或垫起，使气门工作不正常；活塞或活塞环磨损严重；气泵轴承损坏等。上述原因均可使气泵工作不良。

排除方法：检查气泵皮带，调整其松紧度；清除进、出气阀门处的积炭、杂质等；更换磨损过度的活塞、活塞环以及损坏的轴承。

b. 气体控制阀工作不良　气体控制阀调压膜片破裂、调压阀调整压力过低或调压阀排气活塞卡在排气位置等，均可导致系统漏气或排气压力过低，使系统气压不能升至规定范围，即形成气压不足。

排除方法：拆检气体控制阀，更换膜片，清除杂质，重新调整调压阀压力。

c. 气路漏气　储气筒放污开关未关或关闭不严；手动开关因损坏而漏气；脚制动阀关闭不严；气泵至气体控制阀的管接头漏气。上述情况均可导致气压不足。

排除方法：关严储气筒放污开关；检查手动开关是否已生锈发卡、密封圈是否损坏，否则更换；更换脚制动阀内弹力不足或折断失效的回位弹簧；检修气管接头，焊补漏气处或缠绕密封带加以密封。

② 制动力矩不足、制动迟缓　有时气压表显示有足够的气压，但仍出现制动力矩不足或制动迟缓现象，具体表现为：踏下制动踏板，机器无明显减速趋势或制动距离过

长；或压下手动开关作业时，铲斗稍遇阻力车轮就立即发生滚动，因而无法作业。其主要原因是虽然气压表显示正常，但实际进入制动汽缸内的气体压力并不足；制动蹄片与制动鼓间的摩擦力矩不足。产生的原因如下。

a. 中央回转接头内O形密封圈损坏。长时间使用或安装方法不正确，可使中央回转接头内的第2、3、4道O形圈（共12个）损坏。这3道密封圈是用于密封制动系统内的气体的，如果这几个O形圈损坏，将互相窜气，使实际进入制动汽缸内的气压不足，从而表现为制动力矩不足、制动迟缓。

排除方法：拆检中央回转接头，更换O形圈（必须12个一起更换）。在安装O形圈时应注意，各O形圈上需涂抹黄油，以减少安装和使用时的磨损。

b. 制动汽缸漏气。橡胶皮碗损坏是造成制动汽缸漏气的主要原因，可导致个别车轮制动时气压不足，推杆伸出缓慢，制动力矩下降，常表现为机器制动时跑偏。

排除方法：修复制动汽缸，更换损坏的橡胶皮碗。

c. 管路漏气或堵塞。制动系统胶管长时间使用后会老化脱胶或出现裂纹，使胶管内部堵塞或外部漏气，造成制动气压不足。

排除方法：更换损坏的胶管；如一时购不到新胶管，可将损坏的胶管堵死，用2个或3个汽缸来制动；也可利用原来的管接头，再自制代用胶管；或将原胶管漏气处剪去，中间用铁管或铜管加以连接，扎紧后再使用。

d. 快速放气阀工作不良。快速放气阀内部橡胶膜片损坏，使气体直接从排气口排出，导致进入系统的压力不足，造成制动迟缓。

排除方法：更换快速放气阀内的橡胶膜片。

e. 制动蹄摩擦片与制动鼓之间的间隙过大。摩擦片和制动鼓之间的间隙长时间使用后会发生变化，间隙过大将造成制动时因推杆长度伸出不足而使摩擦片和制动鼓接触不良，导致制动力矩不足。

排除方法：重新调整制动间隙。车轮制动器正常的制动间隙应为0.2～0.5mm，最大不超过0.8mm。调整方法是改变制动汽缸推杆的长度，或调整制动臂与凸轮轴啮合的位置。

f. 摩擦片故障。表面有油污、本身质量较差、铆钉外露或松脱、因磨损过甚而使摩擦片过薄或破裂、烧焦，均可使摩擦片间的摩擦力下降，造成制动时凸轮转角过大，摩擦力矩不足，使制动效果变差；摩擦片的磨损程度不同、材质不同或个别沾有油污、泥水，也可导致制动力矩不平衡，从而发生制动跑偏或侧滑现象。

排除方法：用汽油清洗沾有油污的摩擦片，重新铆接或更换已损坏或质量差的摩擦片。更换时应选用质量一致的摩擦片。

g. 制动鼓变形或产生沟槽，摩擦片与制动鼓接触不良。镗削不当或使用中磨损不均匀，易使制动鼓产生沟槽或变形，制动时使摩擦片与制动鼓不能全面接触，造成制动力矩不足。

排除方法：重新镗削制动鼓，或更换严重磨损、变形的制动鼓，镗削或更换后的制动鼓与摩擦片的接触面应在95%以上。

③ 解除制动不彻底　制动解除不彻底表现为制动踏板放松（手动开关复位）后不能迅速解除制动，使机器起步困难，制动鼓发热等。为正确判断并排除此故障，应区分是全车制动不彻底还是个别车轮制动解除不彻底，若是个别车轮被咬死，则常表现为制动时机器跑偏。

a. 快速放气阀排气口堵死。放气阀排气口被堵死，使制动汽缸内的气体不能迅速排出，推杆不能回位，因而制动解除不彻底。

排除方法：清洗阀体。

b. 脚制动阀活塞卡死或排气阀门开度不足。脚制动阀活塞因杂物卡住或因弹簧弹力不足使活塞回位迟缓；排气阀门开度不足甚至不能打开，导致排气迟缓或制动气管内的气体不能排出，并使快速放气阀排气口也无法打开。上述原因均会使制动解除不彻底或不能解除，此故障常可导致全车制动咬死。

排除方法：拆下脚制动阀，检查内部有无杂物、弹簧弹力是否正常、排气阀门开度是否过小，然后清洗、装复。

c. 凸轮、凸轮轴、滚轮、滚轮轴和衬套等锈蚀。进水或缺乏润滑保养，可使上述各件的接触面不平整光滑，从而使传动部件的连接处运动时发卡，导致制动后不能迅速回位，使制动解除不彻底。

排除方法：清洗除锈，定期加注润滑油。

d. 制动汽缸活塞被卡住。制动汽缸回位弹簧过软或折断，使汽缸活塞不能回位或回位行程不足，致使推杆不能回收或回收行程不足，导致个别车轮被制动咬死。

排除方法：更换失效的制动汽缸回位弹簧。

e. 车轮制动蹄回位弹簧有问题。车轮制动蹄回位弹簧过软、折断或脱落，可使车轮制动蹄片不能迅速回位，导致制动解除不彻底；若各回位弹簧的弹力相差较大，可造成摩擦片与制动鼓的贴合力不一致，易发生机器制动跑偏现象。

排除方法：将脱落的弹簧装上，更换失效的弹簧。当回位弹簧有裂缝、折断、变形或自由长度超过标准长度 5% 时，必须更换。

f. 制动器间隙过小。制动蹄摩擦片与制动鼓之间的间隙过小，可造成制动蹄摩擦片与制动鼓分离不彻底。

排除方法：按规定重新调整制动器的间隙。

g. 制动汽缸安装不当或制动汽缸推杆行程过大。若安装、调整不当，可使制动汽缸推杆的行程过大，导致汽缸推杆推出后与外壳发生干涉或卡住，可造成推杆弯曲，使制动无法解除。

排除方法：重新安装汽缸，调整推杆行程。

(9) 轮式挖掘机液压转向系的故障诊断与排除

故障现象 1：挖掘机转向不灵是指转向轮转向时迟缓无力。转向失灵时，转向轮不转向。

故障诊断与排除：挖掘机的转向是靠液体压力来推动转向油缸中的活塞运动，并通过活塞杆和转向节使车轮摆动而实现转向。如果挖掘机转向不灵或失灵，显然是在转向油缸内的压力减小或消失所致。引起转向油缸内的压力减小的原因，也不外是液压转向系统有堵、漏、坏或调整不当。

① 堵塞　液压系统若维护或使用不当会出现堵塞现象。当系统内发生堵塞后，会使系统的油液流动不畅。根据转向油缸中的活塞运动速度大小是由输入油缸工作油液的流量来决定的，所以液压系统内滤清器堵塞或油路堵塞，将会影响输入转向液压油缸的流量而使转向不灵，甚至失灵。

② 漏　液压系统泄漏可分外泄漏和内泄漏。外泄漏是指液压转向系统因管道破裂或接头松动，工作油液漏出系统外。这不仅会使液压系统内工作油液减少，同时还会使系统压力下降。内泄漏是指在系统内的压力油路通过液压元件的径向配合间隙或阀座与回油路沟通，而使压力油未经执行机构便短路流回油箱，这种泄漏称为内泄漏。内泄漏也会使系统工作压力下降。另外，油泵的吸程段漏气，会使真空度下降，影响泵油量，其结果与上述情况相同。

中央回转接头壳体与芯相对转动时，各油路气路之间的密封圈磨损。当磨损量大到难以起密封作用时，使油路与气路相通或与液压工作系统油路相通，即油路内有气、气路内有油。油液泄漏使系统内油液减少其压力下降，进入空气也会影响系统内的压力。根据油缸输出功率 $P=pQ$，所以压力 p 减小时，输出的功率减小。当输出功率不足以克服转向阻力时，转向轮不偏转。

由于以上原因，泄漏造成液压转向系统内工作压力下降，所以推动转向油缸活塞的力量减小，导致转向不灵，严重时失灵。

③ 坏 坏是指液压元件部分或完全丧失工作能力的现象。

其液压转向系统的工作能力会随着液压元件丧失工作能力程度的变化而变化。例如，动力元件叶片泵的叶片损坏，则会影响液压系统内的压力，从而导致转向不灵。

④ 调整不当 调整不当是指对流量控制阀的流量和压力调整不当，因液压挖掘机的流量控制阀控制流量的同时，还兼控压力。如果压力控制调整压力过低，即会造成转向不灵，甚至失灵。

⑤ 转向阻力过大 如果转向机构横拉杆、转向节的配合副装配过紧、锈蚀或严重润滑不良，造成机械摩擦阻力过大；转向车轮与地面摩擦阻力过大等，均会使转向阻力增大，当阻力大于油缸推力时，转向轮不能转向。

诊断与排除：

① 检查泄漏，如果液压转向系统外观有泄漏，便是挖掘机转向不灵的原因所在，应对症排除。既然有泄漏，储油箱内油液面高度就会降低，当过低时，也是造成转向不灵的原因之一，应添加。

② 检查流量调节阀，试调压力，即将流量控制阀上的调节螺母旋转半圈至一圈后，再试转向灵敏度，若转向灵敏度恢复正常，说明流量调节阀调整不当。否则，可能是流量调节阀的阀座有杂质或磨损而关闭不严。

如果油液温度高时转向不灵，一是表明油液黏度不符合要求，二是说明液压元件磨损过甚。其处理办法是：更换或清洗液压元件或更换液压油。

③ 如果以上检查均属正常，说明油泵有损坏的可能。应通过置换证明，查明后予以排除。

④ 如果挖掘机转移工地在路上行驶感到方向不稳，便是转向油缸活塞密封件损坏，应予以更换。

⑤ 如果转向系统油液显著减少或制动系统有大量油液，表明回转接头内密封圈损坏，应更换。

⑥ 检查转向摩擦力，用手抓转向横拉杆来回周向转动，若转不动，表明横拉杆接头装配过紧；将转向油缸的活塞杆与转向节的连接部位拆断，然后用手扳动车轮绕主销转动，若转不动便是主销与衬套装配过紧而增大转向阻力；若轮胎气压严重不足，也是增大转向阻力的原因之一。根据查出的原因，对症排除即可。

在此应该提及的是，诊断故障时也应考虑到故障发生期。例如，如果不能转向的故障发生在早期故障期，可能是转向机构装置过紧、轮胎气压不足、油泵或转阀中央接头等的油管接错，也可能是组装中央回转接头时密封胶圈损坏或打扭而密封不良，油缸密封环折断等。

如果不能转向的故障为突发故障，可能是油管接头严重松脱或管道破裂，应认真检查并予以排除。

如果不能转向的故障为渐发性，并发生在耗损期，则可能是液压系统的转阀、油泵、马达、油缸等磨损所致，应进行全面修理。

如果不能转向的故障发生在使用期，应观察油路的泄漏和检查堵塞情况，如溢流阀关闭不严、阀孔堵塞、滤油器堵塞等，查明后对症排除。

故障现象 2：轮式挖掘机行驶自动跑偏，所谓自动跑偏，是指挖掘机在行驶中自动偏离原来行驶方向的现象。

故障分析：挖掘机在行驶中跑偏，总的来讲，是转向轮得到偏转动力，或偏离行驶方向的一侧转向轮行驶阻力过大所致。造成自动跑偏的主要原因有：

① 转向器片状弹簧失效 转向时，由于转向器的转阀内设有片状弹簧，这片状弹簧称为中央弹簧。其作用是：当方向盘转过一定角度不动，由于中央弹簧片的回复力与转子油泵的共同作用，使转阀恢复中间位置，切断了转向油路，转向轮停止转向。由于转向使弹簧反复弯曲疲劳产生裂纹，裂纹在不断扩展后导致片状弹簧折断，因而使转阀难以自动保证中间位置，而接通油缸某腔

的油路转向轮得到转向动力即发生自动偏转。

② 转向油缸某腔的油管漏油　当方向盘静止不动时，转向阀处于中间位置而封闭了转向油缸两腔的油路，则活塞两端不存在压力差而不符合油缸工作原理，活塞不动，即转向轮不摆动，呈直线行驶或等半径行驶。如果通油缸两腔的某一腔因油管接头松动或破裂而漏油，于是活塞两腔便产生压力差，则转向轮自动跑偏。

③ 因转向轴两车轮的阻力不等　若某一侧转向轮有制动拖滞、轮胎气压不足、轮毂轴承装配预紧度过大，该侧车轮的行驶阻力大于另一侧车轮的阻力，从而使挖掘机行驶时跑偏。

故障诊断与排除：

① 观察与油缸连接的油管，若有漏出的油迹，便是转向自动偏转的原因所在，应进而顺油迹查明漏油的原因，并予以排除。

② 检查车轮阻力，观察轮胎气压，若轮胎气压有严重不足，便是转向自动跑偏的原因所在，应充足。

用手摸制动鼓或轮毂，若有烫手之感，说明该轮有制动拖滞或轮毂装配过紧，是造成转向自动跑偏的原因所在，应予以排除。

③ 转动方向盘，松手后方向盘无自动回弹感，表明片状弹簧折断的可能性很大，应进而解体查明并予以排除。

故障现象3：方向盘自由行程过大，即转动方向盘超过6°时转向轮不偏摆。

故障诊断与排除：转向机构的横拉杆接头、油缸与转向臂的接头等的装配间隙累计集中地反映在转向时感到方向盘自由行程过大，这说明是上述接头部分松动所引起的。

发动机工作时，一人来回转方向盘，另一人观察松动部位铰链机件是否有相对松动，然后再予以排除。

第8章 回转系统构造与维修

8.1 回转系统构造原理

液压挖掘机回转系统由转台、回转支撑和回转驱动装置等组成，如图 8-1 所示。回转支撑连接转台与行走装置，承受转台上的各种弯矩、力矩和载荷。回转支撑的外座圈用螺栓与转台连接，带齿的内座圈与行走装置的底架用螺栓连接，内、外座圈之间设有滚动体。挖掘机工作装置作用在转台上的垂直载荷、水平载荷和倾覆力矩通过回转支撑的外座圈、滚动体和内座圈传给底架。回转机构的壳体固定在转台上，用小齿轮与回转支撑内座圈上的齿圈相啮合。小齿轮既可绕自身的轴线自转，又可绕转台中心公转，当回转机构工作时，转台就相对底架进行回转。

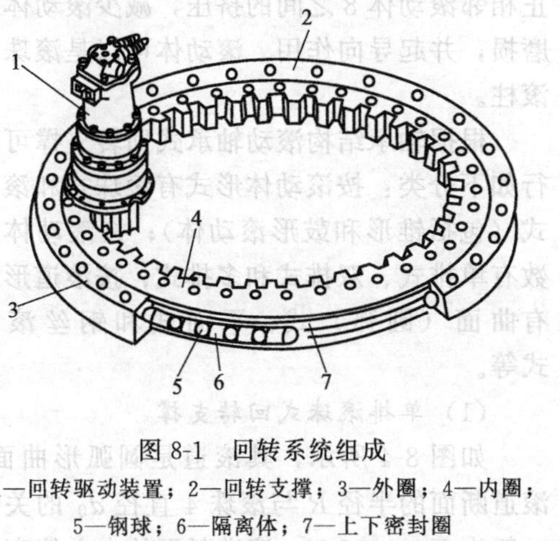

图 8-1 回转系统组成

1—回转驱动装置；2—回转支撑；3—外圈；4—内圈；5—钢球；6—隔离体；7—上下密封圈

8.1.1 对回转系统的基本要求

液压挖掘机回转系统的运动占整个作业循环时间的 50%～70%，能量消耗占 25%～40%，回转液压回路的发热量占系统总发热的 30%～40%。为提高液压挖掘机生产效率和功能利用率，对回转系统提出以下基本要求。

① 当角加速度和回转力矩不超过允许最大值时，应尽可能地缩短转台的回转时间。在回转部分惯性矩已知的情况下，角加速度的大小受转台最大扭矩的限制，此扭矩不应超过行走部分与土壤的附着力矩。

② 回转机构运行时挖掘机工作装置的动荷系数不应超过允许值。

8.1.2 回转支撑的结构及特点

液压挖掘机回转装置的支撑分为转柱式和滚动轴承式两种。

8.1.2.1 转柱式回转支撑

转柱式回转支撑常用于悬挂式液压挖掘机上，回转部分的转角一般等于或小于 180°，其结构如图 8-2 所示。转柱式回转支撑由焊接在回转体 1 上的上、下支撑轴 4 和 6 及上、下轴承座 3 和 7 等组成。轴承座用螺栓固定在机架 5 上。通过插装在支撑轴上的液压马达 2 使回转体转动。

作用在轴承座上的载荷有垂直力 V 和水平力 H_1 或 H_2，因此常成对地采用单列圆锥滚子轴承，也有采用球轴承的，较少采用滑动轴承。回转体常制成“[”形，以避免与回转机构相碰撞。

8.1.2.2 滚动轴承式回转支撑

滚动轴承式回转支撑广泛用于全回转的液压挖掘机上，它是在普通滚动轴承的基础上发展起来的，结构上相当于放大了的滚动轴承。它与传统的回转支撑相比，具有尺寸小，结构紧凑，承载能力大，回转摩擦阻力小，滚动体与滚道之间的间隙小，维护方便，使用寿命长，易于实现“三化”等一系列优点。它与普通滚动轴承相比，又有其特点：普通滚动轴承的内、外座圈的刚度依靠

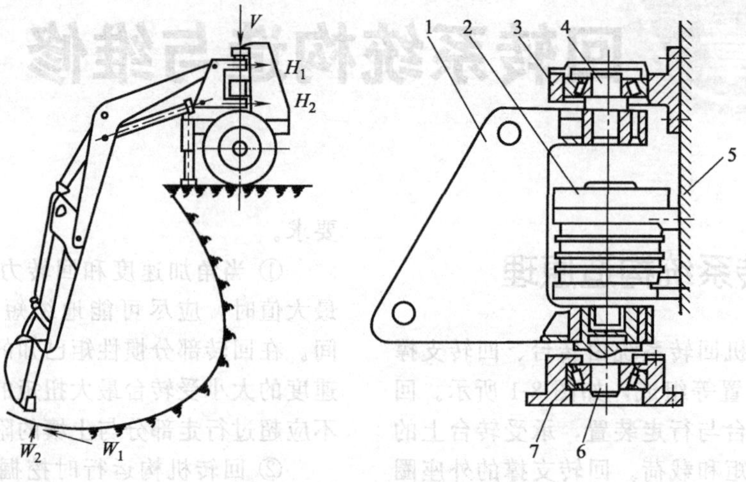

图 8-2　转柱式回转支撑

1—回转体；2—液压马达；3—上轴承座；4—上支撑轴；5—机架；6—下支撑轴；7—下轴承座

轴与轴承座的装配来保证，而它则由转台和底架来保证。回转支撑的转速低，通常承受轴向载荷、倾覆力矩和径向载荷，因此滚道上的接触点的载荷循环次数较少。

滚动轴承式回转支撑的典型构造如图 8-3 所示，由内、外座圈，滚动体，隔离体，密封装置，调整垫片，润滑装置和连接螺栓等组成。内座圈或外座圈可加工上内齿或外齿。带齿圈的座圈为固定座圈，用沿圆周分布的螺栓 4、5 固定在底座上。不带齿的座圈为回转圈，用螺栓与挖掘机转台连

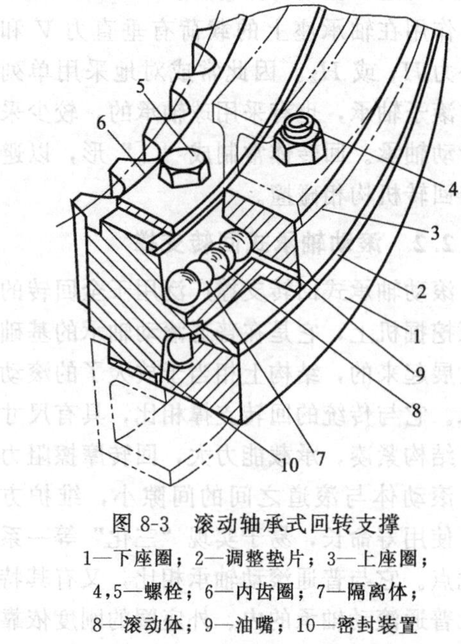

图 8-3　滚动轴承式回转支撑

1—下座圈；2—调整垫片；3—上座圈；4,5—螺栓；6—内齿圈；7—隔离体；8—滚动体；9—油嘴；10—密封装置

接。装配时可先把座圈和滚动体装好，形成一个完整的部件，然后再与挖掘机组装。为保证转动灵活，防止受热膨胀后产生卡死现象，回转支撑应留有一定的轴向间隙。此间隙因加工误差和滚道与滚动体的磨损而变化。所以在两座圈之间设有调整垫片 2，装配和修理时可以调整间隙。隔离体 7 用来防止相邻滚动体 8 之间的挤压，减少滚动体的磨损，并起导向作用。滚动体可以是滚珠或滚柱。

根据轴承结构滚动轴承式回转支撑可进行如下分类：按滚动体形式有滚珠式和滚柱式（包括锥形和鼓形滚动体）；按滚动体排数有单排式、双排式和多排式；按滚道形式有曲面（圆弧）式、平面式和钢丝滚道式等。

(1) 单排滚珠式回转支撑

如图 8-4 所示，其滚道是圆弧形曲面，滚道断面的半径 R 与滚珠 4 直径 d_0 的关系一般为 $R=0.52d_0$，滚道断面的中心偏离滚珠中心，与滚珠内切于 A、B、C、D 四点，接触角 α（作用力与水平线的夹角）一般为 45°，可以传递不同方向的轴向载荷、径向载荷和倾覆力矩。座圈有剖分式和整体式两种。整体式座圈成本低，刚度大。为了便于将滚珠装入滚道，外座圈 6 上开有径向装填孔，如图 8-4 (a) 所示，待滚珠全部装入后

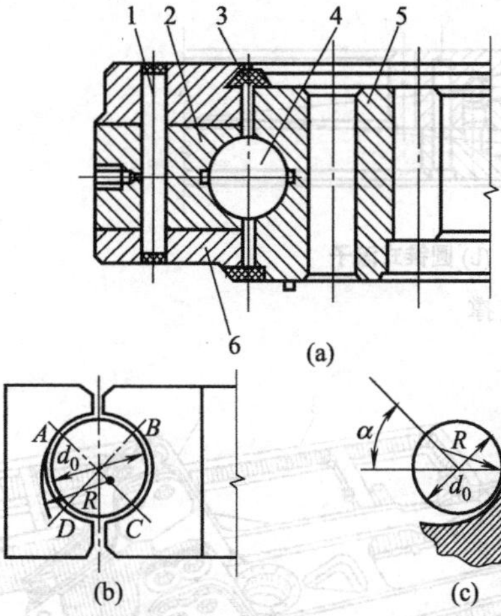

图 8-4　单排滚珠式回转支撑

1—止推销；2—挡销；3—密封圈；4—滚珠；5—内齿圈；6—外座圈

用挡销 2 塞住。

(2) 双排滚珠式回转支撑

如图 8-5 所示，滚珠分上下两排布置。由于上排滚珠的载荷大，下排滚珠的载荷小，因此上排滚珠比下排滚珠直径大。图 8-5 (a) 为双排异径滚珠式轴承，图 8-5 (b) 为双排同径滚珠式轴承。接触角制造成能自由移动 90°，以利于承受较大的轴向载荷和倾覆力矩。

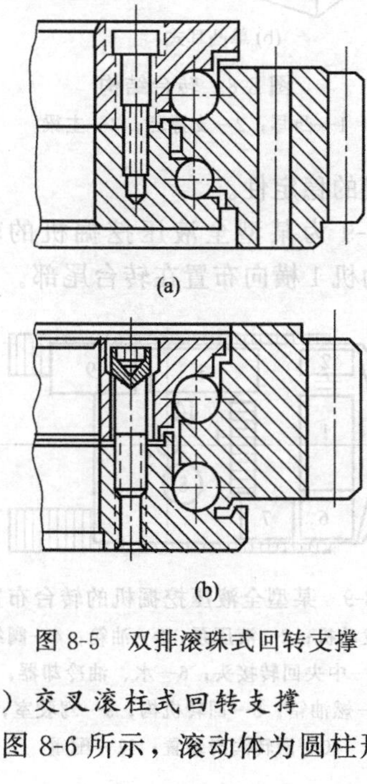

图 8-5　双排滚珠式回转支撑

(3) 交叉滚柱式回转支撑

如图 8-6 所示，滚动体为圆柱形或圆锥形，相邻滚柱按轴线交叉排列，滚道为平面，接触角通常为 45°。同样可以传递不同方向的轴向载荷、径向载荷和倾覆力矩。滚柱与滚道理论上是线接触，滚动接触应力分布在整个滚道面上，比滚珠式集中在一条狭窄带上的疲劳寿命要高。此外，平面滚道也容易加工。但对连接构件的刚度和安装精度的要求比滚珠式的高，否则，滚珠与滚道会出现边缘载荷，过早地破坏滚道面，产生噪声，降低使用寿命，当倾覆力矩很大时，为使滚柱受力均衡，接触角可做成大于 45°，或将滚柱交叉排列由 1∶1 改为 2∶1。

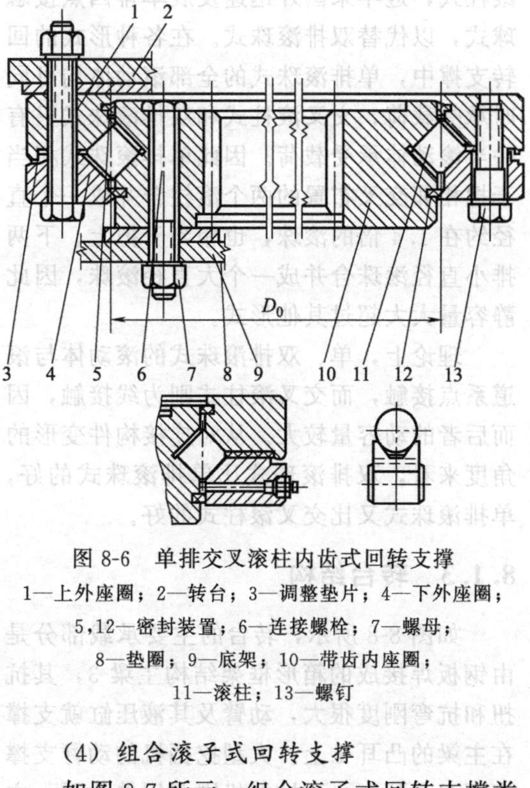

图 8-6　单排交叉滚柱内齿式回转支撑

1—上外座圈；2—转台；3—调整垫片；4—下外座圈；5,12—密封装置；6—连接螺栓；7—螺母；8—垫圈；9—底架；10—带齿内座圈；11—滚柱；13—螺钉

(4) 组合滚子式回转支撑

如图 8-7 所示，组合滚子式回转支撑类似于双排滚珠式回转支撑，但其第三排滚柱垂直于上、下两排滚子，主要传递径向载荷。上、下两排滚柱在滚道上滚动时有很小的滑动，为了使滑动摩擦减小到不产生影响，滚柱直径与该道中心直径之比应大于 1∶35，或将滚柱做成锥形，上、下两排锥形滚子轴线应相交于回转中心线上。

组合滚子式回转支撑主要用于载荷大、直径较大的大型回转支撑的液压挖掘机上。

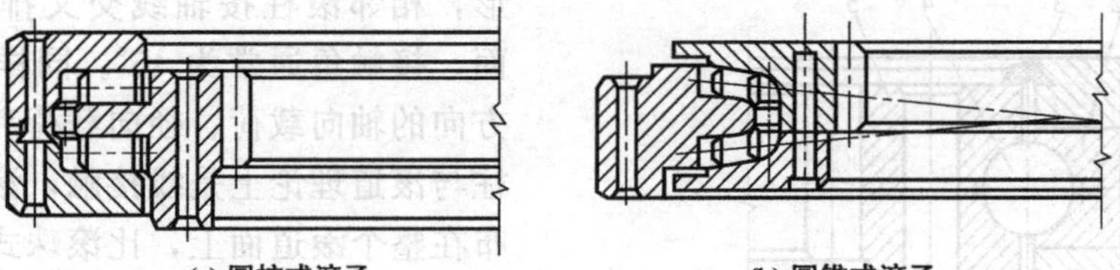

(a) 圆柱式滚子　　(b) 圆锥式滚子

图 8-7　组合滚子式回转支撑

在上述回转支撑形式中，使用最广泛的是单排滚珠式、双排滚珠式和交叉滚柱式三种。

从发展趋势来看液压挖掘机的回转支撑，开始时采用双排滚珠式，逐渐转到交叉滚柱式，近年来国外迅速发展单排四点接触球式，以代替双排滚珠式。在各种形式的回转支撑中，单排滚珠式的全部滚动体均可同时承受载荷，交叉滚柱式和双排滚珠式只有一半滚动体承受载荷。因此单排滚珠式相当于把相邻交叉布置的两个滚柱合并成一个直径约在 1.4 倍的滚珠，也相当于把上、下两排小直径滚珠合并成一个大直径滚珠，因此静容量大大超过其他形式。

理论上，单、双排滚珠式的滚动体与滚道系点接触，而交叉滚柱式则为线接触，因而后者的动容量较大。从对连接构件变形的角度来看，双排滚珠式比单排滚珠式的好，单排滚珠式又比交叉滚柱式的好。

8.1.3 转台结构

如图 8-8 所示，转台的主要承载部分是由钢板焊接成的箱形框架结构主梁 3，其抗扭和抗弯刚度很大，动臂及其液压缸就支撑在主梁的凸耳 1 上。大型挖掘机的动臂支撑多用双凸耳，小型挖掘机则多用单凸耳。主梁下有衬板和支撑环 2 与回转支撑连接，左右侧焊有小框架作为附加承载部分。转台支撑处应有足够的刚度，以保证回转支撑正常运转。

液压挖掘机工作时转台上部自重和载荷的合力位置是经常变化的，并偏向载荷方面。为平衡载荷力矩，转台上的各个装置需要合理布置，并在尾部设置配重，以改善转台下部结构的受力，减轻回转支撑的磨损，

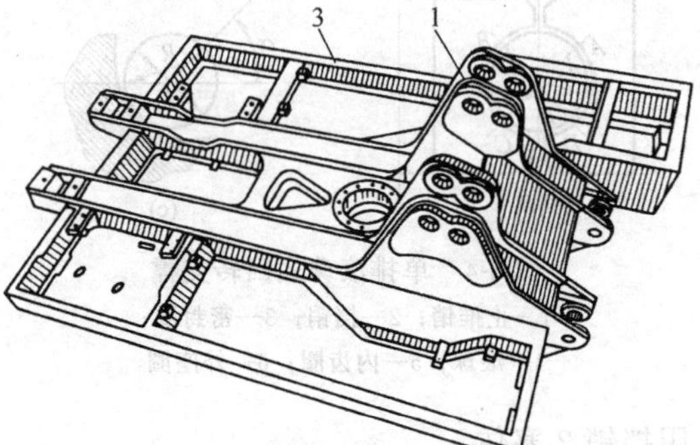

(a) 双凸耳式

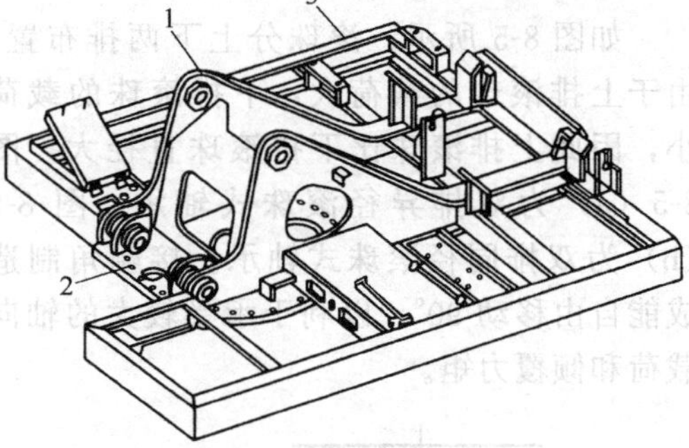

(b) 单凸耳式

图 8-8　转台结构

1—凸耳；2—支撑环；3—主梁

保证整机的稳定性。

图 8-9 为某型全液压挖掘机的转台布置，发动机 1 横向布置在转台尾部。图 8-10

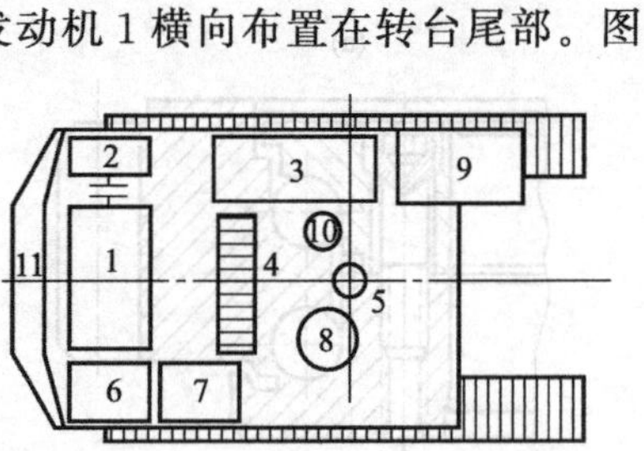

图 8-9　某型全液压挖掘机的转台布置

1—发动机；2—液压泵；3—油箱；4—阀组；5—中央回转接头；6—水、油冷却器；7—燃油箱；8—回转机构；9—驾驶室；10—回转润滑装置；11—配重

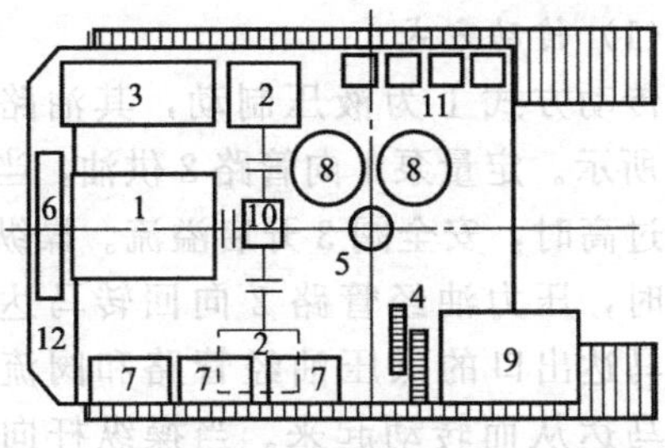

图 8-10 某型半液压挖掘机的转台布置

1—发动机；2—液压泵；3—油箱；4—阀组；5—中央回转接头；6—水冷却器；7—油冷却器；8—回转机构；9—驾驶室；10—分动箱；11—蓄电池；12—配重

为某型半液压挖掘机的转台布置，发动机 1 是纵向布置在转台尾部。

液压挖掘机转台布置的原则是左右对称，尽量做到质量均衡，较重的总成、部件靠近转台尾部。此外，还要考虑各个装置工作上的协调、维修方便等。有时转台布置受结构尺寸限制，重心偏离纵轴线，会致使左右履带接地比压不等，影响行走架结构强度和挖掘机行驶性能。此时可通过调整配重的重心来解决，如图 8-11 所示，图中 x 与 x' 分别为转台重心与配重重心偏离纵轴线的值。

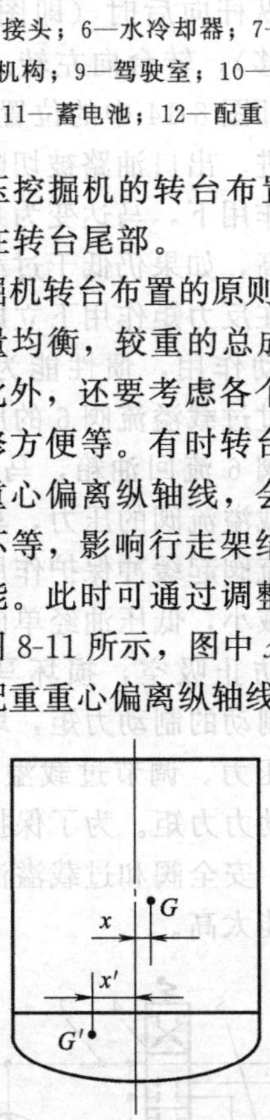

图 8-11 调整配重横向位置

确定配重布置位置的原则是，使挖掘机重载、大幅度作业时的转台上部合力 F_R 的偏心距 e 与其空载、小幅度时的合力 F_R' 的偏心距 e' 大致相等，如图 8-12 所示。

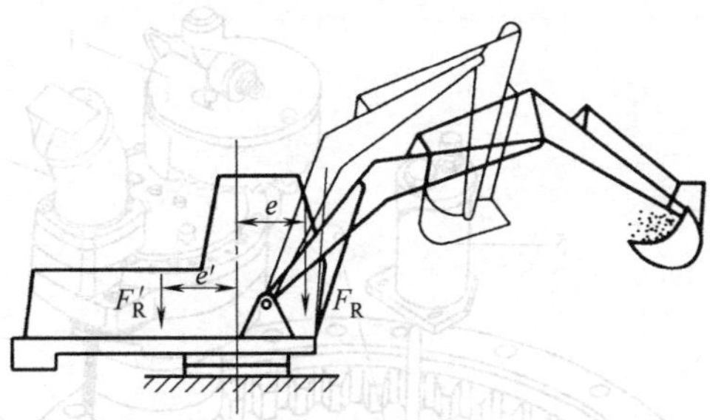

图 8-12 确定配重时的偏心距

8.1.4 回转机构的传动方式及特点

8.1.4.1 半回转液压挖掘机的回转传动装置

悬挂式液压挖掘机通常采用半回转的回转机构，回转角度一般等于或小于 180°。传动机构有采用液压缸驱动，也有采用液压马达驱动的。在液压缸驱动的回转机构中，液压缸作为动力，通过链条链轮（或钢绳滑轮）、齿条齿轮（在液压缸活塞杆上的一部分加工成齿条，回转轴上加工上齿轮），杠杆系统来驱动工作装置绕回转轴回转。这样，活塞的往复运动就使回转轴回转。

8.1.4.2 全回转液压挖掘机的回转装置

全回转液压挖掘机回转装置的传动形式有直接传动和间接传动两种。

(1) 直接传动

在低速大扭矩液压马达的输出轴上，直接安装驱动小齿轮，与回转齿圈相啮合。

国产 WY100、WY40、WLY25、WY60、W4-60C 等型挖掘机的回转传动机构属于这种驱动方案。这种传动方案结构简单，液压马达的制动性能较好，但外形尺寸较大，目前在挖掘机上应用不多。

(2) 间接传动

间接传动是由高速液压马达经齿轮减速箱带动回转小齿轮绕回转支撑上的固定齿圈滚动来驱动回转机构。图 8-13 就是由斜轴式轴向柱塞液压马达通过行星减速器驱动回转机构的。

这种方案结构紧凑，容易得到较大的传动比，且齿轮的受力情况较好。另外一个很大的优点是轴向柱塞液压马达与同类型液压泵的结构基本相同，许多零件可以通用，便于制造及维修，从而降低了成本。但必须装设制动器，以便吸收较大的回转惯性力矩。

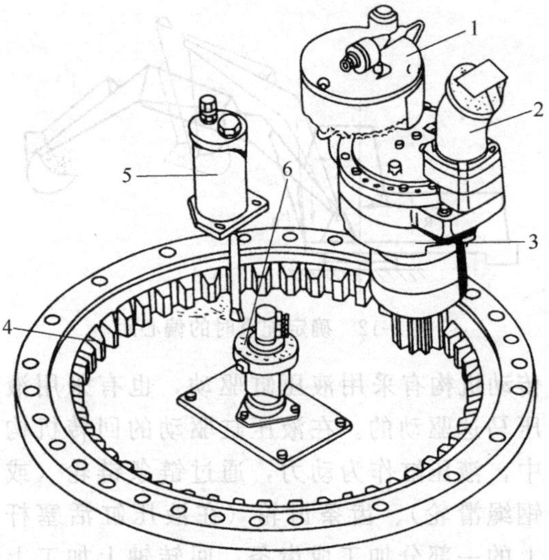

图 8-13　斜轴式高速液压马达驱动的回转机构
1—制动器；2—液压马达；3—行星减速器；
4—回转大齿圈；5—润滑油环；6—中央回转接头

在高速液压马达驱动的回转机构中，减速装置有多种方式：两级正齿轮传动，一级正齿轮和一级行星齿轮传动，两级行星齿轮传动，一级正齿轮和两级行星齿轮传动。减速箱的速比以第一种方式最小，第四种方式最大。行星齿轮减速箱虽然加工要求较高，但可用一般渐开线齿廓的模数铣刀进行加工，结构也比较紧凑，速比大，受力好，因而获得了广泛的应用。

8.1.4.3　液压挖掘机回转机构的传动方式

全回转液压挖掘机的回转机构按液压泵的调节方式和回转制动方式可分为 9 类，如表 8-1 所示。

表 8-1　全回转液压挖掘机回转机构的传动方式

驱动方式	转台可否自由回转	回转制动方式	传动方式代号
定量泵	不可	液压制动	Ⅰ
		液压＋机械制动	Ⅱ
	可	机械制动	Ⅲ
分功率调节泵	不可	液压制动	Ⅳ
		液压＋机械制动	Ⅴ
	可	机械制动	Ⅵ
全功率调节泵	不可	液压制动	Ⅶ
		液压＋机械制动	Ⅷ
	可	机械制动	Ⅸ

(1) 传动方式Ⅰ

传动方式Ⅰ为液压制动，其油路如图 8-14 所示。定量泵 1 向管路 2 供油，当油液压力过高时，安全阀 3 开启溢流。操纵换向阀 4 时，压力油经管路 2 向回转马达 5 供油，马达出口的低压油经管路和阀流回油箱，马达从而转动起来。当操纵杆向前时（即图 8-14 中的换向阀芯往上移），转台向右转；当操纵杆向后时（即图 8-14 中的换向阀芯往下移），转台向左转。当操纵杆处于中位时（即图 8-14 中的位置），即为液压制动，马达进、出口油路被切断，在转台上部惯性力矩作用下，马达变为泵而工作，压腔的油压升高，如果仍低于过载溢流阀 6 的压力，马达在反力矩作用下立即制动，过载溢流阀起制动作用，惯性能为液压油所吸收，如果超过过载溢流阀 6 的压力，部分油经过载溢流阀 6 流回油箱，马达继续回转，直到低于过载溢流阀的压力，马达才停止转动，过载溢流阀起缓冲保护作用。而马达吸腔由于压力减小，低压油经单向阀 7 及时进行补油，以防止吸空，损坏马达。由此可见，纯液压制动的制动力矩，取决于过载溢流阀的调定压力。调节过载溢流阀的限压，则可得到制动力力矩。为了保护管路和液压马达的安全，安全阀和过载溢流阀之间的相对限压差不能太高。

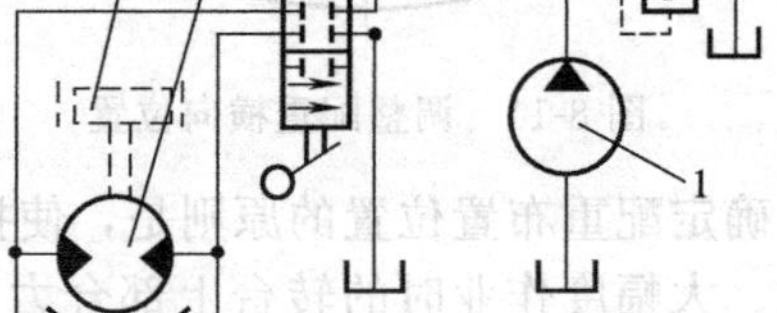

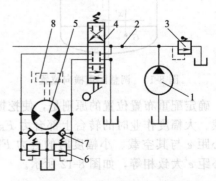

图 8-14　传动方式Ⅰ和Ⅱ的油路
1—定量泵；2—高压管路；3—安全阀；4—换向阀；
5—回转马达；6—过载溢流阀；
7—单向阀；8—制动器

(2) 传动方式Ⅱ

传动方式Ⅱ与Ⅰ不同之处在于增设了一个

附加机械制动器 8（图 8-14 中虚线所示），这样，转台的制动是通过液压制动和机械制动的共同作用来实现的。由于设置了制动器 8，使制动力矩与挖掘机的传动条件相适应。这种附加的制动力矩取决于司机踩动制动踏板力的大小，从而能够准确地控制回转角度。

(3) 传动方式Ⅲ

如图 8-15 所示，换向阀 4 处于中位时（图中位置），液压马达的进、出管路互相接通而自成回路。在挖掘机上部转台的转动惯性力作用下，回转马达可自由回转而不产生液压制动力矩。转台的制动仅仅靠机械制动来实现。

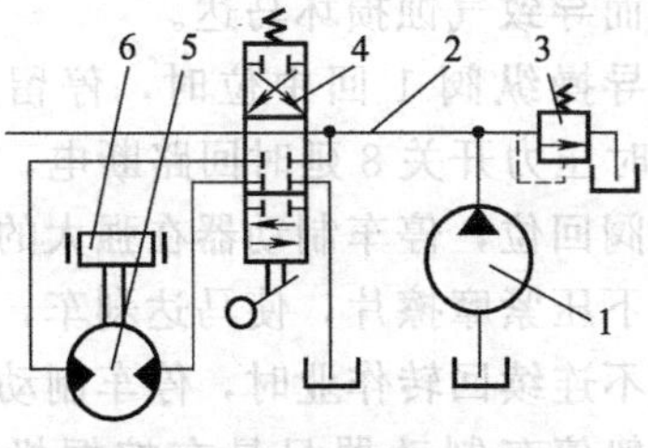

图 8-15　传动方式Ⅲ的油路

1—定量泵；2—高压管路；3—安全阀；4—换向阀；5—回转马达；6—制动器；

(4) 传动方式Ⅳ、Ⅴ

传动方式Ⅳ、Ⅴ与Ⅰ、Ⅱ的相似，如图8-16 所示。所不同的是，当发动机转速不变时，定量泵的流量为一常数；但分功率变量泵 1 的流量随着压力的变化而自行调节（在达到变量压力后，泵的输出功率为一常数）。

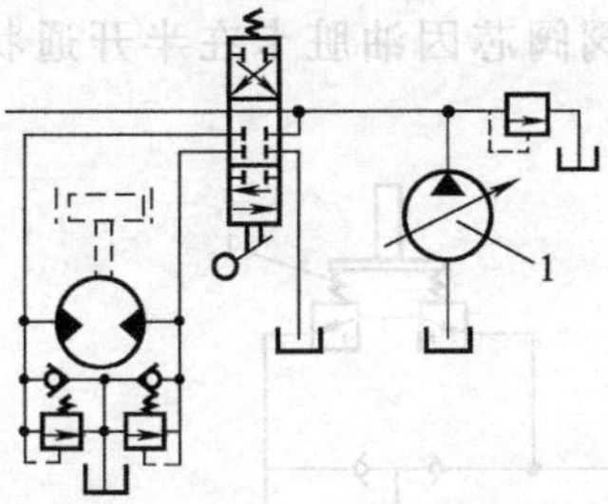

图 8-16　传动方式Ⅳ、Ⅴ的油路

1—分功率变量泵

(5) 传动方式Ⅵ

该传动方式与Ⅲ的相似，如图 8-17 所示。所不同的是采用了分功率变量泵 1。上部转台的启动和加速过程与传动方式Ⅳ、Ⅴ相似，而减速和制动过程与传动方式Ⅲ的相似。

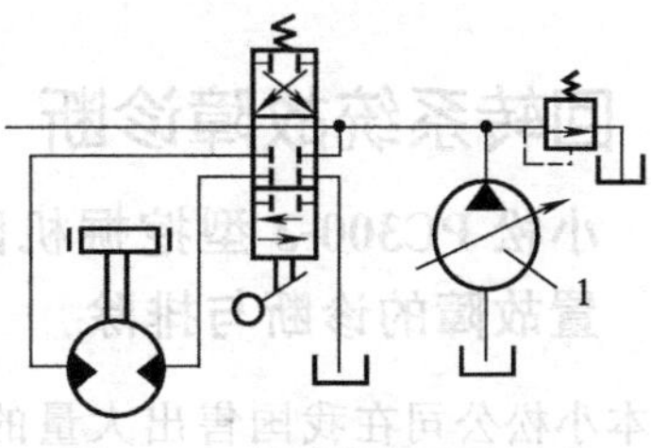

图 8-17　传动方式Ⅵ的油路

1—分功率变量泵

(6) 传动方式Ⅶ、Ⅷ

传动方式Ⅶ、Ⅷ中采用两台全功率调节变量泵 1、2 驱动，如图 8-18 所示。当两台泵的压力之和达到变量压力后，液压总功率保持不变。换向阀 3 位于两条回路中的一条，第二台泵无负荷时回转机构的加速过程拥有全部液压功率。

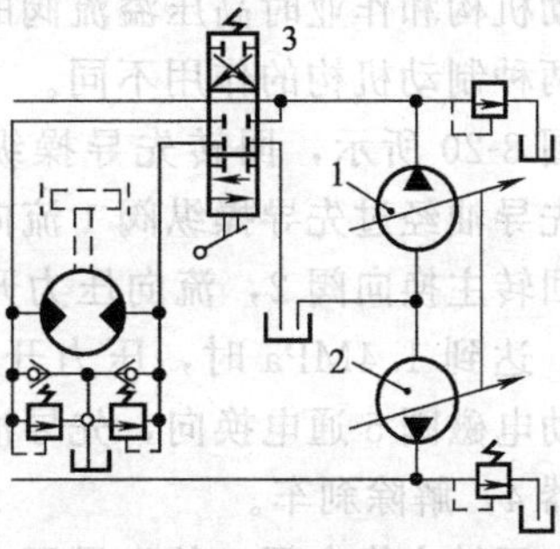

图 8-18　传动方式Ⅶ、Ⅷ的油路

1,2—全功率调节变量泵；3—换向阀

传动方式Ⅶ、Ⅷ的制动过程分别与传动方式Ⅰ、Ⅱ的相似。

(7) 传动方式Ⅸ

该传动方式的加速过程与传动方式Ⅶ、Ⅷ的相似，而制动过程则与传动方式Ⅲ、Ⅵ的相似，油路如图 8-19 所示。

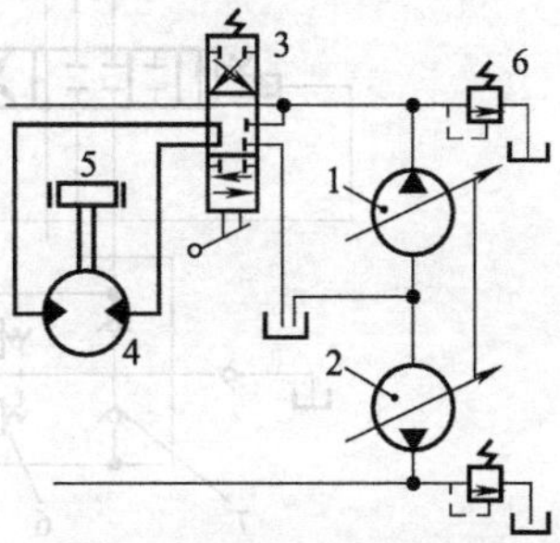

图 8-19　传动方式Ⅸ的油路

1,2—全功率变量泵；3—换向阀；4—回转马达；5—制动器；6—安全阀

8.2 回转系统故障诊断

8.2.1 小松 PC300-3 型挖掘机回转装置故障的诊断与排除

日本小松公司在我国售出大量的 PC 系列挖掘机，其中 PC200、PC300、PC400 系列挖掘机所占比重较大。这类挖掘机的回转装置结构基本相同，使用中发现由于回转装置工作频繁，受冲击力大，故障发生率相对较高。现以 PC300-3 机型为例，介绍回转装置及故障排除办法。

PC300-3 机的回转装置由斜盘柱塞定量马达、行星齿轮减速器、大回转齿圈、回转轴承构成。回转马达壳体内装有摩擦片式的停车制动机构和作业时高压溢流阀的制动机构，这两种制动机构的作用不同。

如图 8-20 所示，回转先导操纵阀 1 动作时，先导油经过先导操纵阀 1 流向压力开关 8 和回转主换向阀 2，流向压力开关 8 的先导油，达到 1.4MPa 时，压力开关动作，停车制动电磁阀 5 通电换向，先导油进入停车制动器 4，解除刹车。

流向回转主换向阀 2 的先导压力油，推动主换向阀向相应方向换向，从主液压泵来的高压油进入回转马达，经行星减速增扭，推动回转轴承回转。

当需要停车时，先导操纵阀 1 回中位，这时主换向阀 2 阀芯的两端在回位弹簧作用下也回到中位。由于挖掘机的惯性作用，回转轴承通过行星减速器带动回转马达 3 继续回转，这时液压马达变成液压泵，向原来的回油一侧排油，但因主换向阀的封闭作用，油管内压力不断上升，上升至设定压力时，溢流阀 6 开启泄压，油经单向阀 7 回油箱。同时，回转马达也给行星减速器施加相应的制动力矩，迫使原回油一侧的油压交替上升、下降，溢流阀 6 在这段时间内频繁地开启关闭，通过回转马达持续对回转轴承制动直到停止。溢流阀对马达有保护作用，为避免因回油侧压力过高损坏回转马达，从原进油口的单向阀向马达的另一侧补油，以免马达吸空而导致气蚀损坏马达。

先导操纵阀 1 回中位时，停留如超过 5s，这时压力开关 8 延时回路断电，停车制动电磁阀回位，停车制动器在强大的碟形弹簧作用下压紧摩擦片，使马达刹车，也就是挖掘机不连续回转作业时，停车制动器才动作。一般停车制动器只是在挖掘机暂时停车，或长时间停车时才动作。作业时，频繁回转制动，则是高压溢流阀起制动作用。

故障现象：挖掘机在作业时，有时会发生一侧刹不住车。

故障诊断与排除：从以上液压回路可以看出，这种故障一般发生在相应溢流阀没有关紧或相应的换向阀阀芯拉伤严重的情况下。但从实践上看，大部分故障是由于溢流阀设定压力不足而引起的。这可能是溢流阀阀芯因油脏卡在半开通状态或弹簧折断。

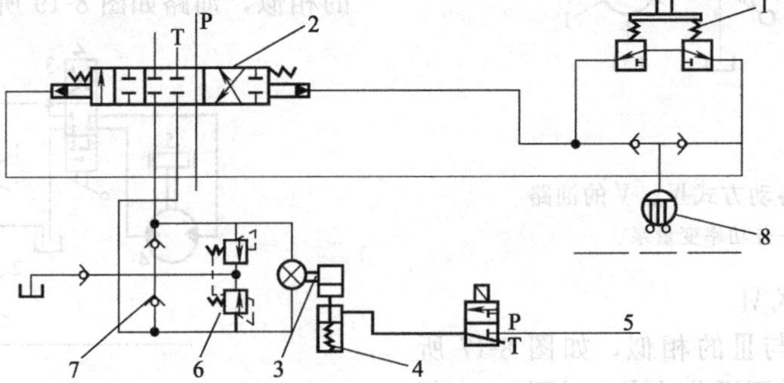

图 8-20　回转机构液压系统

1—先导操纵阀；2—回转主换向阀；3—回转马达；4—停车制动器；5—停车制动电磁阀；6—溢流阀；7—单向阀；8—压力开关

有时挖掘机作业时发现左右回转速度很慢，液压马达异常发热，这是由于停车制动器 4 没有解除刹车而引起摩擦片间剧烈摩擦发热。由于在现场维修困难，特别对维修力量不强的用户或应急维修时可采取在停车制动电磁阀上装上一个螺丝，直接将电磁阀顶开，让停车制动器处于打开状态，这样挖掘机就可以很快恢复使用。停车时间长，由于制动器的内漏作用，靠弹簧力又可以使摩擦片锁住马达输出轴。这种办法虽然是应急的，但由于对挖掘机性能没有大的影响，可以推广应用。

8.2.2 小松 PC200-5 型挖掘机回转故障的诊断与排除

故障现象 1：一台小松 PC200-5 型挖掘机，在施工作业中回转马达出现以下异常情况：左旋转正常，即回转操纵杆回到中位时马达能立即停下来；右旋转不正常，即回转操纵杆回到中位时马达须继续回转一个很大的角度后才能停下来。

故障诊断与排除：针对以上情况并结合回转系统的工作原理，经分析后认为，造成此故障的主要原因有如下几个方面（该回转系统液压原理，如图 8-21 所示）。

(1) 主控制阀

① 由于回转主控制阀 3 磨损，一些杂质会挤压在阀芯和阀孔之间，使阀芯出现卡滞现象，因而不能及时回复到中位。

② 回转主控制阀的左旋一侧的控制弹簧失效，造成阀芯不能及时回复中位（检查时，可使左、右边弹簧对调）。

③ 回转主控制阀中控制右旋一侧的先导控制油没能及时、完全地流回油箱，因而形成了液压阻力，导致阀芯不能及时准确地回复中位。对此，可认为是由于回转操纵阀 7 不能准确到位，或慢回阀 6 堵塞，因而造成回油不畅（检查时，可将左、右旋向的先导控制油路对调）。

(2) 回转液压马达

根据回转系统的液压原理，若回转马达工作正常，右旋时，压力油从 B_1R 油路进入回转马达 4，然后从 A_1R 油路回油箱。右旋结束时和回转结束时，回转主控制阀回到中位，此时 A_1R 油路和 B_1R 油路已封闭，因而形成了液压阻力，故回转马达即停。根据该机的故障现象，说明 A_1R 油路因有泄漏而形成了开路。形成此状态的原因有：安全阀 A_1 的阀芯被卡滞或调定压力太低，当右旋结束时，A_1R 油路的液压油经阀 A_1 卸荷流回油箱（检查时可与阀 B_1 对调）；回转马达存在内漏（因该机左旋正常，说明该机的马达不存在内漏的情况）。

虽然已对以上各种故障原因一一进行了查找和排除，但故障现象却依然存在，于是可以怀疑是单向阀 A 处于开启状态（正常情况下，阀 A 是不开启的）。将其拆下检查，果然有一些金属小薄片卡在其中，因而形成了开路，清除后故障现象消失。

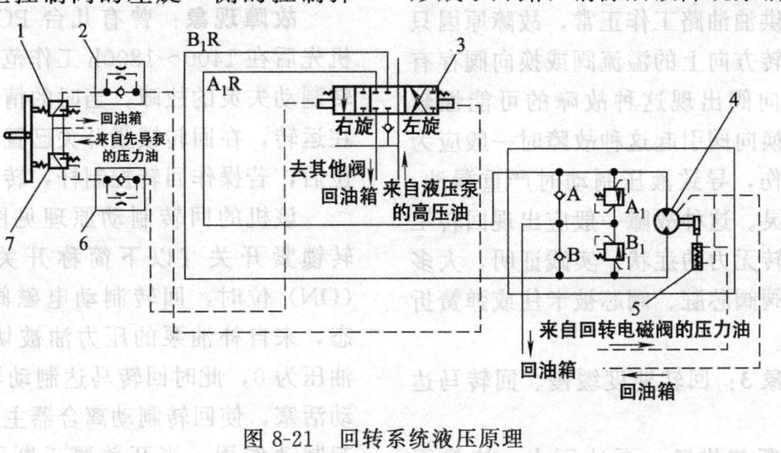

图 8-21 回转系统液压原理

1,7—回转操纵阀；2,6—慢回阀；3—回转主控制阀；4—回转马达；5—回转马达制动器

A,B—单向阀；A_1,B_1—安全阀

用户在实际维修中应注意以下两个方面。

① 遇到上述的故障现象时，在解决故障的同时，还要检查液压油回油过滤器是否存在金属屑或杂物。如有，则要查明其来源。其中有两处需注意：一是液压泵，液压泵的金属屑可以在液压泵下面的磁铁放油塞中找到，如有，则说明泵已磨损，必要时应拆卸修理；二是液压缸筒，缸筒内壁和活塞杆头部经常承受突然变化的冲击力，故易出现问题。此机的故障就是由于铲斗缸筒内壁拉伤后，其上剥落的金属卡在阀A中造成的。总之，若液压系统出现了金属屑或杂物，须找出根源之所在。

② 一般情况下，由于回转主控制阀的阀芯与阀孔间的配合极其紧密，加上又有油润滑，一般不易产生磨损情况，杂物很难卡在其中，因而在未确定故障点前，不要随便拆卸阀芯。因为阀芯与阀孔中存有油膜，阀芯不易拔出，此时往往误认为被杂物卡住了，因而采用了粗暴的拆法，这样容易损伤阀芯表面；再则，由于多数情况是用户在施工现场维修，重新装配时难以保证阀周围环境的清洁，因而极易出现杂物卡在其中的现象。

故障现象2：挖掘机在回转作业时，某一侧回转方向上制动失灵。

故障诊断与排除：图8-22为回转系统液压原理图。由图可知，故障的表现特征说明制动器、供油油路工作正常，故障原因只能是单侧回转方向上的溢流阀或换向阀存有故障。但换向阀出现这种故障的可能性较小，原因是换向阀引起这种故障时一般应为阀芯严重拉伤，导致液压制动时严重漏油，引起制动失灵。这种故障一般应出现回转工作迟缓、回转无力的症状。实践证明，大多是由于溢流阀阀芯脏、阀芯被卡住或弹簧折断而造成的。

故障现象3：回转速度缓慢、回转马达温度异常。

故障诊断与排除：泵油压力、流量不足；溢流阀设定压力偏低；马达泄漏严重；

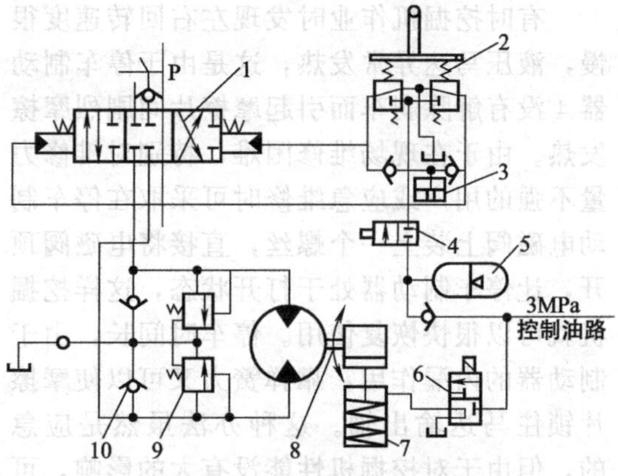

图8-22 回转系统液压原理

1—回转转向阀；2—先导操纵阀；3—压力开关；4—安全阀；5—蓄能器；6—制动电磁阀；7—制动器；8—回转马达；9—溢流阀；10—单向阀

制动未解除。排查时应首先试机，观察挖掘机在铲掘状态或行走状态（即不回转）时是否工作有力，若工作正常，说明泵完好；其次检查压力开关3，将其短接，若回转速度正常，则说明是制动未解除，即压力开关有故障，否则是液压马达或溢流阀有故障，而两个溢流阀同时出现故障的可能性要小于马达泄漏的可能性。根据经验，这类故障大多是压力开关接触点损坏所致，使制动不能解除，回转在制动状态下进行；即压力开关接触点频繁工作，且通过电流大而造成的。

8.2.3 小松PC710-5型挖掘机回转制动故障的诊断与排除

故障现象：曾有几台PC710-5型挖掘机先后在1400～1800h工作范围内就出现回转制动失灵的故障，当时的情况是发动机仍在运转，在回转锁紧开关已置于接通（ON）位后，若操作回转控制杆，转台仍可回转。

该机的回转制动原理见图8-23。当回转锁紧开关（以下简称开关）置于接通（ON）位时，回转制动电磁阀处于断开状态，来自补油泵的压力油被切断，即A处油压为0，此时回转马达制动器弹簧推压制动活塞，使回转制动离合器主、被动片接合起制动作用；当开关置于断开（OFF）位时，电磁阀处于接通状态，来自补油泵的油

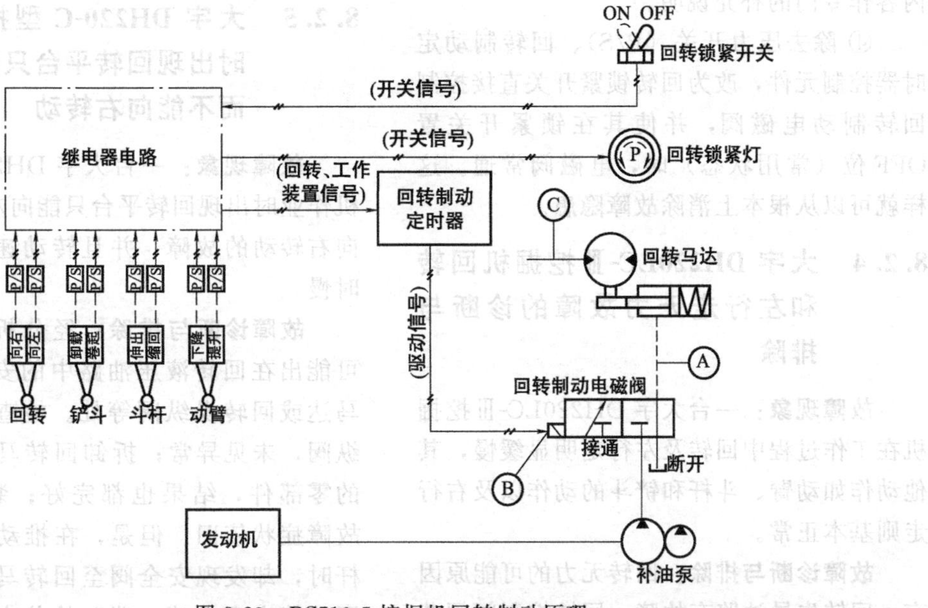

图 8-23　PC710-5 挖掘机回转制动原理

流经电磁阀进入回转马达制动器室并压缩制动器弹簧，使离合器主、被动片分离，这时机器转台就能自由回转。

从图 8-23 可以看出，油压开关（P/S）感知操作动作，并将其电信号输入回转制动定时器，进而控制回转电磁阀的动作。当机手操作动臂、斗杆、铲斗和回转任意一个动作时，回转制动电磁阀即接通，A 处油压为 3.2MPa，此时回转制动器释放，即转台可自由回转。图 8-23 中回转制动定时器的功能是：当上述操作回到中位时，B 处的 24V 的电压在维持 5s 后即降到 0；同时，A 处的 3.2MPa 油压也在维持 5s 后降到 0，此过程是为避免回转操作停止后，制动器主、被动片在弹簧力作用下立即接合（此时机器尚有很大的回转惯性），对离合器片造成磨损而设置的。

故障诊断与排除：在图 8-23 的 A 处装一块量程 6MPa 的压力表，在 C 处装一块量程 60MPa 的压力表，再将锁紧开关置于接通（ON）位，然后拆开 B 处的线束插头（测量完毕后再重新连接好），操作回转操纵杆，测量 B 处靠回转制动定时器一端插头的电压值为 0，同时测得 A 处的出油压力也为 0，均属正常。但转台仍可回转，说明回转制动器已经失灵。解体回转马达总成发现，制动器摩擦片两面的烧结物全部呈现块状脱落，其上的钢片也严重烧伤并扭曲变形。更换新的离合器摩擦片和钢片后，回转制动失灵故障即排除，机器工作状态恢复正常。

改进措施：经现场检测，回转制动定时器和电磁阀功能均正常，说明制动器摩擦片磨损不是在回转操作停止时产生的。为此，维修人员模拟装料作业中“铲斗悬在半空停机待车，再装车时直接操作回转进行装车”这一特殊工况进行试机检测，除慢速操作外，图 8-23 中 C 处油压已达 14MPa（回转开始压力）时，A 处油压还在 1.6MPa 以下（制动阀开始释放的压力）。即机器虽开始回转运动，而制动离合器却还未能完全脱开，仍处于半分离状态，自然摩擦片会受到磨损，久而久之，就会造成制动器失灵。

为了消除该制动系统的此缺陷，应做以下改进工作：

① 合理选择离合器主、被动片的数量，增加制动力，减少磨损。

② 改善摩擦片的材质，以增加耐磨性。

③ 在该机型《操作保养手册》中，对用户实施培训时，将“单独操作回转”这一

内容作专门的补充说明。

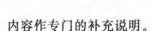

④ 除去压力开关（P/S）、回转制动定时器控制元件，改为回转锁紧开关直接控制回转制动电磁阀，并使其在锁紧开关置OFF位（常用状态）时，电磁阀常通。这样就可以从根本上消除故障隐患。

8.2.4 大宇DH220LC-Ⅲ挖掘机回转和左行走无力故障的诊断与排除

故障现象： 一台大宇DH220LC-Ⅲ挖掘机在工作过程中回转及左行走明显缓慢，其他动作如动臂、斗杆和铲斗的动作以及右行走则基本正常。

故障诊断与排除： 回转无力的可能原因有：回转先导油路有故障、回转控制阀阀芯卡死或磨损严重、回转制动不能解除、回转马达损坏、回转减速器损坏、主溢流阀损坏或后泵及其控制系统有故障。

左行走无力的可能原因有：左行走先导油路有故障、左行走控制阀阀芯卡死或磨损严重、左行走马达损坏、左行走减速器损坏、中心回转接头泄漏、主溢流阀损坏或后泵及其控制系统有故障。

现场检查中发现，除回转及左行走有故障外，其余动作也略慢，但右行走（单独动作）速度正常，工作压力可达调定值。能同时造成回转及左行走动作明显无力的原因只有主溢流阀损坏和后泵及其控制系统有故障，故应首先检查主溢流阀和后泵。由于单独右行走的速度正常，工作压力也可达到调定值，而此类型挖掘机整个液压系统中只有一个主溢流阀，因此可排除主溢流阀存在故障的可能。所以，故障部位应出在后泵及其控制系统。经用压力表现场检测，此分析得到了验证。

解体后泵后发现：柱塞缸体、缸体和配流盘之间的配合面磨损严重，部分滑靴脱落。柱塞缸体、配流盘各配合面已无法修复，遂决定更换部件新品。装后试机，故障排除。

8.2.5 大宇DH220-C型挖掘机作业时出现回转平台只能向左转动而不能向右转动

故障现象： 一台大宇DH220-C型挖掘机作业时出现回转平台只能向左转动而不能向右转动的故障，并且转动速度也较正常时慢。

故障诊断与排除： 经分析，故障原因可能出在回转液压油路中的安全阀、回转马达或回转操纵阀等处。检查安全阀和操纵阀，未见异常；拆卸回转马达检查其上的零部件，结果也都完好；装复后试机，故障症状依旧。但是，在推动右转的操纵杆时，却发现安全阀至回转马达之间的高压胶管出现“嘣、嘣”的状态，像是油被憋住了。拆下此高压胶管检查，见其内部已脱皮、呈鱼鳞状，当高压油进入该油管时，鱼鳞状的表皮就将管路堵死（回油时稍好一些）。更换了此油管后，回转平台立即可向右转动了。

由此可知，胶管在长期使用后其内部极易发生老化脱皮现象，从而造成油液流动不畅、系统工作不良，使用者应对此引起重视。

8.2.6 卡特彼勒CAT225B型挖掘机“无转向”故障的诊断与排除

故障现象： 某单位一台卡特彼勒CAT225B型液压挖掘机，在使用中出现了“无转向”的故障，使挖掘机只能直行（前进或后退）。具体症状是：向右扳转向操纵杆时，无转向动作；向左扳时，机器若处于前进状态，则立即改为后退；机器若处于后退状态，则立即改为向前行进。

故障诊断与排除： 卡特彼勒CAT225B型挖掘机转向液压系统原理如图8-24所示。由图分析可知，造成转向失灵故障的主要部件有：液压泵、行走转向操纵阀、多路换向阀组、行走马达等。此外，油路堵塞和行走减速器有故障也可造成转向失灵。

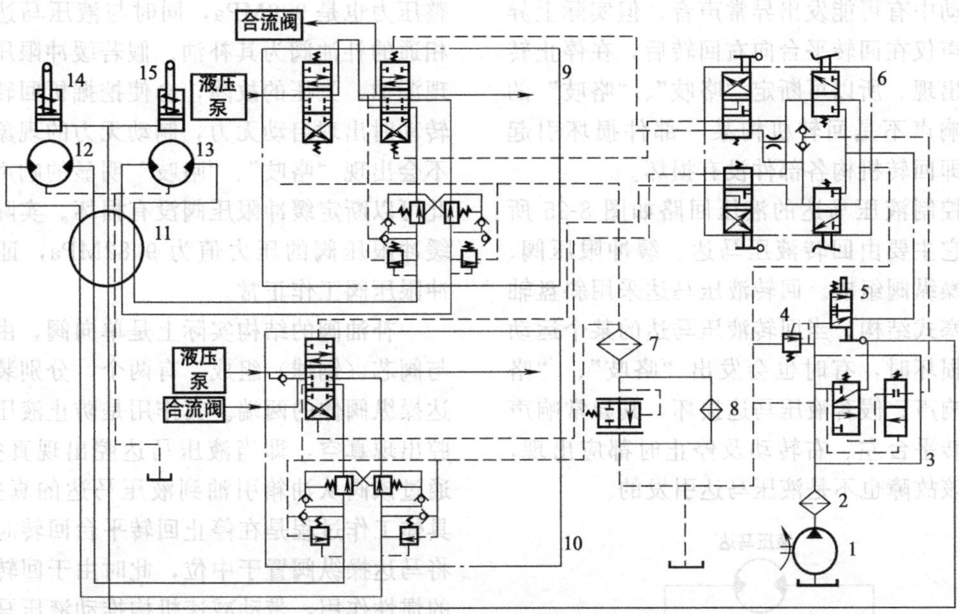

图 8-24 CAT225B 型挖掘机转向液压系统原理图

1—液压泵；2,7—滤芯；3—行走制动控制阀；4—溢流阀；5—方向阀；6—行走转向操纵阀；8—散热器；9,10—多路换向阀组；11—中央回转接头；12,13—行走马达；14,15—制动器

对此故障维修人员本着“先易后难”、“先外后内”以及“先机械后液压系统”的故障查找原则进行了分析与检查。首先，“挖掘机能行走”这一点就可说明液压泵没有故障。先让挖掘机行走，检查减速器有无异常声响，结果未听见异常声响，这样就排除了行走减速器有故障的可能性。接着检查了行走转向操纵阀，本型挖掘机的行走转向操纵阀是三位四通阀，其中一个阀位为P型连接，如果阀芯被卡住或回位弹簧失效，就可能出现无转向或向某一边转向时却出现反向行进的现象。根据该机的液压系统原理，如果行走转向操纵阀功能正常，即可排除多路换向阀有故障的可能。经检查，行走转向操纵阀没有故障。据此，可以断定此故障应是动力未能传递到某一边行走减速器所致。

将挖掘机侧面撑起，使一边履带悬空，然后检查履带的运行状况，结果发现右边履带不能运行。这证明该机动力确未传到右边行走减速器。于是将行走马达自减速器上拆下，并对其进行了检查，结果行走马达运转正常。至此说明整个转向液压系统的工作正常，而故障应出在行走马达至行走减速器之间的传递上。经检查发现，连接马达与减速器输入轴的花键套上的一个内卡簧已损坏，致使花键套出现轴向窜动，最终与减速器输入轴脱离。换上新卡簧，并装好花键套，故障即被排除，挖掘机工作恢复正常。

8.2.7 国产 W4-60C 型挖掘机转台异响故障的诊断与排除

故障现象：一台 W4-60C 型挖掘机施工作业中，回转平台向右回转停止转动时，出现回转平台自动滑行，不能定位，并伴随着“咯吱、咯吱”的异常响声。如果在有坡度的工地上作业时，故障现象更为明显，除此以外，挖掘机的其他工作状况正常。

故障诊断：从故障现象及发现响声的部位可判断引发该故障的可能原因有两个，一是回转机构有故障，二是液压回路有故障。回转机构包括回转减速器和回转支撑两部分。仅从发生“咯吱、咯吱”的异常响声分析，首先想到是由机械部分发出，似乎是机件损坏造成了该响声，例如回转支撑中轴承的钢球破碎或回转减速器中的齿轮破损，在其转动中有可能发出异常声音。但实际上异常响声仅在回转平台向右回转后，在停止转动时出现。所以可断定“咯吱”、“咯吱”的异常响声不是回转机构某一部件损坏引起的，即回转机构各部件没有损坏。

控制液压马达的液压回路如图 8-25 所示，它主要由回转液压马达、缓冲限压阀、马达操纵阀组成。回转液压马达采用斜盘轴向柱塞式结构，当回转液压马达的某个运动零件损坏时，有时也会发出“咯吱”、“咯吱”响声。假若液压马达损坏，其异常响声在回转平台左、右转动及停止时都应出现，因此该故障也不是液压马达引发的。

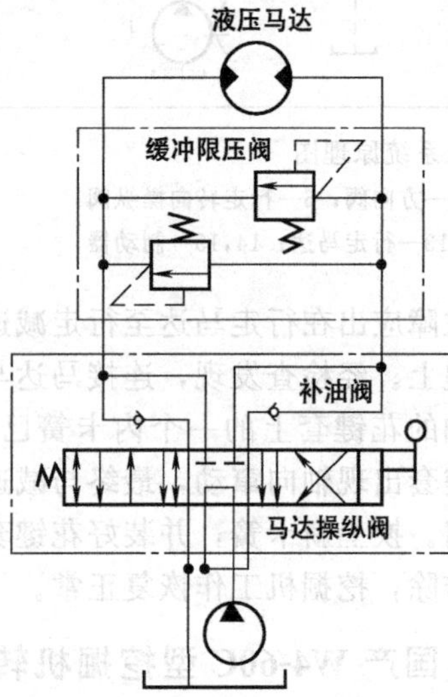

图 8-25 控制液压马达的液压回路

W4-60C 挖掘机工作装置液压系统采用多路换向阀，该阀组共有 9 片，马达操纵阀是其中的一片，用来控制液压马达转向。如果液压马达操纵阀磨损严重或换向不到位，会造成挖掘机回转平台转动时启动无力，制动时又停不住的现象，但停转时不会出现“咯吱”、“咯吱”的异常响声，所以可断定该故障不是由液压马达操纵阀引发的。

缓冲限压阀有两个，装在一个阀体内，其结构采用差压直动式溢流阀，主要功能是启动液压马达时，一个缓冲限压阀保证液压马达启动转矩，其调整压力是 9.8MPa；当制动液压马达时，另一缓冲限压阀保证其制动转矩，迫使液压马达迅速停止转动，其调整压力也是 9.8MPa，同时与液压马达进口相通的补油阀为其补油。假若缓冲限压阀出现漏油、失压的故障，会使挖掘机回转平台转动时出现启动无力，制动无力的现象，但不会出现“咯吱”、“咯吱”明显的响声，因此可以断定缓冲限压阀没有损坏。实际检测缓冲限压阀的压力值为 9.82MPa，证明缓冲限压阀工作正常。

补油阀的结构实际上是单向阀，由阀体与阀芯（钢球）组成，有两个，分别装在马达操纵阀体的两端。其作用是防止液压马达腔出现真空，即当液压马达腔出现真空时，通过该阀从油箱引油到液压马达的真空腔。具体工作过程是在停止回转平台回转时，需将马达操纵阀置于中位，此时由于回转平台的惯性作用，带动减速机构推动液压马达继续转过一定的角度，液压马达变成了泵的功能，液压马达出油腔的油须打开缓冲限压阀进入液压马达的进油腔，但由于液压马达、马达操纵阀等有泄漏，液压马达出油腔的油不可能全部进入液压马达进油腔，造成液压马达进油不足，使液压马达进油腔出现了真空，此时补油阀可为液压马达进油腔补充液压油，从而防止该腔出现真空。如果补油阀出现内漏的故障，挖掘机回转平台转动中会出现运动缓慢或无法转动的现象。如果补油阀出现阻塞或打不开的现象，会使减速器中的齿轮出现“咯吱”、“咯吱”的打齿异常声音，因为补油阀阻塞后，在停止液压马达转动时，不能为液压马达补油，液压马达进油腔出现真空，使液压马达制动过程中减速不均匀，从而使减速器中的齿轮出现“咯吱”、“咯吱”的打齿异常声响。齿轮的异常声响又干扰了操作手，造成操作手有一种制动不住，制动不到位的错位感觉。所以最终确定该挖掘机回转平台异常响声的故障是因补油阀阻塞造成的。

故障排除：从马达操纵阀上拧下补油阀，发现阀芯挤压在阀座上不能活动，用力磕了几下才将阀芯磕出。检查补油阀发现阀座及阀芯有锈蚀，阀孔内壁有划伤痕迹，显然阀芯不能活动的原因是阀芯被杂质卡在阀孔中及阀芯与阀座锈蚀造成的，仔细观察主要是被杂物卡住。观察从该补油阀处流出的液压油发现有许多小颗粒，拧松油箱底壳放油螺塞，流出的油中明显含有水泡，所以该故障的最终原因是由于液压系统中液压油污染严重造成的。更换液压油和补油阀后挖掘机工作正常、故障解除。

据有关资料介绍液压系统中 75％的故障是由于液压油的污染造成的。凭实际经验至少 85％以上的液压系统故障是由于液压油的污染引起的，污染造成的损失是正常损失的几倍甚至更多。从设计、制造及维护修理和使用几方面看，污染源主要来源于维护修理和使用不当，因此加强液压系统使用维护中的液压油的污染控制很有必要。

8.2.8 国产 WY60A 型挖掘机回转吃力故障的诊断与排除

故障现象：某公司有一台 WY60A 型液压挖掘机，回转吃力（此故障自上次维修更换回转盘后就存在）。

故障诊断与排除：本机早在三保期内，曾出现回转抖动的故障，造成回转大齿圈 2 个齿断裂的质量事故，厂家曾派人来处理。主要根源是回转减速器与上平台连接基准问题导致回转小齿轮中心轴与支撑基面不垂直造成。经修正和更换回转盘后，虽解决了回转抖动的故障，但回转吃力的现象就从此存在至今。为此，分析造成回转吃力的相关部分主要有：液压马达和机械传动部分。维修人员先将液压马达的油路“短接”，即将进回油路直接相连接，检测回转仍感吃力，这样可以断定故障主要是由机械部分引起的，这有三方面可能：①回转减速器本身；②回转齿轮副啮合间隙问题；③回转盘座圈滚道与滚球的间隙不正常。先在机上检测齿轮副，啮合间隙均正常，拆检回转减速器，仔细检查减速器也正常，转动灵活。很明显，问题出在转盘上，适当放松座圈上下连接螺栓，再加入适当的垫片，使之达标准间隙（0.2～0.3mm），再装好检测，回转轻便灵活，转速达标准值，故障排除。

8.2.9 日立 EX100 挖掘机中心回转接头漏油故障的诊断与排除

故障现象：该机在新机使用近一年时出现回转支撑外围渗漏液压油现象。刚开始漏油不很严重，约半年后漏油现象日趋严重，最后发展到每天漏几千克液压油的程度。

故障诊断与排除：因为该机回转支撑部位上下车均为封闭结构，无法直接观察到泄漏点，在排除了各管接头漏油的可能性后，故障点集中到回转减速器和中心回转接头上。如果回转马达轴端密封和回转减速器输出轴端泄漏，或中心回转接头漏油，都可能导致回转支撑与下车平台构成的环形槽中充满液压油，最后出现从回转支撑与上车的连接绕隙间流出的情况。

首先检查回转减速器内的润滑油，无增多或减少现象，说明回转机构不存在漏油。最后拆下中心回转接头，解体后发现其最上端的密封部位有锈蚀和磨损，磨蚀深度达 0.35～0.4mm，且表面凹凸不平（见图 8-26），已无法保证正常密封。

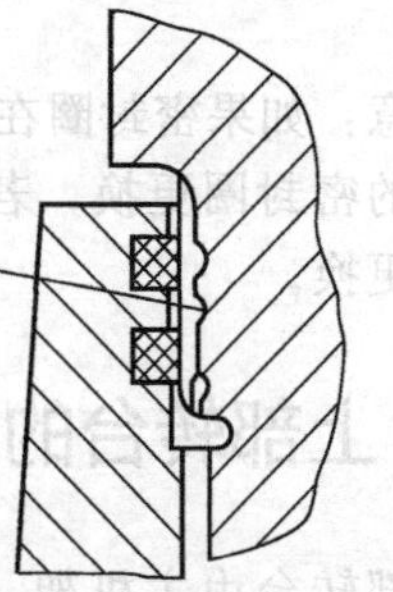

图 8-26 表层磨损情况

修复措施是：将中心回转接头芯子已磨蚀部位按图 8-27 尺寸车去，另加工一套与其焊接，焊接对应保证焊线不出现渗漏，将密封部位表面磨至原尺寸（为满足表面硬度和防锈蚀要求，精磨后最好镀铬），更换磨损的密封圈，安装后漏油现象即消除。

8.2.10 国产 W4-60C 型挖掘机中央回转接头故障的诊断与排除

故障现象：中央回转接头是使转盘旋转的高压油和压缩空气送到不旋转的底盘，并

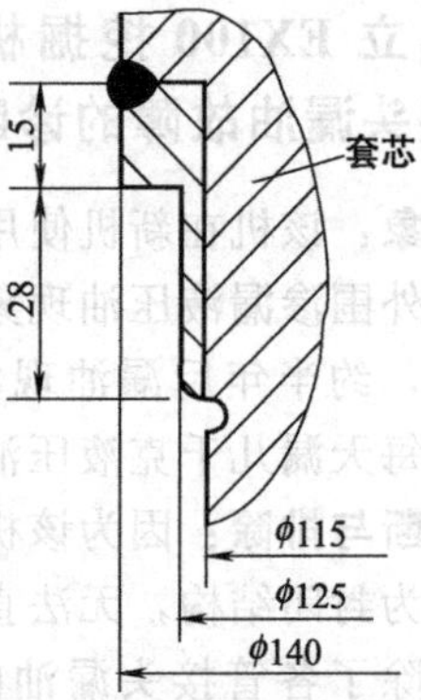

图 8-27 车削磨蚀部位

保证油、气路畅通而且不泄漏。其常见故障是油路与气路，或不同执行机构的油路互相串通，导致结果是：使串通的油路或气路相关的装置工作不正常；有的气压执行元件中窜有油液；有的油箱中油液减少。

故障诊断与排除：造成上述的原因是回转接头内的各油路或气路间的密封圈在装配时损坏，或使用时间过久磨损而窜油或串气。检查回转接头时，应特别注意气路和油路相邻的密封圈。

拆下回转接头底座（芯子）更换O形密封圈。

注意：如果密封圈在使用早期损坏，只将损坏的密封圈更换，若因使用时间过久，应全部更换。

8.3 上部转台的拆卸与组装

上部转台由主机架、发动机、燃油箱、液压油箱、液压部件（液压泵、控制阀等）、驾驶室和配重等组成。其中回转马达及其减速器在后面的8.4.3中介绍，本节主要介绍主油泵、先导油泵、泄流阀、控制阀、先导控制阀、分配阀等液压部件的拆卸和组装。

8.3.1 主油泵的拆卸和组装

主油泵的结构如图8-28所示。拆卸时可参照结构图进行。

（1）拆卸步骤

拆卸时，应选择比较清洁的场地，在工作台上铺上橡胶板。

① 先拆下排油口堵塞，放掉前后泵体内的液压油。然后松开螺栓，从泵体（前、后）上拆下阀体。

② 在泵轴上装上吊环螺钉，将泵的前部分向上，拆下后泵和阀体。必要时，测量碟形弹簧的压缩量。

③ 拆下前泵、阀体和泵轴。

④ 松开固定螺钉，从泵体上拆下阀盖，然后拆下齿轮泵。小心不要将配流盘从阀盖上拆下。

⑤ 水平旋转泵，拆下缸体，拆下柱塞、推盘和球形衬套。拆卸时应注意不要碰伤缸体球形衬套和滑履的接触面。

⑥ 将堵塞与泵体上的调节器分开，拆下限位块和密封管，不必拆下斜盘支座。

⑦ 松开前盖上的固定螺栓，在两侧的拆卸专用孔内装上两个顶出螺栓顶出前端，如顶出困难，可用旋凿配合拆下前盖。

⑧ 松开螺栓，拆下后泵的后盖。

⑨ 拆下斜盘支座和挡板。

⑩ 用螺栓将前盖装到斜盘支座上，用塑料手锤轻击阀体，将泵轴从斜盘支座上拆下。

注意：如拆斜盘支座的同时拆下装在泵壳内的密封管，容易损坏密封管，因此操作时要先拆下密封管。

⑪ 拆下斜盘和导向环。注意，拆斜盘和导向环时，应将斜盘向下靠。

⑫ 将配流盘装到阀体和阀盖上。

⑬ 必要时，从阀体或阀盖上拆下滚针轴承，拆下限位圈后，用铜棒拆下泵轴的滚动轴承。

（2）组装顺序

组装前应注意下列几点：

a. 要将解体时发现有毛病的操作部件全部修理好，准备好要更换的新零件。

b. 用干净的油清洗所有零件并用压缩空气吹干。

c. 将滑动部件、轴承等涂上液压油并组装起来。

d. 更换O形圈和油封等。

e. 每个螺栓和堵塞必须用力矩扳手按标准力矩拧紧。

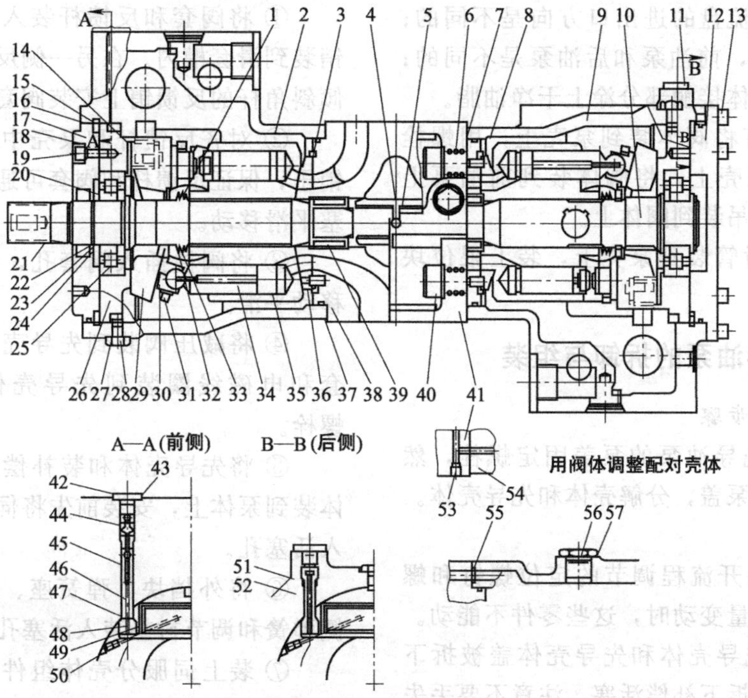

图 8-28 主油泵结构

1—球形衬套；2—泵壳（前）；3—导向环；4—锁紧圈；5—花键联轴器；6,42,53,56—堵塞；7,11,16,27,37,43,46,47,52,54,55,57—O形圈；8—配流盘（后）；9—泵壳（后）；10—驱动轴（后）；12—后盖；13,19,40,48—内六角螺栓；14—金属轴承；15—挡板；17—前盖；18—密封圈；20,25—滚动轴承；21—驱动轴（前）；22—限位圈；23—油封；24—轴承挡圈；26—斜盘支座；28—螺栓；29—斜盘；30—滑履；31—推盘；32—垫；33—碟形弹簧；34—柱塞；35—缸体；36—配流盘（前）；38—配流盘销；39—滚动轴承；41—阀体；44—限位块（左）；45—密封管（前）；49—轴承支架（左、右）两个；50—壳体堵塞；51—密封管（后）

f. 注意不要将前、后泵的内部零件搞错。

g. 确定解体前标上的前泵体、阀体、后泵体相对安装位置。

① 将滑动环装入斜盘，当滑动环插入调节器杆槽时，将斜盘装入泵体。

② 将斜盘支座装入泵体，切记装上斜盘支座槽的螺栓。

组装时不能变动斜盘支座的方向，应将密封管装到正确位置上。装斜盘支座时要用手撑着，使之能在泵体内移动。

③ 装泵轴时，应将其插入斜盘支座上。不可锤击泵轴，组装时用塑料锤捶击滚动轴承外圈。

④ 将挡板装入泵体槽内。注意，安装时，给挡板涂以油脂并推入槽内，以有利于下一步组装。

⑤ 装上前盖（对后泵则装上后盖），用螺栓紧固。安装时，给前盖的油封涂上油脂。装前盖时注意勿损坏油封。

⑥ 提起主油泵，前盖（对后油泵则是后盖）向下，将斜盘装到斜盘支架的金属轴承上。

注意：手转斜盘应转动自如。

⑦ 组装柱塞、缸体、推盘、球面衬套、碟形弹簧和弹簧垫，对准衬套和缸体花键，将柱塞部件与泵轴花键对齐，并将其装入泵体。

注意：弹簧垫的位置和弹簧的数量和方向应准确，弹簧的压缩程度应符合使用标准。

⑧ 将阀体两侧的导向环正确就位在阀体上，装上配流盘并在其上的定位孔内装上定位销。

注意：配流盘的进出口方向是不同的；要串联双泵时，前油泵和后油泵是不同的；在配流盘和阀体接触部分涂上干净油脂。

⑨ 用螺钉将阀体装到泵壳上，用螺栓将阀盖装到泵壳上，将阀体装到前油泵上后，将后油泵吊装到阀体上。

⑩ 将密封管装到泵壳上，装上限位块和堵塞。

8.3.2 先导油泵的拆卸与组装

(1) 拆卸步骤

① 松开先导油泵的泵盖固定螺栓，然后用旋凿拆下泵盖，分解壳体和先导壳体。

注意：

a. 不要松开流程调节的定位螺钉和螺母，当设定流量变动时，这些零件不能动。

b. 如果先导壳体和先导壳体盖被拆下来，则应同时拆下补偿活塞，注意不要丢失补偿活塞，因为它很小。

c. 拆下先导壳体的插装型减压阀后，松开六角头螺钉后拆下电磁阀，然后将螺钉装到衬套上，拆下阀套。

② 先拆下先导壳体组件，再拆下阀套。

③ 将分壳体组件解体后，拆下弹簧座、外侧弹簧、内侧弹簧和垫。注意不要丢失垫，因该垫已调节到补偿调整的厚度。

④ 松开螺栓，拆下负控制阀。然后拆下堵塞，拔出中心销。通过堵塞孔从阀套槽里拔出反馈杆的销，拆下反馈杆。用推和拉的方法拆出阀套。

⑤ 下列解体工作需要专业指导：

a. 当拆伺服活塞时，松开防松螺栓，拉出定位螺钉（因螺钉涂了防松液，拆时注意勿损坏螺钉）。

b. 拉出外挡块和伺服活塞挡块，并通过伺服活塞挡块侧孔用扳手松开倾斜角杆螺栓，然后从泵体上拆下伺服活塞和倾斜角杆。

(2) 组装顺序

因外部灰尘异物混入会造成调节器失效，故组装阀套和阀柱时要小心，必要时更换O形圈和密封件。

① 将阀套和反馈杆装入泵壳，将反馈销装到滑套槽内。在另一侧反馈杆的槽内和倾斜角杆的反馈销上安装阀套。

② 对齐反馈杆和泵壳中心销孔，装上销子，保证反馈杆和阀套可通过移动伺服活塞平滑移动。

③ 将阀柱插入阀套孔，保证阀柱轴向移动平滑。

④ 将减压阀装到先导壳体上，并将阀套和电磁线圈装到先导壳体上后，拧紧螺栓。

⑤ 将先导壳体和装补偿活塞的先导壳体装到泵体上，安装前先将伺服活塞挡块装入活塞孔。

⑥ 将外挡块、弹簧座、外侧弹簧、内侧弹簧和调节衬垫装入活塞孔。

⑦ 装上伺服分壳体组件包括活塞、弹簧、功率调节圈和弹簧座，按规定力矩拧紧螺栓。

⑧ 装上盖。

⑨ 装上控制阀后将反馈杆装入倾斜角杆的孔。

⑩ 装上先导壳体和先导壳体的接头和连接管子。

安装后应注意，初步调节的流量可能与以前的不同。

8.3.3 溢流阀的组装

① 将壳体阀向下放置。

② 滚动轴承解体的情况下，将限位环、垫装到轴上后，装上滚动轴承的轴承环，在轴承内侧装上垫后，装上限位环。装配时应注意滚动轴承环的方向不要装错。然后将滚动轴承的内圈加套装到轴上后，装上限位环。轴承环应位于垫片一侧。

③ 将轴装入壳体，装上滚动轴承。

④ 油封已拆下时，用专用工具将油封装入前盖内。装配时应注意油封的安装方向，将其全部装入。

⑤ 将O形圈装入壳体。

⑥ 用塑料锤轻击，将前盖装到壳体上。

给油封唇部涂上油脂，组装时注意切勿损伤油封唇部。

⑦ 用钳子将锁紧环装到壳体上。

⑧ 将壳体水平放置装上滑履盘，注意滑履盘的方向，并在组装面上涂以油脂，以防滑下。

⑨ 将推杆装到壳体上。装上前垫后，将球面衬套套到缸体上。装配时应检查缸体的滑动部分是否有损伤。

⑩ 将柱塞组件装到压力盘上。

⑪ 将缸体装到轴的花键上。装配时应对正球面衬套和缸体的花键槽后，再装到轴上。

⑫ 在上列组件与前盖垂直且向下情况下，将分离盘、摩擦盘装到壳体内，分离盘为 3 片，摩擦盘为 2 片，装配时，一定要位置正确。

⑬ 将 O 形圈装到壳体，装配时，应给 O 形圈涂上油脂。

⑭ 将制动活塞装到壳体上，安装时将活塞置于图 8-29 所示的 4 个槽位置，装上螺钉，对角拧紧，然后再安装。

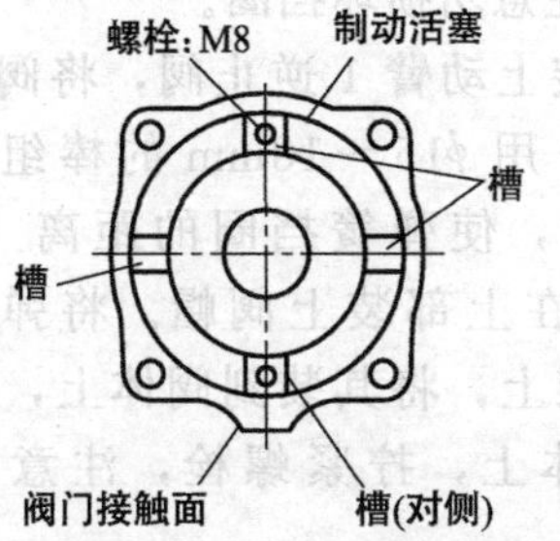

图 8-29 活塞安装位置

⑮ 将制动弹簧装到制动活塞上，保证弹簧和制动活塞座正确就位。

⑯ 解体滚动轴承时，用铜棒和手锤轻击轴承外圈使其到达顶端，将滚动轴承装入阀内。

⑰ 将配流盘、O 形圈装配到阀体上，装配流盘时，如图 8-30 所示，将其上圆槽位置与法兰面对置。

⑱ 将阀体装入壳体，装上螺栓。

安装阀体时应注意安装方向，当心配流

图 8-30 圆槽位置

盘掉下。不要滑动阀门弹簧，并按规定力矩拧紧螺栓。

⑲ 将阀芯、弹簧装入阀体，装上 O 形圈，在阀体上装上堵塞。

8.3.4 控制阀的拆卸与组装

(1) 控制阀组装准备

① 长期使用的控制阀的外表污损严重，清洗以后将其从设备上拆下。

② 管子拆除后，堵住所有的管口防止异物进入。

③ 再次确定需修理的项目，找出故障的原因后按正确的步骤进行修理。

④ 如无法修理，更换新件。

组装时不要损坏阀体和阀滑动表面，否则将使这些零件损坏无法修复。

(2) 拆卸和组装时的注意事项

拆卸注意事项：

① 注意不要使零件跌落，因为都是精密加工零件。

② 不要在零件上用力过度，解体时不要损坏零件。

③ 解体后将零件按顺序排放以便重新组装。

④ O 形圈、挡圈等不能再次使用。

⑤ 如解体时要放置较长时间，注意零件的防锈。

组装注意事项：

① 按拆卸步骤进行。

② 组装时，确定每个零件是否损坏，若零件上发现有划痕，用油石去掉划痕。

③ 组装时注意勿损坏 O 形圈和挡圈。

④ 组装前在 O 形圈和密封件上涂以

油脂。

⑤ 按规定力矩拧紧螺栓、螺母、阀帽等。

(3) 拆卸步骤

解体时在零件上做好标记以便组装，并用盖或织物封住控制阀口以防尘土进入，还要防止控制阀的加工表面划伤，否则会造成泄漏。

① 阀柱的解体

a. 拆下螺栓和盖（螺栓对边距为8mm）。

b. 将弹簧和阀柱一起拆下。

c. 如图 8-31 所示。用专用工具夹圈拆下阀柱帽。使用夹圈时，去掉阀柱上的油，夹紧夹圈。

d. 拆下阀体上的O形圈。

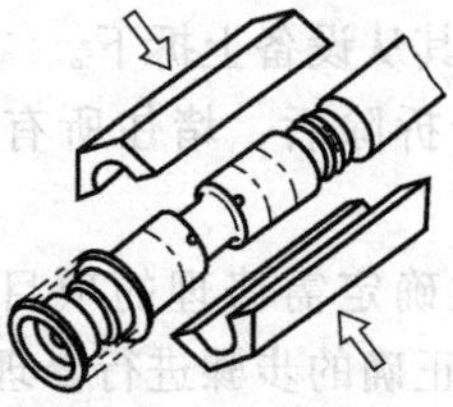

图 8-31 专用工具夹圈

② 拆除挡板

松开螺栓拆下挡板和O形圈。

③ 拆下逆止阀

a. 拆下斗杆 1、斗杆 2、铲斗 1、动臂 2 的逆止阀帽后，拆下逆止阀弹簧和阀芯（阀帽对边距为 12mm）。

注意：不要弄混各零件，以便组装。

b. 用磁棒取出下阀芯和弹簧。

c. 拆下动臂 1 的逆止阀，从壳体内拆下弹簧和逆止阀阀芯。拆下阀帽后，采用推和拉的方法拆出阀套。阀帽对边距为 10mm。

注意：除非更换，否则不需拆下 O 形圈和挡圈。拆卸时应使用外径为 $\phi15\sim18$mm 的铜棒进行拆卸。

(4) 组装顺序

① 准备工作

a. 组装前用清洗油清洗各零件，并用压缩空气吹干。

b. 给各零件涂上液压油，并保持清洁。同时清洗工具和手。

c. 更换损坏零件。

d. 必须更换阀柱密封、O 形圈、尼龙带等。

e. 给新密封件和 O 形圈涂上油脂或液压油。

② 组装阀柱

a. 用专用夹具夹住阀柱。装上弹簧导件和弹簧，拧紧阀柱帽。除去夹圈和阀柱上的油，然后将其夹紧。

b. 在阀体上装入 O 形圈后，将阀柱装入阀体。

c. 装上盖，装上锁紧垫圈，并拧紧螺栓。

d. 在阀体上装上 O 形圈、挡板，锁紧垫圈，拧紧螺栓。

③ 组装逆止阀

a. 装上斗杆 1、斗杆 2、铲斗 1、动臂 2 的逆止阀弹簧，以 148N·m 的力矩拧紧阀帽体。

b. 注意勿损坏挡圈。

c. 装上动臂 1 逆止阀，将阀套装到阀帽体上。用 $\phi15\sim18$mm 的棒组装，如图 8-32所示，使弹簧挡圈的距离（L）约为 12mm。在上部装上阀帽。将弹簧和逆止阀装到架上，将其装到阀体上，将 O 形圈装到阀体上，拧紧螺栓，注意不要损坏挡圈。

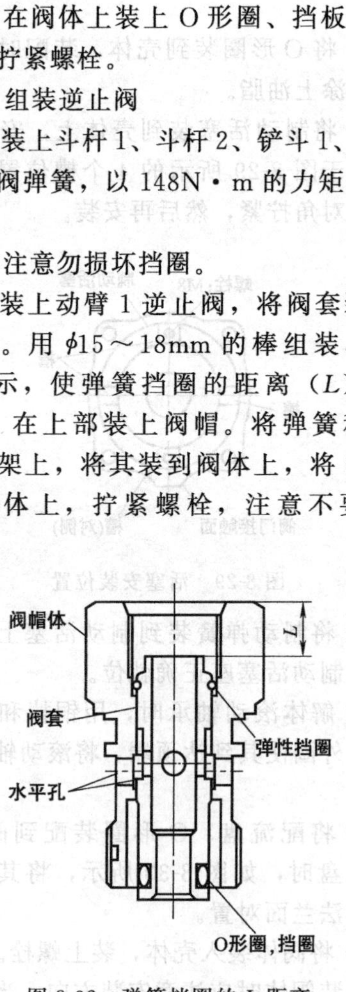

图 8-32 弹簧挡圈的 L 距离

8.3.5 先导控制阀的拆卸和组装

(1) 先导控制阀的拆卸步骤

① 松开手柄软套管的边缘并将其向上提。从阀体孔中拔出开关导线。

② 用扳手从控制螺母上松开锁紧螺母，拆下手柄组件。

③ 拆下控制螺母和压盘。

④ 用专用工具将接头转到左侧。

⑤ 拆下垫圈和盘。

⑥ 当弹簧放松时，用旋凿拆下塞。

⑦ 拆下减压阀组件和弹簧。

注意：要在阀组件和相应的阀体孔上做上标记。

⑧ 用内六角扳手拆下内六角螺钉。

⑨ 从阀体上拆下端板和 O 形圈。

⑩ 从减压阀组件上拆下垫圈。

⑪ 拆下阀芯、弹簧座、弹簧和垫圈。

⑫ 从推杆上拆下塞。

⑬ 从塞上拆下 O 形圈和密封圈。

⑭ 从手柄组件上拆下锁紧螺母和手柄软套管。

⑮ 拆下手柄盖。

⑯ 拆下螺钉和螺母。

⑰ 拆下螺钉和垫圈。

⑱ 将手柄分为两片，拆下开关导杆、开关和开关座。

(2) 先导控制阀的组装顺序

① 将所有零件用清洁油清洗并用压缩空气吹干。在滑动零件上涂上液压油，保持各零件清洁、无尘土。只能用清洁的手和工具组装。

② 将衬套和 O 形圈装到阀体上。

③ 用内六角螺栓和密封圈将端板装到阀体上。

④ 慢慢地交替拧紧两个螺钉。

⑤ 逐渐插入垫圈、弹簧和弹簧座。

⑥ 推进弹簧座插入垫圈。

⑦ 将弹簧装到阀体上，将减压阀组件装入阀体。

⑧ 在塞上装上 O 形圈。

⑨ 将密封圈装到塞上。

⑩ 将推杆装到塞上。

⑪ 将塞组件装入阀体。若弹簧太硬，将 4 个塞和盘及接头一起装入。

⑫ 装上盘和垫圈。

⑬ 用专用工具将接头拧紧到阀体上。

⑭ 将压盘装到接头上。

⑮ 装上控制螺母，用扳手拧紧控制螺母和压盘。

⑯ 用螺钉将手柄杆和手柄壳相连。

⑰ 将开关部件装入手柄内。

⑱ 装上另一片手柄壳。

⑲ 装上滚子，拧紧螺钉和螺母。检查滚子和手柄壳间的间隙。

⑳ 拧紧螺钉、垫圈和螺母。

㉑ 装上手柄盖。

㉒ 装上手柄软管套、锁紧螺母，完成手柄组装。

㉓ 将导线和套管从控制螺母的孔内拉出。

㉔ 将套圈装到盘上，将导线和套管穿过套圈。

㉕ 确定好手柄的方向后，拧紧控制螺母和锁紧螺母。

㉖ 在接头、压盘和推杆上涂上油脂。

㉗ 装上手柄软管套。

㉘ 在各口上加上易挥发的抗腐蚀液体。

8.3.6 分配阀的拆卸和组装

(1) 拆卸和组装的一般注意事项

① 小心处理各部件。

② 不要过度解体。

③ 大多数零件装配时都应装到原来准确的位置，在重要零件上做好记号。

④ 密封件、O 形圈和挡圈等可拉伸零件必须更换新件。

⑤ 如解体零部件需放置较长时间时，须考虑防护尘土污损和锈蚀。

(2) 拆卸步骤

① 拉出阀柱。不要马上拉出阀柱，应在确定其与阀体接触良好后再慢慢拉出。

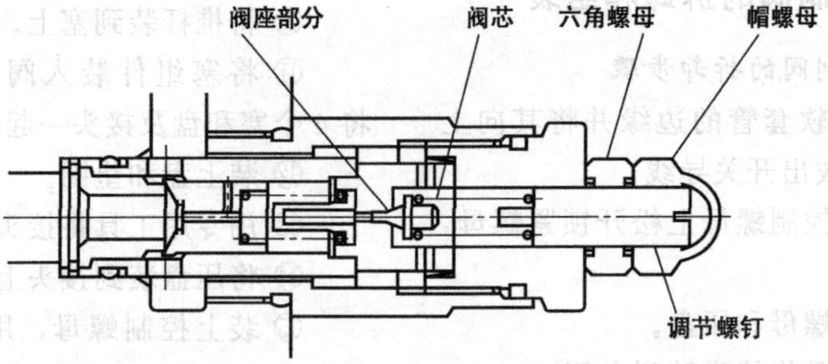

图 8-33 主溢流阀

② 用专用夹具夹住阀柱，拆下阀柱帽，拆下限位块、弹簧和逆止阀芯。

a. 应将阀柱和夹具上的油都去掉。

b. 由于调整垫位于阀柱和挡块间，解体时分清各垫的号码。

c. 阀柱帽对边距为 6mm。

③ 将主溢流阀作为整体拆下来。

④ 拆下帽、弹簧和逆止阀芯。

⑤ 解体阀柱。

拆下帽后，拉出弹簧和弹簧架；拆下对侧的帽。

(3) 组装顺序

① 组装阀柱。将阀柱插入专用夹具中，装上逆止阀芯、弹簧、限位块和垫，按规定力矩拧紧阀柱帽。

注意：要清除夹具和阀柱上的油。分清垫片号码，装上相应的垫片。

② 装上阀柱。

③ 将弹簧和弹簧架装到对侧的帽上，然后装上帽并拧紧。

④ 将弹簧和逆止阀芯装到阀帽中心部分，将它们一起装到阀体上。

⑤ 装上阀帽并拧紧。装上主溢流阀后用压力表再次确定设定压力（必要时可调整）。

⑥ 将主溢流阀组件装到阀体上并拧紧。装上主溢流阀后用压力表再次确定设定压力（必要时可调整）。

⑦ 主溢流阀的压力调整。如果主溢流阀的设定压力不对，将会损坏液压元件。

a. 如图 8-33 所示，松开帽螺母和六角调节螺钉。

b. 确定设定压力点。松开调节螺钉，使阀芯和阀座相接触，将阀装好，使压力调节弹簧处于开始受压的状况。

c. 压力调节。当油压表上得到正确值后旋入 1/4 圈的调节螺钉。如顺时针转则压力提高约 $2.5\times9.8\times10^4$ Pa。不要急速地调，因为溢流阀的调节量是很少的。

d. 调压结束后，用旋凿和力矩扳手拧紧六角螺母（螺母的拧紧力矩：2.5×9.8 N·m）。

e. 再次确定或调整设定压力。如设定压力不对，再次调整。

8.4 回转马达和减速机的构造与维修

8.4.1 回转马达的构造及原理

8.4.1.1 回转液压马达分类

液压马达将工作液体的压力能转换为旋转形式的机械能，属于液压系统的执行元件。

目前，液压马达的种类很多，常用的有齿轮式、叶片式和柱塞式等，在挖掘机的回转系统中一般采用柱塞马达。柱塞马达可分为径向柱塞式液压马达和轴向柱塞式液压马达。径向柱塞式液压马达可分为单作用曲轴式和内曲线式两大类。轴向柱塞液压马达有定量和变量两类，根据传动轴与缸体是同一轴线还是与轴线相交，定量马达从结构上又可分为斜盘式和斜轴式两种。

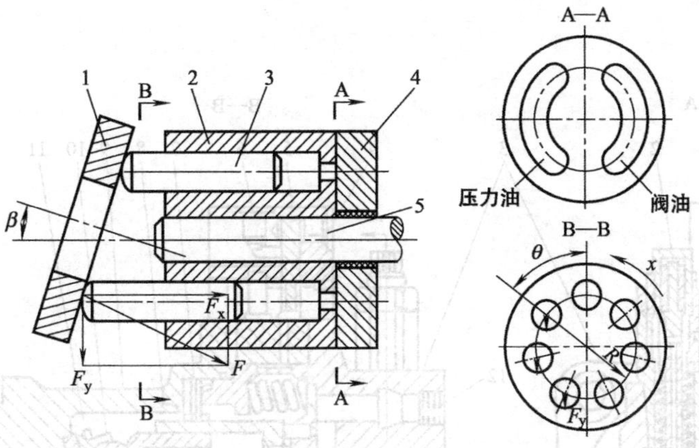

图 8-34 轴向柱塞式马达工作原理
1—斜盘；2—缸体；3—柱塞；4—配流盘；5—马达轴

下面以斜盘式轴向柱塞定量马达介绍其工作原理。其工作原理如图 8-34 所示。图中斜盘 1 和配流盘 4 固定不动，柱塞 3 水平放在缸体 2 中，缸体 2 和马达轴 5 相连并一起旋转。斜盘 1 的中心线和缸体 2 的中心线交成一个倾角 β。当压力油通过配流盘 4 上的配油窗口输入到缸体 2 上的柱塞孔时，压力油把柱塞孔中的柱塞 3 顶出，使之压在斜盘 1 上。斜盘 1 对柱塞 3 的反作用力 F 垂直于斜盘 1 表面，这个力的水平分量 F_x 与柱塞上的液压力平衡，而垂直分量 F_y 则使每个柱塞都对转子中心产生一个转矩，使缸体与马达轴作逆时针方向旋转。如果改变马达压力油的输入方向（如从配流盘右侧的配油窗口通入压力油），马达轴就会作顺时针方向旋转。

回转驱动液压马达一般采用斜轴式或斜盘式柱塞马达，目前已有专业厂家生产液压挖掘机回转驱动专用液压马达，一般内部带有液压制动器及摩擦片式停车制动器。

8.4.1.2 卡特 CAT320 型液压挖掘机的回转机构用马达

卡特 CAT320 型液压挖掘机的回转机构采用的是卡特彼勒自行配套的斜盘式轴向柱塞马达，其结构如图 8-35 所示。该液压马达主要由四部分组成。

① 转动组件：由缸体 27、柱塞 26、滑靴 10、压盘 11 和输出轴 29 组成。

② 制动器组件：由回转制动控制阀 5、压盘 7、摩擦盘 8、制动器活塞 25 和制动弹簧 24 组成。

③ 溢流阀和补油阀组件：由溢流阀 1 和 2、单向阀 13 和 16 组成。

④ 回转阻尼阀 21。

(1) 工作原理

来自下泵的油通过回转控制阀，直接进入油口 18 或 20。当进行右回转操作时，来自液压泵的高压油进入油口 20，经过马达盖 3 中的油道 19、配流盘 22 的油道 15，再经过缸体 27 的油道 23，作用在柱塞 26 上。柱塞迫使滑靴 10 压紧在斜盘 28 上。柱塞和滑靴沿着斜盘 28 的斜面从上止点到达下止点位置。

马达油道如图 8-36 所示。

由滑靴 10 和柱塞 26 压紧斜盘 28 产生的力，使缸体 27 逆时针回转。每个柱塞到达下止点时，油道 23 与配流盘 22 上的油道 30 是相通的，油返回到液压油箱。随着缸体 27 继续逆时针转动，柱塞 26 和滑靴 10 继续沿斜盘 28 的斜面上移，马达输出轴 29 逆时针回转。

对于左回转操作，来自液压泵的高压油进入油口 18，进油口和回油口与液压马达右回转时相反，缸体 27 和输出轴 29 顺时针转动。泄漏油经过马达盖 3 上的泄油口 12 返回到液压油箱。

(2) 回转制动器

回转制动器如图 8-37 所示。

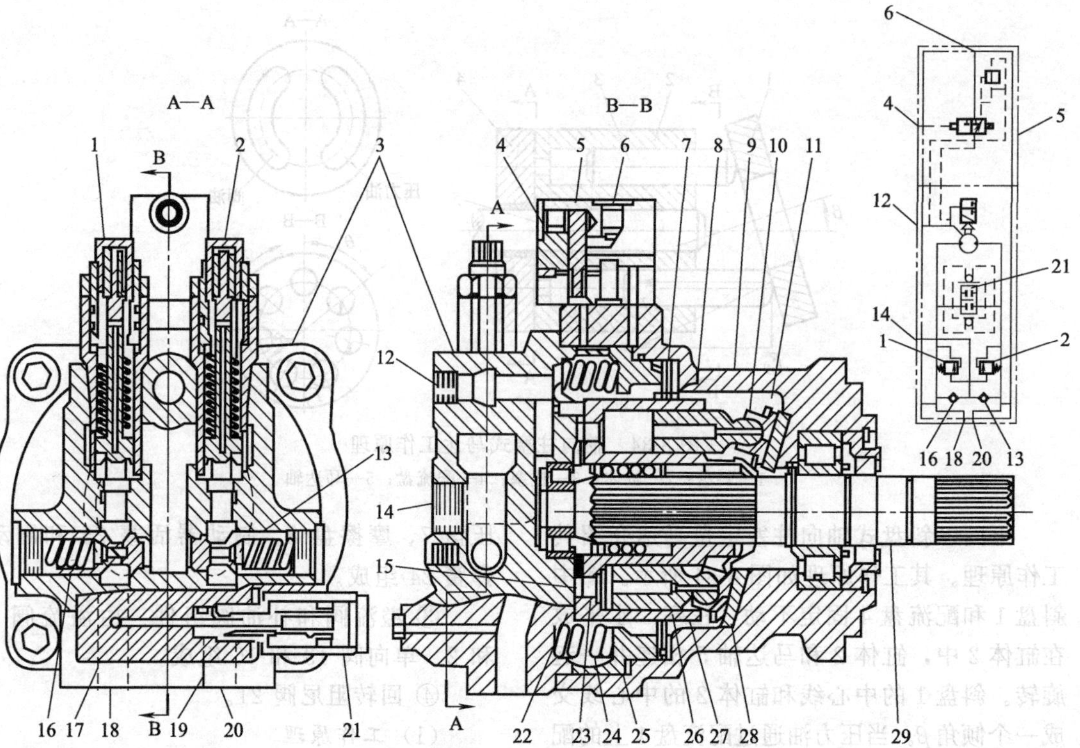

图 8-35 回转马达

1,2—溢流阀；3—马达盖；4—油口（制动器先导油）；5—回转制动控制阀；6,18,20—油口；7,11—压盘；8—摩擦盘；9—壳体；10—滑靴；12—泄油口；13,16—单向阀；14—补油口；15,17,19,23—油道；21—回转阻尼阀；22—配流盘；24—制动弹簧；25—制动器活塞；26—柱塞；27—缸体；28—斜盘；29—输出轴

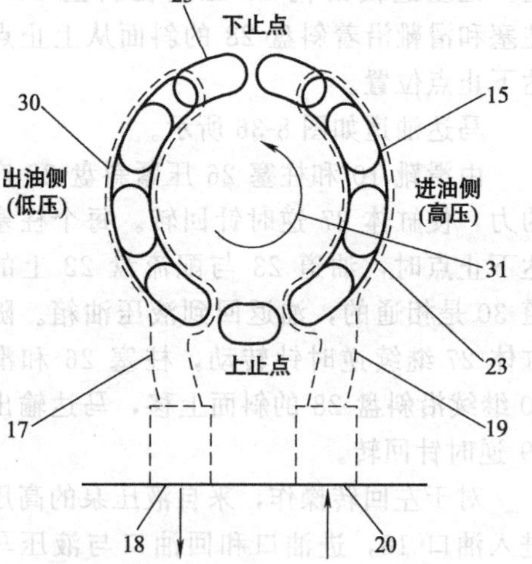

图 8-36 马达油道（从马达前端看）

15,30—油道（在盘上）；17,19—油道；18,20—油口；23—油道（在缸体上）；31—逆时针回转

回转制动器组件安装在马达盖 9 和壳体 17 之间，它由制动弹簧 10、制动器活塞 12、摩擦片 13、钢片 14 和回转制动控制阀 4 组成。

钢片 14 内环上的齿与缸体 15 上的花键槽啮合，摩擦片 13 外环上的齿与壳体 17 上的内花键齿啮合。

回转制动控制阀（制动器松开位置）如图 8-38 所示。

当回转制动控制阀动作时，从下泵输出的油进入到回转马达进油口，在供给到回转马达以前，回转制动控制阀 4 的油口 3 中的油压增大，推动阀芯 1 下移并压紧弹簧 7，打开油道 18 和 19，允许先导油从油口 2 流经油道 18、19、20、8，到达活塞腔 11（图 8-37）。先导油压力克服制动弹簧 10 的推力，推动制动器活塞 12 向左侧移动。当摩擦片 13 和钢片 14 之间的压紧力被释放后，回转制动器松开，上部结构可以回转。

回转制动控制阀（制动位置）如图 8-39 所示。

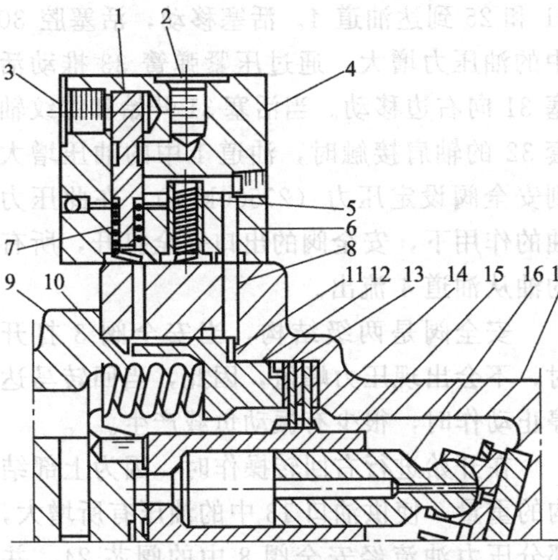

图 8-37 回转制动器

1,5—阀芯；2,3—油口；4—回转制动控制阀；6,8—油道；7—弹簧；9—马达盖；10—制动弹簧；11—活塞腔；12—制动器活塞；13—摩擦片；14—钢片；15—缸体；16—柱塞；17—壳体

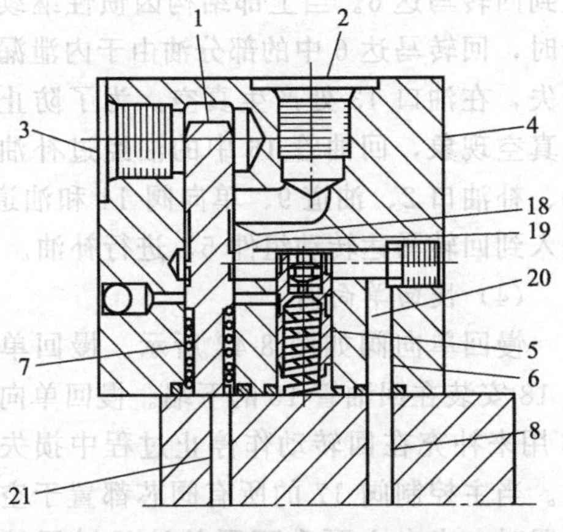

图 8-38 回转制动控制阀（制动器松开位置）

1,5—阀芯；2,3—油口；4—回转制动控制阀；6,8,18～21—油道；7—弹簧

当主泵输出的压力油没有供给到回转马达时，经过油口 3 的先导油油压降低，在弹簧力的作用下阀芯 1 向上移动，油道 18 和 19 关闭，从油口 2 到油道 8 和活塞腔 11 的先导油被切断。由于制动弹簧 10 的弹力起作用，制动器活塞 12 开始右移。当制动器活塞 12 移动时，活塞腔 11 中的油经过油道 8 流到阀芯 5。在节流孔 23 的作用下，油压增大。增大的油压力推动阀芯 5 下移并压紧弹簧 26，同时减小油道 24 的开度。在

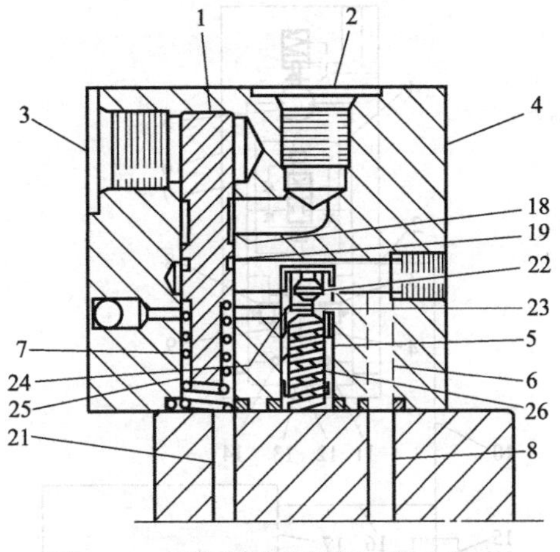

图 8-39 回转制动控制阀（制动位置）

1,5—阀芯；2,3—油口；4—回转制动控制阀；6,8,18,19,21,24—油道；7,26—弹簧；22—滤芯；23—节流孔；25—弹簧腔

节流孔 23 和油道 24 的限制作用下，油缓慢流动，然后经过弹簧腔 25 和油道 21，排回液压油箱。制动器活塞 12、摩擦片 13 和钢片 14 在制动弹簧的作用下，压紧到壳体 17 上，回转制动器处于制动状态。这样，上部结构与下部结构锁定，阻止上部结构回转。

(3) 安全/补油操作

回转回路原理如图 8-40 所示。

安全阀如图 8-41 所示。安全阀 3 和 8 安装在回转马达顶部，把回转回路的压力限制在设定的安全压力范围内，减缓了回转马达启动或停止时的冲击。在停止回转操作时，主泵已停止给回转马达供油，但回转马达在惯性的作用下仍要转动，部分从主控制阀 17 返回的油补充到马达回油口，消除了真空和气穴现象。

在右回转操作期间，当回转操纵杆移到中位时，回转控制阀的进口和出口是关闭的，因此回转马达的进油口和回油口也被堵死，但是由于上部结构的惯性作用，当停止操作后，回转马达仍要回转，企图从油口 13 吸油并从油口 12 排油。由于油口 12 关闭，在油道 1 中的封闭油的压力增大，当压力增大到足以克服安全阀 3 中弹簧 33 的力时，阀芯 24 移动，打开安全阀。此时，油流过油道 4 和单向阀 14 到油道 7，进入回

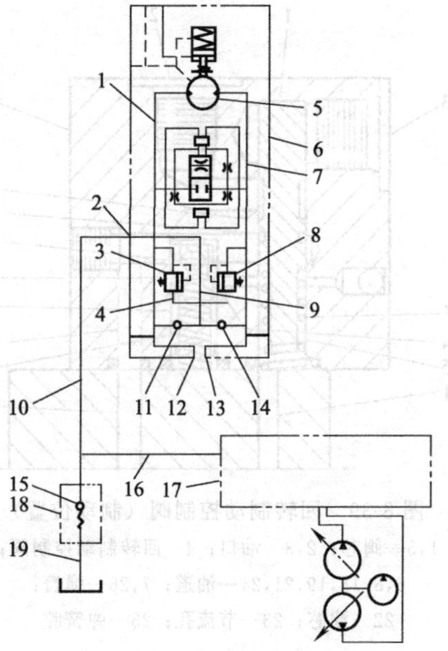

图 8-40 回转回路原理
1,4,7,9—油道；2—补油口；3,8—安全阀；
5—回转马达转动组件；6—回转马达；10—补油管；
11,14,15—单向阀；12,13—油口；
16,19—回油管；17—主控制阀；18—慢回单向阀

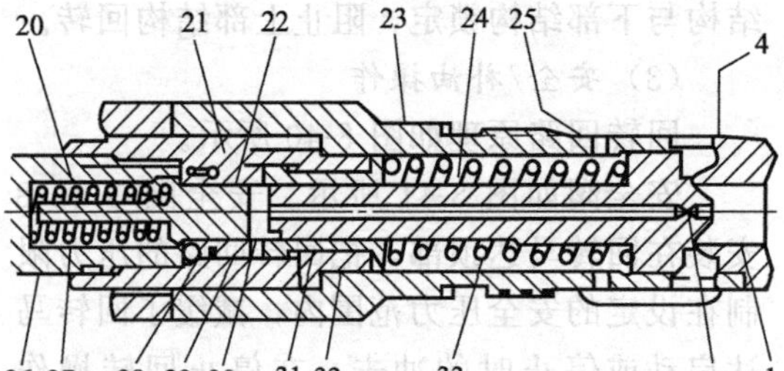

图 8-41 安全阀（图 8-40 局部）
1,4,21,25—油道；20—弹簧；22,31—活塞；23—壳体；
24—阀芯；26,32—螺纹轴套；27—弹簧腔；28,34—节流孔；29—套筒；30—活塞腔；33—弹簧

转马达转动组件 5，消除上部结构的回转惯性，回转马达停止回转。

油道 1 中的油经过阀芯 24 的节流孔 34 到达活塞腔 30，因为弹簧 33 的弹力小于安全阀设定压力（27500kPa），所以在油道 1 中的压力达到安全设定压力之前阀芯 24 打开，允许油泄出。活塞腔 30 中压力油推动活塞 22 向左移动，压紧弹簧 20，直到其左端面开始和螺纹轴套 26 接触为止。弹簧腔 27 中的油经过套筒 29 的节流孔 28、油道 21 和 25 到达油道 4。活塞移动，活塞腔 30 中的油压力增大，通过压紧弹簧 33 推动活塞 31 向右边移动。当活塞 31 开始和螺纹轴套 32 的轴肩接触时，油道 1 中的油压增大到安全阀设定压力（27500kPa）。在此压力油的作用下，安全阀的出口完全打开，所有的油从油道 4 流出。

安全阀是两级结构，当安全阀 3 打开时，不会出现压力峰值，因此，当回转马达停止动作时，很少有振动负载产生。

在开始进行右回转操作时，因为上部结构的重量，使供油口 13 中的油压有所增大，部分压力油流经安全阀 8 中的阀芯 24，并经过补油口 2 到达回油管 19，从而使挖掘机在开始进行回转动作时比较平稳。

如前所述，当回转马达停止转动时，回转控制阀中的所有油口关闭，主泵的油不能送到回转马达 6。当上部结构因惯性继续回转时，回转马达 6 中的部分油由于内泄漏而损失，在油口 13 处产生真空。为了防止产生真空现象，回油管 16 中的油经过补油管 10、补油口 2、油道 9、单向阀 14 和油道 7 进入到回转马达转动组件 5，进行补油。

(4) 慢回单向阀

慢回单向阀如图 8-42 所示。慢回单向阀 18 安装在回油管 16 的下端。慢回单向阀 18 用来补充在回转动作停止过程中损失的油。当主控制阀 17 的所有阀芯都置于空挡位置时，来自上泵和下泵的油经过回油管 16 回到液压油箱。单向阀 15 使回油管 16 中的油产生 290 kPa 的回油背压。

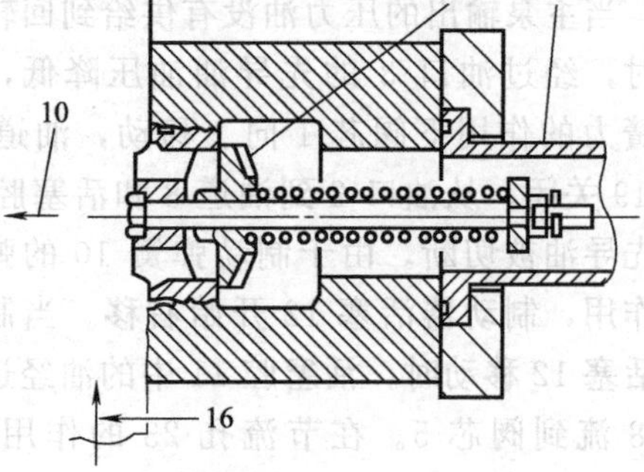

图 8-42 慢回单向阀（图 8-40 局部）
10—补油管；16,19—回油管；18—慢回单向阀

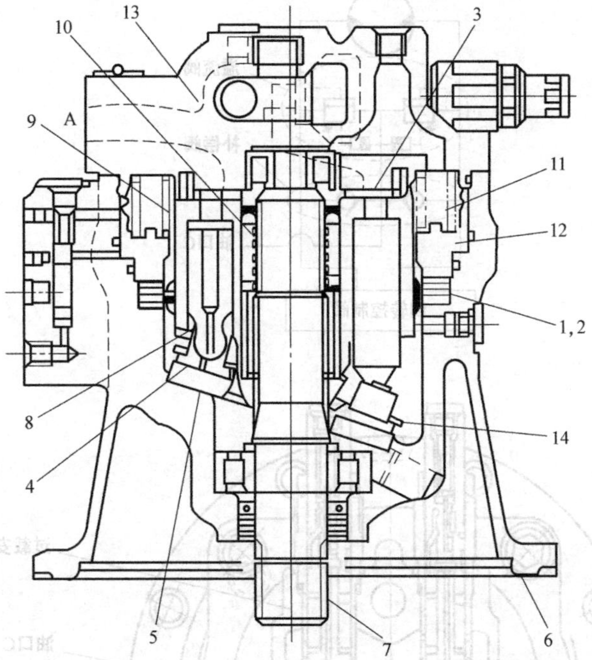

图 8-43 回转液压马达

1—钢片；2—摩擦片；3—配油盘；4—滑靴；5—固定斜盘；6—马达壳体；7—输出轴；8—柱塞；9—缸体；10—中心弹簧；11—制动弹簧；12—制动活塞；13—端盖；14—回程盘

当回转马达的速度在高速右回转期间被降低时，使回转操纵杆向中位稍微移动，油口 13 的供油量减少。由于回转控制阀微开，油继续通过油口 12 流到回油管 16。在油口 12 一侧，压力低于安全阀 3 的设定压力。安全阀 3 保持关闭，不能经过单向阀 14 和油道 7 补油，于是在油口 13 一侧形成真空。单向阀 14 使补油从补油管 10 流到马达回转组件 5，消除了真空现象。

与此相反，在回转马达停止或减速回转过程中，是通过油口 12、单向阀 11 补油而不是通过单向阀 14 补油，从而防止回转马达产生真空。

8.4.1.3 日立 EX200-5、EX220-5 型液压挖掘机的回转机构用马达

日立 EX200-5、EX220-5 型挖掘机的回转液压马达是一种斜盘式定量轴向柱塞马达，主要由固定式斜盘、缸体、柱塞、配油盘、壳体、滑靴、中心弹簧、输出轴、回转停放制动器、制动阀等组成，其结构如图 8-43 所示。

(1) 工作原理

液压马达的每根柱塞 8 上都嵌入滑靴 4，它们为球铰连接，可以任意转动，回程盘 14 将滑靴 4 紧压在固定斜盘 5 的平面上。缸体 9 内装有 9 根带滑靴的柱塞 8，柱塞可以在缸体 9 内往复滑移，缸体 9 通过内花键装在输出轴 7 上。通过中心弹簧 10 使缸体与配油盘紧紧贴在一起。

回转马达转速的变化取决于从液压泵输送来的液压油的多少。从主操作阀回转换向阀来的液压油由回转马达进油口 A 流入，把柱塞 8 从顶部推到底部，同时滑靴 4 沿着固定斜盘 5 做圆周运动，使柱塞 8 在缸体 9 内作往复直线运动。

当高压油从进油口进入回转马达时，产生转矩，带动马达输出轴旋转，经回转减速器减速后，回转减速器中输出轴上的小主动齿轮与回转支撑上的固定大齿圈相啮合，小主动齿轮绕固定大齿圈滚动，从而带动转台转动。回油从马达出口流出，然后返回到液压油箱中。当与上述情况相反进油和出油时

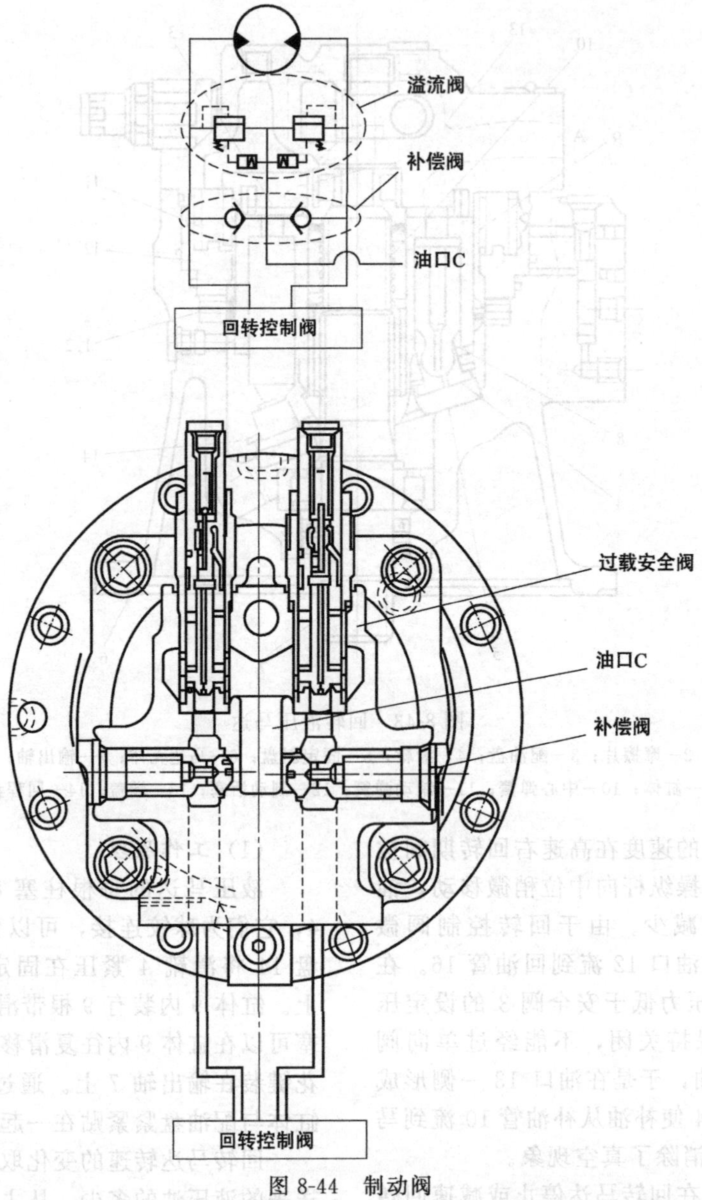

图 8-44　制动阀

(将回转先导操纵杆推向与上述情况相反的方向时)，回转马达反向旋转，上部回转平台也反向旋转。

(2) 制动阀

回转停放制动器是一种湿式多片制动器，由钢片、摩擦片、制动活塞、制动弹簧组成。制动阀安装在回转马达的端盖上，由补偿阀和过载安全阀组成，其结构如图8-44所示。

制动阀的功能是当回转停止时，补偿回转马达所需的液压油，防止产生气穴。回转时保护回转液压系统，使上部转台能平稳地转动。

当回转停止时，由于惯性力的作用使上部回转平台仍保持转动的趋势，使回转马达继续旋转，并开始从油泵中吸油，在马达中产生气穴。补偿阀的作用是从回油油路（油口 C）中抽吸液压油，补偿马达所缺少的油，从而防止气穴的产生。

当回转作业开始或停止时，由于惯性力的作用，使回转油路的压力猛然升高，当达到规定的压力值时，过载安全阀开始溢流，保护回路免受冲击。

(3) 回转停放制动器

回转停放制动器是一种常闭湿式多片摩擦制动器，其结构如图 8-45 所示。

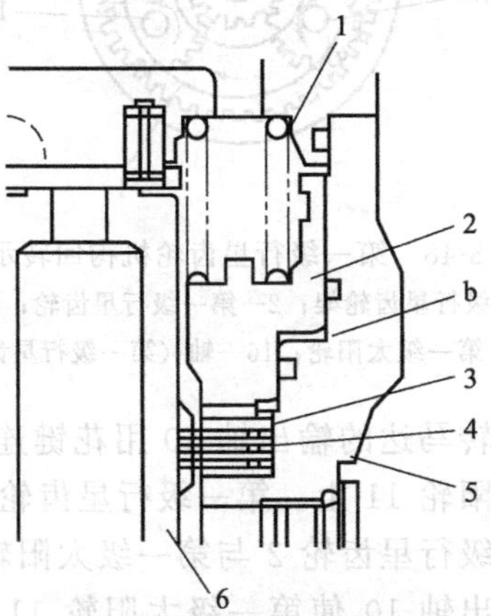

图 8-45 回转停放制动器

1—制动弹簧；2—制动活塞；3—钢片；4—摩擦片；5—制动器壳体；6—缸体

当回转或工作装置作业时，由先导泵提供的制动释放压力油进入到制动活塞的油腔 b，制动器才能脱开。当只进行行走作业或发动机停止转动时，制动释放压力油被接通到液压油箱。这时，由于制动弹簧的作用，开始停放制动。制动器的工作原理如图8-46所示。

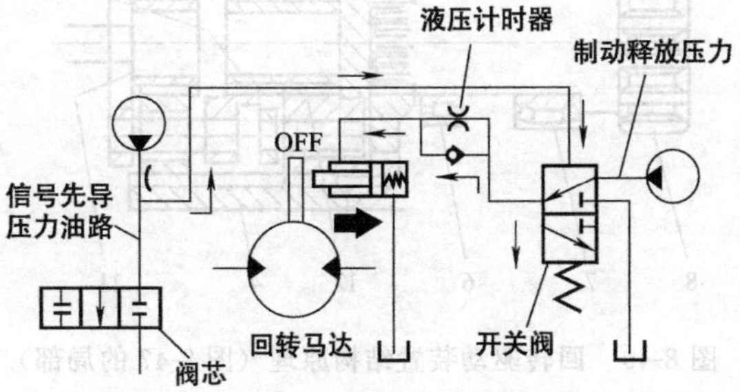

图 8-46 制动器工作原理

当操纵回转或工作装置的先导操纵杆时，主操作阀中回转或工作装置阀芯就从空挡位置移动，把信号先导压力油路阀芯的通道关闭了。于是这段被截止的信号先导压力油压力升高，然后被送到制动释放油路里的开关阀先导油口。开关阀被打开，让来自先导泵的压力油通过液压计时器的单向阀进入制动活塞 2 的 b 腔，使制动活塞 2 向上移动，压缩制动弹簧 1，从而断开了摩擦片和钢片之间的接触，于是制动器被脱开。

当回转或工作装置先导操纵杆在空挡位置时，回转或工作装置的控制阀芯就在空挡位置，使信号先导压力油路阀芯的通道保持开通，于是信号先导压力油的压力不升高，所以制动释放油路上的开关阀保持关闭，让制动活塞 2 的 b 腔中制动释放先导油通过液压计时器节流口而向外流向液压油箱。制动活塞 2 受弹簧作用力而向下移动，并压紧钢片和摩擦片。因为钢片 3 的内齿与缸体的外齿相啮合，而摩擦片的外齿与马达壳体的内齿相啮合，所以缸体 6 被钢片 3 和摩擦片 4 之间产生的摩擦力制动。

8.4.2 回转减速器

液压挖掘机的回转传动系统一般有两种选择方案：低速大转矩马达方案和高速小转矩马达方案。第一种方案采用低速大转矩马达作为回转机构的驱动装置，中间不需要减速机，可将液压马达直接与回转小齿轮连接，结构简单，便于安装，但低速大转矩马达成本较高，可靠性不如高速马达；第二种方案采用高速马达作为回转驱动装置，中间加减速装置，得到驱动平台回转所需要的转速和转矩，该方案成本较低，可靠性高，因此得到广泛应用。行星式回转减速器结构紧凑、价格合理、工作可靠，有取代低速大转矩马达的趋势。

(1) 卡特彼勒 CAT320、CAT325 型挖掘机用回转减速器

卡特彼勒 CAT320、CAT325 型挖掘机的回转驱动装置如图 8-47 所示，它包括一系列行星齿轮，行星齿轮用来降低回转马达 9 的转速。回转马达用螺栓固定在回转驱动装置上，回转驱动装置用螺钉固定在上部回转结构上。回转驱动装置的小齿轮轴 8 的轮齿与固定齿圈 15 的内齿相啮合。小齿轮轴 8 通过围绕固定齿圈 15 转动而将回转运动传递给上部回转结构。固定齿圈 15 固定在下部结构上。

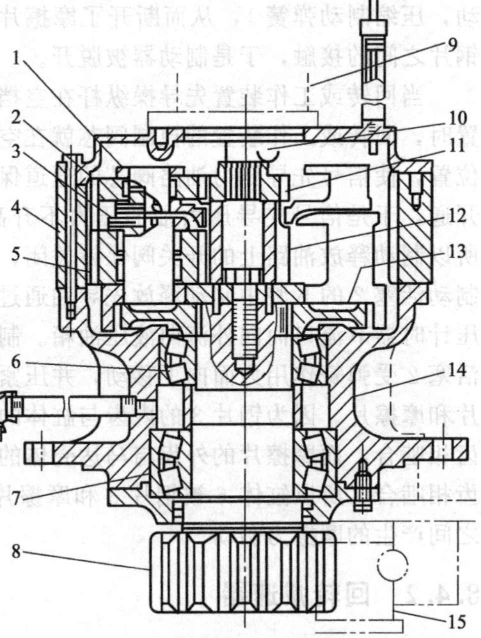

图 8-47 回转驱动装置

1—第一级行星齿轮架；2—第一级行星齿轮；3—第二级行星齿轮架；4—齿圈；5—第二级行星齿轮；6,7—滚柱轴承；8—小齿轮轴；9—回转马达；10—回转马达输出轴；11—第一级太阳轮；12—第二级太阳轮；13—联轴器；14—箱体；15—回转支撑的固定齿圈

回转驱动装置由以下两部分组成：

① 第一部分包括两级减速装置。第一级减速装置包括第一级太阳轮 11、第一级行星齿轮 2、第一级行星齿轮架 1 及齿圈 4，第二级减速装置包括第二级太阳轮 12、第二级行星齿轮 5、第二级行星齿轮架 3 和齿圈 4。第一部分的功能是对回转马达进行两级减速。

② 第二部分包括联轴器 13 和小齿轮轴 8。小齿轮轴 8 由滚柱轴承 6 和 7 支撑安装在箱体 14 上。第二部分的功能是使马达减速后输出动力。

太阳轮与齿圈的传动比不同，所以可以降低回转速度。回转驱动装置将太阳轮置于齿圈内，结构紧凑，从而提供了更大的减速比。

第一级行星齿轮机构回转示意如图 8-48 所示。

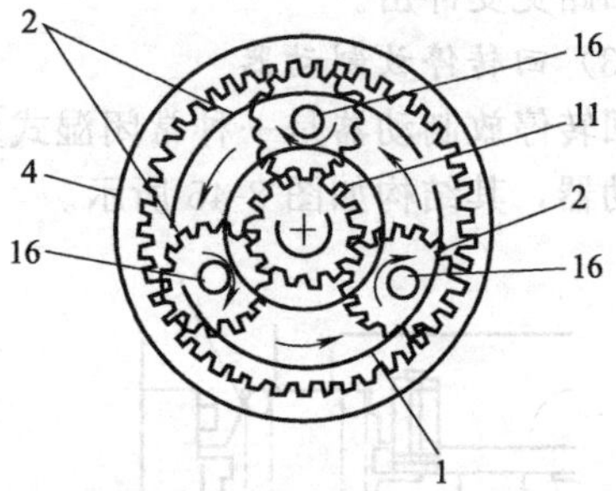

图 8-48 第一级行星齿轮机构回转示意

1—第一级行星齿轮架；2—第一级行星齿轮；4—齿圈；11—第一级太阳轮；16—轴（第一级行星齿轮）

回转马达的输出轴 10 用花键连接在第一级太阳轮 11 上。第一级行星齿轮架 1 上的第一级行星齿轮 2 与第一级太阳轮 11 啮合。输出轴 10 使第一级太阳轮 11 逆时针方向回转，轴 16 上的第一级行星齿轮 2 顺时针回转，齿圈 4 逆时针回转，齿圈 4 用螺栓固定在箱体 14 上，第一级行星齿轮架 1 也随着回转。

回转驱动装置结构原理（局部）如图 8-49 所示。

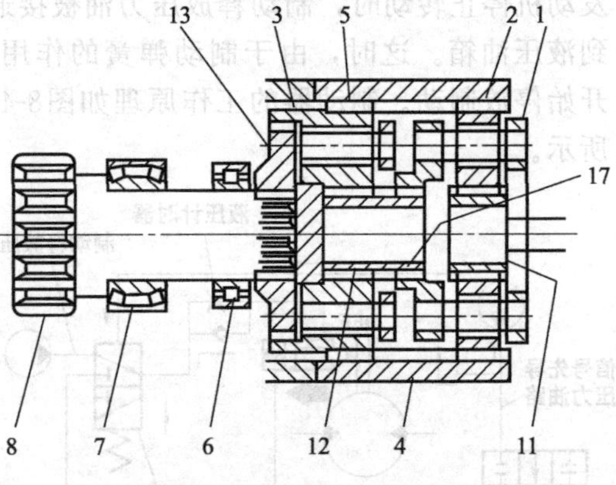

图 8-49 回转驱动装置结构原理（图 8-47 的局部）

1—第一级行星齿轮架；2—第一级行星齿轮；3—第二级行星齿轮架；4—齿圈；5—第二级行星齿轮；6,7—滚柱轴承；8—小齿轮轴；11—第一级太阳轮；12—第二级太阳轮；13—联轴器；17—内圆周

第一级行星齿轮架 1 内圆周 17 上的键槽与第二级太阳轮 12 上的花键啮合，使得第二级太阳轮 12 逆时针回转。第二级行星齿轮 5 在其轴上顺时针回转，绕着齿圈 4 逆

时针回转，与第一级的方式相同。第二级行星齿轮架 3 与联轴器 13 用花键连接，小齿轮轴 8 的花键与联轴器 13 的内圆周的键槽啮合，使小齿轮轴 8 逆时针回转。

小齿轮轴 8 与固定齿圈 15 的内齿相啮合。当小齿轮轴 8 逆时针回转时，它同时会绕着固定齿圈 15 顺时针转动。因为固定齿圈 15 被螺栓固定在下部结构上，所以上部结构向右回转（顺时针）。

（2）日立 EX200-5、EX220-5 型液压挖掘机用回转减速器

日立 EX200-5、EX220-5 型液压挖掘机用回转减速器为二级行星齿轮式减速器，主要由两级太阳轮、行星轮、行星架和内齿圈等组成，其结构如图 8-50 所示。

第一级和第二级内齿圈都装在减速器壳体的内壁上。减速器壳体用螺栓连接在上部回转平台上。因而内齿圈 2 和 4 是固定不动的。

回转液压马达输出轴驱动第一级太阳轮 9，动力通过第一级行星轮 1 和第一级行星架 8 传到第二级太阳轮 7，然后从第二级太阳轮 7 到第二级行星轮 3 和第二级行星架 6，使传动轴 5 转动。

由于传动轴下端的小齿轮与回转支撑的固定内齿圈相啮合，因此上部平台产生转动。

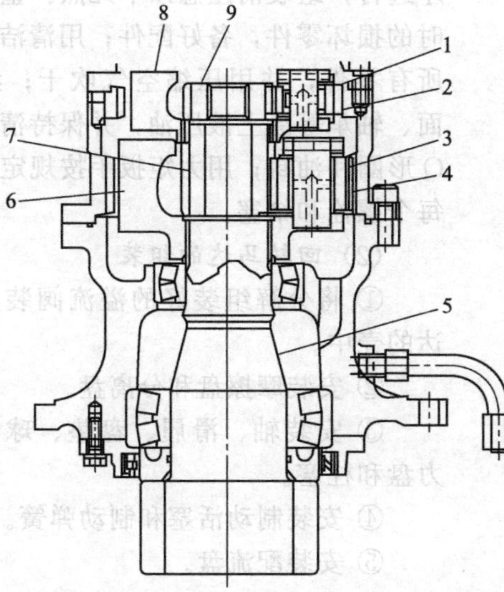

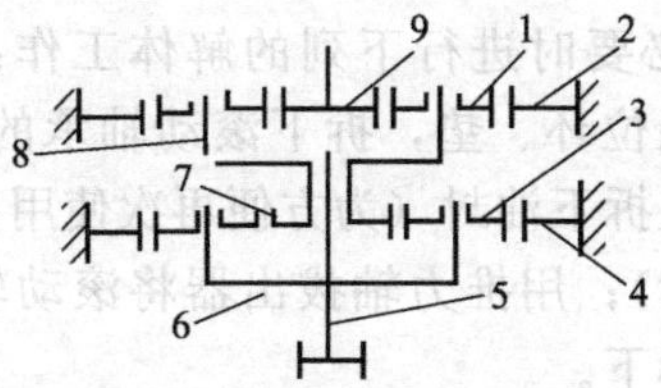

图 8-50 回转减速器

1—第一级行星齿轮；2—第一级内齿圈；3—第二级行星轮；4—第二级内齿圈；5—传动轴；6—第二级行星架；7—第二级太阳轮；8—第一级行星架；9—第一级太阳轮

8.4.3 典型产品回转马达和减速机的拆装与组装

8.4.3.1 回转马达的拆卸和组装

回转马达的结构如图 8-51 所示。

（1）回转马达的拆卸步骤

① 清洗马达外表面，用压缩空气吹干。清洗前将所有进出口堵住，以防止异物进入。

② 拆下放油堵塞，放去壳体内的油。

③ 将马达置于干净的木架上，在阀体和壳体上标相对记号。

④ 拆下制动阀（注意此阀是任选部件）。

⑤ 拆下溢流阀，将阀体解体。

⑥ 从阀体上拆下堵塞后，拉出弹簧和阀芯。注意不要动阀芯座。

⑦ 松开螺栓，从壳体上拆下阀体，从阀体上拆下配流盘。注意勿让配流盘掉下和损坏配流盘。

⑧ 从制动活塞上拆下制动弹簧。

⑨ 用制动活塞组装工具从壳体上拉出制动活塞。拉出时，可利用制动活塞的螺栓槽。

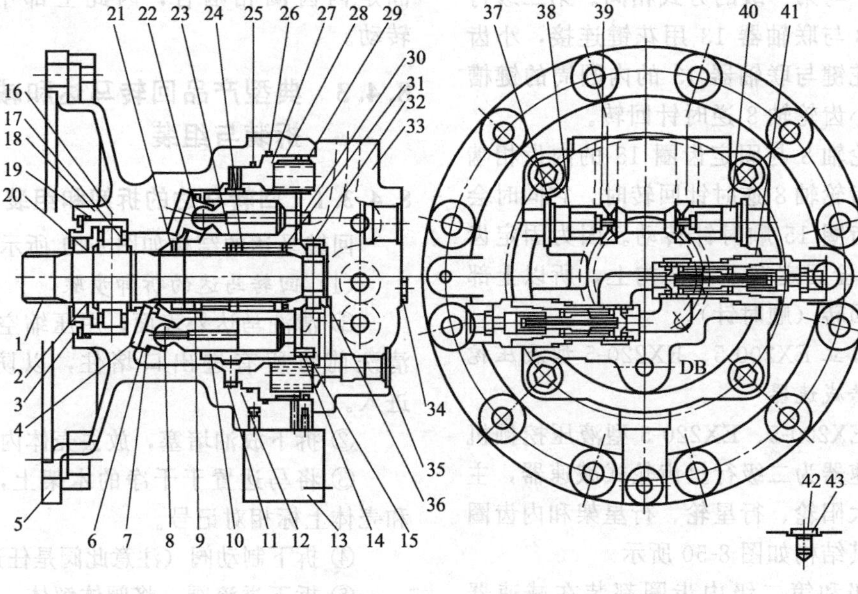

图 8-51　回转马达的结构

1—轴；2—油封垫；3,31—锁紧环；4—滑履盘；5—壳体缸体弹簧；6—滑履；7—压力盘；8—球面衬套；9—推杆；10—缸体；11—摩擦盘；12—分离盘；13—制动阀（任选）；14—配流盘；15—销；16,36—限位环；17,30—垫；18,32—滚动轴承；19,25,26,29,34,43—O形圈；20—前盖；21—垫（后）；22—柱塞；23—垫（前）；24—缸体弹簧；27—制动活塞；28—制动弹簧；33—阀体；35,42—VP堵塞；37,40—RO堵塞；38—弹簧；39—阀芯；41—溢流阀

⑩ 水平放置马达，从轴上拉出缸体，拆下柱塞、压力盘、球衬套、前垫和滑履盘。拆卸时一定要小心，不要损伤各部件的滑动部分。

⑪ 从壳体上拆下摩擦盘和分离盘。

⑫ 用钳子拆下锁紧环，然后从壳体上拆下前盖。拆卸前盖时，注意不要动油封。

⑬ 用塑料手锤轻击轴，将轴和壳体拆开。

⑭ 用铜棒手锤轻击滚动轴承壳体，拆下滑履盘。

⑮ 必要时进行下列的解体工作：从轴上拆下限位环、垫，拆下滚动轴承的内圈；从前盖上拆下油封（为方便再次使用，切勿损伤油封）；用推力轴拔出器将滚动轴承从阀体上拆下。

⑯ 溢流阀的解体。拆下塞，从阀芯上拆下衬套、弹簧和弹簧座；将阀体向下放置，拆下滑塞、阀杆、弹簧、弹簧座和阀头，但不要动调节螺钉和紧固螺母，若损坏要成组更换。

⑰ 溢流阀的组装。应按解体相反的顺序进行，组装前注意以下几点：整修好解体时的损坏零件，备好配件；用清洁的油清洗所有零件，并用压缩空气吹干；给滑动表面、轴承等涂上液压油，并保持清洁；更换O形圈和油封；用力矩扳手按规定力矩拧紧每个螺栓和堵塞。

(2) 回转马达的组装

① 将分解组装好的溢流阀装入回转马达的壳中。

② 安装摩擦盘和分离盘。

③ 安装轴、滑履、盘垫、球衬套、压力盘和柱塞。

④ 安装制动活塞和制动弹簧。

⑤ 安装配流盘。

⑥ 在阀体上装入阀芯和弹簧。

⑦ 最后装上油堵塞，并按规定标准加入润滑油。

8.4.3.2　回转减速装置的拆卸和组装

(1) 回转减速装置的拆卸

① 从减速装置的轴上拆下隔圈，隔圈上涂有密封胶。

② 从液压马达壳体上拆下水平仪、管子，松下堵塞，放掉齿轮油。

③ 松开螺栓，分开马达和减速装置。

④ 拆下 1 号中心齿轮。

⑤ 在 1 号行星轮架上装上起重吊环，和 1 号行星齿轮一起吊出。

⑥ 解体 1 号行星轮架组件。拆下挡圈、侧板、1 号行星齿轮、滚针轴承和两个滑板。但不要拆下 1 号销、1 号行星齿轮架和弹簧销。

⑦ 拆下第 2 中心齿轮，必要时拆下挡圈。

⑧ 拆下 1 号齿圈，做上标记以便组装。

⑨ 松开螺栓，拆下壳体。

⑩ 在轴上装吊环螺钉，拆下轴组件。在拆卸轴组件时切记在定位销上做好记号以便组装。

⑪ 在 2 号齿圈外侧和前壳体上做好标记后，从前壳体上拆下 2 号齿圈。

⑫ 从前壳体上拆下油封。

⑬ 用专用工具拆下轴承。

⑭ 将余下部件放到工作台上并使轴朝向上方，用拆销子夹具重击键来拆下销子。

⑮ 拆下轴上的其余弹簧销。

⑯ 拆下 2 号行星齿轮和推动垫圈。

⑰ 因止推轴颈是装入轴内，若需更换时，可用起顶螺钉拆下。

⑱ 无需拆下轴承。

(2) 回转减速装置的组装

组装回转减速装置前注意事项：

- 检查所有零件是否正常；
- 用清洁油清洗零件并吹干；
- 按规定力矩拧紧紧固件；
- 用油石磨去涂密封胶表面的毛刺。

① 组装轴组件

a. 将轴承放在油中加热到 80～100℃约 10min，然后将其装到轴上。

b. 将轴向下放置，把止推轴颈装到轴的孔里，此时到轴端的距离 L 为 135mm，如图 8-52 所示。装配时切勿损坏油封的滑动部分。

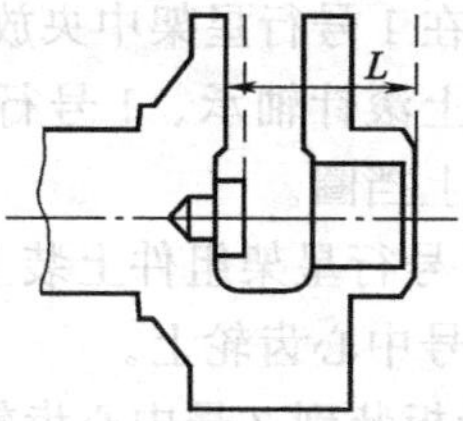

图 8-52　轴端的距离 L 位置

c. 在 2 号行星齿轮的两侧装上推力垫圈后，将其装到轴上，将轴的圆周置于孔中心，如图 8-53 所示。

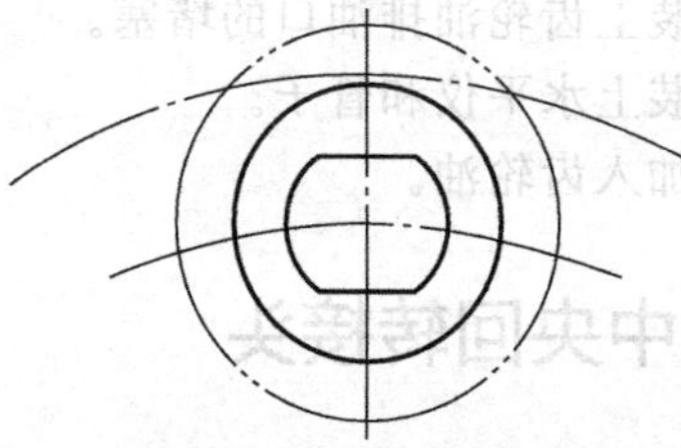

图 8-53　轴的圆周位置

d. 装上弹簧销，用塑料手锤将其装到轴孔内。

e. 如图 8-54 所示装上弹簧销。

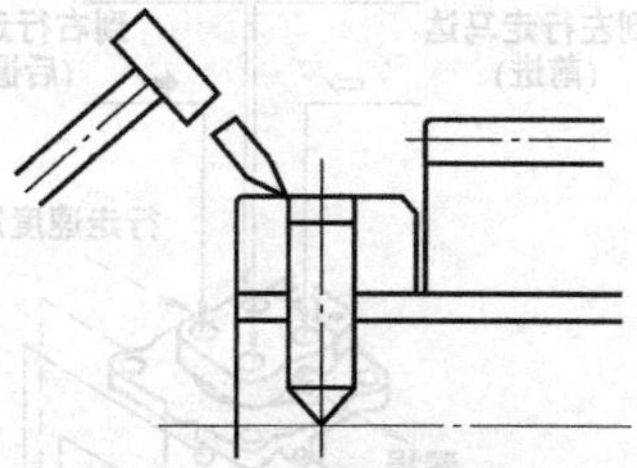

图 8-54　装上弹簧销

f. 在热油池内加热轴承。

② 将油封装到前壳上。

③ 将轴组件装到前壳上。

④ 将 4 个锁紧销装到前壳上。

⑤ 在前壳上涂上密封胶后装上 2 号齿圈。

⑥ 在 2 号齿圈上涂上密封胶后，用螺栓装上壳体。

⑦ 在 2 号中心齿轮上装上挡圈。

⑧ 在壳体上涂上密封胶后装上 1 号齿圈。

⑨ 1号行星架组件的组装。

用组装夹具装1号行星架，销孔向下放置；用专用工具装上弹簧销；在挡圈边缘部分冲缺口；在1号行星架中央放上滑板后装上滑板；装上滚针轴承、1号行星齿轮；装上滑板后装上挡圈。

⑩ 在1号行星架组件上装上吊环螺栓，将其装到2号中心齿轮上。

⑪ 将滑板装到2号中心齿轮上。

⑫ 装上2号中心齿轮。

⑬ 在液压马达轴上装上挡圈。

⑭ 在1号齿圈上涂上密封胶后，装上液压马达的螺栓。

⑮ 装上齿轮油排油口的堵塞。

⑯ 装上水平仪和管子。

⑰ 加入齿轮油。

8.5 中央回转接头

液压挖掘机的下车平台是通过回转支撑与下车底座相连接的。工作时，上车平台可相对于下车底座360°的全方位回转。行走液压马达的驱动和速度转换都是以液压油作为工作介质的，这些工作介质（液压油）从上车传动油路传递到下车传动油路，是依靠中央回转接头来实现的，其结构如图8-55所示。当上部回转平台回转时，中央回转接头上通向行走马达的高压软管可避免扭绞、折断，使液压油能平稳地进出行走马达，保证行走作业的正常运行。

中央回转接头的外壳用挡板固定在回转中心的上车平台上，芯轴与法兰盘用螺栓固定在回转中心的下车底座上。当挖掘机上车平台相对于下车底座回转时，中央回转接头的外壳便围绕芯轴旋转。从主操纵阀、行走阀来的压力油和从行走速度选择阀（SI）来的先导压力油都通过枢轴、壳体上的有关油口，流向左、右行走马达。壳体内壁凹槽上装有矩形密封圈、O形密封圈，防止枢轴和壳体内壁之间泄漏的液压油流到相邻通道，也防止通道与通道之间窜油。

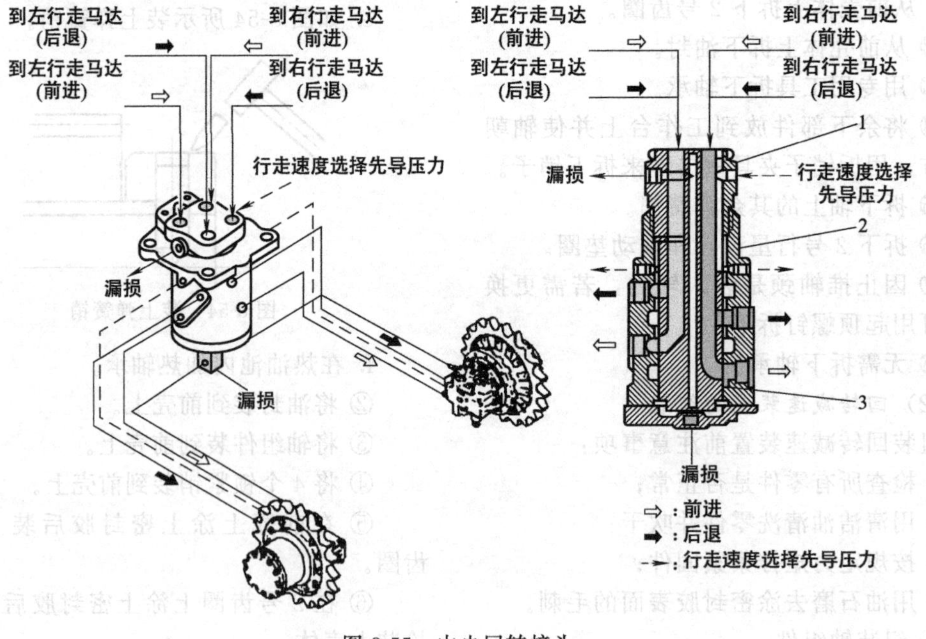

图8-55 中央回转接头

1—枢轴；2—壳体；3—矩形密封圈

第9章 变速器构造与维修

当轮式液压挖掘机行走装置采用机械传动系统时，如第 7 章图 7-23 中采用三轴式变速器，移动啮合套换挡，在图 7-24 的液力机械传动中采用动力换挡。在全液压挖掘机中行走装置大多采用三级行星式动力换挡变速器，回转装置多采用二级行星式动力换挡变速器。

9.1 变速器的构造与工作原理

9.1.1 行星式动力换挡变速箱

(1) 简单行星排

行星式动力换挡变速箱（简称行星变速箱）具有结构紧凑、载荷容量大、传动效率高、轮齿间负荷小、结构刚度大、输入输出轴同心以及便于实现自动换挡等优点，所以在挖掘机上得到了广泛的应用。

如图 9-1 所示，行星齿轮机构由太阳轮 1、齿圈 2、行星架 3 和行星齿轮 4 组成。行星齿轮机构为动轴轮系，由于行星轮轴线旋转与外界连接困难，故在行星排中只有太阳轮、齿圈和行星架三个元件能与外界连接，并称之为基本元件。在行星排传递运动过程中，行星轮只起到传递运动的惰轮作用，对传动比无直接影响。

由《机械原理》中对单排行星传动的运动学分析可得出，行星排转速方程为（也称特征方程）单行轮行星排

$$n_1+an_2-(1+a)n_3=0 \quad (9\text{-}1)$$

双行轮行星排

$$n_1-an_2+(a-1)n_3=0 \quad (9\text{-}2)$$

综合为

$$n_1\pm an_2-(1\pm a)n_3=0 \quad (9\text{-}3)$$

式中 n_1——太阳轮转速；

n_2——齿圈转速；

n_3——行星架转速；

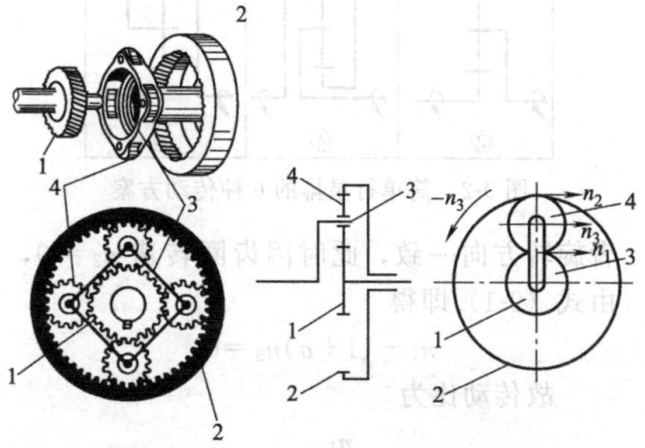

(a) 结构图 (b) 变速原理示意

图 9-1 行星齿轮机构

1—太阳轮；2—齿圈；3—行星架；4—行星齿轮

$a=\frac{z_2}{z_1}$——行星排特性参数；为保证构件间安装的可能，a 值的范围是 $\frac{4}{3}\leqslant a\leqslant 4$；

z_2——齿圈的齿数；

z_1——太阳轮的齿数。

通过对单排行星传动的运动学分析可知，这种简单的行星机构具有三个互相独立的构件，而仅有一个表征转速关系的三元一次线性方程，故而，其具有两个自由度。当以某种方式（如应用制动器制动）固定某一元件后，则行星排变成一自由度系统，即可由转速方程式 (9-3) 确定另外两构件的转速比（即行星排传动比）。这样，通过将行星排三个基本构件分别作为固定件、主动件、从动件或任意两构件闭锁，则可组成 6 种方案（对于单行轮行星排），见图 9-2。由式 (9-1) 不难求得这些方案的传动比。

例如：图 9-2 所示方案①中，约束齿圈，太阳轮为主动件，行星架为从动件，两

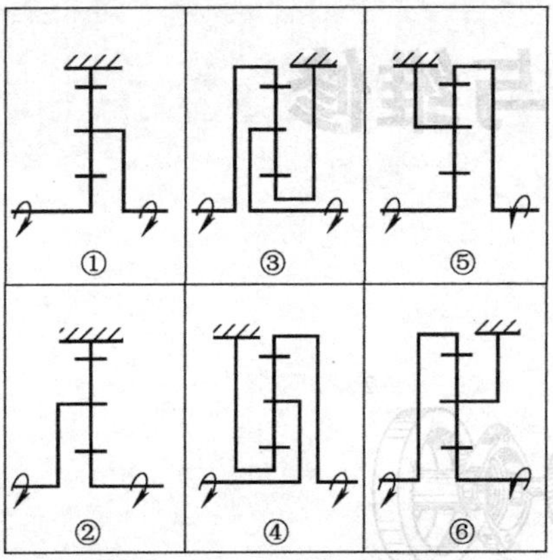

图 9-2 简单行星排的 6 种传动方案

者旋转方向一致，此时因齿圈转速 $n_2=0$，由式（9-1）即得

$$n_1-(1+a)n_3=0$$

故传动比为

$$i_{1j}=\frac{n_1}{n_3}=1+a$$

由于 $a>1$，故 $i_{1j}>1$，即为减速运动。

方案⑤中，行星架固定，太阳轮为主动件，齿圈为从动件，两者旋转方向相反，此时，$n_3=0$，故传动比为

$$i_{12}=\frac{n_1}{n_2}=-a$$

负号表示 n_1 与 n_2 转向相反，由于 $a>1$，故为倒挡减速运动。

同理可得其他方案的传动比，现列于表 9-1 中。

表 9-1 简单行星排 6 种方案的传动比

传动类型	齿圈固定		太阳轮固定		行星架固定为倒转	
	太阳轮主动为大减（方案①）	太阳轮从动为大增（方案②）	齿圈主动为小减（方案③）	齿圈从动为小增（方案④）	太阳轮主动为减速（方案⑤）	齿圈主动为增速（方案⑥）
传动比	$1+a$	$\frac{1}{1+a}$	$\frac{1+a}{a}$	$\frac{a}{1+a}$	$-a$	$-\frac{1}{a}$

若使用闭锁离合器将三元件中的任何两个元件连成一体，则第三元件转速必然与前二元件转速相等，即行星排中所有元件（包括行星轮）之间都没有相对运动，就像一个整体，各元件以同一转速旋转，传动比为 1，从而形成直接挡传动。

这也可用式（9-1）得到证明，例如使太阳轮和齿圈连成一体，则 $n_1=n_2$，代入式（9-1）即得

$$n_3=\frac{n_1+an_1}{1+a}=n_1=n_2$$

同理，当 $n_2=n_3$ 或 $n_1=n_3$ 时，都可得出同一结论。

如果行星排中三个基本元件都不受约束，则各元件处于运动不定的自由状态，此时行星排不能传递运动。

由上述可见，一个简单行星排可给出 6 种传动方案，但其传动比数值因受特性参数 a 值的限制，尚不能满足机械的要求，因此，行星变速箱通常是由几个行星排组合而成，以便得到所需的传动比。

（2）离合器

① 离合器的作用

a. 连接作用：将行星齿轮机构中某一组件与输入部分相连。

b. 连锁作用：将行星齿轮机构中任意两个组件连锁为一体，使三个组件具有相同转速，这时行星齿轮机构作为一个刚性整体，实现直接传动。

② 离合器的组成（图 9-3）

a. 摩擦片：一般用纸质浸树脂材料做成，也有用铜基烧结粉末冶金做成。形状为圆盘形，内圆带齿，摩擦片数目越多，摩擦力越大。

b. 压板：一般用特殊钢制成，形状为圆盘形，外圆带齿。压板与摩擦片配合成对，但也有部分车型在相邻摩擦片之间放多个压板是为了调整间隙。

c. 活塞：一般用铝合金制成，表面镀有软金属，形状为环状圆柱形，四周加工出单向阀和弹簧座。

d. 离合器鼓和缸体：一般由铝合金做成，内有液压缸体及相关油道，摩擦片与压板均装于离合器鼓内并用卡簧将压板限位。

e. 密封圈：密封圈常用的有 O 形及开口形密封圈。O 形密封圈安装无方向性，而开口形密封圈安装时，开口必须向缸体。在活塞内外圆各一个。

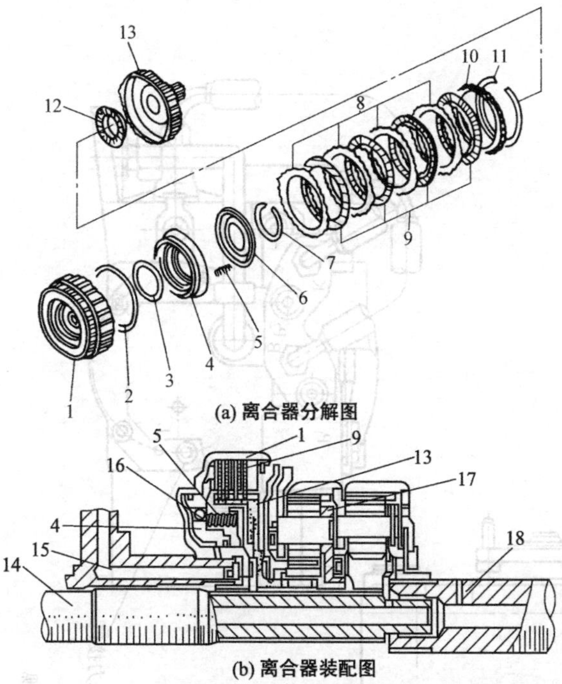

图 9-3 离合器

1—离合器鼓；2,3—密封圈；4—离合器活塞；5—回位弹簧；6—弹簧座；7,11—卡环；8—压板；9—摩擦片；10—挡圈；12—推力轴承；13—离合器鼓；14—行星齿轮变速器输入轴；15—油道；16—单向阀；17—前行星排行星架；18—行星齿轮变速器输出轴

f. 碟形弹簧：有些自动变速器的离合器中装有碟形弹簧，目的是为了减轻活塞工作时的冲击，同时活塞回位时又可充当回位弹簧。安装时碟形弹簧小端对向活塞。

g. 挡圈：离合器压板最外面一块由于承受较大的冲击力，因此厚度比其他压板厚出很多（约 2～3 倍）其平整面安装时朝向摩擦片。

③ 离合器的工作原理

a. 接合过程：当需要某一离合器接合工作时，自动变速器液压控制系统将液压油通过离合器鼓进油道送到活塞后方，给活塞压力，同时压力油将单向阀关闭，活塞受力克服回位弹簧的弹力，逐渐将压板与摩擦片压紧产生摩擦力。离合器的接合过程要求平稳柔和。

b. 分离过程：当离合器分离时缸体内主要油压由原油道泄出，同时单向阀打开帮助泄出残余油压，活塞在回位弹簧的作用下迅速回位，离合器摩擦片与压板分离。离合器的分离过程要求迅速彻底。

（3） 制动器

制动器的作用是将行星齿轮机构中某一组件与变速器壳体相连，使该组件受约束而固定。挖掘机常用制动器为盘式制动器，盘式制动器结构和工作原理与离合器完全相同。

9.1.2 大宇挖掘机 2HL-100 型变速器的构造与工作原理

(1) 2HL-100 型变速器的构造

2HL-100 型变速器的构造如图 9-4 所示。该变速装置由与壳体相接触的摩擦盘式制动器和与马达输出轴（变速器的输入轴）一起旋转的摩擦盘所组成。

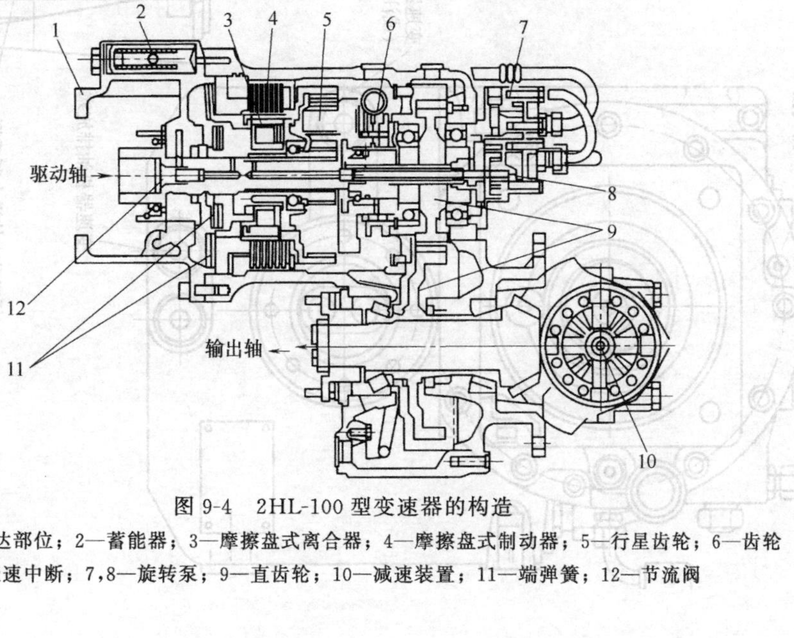

图 9-4 2HL-100 型变速器的构造

1—行走马达部位；2—蓄能器；3—摩擦盘式离合器；4—摩擦盘式制动器；5—行星齿轮；6—齿轮变速中断；7,8—旋转泵；9—直齿轮；10—减速装置；11—端弹簧；12—节流阀

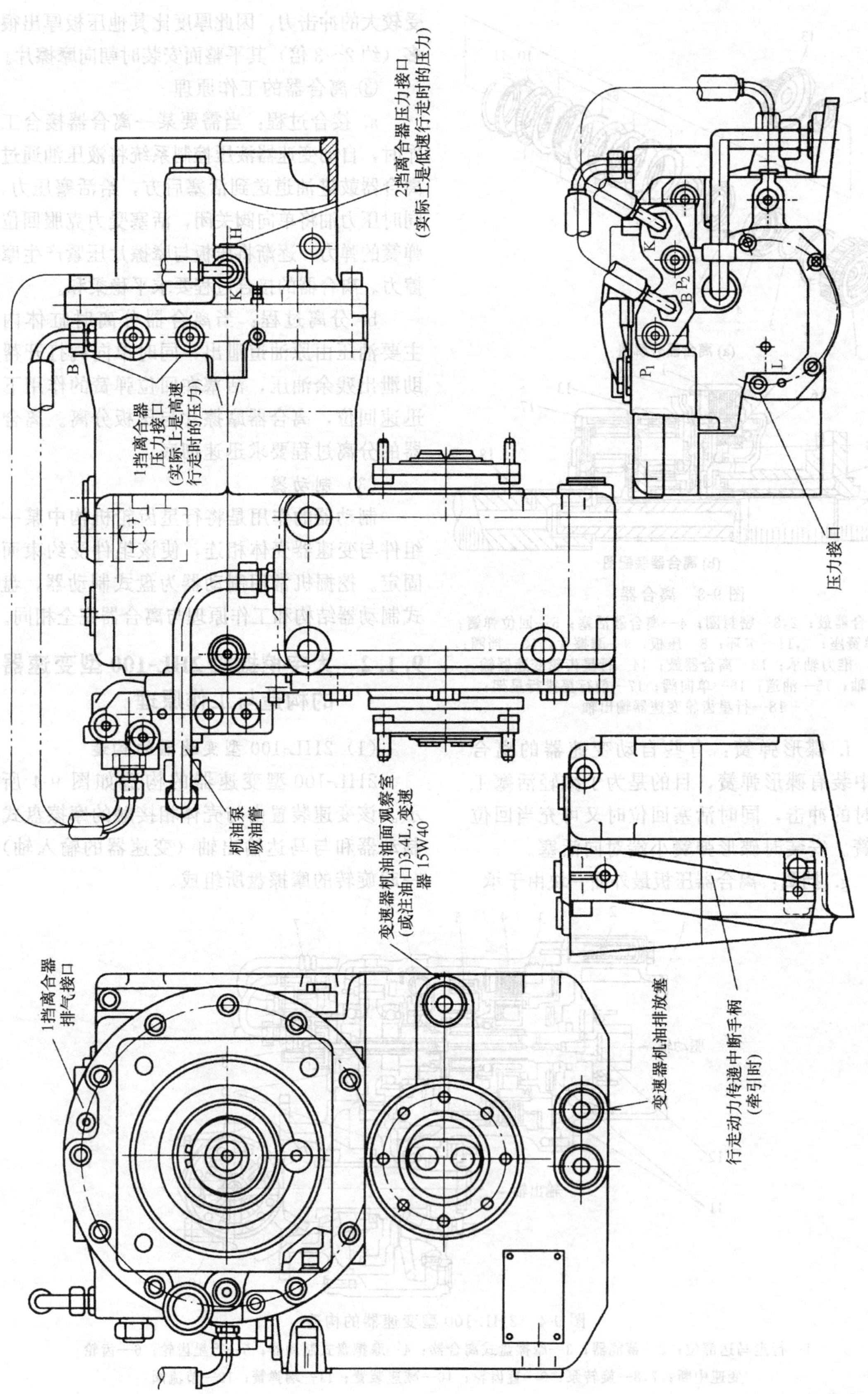

图 9-5 2HL-100 型变速器外观

当发动机停车时，两个离合器的盘式弹簧紧密接触，靠液压脱开。

2 个离合器处于靠紧状态是停车制动器的工作状态。只有 2 个离合器中的 1 个脱开，才能实现行车。

靠手动工作的止动离合器位于行星齿轮轴与螺旋齿轮体之间。扳动中断手柄时，向变速器传递的动力被中断。

使用操作时应注意：扳动牵引手柄时不要施加过大的力。

(2) 变速器的工作原理（动力传递）

在向 2 挡离合器方向供压时，经过轴上的单向阀向 2 挡离合器供压，并压向活塞盘式弹簧，松开 2 挡离合器。这时，行走马达的转动力矩通过直齿轮传递给行星齿轮支架，然后经过螺旋齿轮驱动输出轴转动。

当向 1 挡离合器方向供压时，行星齿轮一边自转一边公转并向行星齿轮支架传递力矩，进而驱动输出轴转动。

当停车制动器工作时（未供压），1 挡和 2 挡离合器均处于靠紧状态，因而不能行走，即行走输出轴（变速器输入轴）与离合器鼓、1 挡离合器、2 挡离合器及变速器箱体连在一起，所以不能转动。

要行走，则必须松开停车制动器（在变速器中包含有停车制动功能）。

(3) 2HL-100 型变速器的变速回路

2HL-100 型变速器的外观如图 9-5 所示。

变速器变速回路如图 9-6 所示。

① 变速器变速回路工作原理　当启动发动机的同时松开（接通电源）停车制动器（C2）时，依靠 C3 的减压阀使齿轮泵的压力调到 3.1～3.3MPa，并通过停车制动器的电磁阀（C2）和高、低电磁阀（C1）传递到变速器，进而松开 2 个离合器中的 1 个，而靠另一个靠紧的离合器传递动力。

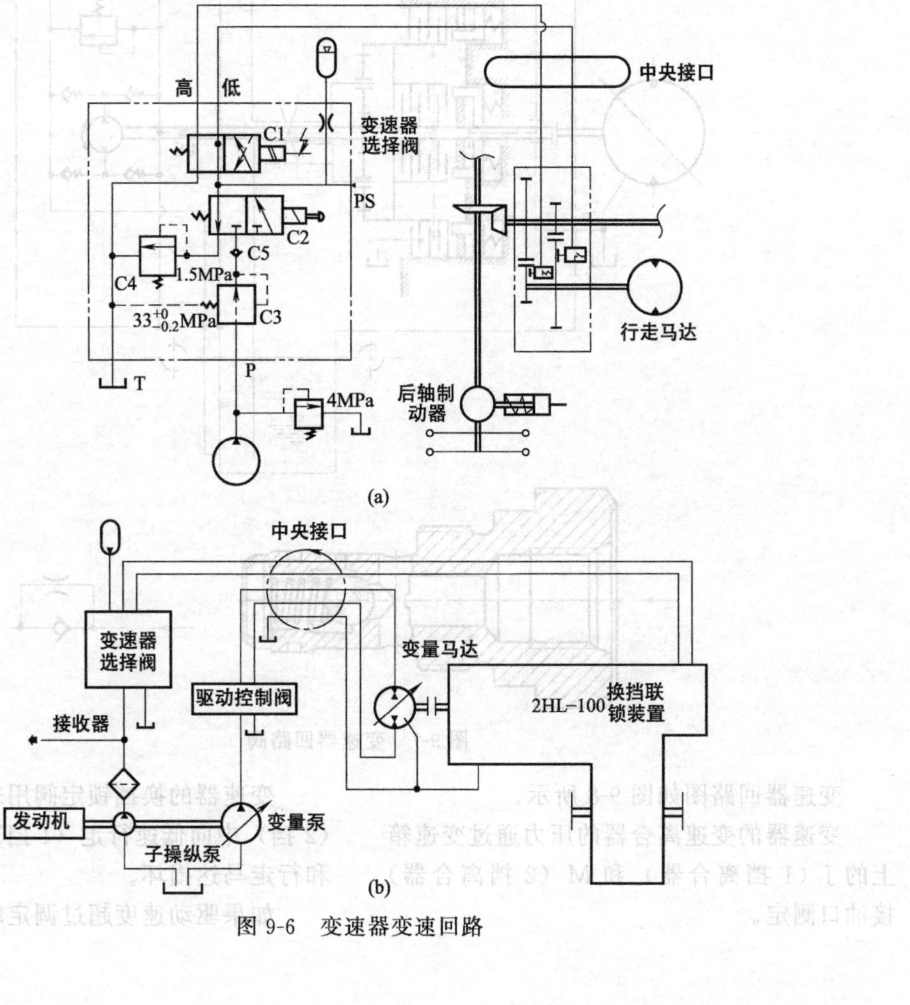

图 9-6　变速器变速回路

在这种情况下，行走途中如驾驶员不小心扳动停车制动器（断电），或者与停车制动器相连的导线、电磁阀不正常，瞬间产生的制动力会导致急刹车。为了防止出现这种现象，当停车制动器工作（断电）时，因离合器与C4溢流阀相连，故其压力仍可通过蓄能器充压到1.5MPa。

另外，由于在高—低变速回路中压力开关设定在2.6MPa，所以当离合器压力下降到2.6MPa以下时，仪表板上的“停车制动器”指示灯点亮。

当因停车制动器松不开而不能行走时，可以手动松开停车制动器的电磁阀，实现行走。

压力表的接口是变速器选择阀的PS接口，C3和C4的压力通过C2停车制动器电磁阀的工作（通电或断电）来测定。

变速器回路阀如图9-7所示。

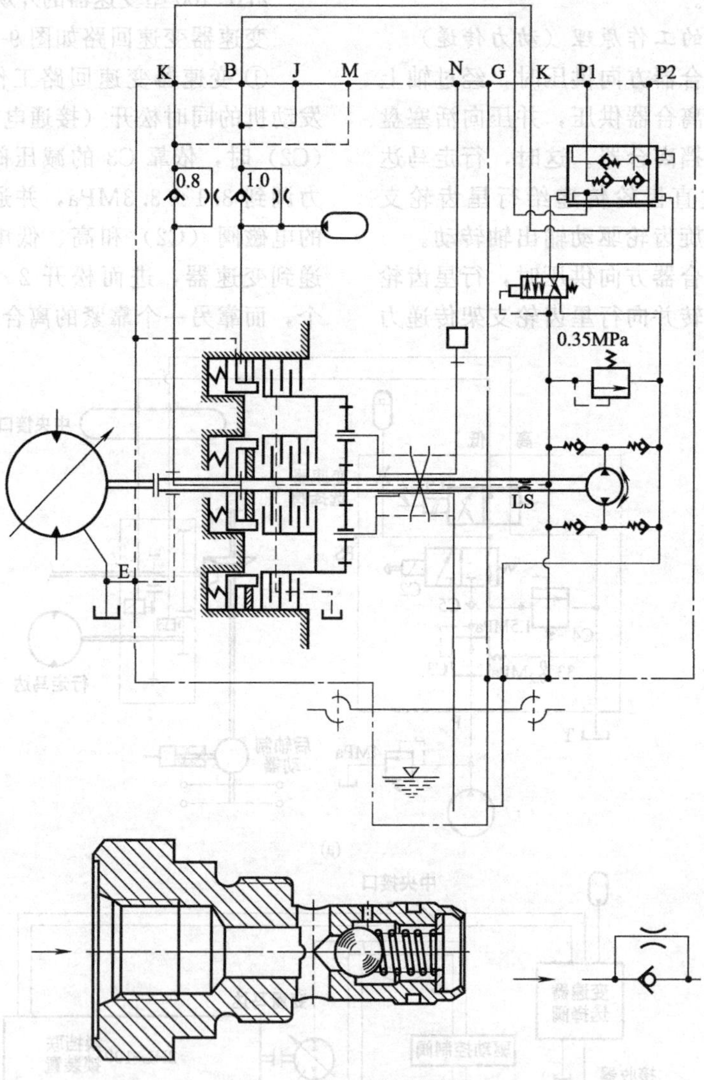

图9-7 变速器回路阀

变速器回路图如图9-8所示。

变速器的变速离合器的压力通过变速箱上的J（1挡离合器）和M（2挡离合器）接油口测定。

变速器的换挡锁定阀用来防止高速行走（2挡）中向低速行走（1挡）转换时齿轮箱和行走马达损坏。

如果驱动速度超过调定的变速点（变速

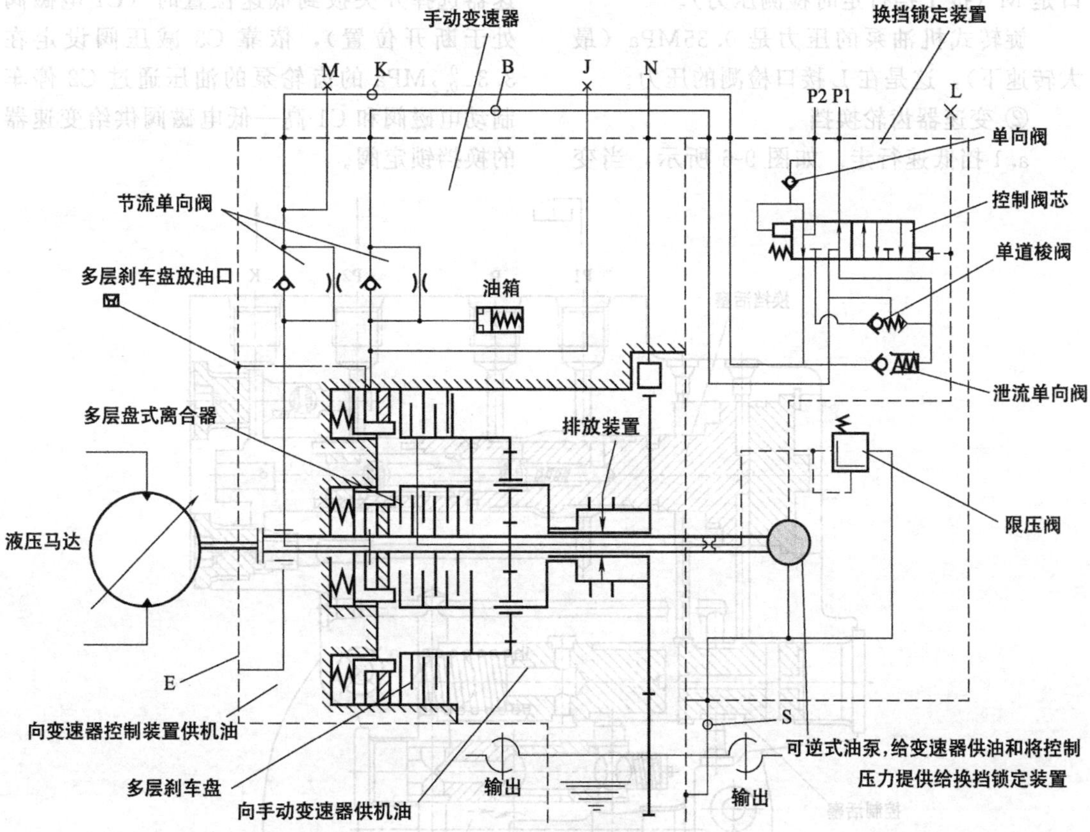

图 9-8 变速器回路

速度)，那么主动齿轮不能向反向的被动齿轮传递动力，反向被动齿轮只有在达到变速点时，才能靠齿轮变速换挡锁定阀松开。如果输入速度低于变速点，被调定的反向被动轮也能被啮合。

当行走马达的输出轴旋转时，换挡锁定阀内的旋转泵也会旋转。因这一转动，齿轮箱内的机油被旋转泵压缩（0.28～0.35MPa），其中一部分机油经由轴润滑1挡和2挡离合器部位，并供给先导阀、泵上面的单向阀，不论泵的转向如何，总可以吸油或排油并靠溢流阀将压力调到0.38MPa（最大）之后，因输出油的转速（泵转速）大小而产生的压差，使控制阀芯移动（只在1挡、2挡高速行车时才工作）。因控制活塞的移动，当由2挡向1挡变速时，靠换挡活塞的移动自动实现齿轮变速。

当按2挡行车（高速行走）时，向变速器换挡锁定阀的P1接口供油压之后，经内部的梭阀给变速器壳体上的B接油口供油，所提供的油压经入油口处的节流孔及单向阀，作用在1挡离合器的活塞上，松开摩擦盘，由此，行车马达输出轴的转动力使其调整旋转。

当按1挡行车（低速行车）时，向变速器换挡锁定阀的P2接口供油压之后，给变速器壳体上的K接口供油，作用在2挡离合器的活塞上，松开摩擦盘。另外，部分油经输出轴活塞环内漏之后润滑轴承部位，之后回到油箱。

离合器供油管路上的单向阀及节流孔的作用是：离合器松开时加快进行，在制动时缓慢进行。1挡离合器一侧设置有蓄压器的原因是1挡离合器作用面积大。另外，当分解或组装1挡离合器时，必须利用排气塞排气（2挡离合器无此排气塞）。

1挡离合器压力表接口是J（按2挡行走时检测其压力），2挡离合器的压力表接口是 M（按 1 挡行走时检测压力）。

旋转式机油泵的压力是 0.35MPa（最大转速下），这是在 L 接口检测的压力。

② 变速器齿轮换挡

a. 1 挡低速行走。如图 9-6 所示，当变速器选择开关扳到低速位置时（C1 电磁阀处于断开位置），依靠 C3 减压阀设定在 $3.3_{-0.2}^{\ 0}$MPa 的齿轮泵的油压通过 C2 停车制动电磁阀和 C1 高—低电磁阀供给变速器的换挡锁定阀。

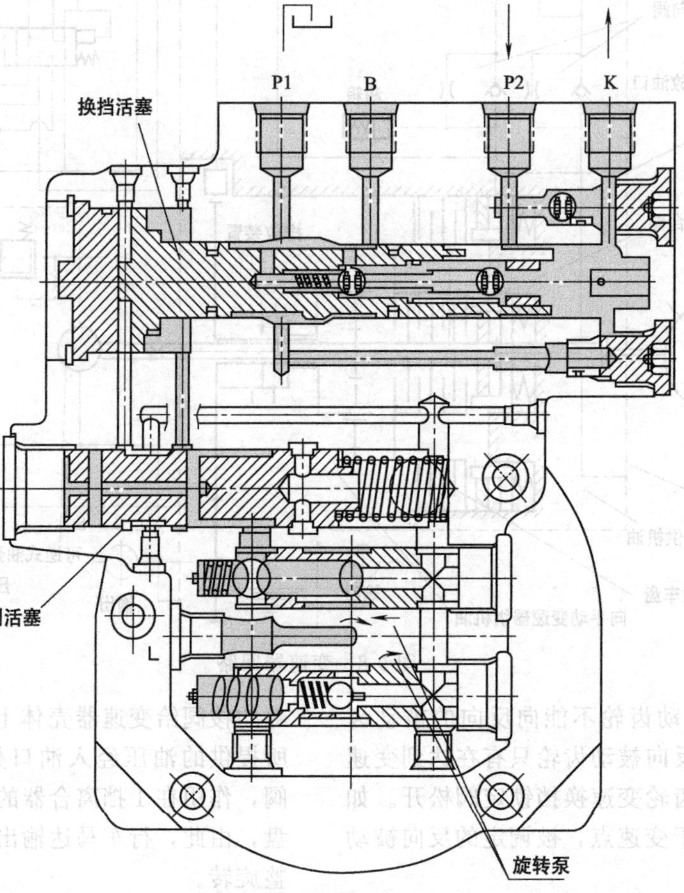

图 9-9　1 挡低速行走

所提供的油压通过路径 P2 接口将换挡活塞自右向左推动，从而通过变速器箱体上的 K 接口松开 2 挡离合器（图 9-9）。

因此，行走马达的输出轴产生转动，从而带动旋转泵也转动，进而产生对齿轮箱内机油的吸油压力。这个压力依靠溢流阀调整到最大 0.35MPa，借助于控制活塞将换挡活塞自右向左移动。

b. 1 挡高速行走。如图 9-10 所示，当变速器选择开关置于 1 挡位置，实际行走处于高速状态下，由于行走马达的输出轴处于快速转动状态，从而使旋转泵的排油量增加，使控制活塞右移，压缩弹簧，并使换挡活塞的左端面作用有低压（0.35MPa），而在端面面积小的右端却作用有离合器的油压（$3.3_{-0.2}^{\ 0}$MPa），换挡活塞处于左移状态。

c. 2 挡低速行走。当变速器选择开关置于 2 挡低速位置时，电磁阀接通。齿轮泵压力靠减压阀调定在设定值。此压力供给变速器的控制阀。所供油压经过 P1 接口推动阻塞活塞自左向右移动，由经过变速箱体上的接口使 2 挡离合器工作。由此行走马达的输出轴产生转动，进行 2 挡行车。当行车速度低时泵的排量也减少。这时产生的油压欲使转换活塞右移。

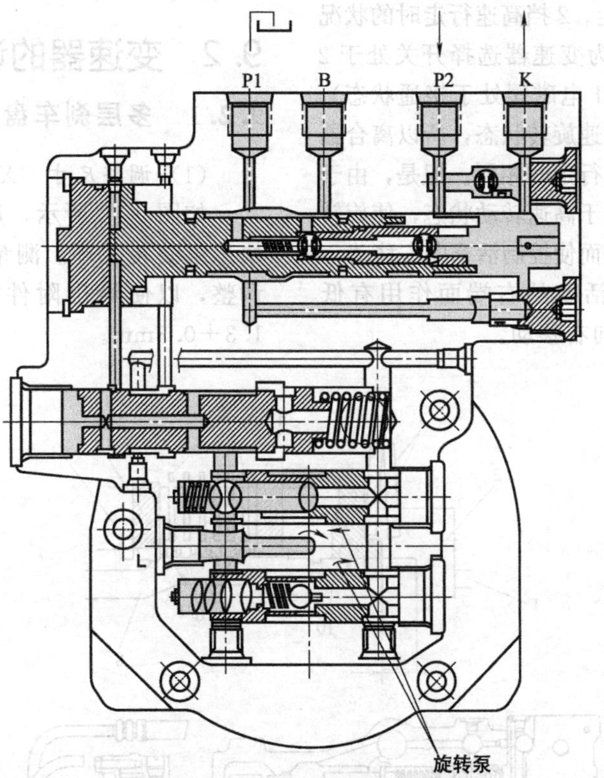

图 9-10　1 挡高速行走

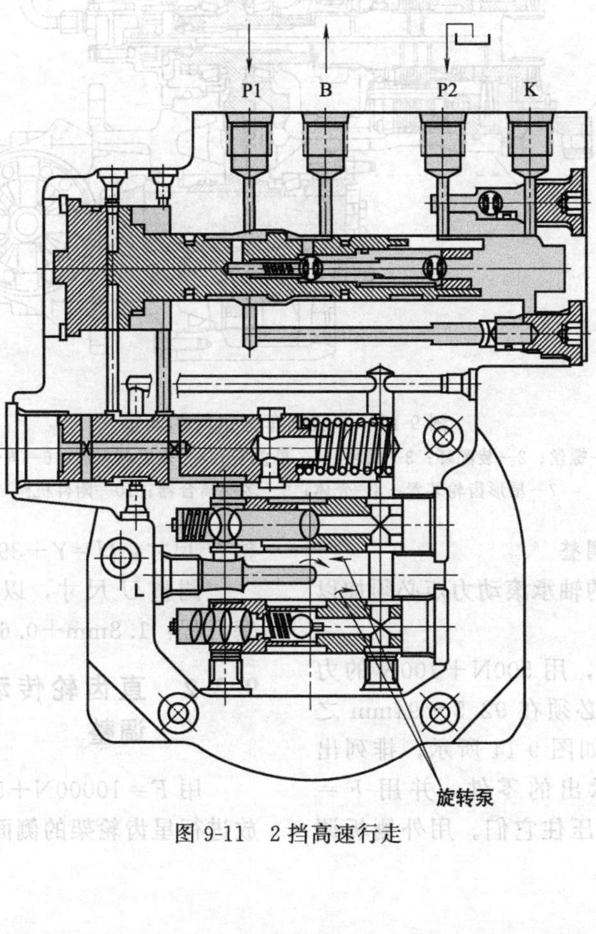

图 9-11　2 挡高速行走

d. 2挡高速行走。2挡高速行走时的状况如图9-11所示。因为变速器选择开关处于2挡位置（图9-6中C1电磁阀处于接通状态），实际行走状态处于高速旋转状态，所以离合器回路状况与2挡低速行走时相同。但是，由于行走马达的输出轴处于高速转动状态，使旋转泵的排油量增大，进而使控制活塞向右移动。

这是由于换挡活塞的右端面作用有低压，所以换挡活塞向右移动。

9.2 变速器的调整

9.2.1 多层刹车盘组件的调整

(1) 调整尺寸“X”

如图9-12所示，用4个螺丝在箱体上快速组装装配环。测量尺寸X并用外侧板调整，以便给出附件机闸中的活塞行程：1.3+0.3mm。

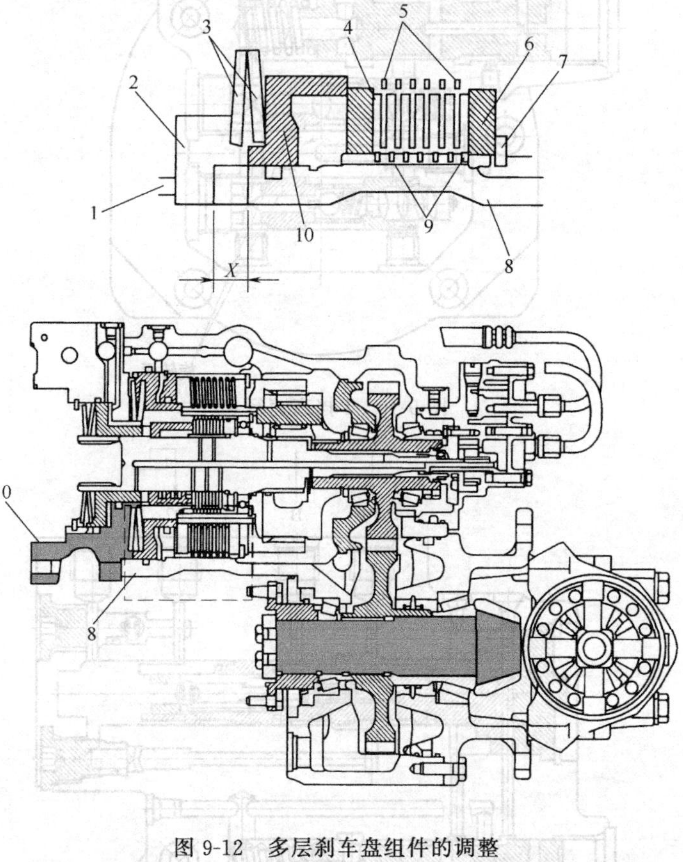

图9-12 多层刹车盘组件的调整

1—螺丝；2—装配环；3—簧环；4—外侧板；5—多层刹车盘；6—内侧板；7—星形齿轮装置；8—壳体；9—多层离合器；10—附件机匣

(2) 离合器的调整

锥形滚动轴承的轴承滚动力矩必须加以调整。

如图9-13所示，用500N+100N的力压底板面，Y尺寸必须在92.5～94mm之间。U尺寸的测定如图9-14所示，排列出测量线上的所有示出的零件，并用$F=8000N+500N$的力压住它们。用外侧板调整U尺寸，$U=Y+39mm$。

调整U尺寸，以便给出附件机闸的活塞行程：1.8mm+0.6mm。

9.2.2 直齿轮传动装置滚动轴承的调整

用$F=10000N+500N$的力将滚动轴承放进行星齿轮架的侧面，并消除圆盘和簧环

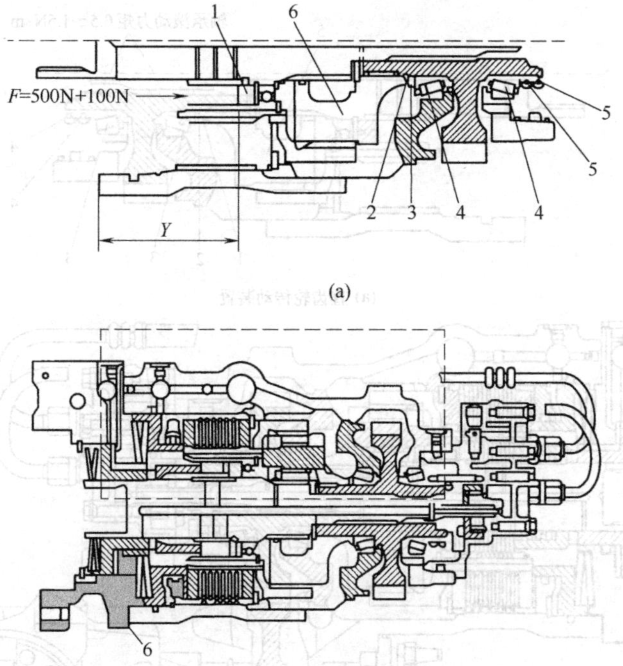

(a)

(b)

图 9-13 调整 Y 尺寸

1—底板；2—簧环；3—圆盘；4—滚动轴承；5—带槽螺母；6—附件机匣

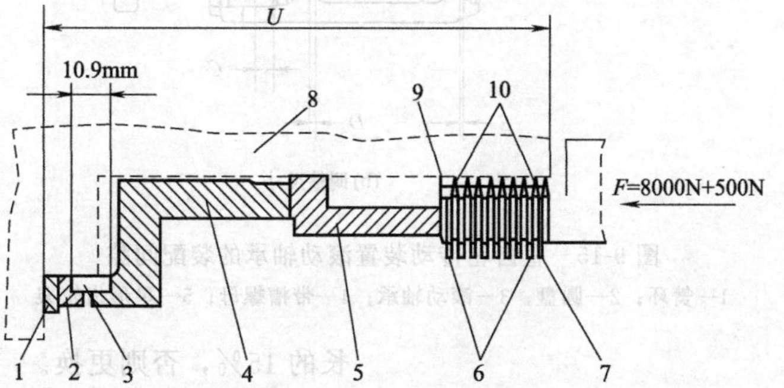

图 9-14 调整 U 尺寸

1—底板；2—环；3—计量用标准环；4—套；5—活塞；6—多层刹车盘；7—外侧板；8—测量销；9—内侧板；10—离合器

之间的间隙。利用带槽口的螺母调整换挡锁定装置一侧的滚动轴承。使轴承滚动力矩在 0.5～1.5N·m 之间。带槽口螺母的拧紧力矩为 300N·m＋50N·m，检查轴承滚动力矩。用一种填隙工具确保带槽口螺母的防松各部装配间隙，如图 9-15 所示。

输出组件装配间隙 C＝11mm＋1mm。压入传动轴密封件，保证 C 尺寸。

输出组件装配间隙 D＝4mm＋1mm。压入传动轴密封件，保证 D 尺寸。

输出组件装配间隙 E＝1.5mm＋0.5mm。压入传动轴密封件，保证 E 尺寸。

换挡锁定组件装配间隙 F＝0.2mm＋0.5mm。压入滚针轴瓦，保证 F 尺寸。

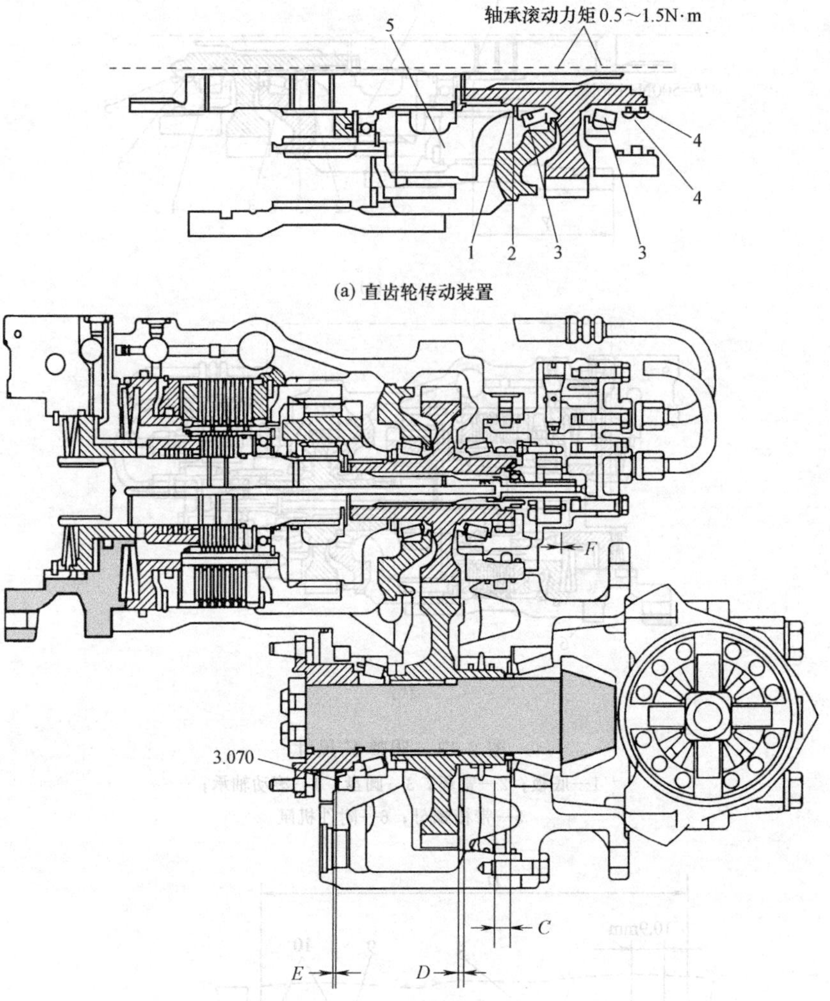

(a) 直齿轮传动装置

(b) 调整尺寸

图 9-15 直齿轮传动装置滚动轴承的装配间隙

1—簧环；2—圆盘；3—滚动轴承；4—带槽螺母；5—星形齿轮架

9.3 变速器的维修

9.3.1 检查及修理

(1) 齿轮与花键的检修

齿轮损伤表现为：齿面、齿顶、齿轮中心孔、花键齿磨损、齿面疲劳脱落、斑点，严重时会出现轮齿断裂、破碎等现象。

① 齿轮的齿面上出现明显的疲劳斑点、划痕或阶梯形磨损时，应更换；斑点小时可用油石修磨后继续使用。

② 齿轮端面的磨损长度不允许超过齿长的 15%，否则更换。

③ 齿轮的啮合面应在齿高的中部，接触面积不得小于齿轮工作面的 60%。

④ 齿轮与齿轮、齿轮与轴及花键的啮合间隙要符合原厂的规定。

(2) 轴的检修

轴的损伤通常表现为：轴颈、花键齿的磨损，轴的变形，轴的破裂。

① 轴的弯曲变形用百分表来测量，超过标准时应校正或更换。

② 轴齿、花键齿损伤达到前述损伤的程度时应更换。

③ 用千分尺检查轴颈的磨损程度，其磨损达到规定值时，可堆焊后修磨、镀铬修复或更换。

④ 检查轴上定位凹槽的磨损，超过规定值时应更换。

⑤ 轴出现任何形式的裂纹和破碎时，应更换。

(3) 变速器壳体的检修

变速器壳体的主要损伤表现为：壳体的变形、裂纹，定位销孔、轴承孔、螺纹磨损等。

① 变速器壳体不得有裂纹。对受力不大的裂纹，可用环氧树脂粘接或焊接修复。如轴承座孔、定位销孔、螺纹孔等重要部位出现裂纹时必须更换壳体。

② 变速器壳体的变形将破坏齿轮的正常啮合，引起变速器的故障。检查时，对于三轴式变速器要用专用量具检查。

a. 上下两孔轴线间的距离；

b. 上下两孔轴线的平行度；

c. 上下两孔轴线上平面间的距离；

d. 前后两端面的平面度。

两轴式变速器壳体由前、后两部分组成，其变形要检查输入轴与输出轴的平行度，及前后壳体接合面的平面度。超过规定时要进行修复。

当变速器轴承孔磨损超限、变形时，可采用镶套、刷镀的方法修复或更换；当壳体平面度误差超限时，可采用铲、刨、锉、铣等方法修复或更换。

③ 壳体上所有连接螺孔的螺纹损伤不得多于2牙。螺纹孔的损伤可采用换加粗螺栓或焊补后重新钻孔的方法修复。

(4) 变速器盖的检修

变速器盖应无裂纹，其与变速器壳体结合面的平面度公差超限时，可采用铲、刨、锉、铣等方法修复；拨叉轴与孔的间隙超限时，应更换。

(5) 轴承的检修

轴承应转动灵活，滚动体与内外圈不得有麻点、麻面、斑疤和烧灼等，保持架完好，否则，更换。

(6) 操纵机构的检修

变速器操纵机构工作频繁，其损伤常表现为：磨损、变形、连接松动、弹簧失效等。

① 检查变速器操纵机构各零件的连接情况，如有松动应及时紧固。

② 检查换挡操纵杆是否弯曲、变形。若有，应校直。

③ 检查拨叉与接合套、拨叉与拨叉轴、选挡轴等处的磨损，如磨损，应更换。

④ 检查复位弹簧、锁止弹簧的弹性，如失效应更换。

(7) 同步器的检修

① 锁环式同步器的检修　锁环式同步器的损伤表现在锁环、滑块、接合套、花键毂和花键齿的损伤。锁环内锥面和滑块凸台的磨损都会破坏换挡过程的同步作用；锁环、接合套锁止角的磨损，会使同步器失去锁止作用，这都会出现换挡困难，发出机械撞击噪声。

锁环的检验方法是将同步器锁环压在换挡齿轮的端面上，检查摩擦效能，并用厚薄规测量锁环和换挡齿轮端面之间的间隙 e。解放 CA1091 变速器的标准间隙是 1.2～1.8mm，磨损极限是 0.30mm；奥迪、桑塔纳的标准间隙是 1.1～1.9mm，磨损极限是 0.5mm。超过此极限值时，应更换。

同步器滑块顶部凸台磨损出现沟槽，必须更换。否则，也会使同步作用减弱。

锁环上滑块槽的磨损、滑块支撑弹簧断裂；弹力不足以及接合套和花键毂的磨损都会使换挡困难。

② 锁销式同步器　锁销式同步器零件的主要损伤有锥盘的变形，锥环锥面、锁销、传动销磨损等。

锥盘的变形是由于换挡操作不当、冲击过猛，使锥盘外张，摩擦角变大造成同步效能降低。锥环锥面上的螺纹槽的磨损严重，使摩擦系数过低，甚至两者端面接触，使同步作用失效。EQ1090 型汽车变速器同步器锥环锥面上的螺纹槽的深度是 0.4mm。如锥环因磨损使锥环锥盘的端面接触时，可采用车削锥环端面修复，但车削总量不能大于1mm；如有锥环锥面上的纹槽的深度小于0.1mm，应更换同步器总成。换用新总成时，可保留原来的锥盘，但两者的端面间隙不得小于3mm。

同步器的锁销、传动销松动或有散架，锁止角异常磨损，都会使同步器失效，应换用新同步器。

9.3.2 装配与调整

变速器装配质量的好坏，对变速器的工作影响很大，在变速器装配时应注意以下几个方面：

① 清洁 装配前必须对零件进行认真的清洗，除去污物、毛刺、铁屑等。尤其要注意齿轮润滑油孔的畅通。

② 预润滑 装配轴承时，应涂质量优良的润滑油进行预润滑。总成修理时，应更换所有的滚针轴承。

③ 文明操作 对零件的工作表面不能用硬金属直接锤击，避免齿轮轮齿出现运转噪声。

④ 记号 注意同步器锁环或锥环的装配位置。装配过程中，如有旧件时应原位装复，以保证两元件的接触面积。因此，在变速器解体时，应对同步器各元件做好装配记号，以免装错。

⑤ 组装中间轴和第二轴 应注意各挡齿轮、同步器花键毂、止推垫圈的方向及位置，以保证齿轮的正确啮合。

⑥ 安装轴承 只允许用压套垂直压在轴承的内圈，禁止施加冲击载荷，轴承内圈圆角最大的一侧必须朝向齿轮。

⑦ 油封 装入油封前，需在油封的刃口涂少量的润滑脂，要垂直压入，并注意安装方向。

⑧ 间隙 变速器装配后，要检查各齿轮的轴向间隙和各齿轮副的啮合间隙及啮合印痕。常啮合齿轮的啮合间隙为0.15～0.40mm；滑动齿轮的啮合间隙为0.15～0.50mm。第一轴的轴向间隙≤0.15mm，其余各轴的轴向间隙0.30mm，各齿轮的轴向间隙≤0.40mm。

⑨ 密封 装配密封衬垫时，应在密封衬垫的两侧涂以密封胶，确保密封效果。

⑩ 安装变速器盖 各齿轮和拨叉均应处于空挡位置。必要时，可分别检查各个常用挡的齿轮副是否处于全长啮合。

⑪ 拧紧 按规定的力矩拧紧各部位的螺栓。

(1) 变速箱内传动机构的装配

① 将变速器壳体固定在工作台上。

② 将倒挡齿轮轴总成装入变速器壳的倒挡轴孔内，并装上倒挡齿轮，穿过倒挡轴销。

③ 将变速器中间轴总成放入变速器壳体内，并装上中间轴，前，后轴承，轴承止动环，轴用圈。

④ 将第二轴总成放入变速器壳体内，装上第二轴后轴承、轴承止动环、里程表齿轮隔套、里程表主动齿轮（或转速传感器）、带油封的变速器后轴承盖、二轴法兰盘、O形密封圈、碟形垫圈和法兰盘螺母。

⑤ 将第一轴放入壳体内，在变速器第一轴总成内孔中放入滚针轴承，并将二轴前端轴颈装入第一轴滚针轴承的内孔中。

⑥ 装上一轴轴承、轴用弹性挡圈、一轴垫片。

⑦ 将装好油封的离合器壳装到变速器前端面上，用螺栓拧紧。

(2) 变速器盖的装配

将换挡拨叉、拨叉轴、换挡摇臂、选挡摇臂、选挡摆手焊合件等按拆卸的相反顺序一次装到变速器盖上。特别注意互锁顶销、互锁自锁钢球、锁球弹簧、拨叉弹性圆柱销等零件要安装到位，不要错装、漏装。

(3) 变速器总成的装配

把变速器壳内第二轴总成上的齿轮放在不啮合位置，把变速器壳盖上的换挡拨叉放在中间位置，在变速器壳的平面上涂一层密封胶，装上变速器盖并拧紧紧固螺栓。最后拧上放油螺塞，加注润滑油，拧上加油螺塞。

(4) 变速器的磨合与试验

变速器装配后，应按规定进行变速器的

磨合与试验，以改善零件摩擦表面啮合副工作表面状况，检查变速器的修理和装配质量。

变速器新装配的啮合副的工作表面不可避免地要存在一些微观和宏观的几何偏差。因此，啮合副的实际接触面积要比理论面积小得多。如果直接投入使用，就会在实际接触面积上形成极大的单位面积载荷，引起剧烈的磨损。

磨合与试验就是在装配以后，使变速器在适当的负荷下运转一段时间，将工作表面上的凸起磨掉一些，形成能够承受和传递正常使用时的额定负荷的工作表面。同时，可发现各挡齿轮的工作情况，换挡的轻便性，有无跳挡、漏油、轴承发热等修理和装配质量问题。

变速器的磨合应在试验台上进行，按规定进行无负荷和有负荷条件下各种转速的运转磨合前，应向变速器加注清洁的润滑油。磨合时，第一轴转速为1000～2000r/min，各挡磨合时间的总和不得少于1h。

变速器进行有负荷试验时，其负荷为最大传递转矩的30%，严禁加入研磨用的磨料进行磨合。

在变速器磨合过程中，油温在15～65℃。变速器经磨合和试验后，应认真进行清洗，按原厂规定加注润滑油。

9.3.3 变速器的维护

(1) 普通变速器的维护与保养

进行变速器维护时，应检查变速器的油面高度和润滑油的质量，补充或者更换润滑油。

检查变速器各密封部位是否存在漏油，各油封处是否存在漏油。检查变速器盖上的通气孔是否通畅，必要时进行疏通。

检查变速器各挡位的换挡情况，看是否存在换挡困难、掉挡或者换挡时出现异常声响等。若存在上述情况，应通过附加作业的方法进行修理。

仔细检查变速器是否存在异常声响，诊断异常声响的部位及原因，必要时进行修理。

检查变速器操纵机构杆系各铰接处球头销的配合间隙，看是否存在裂纹等。

(2) 动力换挡变速箱的维护与保养

动力换挡变速箱是传动系统的关键部件，其价格昂贵、结构复杂。在实际使用中，司机往往在机器已不能正常工作时才不得不将其拆下进行维修，以致丧失了最佳维修时机，降低了变速箱的使用寿命。

动力换挡变速箱中的离合器属于易损部件。为了防止损坏变速箱中价格昂贵的轴承和齿轮，应定期检查和保养变速箱。根据我国情况，在正常使用下，每隔2500～5000h，就应检查离合器的磨损情况，但更重要的是随时把握异常信号。

由于动力换挡变速箱不可能很快失效，在摩擦片首次出现磨损痕迹后，通常离合器还能继续使用750～1000h。如在此期间进行检查和保养，并及时更换摩擦片、密封件和个别轴承，则可挽救大部分未损坏的零件，如钢片、齿轮、轴、液压缸和大部分轴承等。

① 工作油 油箱油面必须在油尺指示范围内，即油面必须高过油泵吸油粗滤器。用油必须清洁，加油时需防止杂质进入油液中。

② 油温油压 动力换挡变速箱工作时的油温一般应在80～110℃，短时间不要超过120℃，否则要停车冷却，或检查有无故障，以免损坏密封件，引起漏油。操纵阀油压、变速箱润滑油压均必须在规定范围内。

③ 清洗换油 新箱初期使用50h后更换全部工作油，并清洗变速箱油底壳、滤网及磁铁放油螺塞。注意观察有无铝屑、铁屑出现。以便分析箱内传动件的磨损情况，及时采取措施。以后每工作600h清洗、换油一次。

根据实际使用者的经验，在此介绍变速箱需进行维修时出现的异常现象。实际上离合器在失效前往往出现以下异常情况。

a. 离合器失效以前，机器虽然还可以工作，但变速箱内的油液已变质，黏度下降

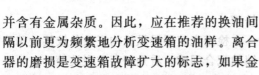

并含有金属杂质。因此，应在推荐的换油间隔以前更为频繁地分析变速箱的油样。离合器的磨损是变速箱故障扩大的标志，如果金属杂质进入齿轮或卡住齿轮使其不能对中，再不停车就会研碎变速箱中的其他构件。

b. 换挡性能下降是离合器损坏前的征兆。开始打滑时，离合器被黏住，当平稳加速时，机器会向前冲击，此时应停机检修。

c. 离合器操纵油压下降。当机器必须加速才能使离合器接合时，就说明离合器已出现过度磨损或密封失效现象。因此，测量变速箱的油压和观察油温的上升就可判定离合器的磨损情况。与此同时还应分析油质，若油液中出现铁或铬的微粒，则表明齿轮已开始磨损。

9.3.4 变速器故障诊断与分析

(1) 变速器跳挡

① 故障现象　变速器跳挡。

② 故障分析　分析挖掘机变速器跳挡时，应结合挖掘机变速器构造及其特点来分析跳挡原因。

a. 液压挖掘机变速器结构特点是：远距离机械操纵，各挡都采用结合套挂挡，使轮齿啮合少，因而容易脱挡。例如，由于远距离操纵变速器，工作时操纵机构的传动杆件多会发生弹性弯曲或扭转变形，易使接合套移动不到位，势必影响变速齿轮轮齿的啮合长度，加之接合套与短齿接合，故易将短齿磨损成锥形。当接合套与短齿接合时，使轴向力增大。若大于自锁装置的锁止能力时，即会产生跳挡。

b. 拨叉变形。如果挂挡时用力过大，易使拨叉弯曲变形，造成挂挡时轮齿啮合长度变短而导致跳挡。

c. 操纵机构润滑不良。由于操纵机构润滑不良而运动机件的摩擦阻力过大，易使变速器拨叉滑移不到位，造成挂挡时轮齿啮合长度不足。

d. 操纵机构调整不当。若操纵机构调整不当，很容易使拨叉挂不到所需的挡位而脱挡。

③ 故障诊断与排除

a. 如果各挡均有跳挡现象，说明是由于变速器操纵机构的自锁装置失效所致，应更换弹簧或变速叉轴。

b. 如果常用挡位跳挡，说明该挡啮合齿过度磨损，应成对更换新件。

c. 如果常用挡位跳挡，多半是挡位拨叉弯曲，应作校正处理。

d. 如果操纵变速杆感到费力，说明跳挡是因操纵机构阻力过大而挂挡不到位所致，应进行润滑。

e. 调整操纵机构。调整操纵机构传动机件的长度和摆角度，如果跳挡现象消失，表明这就是变速器跳挡的原因所在。

(2) 变速器乱挡

① 故障现象　挖掘机起步或工作中变速器出现不能挂入所需挡位，或能挂入所需挡位，但不能退回空挡，以及起步时发动机熄火等诸现象，称为乱挡。

② 故障分析

a. 互锁装置失效。由变速器构造可知，变速器的操纵机构中设有互锁装置。其目的是为了防止同时移动两根变速轴同时挂上两个不同速比的挡位，如果能同时挂上两个不同速比的挡位（乱挡），必然是互锁装置失效所致。

b. 变速叉紧定螺钉松动。变速器的拨叉套装在变速叉轴上，并由紧定螺钉固定，以防止变速叉与变速叉轴相对滑动。如果挂不上所需挡位，则多数是由于变速叉紧定螺钉松动，变速叉与变速叉轴相对滑移，而使挂挡时变速叉不能与变速叉轴一起移动（变速叉不动，接合套自然也不动）之故；或者是挂挡不能按所需要退回空挡，使之无法空挡。

c. 操纵机构传动脱节。液压挖掘机的变速器为远距离操纵，并几经转折。如果摘挡时（退回空挡）变速机构因啮合齿压紧力未完全消除，加之操纵机构的润滑不良，致使操作阻力过大，会造成铰链销钉或其他形式的链接处折断，使操纵动力传递中断，操纵机构的末端拨叉得不到操纵力。

d. 拨叉折断。拨叉是变速器操纵机构的末端，靠叉套套在接合套的拨叉槽内，如果接合套滑移时受阻或与被啮合齿轮啮合时，反复产生轴向力，易使拨叉反复弯曲而疲劳折断。此外，拨叉有先天性的制造缺陷，当受力过大时也会折断。拨叉折断后，挂挡时接合套不移动，则挂不上挡，挂上挡时又摘不下挡。

由于以上原因，即使变速杆回到空挡位置，拨叉也不能带着啮合齿轮返回空挡。同时，也挂不上所需的挡位而造成乱挡。

e. 操纵机构的变速杆下端或变速叉轴的拨块因使用时间过久，过度磨损，使之脱出拨块，失去了连接，造成摘不下挡或挂不上理想的挡位。

③ 故障诊断与排除

a. 如果踩下离合器踏板启动发动机，或换挡后在逐渐放松离合器踏板时，有熄灭发动机的趋势，说明变速器操纵机构的互锁装置失效，使同时挂上了两个不同速比的挡位而造成乱挡，应更换互锁装置或变速叉轴。

b. 如果没有空挡，说明是由于操纵机构的拨叉轴紧定螺钉松动所致，使之与操纵机构的传动中断，或者是变速杆下端脱出凹槽。应查明故障原因，有针对性的予以排除。

c. 如变速操纵机构外露传动杆件脱接，外观可见。

(3) 挂挡困难

① 故障现象　变速器出现几次挂挡不入。

② 故障分析　驾驶员操纵变速杆不能迅速挂入所需挡位，从构造上分析有两个原因：一是挂挡时接合套位移不到位；二是接合套与被啮合齿轮的转速差过大即不同步。造成上述故障的主要原因有：

a. 操纵机构调整不当。变速器的操纵机构属远距离机械式操纵装置，操纵时要几经转折才能拨动接合套，如果调整不当，会使接合套的滑移过程过小，导致接合套接合时不到位而使挂挡困难。

b. 拨叉折断。拨叉是变速器操纵机构的末端，靠叉套套在接合套的拨叉槽内，如果接合套滑移时受阻或被啮合齿轮啮合时，反复产生轴向力，便会使拨叉反复弯曲而疲劳折断。此外，拨叉有先天性的制造缺陷，当受力过大时也会折断。拨叉折断后，挂挡时接合套不移动，则挂不上挡。

c. 离合器分离不彻底。挂挡时，要求接合套的转速与被啮合齿轮的转速一致时（即同步）方可挂挡，如果离合器分离不彻底或操纵不当，便会引起两啮合齿轮不同步，造成挂挡困难。

③ 故障诊断与排除

a. 如果踩下离合器踏板挂任何挡都困难，且有齿轮轮齿的撞击声，表明造成挂挡困难的原因是离合器分离不彻底，应结合本车的具体结构进行彻底排除。

b. 如果挂任何挡位都困难，且手感阻力大，表明操纵机构润滑不良（对于在用机），予以润滑即可；若对象为新启用的挖掘机，除润滑不良以外，还应考虑到操纵机构的装配过紧或滑动配合件的表面质量过于粗糙，应对症处理。

c. 如果挂某挡困难，表明是操纵机构调整不当或拨叉折断，应查明原因并予以处理。

诊断说明，有时挂挡困难不一定是单一原因造成的，也有可能是操纵机构的调整不当、润滑不良、变速杆松动，行程过大、离合器分离不良等多种因素综合所致，所以诊断时应逐一排除。

(4) 变速器异响

① 故障现象　变速器工作时发出不正常的响声。

② 故障分析　异响是因变速器内的机件振动产生的。变速器工作时，其配合机件必然会产生磨损，从而使机件间的配合间隙增大而松动，使机件冲击或摩擦引起振动而发响。

a. 轴承响。变速器轴承长期在高速、重载条件下工作，承受着很大的交变载荷。尤其是装在壳体上部的轴承，其润滑是靠飞溅来完成的，工作条件较为恶劣，常使这些轴承的滚动体与滚道处在半干状态下摩擦，使其表面产生烧蚀、疲劳剥落和球面磨损，严重时，滚动体碎裂，使轴承的轴向和径向间隙增大，工作时滚动体滚道内发生不规则的滚动，从而发出不正常的响声。另外，轴承外圈与座孔配合松动，轴承内圈孔与轴颈配合松动，就难以保证轴和轴承的径向定位，所以变速器工作时轴会发生径向跳动，从而产生异响。

b. 齿轮发响。齿轮轮齿啮合时为线接触，其相对运动应为滚动摩擦。由于制造误差、润滑不良及重载传动等原因，引起齿轮磨损变形，使外廓失去标准渐开线形状，相对运动时滑动摩擦增多，滚动摩擦减少，加速了齿面的磨损，使齿侧间隙增大，出现了传动不平稳，异响也就随之产生，经固体介质将声音传出，即是异响。

挖掘机变速器为定轴轮系传动。一对齿轮的正确啮合是由位置精度来保证的，若轴承松动、轴弯曲变形或变速器壳体变形，均会引起齿轮中心距不断发生变化，使齿轮啮合间隙时大时小，修理时未成对更换齿轮或新旧齿轮搭配，会造成啮合不良，传动不平稳，产生异响。

c. 花键磨损。由于变速器滑动齿轮与花键轴是花键连接，工作时间过久后引起磨损，齿轮径向位移时，运转中会产生传动不平稳，即轴向和径向振动或摆动，振动通过固体零件或空气传出即是异响。

d. 其他原因。润滑油在润滑部位不仅起润滑作用，同时还起缓冲作用，即齿轮或其他零件发生振动时，润滑油会吸收部分振动能量，使振动能量较小，异响声减小或消失。如果变速器内缺油或润滑油变稀等，前者为吸收振动能量的载体消失，后者吸收振动能量的能力衰退，均会产生不正常的响声。当变速器内落入异物时，也会产生挤压异响，严重时还会损坏零件。

③ 故障诊断与排除

a. 分部检查诊断时，首先区分是变速器响还是其他传动部件（差速器、侧传动）异响。其方法是：将换向离合器置于中间位置（不传递动力使差速器不工作），然后启动发动机并挂挡，若有响声出现，便是变速器机构或换向机构有故障。否则，异响在变速器或侧传动。

变速器检查：踩下离合器踏板后异响消失，放松踏板后异响出现，可确诊异响在变速器。

b. 分析检查与排除：

(a) 若变速器为空挡时发响，说明异响在主动轴轴承（这时因花键轴不工作），应更换或调整轴承。

(b) 若变速器为空挡时不响，挂任意挡后均响，说明异响故障在花键轴轴承或换向机构，应进而查明原因并对症处理。

(c) 若仅是挂某一挡位响而挂其他挡位不响，说明异响故障在该挡位的齿轮，因磨损过甚所致，应成对更换齿轮。花键轴磨损过甚时，也应更换。

(d) 发动机启动后，离合器在接合状态且变速器为空挡时发出异响声，应检查是否缺油。如果严重缺油，正是故障所在，应补添润滑油。如果压路机在大负荷情况下长时间工作发出的声音由小到大，多数是由于润滑油过稀所致，应停机休息或更换合适牌号的润滑油。

(5) 变速器漏油

① 故障现象　液压挖掘机变速器内的润滑油渗漏到壳体外。

② 故障分析　变速器工作时，其运动机件均应得到良好的润滑。变速器的润滑方式为油池润滑。为了防止变速器内的润滑油漏到壳体外，设计时已进行充分的考虑，并采取了相应密封措施。如果变速器有渗漏油液的故障，一般多为密封不良所致。其主要原因有：

a. 机件接合面不平。变速器盖、轴承盖均属平面接合件。与壳体相应的平面接合时，要求两接合机件的平面度应在规定范围内，两接合机件的平面之间应加有弹性较好的衬垫，并用螺栓均匀紧固。机件变形超差过大、衬垫破损或螺栓紧固不良等，均会造成密封不良而漏油。

b. 密封件失效。变速器第一轴前轴承处、换向机构的端盖及长轴等处是靠油封来密封。油封在自由状态下唇口内径比轴小，装上后对轴有一定径向缩紧力。为了防止工作一段时间后径向缩紧力减小，在唇口之间形成一层薄而稳定的油膜而不致漏油。如果油封质量不佳，唇口磨损或缩紧弹簧失效，轴承松旷以及配合机件磨损等，均会引起油封不良而漏油。

③ 故障诊断与排除　直接观察变速器漏油的油迹，根据上述分析的原因查明漏油的确切部位，并有针对性地予以排除。

(6) 动力换挡变速箱的故障诊断与排除

① 换挡离合器故障产生的原因　动力换挡变速箱中的离合器属于易损部件。动力换挡变速箱的离合器接合时，液压力经活塞克服弹簧力并压紧摩擦片。其过程是随着液压力的增加，摩擦片与金属盘接触并逐渐压紧。

每次换挡时，摩擦片都要与钢片发生摩擦，设计中虽已考虑用冷却液散发摩擦产生的热量，但冷却的作用有限。当变薄时，离合器就需要更多的液压油使摩擦片与钢片充分接合，此时就必须进一步使发动机加速。

当发动机加速到很高的空转速度时，摩擦片在钢片上的打滑时间也随之延长，由此而产生的摩擦热量会更大，当液压油变热时间和温度的增长足以改变变速箱中的密封特性时，变速箱就会产生内泄漏。而内泄漏又从两个方面引起热量的增加。

a. 高压油经损坏的密封泄漏而引起摩擦，使油温继续升高。

b. 由于漏油会减少系统中油液的流量，为了充分接合离合器，液压泵就要输送更多的油液来产生接合离合器所需要的油压，也即需要发动机再行加速，使液压泵输出更大的流量，如此恶性循环，最终导致离合器过热或烧损，直至完全失效。

② 动力换挡变速箱及其油路系统中常见故障的诊断和排除方法

a. 挂不上挡

故障诊断：换挡位置不准确；离合器活塞漏油；变速压力低；箱体油路堵塞。

排除方法：重新挂挡或检查变速箱操纵阀；拆检更换矩形圈；拆洗疏通。

b. 变速压力低

故障诊断：主调压阀调整不当或弹簧折断失效；变速箱油面过低；滤网或油道堵塞；离合器漏油；变速油泵失效。

排除方法：重新调整或更换弹簧；加油至油标位置；清洗或疏通；更换矩形圈；检修或更换。

c. 油温过高

故障诊断：作业时间长；箱内油量不足或过多；离合器片打滑；离合器脱不开。

排除方法：停车或怠速运转一段时间；加油至溢流孔位置；检查油压及密封环；检查离合器控制油路或操纵杆位置。

d. 某一挡变速油压低

故障诊断：该挡活塞矩形圈损坏；该油路密封环损坏；该油道漏油或堵塞。

排除方法：更换活塞矩形圈；更换密封环；检查排除。

e. 乱挡

故障诊断：轴端密封环泄漏。

排除方法：更换密封环。

f. 系统漏油

故障诊断：接头松动；密封圈损坏。

排除方法：拧紧接头；更换密封圈。

第10章 零件失效与修复

10.1 零件失效分析

机械设备中各种零件或构件都具有一定的功能，如传递运动、力或能量，实现规定的动作，保持一定的几何形状，等等。当机件在载荷（包括机械载荷、热载荷、腐蚀及综合载荷等）作用下丧失最初规定的功能时，即称为失效。一般可以用以下三个条件作为机件失效与否的判断原则。

① 完全不能工作。

② 不能按确定的规范完成规定功能。

③ 不能可靠和安全地继续使用。

当一个机件处于以上三种状态之一就可认为是失效。

失效分析的直接的、技术上的目的是为制定维修技术方案提供可靠依据，并对引起失效的某些因素进行控制，以降低设备故障率，延长设备使用寿命。当然，非常精确的失效分析，需要涉及各方面的知识，需要现代科学技术手段和丰富的实践经验，是一个极其复杂的过程。这里的失效分析只是介绍一般的失效机理，失效件的主要特征和主要影响因素，给读者提供一条分析的思路，以期实践中能采取有效的方法，防止与减少零件的失效。

一般机械零件的失效形式是按失效件的外部形态特征来分类的。大体包括：磨损失效、断裂失效、变形失效和腐蚀与气蚀失效。在生产实践中，最主要的失效形式是零件工作表面的磨损失效；而最危险的失效形式是瞬间出现裂纹和破断，称为断裂失效；下面就这几种失效形式进行分析。

10.1.1 零件磨损失效分析

摩擦与磨损是自然界的一种普遍现象。当零件之间或零件与其他物质之间相互接触，并产生相对运动时，就称为摩擦。零件的摩擦表面上出现材料损耗的现象称为零件的磨损。材料损耗包括两个方面：一是材料组织结构及性能的损坏；二是尺寸、形状及表面质量（粗糙度）的变化。

如果零件的磨损超过了某一限度，就会丧失其规定的功能，引起设备性能下降或不能工作，这种情形即称为磨损失效。据统计，机械设备故障约有1/3是由零件磨损失效引起的。例如，发动机汽缸磨损失效后，会导致油耗激增，承载能力下降，曲轴箱窜气，机油烧损，冲击振动，等等。

根据摩擦学理论，零件磨损按其性质可以分为磨料磨损、黏着磨损、疲劳磨损、微动磨损、冲蚀磨损和腐蚀磨损。

（1）*磨损的一般规律*

零件磨损的外在表现形态是表层材料的磨耗。在一般情况下，总是用磨损量来度量磨损程度。不论摩擦系统有多复杂，零件摩擦表面的磨损量总是随摩擦时间延续而逐渐增长。图10-1是在正常工况下测出的磨损量试验曲线。

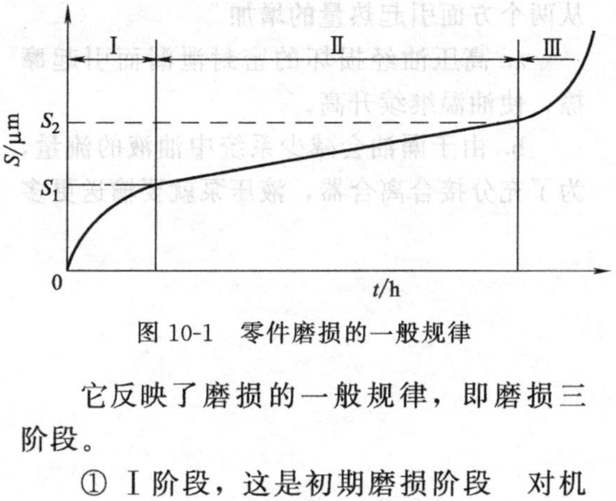

图10-1 零件磨损的一般规律

它反映了磨损的一般规律，即磨损三阶段。

① Ⅰ阶段，这是初期磨损阶段 对机

械设备中的传动副而言是磨合过程。这一阶段的特点是在短时间内磨损量增长较快。这是因为新摩擦副的表面有微观波峰，在磨合中遭到破坏，加上磨屑对表面起研磨作用，磨损量很快达到 S_1。该阶段曲线的斜率取决于摩擦副表面质量、润滑条件和载荷。如果表面粗糙、润滑不良或载荷较大，都会加速磨损。经过这一阶段以后，零件的磨损速度逐步过渡到稳定状态。机械设备的磨合阶段结束后，应清除摩擦副中的磨屑，更换润滑油，才能进入满负荷正常使用阶段。

② Ⅱ阶段，这是正常磨损阶段　摩擦表面的磨损量随着工作时间的延长而均匀、缓慢增长，属于自然磨损。在磨损量达到极限值 S_2 以前的这一段时间是零件的磨损寿命，它与摩擦表面工作条件、技术维护好坏关系极大。使用保养得好，可以延长磨损寿命，从而提高设备的可靠性与有效利用率。

③ Ⅲ阶段，这是急剧磨损阶段　当零件表面磨损量超过极限值 S_2 以后如继续摩擦，其磨损强度急剧增加，其原因是：

a. 零件耐磨性较好的表层被破坏，次表层耐磨性显著降低；

b. 配合间隙增大，出现冲击载荷；

c. 摩擦力与摩擦功耗增大，使温度升高，润滑状态恶化、材料腐蚀与性能劣化等。最终设备会出现故障或事故。因此，这一阶段也称为事故磨损阶段。

当零件磨损表面的磨损量达到极限值 S_2 时，就已经失效，不能继续使用，应采取调整、维修、更换等措施，防止设备故障与事故的发生。

对挖掘机来说，主要摩擦副的磨损量的极限值或配合间隙的极限值都有具体的标准，对于在维修过程中解体的摩擦副，可以通过观察与检测，判定是否失效。而对还在运行中的设备，摩擦副的磨损状态不能直接察觉，只能根据对设备的某些参数进行监测与分析才能确定，例如振动参数、噪声参数、关键部位的温升、油耗、润滑油中铁屑的含量，等等，都与摩擦状态有着一定的内在联系。

零件磨损失效的过程，是一个极其复杂的动态过程，在各种不同的因素影响下，磨损都有各自不同的特征和机制。下面将对各种不同性质的磨损作简单介绍。

(2) *磨料磨损*

零件表面与磨料互相摩擦，而引起表层材料损失的现象称为磨料磨损或磨粒磨损。磨料也包括对磨零件表面上硬的微凸体。在磨损失效中，磨料磨损失效是最常见、危害最为严重的一种。据估计，在各类磨损中，磨料磨损约占59%左右。

① 磨料磨损工况的分类　磨料磨损包括三种情况：第一种是直接与磨料接触的机件所发生的磨损，称为两体磨损，如挖掘机斗齿。第二种是硬颗粒进入摩擦副两对磨表面之间所造成的磨损，称为三体磨损，例如灰尘、杂物、磨屑进入齿轮副啮合齿面之间而产生的磨损。第三种是坚硬、粗糙的表面微凸体在较软的零件表面上滑动所造成的损伤，称为微凸体磨损，例如粗糙的淬火齿面对软齿面造成的损伤。

② 磨料磨损的原理与特征　磨料磨损的过程实质上是零件表面在磨料作用下发生塑性变形、切削与断裂的过程。磨料对零件表面的作用力分为垂直于表面与平行于表面的两个分力，如图 10-2 所示。垂直分力使磨料压入材料表面，而平行分力使磨料向前滑动，对表面产生耕犁与微切削作用。微切削作用会产生微切屑，而耕犁作用会使材料向磨料两侧挤压变形，使犁沟两侧材料隆起。当材料较软时，以耕犁为主；当材料较硬时，以微切削为主。但塑性材料反复耕犁以后，也会因加工硬化效应变硬变脆，由以耕犁为主转化为以切削为主。随着零件表层材料的脱离与表面性能的劣化，最终导致表面破坏和零件失效。

磨料磨损的显著特点是：磨损表面具有与相对运动方向平行的细小沟槽；磨损产物中有螺旋状、环状或弯曲状细小切屑及部分粉末。

③ 磨料磨损的影响因素分析

a. 一般情况下，金属材料的硬度越高，

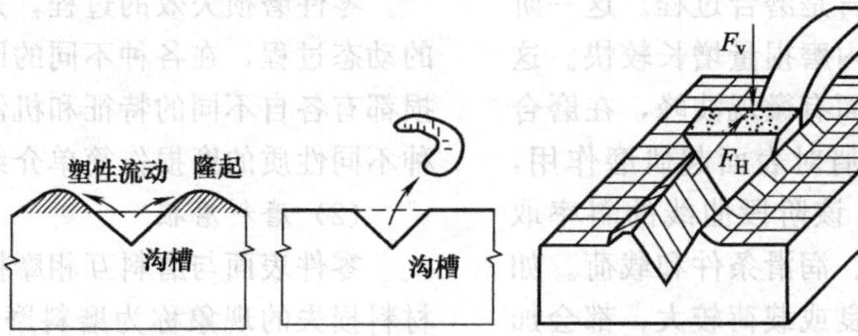

(a) 耕犁　(b) 微切削　(c) 耕犁与微切削

图 10-2　磨料对零件表面的耕犁与切削

耐磨性愈好。

b. 材料的不同显微组织决定了不同的耐磨性。在相同材料硬度相同的条件下，贝氏体比马氏体的耐磨性高，奥氏体比珠光体的耐磨性高（图 10-3）。

c. 磨料粒度也影响材料的磨损率。磨料粒度有一个临界尺寸，当粒度小于临界尺寸时，材料的磨损率（单位时间磨损量）随磨料粒度的增加而增加；当磨料粒度超过临界尺寸后，磨损率与粒度几乎无关，图 10-4 表述了磨料粒度与磨损率之间的关系。由图可以看出，磨料粒度的临界值为 60～100μm。

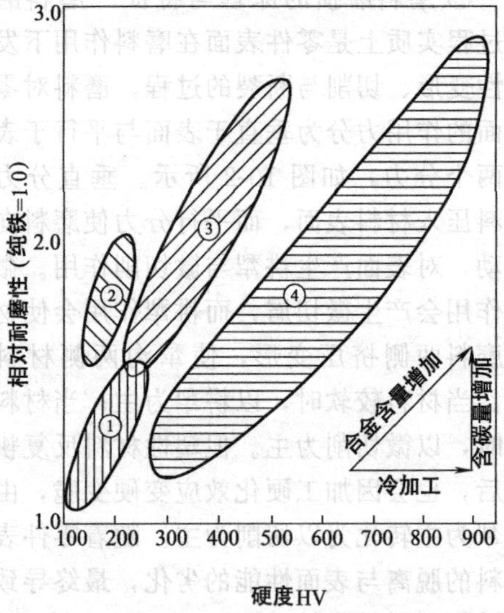

图 10-3　四种典型显微组织与相对耐磨性的关系

1—珠光体钢；2—奥氏体合金；3—贝氏体钢；4—淬火回火钢

d. 其他因素。影响磨料磨损还有许多其他因素，例如磨料硬度，摩擦表面相对运动的方式，磨损过程的工况条件，等等。

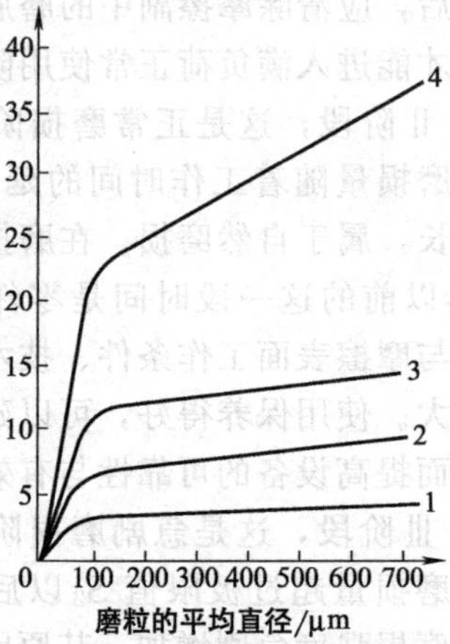

图 10-4　磨料的平均直径与材料磨损量的关系

1—钢；2—铜；3—黄铜；4—铝

④ 减少磨料磨损的措施　对挖掘机中的遭受二体磨损机件，主要是选择合适的耐磨材料，优化结构与参数设计。对设备中可能遭受三体磨损的摩擦副，如轴颈与轴瓦，滚动轴承，缸套与活塞，机械传动装置等，应设法阻止外界磨料进入摩擦副，并及时清除摩擦副磨合过程中产生的磨屑及硬微凸体磨损产生的磨屑。具体措施是对空气、油料过滤；注意关键部位的密封；经常维护、清洗、换油；提高摩擦副表面的制造精度；进行适当的表面处理等。

(3) 黏着磨损

黏着磨损是指零件发生摩擦时，两摩擦面间的分子由于在高压下极为接近而黏结在一起或由于摩擦产生高温而使局部熔焊在一起，又在相对运动中被撕开而产生的零件表面的一种破坏现象。如内燃机的拉缸、抱瓦、轴颈和轴孔间的黏死均属于黏着磨损的典型实例。

黏着磨损的产生取决于零件材料的屈服强度、硬度、塑性、工作速度、温度、表面压力、润滑条件及摩擦表面的粗糙度等。黏着磨损一旦发生，在零件摩擦表面的继续运动中，会导致零件的急剧破坏，所以应尽可能地防止黏着磨损的发生。

减少黏着磨损的措施有：

① 合理润滑建立可靠的润滑保护膜，隔离互相摩擦的金属表面，是最有效、最经济的措施。

② 选择互溶性小的材料配对铅、锡、银、铟等在铁中的溶解度小，用这些金属的合金做轴瓦材料，抗黏着性能极好（如巴氏合金、铝青铜、高锡铝合金等），钢与铸铁配对抗黏性能也不错。

③ 金属与非金属配对，钢与石墨、塑料等非金属摩擦时，黏着倾向小，用优质塑料作为耐磨层是很有效的。

④ 适当的表面处理，表面淬火、表面化学处理、磷化处理、硫化处理、渗氮处理、四氧化三铁处理以及适当的喷涂处理，都能提高金属抗黏着磨损的能力。

（4）疲劳磨损

疲劳磨损又称点蚀磨损，指零件表面作滚动或滚动与滑动的混合摩擦时，在交变载荷作用下，零件表面材料由于疲劳剥落而形成小凹坑状的磨损。疲劳磨损的原因是由于零件表面局部单位面积上的负荷大于材料的屈服极限，在交变载荷的反复作用下，表面产生微观裂纹，在润滑油楔作用下产生集中应力，加速裂纹扩大，最终使零件表层金属局部剥落形成凹坑（即点蚀）。

疲劳磨损主要发生在齿轮副、凸轮副和滚动轴承的滚动体与内外座圈之间。

疲劳磨损速度与材料的屈服极限、单位面积接触压力、交变载荷的变化情况等有关。

凡是能阻止疲劳裂纹形成与扩展的措施都能减少疲劳磨损。具体可以考虑以下几条主要途径。

① 减少材料中的脆性夹杂物 脆性夹杂物边缘极易产生微裂纹，降低材料的疲劳寿命。硅酸盐类夹杂物对疲劳寿命危害最大。

② 适当的硬度 在一定的硬度范围内，材料抗疲劳磨损的性能随硬度升高而增大，对于轴承钢，抗疲劳的最佳峰值硬度为62HRC左右，钢制齿轮的最佳表面硬度为58～62HRC。此外，摩擦副适当的硬度匹配也是减少疲劳磨损的正确途径。

③ 提高表面加工质量 降低摩擦表面粗糙度和形状误差，可以减少微凸体，均衡接触应力，提高抗疲劳磨损的能力。接触应力越大，对加工质量的要求也越高。

④ 表面处理 一般来说，当表层在一定深度范围内存在残余压应力时，不仅可以提高弯曲、扭转疲劳抗力，还能提高接触疲劳抗力，减少疲劳磨损。当进行表面渗碳、淬火、表面喷丸、滚压处理时，都可使表层产生残余压应力。

⑤ 润滑 润滑油的衬垫作用，可使接触区的集中载荷分散。润滑油黏度越高，接触区压应力越接近平均分布。但应注意，如果润滑油黏度过低，则越容易渗入裂纹，产生楔裂作用，加速裂纹的扩展和材料的剥落。如在润滑油中加入适量的固体润滑剂（如 MoS_2），能提高抗疲劳磨损的性能。

（5）微动磨损

微动磨损是两固定接触面上出现相对小幅振动而造成的表面损伤，主要发生在宏观相对静止的零件结合面上。例如键连接表面，过盈或过渡配合表面，机体上用螺栓连接的表面等。

微动磨损的主要危害是使配合精度下降，紧配合的机体变松，更严重的是引起应力集中，导致零件疲劳断裂。

影响微动磨损的主要因素有材料的性能、载荷、振幅的大小及温度的高低。

① 材料性能 提高材料硬度，选择适当的材料配副都可以减少微动磨损。因微动磨损是从黏着开始的，所以凡是能抗黏着磨损的材料和材料配副，必然对防止微动磨损有利。有关试验证明，钢的表面硬度与微动

磨损的关系极大，当硬度从 180HBS 提高到 700HV 时，微动磨损可降低 50%。

② 载荷影响　在一定条件下，微动磨损随载荷的增加而增加，但当载荷超过某一临界值时，微动磨损现象反而减少。其原因是：当载荷低于临界值时，随着载荷增加，微凸体塑性变形增加，使产生微动磨损的区域扩大，引起磨损速度增快；而当载荷超过临界值时，表层的塑性变形与次表层的弹性变形均增加，限制了表面之间的相对振幅，降低了冲击效应，即使发生了黏着也不容易剪断，中止了磨损过程。

在实践中，常常运用这一原理，用增大连接力或过盈量的方法来降低微动磨损。例如用螺栓连接的机架、箱体，可增大螺栓预紧力；固定连接的孔轴，可适当增大过盈量。

③ 振幅的影响　振幅较小时，微动磨损率也较低。

④ 表面处理的影响　经过适当的表面处理，可降低或消除微动磨损。如喷丸、滚压、磷化、镀镉、镀铜等都有良好效果。

(6) 冲蚀磨损

冲蚀磨损是指材料受到固定粒子、液滴或液体中气泡冲击时，表面出现的损伤现象。冲蚀磨损可以分为以下三种情况。

① 硬粒子冲蚀　冲蚀机件的粒子小而松散，粒子平均直径小于 1mm，冲击速度在 50m/s 以内，粒子硬度高于被冲蚀材料的表面硬度，这是硬粒子冲蚀的主要特点。一般认为硬粒子冲蚀的基本原理与磨料磨损类似，并伴随着腐蚀现象。

② 液滴冲蚀　液滴冲蚀是软粒子冲蚀中的一种特殊情况。当液滴高速冲击机件表面时，会造成机件表面的损伤。

③ 气蚀　当零件与液体接触，并有振动或搅动时，液流中的气泡对零件表面造成的损伤称为气蚀。气蚀现象一般发生在发动机冷却水套、水泵泵壳与叶轮、热交换器管道上。

减少气蚀危害的措施有：

a. 减少液体内的压力波动，也就阻止了气泡的萌生与湮灭。具体方法可以采用减振措施，与液体接触的机件表面设计成流线型，防止液体产生涡流等。

b. 选用强度高、抗腐蚀性能好的材料，如不锈钢、陶瓷、尼龙等。

c. 零件表面覆盖高强度耐蚀层。

d. 对封闭或循环系统内的液体可采取降温措施或添加缓蚀剂及防乳化油。

(7) 腐蚀磨损

摩擦过程中，摩擦表面发生化学或电化学反应，生成腐蚀物，在随后的继续摩擦过程中，将腐蚀物磨损掉，以此不断腐蚀、磨损方式称之为腐蚀磨损。其重要特点是磨损过程中兼有腐蚀和磨损，并且其中以腐蚀为主导。腐蚀磨损可分为氧化磨损和特殊介质下的腐蚀磨损。

① 氧化磨损　在摩擦过程中，摩擦的金属表面由于氧的作用而形成氧化膜层并不断在摩擦中被磨损除去，这种磨损称为氧化磨损。

金属表面生成的氧化膜层的性质对氧化磨损有重要影响。若金属表面生成紧密、完整无孔的，与金属表面基体结合牢固的氧化膜，则有利于防止金属表面氧化。

② 特殊介质下的腐蚀磨损　它是摩擦副金属材料在与酸、碱、盐等介质起作用生成的各种化合物，在摩擦过程中不断被除去的磨损过程。

特殊介质下的腐蚀磨损的磨损速率较高，且与介质的腐蚀性质、作用温度、相互摩擦的两金属形成电化学腐蚀的电位差等有关，介质腐蚀性越强、作用温度越高，腐蚀磨损速率越大。假如摩擦表面受腐蚀时能生成一层结构致密且与金属基体结合牢固、阻碍腐蚀继续发生或使腐蚀减缓速度的保护膜，则腐蚀磨损速率将减小。此外，机械零件或构件受到重复应力作用时，所产生的腐蚀速率比不受应力时快得多。

腐蚀介质来源有：工作介质；工作过程中产生的腐蚀性介质；极压齿轮油中的极压添加剂（在一定温度和压力下，油中的添加剂能放出活性元素硫、氯、磷等，它们与金属表面作用生成化学反应膜，防止金属表面产生黏着磨损，而代之以缓慢的腐蚀磨损）；润滑油在工作中受氧化形成有机酸等。

特殊介质作用下的腐蚀磨损，可通过控制腐蚀介质的形成条件，以及选择合适的材料等来提高抗腐蚀磨损的能力，降低腐蚀磨损过程的速率。防止腐蚀磨损的方法与途径见表 10-1。

表 10-1 防止腐蚀磨损的方法与途径

腐蚀磨损	氧化磨损	(1)当接触载荷一定时,应控制其滑动速度,反之则应控制接触载荷 (2)合理匹配氧化膜硬度和基体金属硬度,保证氧化膜不受破坏 (3)合理选用润滑油黏度,并适量加入中性极压添加剂
	特殊介质腐蚀磨损	(1)利用某些特殊元素与特殊介质作用,形成化学结合力较高、结构致密的钝化膜 (2)合理选用摩擦润滑剂 (3)正确选择摩擦副材料

10.1.2 零件变形失效分析

机械设备在工作过程中，由于受力的作用而使零件的尺寸或形状发生改变的现象称变形。

机械零部件在使用中因变形过量造成失效是机械失效的重要形式之一。如挖掘机机架的扭曲变形、内燃机曲轴的弯曲和扭曲、机体的变形翘曲、齿轮轴的弯曲变形等。机械零件的变形超过允许极限，将会引起结合零件出现附加载荷，相互关系失常，加速磨损，卡滞或卡死，剧烈的振动或噪声，载荷分布不均匀等，造成零件及支撑结构的损坏，甚至造成断裂等灾难性后果。因此，对于因变形引起的失效应给予重视。

维修实践证明：即使对磨损的零部件进行了修复，恢复了零件原来的尺寸、形状和配合性质，但装配后仍达不到预期的效果。出现这种情况通常是由于零件变形，特别是基础件的变形，使零部件之间的相互位置精度遭到破坏，影响了零部件之间的相互关系。

一般零部件的变形有三种情况：弹性变形、塑性变形和蠕变。零部件的变形方式如表 10-2 所示。

表 10-2 变形方式

类型	变形形式	失效原因	举例
变形	扭曲	在一定载荷条件下发生过量变形,使零件失去应有的功能而不能正常工作	花键、机架
	拉长		紧固件
	胀大超限		箱体
	高低温下的蠕变		动力机械
	弹性元件产生永久变形		弹簧

（1）金属零件的弹性变形

弹性变形的基本特征是：具有恢复性，当外力撤去后变形完全消失；弹性变形量较小，一般不超过 1%；外力的大小与变形量成正比，即满足胡克定律。

① 金属弹性变形的机理 金属原子间存在着相互平衡的力——吸引力和排斥力。吸引力使原子彼此密合到一起，而排斥力则使原子间不能接近得太紧密。在正常情况下，原子占据的是这两种力保持平衡的位置。当施加外力，使原子间距离靠近或拉远时，都必将产生相应的相斥抗力或相吸抗力，与之建立新的平衡。当外力去除后，又出现新的不平衡；原子重新回到原来相互平衡的位置，这就是弹性变形的机理。因此，弹性变形是由于外力所引起原子间距离发生可逆变化的结果。

② 弹性后效及其应用 许多金属材料在低于弹性极限应力作用下，会产生应变并逐渐恢复，但总是落后于应力，这种现象称弹性后效。弹性后效与金属材料的性质、应力大小和状态以及温度等有关。金属组织结构愈不均匀，作用应力愈大，温度愈高，则弹性后效愈大。通常，经过校直的轴类零件过了一段时间后又会发生弯曲，就是弹性后效的表现，所以校直后的零件都应进行回火处理。

（2）金属零件的塑性变形

① 金属塑性变形的特点

a. 引起材料的组织结构和性能发生变化；

b. 较大的塑性变形会使多晶体的各向同性遭到破坏而表现各向异性，金属产生硬化现象；

c. 多晶体在塑性变形时，各晶粒及同一晶粒内部的变形是不均匀的，当外力去除后晶粒的弹性恢复也不一样，因而产生内应力；

d. 塑性变形使原子活泼能力提高，造成金属的耐磨腐蚀性下降。

② 金属塑性变形的类型　金属零件的塑性变形从宏观形貌特征上看主要有翘曲变形、体积变形和时效变形等。

a. 翘曲变形。当金属零件受外加机械应力、热应力或组织应力等的作用，其实际应力值超过了金属在该状态下的拉伸屈服极限或压缩屈服极限后，就会产生呈翘曲、椭圆和歪扭的塑性变形。此种变形常见于细长轴类、薄板状零件以及薄壁的环形和套类零件。金属零件产生翘曲变形是自身受复杂应力综合作用的结果。

b. 体积变形。金属零件在受热与冷却过程中，由于金相组织转变引起比容变化，导致金属零件体积胀缩的现象称为体积变形。

c. 时效变形。金属零件中的不稳定组织引起的内应力在常温或零下温度较长时间的放置或使用过程中，会逐渐消除或趋于稳定，伴随此过程产生的变形称为时效变形。

③ 金属塑性变形的机理

a. 单晶体塑性变形。单晶体材料的塑性变形是在切应力作用下发生的，主要以滑移和孪晶两种方式进行。当切应力超过晶体的弹性极限后，晶体的一部分沿着原子排列最紧密的晶面（滑移面）并沿着该晶面上原子排列最紧密的方向（晶面间的间距较大，原子结合力较弱）发生相对滑动，这就是滑移方式的塑性变形，如图 10-5 和图 10-6 所示。这种相对滑动不能复原，大量层片间滑动的累积表现为宏观的塑性流动。滑移的结果会产生滑移线和滑移带。

孪生是晶体塑性流动的另一种形式。它通常发生在滑移系少的晶体中或在低温、冲击作用的条件下。

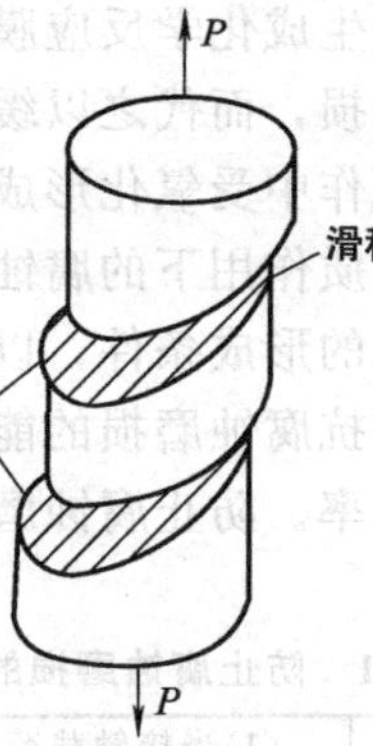

图 10-5　单晶体的滑移

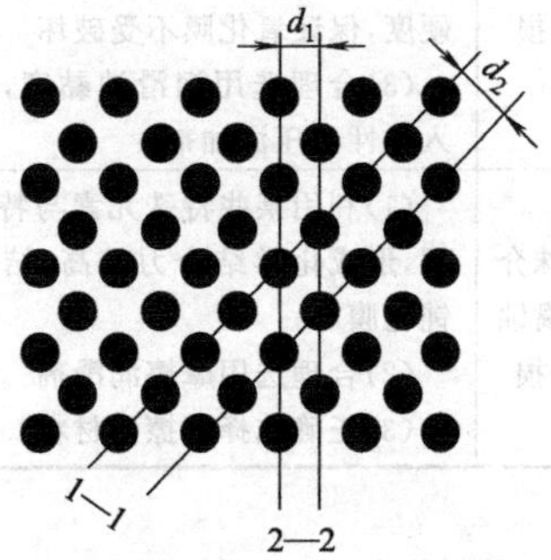

图 10-6　两种界面

孪生与滑移的区别是：孪生的晶格取向是倾动的；切变是连续的。

b. 多晶体塑性变形。多晶体塑性流动的主要方式也是滑移和孪生。但是，由于多晶体通常由不同位向的晶粒组成，各晶粒受到晶界和相邻晶粒的制约，晶粒变形时必须克服晶界的阻碍以及需要相邻晶粒作相应的变形才能保持晶粒之间的结合和物体的连续性。因此，多晶体的塑性流动过程较单晶体复杂。

多晶体受外力时，因各晶粒的滑移系的位向不同，那些滑移面处于有利位向的晶粒首先滑移，但滑移只能局限于在各自晶粒内部进行，这样将导致位错在晶界附近逐步堆积，从而形成较大的应力场，它通过晶界作用到相邻的晶粒上。当作用力增大到一定值，相邻晶粒也会发生滑移，其结果使原先位错应力场得以应力松弛，反过来又使首先滑移的晶粒进一步滑移，依此方式进行下去，最后整个多晶体金属材料发生了塑性变形。

(3) 蠕变

金属在恒应力作用下发生缓慢塑性变形的现象称为蠕变。蠕变又分为三种：

① 在再结晶温度以下发生的蠕变——对数蠕变；

② 在再结晶温度区内发生的蠕变——回复蠕变；

③ 在接近熔点温度时发生的蠕变——扩散蠕变。

蠕变主要与外加载荷的大小、温度的高低有关。当外加载荷较小或者温度较低时，蠕变将停止或蠕变速率很低；外加载荷较大或者温度较高，蠕变速率很高，甚至短时间发生蠕变断裂。

(4) 变形的原因

机械零件变形的原因主要是零件的应力超过材料的屈服强度所致，一般受外载荷、温度、内应力、结晶缺陷等几个因素影响。通常是多种原因共同作用的结果。较小的应力也能使零件产生变形，而这种变形并不一定是一次产生的，实际上是多次变形累积的结果。

(5) 减少变形的措施

变形是不可避免的，只能从产生的原因及规律着手采取相应的对策来减少变形。如在机械设备大修时，除检查并修复零件配合面的磨损情况外，对于相互位置精度即零件的变形情况也必须认真检查，精心修复，修理质量才有保证。

减小零件变形的主要措施：

① 正确选用材料　对于重要零件和对变形有要求的零件，应选用弹性极限较高的合金钢、耐热钢，或选用具有良好的铸造性能、锻造性能、切削性能、焊接性能和热处理性能的材料。

② 改善零件的结构、形状设计　合理地设计零件的结构和形状，如避免尖角、棱角、厚薄悬殊等情况，在可能产生应力集中的地方设计成圆角、倒角和圆弧过渡，合理地布置加强肋或支撑，尽可能避免悬臂结构等。

③ 消除残余内应力　经铸造、锻造和焊接的零件都有较大的内应力。清除内应力的常用方法有自然时效、人工时效、退火、正火和敲击振动等。

④ 预留合理的加工余量　零件在粗加工后留有一定的精加工余量，一旦热处理后或粗加工件存放一段时间后发生变形即可在精加工时将变形消除。

⑤ 在机械修理中校正变形的同时尽量减少产生新的变形　在修理过程中，注意零件的变形，合理地安排修理工序，采取合理的定位基准和夹持方法，以避免产生新的变形。

⑥ 挖掘机在使用过程中，应严格执行操作规程　避免超载、带载启动和工作速度、运动方向突然改变，以免零件发生变形；若发现零部件有局部变形，应及时校正；避免局部高温；避免剧烈冲击；出现故障征兆时及时维修等，才可减少变形的发生。

10.1.3 零件断裂失效分析

机械零件的断裂不仅造成机械设备的损坏，而且会直接造成事故。甚至引起不可估量的后果，因此必须予以足够的重视。

根据断裂前零件是否已发生塑性变形，断裂可分为韧性断裂和脆性断裂。韧性断裂指零件在断裂前已出现了塑性变形，当零件材料的塑性较好时，常发生韧性断裂。脆性断裂指零件尚未发生塑性变形时即已断裂，这种断裂常发生在材料塑性较差的零件。

根据零件所受载荷的性质，断裂又可分为一次加载断裂和疲劳断裂两种情况。

一次加载断裂指零件在一次静载荷或一次冲击载荷的作用下发生断裂的现象，包括零件受到拉伸、弯曲、扭转、剪切、高温蠕变和一次冲击断裂的现象。一次加载断裂常在事故性破坏时发生。

疲劳断裂指零件在反复多次的交变载荷循环作用下，由于损伤积累产生微小裂纹以及这些裂纹逐渐扩大而引起的断裂。

图10-7所示为疲劳断裂断口的宏观形

貌。疲劳断裂起源于金属存在的缺陷和有应力集中的部位，即所谓疲劳源。如加工缺陷或台肩、尖角等应力集中处。疲劳断裂可分为两个阶段，第一阶段，疲劳源处出现初始微观裂纹，在交变载荷的继续作用下、微观裂纹不断扩展，随着裂纹向材料内部扩展，裂纹方向逐渐与拉应力垂直。第二阶段，当裂纹向材料内部扩展到一定深度后，由于零件剩余工作截面面积减少，使得应力增大，裂纹将在交变载荷的作用下加速扩展，直至最后发生瞬间断裂。

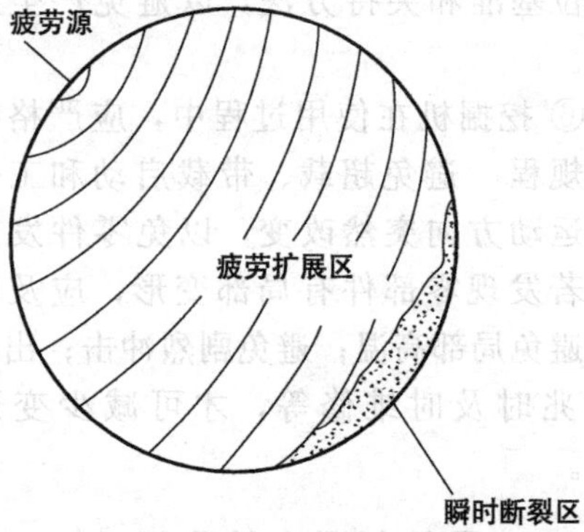

图 10-7　疲劳断裂断口的宏观形貌

由于零件在断裂之前通常没有明显的预兆，所以必须采取预防措施。预防零件断裂的有效措施有：

① 减少零件的局部应力集中　绝大多数疲劳断裂都起源于应力集中。零件几何形状不连续、表面或内部的材料不连续时，都会形成应力集中。应尽量保证零件外形连续，通过精加工消除加工刀痕，在不连续处采取过渡圆角，避免零件材料的缺陷等方法减小应力集中。

② 减少残余应力的影响　残余应力是造成零件变形和断裂的重要原因。残余应力是在对零件加工或热处理时由于零件材料的塑性变形、热胀冷缩及组织转变造成的，可以采用消除残余应力的措施来预防零件的断裂。

③ 避免机械超载运行　机械零件在使用中因载荷过大而发生断裂，所以在作业中应严格按照机械的工作性能参数和操作规范使用机械，从而避免零件因超载而发生断裂。造成机械事故。

10.1.4　零件腐蚀失效分析

零件的腐蚀和穴蚀，高分子材料零件的老化，造成零件不可恢复的损坏。

(1) 零件的腐蚀

金属材料表面和周围环境的介质发生化学或电化学作用，引起零件的破坏叫做腐蚀。腐蚀使零件表面质量变坏，导致配合恶化，磨损加剧，并引起应力集中，强度降低，产生微观裂纹而使零件断裂。常见的腐蚀包括化学腐蚀、电化学腐蚀、大气腐蚀和土壤腐蚀及接触腐蚀。

化学腐蚀是金属与外部介质接触直接产生化学反应的结果，在腐蚀过程中不产生电流。这种腐蚀多发生于金属与非电解质物质接触。进行化合反应后生成金属锈，经不断脱落又不断生成而使零件腐蚀。

金属表面与周围介质发生电化学作用而有电流产生的腐蚀称为电化学腐蚀。暴露在大气中的机械零件，金属的表面直接接触到雨水或者由于空气中的水蒸气因气温和湿度的变化而凝聚成的水珠，在金属表面形成一层电解液膜，因此，直接暴露于大气中的零件，如不加保护层，都会受到电化学腐蚀。

大气成分、温度、湿度和零件的材料及表面状态是影响大气腐蚀速度的重要因素，当大气中的二氧化碳、二氧化氮、二氧化硫或盐类、尘埃溶于金属表面的水膜中时，该水膜形成电解质溶液，金属表面就会形成电化学腐蚀。

挖掘机经常与土接触，土中含有的有机与无机物质对零件起到腐蚀作用。由于土对铲斗等工作装置的摩擦作用，使零件表面以下的金属不断露出，因此更加剧了土的腐蚀作用。

当两种不同的金属相接触时，由于存在成对的标准电极电位不同，引起电化学腐蚀称为接触腐蚀。

(2) 零件的穴蚀

穴蚀是指在零件与液体接触并有相对运动的条件下，金属表面产生孔穴或凹坑的现象。例如柴油机汽缸套与冷却水接触的表面，常出现一些针状孔洞。这些孔洞表面清洁，没有腐蚀生成物，随着使用时间的增加，这些孔洞逐渐扩大和深化。以致形成蜂窝状洞穴，严重时会使汽缸穿透。

产生穴蚀的原因是：压力液体中溶有一定量的气体或空气，当液体压力降低时。溶于液体中的气体或空气会以气泡的形式分离出来。这时如果压力再次升高到一定数值时，气泡将突然爆破，以极大的瞬时压力挤压金属表面。同时，气泡周围的液体迅速向气泡中心填充，液体之间产生撞击（水击现象），其产生的压力波以超音速向四周传播，也对零件表面产生很大的冲击和挤压。上述过程反复进行，使零件表面产生疲劳剥落。形成针状小孔，小孔扩大加深直至穿透。

10.2 常用修复工艺

10.2.1 机械加工修复工艺

机械加工在零件修复中占有很重要的地位，原因在于绝大多数已磨损必须修理的零件，均需经机械加工直接来消除缺陷进行修复；当采用名义尺寸修理法修复零件时，经堆焊、喷涂、电镀、粘接等技术修复的零件表面，也需经机械加工，才能达到配合精度和表面粗糙度的要求；在对零件表面进行喷涂、电镀等修复工艺时，往往需对磨损后的零件表面进行预处理（如进行表面加工、表面粗糙等），以保证获得均匀的并具有一定厚度的涂层或镀层。因此，机械加工是零件修复过程中最常用也是最重要的一种方法，它可以作为一种独立的手段直接修复零件，也是其他修复方法的工艺准备和最后加工不可缺少的工序。

零件修复中采用机械加工修复与制造新件有很大的不同。机械加工修复的对象是已磨损了的表面，有变形，原来的加工基准已被破坏，加工余量小的旧件。旧件修复的特点是：

a. 修理中加工零件品种较多，数量较少，有时甚至是单件生产，零件尺寸、结构复杂。

b. 加工余量小，且有一定的限制。如有的旧件原有基准损坏造成加工定位复杂化，有的零件只进行局部加工等。

c. 加工的工件硬度高，有时甚至要切削淬硬的金属表面，加之使用中产生的磨损与变形等，使零件的修理困难较大，加工技术要求较高。

零件的机械加工修复对精度的要求一般是与新件一样，即符合图纸规定的技术要求（采用修理尺寸法时，修复的零件的某些尺寸可按技术要求有些变化）。

（1）机械加工修复中应注意的问题

零件的机械加工修复的难度通常要比制造新零件还要大。为了保证零件的机械加工修复的质量，必须注意以下几个主要问题。

① 零件的定位基准与加工精度　待修零件工作表面往往因使用而产生变形或出现不均匀的磨损等缺陷，零件表面间相互位置发生改变，加上有的零件的加工基准在使用过程中遭到破坏或损伤。这对于本身加工余量很小的待修零件来讲，如果稍不注意，就会造成修复零件的精度不高，出现大的加工误差。机械加工修复零件除合理选择机加工方法外，在加工前必须使零件在机床上或夹具中处于正确位置，对已磨损或损伤的基准应进行仔细的修整，只有将其恢复到原有精度才能使用。从定位基准选择这个角度看，修旧比制新的难度更大。

零件机械加工修复中定位基准的选用应遵循基准重合原则（选择零件上的设计基准作为定位基准）、基准统一原则（在多数工序中采用一组可方便地加工其他表面的基准来定位）、均匀性原则（以变形和磨损最小的基面作为定位基准，并足以保证重要表面的加工均匀）。

对零件进行机械加工修复时，应合理选择定位基准，并对定位基准进行仔细检查修整，然后把零件用正确的方法安装到加工机械上，这是保证达到加工精度要求的重要前提。

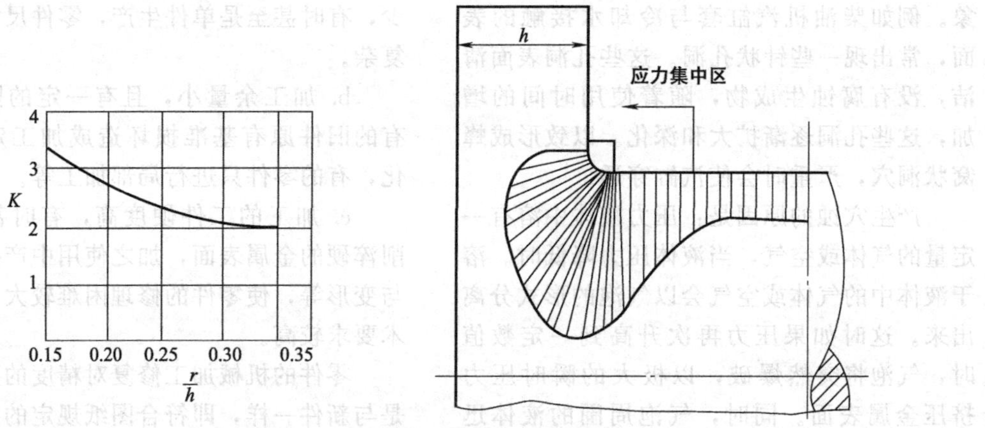

图 10-8 曲轴圆角处的应力情况

K—应力集中系数；*h*—曲柄臂厚；*r*—圆角半径

② 轴类零件的圆角 曲轴、转向节、球头销、液压油缸活塞杆等一些承受交变载荷的轴类零件，在形状和尺寸改变处，对应力集中很敏感。为了减少应力集中，在形状和尺寸改变处应有圆角过渡。如图 10-8 所示。

从图 10-8 中可见，圆角处的最大应力要比轴颈中部的应力大 2～4 倍。这个增大的倍数 K，叫应力集中系数。圆角半径 r 越小，应力集中系数越大；反之，则小。但 r 过大，会使装配间隙增加，所以 r 值有一定的范围。柴油机曲轴多半为高强度中碳钢，对应力集中更为敏感。旧曲轴的强度比新曲轴有所下降，在修复加工中，只要不妨碍装配，圆角应尽量取其图纸规定的上限，尽可能留大一点。经修复后的曲轴发生断裂的原因绝大多数是 r 角过小或无过渡角。正确的圆角修磨方法是先按圆角半径修整砂轮边缘的圆角，然后再磨削曲轴。

曲轴的圆角经高频淬火后其抗疲劳强度较高，如进行堆焊修复会使圆角处的金相组织改变。因而，曲轴经堆焊、磨削后，还应对圆角进行滚压强化。

转向节、球头销等零件同曲轴一样，圆角半径在修复时未按图纸规定的加工而偏小时，疲劳强度就会降低，在使用过程中易发生断裂而造成事故。

③ 零件的表面粗糙度 零件修复后应具有与新零件相同的表面精度。但是，在实际修理中，许多零件的精度未能达到上述要求。这不仅会加剧零件磨合期的磨损，并且会导致零件的使用寿命缩短。

零件表面粗糙度的高低会影响零件的疲劳强度。零件表面的加工刀痕、锈斑都会引起应力集中，产生疲劳断裂。材料强度越高，应力集中现象越严重，疲劳强度的降低也就越多，尤其是优质高强度钢材，在交变载荷下，对粗糙度很敏感。因此，加工高强度合金钢的轴类零件时，更要注意其表面精度。

表面粗糙度的高低，对零件的耐磨性有直接影响，对润滑油膜的形成也有影响。粗糙的表面使零件初期磨损增加，正常工作期的初始工作间隙增大，这实质上是大大缩短了零件的使用寿命。粗糙度表面经初期磨损后，由于间隙大大扩展，润滑油膜的连续性遭到了破坏，零件处在干摩擦或半干摩擦状态下工作，从而进一步加剧零件的磨损，且由于摩擦的加大使功率消耗增加。

此外，表面粗糙度对零件的配合性质也有影响。如对静配合的零件，若表面粗糙度过大时，其表面突起部分或突点易被压平，使实际过盈量减小，严重时，甚至可改变配合性质。

表面粗糙度还会对零件的抗腐蚀性能产生影响。腐蚀性物质易黏聚在裂纹和表面凹谷处对零件产生腐蚀作用，并逐渐扩展。

用抛光或滚压的方法，可降低表面粗糙度。用滚压法处理表面，使表面预伏压应力，则既可以提高抗腐蚀性能，也可使表面上的微观凸峰或显微裂纹被压平，降低应力集中的敏感性而增加抗疲劳强度。抛光虽未使零件表面预伏压应力，但因零件表面光滑而产生上述两种效果也被广泛采用。

④ 零件的平衡　挖掘机上有许多高速旋转的零件，为了减少振动，都要经过平衡。但是，零件在使用过程中，由于变形、磨损改变了原来的平衡状态；在修理过程中，由于堆焊、喷涂、机械加工等，又会引起新的不平衡。这种不平衡，将使零件在运动中产生附加载荷，振动及噪声等，甚至造成断裂等事故。曲轴主轴颈偏磨、飞轮和曲轴在装配时不配套、曲轴突缘与飞轮上的座孔松旷或未装正，以及保养和修理时没有把出厂时离合器盖上的平衡片装在原来的螺栓上等，均会造成发动机工作时的不平衡。

修复对平衡有要求的零件，需按规定的条件进行平衡试验，保证其不平衡值在允许的范围内，以免造成零件和机构的早期损坏。

(2) 机加工及钳工修复中所用设备

在机械加工中，设备是很重要的。

① 通用机床

a. 钻床：如手电钻、台钻、立钻、摇臂钻床。

b. 车床：普通车床、万能车床、立式车床。

c. 刨床：牛头刨床、龙门刨床。

d. 磨床：平面磨床、内外圆磨床、无心磨床。

e. 铣床：立式铣床、卧式铣床、万能铣床、工具铣床。

② 专用切削机床　如：镗缸机、曲轴磨床、凸轮轴磨床等。

③ 手工操作工具　主要常用工具有钻头、螺丝攻、铰刀、刮刀、研磨棒等，这类工具虽较简单，但对修理人员帮助很大。

(3) 修理尺寸法

工程机械上的许多配合副零件，在使用中会发生不均匀磨损，形成较大的配合间隙和圆、圆柱度误差，在零件的强度足够的情况下，若采用名义尺寸修理法显然工艺太复杂，成本也太高。

修理尺寸法是利用机械加工除去待修配合件中磨损零件表面的一部分，使零件具有正确的几何形状、表面粗糙度和新的尺寸(这个新尺寸对外圆柱面来说，比原来名义尺寸小，对孔来说比原来名义尺寸大)，而另一零件则换用相应尺寸的新件或修复好的磨损配合件，使它们恢复到原有的配合性质，保证原有配合关系不变的修理方法。配合件的这一新尺寸，称之为修理尺寸。修理尺寸是根据零件的磨损规律事先规定的与原来公称尺寸不同的并依据它来修理两相配零件的配合尺寸。修后配合尺寸改变了但配合精度没有改变。用修理尺寸法修理时常需要修理尺寸配件。

修理尺寸是根据相配两零件中重要而复杂的零件确定的，如轴与轴承配合的修理尺寸是根据轴确定的，活塞与缸套配合的修理尺寸是根据缸套确定的。

按修理尺寸法修理零件时有几种典型方法：一是均匀磨损同心修理（修后轴心与新件相同）；二是不均匀磨损不同心修理（修后轴心与新件轴心不相同）；三是不均匀磨损同心修理。轴颈用修理尺寸法修理时的典型方法，如图 10-9 所示。由于不同心修理会造成机械工作时产生不良后果，因此较少使用。

修理尺寸有两种：一种是标准的，即各级修理尺寸的间隔值为定值，其修理尺寸和修理次数由国家标准或生产厂家统一规定，修理厂只需修理配合件中的一个，而另一配件由配件厂统一供应。如对于缸套，柴油机分为八级修理尺寸；曲轴主轴颈与连杆轴颈，柴油机分为十三级修理尺寸。维修厂只要将缸套、曲轴主轴颈及连杆轴颈加工到合适的修理尺寸，就可用同一修理尺寸的标准活塞、主轴瓦、连杆轴瓦与之相配使用。修理尺寸的每级级差以 0.25mm 的为最多。采用这种标准化的修理尺寸法，互换性好，

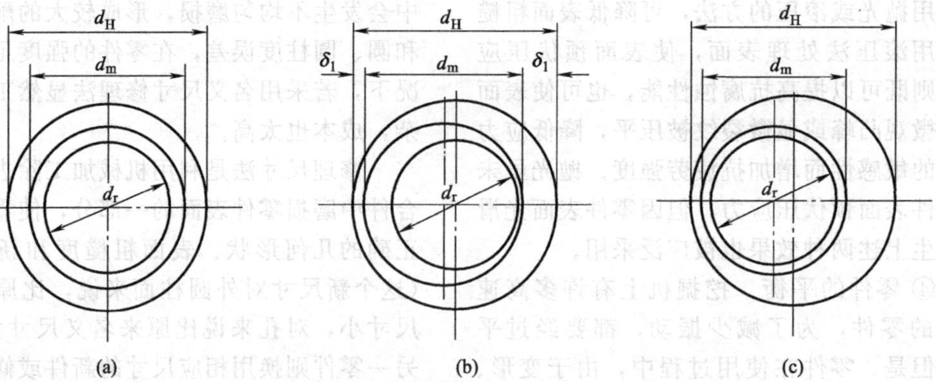

图 10-9 轴颈按修理尺寸法修理

便于加工供应配件及修理；另一种是非标准的也称为任意尺寸修理法，其间隔值为变数，修理时将相配零件中的主要件进行加工，去除缺陷恢复零件的正确几何形状和表面质量，而不必达到一定的修理尺寸。根据加工好的零件尺寸再更换或修复其配合件。这种方法的加工余量小，修理次数较多，但由于其非标准化，会造成配件供应复杂化，配合副两个零件都要进行加工的结果。采用非标准化修理尺寸时，除修理件加工表面必须满足技术要求外，还要求自制的配合件也必须符合技术标准，以确保修理后的配合性质与质量。

采用修理尺寸法，可大大延长复杂贵重零件的使用寿命，简便易行，经济性好；缺点是减弱了零件的强度，使零件互换性复杂化。

采用修理尺寸法达到最后一级时，零件强度下降较多，若需要继续使用此零件时可采用镶套、堆焊、喷涂、电镀等方法使其恢复到基本尺寸。

(4) 附加零件法

附加零件法用来补偿零件工作表面的磨损（镶套修复法），也用于替换零件磨损或损伤的部分（局部更换法）。

① 镶套修复法　零件的镶套修复法的实质，是利用一个特制的零件（附加零件），镶配在磨损零件的磨损部位（需先加工恢复零件这个部位的几何形状）以补偿基本零件的磨损，并将其加工到名义尺寸从而恢复其配合特性。这种方法适用于表面磨损较大的零件，如可用来修复变速器、后桥和轮毂壳体中滚动轴承的配合孔，壳体零件上的磨损螺纹孔及轴的轴颈。气门座圈、气门导管、汽缸套、飞轮齿圈及各种铜套的镶配，也都采用此法。有些零件在结构设计和制造上就已经考虑了用镶套法，如湿式缸套。有些本身就可以镶换，如气门导管和气门座圈。

依据待修表面的形状，镶补件可做成衬套、垫圈或螺纹套的形状。

磨损较大的孔，如结构及强度允许采用镶套法修复，应先将原孔镗大，压入特制的套，再对套的内孔进行加工使之达到需要的孔径尺寸和精度（图 10-10）。这对一些壳体件的轴承孔的修复特别适用。

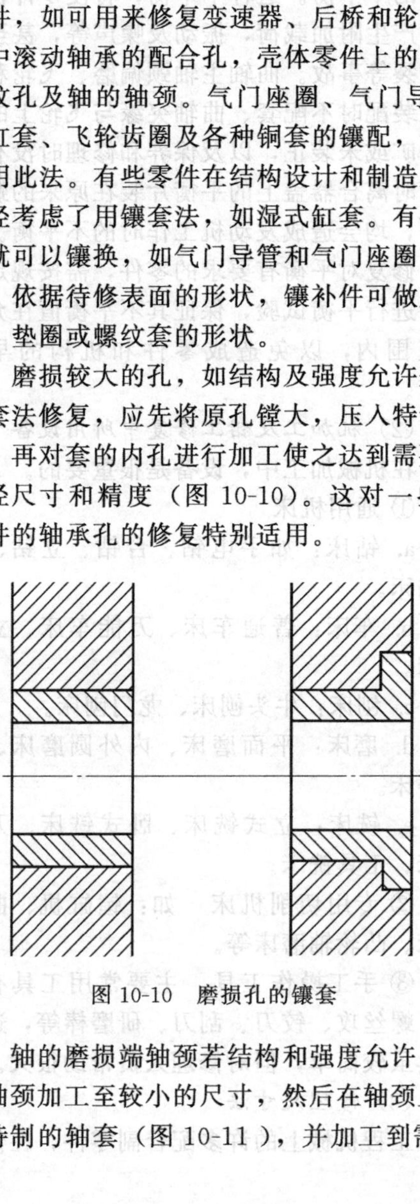

图 10-10　磨损孔的镶套

轴的磨损端轴颈若结构和强度允许，可将轴颈加工至较小的尺寸，然后在轴颈上压入特制的轴套（图 10-11），并加工到需要

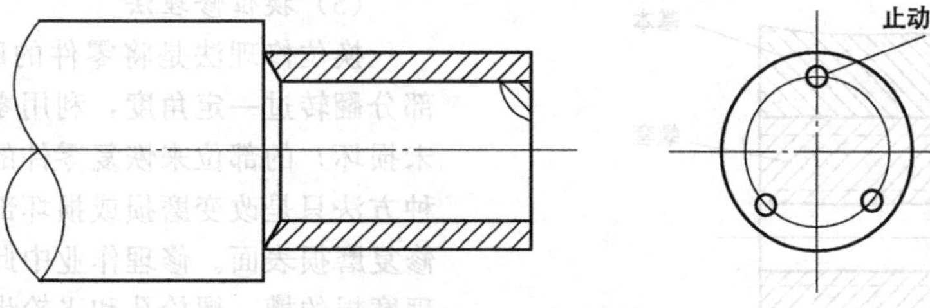

图 10-11　轴颈的镶套修理

的尺寸和精度。轴套和轴颈应采用过盈配合，为防止松动也可在套的配合端面点焊或沿整个截面焊接，也可用止动销固定。如果轴头有凸台，整体套无法套入，可采用两半片的套筒，镶在径车加工变小的轴颈上，并沿着轴颈形成线加以焊接，最后加工到名义尺寸。

镶套材料应与被修零件的材料尽量一致，并应根据所镶部位的工作条件选择，如高温下工作的部位，应选择与基体材料线膨胀系数相同的材料才能保证工作的稳定性。套的厚度根据选用的材料和零件的磨损量确定（钢套的厚度不应小于 2～2.5mm，铸铁套厚度不得小于 4～5mm）。

镶套的过盈量应选择合适。过盈量过大，易使零件变形或挤裂镶套或承孔，过盈量不足，镶套又易松动和脱落。镶套时，应根据相对过盈量的大小，选择镶套等级（表 10-3）。

配合部位的加工精度和粗糙度应达到规定要求，以保证配合能紧密接触。通常采用 IT6、IT7 级，粗糙度 R_a2.5～1.25。表面粗糙度过高，镶套压入后使实际过盈量减小，贴合面也减小，易造成过盈不足和散热性能差。

重级特重级配合，用温差法加热包容件至 150～200℃。被包容件用干冰冷却收缩，然后压入。

螺纹孔的附加零件修复是：先将螺纹孔镗大到一定尺寸，并车出螺纹，螺纹的螺距通常与原有的螺纹的螺距相同。然后将特制的具有内外螺纹套旋入零件的螺纹孔中，螺纹套的内螺纹应与原有的螺纹相同，螺纹套可用锁止螺钉固定（图 10-12）。

② 局部更换法　具有多个工作表面的机械零件，各表面在使用过程中的磨损程度是不一致的，有时只有一个工作表面磨损严重，其他表面尚好或只有轻度磨损，若零件结构允许，可从零件上除去磨损部分，对这一部分另行制造好后，将其与零件的余留部分再焊接在一起。如半轴，磨损剧烈的部位往往是花键槽，而其他工作面的磨损则不大。用局部更换法修复半轴时，可将有花键槽的一端切去，然后用与半轴相同的材料制造一新轴端。再将此新轴端焊在半轴上（通常用对接焊），然后校正半轴，对焊接上的轴端进行加工，铣出花键槽并进行热处理。最后对花键槽端进行精加工。

表 10-3　镶套中的静配合

级别	相对平均过盈	配合代号	装配方式	特　点	应　用
轻级	0.0005 以下	$\frac{H6}{r5}\frac{H7}{r6}$	压力机压入	传递较小转矩，如果受力较大时，需另加紧固件或焊牢	变速器中间轴齿圈，镶后焊牢。转向节指轴镶后焊牢
中级	0.0005～0.001	$\frac{H6}{r5}\frac{H7}{s6}\frac{H8}{s7}$	压力机压入	受一定转矩和冲击载荷，分组选择装配，受力大时，需另行紧固	缸体、变速器壳、后桥壳、主销孔、变速器中间轴齿轮（加键）
重级 特重级		$\frac{H7}{V6}\frac{H8}{s7}$	压力机压入 温差法	受很大转矩和动载荷，不必再加紧固件，分组装配。加热包容件，冷却被包容件	飞轮齿圈、气门座圈，转向节指轴（不焊）

注：相对过盈量是单位直径（为镶套的基本尺寸）上的过盈量，其值为过盈量与套外径尺寸之比。

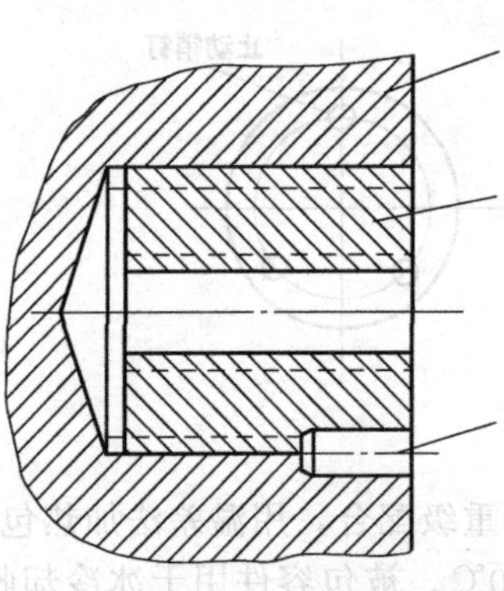

图 10-12　螺孔镶螺塞

对齿类零件，尤其是对精度不高的大中型齿轮，若出现一个或几个轮齿损坏或断裂，可先将坏齿切割掉，然后在原处用机加工或钳工方法加工出燕尾槽并镶配新的轮齿，端面用紧固螺钉或点焊固定，如图 10-13 所示。

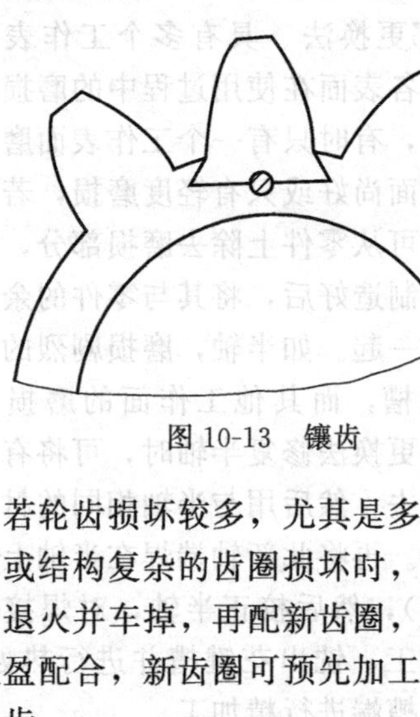

图 10-13　镶齿

若轮齿损坏较多，尤其是多联齿轮齿部损坏或结构复杂的齿圈损坏时，可将损坏的齿圈退火并车掉，再配新齿圈，连接可用键或过盈配合，新齿圈可预先加工也可装后再加工齿。

(5) 换位修理法

换位修理法是将零件的磨损（或损坏）部分翻转过一定角度，利用零件未磨损（或未损坏）的部位来恢复零件的工作能力。这种方法只是改变磨损或损坏部分的位置，不修复磨损表面。修理作业中此法经常用来修理磨损的槽、螺栓孔和飞轮齿圈等。

图 10-14 为采用换位修理法修复磨损键槽和螺栓孔的实例。

飞轮齿圈轮齿啮入部分单面磨损严重后常用换位修理法修理。具体方法是，将齿圈压出、翻转 180°后再将齿圈压入飞轮，利用轮齿未磨损部位可继续正常工作。

对履带式机械的驱动轮，经常采用两种换位修理法：一种是在驱动轮一面磨损大（前进方向），一面磨损小的情况下，将左右驱动轮互换安装；另一种是若驱动轮是偶数齿，而履带链轨节距恰等于两个齿距时，驱动轮只有一半轮齿工作，当这一半轮齿磨损严重时，可将驱动轮相对转过一个齿距，使另一半轮齿进入工作，以延长其使用寿命。

(6) 钳工加工修复

① 铰孔　利用铰刀进行精密孔加工和修整性加工的工艺，能得到很高的尺寸精度和良好的表面粗糙度，主要用来修复各种配合的孔。

② 珩磨　用 4～6 根细磨料的砂条组成可胀缩的珩磨头，对被加工的孔作既旋转又上下沿轴向往复的综合运动，使砂条上的磨料在孔的表面上形成既交叉而又不重复的网纹轨迹，并磨去一层薄的金属。由于参加切

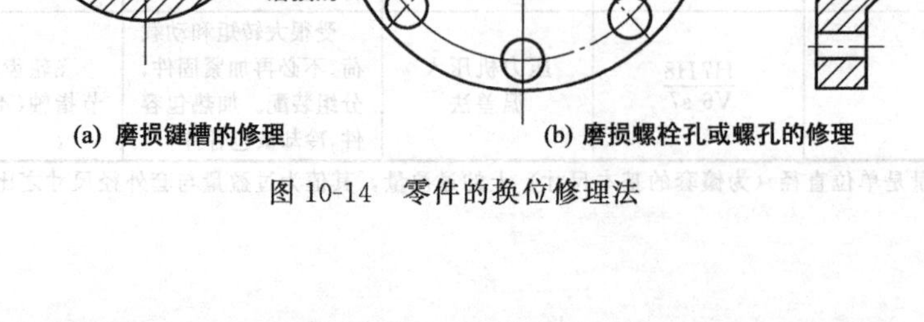

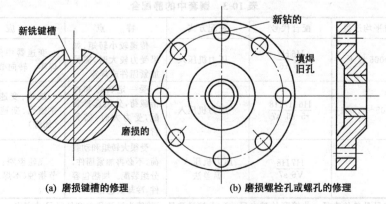

(a) 磨损键槽的修理　(b) 磨损螺栓孔或螺孔的修理

图 10-14　零件的换位修理法

削的磨料多，且速度低，又在珩磨过程中施加大量的冷却液，孔的表面粗糙度变小，精度得到很大提高。

③ 研磨　通过用铸件制成的、具有良好的嵌砂性能的研具，再加上由磨料中加入研磨液和混合脂调制成的研磨剂，在工件表面上进行研磨，磨去一层极薄的金属，获得一定的加工精度和粗糙度。研磨常用于修复高精度的配合表面。

④ 刮削　刮削是用刮刀从工件表面上刮去一层很薄的金属的手工操作。刮削生产效率低、劳动强度大，常用磨削等机械加工方法代替。

⑤ 钳工修补

a. 键槽当轴和轮毂相配的键槽只磨损或损坏其中之一时，可把磨损或损坏的键槽加宽，然后配制阶梯键。当轴和轮毂相配的键槽全部损坏时，允许将键槽扩大 10%～15 %，然后配制大尺寸键。当键槽磨损大于 15%时，可按原槽位置旋转 90°或 180°，重新按标准开槽。开槽前需把旧槽用气、电焊填满并修整。

b. 铸铁裂纹修补，对铸铁裂纹，在没有其他修复方法时，可采用加固法修复，见图 10-15。一般用钢板加固，螺钉连接。脆性材料裂纹应钻止裂孔。

10. 2. 2　焊补修复工艺

焊接技术用于修理工作时通常称为焊修，利用焊修法能修复工程机械常用金属材料制作的大部分零件的损伤，如磨损、破裂、断裂、凹坑、缺损等，且具有维修质量高（焊修的零件可以得到较高的强度）、焊层厚度容易控制、生产率高、成本低、焊修设备简单、操作容易、便于野外抢修，因而成为应用较广的零件修复方法。

焊修可分为焊接、补焊与堆焊等。焊接多用于结构件开裂与零件断裂的修复，补焊多用于裂纹与破洞的修补。焊接及补焊又分为普通焊（电焊与气焊）与钎焊，钎焊的熔焊温度低于零件熔点，靠焊料的渗透与吸附使零件连接起来，如钢质零件的铜焊与锡焊。堆焊多用于修复磨损较严重的零件表面，它与焊接的不同处是施焊点堆集的金属较多，焊层较厚，且形成一定的堆焊面。堆焊有普通堆焊与特殊堆焊之分。前者多指手工堆焊，后者指用特殊设备进行的堆焊，如振动堆焊、埋弧堆焊、等离子喷焊、CO_2 气体保护焊，蒸气保护焊等。

焊修有不少优点，但也存在下列的缺点：因焊修的温度高、热影响大，对零件进行局部的不均匀的焊修后，易产生焊接变形和应力；焊修时在焊缝近缝区因温度高引起组织变化，易造成焊修缺陷；焊修时易产生焊接裂纹，尤其是铸铁件；焊修热处理过的零件时，其较高的温度会破坏热处理层；焊修时易产生气孔等缺陷，对焊缝的强度及密封性均有影响，等等。尽管如此，焊修仍然是挖掘机零件修复的主要方法之一，其应用非常广泛。

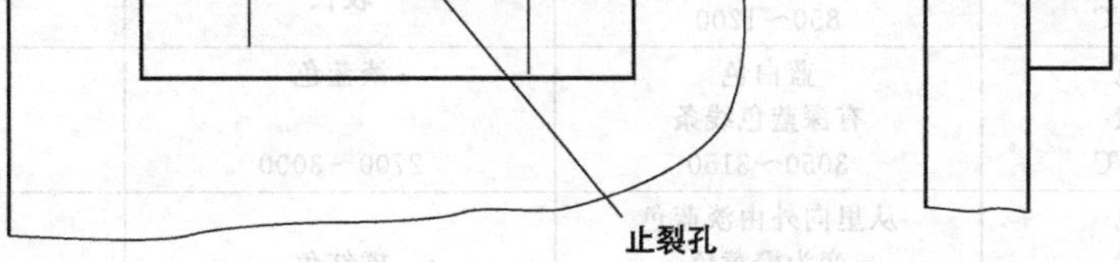

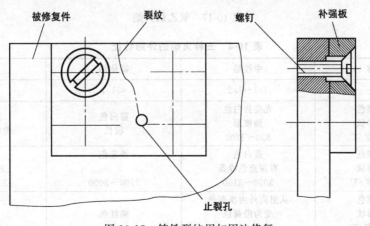

图 10-15　铸铁裂纹用加固法修复

（1）焊修的基本概念及产生应力与变形的原因

① 基本概念

a. 电焊。电焊是利用电弧的热能，以焊条为填充金属材料，使欲焊接的金属零件部位处于熔化状态的焊接方法。在电焊的过程中，焊接的工件是电路的一部分，电焊的能源来自电焊机或焊接变压器。电源的一极与工件相接，另一极与焊具相接，当焊具与工件之间有适当的距离时，便在焊条与工件之间形成电弧，电弧的高温将使其周围的金属熔化（图 10-16）。

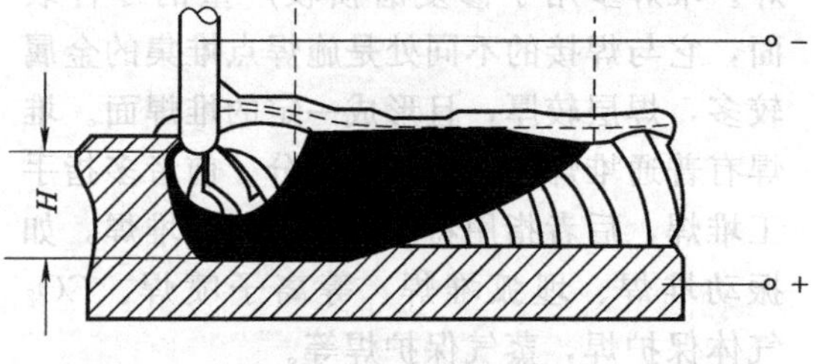

图 10-16　电弧焊

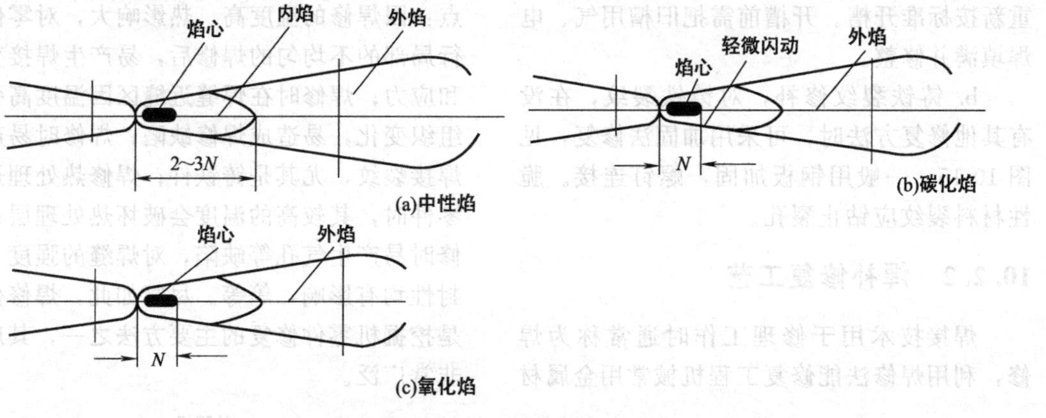

(a)中性焰　(b)碳化焰　(c)氧化焰

图 10-17　氧乙炔火焰

焊接电流决定于焊条直径、焊接金属厚度、焊接接头的形式及焊缝在施焊时的位置。

b. 气焊。气焊所用的火焰（焊接热源）是由可燃气体与氧混合燃烧而成的。可燃气体有乙炔气、液化石油气、天然气及氢气等。目前在气焊中常用的是以乙炔气（C_2H_2）为主。

乙炔气与氧气混合燃烧形成最高温度约3300℃左右的氧乙炔焰，利用氧乙炔焰的热能，将欲焊接的工件部位边缘金属和焊条的金属熔化而实现焊接，气焊的焊缝是母材与焊条金属的混合物。

氧乙炔焰根据氧气与乙炔的比例不同，可分为中性焰（正常焰）、碳化焰（还原焰）和氧化焰三种。当 O_2/C_2H_2 比值为 1.1～1.2时为中性焰，它使用最为广泛；比值小于 1.1 时为碳化焰；当比值大于 1.2 时称为氧化焰。三种火焰的外形见图 10-17，外形特征见表 10-4。

表 10-4　三种火焰的外形特征

名　称		中性焰	碳化焰	氧化焰
O_2/C_2H_2		1.1～1.2	<1.1	>1.2
焰心	颜色 形状 温度/℃	光亮蓝白色 圆锥形 850～1200	蓝白色 较长	淡紫蓝色 轮廓不太明显
内焰	颜色 形状 温度/℃	蓝白色 有深蓝色线条 3050～3150	淡蓝色 2700～3000	 无明显轮廓 3100～3300
外焰	颜色 形状 温度/℃	从里向外由淡蓝色 变为橙黄色 1200～2500	橘红色	蓝紫色 火焰挺直

c. 钎焊。钎焊是利用氧乙炔焰或汽油喷灯等的热能将欲焊接的工件的两个接头中间的钎料熔化（一般钎料的熔点温度比母材的要低 10℃以下）。待冷凝后将钎焊接头连接在一起的焊接方法，其焊缝是由钎料熔化后形成，要求钎料具有良好的浸润性、在液态时与母材在接触面上必须能发生相应的原子扩散，且有一定的机械强度等性能。

② 焊修时零件产生应力与变形的原因　焊修时，由于对被焊零件进行局部的加热，焊件上的各部分的温度是很不均匀的。距焊缝越近的金属，其温度越高，体积的膨胀也越大；而距焊缝越远的金属，其温度越低，体积的膨胀越小。由于这些温度不同的金属是处于同一焊件上的，低温区的金属保持原有强度和硬度，会对高温区体积膨胀大的金属产生压应力，限制其自由膨胀，高温区的金属在此压应力的作用下便会产生塑性变形（此时也易产生塑性变形）。当加热停止后，在冷却过程中，高温区的金属将逐渐以较高速率收缩，但周围的低温金属因收缩小对其起牵制收缩作用而形成拉应力。若此拉应力不超过材料的强度极限，会引起焊件变形；若此应力大于材料的强度极限，焊件就会在薄弱处产生裂纹。焊件在产生变形和裂纹后，内应力会部分消失。但因是部分消失，所以焊件即产生了一定的变形或裂纹，同时在内部还存在残余应力。残余应力的存在，会使零件在使用过程中继续产生变形或裂纹。

除上述热应力外，焊修合金钢、高碳钢和铸铁零件时，由于焊缝中某些元素含量的变化及金属在快速加热和冷却时，内部组织发生转变（如淬火倾向增大），这种组织的转变引起局部的体积变化及塑性变差，在焊件内部形成所谓组织应力，由于组织应力和低塑性的淬硬组织的影响，易造成较大的焊接应力而产生裂纹。低碳钢和低碳合金钢基本上不产生组织应力，因低碳钢组织发生变化的温度在 600℃以上，此时材料有很好的塑性。

由焊修应力引起的变形和裂纹是焊修中最常见和主要的缺陷，必须足够重视，否则会严重影响焊修质量，乃至造成零件报废。

③ 防止焊件产生应力和变形的方法　对于应力与变形，既要设法在焊修过程中减少和防止其产生，也要在其发生后，尽量设法来消除它。减少应力防止变形通常采用如下措施。

a. 焊前预热、焊后缓冷或焊后退火处理。焊前预热是消除应力最根本的方法之一，其原理是使焊件各部的温度尽可能均匀，焊修区和焊件其他部分的温差减小，温差愈小，冷却后的应力愈小，产生裂纹或变形的倾向也就愈小。同时，预热还可以起到其他一些作用，如对铸铁件的焊修，预热除可以防止裂纹外，还有助于避免白口的产生。对于高强度钢等可焊性较差的材料的焊修，预热除可防止裂纹外，还有助于改善焊补金属和基体金属的组织和性能。

焊后缓冷和高温退火的目的，是为了消除残余应力。焊后缓冷退火是将工件焊后趁热放在炉中随炉缓慢冷却，或放在保温材料（石棉灰、干燥的熟石灰等）中缓冷。焊后退火应在炉中进行，加热温度为 600℃左右，保温时间一般为 12～24h，体积大，形状复杂的零件，需要保温 48h 以上，保温后随炉冷却。

b. 采用合理的施焊顺序

（a）对称焊。如图 10-18 所示，补焊较长裂缝时，可从中间把焊缝分成两个相等长度的区段，再把这两个区段分成左右对称的长度相等的区段（每段长 15～40mm），然后按标号和箭头所示方向依次补焊。这种补焊方法可使因温度变化而产生的收缩互相抵消，应用甚广。

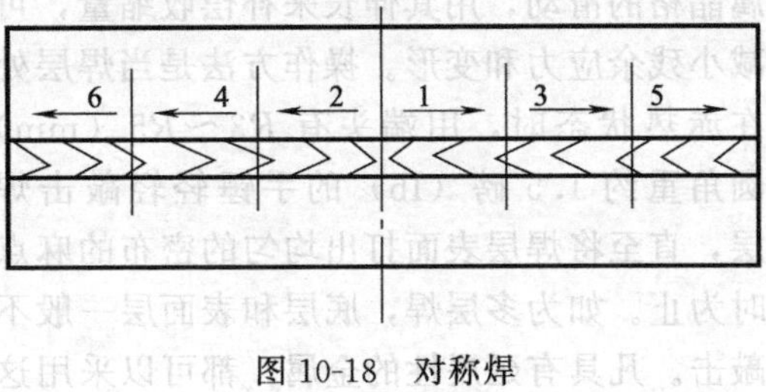

图 10-18　对称焊

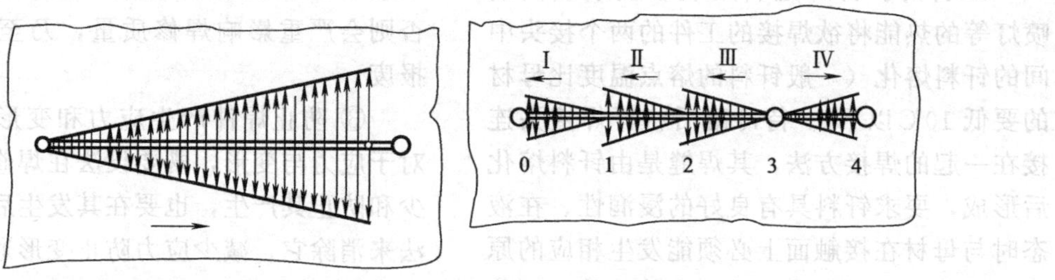

图 10-19 分段后退焊及应力变化情况

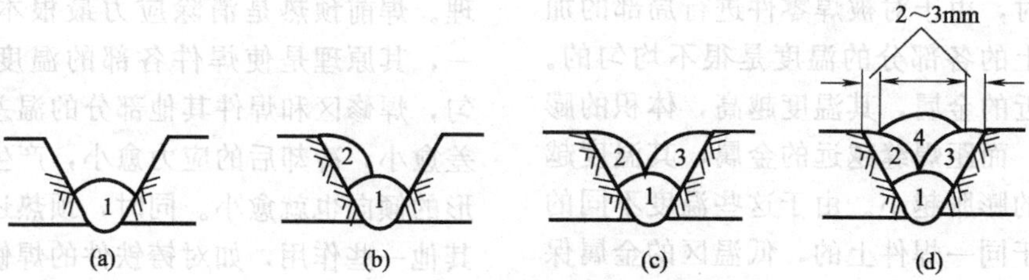

图 10-20 多层焊接法

(b) 分段后退焊。如图 10-19 所示，把长焊缝分成若干相等的区段（每段长 15～40mm），然后按标明次序，顺着箭头方向后退焊补，这样可以大大缩小热影响区，产生的应力也相应减少了。为了保证焊缝质量，各段应稍有重叠。

c. 多层焊。如图 10-20 所示，焊补较厚工件的时候，可采用较细焊条，较小的电流，分多次填满焊缝。

焊完一道，待温度降低后，再焊下一道，后面的一层对先焊的一层有退火软化的作用。这样既可减小焊件的温升，又可起到改善组织、消除内应力和减少焊件变形的作用。这种方法，对铸铁件的焊修尤其有效。

d. 锤击焊缝。焊后焊件发生收缩，是焊件产生应力和变形的原因。趁热锤击焊缝可消除部分焊接应力，因焊缝金属在热的时候塑性比较好，锤击相当于锻延，有助于金属晶格的滑动，用其伸长来补偿收缩量，可减小残余应力和变形。操作方法是当焊层处在赤热状态时，用端头有 $R3\sim R5$（mm）圆角重约 1.5 磅（Ib）的手锤轻轻敲击焊层，直至将焊层表面打出均匀的密布的麻点时为止。如为多层焊，底层和表面层一般不敲击。凡具有延展性的金属，都可以采用这种方法。焊层在 800℃左右锤击效果较好。随温度下降，锤击的力量也应随即减小。温度在 300～500℃时，不允许锤击，以免发生冷脆裂纹。

e. 人工冷却。为了防止非焊部位热处理层的破坏和焊件的变形，可采用人工冷却的方法。其方法是：焊缝附近覆盖湿石棉或用冷水喷射非焊部位，常见的方法是将零件浸入冷水槽中，只露出施焊部位。

这种方法，对于易形成淬火组织的钢制零件不宜使用，否则易产生裂纹。

f. 加热减应区法。加热减应焊又叫对称加热法，即补焊时另用焊炬对零件选定的部位（减应区）进行加热，以减少补焊的应力和变形。其方法是：焊修前在焊件上选择一处或几处“减应区”，用火焰进行低温或高温预热，使其膨胀伸长。当减应区受热膨胀时，需补焊处还未加热，减应区部位的金属膨胀，将使需补焊处受拉或裂缝加宽。当进行焊修后，补焊处和减应区的温度均较高，这样在冷却时，它们将同时较自由地收缩，减小了应力和变形，防止了焊件的炸裂。

图 10-21 为几种简单零件的“加热减应区”。

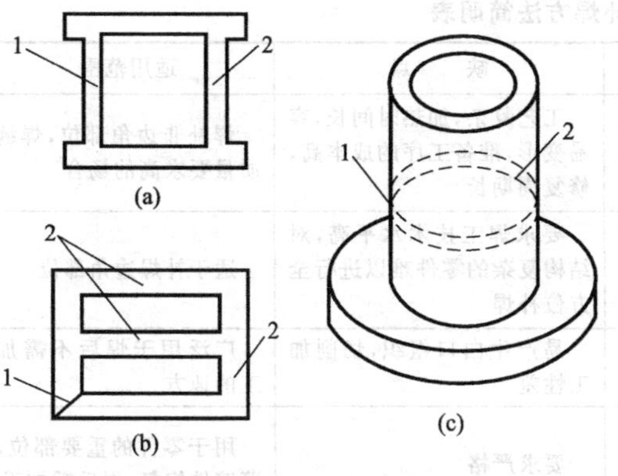

图 10-21 几种简单零件的“加热减应区”
1—需焊补的位置；2—减应区

“减应区”的选择，直接关系到焊修工作的成败。其选择原则是：

(a) 减应区应选择在阻碍焊缝膨胀和收缩的部位，通过这些部位的加热伸长，可使补焊区焊口扩张，焊后又能和补焊区同时收缩，从而给焊缝造成自由伸缩的条件。

(b) 减应区可以选择在工件的边、角、棱、筋、凸台等部位，这些部位与其他部位连接不多且强度较高，即使减应区变形，对其他部位影响也不大。

(c) 减应区可根据需要，选择一处或多处。

减应区的选择比较困难，需不断总结和积累经验。减应区选的是否正确可通过加热的简便方法来检验。当对所选部位加热到500～700℃时，零件上待焊补的裂缝如扩张，即说明减应区选择得正确，如果裂缝宽度未增加或反而缩小了，则说明减应区选择得不恰当，需另选合适部位。

g. 使用夹具和固定工具，防止焊件变形。除上述方法外，还有其他防止产生应力和变形的方法，且仅在焊修时采取措施防止焊件变形是不够的，因为焊修后焊件往往仍有不同程度的变形。

(2) 铸铁零件的焊修

铸铁零件在发动机和工程机械中都占有很大比重，而且许多是重要零件，如汽缸体、气缸盖、变速箱壳等。这些零件体积较大、结构较复杂、成本较高，使用中也较易损坏。

铸铁含碳量高，从熔化状态到骤冷，碳在铸铁中来不及析出，以 Fe_3C 化合物状态存在形成白口铁。白口铁硬而脆，难以切削，其收缩率大于灰铸铁近1倍，加上铸铁塑性差，脆性大，焊缝区产生热应力和相变应力就极易使焊缝处产生裂纹。铸铁中含硫、磷量较高，也会给焊修带来一带的困难。

对铸铁进行补焊时，要采取一些必要的技术措施才能保证质量。要选择性能好的铸铁焊条；铸好焊前的准备工作，如清洗、预热等；控制冷却速度，焊后要缓冷等。

铸铁件焊接中主要的问题是提高焊缝和熔合区的可切削性，防止白口；提高补焊处的防裂性能；提高焊接接头的强度。

铸铁的补焊方法很多，各有特点。挖掘机修理中常用的补焊方法见表10-5。

气焊条直径可按表10-6选取。电弧冷焊铸铁零件时，应采用严格的工艺措施来防止白口和裂纹，通常采用直流反接电源，同时采用小电流，断续焊、分层焊、细焊条、锤击等方法，减少焊接时的内应力和变形，并限制基体金属成分对焊缝的影响。

电焊条直径的选择，按焊件厚度、接头形式、焊接位置、热输入量及焊工熟练程度而定。焊件厚度小于4mm时，焊条直径一般不超过焊件厚度。焊件厚度增大时，可根据接头形式、焊接电源容量、焊接位置及焊接工熟练程度来选择，如角焊可选大一些直径的焊条，仰焊一般焊条直径不超过4mm等。一般焊件厚度在4～12mm。时，选择焊条直径为3.2～4.0mm，焊件厚度大于12mm时，焊条直径应大于4mm。

(3) 钢零件的焊修

挖掘机所用的钢材种类很多，其可焊性相差很大，主要原因是钢中含有不同数量的碳及其他合金元素。

① 钢零件的可焊性 低碳钢（含碳量0.25%以下）零件最易焊修。中碳钢（含碳量0.25%～0.45%）零件尚易焊修，但易产生裂纹。高碳钢（含碳量0.45%～1.7%）

表 10-5 常用铸铁补焊方法简明表

焊补方法		要点	优点	缺点	适用范围
气焊	热焊	焊前预热 650～700℃,保温缓冷	焊缝强度高,裂纹、气孔少,不易产生白口,易于修复加工,价格低	工艺复杂,加热时间长,容易变形,准备工序的成本高,修复周期长	焊补非边角部位,焊缝质量要求高的场合
气焊	冷焊	不预热,焊接过程中采用加热感应	不易产生白口,焊缝质量好,基体温度低,成本低,易于修复加工	要求焊工技术水平高,对结构复杂的零件难以进行全方位补焊	适于补焊边角部位
电弧焊	冷焊	用铜铁焊条冷焊	焊件变形小,焊缝强度高,焊条便宜,劳动强度低	易产生白口组织,切削加工性差	广泛用于焊后不需加工的地方
电弧焊	冷焊	用镍基焊条冷焊	焊件变形小,焊缝强度高,焊条便宜,劳动强度低,切削加工性能极好	要求严格	用于零件的重要部位,薄壁件修复,焊后需加工
电弧焊	冷焊	用纯铁芯焊条或低碳钢芯铁粉型焊条冷焊	焊接工艺性好,焊接成本低	易产生白口组织切削加工性差	用于非加工面的焊接
电弧焊	冷焊	用高钒焊条冷焊	焊缝强度高,加工性能好	要求严格	用于补焊强度要求较高的厚件及其他部件
电弧焊	半热焊	用钢芯石墨焊条,预热 400～500℃	焊缝强度与基体相近	工艺较复杂,切削加工性不稳定	用于大型铸件,缺陷在中心部位,而四周刚度大的场合
电弧焊	热焊	用铸铁芯焊条预热、保温、缓冷	焊后易于加工,焊缝性能与基体相近	工艺复杂、易变形	应用范围广泛

表 10-6 焊件厚度与气焊条直径的关系

焊件厚度/mm	焊条直径/mm	焊件厚度/mm	焊条直径/mm
1～2	不用焊条	5～10	3～5
2～3	2	10～15	4～6
3～5	3～4	15 以上	6～8

零件不易焊修。钢中含量愈高，出现裂纹的倾向就愈大，因含碳高时熔化温度降低，焊时易过热和生成CO气体使焊层疏松、性脆和多孔。

合金钢最不易焊修。因含有较多的Mn、Ni、Mo、W、V等元素，导热性差而易过热；合金钢熔化后有急剧硬化的趋势，故焊层易产生内应力和裂纹，使强度降低；合金钢中某些混合物在焊修时易与氧形成难熔的氧化物，降低了焊层质量。

易焊是指不需要采取任何技术措施即可获得较好的焊接质量；可焊是指一般情况下不采取技术措施也能获得较好的焊修质量，但零件较厚较复杂时，可采用低温预热(200～250℃）等简单技术措施；限制焊是指用一般焊修方法易产生裂纹等缺陷，故应采取较复杂的技术措施，如焊前中温（250～350℃）预热，焊后退火处理等；不堪焊是指用一般焊接方法极易产生裂纹，故应采取严格的技术措施才能获得较好的焊修质量，如焊前高温预热（350～500℃），焊后退火处理等。

② 钢零件焊修时易产生的缺陷及防止措施

a. 中碳钢。中碳钢焊接时主要困难是产生裂纹，裂纹有热裂纹、冷裂纹和热应力裂纹之分。

热裂纹多产生于焊缝内，弧坑处更易出现。这种裂纹在焊缝表面产生时，焊后马上可以出现。裂纹呈不明显的锯齿形与焊缝的鱼鳞状波纹线相垂直。产生热裂纹的主要原因是含碳量偏高，含硫量偏高，含锰量偏低。

冷裂纹多出现在近缝区的母材上，有时也出现在焊缝处。产生的时间是在焊后冷却到 300℃左右或更低的温度时。产生冷裂纹的原因主要是钢材含碳量高，其淬火倾向也相应大。母材近缝区受焊接热的影响，加热和冷却速度都大，产生低塑性的淬硬组织。当工件刚度较大时会引起大的焊接应力，常常产生裂纹。

热应力裂纹产生的部位多在大刚度焊件的薄弱断面，产生的时间是在冷却过程中。产生热应力裂纹的主要原因是焊接区的刚性较大，使焊接区不能自由收缩，产生较大的焊接应力，焊件薄弱断面承受不了而开裂。

防止中碳钢焊修时产生裂纹的主要措施有：尽量降低冲淡率或适当预热；减慢近缝区的冷却速度和应力；采用碱性低氢型焊条避免焊接区受热过大，减小焊接区与焊件整体之间产生过大的温度差。

焊条尽可能选用碱性低氢型，因其抗裂性能较强。个别情况下，严格掌握预热温度和尽量减少母材熔深时，也可用普通酸性焊条。

b. 高碳钢。高碳钢与含有少量合金元素的高碳结构钢、弹簧钢、工具钢，如 60Si2Mn，65Mn 等，其焊接特点相近。

这类钢的焊接特点与中碳钢基本相似，由于含碳量更高，使得焊后硬化和裂纹的倾向更大，可焊性更差。焊修时对焊接接头要求高的要选用 E7015-D2 或 E6015-D1 焊条，要求一般的选用 E5016 或 E5015 等牌号的焊条。焊时要保证不产生缺陷，须用小电流慢速度施焊，尽量减少母材的熔化。必须进行预热，且温度不低于 350℃，焊后要进行热处理。

(4) 铝合金零件的焊修

铝合金常用来制造挖掘机上的一些重要零件，如汽缸体、汽缸盖、飞轮壳、活塞、喷油泵壳体、离合器壳体、液力变矩器等，因为它有足够的强度和较好的抗腐蚀性以及耐热性。铝合金零件损坏后常用补焊法修复。

① 铝合金的焊接特点 铝合金的主要成分是铝。其焊接特点主要有：

a. 铝有易被氧化的不利因素。铝的化学性质活泼，极易与氧发生化学反应而生成氧化铝。因此，铝合金零件表面总是形成一层致密的氧化铝薄膜，厚度约为 0.1～0.2μm。氧化铝薄膜虽然能起保护作用，可以阻止零件内部继续氧化，但是它的熔点很高（2050℃），远远超过了铝的熔点(660℃)。因此，在焊接时，它阻碍零件基体材料的熔化和焊合。氧化铝的密度约为铝的 1.4 倍，当基体金属熔化后，它会落入熔池形成夹渣。为此，焊补前必须去除零件待修表面的氧化膜，并在施焊过程中防止新的氧化铝产生。

b. 焊补中易产生裂纹。铝的膨胀系数大，加热时会引起很大的热应力，铝的高温强度低、塑性很差。因此，在焊补过程中，特别是在焊缝冷却收缩时容易产生裂纹。

c. 产生气孔。铝加热到液态时，氢在铝液中的溶解度随温度的升高而增大，且溶解度可以到很高。而固态的铝几乎完全不溶解氢，这样，在熔池以较快的速度冷却和凝固的过程中氢就会在焊缝中聚集而形成气孔。此外，铝的氧化膜常吸附了较多水分，这些水分是氢的来源。因此，消除氧化膜也就有利于防止气孔的产生。

d. 焊补时要求有能量大而集中的热源。铝的导热系数大，约为一般钢材的 4 倍。当要达到与钢相同的焊速，焊接单位长度所需的能量应为钢的 2～4 倍。为了实现快速施焊，要求有能量大而集中的热源。

e. 施焊操作技术要求高。铝由固态转变为液态时没有显著的颜色变化，很难判断工件加热的程度，加之它的高温强度很低，有可能出现支持不住自身重量而坍塌，因此要求有较高的施焊操作技术。

综上所述，铝合金的焊补具有一定的困难，施焊时需要有严格的、特定的方法和措施。

② 焊补材料

a. 焊丝。铝合金焊补一般可选取成分

与零件基体材料相同的焊丝。在焊补铝镁合金时，必须考虑有利元素镁的烧损，因此可选用含镁量比零件基体材料高1%～2%的铝镁焊丝。

b. 焊剂。采用气焊和裸体焊条电焊时，需要使用焊剂。焊剂的作用是：

(a) 溶解和清除覆盖熔池表面的氧化膜，并形成熔渣以保护内部金属不被氧化。

(b) 排除熔池的气体、氧化物和其他杂质。

(c) 改变熔池金属和流动性。

③ 焊补工艺 实际生产中，用于焊补铝合金零件常用的工艺方法是气焊，下面介绍这种方法。

a. 焊前清理和预热。焊前清理是保证铝合金焊补质量的重要工艺措施，在焊前应严格清除待焊补零件焊口及焊丝的油污及氧化膜，清理方法可采用化学方法或机械方法。化学方法是用6%～10%的氢氧化钠溶液加温到40～50℃，浸泡时间不宜超过7min，浸泡后用清水冲洗干净，再在30%的硝酸中处理1～3min，然后冲洗、干燥即可。机械清理可先用丙酮擦拭以除去油污，然后用不锈钢丝轮或刮刀除去表面氧化膜。裂纹两端应钻止裂孔，当零件厚度大于5mm时应开坡口，坡口角度为60°～70°。同样，焊丝也应清除油污和氧化膜。待修零件和焊丝表面清理完毕后，应立即施焊，如滞留时间超过8h，应重新进行清理。

b. 操作要点。待修零件的支撑要平整可靠，特别是在焊补区的底部应该用金属块垫牢，这样可以防止坍塌；零件较薄时，可以在焊口反面用石棉板垫上，以防焊口烧穿时金属流失。为避免焊区散热太快和产生裂纹，当待修零件较大时应进行预热，预热温度一般为200～300℃。不宜过高，以防过热。

焊补时宜采用中性焰及弱还原焰，以防铝氧化，焊嘴与焊件的夹角约为25°～30°。当焊件开始熔化时即送进焊丝。焊丝可事先涂上焊剂，焊前用清水将焊剂调成糊状，即可涂于焊丝上。必要时也可涂一些焊剂于焊口上。当焊丝熔滴落入熔池时，如熔池表面出现皱纹状的氧化膜，即应及时用焊丝除去，并注意是否加入了足够的焊剂。一个缺陷应一次补完，不要中断。

c. 焊后处理。铝合金零件用气焊焊补完毕后，应及时清除残留在焊缝表面的熔渣及多余的焊剂。因残存的熔渣和焊剂会破坏氧化铝薄膜，并剧烈腐蚀铝合金焊件，清除时可在热水中用硬毛刷仔细刷洗。

焊后对零件进行300～350℃退火，然后缓慢冷却，以消除内应力。

10.2.3 电镀修复工艺

将金属工件浸入金属盐的溶液中，作为阴极通以直流电。在电流的作用下，溶液中的金属离子析出，沉积到工件表面形成镀层，这样一个电化学过程称为电镀。

在零件修复中，电镀法不仅用来恢复零件尺寸，而且还可以在颇大的程度上改善零件的性质，如提高耐磨性、硬度及耐腐蚀性，改善润滑条件等。同时，电镀过程是在低温（15～105℃）下进行的，基体金属性质几乎不受影响，原来的热处理状况不会改变，零件不会因热而变形，镀层结合强度又高，所以比堆焊、喷涂等方法优越。但镀层机械性能随镀层的加厚而变化，且生产过程又比较长，故一般使用镀层较薄。

电镀工艺用于旧件修复时，主要有镀铬、镀铁及镀铜等。

(1) 镀铬

① 镀铬层的性质

a. 硬度高。硬度可达到800～1000HV，比零件淬火层还硬。

b. 耐磨性好。因铬层表面光洁，摩擦系数小。

c. 耐热性好。铬层在480℃以下不变色，500℃以上开始氧化，700℃时硬度才显著下降。

d. 铬层的机械性能随着厚度的增加而变坏。仅在0.1～0.3mm内适用。

② 镀铬层的种类及特点 镀铬层按其性质大体可分为硬质镀铬及多孔镀铬层两

大类。

a. 硬质镀铬层

(a) 灰暗镀铬层。镀层硬度高，韧性差，有网状裂纹，结晶粗大，颜色灰暗，用途不大。

(b) 乳白镀铬层。硬度低，塑性好，无网状裂纹，结晶细致，呈现乳白色，适用于受冲击载荷零件的增大尺寸镀铬和装饰性镀铬。

(c) 光亮镀铬层。硬度较高，韧性较好，耐磨，内应力小，有密集网状裂纹，结晶细致，表面光亮。最适于修复零件磨损，当用于镀覆受冲击的零件时，应作除氢处理。

b. 多孔镀铬层。硬质镀铬主要缺点是持油性差，润滑油难以在镀层上形成油膜。多孔镀铬在硬质镀铬基础上再加工，以使铬层耐磨性提高（提高其吸油性，就如光玻璃不沾水，毛玻璃易被水浸湿一样）。

(2) 镀铁

也称低温镀铁。其优点：

① 镀层与零件基体结合强度高。

② 镀层硬度高，一般都可达到 45～50HRC。

③ 镀层厚，可使零件直径加大 2mm。

④ 沉积速度快。

⑤ 成本较低，设备简单。

⑥ 对环境污染小，对操作人员健康影响不大，镀铁层不耐高温，不宜在 400℃以上环境中工作。但广泛应用于修复各种直轴、曲轴、销子、内孔和机床导轨，效果很好。

(3) 金属刷镀

金属刷镀是在工件表面局部快速电化学沉积金属的新技术，也曾称为涂镀和快速电镀。该技术在我国于 20 世纪 80 年代研究成功，由于其突出的优点和较高的经济效益，发展十分迅速。

① 金属刷镀的工作原理　金属刷镀的原理和工作过程如图 10-22 所示。将接于电源正极的刷镀笔，周期性地浸蘸（或浇注）专用的刷镀液，与接于电源负极的工件接触并相对运动，镀液中的金属离子在直流电的作用下，不断地还原并沉积在工件表面而形成镀层。

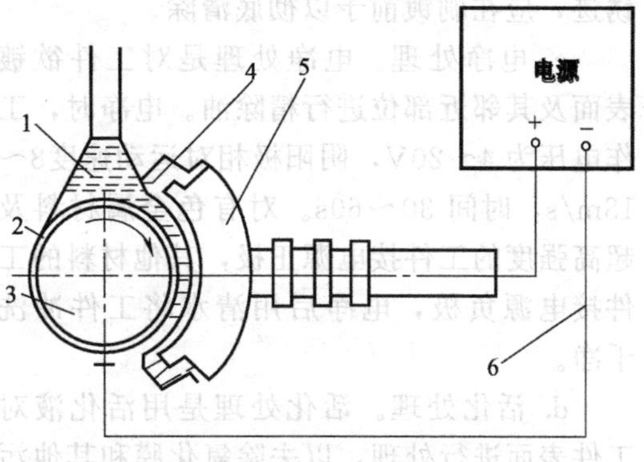

图 10-22　刷镀工作原理
1—刷镀液；2—刷镀层；3—工件；4—阳极包套；5—刷镀笔；6—电缆

② 金属刷镀的应用　金属刷镀是一种很有发展前途的零件修复方法。特别是在现场不解体修理，或对某些用其他方法难以修复的大型、复杂、贵重、精密零件进行修复，以及为了获得小面积（局部面积）和高性能的薄覆盖层时，采用金属刷镀方法可收到良好效果，充分显示出无可比拟的优越性。但是在镀覆大面积、大厚度工件和大批量生产时，其效益就不如槽镀。因此刷镀在应用范围上，也有一定的局限性。其应用范围可大致归纳为以下几方面。

a. 修复零件磨损，恢复尺寸和几何形状。

b. 修复大型、贵重零件，机加工中尺寸超差或修补其表面上的划伤、凹坑及斑蚀等。

c. 修复槽镀难以完成的作业。

d. 改善材料的表面性能，如渗氮的保护层及喷涂层的过渡层等。

e. 使用反向电流用于动平衡去重、去毛刺。

③ 刷镀工艺

a. 表面预加工。表面预加工是为了去除工件表面的毛刺和疲劳层等，并获得正确的几何形状和较高的光洁表面（粗糙度 R_m 等级不低于 1.6μm)。当修复划伤和凹坑等缺陷时，还需进行修复和扩宽，以便于刷镀的进行。

b. 除油除锈。对于工件表面的油污及锈迹，应在刷镀前予以彻底清除。

c. 电净处理。电净处理是对工件欲镀表面及其邻近部位进行精除油。电净时，工作电压为4～20V，阴阳极相对运动速度8～18m/s，时间30～60s。对有色金属材料及超高强度的工件接电源正极，其他材料的工件接电源负极，电净后用清水将工件冲洗干净。

d. 活化处理。活化处理是用活化液对工件表面进行处理，以去除氧化膜和其他污物，使金属表面活化，提高镀层与基体的结合强度。活化时间60s左右，活化后清水将工件冲洗干净。

e. 镀底层。为了提高镀层与基体的结合强度，并避免某些酸性镀液对金属的腐蚀，在刷镀工作前首先镀很薄一层（0.001～0.005mm）特殊镍、碱铜或低氢脆镉作为底层。

f. 镀工作层。根据工件的使用要求，选择合理的金属镀液刷镀工作层。为了保证镀层质量，合理地进行镀层设计很有必要。由于每种镀液的安全厚度不大，往往选用两种或两种以上镀液，分层交替刷镀，得到复合镀层。这样既可迅速增补尺寸又可减少镀层内应力，也保证了镀层的质量。

10.2.4 喷涂修复工艺

用电弧或氧乙炔焰的高温将粉末材料的线材熔化，并用高速气流使之雾化，然后喷射到事先准备好的零件表面上，形成一层覆盖物的过程称为喷涂。在零件的各种基体上可以获得耐磨、耐蚀、隔热、绝缘、密封等性能的覆盖层。

金属喷涂是主要的几种零件修复工艺之一，主要应用于各种直轴、曲轴、内孔平面、导轨面等的磨损修复。

这里只介绍在零件修复中应用广泛的金属电喷涂的一些知识。

(1) 喷涂层的形成

电喷涂的过程如图10-23所示，两根金属等速向前送进，在金属丝的尖端处产生电弧。金属丝不断地被电弧熔化，随即又被压缩空气吹成细小颗粒，并以高速冲向工件，在工件表面堆积成涂层，整个过程大致分为三个阶段。

① 金属丝的熔化和雾化　等速送进两根金属丝也就是两根电极在喷枪内，两电极因接触而短路，此时流过金属丝的电流很大，接触处产生的电阻热使金属尖端迅速熔化，压力为5～8atm（大气压）的压缩空气随即将熔化金属吹成0.01～0.04mm直径的颗粒，由喷嘴向外喷出。

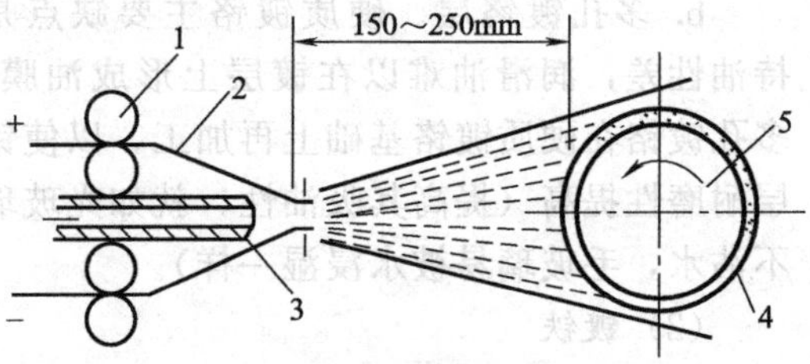

图10-23　电喷涂示意

1—送丝轮；2—金属丝；3—喷嘴；4—涂层；5—工件

② 金属颗粒的飞行　液态金属颗粒在压缩空气作用下自喷嘴喷出后以140～300m/s的速度冲向工件表面，飞行距离约有150～250mm。在飞行过程中，高温的液态金属与空气接触，在凝固的同时，产生强烈的氧化和氮化，结果使金属丝中的合金元素烧损。在碳钢钢丝中，烧损最多的元素有C、Mn、Si。前者烧损近40%，后两者烧损在40%以上。到达工件时，每个颗粒外面包着一层氧化膜和氮化膜，对涂层的性能有严重影响。

③ 涂层的形成　涂层颗粒以高速撞击到工件表面上，被撞扁而贴在工件表面上。此时，颗粒与工件表面之间有如下过程产生：

a. 机械黏合。工件表面通常都要进行粗糙加工（例如拉毛、喷砂），表面上的不平凸起对涂层有一种钩锚作用，一般称为机械黏合。

b. 吸附。金属颗粒撞击到工件表面时，在二者接触表面上，部分分子之间距离极近，它们的相互吸引力能使颗粒吸附在工件表面上。当两表面无油污、水气等杂质时，吸引力就足够大，能使颗粒“黏”在工件表面上。

上述过程使金属颗粒黏附在工件表面上，二者之间具有一定的结合力。由于这种接触类型属机械结合，其结合力是不高的，且颗粒之间是机械结合类型。

④ 电喷涂的优缺点　作为零件的修复方法，电喷涂具有优缺点。

a. 优点

(a) 零件喷涂前不预热，工件温升不超过100℃，因此其金相组织不改变，也不会产生热变形，对零件原有强度无影响。

(b) 涂层属多孔的组织，吸油性良好，因而涂层耐磨性较好。

(c) 可以获得较大的加厚层，对零件大的磨损修复较合适。

(d) 设备简单，操作方便。

b. 缺点

(a) 涂层与基体结合强度差，修复后的零件疲劳强度有所下降。

(b) 金属消耗多，特别是喷涂小直径工件时。

(c) 噪声大，影响工人健康。

(2) 金属喷涂修复工艺

用金属喷涂技术来修复损坏的零件时，可分为三个工艺阶段，这里以轴类零件的喷涂为例来加以说明。

① 喷涂前的表面准备　为保证零件的修复质量，必须进行以下准备工作。

a. 清洗。用汽油或碱溶液（浓度为10%）热洗以去油污，要注意洗净油道及曲臂处（对曲轴而言）的油污，对铸铁零件最好用烘烤方法除去表层所含油脂，铁锈可用砂布或钢丝刷去除。

b. 检验。检验主要包括以下内容：

(a) 各轴颈是否有裂纹，不合格者不能喷涂。

(b) 检查磨损情况，确定喷涂厚度。

(c) 检查变形情况，超限后要矫正。

c. 预加工。为了恢复零件正确几何尺寸，保证涂层有足够的厚度，需在喷前预车或预磨。对曲轴一般要将直径磨小0.5～1.0mm。对轴的端部，为了防止喷涂层的剥落，可将端部车成燕尾槽或电焊一圈，如图10-24所示。

d. 表面粗糙加工。表面粗糙加工是获得必要结合力（强度）的重要工艺措施，常用的方法有以下几种。

(a) 喷砂。将直径为2～2.5mm多棱石英砂，在压力空气（压力为0.2～0.4MPa）、喷射距离为100～150mm条件下，向零件表面喷射。这种方法成本低，效率高，表面形成的粗糙度不大。

(b) 电火花拉毛。利用电火花，使零件烧毛。

(c) 车螺纹。结合强度高，但降低零件的强度及疲劳强度。曲轴修复时不用此法。

表面准备完成后，最好立即喷涂，待喷涂时间越长，工件表面层产生的氧化层越厚，吸附空气中的水汽、灰尘越多，涂层结合强度越低。

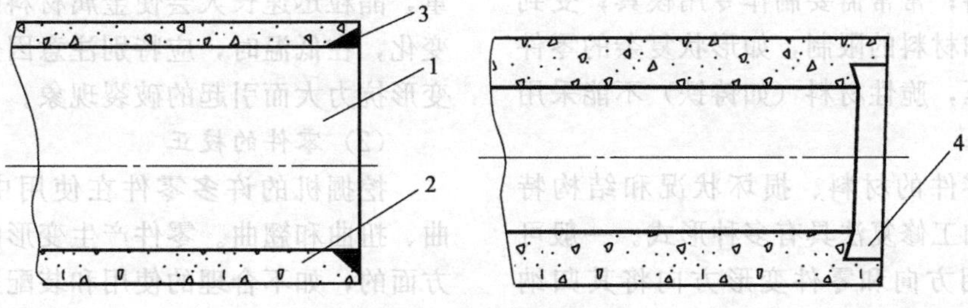

图 10-24　轴端部的准备

1—工件；2—涂层；3—电焊圈；4—燕尾槽

(d) 保护不喷表面。对不需要喷涂的表面应保护，以防喷涂金属沾黏。对较大表面可用薄铁皮或硬纸片包扎。对键槽可用木塞、碳棒等堵塞，使堵塞块高出喷涂层厚度约为1～5mm，以便喷完加工后进行清除。

② 喷涂　喷涂要保证成形好，无夹灰、疙瘩、波纹、裂纹等缺陷，机械性能好。

③ 喷涂后加工　工件喷涂后应将残余喷涂皮清理干净，用榔头轻轻敲去涂层，声音清脆的表示涂层结合良好，声音低哑的涂层不够紧密，应除掉重喷。

a. 渗油处理。上述工作完成后将工件放入80～100℃的润滑油浸8～10h，使油充分渗入涂层的孔隙中，以提高耐磨性。

b. 机加工。

c. 最后清理及修整油孔。对工件各处多条喷层彻底清除，以免使用中落入机油中，加速轴颈磨损。清除油孔堵塞物及孔内杂物，使其畅通。

10.2.5 其他修复技术和工艺

(1) 零件的压力加工修复法

塑性是金属材料的一个重要特性，零件修复中的压力加工修复法就是利用金属的这一特性而对金属零件进行修复加工的。

零件的压力加工修复法是利用金属在外力作用下产生的塑性变形，将零件非工作部分的金属转向磨损表面，以补偿磨损掉的金属，从而恢复零件工作表面的原有形状和尺寸。它与零件制造中的锻压、冲挤等压力加工基本相同，但压力加工修复往往是局部的加工，塑性变形量较小，加热温度也较低。

压力加工修复的特点是，修复质量高、省工又省料；常常需要制作专用模具；受到零件结构和材料的限制，如形状复杂的零件不便于冲压，脆性材料（如铸铁）不能采用压力加工。

根据零件的材料、损坏状况和结构特点，压力加工修复法具有多种形式。一般可按外力作用方向和零件变形方向将其归纳为：墩粗、压延、胀大、缩小、校正、滚压等，其主要加工特性如表10-7所示。

表10-7　压力加工修复的方式及特性

压力加工的形式	简要的特性
镦粗	作用力 p 的方向与要求变形的方向(δ)不重合，由于减少了零件的高度，可增大空心和实心零件的外径，缩小空心零件的内径，可用来修复有色金属套筒的外径或内径
压延	作用力的方向与要求变形方向不重合，由于压伸作用使零件的金属从非工作面转向工作面，可用来增加外表面的尺寸。压延法常用来修复工作锥面磨损的气门头、磨损的轮齿及花键齿
胀大	作用力的方向与要求变形的方向一致，可用来增大空心零件的外表面尺寸，并使零件的高度基本保持不变，可用于修复活塞销及有色金属和钢制套筒的外圆柱面等
缩小	作用力方向与要求变形的方向一致，压缩使零件外表面尺寸和空心零件的内径缩小，可用于修复有色金属套筒的内径，齿形套合器的内齿(齿形磨损时)等
校正	作用力或力矩的方向与要求变形的方向一致，可用来修复变形零件，如曲轴、连杆、机架等
滚压	作用力方向与要求变形的方向相反，工具压入零件内将金属从各个工作表面的区段向外挤出，增大零件外部尺寸，在某些情况下可用于修复轴承座孔配合表面

压力加工修复零件可在冷态或热态下进行，在冷态下要使零件产生塑性变形需要施加较大的外力。冷态下的压力加工将使金属强化，提高金属的强度和硬度。为减少压力加工对外力的要求，常将零件需加工表面加热到一定温度。

用压力加工法修复机械零件，由于所要求的塑性变形量较小，并且要避免影响到零件其他未磨损的部位。因此，应尽可能采用冷压加工，而一定要加热的话，也要选择较低的温变，因为温度较高时，氧化现象严重，晶粒迅速长大会使金属材料的性能发生变化，在低温时，应特别注意因金属材料的变形抗力大而引起的破裂现象。

(2) 零件的校正

挖掘机的许多零件在使用中会产生弯曲、扭曲和翘曲。零件产生变形的原因是多方面的，如不合理的使用和装配造成的额外载荷、零件的刚度不足以及零件中未消除的残余应力等都是引起零件变形的因素。

零件修复中应用的校正方法有压力校正、火焰校正和敲击校正。

① 压力校正　压力校正一般是在室温下进行，如果零件塑性差或零件的尺寸较大，也可适当加热。由于零件受力变形时必然包含一部分弹性变形，撤去外力后，弹性变形部分会消失，只留下塑性变形部分；所以矫枉必须过正，凸轮轴和曲轴压校时所需的反向压弯值是零件原弯曲值的 10～15 倍，只有这样，当压力除去以后，才能得到需要的塑性变形。考虑到材料的正弹性后效作用，零件在受压状态下要保持 1.5～2min。

由于材料具有反弹性后效特性，压校后的零件常会再一次发生弯曲变形；为了使压校后的变形稳定，并提高零件的刚性，零件在压校后应进行一次消除应力、稳定变形的热处理。对于调质或正火处理的零件，可加热到略高于再结晶温度（450～500℃），保温 0.5～2h。对表面淬硬的零件（如凸轮轴、曲轴），可加热到 200～250℃，保温 5～6h。

冷校后的零件，疲劳强度一般约降低 10%～15%，因此，切忌压力过大，不然反复校正会使零件发生疲劳破坏。

压力校正分校弯和校扭两种。

对轴类零件产生的弯曲，在校正时，应根据轴的弯曲方向，将轴支撑在两 V 形铁上，用压力机在轴上施加压力，压力方向应和轴的弯曲方向相反，如图 10-25 所示。轴受压后的变形量可从置于轴下的百分表观察。对工字梁、机架等大件的校正，需用专门的设备，图 10-26 是在整体情况下校正纵梁弯曲的情形。

零件的扭曲变形造成零件不同部位的相互扭转，使零件的形位公差超过规定。校正时必须给零件作用一个转矩，此转矩的方向要与零件扭曲的方向相反。最常见的如连杆的扭曲校正。大件的扭正所需转矩很大，需用专门的设备。

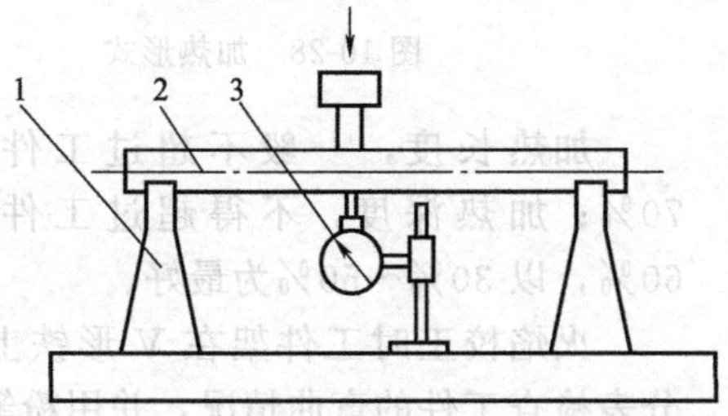

(a) 压力校正

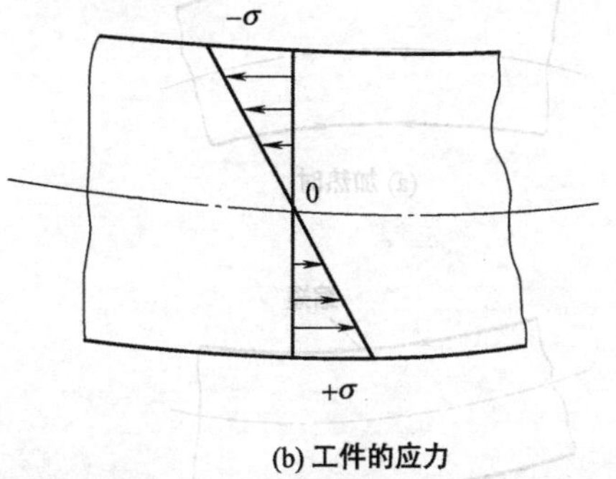

(b) 工件的应力

图 10-25　零件的弯曲校正

1—V 形块；2—轴；3—百分表

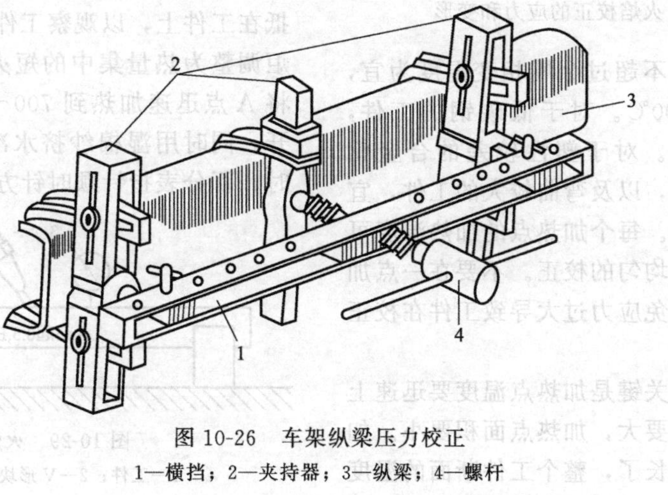

图 10-26　车架纵梁压力校正

1—横挡；2—夹持器；3—纵梁；4—螺杆

② 火焰校正　火焰校正也是一种比较有效的校正方法，校正效果好、效率高，尤其适用于尺寸较大、形状复杂的零件。火焰校正的零件变形较稳定，对疲劳强度的影响也较小。

火焰校正是用气焊炬迅速加热工件弯曲的某一点或几点，再急剧冷却。如图 10-27 所示，当工件凸起点温度迅速上升时，表面层金属膨胀，驱使工件更向下弯。由于此时加热点周围和底层的金属温度还很低，限制了加热点金属的膨胀，于是加热点的金属受到压应力，在高温下产生塑性变形。比如某工件要膨胀 0.1mm，由于受到限制只膨胀了 0.05mm，在高温下产生 0.05mm 的塑性变形；这样，当工件冷却后，加热点表面金属实际上缩短了 0.05mm，使得工件反向弯曲，从而达到校正的结果。

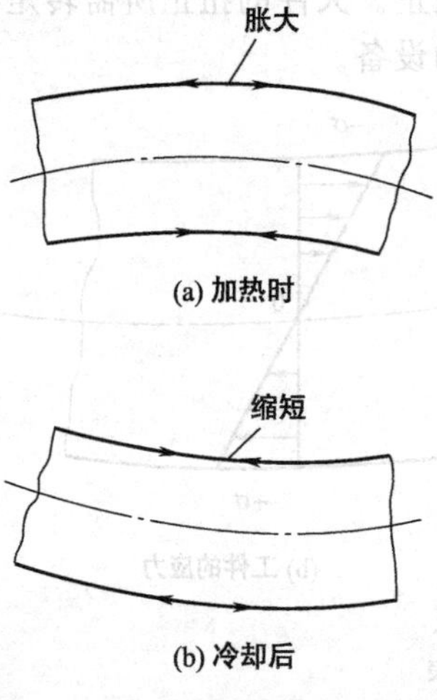

图 10-27　火焰校正的应力和变形

加热温度以不超过金属相变温度为宜，通常在 200～700℃。对于低碳钢的工件，可以达到 900℃。对于塑性较差的合金钢件、球墨铸铁件，以及弯曲较大的工件，宜多选几个加热点。每个加热点的加热温度可低一些，使工件均匀的校正。不要在一点加热温度过高，以免应力过大导致工件在校正的过程中断裂。

火焰校正的关键是加热点温度要迅速上升，焊炬的热量要大，加热点面积要小。如果加热的时间拖长了，整个工件断面的温度都升高了，就减小了校正作用。

火焰校正中，金属加热产生变形的大小决定于加热温度、加热范围大小和零件的刚度。温度愈高，范围愈大，零件的刚度愈小则变形愈大。

加热方式有直通加热、链状加热和带状加热等，如图 10-28 所示。

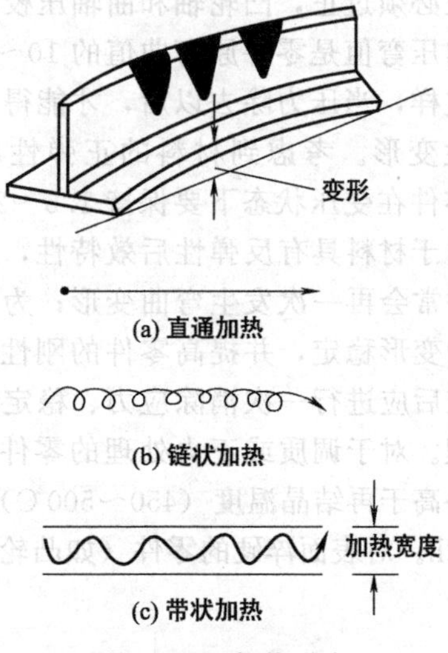

图 10-28　加热形式

加热长度，一般不超过工件长度的 70%；加热深度，不得超过工件厚度的 60%，以 30%～50%为最好。

火焰校正时工件架在 V 形铁上，用百分表检查工件的弯曲情况，并用粉笔划上记号（如 A 点凸起 0.5mm，B 点凸起 0.2mm），按照凸起部位向上的方向架置（如图 10-29 所示）。校直过程中仍用百分表抵在工件上，以观察工件变化的情况。将焊炬调整为热量集中的短火焰（氧化焰），再将 A 点迅速加热到 700～800℃后，立即移开，同时用湿棉纱挤水冷却。当 A 点加热时，百分表指针顺时针方向转动，记下指针

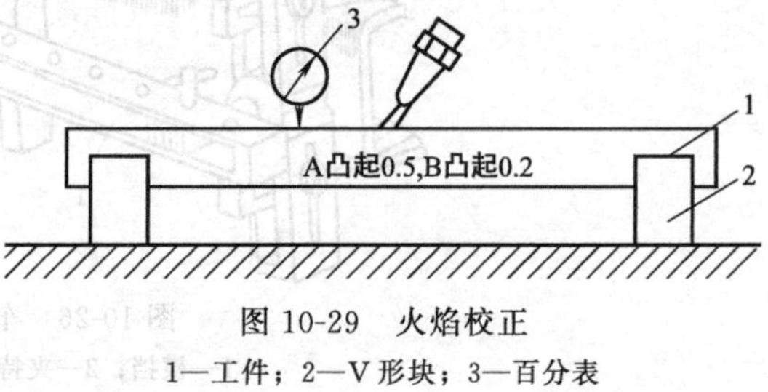

图 10-29　火焰校正
1—工件；2—V 形块；3—百分表

读数；当A点温度下降时，百分表指针逆时针回转，并越过未加热前的位置，表示工件已被校正。如果校直量不够，可在B点再加热一次。

③ 敲击校正　敲击校正用来校正曲轴时，是用锤子敲击曲柄臂表面，使曲柄臂变形，从而使曲轴轴心线产生位移，达到校直的目的。

(3) 粘接修复

粘接修复是利用化学粘接剂与零件间的物理化学作用来粘接零件的裂纹、孔洞等缺陷的工艺。常用的粘接剂有有机粘接剂（环氧树脂类、酚醛树脂类、厌氧类等成品）和无机粘接剂两类，无机粘接剂能耐600℃以上高温，但脆性大，不耐冲击，一般自行配制。

粘接修复主要用于裂纹的胶补、摩擦片和制动带的粘接、密封件的粘接及堵漏、受力部件的镶接和套接等。

使用有机粘接剂修复的零件一般只能在低于150℃的环境下工作，粘接层普遍具有脆性，抗冲击能力差，而且耐老化性能差，影响长期使用的工作可靠性。

随着当前新技术、新工艺的不断出现，在确定对零件的修复工艺时，还应尽量采取先进的技术和工艺，使得修理的质量不断提高而其成本不断降低。

10.2.6 零件修复方法的选择

挖掘机零件的修复工艺和方法较多。以上介绍的几种修复方法及工艺在具体选用时，必须慎重考虑技术上的可行性、修复质量的可靠性及经济合理性。

(1) 技术条件可行性

技术条件的可行性主要是指各单位是否具备实施某种修复工艺或方法应有的设备、设施及技术人员。若不具备人和物（设备），再好的修复工艺或方法也只能是纸上谈兵。因此，技术条件的可行性应根据各单位的设备、设施及人员来定。

(2) 修复质量的可靠性

质量的可靠性由金属修补层的机械性能及零件具体使用条件来决定。

① 零件具体使用条件　在选择零件修复工艺或方法时，零件具体使用条件是一个很重要的因素。零件的使用条件包括：工作载荷类型、大小；工作环境的温度、湿度；零件的配合性质，工作环境的腐蚀大小等。

② 金属修补层的机械性能指标：

a. 修补层与基体金属的结合强度。

b. 修补层的耐磨性。

c. 修补层对零件疲劳强度的影响。

(3) 经济合理性

经济合理性的一般参照原则为

$$\frac{S_{修}}{L_{修}}<\frac{S_{制造}}{L_{制造}} \tag{10-1}$$

式中 $S_{修}$——修复零件的费用；

$L_{修}$——修复后零件的使用寿命；

$S_{制造}$——零件的制造成本或更换新件的成本；

$L_{制造}$——更换的新件使用寿命。

当然，经济合理性不能只局限于一个零件。为了提高设备的完好率，当需要修复某零件时，就不能单纯从上述来照搬，应从社会需要及企业出发，积极修复。同时在修复过程中创造条件，提高修复质量，降低修理成本，充分利用旧件，减少浪费。

表10-8列出了常用的修复工艺的优缺点和应用范围。

表10-8　几种修复工艺的优缺点及应用范围

修复工艺		优点	缺点	应用范围
机械加工修复	镶套法	可恢复零件的名义尺寸，修复质量较好	降低零件强度，加工较复杂，精度要求较高，成本较高	适用于磨损量较大场合，如缸、壳体、轴承孔、轴颈等部位
	修理尺寸法	工艺简单，修复质量好，生产率高，成本较低	改变了零件尺寸和重量，需供应相应尺寸的相配件，配合关系复杂，零件互换性差	发动机上重要的配合件，如汽缸和活塞、曲轴和轴瓦、凸轮轴和轴套、活塞销和铜套等

续表

修复工艺		优点	缺点	应用范围
焊修	手工电弧堆焊	设备简单、适应性强、灵活机动，采用耐磨合金堆焊能获得高质量的堆焊层，可补焊铸铁	生产率低、劳动强度大，变形大、加工余量大、成本较高，修复质量主要取决于焊条和工人的技术水平	用于磨损表面的堆焊及自动堆焊难以施焊的表面或没有自动堆焊的情况下，适用范围广
	振动堆焊	热影响小，变形小，结合强度较高，可获得需要的硬度，焊后不需热处理，工艺较简单，生产率高、成本低	疲劳强度较低，硬度不均匀，易出现气孔和裂纹，噪声较大，飞溅较多，需保持气体供应系统	机械设备的大部分圆柱形零件都能堆焊，可焊内孔、花键、螺纹等
	埋弧堆焊	质量好，力学性能较高、气孔、裂纹等缺陷较少，热影响小，变形较小，生产率高，成本低	需要专用焊丝（低碳、锰硅含量较高），飞溅较少。设备较复杂，需焊剂保护	应用较广，可堆焊各种轴颈、内孔，尤其是适用堆焊平面、铸铁件等
	等离子弧堆焊	弧柱温度高，热量集中，可堆焊难熔金属，零件变形小，堆焊质量好，耐磨性能好，延长零件使用寿命，可节约贵重金属	设备较复杂，粉末堆焊时，制粉工艺较复杂，需惰性气体，对安全保护要求较严	用于耐磨损、耐高温、耐腐蚀及其他有特殊性能要求的表面堆焊，如气门和重要的轴类零件等
	氧乙炔火焰喷焊	在氧乙炔焰喷涂的基础上增加了重熔工艺，结合强度较高，工艺较简单、灵活	热影响较大，零件易变形，对金属粉末质量要求较严，粉末熔点低于1100℃	适用于修复较小的零件，如气、油泵凸轮轴等
电镀	镀铬	镀层强度高、耐磨性好、结合强度较高，质量好，无热影响	工艺较复杂，生产率低，成本高沉积速度较慢，镀层厚度有限制，污染严重，对安全保护要求严格	适用于修复质量较高，耐磨损和修复尺寸不大的精密零件，如轴承、柱塞、活塞销等
	镀铁	镀层沉积速度高，电流效率高，耐磨性能好，结合强度较高，无热影响，生产率高	工艺较复杂，对合金钢零件结合强度不稳定，镀层的耐腐蚀，耐高温性能差	适于修复各种过盈配合零件和一般的轴颈及内孔，如曲轴等
	电刷镀	基体金属性质不受影响，不变形，不用镀槽，设备轻便、简单，零件尺寸不受限制，工艺灵活，操作方便，镀后不需加工，生产率高	不适宜大面积、大厚度、低性能的镀层，更不适于大批量生产	适用于小面积，薄厚度，高性能镀层，局部不解体，现场维修，修补槽镀产品的缺陷，各种轴类、机体、模具、轴承、键槽、密封表面等修复
粘接修复		工艺简单易行，不需复杂设备，适用性强，修复质量好，无热影响，节约金属，成本低，易推广	粘接强度和耐高温性能尚不够理想，工艺严格，工艺过程复杂	适用于粘补壳体零件的裂纹，离合器片，密封堵漏，代替过盈配合，防松紧固，应用范围广
压力加工修复		不需要附加的金属消耗，不需要特殊设备，成本较低，修复质量较高	修复次数不能过多，劳动强度较大，有些零件结构限制此工艺的应用，强度有所降低	适用于设计时留有一定的“储备金属”，以补偿磨损的零件，如气门、活塞销、铜套等
金属热喷涂	金属线材喷涂	生产率较高，涂层耐磨性较好，热影响极小，零件基本上不变形	结合强度低，涂层本身强度较低，金属丝利用率较低，疲劳强度降低	适用于要求结合强度不高的轴类零件，也可喷涂修复直径较大的内孔，主要用于曲轴修复
	氧乙炔焰粉末喷涂	设备和工艺较简单，涂层质量和耐磨性能主要决定于粉末质量、热影响较小。基本不变形，生产率较高	对金属粉末的粒度和质量要求较严，粉末的价格较贵、结合强度较低	适用于修复各种要求结合强度不高的磨损部位，也可修复内孔，如曲轴、缸套等
	等离子粉末喷涂	弧焰温度高、气流速度大、惰性气体保护、涂层质量高、耐磨性能好、结合强度较高，热影响较小，生产率较高	设备和工艺较复杂，粉末成本高，惰性气体供应点少，对安全保护要求较严，推广受到一定限制	适用于修复各种零件的耐磨、耐蚀表面，如轴颈、轴孔、缸套等，有广阔的发展前途

10.3 典型零件修复

(1) 液压泵变量活塞与泵壳体活塞孔的修复

液压泵变量活塞与泵壳体活塞孔磨损后配合间隙过大，会使泄漏过量，变量功能低下，表现为挖掘机热机时发动机过载或热机工作速度慢、无力。拆检液压泵时，应检查变量活塞与泵壳体活塞孔的密封状况。有一种简单的检查方法是不急于拆出变量活塞，先排出活塞孔中多余的液压油，封闭各个油口，推压变量活塞，配合间隙处应该没有明显的油泡溢出，并且松手后变量活塞能回弹至初始位置，否则为不良配合。

因为磨损后的泵壳体活塞孔失圆较大并且中间磨损小，两头磨损大，单独更换标准尺寸的变量活塞不能达到良好的效果，所以要一起修复变量活塞和泵壳体活塞孔。

泵壳体活塞孔的磨损和失圆一般不超过0.1mm，多采用铰磨、镗磨或研磨的方法使其恢复形状和同心度（变量活塞大头和变量活塞小头）。若磨损严重，则应注意变量活塞大头孔和变量活塞小头孔的直径比例，必要时可以镶套（钢质衬套容易与变量活塞黏着，最好用铸铁衬套），以免影响泵的调节特性。

变量活塞的修复方法较多，如电镀、喷涂、镶套、配制变量活塞等。对 K3V112 泵和 AP12 泵等维修量较大的泵，可预先加工一小批变量活塞（进行热处理，完成其他尺寸，只留 0.2～0.3mm 的外圆磨削余量），维修泵时根据泵壳体活塞孔修理后的尺寸选择一个变量活塞进行外圆精磨，配磨的间隙一般控制在 0.01～0.02mm。采用这种方法修复的变量活塞经过了自然时效，使用中变量活塞的变形很小，不容易发卡。

(2) 主控制阀阀杆与阀体孔配合间隙超差的修复

主控制阀阀杆与阀体孔磨损后配合间隙超差，会使液压泄漏过量，阀的控制功能降低，表现为挖掘机工作装置沉降过快（掉臂）和热机工作速度慢、无力。

当出现工作装置沉降过快（掉臂）故障时，若确认油缸、过载溢流阀等其他相关部件良好，则原因只能是主控制阀阀杆与阀体孔配合间隙超差。拆检主控制阀时仔细检查，能发现主控制阀阀杆与阀体孔的不正常磨损现象，在试验台上比较容易检查其密封性，在自然状态下检查密封性则比较费时间。

主控制阀阀杆与阀体孔的正常配合间隙非常小，一般是 0.005～0.008mm，当主控制阀阀杆与阀体孔磨损到配合间隙超过 0.015 mm 时，主控制阀的性能就会变差。

阀体孔一般用研磨的方法修复，阀杆用电镀的方法修复，因为精度要求太高，所以建议到有修复经验的专业液压件工厂进行修复。

(3) 油缸活塞杆表面电击损伤的修复

由于油缸活塞杆表面有镀铬层，所以在电击损伤或碰伤后不能用普通的焊补方法修复，多采用二次冶金重熔工艺（如电阻焊和火花焊工艺）修复，在这种修复工艺过程中，零件始终处于常温状态。不产生内应力，无热变形、裂纹、退火、软化现象，无断裂的潜在影响，接合强度高，不产生脱落现象，无硬点，经打磨后表面光洁，而且可以现场不解体进行修复。

(4) 油缸活塞杆弯曲的修复

对油缸活塞杆弯曲，一般采用冷压校正的方法。当活塞杆直径太大或弯曲量太大时，可适当加热，多次校正。为了抵消残余应力，可以使油缸活塞杆在冷压后轻微反向弯曲。

(5) 油缸缸筒内壁拉伤的修复

对轻度的油缸缸筒内壁拉伤，可用手工打磨或机械珩磨的方法修复；对较严重的油缸缸筒内壁拉伤，则应更换缸筒中间段（保留油缸缸筒的底座和口座，将中间段切下，将新的中间段焊上去后珩磨内孔）。

(6) 液压泵（或马达）缸体与配流盘摩擦面的修复

配流盘有平面配流和球面配流两种形式。

球面配流的摩擦副，在缸体配流面划痕比较浅时，通过研磨手段修复；缸体配流面沟槽较深时，应先采用“表面工程技术”手段填平沟槽后，再进行研磨，不可盲目研磨，以防铜层变薄或漏油出钢基。

平面配流形式的摩擦副可以在精度比较高的平台上进行研磨。

缸体和配流盘在研磨前，应先测量总厚度尺寸和应当研磨掉的尺寸，再补偿到调整垫上。配流盘研磨量较大时，研磨后应重新热处理，以确保淬硬层硬度。

缸体与配流盘修复后，可采用下述方法检查配合面的泄漏情况，即在配流盘面涂上凡士林油，把泄油道堵死，涂好油配流盘平放在平台或平板玻璃上，再把缸体放在配流盘上，在缸孔中注入柴油，要采用间隔注油，即一个孔注油，一个孔不注油，观察4h以上，柱塞孔中柴油无泄露和串通，说明缸体与配流盘研磨合格。

(7) 斜轴式柱塞泵壳体轴承安装部位磨损的修复

斜轴式柱塞泵壳体轴承安装部位磨损不均匀，壳体较大而且形状不规则，机械加工的难度较大，多采用电刷镀的方法修复。使用固持胶（乐泰 620）也能达到维修目的，但要注意清除残余胶体。

(8) 挖掘机斗齿磨损的焊接修复

首先从斗体上切除已磨损的斗齿，然后用角磨机把安装斗齿处打磨干净，不得存有泥垢、铁锈，并仔细检查有无裂纹等缺陷；在斗齿待焊处用碳弧气刨开出坡口，并用角磨机清理干净。在斗体上（与斗齿的接合处）采用堆焊进行定位焊。斗齿装配到位后，再进行两侧对称的定位焊。焊后立即水冷并锤击，之后进行打底焊。用小电流、直流反极性、断续焊、短段焊。每次停焊时应及时水冷，间层温度控制在50℃以下。最后，进行填充焊，每焊完一道用放大镜检查裂纹情况，如有裂纹则用碳弧气刨消除后再焊接。此法修复斗齿效率高、成本低、效果好。

第11章 液压破碎锤

液压破碎锤是将液压能转换成机械冲击能的打击式液压机械装置，俗称液压镐、炮头等。

近年来，随着我国经济建设的不断发展，工程大型化、施工机械化以及城市、道路改造工程的不断增加，液压破碎锤以其特有的强大破碎能力在混凝土拆除工程中得到广泛应用，特别是在基础设施改造建设中发挥着重要作用。目前液压破碎锤的系列，已经能与液压挖掘机大小规格完全匹配，并成为与挖掘机配套的主要附件。

11.1 液压破碎锤的发展、分类与构造原理

11.1.1 液压破碎锤的发展历史

液压锤之所以能够在其较短的发展过程中迅速崛起，主要是得益于液压技术的迅速发展，以下对液压锤在发展过程中的各种形式进行介绍。最初的破碎锤是利用曲柄机构进行打击破碎的，用液压马达控制打击频率，如图 11-1 (a)、(b) 所示；在此之后逐渐向阀控方向发展，形成内阀与外阀控制式液压锤的各种结构方式，图 11-1 (c)、(d)、(f)、(g)、(h) 所示；此外，对于低打击力、高频率的还开发了利用液体弹性设计的无阀式高速振动的液压锤，图 11-1 (e)。

(1) 凿岩机型液压锤

凿岩机型液压锤是借鉴了许多液压冲击凿岩机的特性发展起来的，液压锤的压力与冲击能直接受到供油量与供油压力的影响，在压力一定的情况下，只有在流量控制得当时，才能够发挥其良好的工作性能。工作中若流量减少，则失去动力；流量过大，则会由于锤的输入功率过高，导致其自身毁坏。

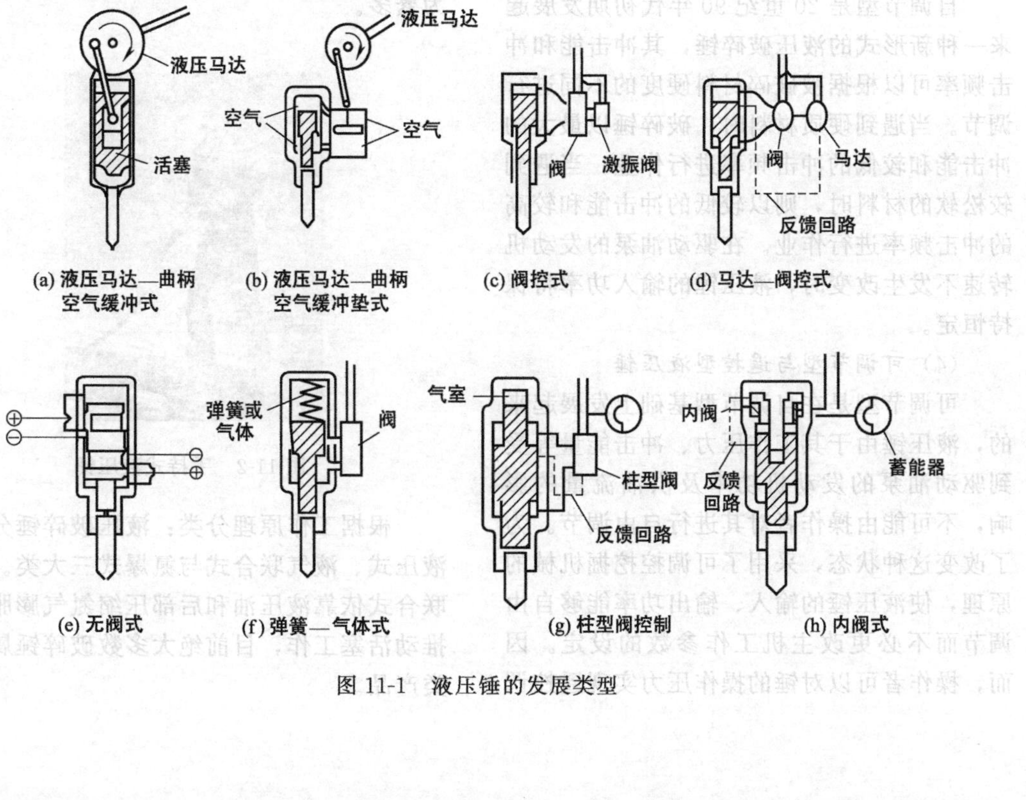

图 11-1 液压锤的发展类型

因此，凿岩机型液压锤的效率较低，而且必须安装在与其相互配套的专用主机上才能使用。这是液压锤发展的初期阶段。

(2) 恒定能型与短冲程型液压锤

恒定能型与短冲程型液压锤是液压锤发展的第二个时期，在此阶段主要采用活塞短冲程进行破碎。这个时期发展的液压锤通过相同的输入功率得到较高的冲击频率，但是大大降低了锤体的过大冲击能，短冲程型液压锤和凿岩机型液压锤均不能以恒定的冲击能及工作压力进行作业。

为了保证液压锤打击能恒定，采用了内阀结构形式。使液压锤不仅可以在较大的供油量范围内进行作业，而且工作时还能保持恒定的冲击能，工作效率大大提高。此外，可以方便地安装在不同的主机上进行作业，大大提高了通用性。

在破碎工作过程中，如果冲击能不能被充分利用，液压能就得不到完全释放，因此液压锤必须在较高的供油的压力下进行工作，同时还必须适当降低液压油的流量。这类液压锤在恒定破碎力下进行作业时，是一种较为理想的工具。

(3) 自调节型液压锤

自调节型是20世纪90年代初期发展起来一种新形式的液压破碎锤，其冲击能和冲击频率可以根据被破碎材料硬度的不同进行调节。当遇到硬质材料时，破碎锤以最大的冲击能和较低的冲击频率进行作业；当遇到较松软的材料时，则以较低的冲击能和较高的冲击频率进行作业。在驱动油泵的发动机转速不发生改变时，液压锤的输入功率将保持恒定。

(4) 可调节型与遥控型液压锤

可调节型是在自调节型基础上发展起来的，液压锤由于其工作压力、冲击能量等受到驱动油泵的发动机功率及供油流量的影响，不可能由操作者对其进行自由调节。为了改变这种状态，采用了可调控挖掘机械的原理，使液压锤的输入、输出功率能够自由调节而不必更改主机工作参数的设定。因而，操作者可以对锤的操作压力实现遥控调节，而不影响供油量。目前这类液压锤已逐步具有适应不同作业要求的可调性能。并且除了功率可调外，液压锤还具有与其他液压破碎装置相匹配的特性。能够适应恶劣的工作环境，在各种不同的工况下高效率地进行作业，如完善的消声装置，防尘密封装置高性能的减振装置、自动润滑系统，水下破碎作业专用件，可改装的综合抑尘系统等辅助机构。

在破碎和拆卸工程中，随着对工作环境和施工效率要求越来越高，液压锤的功能将越来越完善。

11.1.2 液压破碎锤的分类

根据不同的分类方法，液压破碎锤可以有不同的分类，根据操作方式分类：液压破碎锤分为手持式和机载式两大类；由于液压锤在工作时振动力极大，所以只有小型的采用手持式（如图11-2所示），这类小型手持液压锤在开始作业时，锤的冲击能较低，然后逐渐上升，直至锤头穿透材料。在破碎大砾石时，应及时清除积在锤头下的碎石及粉尘，否则会降低锤的破碎效率。大型的采用机载式液压锤，如图11-3所示，种类也较为繁多。

图11-2 手持式液压锤

根据工作原理分类：液压破碎锤分为全液压式、液气联合式与氮爆式三大类。液气联合式依靠液压油和后部压缩氮气膨胀同时推动活塞工作，目前绝大多数破碎锤属于此类产品。

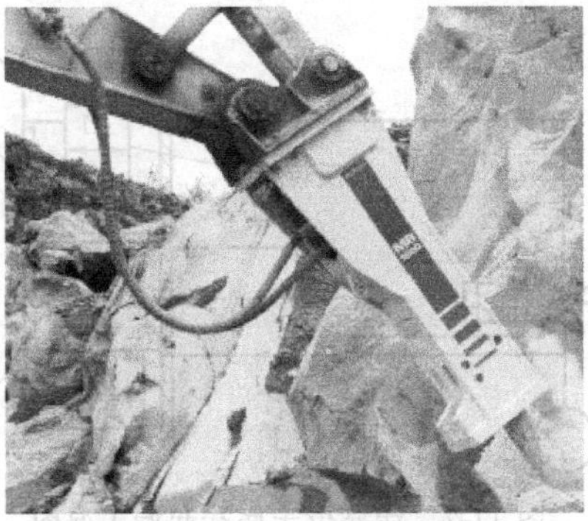
图 11-3　机载式液压锤

根据配流阀结构分类：液压破碎锤分为内置阀式和外置阀式两种。

此外还有其他各种分类方式，如根据反馈方式可分为行程反馈式和压力反馈式破碎锤；根据噪声大小分为静音型和标准型破碎锤；根据外壳形式可分为三角形和塔形破碎锤；根据外壳结构可分为夹板式和箱框式破碎器等。

另外，液压锤在应用过程中，根据破碎对象及工作内容的不同还可以自由变换锤头部分的形状，如图 11-4 所示。

11.1.3　液压破碎锤的构造

液压破碎锤由液压破碎锤本体、托架等零部件组成。

(1) 破碎锤本体的结构

破碎锤本体是液压破碎锤关键部件。图 11-5 所示为破碎锤本体结构，由钎杆、活塞、油缸、蓄能器、氮气室、阀门系统等组成。

(2) 托架

① 托架的形式　本体通过与托架安装，成为液压破碎锤。托架按照安装的结构形式分为立式和横式两种。立式托架［见图11-6 (a)］又被称为顶装式、竖式托架；横式托架［见图 11-6 (b)］又被称为侧装式、枪式托架。

② 低噪声托架　托架增加了减振橡胶结构，降低破碎锤工作时的噪声，较适合于城市的夜间作业。

11.1.4　液压破碎锤的工作原理

(1) 驱动方式

常见液压破碎锤的工作原理，按照驱动方式可以划分为“液压、气压并用方式”、“液压直动方式”和“气压驱动方式”。

在“液压、气压并用方式”中又可分为“下部常时高压上部反转”和“上部常时高压下部反转”方式。所谓“下部常时高压上部反转”是在活塞下部作用高压油，活塞上部进行高、低压油切换，当活塞上部作用高压油时获得打击力（作用低压油时，活塞向上运动）。为了提高打击效率，减少压力波动，在活塞顶部的腔室内，充有氮气。被充较高压力氮气的视为“重气体型”；反之，被充较低压力氮气的视为“重液压型”。为了防止打击过程中液压系统压力骤然降低，蓄能器配置在进油回路。有些则简化了破碎锤结构，没有蓄能器装置。

(2) 工作原理

液压破碎锤将控制阀、执行器、蓄能器等元件集于一身，控制阀与执行器相互反馈控制，自动完成活塞的往复运动，将液体、

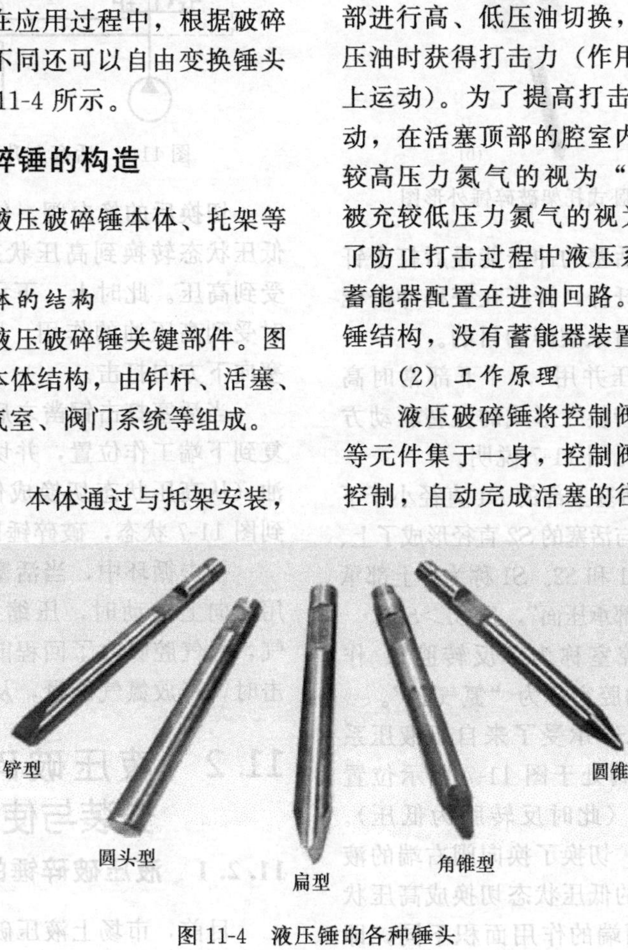

图 11-4　液压锤的各种锤头

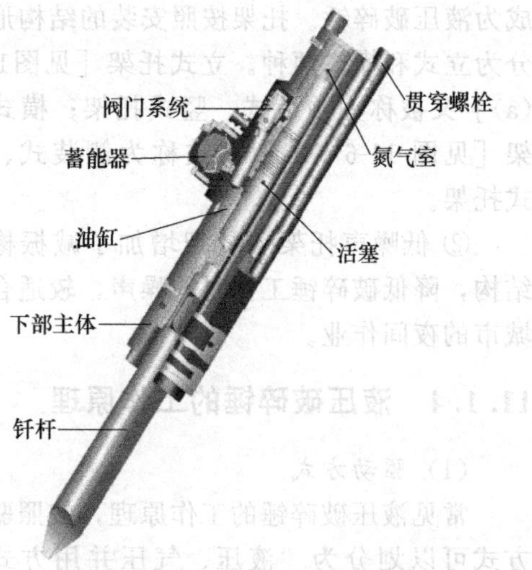

图 11-5 液压破碎锤本体的结构

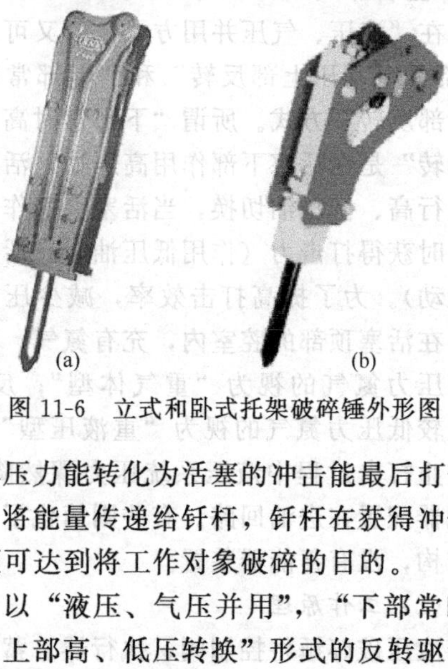

图 11-6 立式和卧式托架破碎锤外形图

气体压力能转化为活塞的冲击能最后打击钎杆，将能量传递给钎杆，钎杆在获得冲击能后便可达到将工作对象破碎的目的。

以“液压、气压并用”,“下部常时高压，上部高、低压转换”形式的反转驱动方式为例，工作原理见图 11-7 说明。

由图 11-7 可见活塞上部的 $D1$ 直径小于下部的 $D3$ 直径，分别与活塞的 $S2$ 直径形成了上、下不同的作用面积 $S1$ 和 $S2$。$S1$ 称为“上部承压面”, $S2$ 称为“下部承压面”，且 $S1>S2$。

作用于 $S1$ 的腔室称为“反转腔”；作用于活塞顶部 $S3$ 的腔室称为“氮气腔”。

当下部承压面 $S2$ 承受了来自于液压系统的高压油，换向阀处于图 11-7 所示位置时，活塞向上运动（此时反转腔为低压）。当活塞向上运动后，切换了换向阀右端的液压先导油（从原先的低压状态切换成高压状态）。换向阀阀芯两端的作用面积不同，即

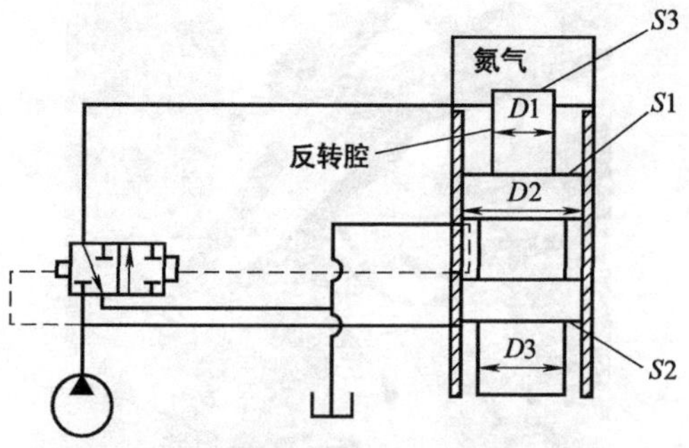

图 11-7 活塞位于底端起始工况图

控制右端的作用面积大于左端的作用面积。由于阀芯两端控制面积的差异，使得换向阀切换到图 11-8 所示位置。

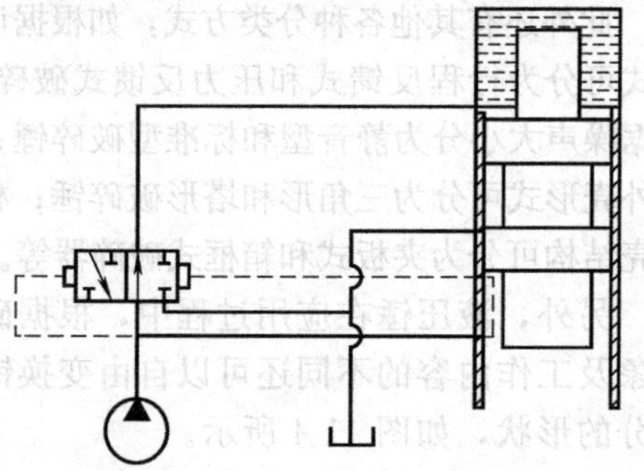

图 11-8 活塞上升至顶端工况图

切换后的换向阀，使活塞“反转腔”从低压状态转换到高压状态，$S1$ 面积上因此受到高压。此时上、下承压面 $S1$、$S2$ 上同时受到高压油的作用，因 $S1>S2$，使得活塞向下方向打击。

当活塞打击钢凿之后，此时活塞重新回复到下端工作位置，并切换了换向阀的先导油（从高压状态切换成低压状态），再次回到图 11-7 状态，破碎锤以此循环打击。

打击循环中，当活塞受下部的高压油作用而向上运动时，压缩上部氮气腔内的氮气，氮气腔吸收了回程能量；在活塞向下打击时，释放氮气能量，从而提高打击力。

11.2 液压破碎锤的选择、安装与使用

11.2.1 液压破碎锤的选择

目前，市场上液压破碎锤的外观比较相

似、品种繁多，给用户在选择适合的液压破碎锤方面带来了不便。了解液压破碎锤的性能、结构和如何与挖掘机匹配的基本知识是非常重要的，合理制定一个对挖掘机有利的破碎锤选择策略和标准，避免出现大马拉小车、小马拉大车或好马拉破车的现象，甚至造成挖掘机的大小臂由于振动过大，而出现提前破坏或者背压过高对挖掘机的液压系统造成损坏。液压破碎锤的选择直接关系到未来破碎工程的效率和工期能否有保障。选择破碎锤一般要考虑以下几个方面的问题。

(1) 挖掘机的重量和斗容

充分考虑挖掘机的重量可以防止大臂完全伸展开时破碎锤的重量过重造成挖掘机倾翻。选配的破碎锤可能造成挖掘机倾翻，过小又不能充分发挥挖掘机的功效，同时也会加速破碎锤的损坏。只有挖掘机和破碎锤的重量相匹配时才能充分发挥挖掘机和破碎锤的功效。

一般情况下，挖掘机标准斗容反映了机器重量。目前比较好的方法是根据挖掘机的斗容来计算出可选配的破碎锤的范围。斗容与液压锤重量有如下关系

$$W_h=(0.6\sim0.8)(W_4+\rho V) \quad (11\text{-}1)$$

式中 $W_h=W_1+W_2+W_3$

W_1——液压锤锤体（裸锤）重量；

W_2——钎杆重量；

W_3——液压锤机架重量；

W_4——挖掘机铲斗自身重量；

ρ——砂土密度，一般 $\rho=1600\text{kg/m}^3$；

V——挖掘机铲斗斗容。

(2) 液压破碎锤的工作流量和压力

不同大小的液压破碎锤的工作流量是不同的。小的液压破碎锤流量可以小到每分钟只有23L，而大的液压破碎锤则可以达到每分钟超过400L。选定液压破碎锤时，一定要使液压破碎锤的流量要求与挖掘机备用阀的输出流量相符。一般来讲，流量大小决定液压破碎锤的工作频率，即每分钟的冲击数，流量与冲击次数成正比。但是当挖掘机备用阀输出流量大于液压破碎锤的需求流量时，就会使液压系统产生过多的热量，造成系统温度过高，降低元件的使用寿命。在选配液压锤时，还要使液压破碎锤的工作压力与备用阀的限定压力相符。如果不相符，应在管路系统中加溢流阀，按液压锤的额定压力进行调整。

11.2.2 液压破碎锤的安装

大多数挖掘机在出厂时都已预留了配装附具的油口接头，只要根据安装说明书的要求将管路、接头与破碎锤连接在一起即可（见图11-9）。但由于很多挖掘机在出厂时并未配置管路附件，只配有备用阀，当这些挖掘机安装液压锤时，需要自备管路和附件。为了尽量降低液压锤的回油背压，可使其回油管路经滤清器直接回油箱（不再经备用阀）。为了方便更换铲斗，进行挖掘作业，在接近液压锤的管路中应装有截止阀。安装管路时应防止污物和杂质侵入系统，钢管和接头要经过净化处理，软管不得扭转、干涉。

若备用阀未配备操纵油路，可在液压锁之后加装三通接头，从先导操纵系统的供油管路中引出压力油，再通过电磁阀控制备用阀。电磁阀宜采用便于操纵的开关控制，开关可以装在脚踏位置和手柄上操纵方便的地方。

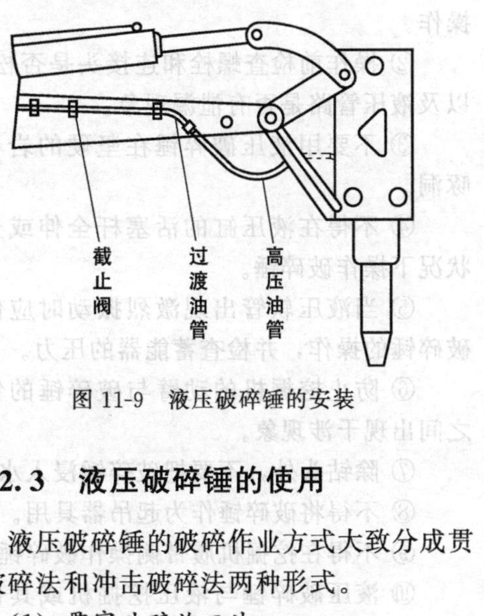

图11-9 液压破碎锤的安装

11.2.3 液压破碎锤的使用

液压破碎锤的破碎作业方式大致分成贯穿破碎法和冲击破碎法两种形式。

(1) 贯穿破碎施工法

贯穿破碎施工即使钢凿插入破碎物，由

此产生裂缝。贯穿破碎施工对于混凝土及较疏松的岩石等比较易破碎的对象较为适用。此施工时，普遍采用尖头钢凿。

(2) 冲击破碎施工法

冲击破碎施工犹如用榔头敲打石块，最终获得石块分割。冲击破碎施工常用于坚硬、脆性、高硬度天然石的破碎，或高标混凝土构建的拆除。此施工法，较为普遍采用平头钢凿。

对于上述的两种不同的破碎施工方法，在施工作业中除了根据作业对象，还得根据液压破碎锤状况来选用。冲击破碎施工法要求大的打击力，液压破碎锤需要配置蓄能器，提供强有力冲击能量的连续释放。因此，大打击力的破碎锤既满足冲击破碎施工法，也适合使用于贯穿破碎施工法。而擅长贯穿施工法的液压破碎锤不适合冲击破碎施工法。

(3) 使用破碎锤注意事项

正确的操作可提高液压锤的作业效率，并可延长挖掘机系统、结构及液压锤的使用寿命。现以国产S系列液压破碎锤为例，说明液压破碎锤的正确使用。

① 仔细阅读液压破碎锤的操作手册，防止损坏液压破碎锤和挖掘机，并有效进行操作。

② 操作前检查螺栓和连接头是否松动，以及液压管路是否有泄漏现象。

③ 不要用液压破碎锤在坚硬的岩石上啄洞。

④ 不得在液压缸的活塞杆全伸或全缩状况下操作破碎锤。

⑤ 当液压软管出现激烈振动时应停止破碎锤的操作，并检查蓄能器的压力。

⑥ 防止挖掘机的动臂与破碎锤的钻头之间出现干涉现象。

⑦ 除钻头外，不要把破碎锤浸入水中。

⑧ 不得将破碎锤作为起吊器具用。

⑨ 不得在挖掘机履带侧操作破碎锤。

⑩ 液压破碎锤与液压挖掘机或其他工程建设机械安装连接时，其主机液压系统的工作压力和流量必须符合液压破碎锤的技术参数要求，液压破碎锤的“P”口与主机高压油路连接，“A”口与主机回油路连接。

⑪ 液压破碎锤工作时的最佳液压油温度为50～60℃，最高不得超过80℃。否则，应减轻液压破碎锤的负载。

⑫ 液压破碎锤使用的工作介质，通常可以与主机液压系统用油一致。一般地区推荐使用YB-N46或YB-N68抗磨液压油，寒冷地区使用YC-N46或YC-N68低温液压油。液压油过滤精度不低于50μm。

⑬ 新的和修理的液压破碎锤在启用时必须重新充氮气，其压力(2.5±0.5)MPa。

⑭ 钎杆柄部与缸体导向套之间必须用钙基润滑脂或复合钙基润滑脂进行润滑，且每台班加注一次。

⑮ 液压破碎锤工作时必须先将钎杆压在岩石上，并保持一定压力后才开动破碎锤，不允许在悬空状态下启动。

⑯ 不允许把液压破碎锤当撬杠使用，以免折断钎杆。

⑰ 使用时液压破碎锤及纤杆应垂直于工作面，以不产生径向力为原则。

⑱ 被破碎对象已出现破裂或开始产生裂纹时应立即停止破碎锤的冲击，以免出现有害的“空打”。

⑲ 液压破碎锤若要长期停止使用时应放尽氮气，并将进、出油口密封，避免在高温和－20℃以下的环境下存放。

11.3 氮气的检查和填充

当发现破碎锤打击力和工作频率降低时，首先应检查其蓄能器内氮气的压力。如果蓄能器内的压力值在厂家规定的最小压力值以上时，则不必进行充气。检查压力时，锤体保持正常工作温度60～70℃，且平放，不让锤尖承受外力。如果蓄能器内的压力值低于厂家规模的最小压力值，则需要检查蓄能器内的膜片。如果蓄能器内的膜片有破损，则必须更换膜片，再对蓄能器充气；如果膜片完好，则可直接充气(所有充气的工具及附件都在其专用工具箱内)。

充气时，将气压溢流阀与氮气瓶相连接，充气管一端与溢流阀相连，关闭溢流阀，打开氮气瓶阀门，将充气嘴压在蓄能器的充气阀阀口上。然后，慢慢地打开溢流阀，让氮气进入蓄能器，当蓄能器内的压力超过正常压力值10%时，关闭充气溢流阀，拔出充气嘴。

检查气压和把压力降低时，需从溢流阀上拆下充气管，并将充气管与压力表相连，将充气嘴压在充气阀阀口上，读出压力值。如果充气压力高，可以通过向下压充气嘴放气，直到表中读数与规范值相同。充气后，应将充气阀阀口的堵头拧上，关闭氮气罐阀门，打开充气溢流阀，放出充气管内剩余的氮气，拆卸溢流阀，将专用工具放回工具箱内。

在检查气压和充气过程中，应当特别注意：只能使用充气嘴来释放蓄能器内的压力，而不能使用钉子、改锥等其他物体；只能使用绿色氮气罐内的氮气，不能使用空气、氧气等其他任何气体；给蓄能器充气时，应确保没有任何人在破碎锤的锤尖前面；拆卸充气阀时，必须将蓄能器内的氮气通过充气管完全释放掉。

11.4 常见故障诊断及排除

由于液压破碎锤作业工况恶劣，因此经常出现故障。如何高效、快捷地找到故障的原因并及时排除是提高其作业效率的重要环节。由于国内外液压破碎锤结构不同，因此故障也不完全相同，但由于它们工作原理基本相同，产生的故障具有共性。现总结出液压破碎锤一些共性故障产生原因和处理方法（见表11-1），供现场参考。

表11-1 液压破碎锤故障原因及处理方法

故障	原因	故障排除方法
冲击器不冲击（不启动）	进回油管接错	纠正
	工作压力低于规定值	调整系统压力
	氮气室气压过高	调整氮气室气压
	滑阀芯或冲击活塞被刮伤	拆下进行清洗或修理
	截止阀未能打开	打开截止阀
	油温高于80℃	(1)检查冷却系统 (2)降低油温至工作温度
	管路堵塞或损坏	检查修理胶管或更换
	没有充足的液压油	加液压油
	拉紧螺栓紧固不均衡或弯曲	卸下拉紧螺栓以解除张力，以规定的力矩轮流紧固螺栓
	后盖处衬套及密封损坏	更换后盖O形密封圈与油缸
	快速接头损坏	更换接头
	蓄能器内压力过低	检查蓄能器气体压力、补充氮气
冲击频率明显下降	供油量不足	(1)检查油泵 (2)解决吸油不足
	回油背压过高	检查管路，疏通油路，使背压不超过规定值
	安全阀压力低	调整压力至规定值
	液压锤钎杆未被压紧	加大钎杆压力
	密封件磨损	更换密封件
	持续高温	(1)检查冷却系统 (2)降低油温至工作温度
	液压油污染度不符合规定要求	更换液压油
	蓄能器气体泄漏	重新充入氮气
	蓄能器内的隔膜损坏	更换隔膜

续表

故　障	原　因	故障排除方法
冲击能下降	氮气室气压过低	充气到规定值
	回油背压高	检查管路，疏通油路，使背压不超过规定值
	安全阀压力低	调整安全阀压力至规定值
	供油量不足	(1)检查油泵容积效率，若低更换油泵 (2)是否吸油不足，检查过滤器和软管
	控制阀或相关件故障 (1)脚踏板变形 (2)控制管路变形 (3)控制阀卡住 (4)由于螺栓松动控制阀行程不够	检查修理阀和相关零件或更换
	油温高于 80℃	(1)检查冷却系统 (2)降低油温至工作温度
	油污染	清洗或更换
	缸体内部故障，外界物质进入	要求供应商拆修
	液压泵损坏	更换液压泵
不正常冲击	蓄能器压力过低或气压已失效	加注氮气或更换蓄能器隔膜(皮碗)
	活塞与控制阀表面损伤	拆下清洗检查是否有拉伤部位，仔细用油石清除毛刺并抛光，使阀芯和冲击活塞灵活动作
	活塞空打或未与钎杆碰撞	操作主机使钎杆紧紧顶住被破碎物
	锤发生弯曲	加黄油，操作时不要撬
冲击进油软管振动异常	(1)蓄能器漏气 (2)蓄能器隔膜破	检查蓄能器中的气压，必要时重新充气，如果蓄能器无法保持所要求的压力，可能是气嘴处漏气或隔膜损坏，应更换
钎杆不正常工作	钎杆尺寸不准	请用原厂部件
	钎杆与其限位块卡住	打磨钎杆与限位块卡住部位
	钎杆与衬套卡住	打磨上部衬套内表面及钎杆尾部表面
	钎杆头变形	更换钎杆或打磨
漏油	前衬套与钎杆间漏油，缸体密封圈破损	更换
	管接头处漏油	更换密封圈或拧紧接头
	下缸体部位漏机油	更换密封圈
漏气	充气螺塞或单向阀密封圈损坏	更换密封圈
	上缸套动或静密封圈损坏	更换密封圈
	缸盖上的密封圈损坏	更换密封圈
液压系统过热	安全阀压力设置太低 冷却能力不足 管道胶管太细 背压过大	由授权经销商检测解决，也可自行更换或修理
活塞运动，但不冲击	钎杆卡死	卸下钎杆并用砂轮或油石修理

附　录

附录1　液压挖掘机常见故障分析表

（1）机械系统常见故障分析

附表1-1　机械系统常见故障分析

故障现象		故障分析	维修方法
结构件噪声大		(1)紧固件松动产生异响 (2)铲斗与斗杆端面间隙磨损加大	(1)检查并重新拧紧 (2)将间隙调整到小于1mm
斗齿在工作中脱落		(1)斗齿销多次使用,弹簧变形弹性不足 (2)斗齿销与齿座不配套	更换斗齿销
履带在挖掘机下打结		(1)履带松弛 (2)在崎岖道路上驱动轮在前快速行驶	(1)装进履带 (2)道路崎岖时导向轮在前慢速行驶
风扇不转		(1)电气或接通件接触不良 (2)风量开关、继电器或温控开关损坏 (3)保险丝断或电池电压太低	修理或更换
风扇运转正常,但风量小		(1)吸气侧有障碍物 (2)蒸发器或冷凝器的翅片堵塞,传热不畅 (3)风机叶轮有一个卡死或损坏	清理
压缩机不运转或运转困难		(1)电路因断线、接触不良导致压缩机离合器不吸合 (2)压缩机皮带张紧不够,皮带太松 (3)压缩机离合器线圈断线、失效	修理 更换离合器线圈
		(4)储液器高低压开关起作用	冷媒量太少或太多
冷媒(制冷剂)量不足		(1)制冷剂泄漏 (2)制冷剂充注量太少	(1)排除泄漏点 (2)充入适量制冷剂
正常工作情况下高低压表的读数		当环境温度为:30～50℃时 高压表读数 1.47～1.67MPa(15～17kgf/cm²) 低压表读数 0.13～0.20MPa(1.4～2.11kgf/cm²)	
低压压力偏高	低压管表面有霜附着	(1)膨胀阀开启太大 (2)膨胀阀感温包接触不良 (3)系统内制冷剂超量	(1)更换膨胀阀 (2)正确安装感温包 (3)排除一部分达到规定量
低压压力偏低	高低压表均低于正常值	制冷剂不足	补充制冷剂到规定量
	低压表压力有时为负压	低压胶管有堵塞,膨胀阀有冰堵或脏堵	修理系统,冰堵应更换储液器
	蒸发器冻结	温控器失效	更换温控器
膨胀阀入口侧凉,有霜		膨胀阀堵塞	清洗或更换膨胀阀
膨胀阀出口侧不凉,低压压力有时为负压		膨胀阀感温管或感温包漏气	更换膨胀阀

续表

故障现象		故障分析	维修方法
高压表压力偏高	高压表压力偏高，低压表压力偏高	(1)循环系统中混有空气 (2)制冷剂充注过量	(1)排空，重抽真空充制冷剂 (2)放出适量制冷剂
	冷凝器被灰尘杂物堵塞冷凝风机损坏	冷凝器冷凝效果不好	清洗冷凝器，清除堵塞 检查更换冷凝风机
高压表压力偏低	高低压压力均偏低 低压压力有时为负压	制冷剂不足 低压管路有堵塞损坏 压缩机内部有故障，压缩机及高压管发烫	修理并按规定补充制冷剂 清理或更换故障部位 更换压缩机
热水阀未关闭 热水阀损坏，关不住	暖风抵消冷气效果，制冷效果差	关闭热水电磁阀	更换热水电磁阀

(2) 液压系统常见故障分析

附表 1-2 液压系统常见故障分析

故障现象	故障分析	维修方法
挖掘机全车无动作	(1)液压油箱油量不够，主泵吸空	加足液压油
	(2)吸油滤清器堵死	更换滤清器，清洗系统
	(3)发动机联轴器损坏(如绞盘、弹性盘)	更换
	(4)主泵损坏	更换或维修主泵
	(5)伺服系统压力过低或无压力	调整到正常压力，如伺服溢流阀调不上压力，则拆开清洗，如弹簧疲劳可加垫或更换
	(6)安全阀调定压力过低或卡死	调整到正常压力，如调不上压力，则拆开清洗，如弹簧疲劳可加垫或更换
	(7)主泵吸油管爆裂或拔脱	更换新管件
单边履带不能行驶	(1)给单边履带行走供油的主泵损坏	更换
	(2)履带轨断裂	连接
	(3)行走先导阀损坏，行走伺服压力过低	更换
	(4)主阀杆卡死，弹簧断裂	修复或更换
	(5)行走马达损坏	更换
	(6)行走减速器损坏	更换
	(7)同转接头上下腔沟通	换油封或总成清洗
	(8)行走油管爆裂	更换
挖掘机全车动作迟缓无力	(1)液压油箱油位不足	加足液压油
	(2)发动机转速过低	调整发动机转速
	(3)伺服系统压力过低	调整到规定压力
	(4)系统安全阀压力过低	调整到规定压力
	(5)主泵供油不足，提前变量	调整主泵变量点调节螺栓

续表

故障现象	故障分析	维修方法
挖掘机全车动作迟缓无力	(6)主泵内泄严重,如配油盘与缸体间的球面磨损严重,压紧力不够,柱塞与缸体间磨损,造成内泄	更换主泵或修复
	(7)行走马达、回转马达、油缸均有不同程度的磨损,产生内泄	更换或修复磨损件
	(8)年久的挖掘机由于密封件老化,液压元件逐渐磨损,液压油变质,使作业速度随温度提高而减慢无力	更换液压油,更换全车密封件,重新调整液压元件配合间隙与压力
	(9)发动机滤清器堵塞,造成加载转速降速严重,严重时熄火	更换滤芯
	(10)液压油滤清器堵塞,会加快泵、马达、阀磨损而产生内泄	按保养大纲定期清洗和更换滤芯
	(11)主阀杆与阀孔间隙磨损过大,内泄严重	阀杆修复
左右行走无动作(其他正常)	(1)中央回转接头损坏	更换油封,如沟槽损坏应更换损坏件
	(2)行走操纵阀高压腔与低压腔击通	更换
	(3)行走操纵阀内泄严重,造成行走伺服压力过低	更换
	(4)主阀中行走阀过载压力过低或阀杆卡死	调整、研磨
	(5)左右行走减速器有故障	修复
	(6)左右行走马达有故障	修复
	(7)油管爆裂	更换
行走时跑偏(其他正常)	(1)双泵的流量相差过大	调整
	(2)主泵变量点调整有误差或有一个泵内泄过大	调整或修复
	(3)主阀中有一行走阀芯内或外弹簧损坏或卡紧	更换
	(4)行走马达有磨损而产生内泄	修复或更换
	(5)中央回转接头密封件老化损坏	更换密封件
	(6)左右履带松紧不一	调整
	(7)行走制动器有带车现象	调整
	(8)先导阀有内泄或损坏	更换
未操作时行走机构有移动现象	(1)先导阀手柄压盘,压紧量过大	调整
	(2)先导阀阀芯有卡紧现象	更换
	(3)主阀阀杆有卡紧现象或阀杆弹簧断裂	修复
	(4)挖掘时行走抱闸未抱死	调整
动臂(斗杆、铲斗)只有单向动作	(1)先导阀阀芯卡死	修复
	(2)主阀阀芯卡死或阀杆弹簧断裂	修复或更换
动臂(斗杆、铲斗)无动作	(1)先导阀卡死,或内泄严重,或伺服压力过低	更换
	(2)主阀动臂阀杆卡死或过载压力过低	修复
	(3)供油路油管漏油,拔脱,O形圈损坏,管接头松动	更换损坏件
	(4)主阀内部砂眼,高低压腔沟通	更换

续表

故障现象	故障分析	维修方法
动臂(斗杆、铲斗)下落过快或在一定高度不操纵时工作油缸在自重下下坠	(1)先导操纵阀阀芯卡紧	修复或更换
	(2)过载阀压力过低	调整
	(3)油缸内泄大	更换密封,修复油缸内壁划痕和沟槽或更换油缸
	(4)油管接头松动,O形圈损坏	更换
动臂(斗杆、铲斗)工作缓慢无力	(1)先导阀输出压力过低,先导阀有内泄	更换
	(2)动臂(斗杆)合流时,有一片阀未工作,造成没合流	修复、清洗
	(3)多路阀内泄严重或有砂眼	更换
	(4)过载压力低	调整
	(5)油缸内泄大	更换油封
	(6)主泵有内泄,工作不正常	修复或更换
未操作时动臂(斗杆、铲斗)有运动现象	(1)先导阀手柄压盘,压紧量过大	调整
	(2)先导阀阀芯卡紧	修复或更换
	(3)多路阀阀芯卡紧或内泄过大	研磨或更换
	(4)多路阀阀杆弹簧断裂	更换
	(5)工作油缸泄漏,作业设备在自重下下降	更换油封
	(6)主阀过载、溢流阀压力过低或弹簧断裂	调整到规定压力,如弹簧断裂应更换
液压油油温过高	(1)没有正确使用挖掘机要求的标号液压油	更换液压油
	(2)液压油冷却器外表油污、泥土多,通风孔堵塞	清洗
	(3)发动机风扇皮带打滑或断开	调整皮带松紧度或更换
	(4)液压油油箱油位过低	加足液压油
	(5)液压油污染使马达、主阀、油缸等液压元件内部零件或密封件加速磨损产生内泄,引起油温升高,行走、回转、工作装置动作迟缓无力,而温度高又会使液压油恶化,安全阀封闭不严,溢流损失	及时更换各种滤芯
回转无动作(其他动作正常)	(1)液压油管破裂	更换
	(2)伺服阀内泄、阀杆卡住或损坏	修复或更换
	(3)主阀上回转阀杆卡死	修复
	(4)回转马达损坏	修复或更换
	(5)回转制动器没打开	调整
	(6)回转减速器内部损坏	修理、更换损坏的齿轮
	(7)回转支撑损坏	更换
回转左右方向速度不等(其他正常)	(1)伺服阀内泄过大	更换
	(2)多路阀左右回转过载压力不等	调整
	(3)多路阀回转阀杆有轻微卡紧现象	研磨
	(4)回转制动抱闸	调整

续表

故障现象	故障分析	维修方法
回转迟缓无力(其他正常)	(1)液压油管外泄严重	更换管件和密封件
	(2)伺服阀内泄大,压力低于规定值	更换
	(3)多路阀回转过载压力低	调整
	(4)回转制动器带车	调整
	(5)回转马达内泄严重	修复或更换
	(6)多路阀高、低压腔击通,阀体有铸造砂眼,造成单向动作或几个动作联动	更换
未操作回转机构而有回转现象	(1)先导阀手柄压盘,压紧量过大	调整
	(2)先导阀阀芯有卡紧现象	修复
	(3)主阀阀杆弹簧断裂	更换
挖掘机工作时产生异响、异常振动	(1)液压油箱油量不足	补油
	(2)油液中含水分、空气过多	更换
	(3)主泵柱塞打断,发出振动、噪声	更换
	(4)多路阀的安全阀发响	调整
	(5)联轴器损坏	更换
	(6)减速器齿轮损坏	更换
	(7)冷却风扇叶刮导风罩	调整
	(8)硬管管未卡紧而振动	调整
	(9)滤清器堵塞	更换
	(10)吸油管进气	排气
	(11)发动机转速不均	调整
	(12)工作装置轴承没有润滑或研伤	加润滑油或更换轴或套
油缸无力、漏油	(1)密封损坏	更换密封件
	(2)活塞杆拉磨出沟槽或活塞杆镀铬层局部脱落引起漏油	刷镀、喷涂、修复或更换
	(3)油缸工作爬行振动噪声,原因是缸内有空气	排气
油泵系统不供油或供油不足	(1)发动机转速太低	调整到正常转速
	(2)主泵有故障	更换
	(3)油箱油量不足	补油
	(4)先导阀压力不足	调整
	(5)油管破裂,油管接头松动,O形圈损坏	更换

(3) 电气控制系统常见故障分析

附表 1-3 电气控制系统常见故障分析

故障现象	解决办法
即使发动机正常运转,指示灯依然不亮 发动机运转时指示灯闪烁	(1)检查电线是否接触不良,接头是否松动 (2)调整皮带张紧度
发动机高速运转时充电指示灯仍然亮	(1)检查并修理发电机 (2)检查电线

续表

故障现象	解决办法
发电机发出不正常响声	检查发电机
当开关旋转到“开”位置时启动电机不转	(1)检查并修理有关电线 (2)给蓄电池充电 (3)检查启动电机 (4)检查安全继电器是否正常
启动电机齿轮动作不正常	(1)给蓄电池充电 (2)检查安全继电器是否正常
用启动电机不能轻松启动发动机	(1)给蓄电池充电 (2)检查启动电机
发动机启动前启动电机松开	(1)检查并修理有关电线 (2)给蓄电池充电
发动机预热指示灯不亮	(1)检查并修理有关电线 (2)检查监控器
启动开关处于“ON”位置时，发动机机油压力报警灯不亮	(1)检查监控器 (2)检查发动机机油压力报警灯开关
启动开关处于“ON”位置时，蓄电池充电指示灯不亮	(1)检查监控器 (2)检查并修理相关电线

(4) 发动机常见故障分析

附表 1-4 发动机常见故障及排除

故障	现象	原因	排除方法
(1)发动机不启动故障	启动发动机时，启动机转动能够带动发动机转，发动机不能启动	①蓄电池电压低，充电不足； ②蓄电池接线柱锈蚀或松动； ③蓄电池接地线锈蚀或松动；发动机接地不良； ④启动继电器衔铁不能脱开； ⑤点火开关故障或启动机故障	①蓄电池电压低落是由于前日停车后没有关闭车上用电器引起的，应注意。下车后关闭所有的用电器；前日行车时应注意对蓄电池充电，待停车时蓄电池应是充足电的；对于蓄电池电压低不能启动的故障，可以换一组蓄电池或者并联一组蓄电池启动发动机； ②清理蓄电池接线柱，拧紧电源线接线夹子，使电源线与蓄电池接线柱可靠接触； ③清理蓄电池接地线接地端，并使其可靠接地；将发动机可靠接地； ④维修更换启动继电器； ⑤检查维修点火开关；检查维修启动机； ⑥蓄电池使用日久，可能有一个损坏，使内阻变大，应定期维修蓄电池，并正确对蓄电池充电；必要时换新一组蓄电池，并保持蓄电池充电充足，使发动机能够顺利启动
(2)发动机启动困难故障	①启动机转速正常，带动发动机正常转动，但发动机启动困难； ②发动机在冷状态下启动困难； ③发动机在热机状态下启动困难	①燃油滤清器脏污堵塞； ②燃油泵故障； ③喷油正时角不对； ④启动预热装置电路不通，预热装置不工作，机油温度过低，进气温度过低； ⑤进气空气滤清器堵塞； ⑥燃油管漏油，燃油箱上的油路转换开关位置不对，无燃油供应； ⑦启动机故障； ⑧启动操作不当； ⑨燃油标号不对； ⑩发动机故障	①检查并更换燃油滤清器； ②检查并更换空气滤清器芯； ③检查并调整燃油泵； ④检查油管和油路，保证供油畅通； ⑤调整喷油正时角； ⑥检查冷启动预热装置，使在冷启动时能够可靠工作；冷启动预热消耗蓄电池能量大，使用冷启动预热装置时必须保证蓄电池供电； ⑦检查启动机和启动控制装置，可靠工作； ⑧正确启动发动机； ⑨加注合格标号的燃油；必要时放掉燃油箱下部的燃油中的水分； ⑩检修发动机

续表

故　　障	现　　象	原　　因	排除方法
(3)启动机不启动故障	①接通点火开关，启动机不转； ②启动机上的驱动齿轮不啮合； ③启动机上的驱动齿轮不脱开； ④发动机启动转速不够，转动不均匀；	①蓄电池充电明显不足； ②蓄电池接头松脱； ③蓄电池接地线松脱； ④启动电路不通； ⑤电磁继电器衔铁粘着； ⑥启动机本身故障； ⑦启动机驱动齿轮与发动机飞轮齿圈卡滞； ⑧启动机驱动齿轮和轴承粘着； ⑨启动机带不动发动机； ⑩发动机故障	①检查蓄电池充电是否充足，如确系充电不足，应拿下来充电；必要时更换蓄电池； ②接好蓄电池接线柱和接头； ③修好蓄电池接地线； ④检查启动电路，使启动机接线端子处有火； ⑤检查启动机电磁继电器，消除电磁继电器故障；启动时应能明显听到电磁继电器吸合和断开的声音； ⑥检查并维修启动机； ⑦重新启动，使启动机驱动齿轮与发动机飞轮换齿轮位置啮合； ⑧检修启动机启动轴端轴承； ⑨启动机扭矩不够，必要时更换启动机； ⑩检修发动机，使发动机处于正常工况运行
(4)怠速不稳定故障	柴油机怠速不稳定。怠速转速波动，转速逐渐降低，容易熄火；怠速转速有规律的波动，也容易熄火	①怠速转速调得过低； ②调速器故障，各轴销磨损、间隙过大；铰链点阻滞；齿条运动发卡； ③怠速弹簧脉缩量过小；怠速弹簧折断； ④喷油泵故障，喷油量和喷油压力波动； ⑤喷油器故障，喷嘴针阀发卡，出油阀密封性不稳定； ⑥燃油标号不对；燃油中含有水分； ⑦喷油正时角度发生变化； ⑧柴油机本身有故障	①适当调高怠速转速； ②检修并调整调速器； ③检修怠速弹簧； ④调整维修喷油泵； ⑤调整和维修各喷油嘴，使喷油量相一致； ⑥加注合格的燃油； ⑦调整喷油提前器，调好和紧固连接器； ⑧维修柴油机本身
(5)中小负荷工况不稳定故障	柴油机中小负荷工况不稳定，动力性不足，容易熄火	①柴油机个别汽缸断续工作； ②柴油机有两三个缸工作不好； ③喷油泵工作不稳定； ④喷油器不能正常工作； ⑤调速器故障； ⑥油门控制故障	①采用观察排气烟色，听柴油机异响和用手摸高压油管压力脉动等方法判断是否有的缸工作不正常或不工作； ②用拆开某缸高压油管的方法观察某缸是否不工作，确认故障后进行下一步； ③检修柴油机本身； ④检修各缸喷油器； ⑤检修喷油泵； ⑥调整柴油机喷油正时角； ⑦调整油门控制机构； ⑧加注合格燃油
(6)大负荷动力不足故障	柴油机高速高负荷动力不足，上坡无力，加速无力等动力性不良故障	柴油机表现为大负荷时动力不足，实际上在较低负荷和中等负荷时也动力不足，只是表现不明显而已。柴油机在高速高负荷时动力性佳，一般在中小负荷时无动力性不足故障。 ①柴油机个别汽缸不工作，或者有两三个缸工作不正常； ②喷油泵工作不良； ③喷油器工作不良； ④供油不连续； ⑤喷油正时角不正确； ⑥油门机构故障	①检修柴油机，使柴油机各缸工作正常； ②检修柴油喷油泵，各缸喷油压力和喷油量相一致，在高速高负荷工况达到额定值； ③检修各缸喷油器； ④检修燃油泵，保证可靠供油； ⑤调整调速器，调好喷油正时角度； ⑥调好油门控制机构，在油门到底时，一定要使喷油泵控制齿条处于全开位置； ⑦加注合格的燃油； ⑧动力性不足故障，确属柴油机本身使用日久，各部件磨损引起的，例如缸压偏低，活塞和活塞环磨损，配气机构调整不当，气门密封不严等引起的，应在适当时机维修柴油机

续表

故障	现象	原因	排除方法
(7)燃油消耗量过高故障	添加燃油时发现，燃油消耗量过高，燃油消耗量大	①油门机构故障，发动机经常在较大油门下工作； ②急速或空转时间过长； ③操作方法不正确； ④发动机故障，自身消耗功率过大； ⑤配气机构调整不当，气门间隙不正确，气门漏气； ⑥活塞环密封性差；活塞环磨损； ⑦燃烧室积炭；进气门积炭； ⑧汽缸磨损，配缸间隙过大； ⑨空气滤清器堵塞，进气不畅； ⑩机油量不足，机油失效； ⑪喷油泵额定供油量失调； ⑫喷油泵柱塞磨损，喷油量和喷油压力失调； ⑬喷油器针阀开启压力不正确； ⑭喷油提前角不对	柴油机和挖掘机能够正常使用，但是要改善柴油机的经济性确实是较难做到的，要细心检查原因，使柴油机在最佳工作状况下工作。 ①检修油门控制机构，使控制机构灵活，控制自如； ②提高操作技术，使挖掘机在节油状态下行驶； ③减少停车时间； ④维修和保养好柴油机，在最佳状态下工作； ⑤调整配气机构，气门间隙不能过小，过小时可能使汽缸密封不严；也不能过大； ⑥定期更换空气滤清器滤芯； ⑦添加和更换好的机油； ⑧加注合格燃油； ⑨定期维修调整喷油泵，调好额定供油量； ⑩检查喷油泵喷油压力和喷油量； ⑪调整各喷油器针阀开启压力，检查喷油雾化情况，喷柱形状应符合规定； ⑫调整供油正时角，保证喷油正时角准确
(8)柴油机不能关机故障	点火开关拨到关机位置，柴油机不熄火；反复拨动点火开关仍不能关机	柴油机断油即熄火，当点火开关拨到关机位置时，点火开关直接拨动停油拨叉，把喷油泵齿条推回到停止供油位置。一般不是柴油机故障，而只是控制机构的停油拨叉损坏，或者油门机构所致	①遇到不能关机不必慌张，应用手拨动油门机构，使柴油机熄火； ②维修好停油拨叉和拉线。点火开关的功能必须可靠，必须保证随时能够关机
(9)机油消耗量高故障	发动机机油消耗量过高，经常需要添加机油	①活塞环和活塞磨损； ②进排气门有卡滞现象，进排气门密封套损坏； ③机油牌号不正确； ④发动机过热； ⑤发动机漏机油； ⑥机油压力过高	①机油（润滑油）消耗量大的故障，有些是由于发动机本身有故障，驾驶员和修理工应注意把发动机维护好； ②发现发动机排气冒蓝烟，主要是活塞环和活塞磨损使机油上窜至燃烧室造成的，必要时必须检修发动机，更换活塞和活塞环； ③检修发动机排除气门的卡滞现象，防止汽缸盖上的机油通过气门密封套和气门进入汽缸中； ④选用厂家推荐的机油牌号，对减少发动机磨损和减少机油消耗十分重要；注意选用效果好的机油添加剂； ⑤在发动机使用中防止发动机过热，消除发动机过热的可能因素，对减少机油消耗十分有利； ⑥注意调整发动机机油压力调节装置，使发动机在合适的机油压力下工作； ⑦消除发动机漏机油的一切因素； ⑧按规定添加和更换合适牌号的机油；机油量不能过少和过多

续表

故　障	现　象	原　因	排除方法
(10)机油压力低故障	机油压力警报器闪亮，指示机油系统压力低或无油压	①机油压力传感器的故障； ②机油油面过低； ③机油滤清器堵塞； ④主轴承和连杆轴承间隙过大； ⑤机油泵磨损或漏油； ⑥机油油质过稀； ⑦机油泵吸油管故障； ⑧机油泵减压泄油阀故障	①发动机工作正常而机油压力警报器经常闪亮时，可检查机油压力传感器，排除传感器本身的故障； ②检查和添加机油至规定高度； ③检查并更换机油滤清器； ④确属发动机使用日期过长，主轴承和连杆轴承磨损严重时，应维修发动机；调整机油压力限压阀，提高机油压力； ⑤维修或更换机油泵； ⑥添加标准型号机油； ⑦检查并调整机油泵吸油管； ⑧检查并调整机油泵减压泄油阀
(11)发动机过热故障	①挖掘机运行中发动机温度过高，散热器容易开锅，打开发动机罩盖看到散热器冒蒸汽； ②发动机过热，排气管温度过高	①发动机点火时刻调整过迟； ②冷却水量过少； ③节温器失灵； ④水泵损坏； ⑤风扇电机故障； ⑥循环水路堵塞； ⑦储液罐通气孔堵塞； ⑧发动机长期高负荷工作	①调整发动机点火正时角度到正确位置，点火正时角度不能过于迟后； ②注意添加冷却水量至适宜高度，注意冷却液流失； ③检查、拆下或更换节温器； ④检查水泵驱动三角带，或更换水泵； ⑤检查风扇电机或电机控制部分； ⑥检查循环水路和散热器上部和下部的温度，如温差过大，并排除了节温器故障后即可判断为水路异物堵塞；维修时注意热水烫人； ⑦检查并通开储液罐通气孔； ⑧应防止发动机长期高负荷工作，对防止发动机高温和延长使用寿命有利
(12)发动机漏水故障	①汽缸盖漏水； ②汽缸垫漏水； ③汽缸体漏水； ④水泵漏水； ⑤散热器漏水； ⑥散热器连接水管漏水	①汽缸盖变形；汽缸盖裂纹； ②汽缸盖下平面脏污或腐蚀； ③汽缸垫脏污或腐蚀； ④汽缸垫烧穿； ⑤汽缸盖螺栓松动； ⑥汽缸体裂纹；上平面变形； ⑦汽缸体上平面脏污或腐蚀； ⑧堵片损坏； ⑨水泵水封损坏； ⑩散热器腐蚀或被风扇啃坏； ⑪水管腐蚀折断； ⑫卡箍损坏等	①缸体和缸盖轻微的漏水和渗水以及散热器的轻微漏水等，可试用水箱堵漏剂，好的堵漏剂能起到密封修复效果； ②更换汽缸垫； ③维修汽缸体和汽缸盖； ④维修散热器； ⑤更换水泵水封； ⑥更换水管并卡紧卡箍等

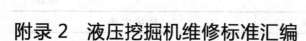

附录 2 液压挖掘机维修标准汇编

2.1 日立挖掘机维修标准

(1) 回转机构装配检测标准

附表 2-1 回转机构装配检测标准

序号	项目	标准/mm			措施
		系列编号	标准间隙	间隙极限	
1	第一小齿轮和第一齿轮间的背隙		0.16～0.52 0.19～0.55	1.0 1.0	更换
2	第二小齿轮和第二齿轮间的背隙		0.19～0.55	1.0	更换
3	第三小齿轮和第三齿轮间的背隙		0.27～0.50	1.2	更换
4	输出轴(小齿轮)和回转轴间的背隙		0.30～0.69	2.5	更换
5	第一小齿轮端隙		0.30～0.69	—	调整
6	第二小齿轮端隙		0.40～0.85	—	调整
7	第三小齿轮端隙		0.50～1.00	—	调整
8	回转小齿轮端隙		0.80～1.46	—	调整
		系列序号	标准尺寸	修理极限	
9	与油封接触的输出轴轴环表面磨损	EX200-1:10001 以下 EX220LC-1:10124 以下	140	139.7	镀硬铬翻修或更换
10	联轴节和第一小齿轮花键间的转向间隙	系列序号	标准间隙	间隙极限	更换
11	输出轴和第三齿花键间的转向间隙	EX200-1:10001 以下 EX220LC-1:10124 以下	0.074～0.179 0.091～0.262	0.5 0.6	更换
12	放油口旋塞扭矩	(151.9±24.5)N·m			

(2) 最终传动装配检测标准

附表 2-2 最终传动装配检测标准

编号	检测项目	标准/mm			措施
		系列编号	标准间隙	间隙极限	
1	第一小齿轮和第一齿轮间的背隙	EX200-1:10001 以下 EX220LC-1:10124 以下	0.17～0.58	1.0	更换
2	第二小齿轮和第二齿轮间的背隙		0.21～0.72	1.5	更换
3	第三小齿轮和第三齿轮间的背隙		0.29～0.93	2.5	更换

续表

编号	检测项目	标准/mm			措施
		系列编号	标准间隙	间隙极限	
4	第一小齿轮端隙	EX200-1:10001 以下 EX220LC-1:10124 以下	0.40～0.84	—	更换
5	第二小齿轮端隙		0.5～1.0	—	调整
6	第三小齿轮端隙		0.52～1.03	—	
7	链轮轴端隙		1.38～2.02	—	
8	链轮齿的磨损量	修理极限:6			
9	链轮齿宽度	系列序号	标准尺寸	修理极限	堆焊修复或更换轮缘
		EX200-1:10001 以下 EX220LC-1:10124 以下	90	84	
10	链轮花键磨损状况	接触面磨损不均匀			更换
11	链轮安装定位所需力矩	$(441\times10^3\pm98.1\times10^3)$N·m			
12	链轮轴螺栓旋紧扭矩	(2744±294.3)N·m			
13	加油口塞旋紧扭矩	(152±24)N·m			

（3）履带车架检测标准

附表 2-3 履带车架检测标准

序号	检测项目	标准/mm				措施
			系列序号	标准尺寸	修理极限	
1	惰轮导承垂直宽度	履带车架	EX200-1: 10001 以下	148	152	翻新或更换
		惰轮支架		145	143	
2	惰轮导承水平宽度	履带车架	EX220LC-1: 10124 以下	304	309	
		惰轮支架		299	297	

（4）缓冲弹簧检测标准

附表 2-4 缓冲弹簧检测标准

序号	检测项目	系列序号	标准尺寸			修理极限		措施
			自由长度×外径/(mm×mm)	安装长度/mm	安装负载/kg	自由长度/mm	安装负载/kg	
1	缓冲弹簧(外侧)	EX200-1: 10001 以下 EX220LC-1: 10124 以下	817×237	665	17130	—	15420	更换
2	缓冲弹簧(内侧)		530×128	435	3250	—	2930	

（5）托带轮装配检测标准

附表 2-5 托带轮装配检测标准

编号	检测项目	标准/mm			措施
		系列序号	公差轴孔	过盈极限	
1	轴和轴承间的过盈	EX200-1:10001 以下 EX220LC-1: 10124 以下	—	—	更换
2	托带轮与轴承间的过盈		—	—	

续表

编号	检测项目	标准/mm			措施
		系列序号	公差轴孔	过盈极限	
			标准尺寸	修理极限	
3	轨距外径	EX200-1:10001 以下 EX220LC-1: 10124 以下	200	—	更换
			168	158	
4	凸缘宽度		19	10	
5	轨距		61	69	
6	轴承轴向间隙		标准间隙	间隙极限	
			0.10～0.13	—	
7	螺塞旋紧扭矩/N·m	7.36±2.45			

(6) 支重轮装配检测标准

附表 2-6 支重轮装配检测标准

编号	检测项目	标准/mm						措施
		系列序号	标准尺寸				修理极限	
1	外凸缘外径	EX200-1:10001 以下 EX220LC-1:10001 以下	240				—	更换或翻新
2	内凸缘外径	EX200-1:10053 以下 EX220LC-1:10124 以下	230				—	
3	轨距外径	EX200-1:10001 以下 EX220LC-1:10124 以下	200				188	
4	轨距宽度 (单凸缘)		55.6				63.6	
5	轨距宽度 (双凸缘)	EX200-1:10001 以下 EX220LC-1:10124 以下	51.6				67.6	
6	凸缘宽度 (单凸缘)	EX200-1:10001 以下 EX220LC-1:10124 以下	38				30.5	
7	凸缘宽度 (双凸缘外部)	EX200-1:10051 以下 EX220LC-1:10124 以下	38				30.5	更换轴承
8	凸缘宽度 (双凸缘内部)		21				13.5	
9	轴和轴套间的间隙	系列序号	标准尺寸	公差 轴	公差 孔	标准间隙	间隙极限	更换
		EX200-1:10001 以下 EX220LC-1:10124 以下	85	−0.120 −0.207	+0.360 +0.120	0.24～ 0.567	1.5	
10	滚柱和轴套间的过盈	系列序号	标准尺寸	公差 轴	公差 孔	标准间隙	修理极限	
		EX200-1:10001 以下 EX220LC-1:10124 以下	—	+0.087 +0.037	+0.035 0	0.002～ 0.087	—	
11	滚柱侧隙	系列序号	标准间隙				修理极限	
		EX200-1:10001 以下 EX220LC-1:10124 以下	0.57～1.30				2.0	
12	螺塞旋紧扭矩 /N·m	206±49						调整

(7) 引导轮装配检测标准

附表 2-7　引导轮装配检测标准

编号	检测项目	标准/mm 系列序号	标准尺寸	修理极限
1	凸缘外径	EX200-1:10001 以下 EX220LC-1:10124 以下	664	650
2	轨距外径		620	608
3	凸缘宽度		105	196
4	惰轮宽度		204	93
5	轨距宽度		49.5	55.5

编号	检测项目	系列序号	标准尺寸	公差 轴	公差 孔	标准间隙	间隙极限
6	轴和轴套间的间隙	EX200-1:10001 以下 EX220LC-1:10124 以下	95	−0.120 −0.207	+0.360 +0.220	0.340～ 0.567	1.7
7	轴和支架间的间隙		95	−0.120 −0.207	+0.035 0	0.120～ 0.242	—
8	惰轮和轴套间的过盈		102.6	+0.087 +0.037	+0.035 0	0.002～ 0.087	—

编号	检测项目	系列序号	标准尺寸	修理极限
9	惰轮侧隙	EX200-1:10001 以下 EX220LC-1:10001 以下	0.45～0.87	1.5
10	螺塞旋紧扭矩/N·m	152±24		

(8) 履带板装配检测标准

附表 2-8　履带板装配检测标准

编号	检测项目	标准/mm 系列序号	标准尺寸	修理极限	措施
1	链节节距	EX200-1:10001 以下 EX220LC-1:10124 以下	216.25	219.25	轮换或更换
2	抓地齿高度		36	20	凸缘焊修翻新或更换
3	链节高度		129	117	翻新或更换
4	轴套外径		74.3	71.3	轮换或更换

编号	检测项目	标准尺寸	公差 轴	公差 孔	标准间隙	间隙极限	措施
5	销和轴套间的间隙	47	+0.185 +0.085	+0.915 +0.415	0.230～ 0.830	—	更换
6	主销和轴套间的间隙	47	−0.120 −0.207	+0.360 +0.120	0.430～ 1.030	—	

编号	检测项目	标准尺寸	公差 轴	公差 孔	标准过盈	过盈极限	措施
7	轴套和链节间的过盈	71	+0.344 +0.304	+0.074 0	0.223～ 0.344	—	更换
8	销和链节间的过盈	轴 47 孔 46.8	+0.185 +0.085	+0.062 0	0.223～ 0.344	0.140	
9	销和链节间的过盈	46.8	+0.230 +0.200	+0.062 0	0.238～ 0.230	0.080	

续表

<table>
<tr><td rowspan="2"></td><td rowspan="2"></td><td colspan="4">标准/mm</td><td rowspan="2">措施</td></tr>
<tr><td>系列序号</td><td>标准间隙(单侧)</td><td>标准间隙(双侧)</td><td>间隙极限</td></tr>
<tr><td>10</td><td>链节接合面的间隙</td><td>EX200-1：10001 以下
EX220LC-1：10124 以下</td><td>0～1.1</td><td>0～2.2</td><td>8</td><td>更换</td></tr>
<tr><td>11</td><td>履带板螺栓拧紧扭矩/N·m</td><td colspan="4">1097±98</td><td>拧紧或更换</td></tr>
</table>

(9) 齿轮泵装配检测标准

附表 2-9 齿轮泵装配检测标准

<table>
<tr><td rowspan="2">编号</td><td rowspan="2">检测项目</td><td colspan="6">标准/mm</td><td rowspan="2">措施</td></tr>
<tr><td colspan="2">系列序号</td><td colspan="2">标准间隙</td><td colspan="2">修理极限</td></tr>
<tr><td>1</td><td>齿轮箱和齿轮间的间隙(SAR032)</td><td colspan="2" rowspan="2">EX200-1：10001 以下
EX220LC-1：10124 以下</td><td colspan="2">0.1～0.15</td><td colspan="2">0.18</td><td>—</td></tr>
<tr><td>2</td><td>轴承内径和齿轮轴直径的间隙(SAR032)</td><td colspan="2">0.06～0.125</td><td colspan="2">0.05</td><td>—</td></tr>
<tr><td rowspan="3">3</td><td rowspan="3">输出 E010-CD
(50±5)℃
(SAR032)</td><td rowspan="2">EX200-5
EX200-1</td><td colspan="2">标准值</td><td colspan="3">修理极限</td><td rowspan="3"></td></tr>
<tr><td>泵转速/(r/min)</td><td>输出/(L/min)</td><td colspan="2">泵转速/(r/min)</td><td>输出/(L/min)</td></tr>
<tr><td>2.94MPa</td><td>3000</td><td>92</td><td colspan="2">3000</td><td>94</td></tr>
</table>

(10) 滑柱左控制阀［左行、杆臂（低）和悬臂（高）用］装配检测标准

附表 2-10 滑柱左控制阀［左行、杆臂（低）和悬臂（高）用］装配检测标准

<table>
<tr><td rowspan="3">序号</td><td rowspan="3">检测项目</td><td colspan="6">标准/mm</td><td rowspan="3">措施</td></tr>
<tr><td rowspan="2">系列编号</td><td colspan="3">标准尺寸</td><td colspan="2">修理极限</td></tr>
<tr><td>自由长度×外径/(mm×mm)</td><td>安装长度/mm</td><td>安装负载/N</td><td>自由长度/mm</td><td>安装负载/N</td></tr>
<tr><td>1</td><td>滑阀回位弹簧(左运行)</td><td rowspan="3">EX200-5：10001 以下</td><td>96.1×39.2</td><td>49</td><td>152</td><td>—</td><td>122</td><td rowspan="3">如果发现损坏或变形，则应更换</td></tr>
<tr><td>2</td><td>滑阀回位弹簧［(杆臂(低)］</td><td>56.4×33.0</td><td>53.5</td><td>182</td><td>—</td><td>146</td></tr>
<tr><td>3</td><td>滑阀回位弹簧［(悬臂(高)］</td><td>61.2×33.0</td><td>53.5</td><td>401</td><td>—</td><td>230</td></tr>
<tr><td>4</td><td>滑阀旋塞左运行拧紧扭矩/(N·m)</td><td colspan="6">68.6±4.9</td><td></td></tr>
<tr><td>5</td><td>滑阀旋塞［杆臂(低)、悬臂(高)］拧紧扭矩/(N·m)</td><td colspan="6">68.6±4.9</td><td></td></tr>
<tr><td>6</td><td>主减压阀拧紧扭矩/(N·m)</td><td colspan="6">152.1±24.5</td><td></td></tr>
<tr><td>7</td><td>螺塞拧紧扭矩/(N·m)</td><td colspan="6">152.1±24.5</td><td></td></tr>
</table>

续表

序号	检测项目	标准/mm			措施
		系列编号	标准尺寸	修理极限	
8	螺塞拧紧扭矩/(N·m)	68.6±9.8			
9	螺塞拧紧扭矩/(N·m)	10001～10098:367.9±24.5 10098 以上:465.9±24.5			
10	螺塞拧紧扭矩/(N·m)	37.5±24.5			
11	安全阀拧紧扭矩/(N·m)(杆臂油缸回路)	13.7±9.8			
12	吸入阀拧紧扭矩/(N·m)(悬臂油缸回路)	68.6±9.8			
13	螺塞拧紧扭矩/(N·m)	152.1±24.5			

（11）三滑柱右控制阀装配检测标准

附表 2-11 三滑柱右控制阀装配检测标准

序号	检测项目	标准						措施
		系列编号	标准尺寸			修理极限		
			自由长度×外径/(mm×mm)	安装长度/mm	安装负载/N	自由长度/mm	安装负载/N	
1	滑阀回位弹簧(右运行)	EX200-5:10001 以下 EX200LC-1:10124 以下	96.1×39.2	49	152.1	—	121.6	如果发现损坏或变形，则应更换
2	滑阀回位弹簧[悬臂(低)、铲斗(低)]		56.4×33.0	53.5	182.4	—	146.2	
3	止回弹簧		32.6×10.9	24.5	44.1	—	35.3	
4	滑阀旋塞拧紧扭矩/(N·m)	68.7±4.9						
5	滑阀螺塞拧紧扭矩[悬臂(低)、铲斗(低)]/(N·m)	68.7±4.9						
6	主减压阀拧紧扭矩/(N·m)	152.1±24.5						
7	螺塞拧紧扭矩/(N·m)	68.7±9.8						
8	螺塞拧紧扭矩/(N·m)	10001～10098:367.9±24.5 10098 以上:465.9±24.5						
9	螺塞拧紧扭矩/(N·m)	367.9±24.5						
10	带吸入阀的安全阀拧紧扭矩/(N·m)	137.3±9.8						
11	吸入阀(铲斗油缸)拧紧扭矩/(N·m)	137.3±9.8						

(12) 三滑柱左控制阀［左行、杆臂（低）和悬臂（高）用］装配检测标准

附表 2-12 三滑柱左控制阀［左行、杆臂（低）和悬臂（高）用］装配检测标准

序号	检测项目	标准/mm						措施
		系列编号	标准尺寸			修理极限		
			自由长度×外径/(mm×mm)	安装长度/mm	安装负载/N	自由长度/mm	安装负载/N	
1	滑阀回位弹簧(左行)	EX200-5	96.1×39.2	49	152.1	—	121.6	如果发现损坏或变形，则应更换
2	滑阀回位弹簧[(杆臂(低)]		56.4×33.0	53.5	182.4	—	146.2	
3	滑阀回位弹簧[(悬臂(高)]		61.2×330	53.5	401.2	—	320.8	
4	止回弹簧		32.6×10.9	24.5	44.1	—	35.3	
5	滑阀螺塞拧紧扭矩(左行)/(N·m)	68.7±4.9						
6	滑阀螺塞拧紧扭矩[杆臂(低)、悬臂(高)]/(N·m)	68.7±4.9						
7	主减压阀拧紧扭矩/(N·m)	152.1±24.5						
8	螺塞拧紧扭矩/(N·m)	152.1±24.5						
9	螺塞拧紧扭矩/(N·m)	68.7±9.8						
10	螺塞拧紧扭矩/(N·m)	367.8±24.5						
11	螺塞拧紧扭矩/(N·m)	465.9±24.5						
12	安全阀拧紧扭矩/(N·m)	137.3±9.8						
13	吸入阀(悬臂油缸回路)拧紧扭矩/(N·m)	68.7±4.9						
14	螺塞拧紧扭矩/(N·m)	152.1±24.5						
15	螺塞拧紧扭矩/(N·m)	465.9±24.5						

(13) 四滑柱右控制阀［右行、铲斗、悬臂（低）、装卸用］正铲装配检测标准

附表 2-13 四滑柱右控制阀［右行、铲斗、悬臂（低）、装卸用］正铲装配检测标准

序号	检测项目	标准						措施
		系列编号	标准尺寸			修理极限		
			自由长度×外径/(mm×mm)	安装长度/mm	安装负载/N	自由长度/mm	安装负载/N	
1	滑阀回位弹簧(左行)	EX200-1：10001 以下以 200LC-1：10124 以下	96.1×39.2	49	152.1	—	121.6	如果发现损坏或变形，则应更换
2	滑阀回位弹簧[悬臂(低)、铲斗(低)卸]		56.4×33.0	53.5	182.5	—	146.2	
3	止回弹簧		32.6×10.9	24.5	44.1	—	35.3	

续表

序号	检测项目	标准			措施
		系列编号	标准尺寸	修理极限	
4	滑阀螺塞拧紧扭矩/(N·m)(右行)		68.7±4.9		
5	滑阀螺塞拧紧扭矩[悬臂(低)、铲斗(低)卸]/(N·m)		68.7±4.9		
6	主减压阀拧紧扭矩/(N·m)		152.1±24.5		
7	螺塞拧紧扭矩/(N·m)		152.1±24.5		
8	螺塞拧紧扭矩/(N·m)		68.7±9.8		
9	螺塞拧紧扭矩/(N·m)		465.9±24.5		
10	螺塞拧紧扭矩/(N·m)		367.9±24.5		
11	带吸入阀的安全阀拧紧扭矩/(N·m)(铲斗油缸)		137.3±9.8		

(14) 杆臂(高)控制阀装配检测标准

附表 2-14 杆臂(高)控制阀装配检测标准

序号	检测项目	标准						措施
		系列编号	标准尺寸			修理极限		
			自由长度×外径/(mm×mm)	安装长度/mm	安装负载/N	自由长度/mm	安装负载/N	
1	滑阀回位弹簧	EX200-1:10001 以下 EX200LC-1:10124 以下	56.4×33.0	53.5	401.2	—	320.7	如果发现损坏或变形,则应更换
2	止回弹簧		32.6×10.9	24.5	44.1	—	35.3	
3	螺塞拧紧扭矩/(N·m)		68.7±4.9					
4	螺塞拧紧扭矩/(N·m)		152.1±24.5					
5	螺塞拧紧扭矩/(N·m)		68.7±9.8					
6	螺塞拧紧扭矩/(N·m)		152.1±24.5					
7	螺塞拧紧扭矩/(N·m)		10001~10098:367.9±24.5 10098 以上:465.9±24.5					

（15）杆臂（高）控制阀（任选）装配检测标准

附表 2-15　杆臂（高）控制阀（任选）装配检测标准

序号	检测项目	标准						措施
		系列编号	标准尺寸			修理极限		
			自由长度×外径/(mm×mm)	安装长度/mm	安装负载/N	自由长度/mm	安装负载/N	
1	滑阀回位弹簧	EX200-5	56.4×33.0	53.5	401.2	—	320.7	如果发现损坏或变形，则应更换
2	止回弹簧		32.6×10.9	24.5	44.1	—	35.3	
3	螺塞拧紧扭矩/(N·m)	68.7±4.9						
4	螺塞拧紧扭矩/(N·m)	152.1±24.5						
5	螺塞拧紧扭矩/(N·m)	68.7±9.8						
6	螺塞拧紧扭矩/(N·m)	152.1±24.5						
7	螺塞拧紧扭矩/(N·m)	465.9±24.5						
8	吸入阀拧紧扭矩/(N·m)	137.3±9.8						

（16）左回转控制阀装配检测标准

附表 2-16　左回转控制阀装配检测标准

序号	检测项目	标准						措施
		系列编号	标准尺寸			修理极限		
			自由长度×外径/(mm×mm)	安装长度/mm	安装负载/N	自由长度/mm	安装负载/N	
1	滑阀回位弹簧	EX200-1：10001 以下 EX200LC-1：10124 以下	56.4×33.0	53.5	182.4		146.2	如果发现损坏或变形，则应更换
2	止回弹簧		32.6×10.9	24.5	44.1		35.3	
3	螺塞拧紧扭矩/(N·m)	367.9±24.5						
4	螺塞拧紧扭矩/(N·m)	152.1±24.5						
5	螺塞拧紧扭矩/(N·m)	68.7±9.8						
6	螺塞拧紧扭矩/(N·m)	10001～10098：367.9±24.5 10098 以上：465.9±24.5						
7	吸入阀拧紧扭矩/(N·m)	137.3±9.8						

(17) 右回转控制阀装配检测标准

附表 2-17 右回转控制阀装配检测标准

序号	检测项目	标准				修理极限		措施
		系列编号	标准尺寸					
			自由长度×外径/(mm×mm)	安装长度/mm	安装负载/N	自由长度/mm	安装负载/N	
1	滑阀回位弹簧	EX200-5	56.4×33.0	53.5	401.2		320.7	如果发现损坏或变形，则应更换
2	止回弹簧		32.6×10.9	24.5	44.1		35.3	
3	螺塞拧紧扭矩/(N·m)	367.9±24.5						
4	螺塞拧紧扭矩/(N·m)	152.1±24.5						
5	螺塞拧紧扭矩/(N·m)	68.7±4.9						
6	螺塞拧紧扭矩/(N·m)	10001～10098：367.9±24.5 10098 以上：465.9±24.5						
7	吸入阀拧紧扭矩/(N·m)	137.3±9.8						

(18) 液压缸（反铲）装配检测标准

附表 2-18 液压缸（反铲）装配检测标准

编号	检测项目	标准						
		油缸名称	系列序号	标准尺寸/mm	公差/mm 轴	公差/mm 孔	标准间隙/mm	间隙极限/mm
1	活塞杆和衬套间的间隙	大臂	EX200-1：10001 以下 EX200LC-1：10124 以下	110	−0.120 −0.207	+0.274 +0.060	0.180～ 0.471	0.777
		小臂		120	−0.120 −0.207	+0.277 +0.062	0.180～ 0.484	0.781
		铲斗		110	−0.120 −0.207	+0.274 +0.060	0.180～ 0.471	0.777
2	活塞杆衬套和销间的间隙	悬臂	EX200-1：10001 以下 EX200LC-1：10124 以下	100	−0.036 −0.090	+0.020 0	0.036～ 0.110	1.0
		杆臂		110	−0.036 −0.090	+0.020 0	0.036～ 0.110	1.0
		铲斗		100	−0.036 −0.090	+0.259 +0.020	0.036 0.419	1.0
3	缸底衬套和销间的间隙	悬臂	EX200-1：10001 以下 EX200LC-1：10124 以下	100	−0.036 −0.090	+0.020 0	0.036 0.110	1.0
		杆臂		110	−0.036 −0.090	+0.020 0	0.036 0.110	1.0
		铲斗		100	−0.036 −0.090	+0.329 +0.295	0.036 0.419	1.0
4	活塞螺母拧紧扭矩/(kN·m)	悬臂		19.6～21.9				
		杆臂		19.6～21.9				
		铲斗		19.6～21.9				

（19）液压缸（正铲）装配检测标准

附表 2-19 液压缸（正铲）装配检测标准

编号	检测项目	标准						
		油缸名称	系列序号	标准尺寸/mm	公差/mm 轴	公差/mm 孔	标准间隙/mm	间隙极限/mm
1	活塞杆和衬套间的间隙	大臂	EX220-5：10099 以下	110	−0.120 −0.207	+0.274 +0.060	0.180～ 0.471	0.781
		小臂		120	−0.120 −0.207	+0.277 +0.062	0.180～ 0.484	0.781
		铲斗辅助油缸		110	−0.120 −0.207	+0.274 +0.060	0.180～ 0.471	0.781
		底卸油缸		100	−0.120 −0.207	+0.274 +0.060	0.180～ 0.471	0.777
2	活塞杆衬套和销间的间隙	悬臂	EX220-5：10099 以下	100	−0.036 −0.090	+0.020 0	0.036～ 0.110	1.0
		杆臂		110	−0.036 −0.090	+0.020 0	0.036～ 0.110	1.0
		铲斗辅助油缸		100	−0.036 −0.090	+0.020 +0.259	0.036～ 0.419	1.0
		底卸油缸		80	−0.036 −0.076	+0.457 0.370	0.406～ 0.533	1.0
3	缸底衬套和销间的间隙	悬臂	EX220-5：10099 以下	100	−0.036 −0.090	+0.020 0	0.036～ 0.110	1.0
		杆臂		110	−0.036 −0.090	+0.020 0	0.036～ 0.110	1.0
		铲斗辅助油缸		100	−0.036 −0.090	+0.329 +0.295	0.036～ 0.419	1.0
		底卸油缸		80	−0.036 −0.090	+0.457 −0.370	0.406～ 0.533	1.0
4	活塞螺母拧紧扭矩/(N·m)	大臂		19.6～21.9				
		小臂						
		铲斗辅助油缸						
		铲斗油缸		10.2±1.0				
		底卸油缸						
5	活塞螺母拧紧扭矩/(N·m)	大臂		1.7±0.2				
		小臂						
		铲斗辅助油缸						
		铲斗油缸						

（20）液压缸（反铲）装配检测标准

附表 2-20 液压缸（反铲）装配检测标准

编号	检测项目	标准					间隙极限/mm
		系列序号	标准尺寸/mm	公差/mm		标准间隙/mm	
				轴	孔		
1	旋转架安装销和衬套间的间隙	EX200-1：10001以下 EX200LC-1：10124以下	110	−0.036 −0.090	−0.350 +0.269	0.305～ 0.440	1.0
2	悬臂安装和凸台孔间的间隙		110	−0.036 −0.090	+0.087 0	0.036～ 0.177	1.0
3	悬臂缸安装销和凸台孔间的间隙		100	−0.036 −0.090	+0.100 0	0.036～ 0.190	1.0
4	悬臂—杆臂缸安装销和凸台孔间的间隙		110	−0.036 −0.090	+0.100 0	0.036～ 0.190	1.0
5	悬臂—杆臂缸安装销和凸台孔间的间隙		120	−0.036 −0.090	+0.100 0	0.036～ 0.190	1.0
6	悬臂—杆臂缸安装销和衬套间的间隙		120	−0.036 −0.090	+0.316 +0.219	0.255～ 0.406	1.0
7	杆臂—杆臂缸安装销和凸台孔间的间隙		110	−0.036 −0.090	+0.100 0	0.036～ 0.190	1.0
8	杆臂—铲斗缸安装销和凸台孔间的间隙		100	−0.036 −0.090	+0.100 0	0.036～ 0.190	1.0
9	杆臂—连接杆安装销和衬套间的间隙		100	−0.036 −0.090	+0.329 +0.259	0.259～ 0.419	1.0
10	杆臂—铲斗安装销和衬套间的间隙		100	−0.036 −0.090	+0.345 +0.273	0.039～ 0.435	1.0
11	杆臂—铲斗安装销和凸台孔间的间隙		100	−0.036 −0.090	+0.100 0	0.036～ 0.190	1.0
12	杆臂—铲斗安装销和凸台孔间的间隙		100	−0.036 −0.090	+0.200 0	0.036～ 0.290	1.0
13	铲斗缸—连接杆安装销和衬套间的间隙		100	−0.036 −0.090	+0.329 0.259	0.259～ 0.419	1.0
14	铲斗缸—连接杆安装销和连接杆孔的间隙	EX200-1：10001以下 EX200LC-1：10124以下	100	−0.036 −0.090	+0.100 0	0.036～ 0.290	1.0
15	铲斗缸—连接杆安装销和衬套间的间隙		100	−0.036 −0.090	+0.329 +0.259	0.295～ 0.419	1.0
16	连接杆—铲斗安装销和凸台孔间的间隙		100	−0.036 −0.090	+0.200 0	0.036～ 0.290	1.0

（21）液压臂（正铲）装配检测标准

附表 2-21 液压臂（正铲）装配检测标准

编号	检测项目	标准					间隙极限/mm	措施
		系列序号	标准尺寸/mm	公差/mm		标准间隙/mm		
				轴	孔			
1	旋转架与悬臂回油缸间的安装销和凸台间隙	1009以下	100	−0.036 −0.090	+0.10 0	0.305～ 0.440	1.0	
2	悬臂与旋转架的连接销和套筒的间隙	1009以下	110	−0.036 −0.090	+0.350 +0.269	0.036～ 0.177	1.0	更换
3	悬臂与旋转架的连接销和凸台孔间的间隙	1009以下	100	−0.036 −0.090	+0.10 0	0.305～ 0.440	1.0	

续表

编号	检测项目	标准						措施
		系列序号	标准尺寸/mm	公差/mm		标准间隙/mm	间隙极限/mm	
				轴	孔			
4	悬臂与悬臂油缸的连接销和凸台孔间的间隙	1009 以下	110	−0.036 −0.090	+0.10 0	0.036～ 0.190	1.0	
5	悬臂与杆悬油缸连接销和凸台孔间的间隙	1009 以下	100	−0.036 −0.090	+0.10 0	0.036～ 0.190	1.0	
6	杆臂与悬臂油缸连接销和凸台孔间的间隙	1009 以下	110	−0.036 −0.090	+0.10 0	0.036～ 0.190	1.0	
7	悬臂与杆臂的连接销和套筒间的间隙	1009 以下	140	−0.043 −0.175	+0.217 +0.001	0.036～ 0.507	1.0	
8	悬臂与铲斗油缸的连接销和套筒间的间隙	1009 以下	120	−0.036 −0.090	+0.360 +0.283	0.319～ 0.450	1.0	
9	杆臂与后连杆销和套筒间的间隙	1009 以下	100	−0.036 −0.090	+0.341 0.265	0.301～ 0.431	1.0	
10	杆臂与铲斗的连接销和套筒间的间隙	1009 以下	100	−0.036 −0.090	+0.341 +0.265	0.301～ 0.431	1.0	
11	连接杆与铲斗油缸的连接销和套筒间的间隙	1009 以下	100	−0.036 −0.090	+0.341 +0.265	0.301～ 0.431	1.0	
12	连接杆与铲斗的连接销和套筒间的间隙	1009 以下	100	−0.036 −0.090	+0.341 +0.265	0.301～ 0.431	1.0	
13	后铲斗与底卸油缸的连接销和凸台孔间的间隙	1009 以下	80	−0.036 −0.076	+0.10 0	0.030～ 0.176	1.0	更换
14	前铲斗与底卸油缸的连接销和凸台孔间的间隙	1009 以下	80	−0.036 −0.076	+0.10 0	0.030～ 0.176	1.0	
15	杆臂—连接杆和连接套筒间的间隙	1009 以下	95	−0.036 −0.090	+0.341 +0.265	0.301～ 0.431	1.0	
16	连接杆—铲斗连接销和凸台孔间的间隙	1009 以下	95	−0.036 −0.090	+0.10 0	0.036～ 0.190	1.0	
17	悬臂与后连接杆的连接销和套筒间的间隙	1009 以下	120	−0.036 −0.090	+0.360 +0.283	0.319～ 0.452	1.0	
18	杆臂与补偿连杆的连接销和套筒间的间隙	1009 以下	100	−0.036 −0.090	+0.341 +0.265	0.301～ 0.431	1.0	
19	杆臂与补偿连杆的连接销和凸台孔间的间隙	1009 以下	100	−0.036 −0.090	+0.10 0	0.036～ 0.190	1.0	
20	补偿连杆与后连杆的连接销和凸台孔间的间隙	1009 以下	120	−0.036 −0.090	+0.360 +0.283	0.319～ 0.450	1.0	
21	补偿连杆与后连杆的连接销和凸台孔间的间隙	1009 以下	120	−0.036 −0.090	+0.10 0	0.036～ 0.190	1.0	
22	杆臂与补偿油缸的连接销和凸台间的间隙	1009 以下	100	−0.036 −0.090	+0.10 0	0.036～ 0.190	1.0	
23	补偿连杆与补偿油缸的连接销和凸台孔间的间隙	1009 以下	100	−0.036 −0.090	+0.10 0	0.036～ 0.190	1.0	

2.2 大宇 DH280 型挖掘机维修标准

（1）主油泵维修标准参数

① 磨损件的更换标准（见附表 2-22）

附表 2-22　磨损件的更换标准

图号	检查项目	标准值/mm	更换值/mm	处理方法
附图 1	柱塞和缸体孔间间隙($D-d$)	0.035	0.070	更换柱塞或缸体
附图 2	柱塞和滑履的间隙(δ)	0.1	0.3	整组更换柱塞和滑履
	滑履厚度(t)	5.5	5.3	整组更换柱塞和滑履
附图 3	碟形弹簧压缩量($L-l$)	3.4～3.6	2.7	用垫调整
附图 4	配流盘和球形衬套间的高度($H-h$)	27.5	26.5	整组更换球形衬套和配流盘

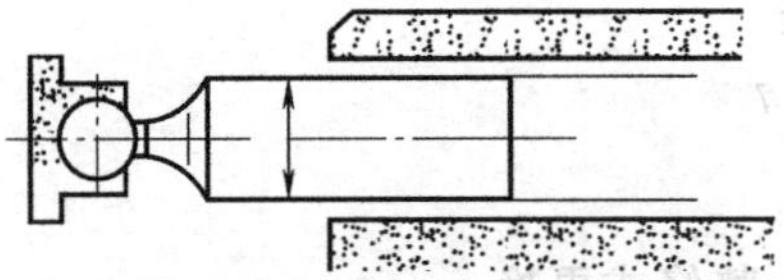

附图 1

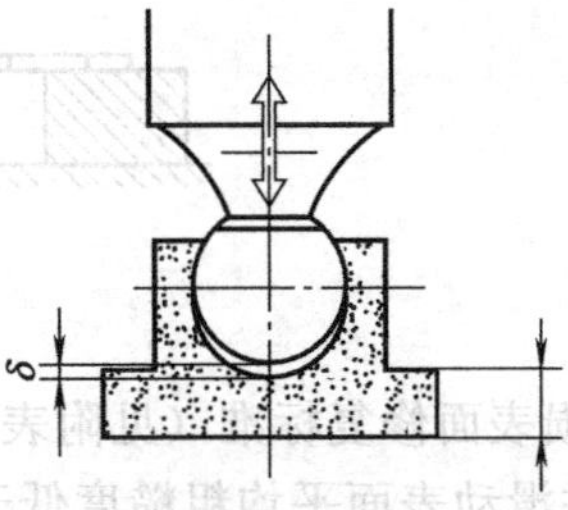

附图 2

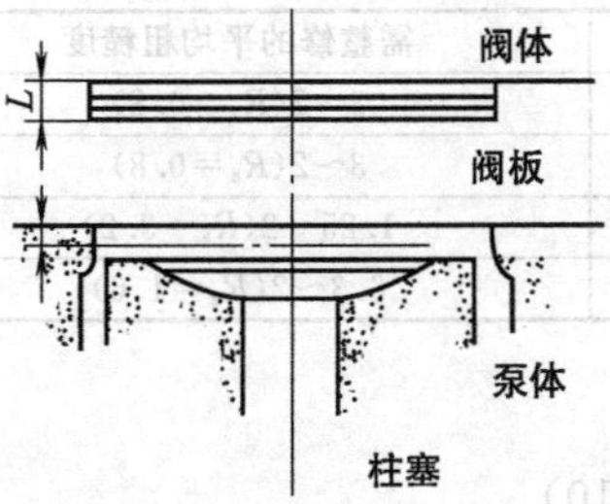

附图 3

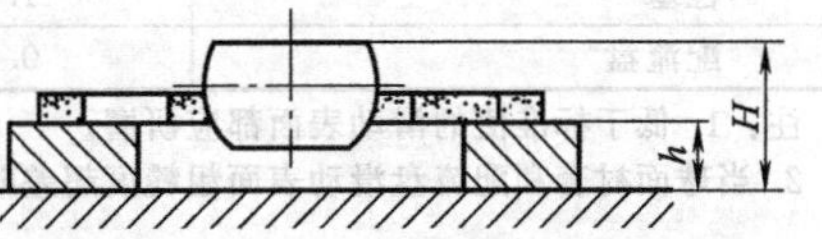

附图 4

② 柱塞、配流板和斜盘的修整标准（见附表 2-23）

附表 2-23　柱塞、配流板和斜盘的修整标准

柱塞、配流板和斜盘的表面平均粗糙度	需要整修的表面平均粗糙度	3～2
	整修后标准表面粗糙度	0.4～2
配流盘和斜盘的硬度	需整修的硬度	<84HS
	标准硬度	>90HS

(2) 回转马达维修标准

① 磨损零件的更换标准（见附表 2-24，附图 5～附图 7）

附表 2-24　磨损零件的更换标准

检查项目	标准值/mm	更换值/mm	处　理
柱塞和缸体上孔的间隙($D-d$)	0.028	0.058	更换柱塞或缸体
柱塞和滑履嵌合部分间隙(δ)	0	0.3	更换柱塞和滑履组件
滑履厚度(t)	5.5	5.3	更换柱塞和滑履组件
压力盘和球面衬套组件高度差($H-h$)	6.5	6.0	整组更换球面衬套和配流盘
压力盘厚度(t)	4.0	3.6	更换

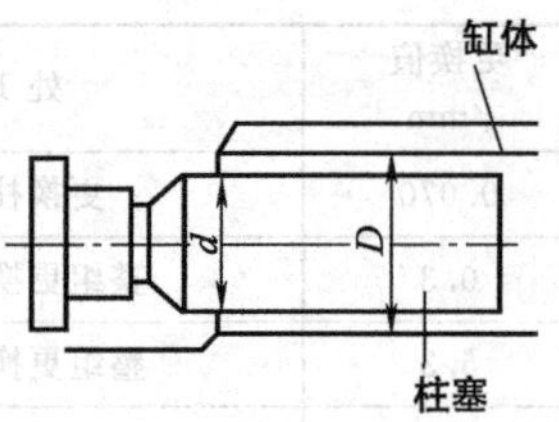

附图 5

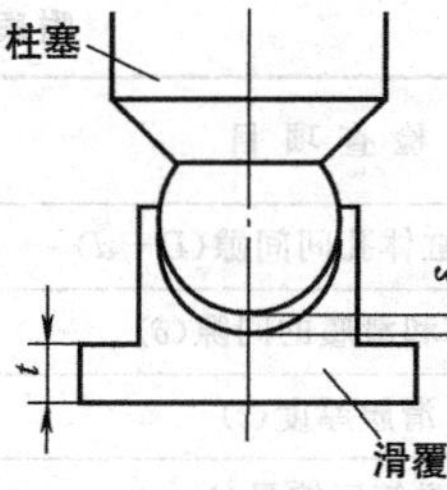

附图 6

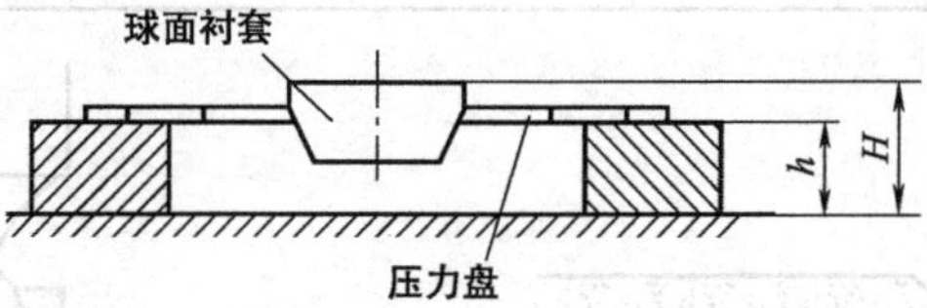

附图 7

② 磨损表面修复标准（见附表 2-25）

当零件滑动表面平均粗糙度低于标准值时，整修或更换。

附表 2-25　磨损表面修复标准

零 件 名 称	标准平均粗糙度	需整修的平均粗糙度
滑履	0.8～2(R_a=0.2)(研磨)	3～2(R_a=0.8)
滑履盘	0.4～2(R_a=0.1)(研磨)	3～2(R_a=0.8)
柱塞	1.6～2(R_a=0.4)(研磨)	1.25～2(R_a=3.2)
配流盘	0.8～2(R_a=0.2)(研磨)	6.3～2(R_a=1.6)

注：1. 低于标准值的滑动表面都应研磨。

2. 当球面衬套和配流盘滑动表面粗糙度超差时，将两者成组更换。

（3）液压马达的维修标准（见附表 2-26，附图 8～附图 10）

附表 2-26　液压马达的维修标准

检查项目		标准值/mm	更换值/mm	处　理
柱塞和缸体孔的间隙($D-d$)		0.044	0.065	更换
柱塞和滑履接合部分的间隙(δ)		0.1	0.3	更换
滑履的厚度 t		5.5	5.3	更换
摩擦盘滚柱测量直径		145.89(ϕ5)	146.49	更换
制动弹簧的自由高度		46.6	45.9	更换
检查项目		标准值/mm	更换值/mm	处理
球面衬套和压力盘间的组装高度($H-h$)		13.5	13.0	成组更换
缸体弹簧的自由高度		47.9	47.3	用弹簧垫片调整或必要时更换
轴滚柱测量直径	输出花键	43.91(ϕ4.5)	43.31	更换
	缸体花键	49.06(ϕ4.5)	49.46	更换
	制动花键	32.63(ϕ3.0)	31.13	更换
分隔盘厚度		2.3	2.1	更换
摩擦盘厚度		3.2	3.0	更换
滑动表面粗糙度	斜盘/滑履	0.4～2	3～2	各自单独研磨
	缸体/阀板	0.4～2	3～2	一起研磨
	斜盘/斜盘座	6.3～2	12.5	一起研磨
	压力盘/球面衬套	1.6～2	6.3	一起研磨
滚柱轴承、滚针轴承				若滚动表面有剥落现象则更换
O形圈/油封				必要时更换
柱塞环				若有胶黏或变形则更换

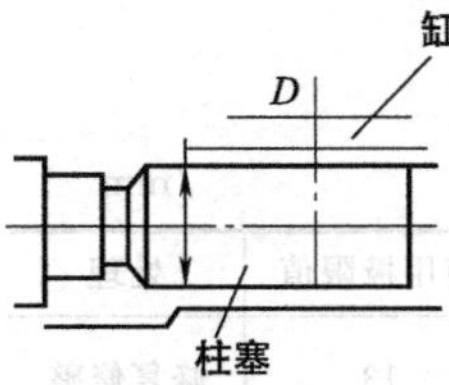

附图 8

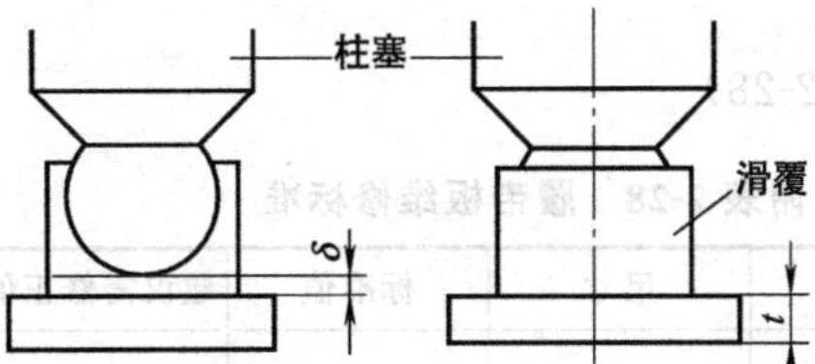

附图 9

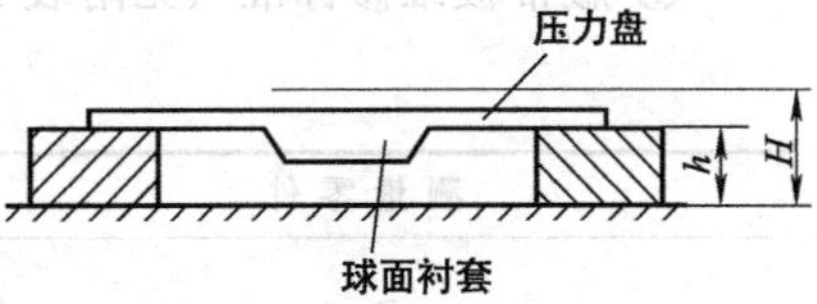

附图 10

（4）减速机构维修标准（见附表 2-27）

附表 2-27　减速机构维修标准

检查项目		标准值/mm	更换值/mm	处理
齿轮点蚀或裂纹			点蚀面积比:10%	更换
减速比为 $i=67.5$	1号中心齿轮	公法线长度(跨侧齿数 4) 42.90	42.60	更换
	1号行星轮	公法线长度(跨侧齿数 4) 43.58	43.28	更换
	1号齿圈	滚柱测量($\phi7$) 301.84	302.44	更换
$i=81.29$	1号中心齿轮	公法线长度(跨侧齿数 3) 30.79	30.49	更换
	1号行星轮	公法线长度(跨侧齿数 4) 43.71	43.41	更换
	1号齿圈	滚柱测量($\phi7$) 301.84	302.44	更换
2号中心齿轮		公法线长度(跨侧齿数 3) 39.87	39.57	更换
2号行星齿轮		公法线长度(跨侧齿数 4) 55.01	54.71	更换
3号中心齿轮		公法线长度(跨侧齿数 3) 40.16	39.86	更换
3号行星齿轮		公法线长度(跨侧齿数 3) 40.09	39.76	更换
齿圈(2号和3号)		滚柱测量($\phi7.2$) 372.59	373.19	更换
轴承和滚子外圈有裂纹或剥落				有裂纹或剥落,更换
行星齿轮销轴有裂纹或剥落				有裂纹或剥落,更换
滚针轴承径向间隙		0.01～0.04	0.07	整组更换
花键连接部分剥落				更换
花键联轴器侧隙		0.1～0.3	0.5	更换
马达驱动轴外花键		滚柱测量($\phi4.5$)43.91	43.31	更换
1号中心齿轮内花键		滚柱测量($\phi5$)30.25	30.85	更换
1号行星架内花键		滚柱测量($\phi10$)92.13	92.73	更换
2号中心齿轮		公法线长度(跨侧齿数 3)39.87	39.57	更换
2号行星架内花键		滚柱测量($\phi10$)112.24	112.84	更换
3号中心齿轮		公法线长度(跨侧齿数 3)40.16	39.86	更换
3号行星架内花键		滚柱测量($\phi5.486$)157.53	158.13	更换
壳体外花键		滚柱测量($\phi5.486$)157.53	158.13	更换
止推环(24) 止推环(25)		厚度:7 厚度:5.8	6.6 5.4	有严重缺陷时更换
止推环(26) 密封		厚度:7.8	7.4	变形、磨损或损坏时更换
齿轮油		壳牌 SPIRA×90EP,SAE ＃90 或相当于 GL-4		换油周期： ·第一次 500h ·以后每 200h(若解体过必须加油)

(5) 行走装置维修标准

① 履带板维修标准（见附表 2-28）

附表 2-28 履带板维修标准 /mm

测量零件	尺寸	标准值	建议需修正值	使用极限值	处理
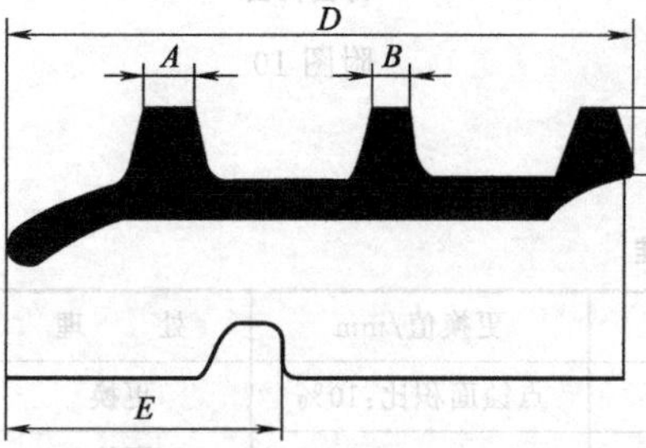	A	26	20	13	修复修整
	B	26	20	13	修复修整
	C	37	30	23	修复修整
	D	232.5	—	—	修复修整
	E	110	—	—	—

② 轨链节维修标准（见附表 2-29）

附表 2-29 轨链节维修标准 /mm

测量零件	尺寸	标准值	建议需修正值	使用极限值	处理
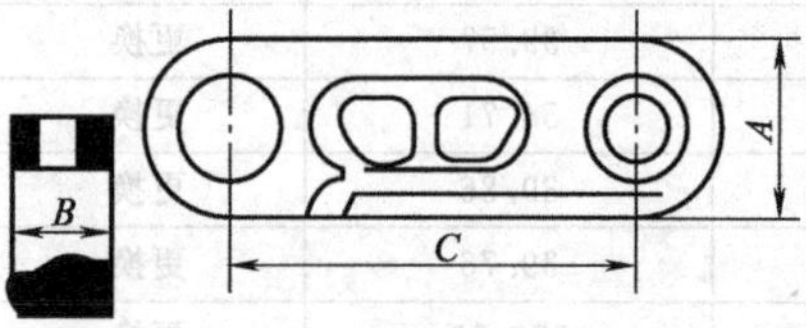	A	116.4	108	103	修复修整
	B	50	45	40	修复修整
	C	203.2	206	208	更换

注：间距由 5 个轨链节的平均值确定。

③ 履带销、销套维修标准（见附表 2-30）

附表 2-30 履带销、销套维修标准 /mm

测量零件	尺寸	标准值	建议需修正值	使用极限值	处理
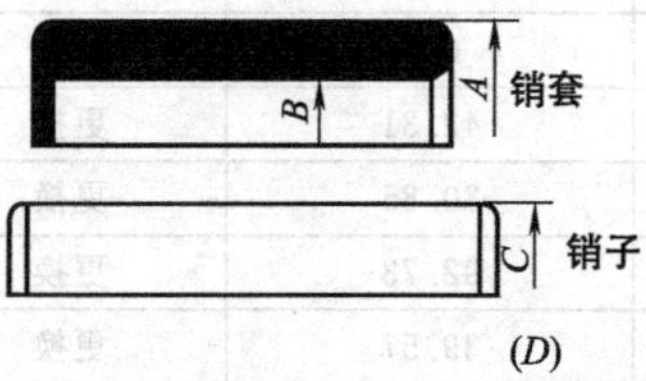	A	66.45	62.5	59.0	更换
	B	45	47	49	更换
	C	44.5	42.5	41.5	更换
	D	42.9	40.5	39.0	更换

④ 支重轮

a. 轴和衬套维修标准如附图 11、附表 2-31 所示。

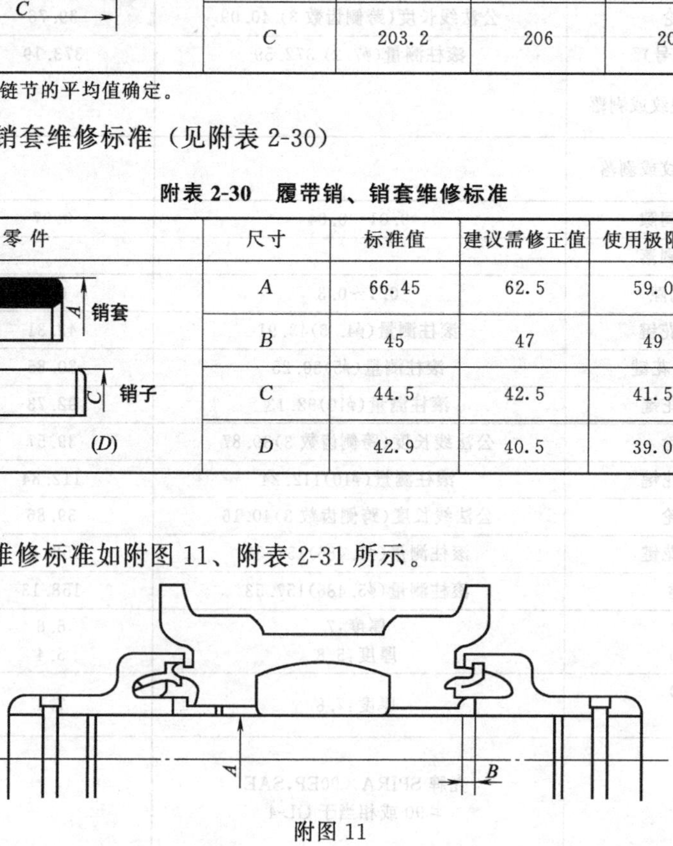

附图 11

附表 2-31 轴和衬套维修标准 /mm

项目	尺寸	标准值	轴			衬套			间隙			处理
			公差值	建议需修正值	使用极限值	公差值	建议需修正值	使用极限值	公差值	建议需修正值	使用极限值	
轴	*A*	70	−0.060 −0.090	69.5	69.2	+0.25 +0.2	70.5	71	0.26～0.34	1.0	1.8	更换
衬套	*B*	10				±0.05	9.0	8.5				

b. 滚子维修标准如附表 2-32 所示。

附表 2-32 滚子维修标准 /mm

测量零件	尺寸	标准值	建议需修正值	使用极限值	处理
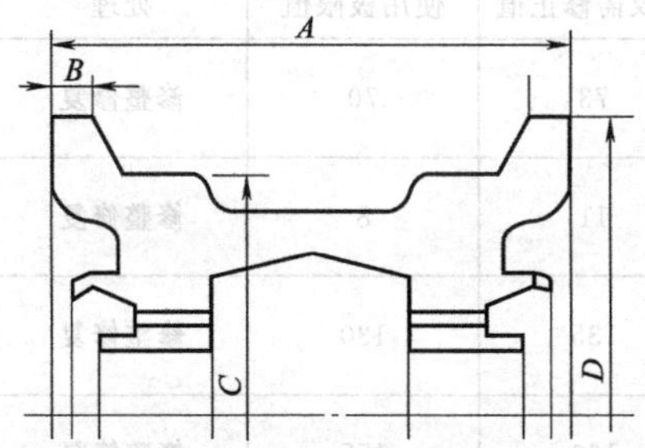	*A*	246	252	257	更换
	B	12.35	9.0	6.0	修整修复
	C	190	180	175	修整修复
	D	226	210	205	修整修复

c. 侧套维修标准如附表 2-33 所示。

附表 2-33 侧套维修标准 /mm

测量零件	尺寸	标准值	建议需修正值	使用极限值	处理
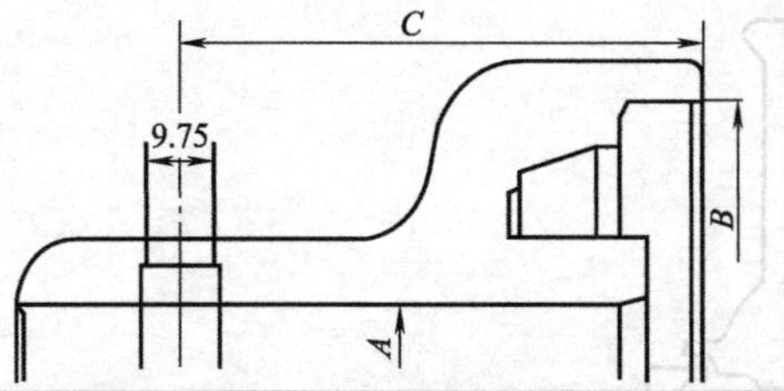	*A*	70	70.5	70.7	更换
	B	145	138	135	更换
	C	64.75	63.5	62.5	更换

⑤ 托轮

a. 轴和衬套维修标准如附图 12、附表 2-34 所示。

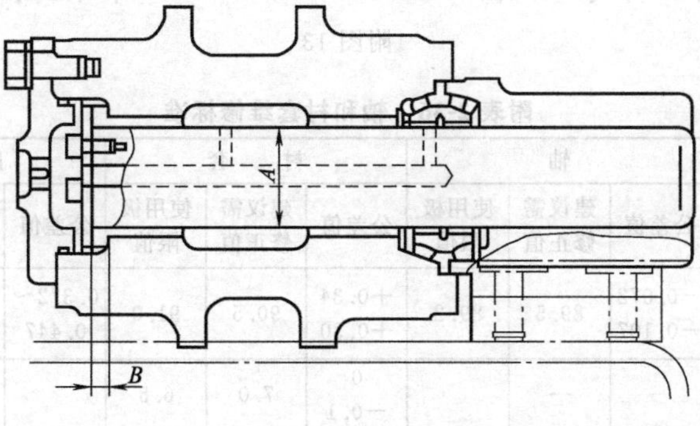

附图 12

附表 2-34 轴和衬套维修标准 /mm

项目	尺寸	标准值	轴			衬套			间隙			处理
			公差值	建议需修正值	使用极限值	公差值	建议需修正值	使用极限值	公差值	建议需修正值	使用极限值	
轴	*A*	55	+0.085 +0.066	54.5	54.2	+0.37 +0.33	55.5	56.0	0.306～ 0.455	1.0	1.8	更换
衬套	*B*	6.5	—	—		0 −0.1	5.5	5.0		—	—	

b. 滚轮维修标准如附表 2-35 所示。

附表 2-35 滚轮维修标准 /mm

测量零件	尺寸	标准值	建议需修正值	使用极限值	处理
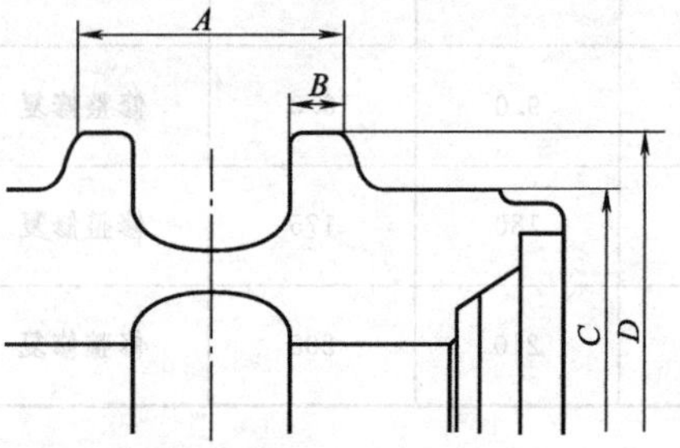	*A*	78	73	70	修整修复
	B	14	11	8	修整修复
	C	142	135	130	修整修复
	D	169	160	155	修整修复

⑥ 导向轮

a. 轴和衬套维修标准如附图 13、附表 2-36 所示。

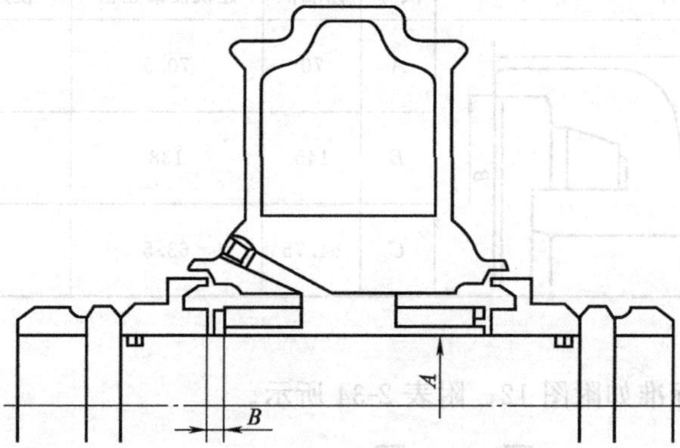

附图 13

附表 2-36 轴和衬套维修标准 /mm

项目	序号	标准值	轴			衬套			间隙			处理
			公差值	建议需修正值	使用极限值	公差值	建议需修正值	使用极限值	公差值	建议需修正值	使用极限值	
轴	*A*	90	−0.072 −0.107	89.5	89.2	+0.34 +0.30	90.5	91.0	0.372～ 0.447	1.0	1.8	更换
衬套	*B*	8	—	—		0 −0.1	7.0	6.5		—	—	更换

b. 滚轮维修标准如附表 2-37 所示。

附表 2-37　滚轮维修标准　　/mm

测量零件	尺寸	标准值	建议需修正值	使用极限值	处理
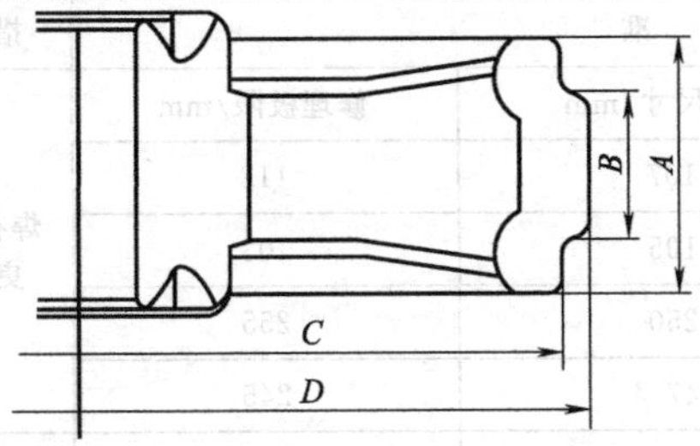	A	200	192	188	修整修复
	B	99	95	93	修整修复
	C	600	590	585	修整修复
	D	625	30	32.5	修整修复

c. 轴承维修标准如附表 2-38 所示。

附表 2-38　轴承维修标准　　/mm

测量零件	尺寸	标准值	建议需修正值	使用极限值	处理
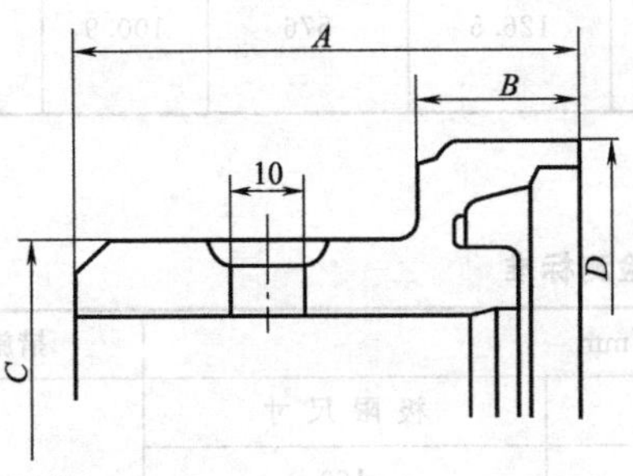	A	74	70	66	修整修复
	B	32.5	30	28	修整修复
	C	120	117	114	修整修复
	D	90	90.5	90.7	修整修复

2.3　小松 PC200-6、PC220-6 型挖掘机维修标准

(1) 传动系统维修标准

① 回转机构装配检测标准（附表 2-39）

附表 2-39　回转机构装配检测标准

序号	项　目	标准/mm		措施
		标准间隙	间隙极限	
1	回转马达轴与第一行星排太阳轮的间隙	0.18～0.29	—	更换
2	第一行星排太阳轮与行星轮的间隙	0.15～0.47	1.00	
3	第一行星排行星轮与齿圈的间隙	0.17～0.55	1.10	
4	第一行星排行星架与第二行星排太阳轮的间隙	0.36～0.63	1.20	
5	第二行星排太阳轮与行星轮的间隙	0.14～0.44	0.90	
6	第二行星排行星轮与齿圈的间隙	0.16～0.51	1.00	
7	第二行星排行星架与回转小齿轮的间隙	0.09～0.20	—	
8	回转小齿轮与回转支撑的间隙	0.22～1.3	2.00	
9	板与行星架的间隙	0.68～1.12	—	
10	回转小齿轮的油封接触面的磨损	基本尺寸	允许限度	硬质镀铬
		$125_{-0.100}^{0}$	124.7	修正或更换
11	螺塞拧紧力矩	(3.3±0.49)N·m		

② 履带架与缓冲弹簧装配检测标准（附表 2-40）

附表 2-40　履带架与缓冲弹簧装配检测标准

<table>
<tr><th>序号</th><th>项　目</th><th colspan="6">标　　准</th><th>措施</th></tr>
<tr><td rowspan="3">1</td><td rowspan="3">引导轮护板的垂直宽度</td><td colspan="2"></td><td colspan="2">基本尺寸/mm</td><td colspan="2">修理极限/mm</td><td rowspan="5">焊补或更换</td></tr>
<tr><td colspan="2">履带架</td><td colspan="2">107</td><td colspan="2">112</td></tr>
<tr><td colspan="2">引导轮支架</td><td colspan="2">105</td><td colspan="2">103</td></tr>
<tr><td rowspan="2">2</td><td rowspan="2">引导轮护板的垂直宽度</td><td colspan="2">履带架</td><td colspan="2">250</td><td colspan="2">255</td></tr>
<tr><td colspan="2">引导轮支架</td><td colspan="2">247.4</td><td colspan="2">245</td></tr>
<tr><td rowspan="4">3</td><td rowspan="4">缓冲弹簧</td><td colspan="4">基本尺寸</td><td colspan="2">极限尺寸</td><td rowspan="4">更换</td></tr>
<tr><td colspan="2">自由长度×外径/(mm×mm)</td><td>安装长度/mm</td><td>安装质量/kN</td><td>自由长度/mm</td><td>安装载荷/kN</td></tr>
<tr><td>PC200</td><td>558×238</td><td>437</td><td>108.8</td><td>534</td><td>87.3</td></tr>
<tr><td>PC200LC
PC220
PC220LC</td><td>603.5×239</td><td>466</td><td>126.5</td><td>576</td><td>100.9</td></tr>
</table>

③ 托链轮装配检测标准（附表 2-41）

附表 2-41　托链轮装配检测标准

<table>
<tr><th>序号</th><th>项　目</th><th colspan="5">标准/mm</th><th>措施</th></tr>
<tr><td rowspan="2">1</td><td rowspan="2">凸缘(外侧)的外径</td><td colspan="3">标准尺寸</td><td colspan="2">极限尺寸</td><td rowspan="4">堆焊修理或更换</td></tr>
<tr><td colspan="3">165</td><td colspan="2">160</td></tr>
<tr><td>2</td><td>轨面的外径</td><td colspan="3">140</td><td colspan="2">130</td></tr>
<tr><td>3</td><td>轨面的宽度</td><td colspan="3">43</td><td colspan="2">50</td></tr>
<tr><td rowspan="3">4</td><td rowspan="3">轴与轴承的过盈量</td><td rowspan="2">基本尺寸</td><td colspan="2">允许差</td><td rowspan="2">标准过盈量</td><td rowspan="2">允许过盈量</td><td rowspan="6">更换</td></tr>
<tr><td>轴</td><td>孔</td></tr>
<tr><td>50</td><td>0
−0.016</td><td>0
−0.012</td><td>−0.016
~0.012</td><td>—</td></tr>
<tr><td>5</td><td>托链轮与轴承的过盈量</td><td>80</td><td>0
−0.013</td><td>−0.021
−0.051</td><td>0.008~
0.051</td><td>—</td></tr>
<tr><td rowspan="2">6</td><td rowspan="2">托链轮的侧间隙</td><td colspan="3">标准间隙</td><td colspan="2">间隙极限</td></tr>
<tr><td colspan="3">0.01~0.18</td><td colspan="2"></td></tr>
</table>

④ 支重轮装配检测标准（附表 2-42）

附表 2-42　支重轮装配检测标准

<table>
<tr><th>序号</th><th>项　目</th><th colspan="2">标准/mm</th><th>措施</th></tr>
<tr><td rowspan="2">1</td><td rowspan="2">凸缘(外侧)的外径</td><td>标准尺寸</td><td>极限尺寸</td><td rowspan="5">堆焊修理或更换</td></tr>
<tr><td>188</td><td>—</td></tr>
<tr><td>2</td><td>轨面的宽度</td><td>156</td><td>144</td></tr>
<tr><td>3</td><td>轨面的宽度</td><td>44.5</td><td>52</td></tr>
<tr><td>4</td><td>凸缘的宽度</td><td>25.5</td><td>—</td></tr>
</table>

续表

<table>
<tr><th>序号</th><th>项　目</th><th colspan="5">标准/mm</th><th>措施</th></tr>
<tr><td rowspan="3">5</td><td rowspan="3">轴与轴套的间隙</td><td rowspan="2">基本尺寸</td><td colspan="2">允许差</td><td rowspan="2">标准间隙</td><td rowspan="2">间隙极限</td><td rowspan="8">更换衬套</td></tr>
<tr><td>轴</td><td>孔</td></tr>
<tr><td>60</td><td>−0.215
−0.315</td><td>+0.195
0</td><td>0.215～
1.5</td><td>1.5</td></tr>
<tr><td rowspan="3">6</td><td rowspan="3">支重轮与衬套的过盈量</td><td rowspan="2">基本尺寸</td><td colspan="2">允许差</td><td rowspan="2">过盈量</td><td rowspan="2">允许过盈量</td></tr>
<tr><td>轴</td><td>孔</td></tr>
<tr><td>67</td><td>+0.153
−0.053</td><td>+0.030
0</td><td>0.213～1.53</td><td></td></tr>
<tr><td rowspan="2">7</td><td rowspan="2">支重轮的侧隙
（两侧）</td><td colspan="3">标准间隙</td><td colspan="2">间隙极限</td></tr>
<tr><td colspan="3">0.5～1.0</td><td colspan="2">1.5</td></tr>
</table>

⑤ 导向轮装配检测标准（附表 2-43）

附表 2-43　导向轮装配检测标准

<table>
<tr><th>序号</th><th>项　目</th><th colspan="5">标准/mm</th><th>措施</th></tr>
<tr><td rowspan="2">1</td><td rowspan="2">凸缘的外径</td><td colspan="3">标准</td><td colspan="2">极限尺寸</td><td rowspan="6">堆焊修理或更换</td></tr>
<tr><td colspan="3">560</td><td colspan="2">—</td></tr>
<tr><td>2</td><td>轨面的外径</td><td colspan="3">520</td><td colspan="2">508</td></tr>
<tr><td>3</td><td>凸缘的宽度</td><td colspan="3">85</td><td colspan="2">—</td></tr>
<tr><td>4</td><td>总宽度</td><td colspan="3">164</td><td colspan="2">—</td></tr>
<tr><td>5</td><td>轨面的宽度</td><td colspan="3">39.5</td><td colspan="2">45.5</td></tr>
<tr><td rowspan="3">6</td><td rowspan="3">轴与轴套的间隙</td><td rowspan="2">基本尺寸</td><td colspan="2">允许差</td><td rowspan="2">标准间隙</td><td rowspan="2">间隙极限</td><td rowspan="3">更换衬套</td></tr>
<tr><td>轴</td><td>孔</td></tr>
<tr><td>65</td><td>−0.250
−0.350</td><td>+0.074
−0.036</td><td>0.214～
0.424</td><td>1.5</td></tr>
<tr><td>7</td><td>轴与支架的间隙</td><td>65</td><td>−0.250
−0.290</td><td>−0.110
−0.220</td><td>0.03～
0.180</td><td>—</td><td>更换</td></tr>
<tr><td rowspan="3">8</td><td rowspan="3">引导轮与衬套的过盈量</td><td rowspan="2">基本尺寸</td><td colspan="2">允许差</td><td rowspan="2">过盈量</td><td rowspan="2">允许过盈量</td><td rowspan="5">更换衬套</td></tr>
<tr><td>轴</td><td>孔</td></tr>
<tr><td>72</td><td>+0.089
+0.059</td><td>−0.006～
−0.072</td><td>0.065～
0.161</td><td>—</td></tr>
<tr><td rowspan="2">9</td><td rowspan="2">引导轮的侧隙
（两侧）</td><td colspan="3">标准间隙</td><td colspan="2">间隙极限</td></tr>
<tr><td colspan="3">0.39～1.00</td><td colspan="2">1.5</td></tr>
</table>

⑥ 履带板装配检测标准（附表 2-44）

附表 2-44　履带板装配检测标准

<table>
<tr><th rowspan="2">序号</th><th rowspan="2" colspan="2">项　目</th><th colspan="2">标准/mm</th><th rowspan="2">措施</th></tr>
<tr><th>标准尺寸</th><th>极限尺寸</th></tr>
<tr><td>1</td><td colspan="2">链节节距</td><td>190.25</td><td>194.25</td><td rowspan="2">倒置或更换</td></tr>
<tr><td>2</td><td colspan="2">销套外径</td><td>59.3</td><td>54.3</td></tr>
<tr><td rowspan="3">3</td><td rowspan="3">履齿高度</td><td>平履带板</td><td>—</td><td>—</td><td rowspan="4">堆焊修理或更换</td></tr>
<tr><td>橡胶衬垫履带板</td><td>—</td><td>—</td></tr>
<tr><td>载荷衬板</td><td>70</td><td>25</td></tr>
<tr><td>4</td><td colspan="2">链节高度</td><td>105</td><td>97</td></tr>
</table>

续表

序号	项目	标准/mm					措施
		基本尺寸	允许差		标准过盈量	允许过盈量	
			轴	孔			
5	销套与链节间的过盈	59	+0.304 +0.264	+0.074 0	0.190～0.304	0.100	当在允许过盈量以下时，应更换超差件
6	销与链节的过盈	38	+0.222 +0.072	−0.138 −0.200	0.210～0.422	0.140	
7	主销与链节的过盈	37.8	+0.230 +0.200	+0.062 0	0.138～0.230	0.130	
8	销套凸起	4.85					
9	履带板螺栓紧固力矩	三齿履带板 沼泽履带板 单滑板 橡胶衬垫板			力矩:(490±49)N·m 紧固角度:120°±10°		
		载荷衬板(橡胶衬垫型)			(549±59)N·m		

(2) 液压系统维修修理

① 主滑阀装配检测标准（附表 2-45）

附表 2-45 主滑阀装配检测标准

序号	项目	标准					措施
		基本尺寸			允许尺寸		
		自由长度×外径/(mm×mm)	安装长度/mm	安装载荷/N	自由长度/mm	安装载荷/N	
1	铲斗滑阀回位弹簧斗杆滑阀(伸出)回位弹簧	54.5×34.8	53.5	120.6	—	96.1	当发生损伤、变形时，更换弹簧
2	右行走滑阀回位弹簧左行走滑阀回位弹簧	54.5×34.8	53.5	139.3	—	111.8	
3	动臂滑阀回位弹簧回转滑阀回位弹簧斗杆(缩回)滑阀回位弹簧	54.2×34.8	53.5	85.3	—	68.6	
4	螺塞拧紧力矩	(75.5±9.8)N·m					
5	螺塞拧紧力矩	(98.05±9.75)N·m					

② 压力补偿阀和 LS 选择阀检测标准（附表 2-46）

附表 2-46 压力补偿阀和 LS 选择阀检测标准

序号	项目	标准					措施
		基本尺寸			允许尺寸		
		自由长度×外径/(mm×mm)	安装长度/mm	安装载荷/N	自由长度/mm	安装载荷/N	
1	斗杆压力补偿阀柱塞回位弹簧、动臂(下降)压力补偿阀柱塞回位弹簧、铲斗(挖掘)压力补偿阀柱塞回位弹簧	36.9×11.1	28	29.4	—	23.5	当有损伤、变形时，更换弹簧
2	回转压力补偿阀柱塞回位弹簧、动臂(提升)压力补偿阀柱塞回位弹簧	48.1×10.8	28	17.6	—	13.7	
3	LS 选择阀回位弹簧	30.4×16.7	27	428.3	—	343	
4	LS 选择阀单向阀弹簧	13.6×5.5	10	2	—	1.5	

续表

序号	项目	标准					措施
		基本尺寸			允许尺寸		
		自由长度×外径/(mm×mm)	安装长度/mm	安装载荷/N	自由长度/mm	安装载荷/N	
5	铲斗(卸载)压力补偿阀柱塞回位弹簧	50.4×17	39	158.8	—	127.4	当有损伤、变形时,更换弹簧
6	左、右行走压力补偿阀柱塞回位弹簧	40.8×22.4	21	17.6	—	13.7	
7	压力补偿阀拧紧力矩	(392.3±19.6)N·m					
8	安全吸油阀拧紧力矩	(147.1±9.8)N·m					
9	LS选择阀拧紧力矩	(127.5±19.6)N·m					
10	螺塞拧紧力矩	(39.2±4.9)N·m					
11	LS旁通阀拧紧力矩	(39.2±4.9)N·m					

③ 溢流阀、卸荷阀检测标准（附表2-47）

附表2-47　溢流阀、卸荷阀检测标准

序号	项目	标准					措施
		基本尺寸			允许尺寸		
		自由长度×外径/(mm×mm)	安装长度/mm	安装载荷/N	自由长度/mm	安装载荷/N	
1	溢流阀先导阀弹簧	23.7×7.2	19	41.2	—	33.3	当有损伤、变形时,更换弹簧
2	溢流阀主阀弹簧	30.7×9.6	26.3	327.3	—	261.7	
3	卸荷阀弹簧	35×10.4	26	83.3	—	66.6	
4	卸荷阀拧紧力矩	(166.7±19.6)N·m					
5	溢流阀拧紧力矩	(53.9±4.9)N·m					
6	螺塞拧紧力矩	(75.5±9.8)N·m					
7	螺栓拧紧力矩	(166.7±19.6)N·m					

④ 减压阀检测标准（附表2-48）

附表2-48　减压阀检测标准

序号	项目	标准					措施
		基本尺寸			允许尺寸		
		自由长度×外径/(mm×mm)	安装长度/mm	安装载荷/N	自由长度/mm	安装载荷/N	
1	(减压阀)主阀弹簧	19.2×7.2	16.1	19.6	—	17.7	当有损伤、变形时,更换弹簧
2	(减压阀)先导阀弹簧	16.5×7.2	12.7	20.6	—	18.6	
3	顺序阀弹簧	71×18	59	199.8	—	186.2	
4	溢流阀弹簧	16.1×7.8	13.4	61.7	—	58.8	

⑤ 回转马达检测标准（附表2-49）

附表 2-49 回转马达检测标准

序号	项目	标准					措施
		基本尺寸			允许尺寸		
		自由长度×外径/(mm×mm)	安装长度/mm	安装载荷/N	自由长度/mm	安装载荷/N	
1	单向阀弹簧	62.5×20.0	35.0	3.5		2.8	当有损伤、变形时，更换弹簧
2	往复阀弹簧	16.4×8.9	11.5	13.7		10.8	

⑥ 工作装置、回转 PPC 阀检测标准（附表 2-50）

附表 2-50 工作装置、回转 PPC 阀检测标准

序号	项目	标准					措施
		基本尺寸			允许尺寸		
		自由长度×外径/(mm×mm)	安装长度/mm	安装载荷/N	自由长度/mm	安装载荷/N	
1	（回转、铲斗 PPC 阀）对中弹簧	42.2×15.5	34	17.6	—	13.7	当有损伤、变形时，更换弹簧
2	（斗杆、动臂 PPC 阀）对中弹簧	44.4×15.5	34	29.4	—	23.5	
3	计量弹簧	26.5×8.2	24.9	16.7	—	13.7	

⑦ 行走 PPC 阀检测标准（附表 2-51）

附表 2-51 行走 PPC 阀检测标准

序号	项目	标准					措施
		基本尺寸			允许尺寸		
		自由长度×外径/(mm×mm)	安装长度/mm	安装载荷/N	自由长度/mm	安装载荷/N	
1	计量弹簧	26.5×8.15	24.7	16.7	—	13.7	当有损伤、变形时，更换弹簧
2	对中弹簧	48.1×15.5	32.5	108	—	86.3	

⑧ 中央回转接头装配检测标准（附表 2-52）

附表 2-52 中央回转接头装配检测标准

序号	项目	标准/mm			措施
		基本尺寸	标准间隙	间隙极限	
1	转子与轴的间隙（四孔接头）	90	0.056～0.105	0.111	更换
2	转子与轴的间隙（六孔接头）	100	0.056～0.105	0.111	

⑨ 动臂保持阀装配检测标准（附表 2-53）

附表 2-53 动臂保持阀装配检测标准

序号	项目	标准					措施
		基本尺寸			允许尺寸		
		自由长度×外径/(mm×mm)	安装长度/mm	安装载荷/N	自由长度/mm	安装载荷/N	
1	控制阀弹簧	26.5×11.2	25.0	4.7	—	3.7	当有损伤、变形时，更换弹簧
2	单向阀弹簧	37.2×16.2	30.0	35.3	—	28.4	

⑩ 液压油缸装配检测标准（附表 2-54）

附表 2-54　液压油缸装配检测标准

序号	项目	油缸名称	基本尺寸	允许差 轴	允许差 孔	标准间隙	间隙极限	措施
1	活塞杆与衬套的间隙	动臂	85	−0.036 −0.090	+0.222 +0.047	0.083～0.312	0.412	更换衬套
		斗杆	95	−0.036 −0.090	+0.222 +0.047	0.083～0.312	0.412	
		铲斗	80	−0.030 −0.076	+0.258 +0.048	0.078～0.334	0.434	
2	活塞杆支撑轴与衬套的间隙	动臂	80	−0.030 −0.060	+0.457 +0.370	0.400～0.517	1.0	更换销子、衬套
		斗杆	80	−0.030 −0.076	+0.457 +0.370	0.400～0.533	1.0	
		铲斗	70	−0.030 −0.076	+0.424 +0.350	0.380～0.500	1.0	
3	缸底支撑轴与衬套的间隙	动臂	70	−0.030 −0.060	+0.211 +0.124	0.380～0.484	1.0	
		斗杆	80	−0.030 −0.076	+0.457 +0.370	0.400～0.523	1.0	
		铲斗	70	−0.030 −0.076	+0.424 +0.350	0.380～0.500	1.0	

⑪ 工作装置装配检测标准（附表 2-55）

附表 2-55　工作装置装配检测标准

序号	项目	基本尺寸	允许差 轴	允许差 孔	标准间隙	间隙极限	措施
1	动臂与转台连接的销子与衬套间的间隙	90	−0.036 −0.071	+0.342 +0.269	0.305～0.412	1.0	
2	动臂与斗杆连接的销子与衬套之间的间隙	90	−0.036 −0.071	+0.153 +0.097	0.133～0.224	1.0	
3	斗杆与连杆连接的销子与衬套之间的间隙	70(PC200) 80(PC220)	−0.030 −0.076	+0.335 +0.275	0.305～0.411	1.0	更换
4	斗杆与铲斗连接的销子与衬套间的间隙	80	−0.030 −0.076	+0.337 +0.273	0.303～0.413	1.0	
5	连杆与铲斗连接的销子与衬套间的间隙	80	−0.030 −0.076	+0.337 +0.273	0.303～0.413	1.0	
6	摇杆与连杆连接的销子与衬套的间隙	70(PC200) 80(PC220)	−0.030 −0.076	+0.335 +0.275	0.303～0.411	1.0	

附录 3 液压挖掘机液压系统参考测试标准

(1) 卡特彼勒 CAT 320C 液压系统参考测试标准(附表 3-1)

附表 3-1 卡特彼勒 CAT 320C 液压系统参考测试标准

<table>
<tr><th>项目</th><th>p1(泵 1 压力)(必要时区分挡位、高速/低速、运动中/溢流)/MPa</th><th>p2(泵 2 压力)(必要时区分挡位、高速/低速、运动中/溢流)/MPa</th><th>动作时间(动作速度)/s</th><th>滑移量、内漏量、偏移量、制动距离等</th></tr>
<tr><td>无操作</td><td>3.0</td><td>3.0</td><td>—</td><td>—</td></tr>
<tr><td>动臂上升</td><td>34.3</td><td>34.3</td><td>2.8±0.5</td><td><6mm</td></tr>
<tr><td>动臂下降</td><td>34.3</td><td>3.0</td><td>1.9±0.5</td><td>—</td></tr>
<tr><td>斗杆收回</td><td>34.3</td><td>34.3</td><td>3.2±0.5</td><td>—</td></tr>
<tr><td>斗杆打开</td><td>34.3</td><td>34.3</td><td>2.4±0.5</td><td><10mm</td></tr>
<tr><td>铲斗收回</td><td>34.3</td><td>3.0</td><td>3.3±0.5</td><td><10mm</td></tr>
<tr><td>铲斗打开</td><td>34.3</td><td>3.0</td><td>1.8±0.5</td><td>—</td></tr>
<tr><td>左回转</td><td>3.0</td><td>26.0</td><td rowspan="2">4.2
(由静止转 180°)</td><td rowspan="2">滑移量:0mm
内漏量:30L/min
制动角度:<100°</td></tr>
<tr><td>右回转</td><td>3.0</td><td>26.0</td></tr>
<tr><td>左前进</td><td>3.0</td><td>34.3</td><td rowspan="4">高速:17
低速:27(转 3 圈)</td><td rowspan="4">滑移量:0mm
内漏量:<13.6L/min
偏移量:150mm</td></tr>
<tr><td>左后退</td><td>3.0</td><td>34.3</td></tr>
<tr><td>右前进</td><td>34.3</td><td>3.0</td></tr>
<tr><td>右后退</td><td>34.3</td><td>3.0</td></tr>
<tr><td>冲击式破碎机</td><td>16.0～22.0</td><td>单泵工作:3.0
合流:16.0～22.0</td><td>—</td><td>—</td></tr>
<tr><td>发动机转速/(r/min)</td><td colspan="4">低速空转:900
高速空转:1970
额定转速:1800</td></tr>
<tr><td>先导泵压力/MPa</td><td colspan="4">低速时:3.8
高速时:4.2</td></tr>
<tr><td>TVC/PRV 压力/MPa</td><td colspan="4">0.5～2.9(取决于发动机转速、工作模式和负载状况)
低速空转:2.9
高速空载运动:0.5～2.5
高速空转:1.8～2.2</td></tr>
<tr><td>负反馈压力/MPa</td><td colspan="4">低速空转:2.9
高速空转:2.9
操纵杆全行程:0～0.5</td></tr>
<tr><td>主溢流压力/MPa</td><td colspan="4">34.3</td></tr>
<tr><td>过载溢流压力/MPa</td><td colspan="4">回转:26.0
动臂下降:35.0
其他工作装置:36.8</td></tr>
</table>

(2) 卡特彼勒CAT 320D液压系统参考测试标准(附表3-2)

附表3-2 卡特彼勒CAT 320D液压系统参考测试标准

项目	p1(泵1压力)(必要时区分挡位、高速/低速、运动中/溢流)/MPa	p2(泵2压力)(必要时区分挡位、高速/低速、运动中/溢流)/MPa	动作时间(动作速度)/s	滑移量、内漏量、偏移量、制动距离等
无操作	3.0	3.0	—	—
动臂上升	35.0	35.0	2.8±0.5	<6mm
动臂下降	35.0	3.0	1.9±0.5	
斗杆收回	35.0	35.0	3.4±0.5	<25mm
斗杆打开	35.0	35.0	2.5±0.5	<10mm
铲斗收回	35.0	3.0	3.5±0.5	<10mm
铲斗打开	35.0	3.0	1.9±0.5	<20mm
左回转	3.0	26.0	4.2 (由静止转180°)	滑移量:0mm 内漏量:<30L/min 制动距离:<1100mm
右回转	3.0	26.0		
左前进	3.0	35.0	高速:17 低速:27.5(转3圈)	滑移量:0mm 内漏量:<15L/min 偏移量:<800mm (行走20m)
左后退	3.0	35.0		
右前进	35.0	3.0		
右后退	35.0	3.0		
冲击式破碎机	16.0~22.0	单泵工作:3.0 合流:16.0~22.0	—	—
发动机转速/(r/min)	低速空转:1000±50 高速空转:1980±50 额定转速:1760±40 待机转速:1300±50			
先导泵压力/MPa	低速时:3.8 高速时:4.2 主泵溢流时:应无明显升高			
TVC/PRV压力/MPa	低速空转:2.9 高速空载运动:0.5~2.5 高速空转:1.8			
负反馈压力/MPa	低速空转:3.0 高速空转:3.0~3.5 操纵杆全行程:0~0.5			
主溢流压力/MPa	通常时:35.0 加压时:36.0			
过载溢流压力/MPa	大臂油缸底腔、斗杆油缸有杆腔:38.0 行走装置:37.5 其他工作装置:37.0			

(3) 卡特彼勒 CAT 325C 液压系统参考测试标准（附表 3-3）

附表 3-3 卡特彼勒 CAT 325C 液压系统参考测试标准

项目	p1(泵 1 压力)(必要时区分挡位、高速/低速、运动中/溢流)/MPa	p2(泵 2 压力)(必要时区分挡位、高速/低速、运动中/溢流)/MPa	动作时间(动作速度)/s	滑移量、内漏量、偏移量、制动距离等
无操作	3.0	3.0	—	—
动臂上升	34.3	34.3	3.5±0.5	<6mm
动臂下降	34.3	3.0	2.4±0.5	—
斗杆收回	34.3	34.3	3.0±0.5	—
斗杆打开	34.3	34.3	2.6±0.5	<10mm
铲斗收回	34.3	3.0	3.9±0.5	<10mm
铲斗打开	34.3	3.0	2.3±0.5	—
左回转	3.0	29.4	4.2 (由静止转 180°)	滑移量:0mm 内漏量:30L/min 制动角度:<100°
右回转	3.0	29.4		
左前进	3.0	34.3	高速:19 低速:32(转 3 圈)	滑移量:0mm 内漏量:<13.6L/min 偏移量:150mm
左后退	3.0	34.3		
右前进	34.3	3.0		
右后退	34.3	3.0		
冲击式破碎机	16.0~22.0	单泵工作:3.0 合流:16.0~22.0	—	—
发动机转速/(r/min)	低速空转:950 高速空转:1980 额定转速:1800			
先导泵压力/MPa	低速时:3.8 高速时:4.2			
TVC/PRV 压力/MPa	0.5~2.9(取决于发动机转速、工作模式和负载状况) 低速空转:2.9 高速空载运动:0.5~2.5 高速空转:1.8~2.2			
负反馈压力/MPa	低速空转:2.9 高速空转:2.9 操纵杆全行程:0~0.5			
主溢流压力/MPa	34.3			
过载溢流压力/MPa	回转:29.4 动臂下降:35.0 其他工作装置:36.8			

（4）卡特彼勒 CAT 330C 液压系统参考测试标准（附表 3-4）

附表 3-4　卡特彼勒 CAT 330C 液压系统参考测试标准

项目	p1(泵 1 压力)(必要时区分挡位、高速/低速、运动中/溢流)/MPa	p2(泵 2 压力)(必要时区分挡位、高速/低速、运动中/溢流)/MPa	动作时间(动作速度)/s	滑移量、内漏量、偏移量、制动距离等
无操作	3.0	3.0	—	—
动臂上升	34.3	34.3	3.4±0.5	<6mm
动臂下降	34.3	3.0	2.6±0.5	—
斗杆收回	34.3	34.3	3.4±0.5	—
斗杆打开	34.3	34.3	2.8±0.5	<10mm
铲斗收回	34.3	3.0	4.4±0.5	<10mm
铲斗打开	34.3	3.0	2.5±0.5	—
左回转	3.0	27.9	4.9 (由静止转 180°)	滑移量:0mm 内漏量:30L/min 制动角度:<100°
右回转	3.0	27.9		
左前进	3.0	34.3	高速:22.5 低速:34.5(转 3 圈)	滑移量:0mm 内漏量:<15L/min 偏移量:150mm
左后退	3.0	34.3		
右前进	34.3	3.0		
右后退	34.3	3.0		
冲击式破碎机	16.0～22.0	单泵工作:3.0 合流:16.0～22.0	—	—
发动机转速/(r/min)	低速空转:800 高速空转:1980 额定转速:1800			
先导泵压力/MPa	低速时:3.8 高速时:4.2			
TVC/PRV 压力/MPa	0.5～2.9(取决于发动机转速、工作模式和负载状况) 低速空转:2.9 高速空载运动:0.5～2.5 高速空转:1.8～2.2			
负反馈压力/MPa	低速空转:2.9 高速空转:2.9 操纵杆全行程:0～0.5			
主溢流压力/MPa	34.3			
过载溢流压力/MPa	回转:27.9 动臂下降:35.0 其他工作装置:36.8			

(5) 小松 PC200-5 液压系统参考测试标准（附表 3-5）

附表 3-5 小松 PC200-5 液压系统参考测试标准

项目	p1(泵 1 压力)(必要时区分挡位、高速/低速、运动中/溢流)/MPa	p2(泵 2 压力)(必要时区分挡位、高速/低速、运动中/溢流)/MPa	动作时间(动作速度)/s	滑移量、内漏量、偏移量、制动距离等
无操作	1.6	1.6	—	—
动臂上升	31.9	31.9	3.5±0.4	＜18mm
动臂下降	1.6	31.9	2.9±0.3	—
斗杆收回	32.5	31.9(分流时 1.6)	4.1±0.4	—
斗杆打开	32.5	31.9	3.0±0.3	＜160mm
铲斗收回	1.6	31.9	3.8±0.4	＜40mm
铲斗打开	1.6	31.9	2.3±0.3	—
左回转	29	1.6	25.0±2.0 (转 5 圈)	滑移量:0mm 内漏量:＜5L/min 制动角度:＜100°
右回转	29	1.6		
左前进	1.6	35.0	高速:29.0±3.0 低速:39.0±3.0 (转 5 圈)	滑移量:0mm 内漏量:＜13.6L/min 偏移量:＜200mm
左后退	1.6	35.0		
右前进	35.0	1.6		
右后退	35.0	1.6		
冲击式破碎机	16.0～22.0	1.6	—	—
发动机转速/(r/min)	低速空转:870±50 高速空转:2250±70 额定转速:2050			
先导泵压力/MPa	低速时:3.2 高速时:3.2			
TVC/PRV 压力/MPa	空挡:2.0 单泵溢流:1.4～1.5 双泵溢流:0.5～0.8 空载运动(履带空转):1.8～2.0			
NC·CO 压力/MPa	空挡:＜0.7 溢流(未加压时):0.3～0.5 空载运动:1.4～2.0			
负反馈压力/MPa	低速空转:0.5～1.6 高速空转:1.6±0.3 操纵杆全行程:＜0.2			
主溢流压力/MPa	通常时:31.9 加压时:35.0			
过载溢流压力/MPa	回转:29.0 动臂下降:32.5 其他工作装置:35.0			

(6) 小松 PC200-6 液压系统参考测试标准（附表 3-6）

附表 3-6 小松 PC200-6 液压系统参考测试标准

项目	p1(泵 1 压力)(必要时区分挡位、高速/低速、运动中/溢流)/MPa	p2(泵 2 压力)(必要时区分挡位、高速/低速、运动中/溢流)/MPa	动作时间(动作速度)/s	滑移量、内漏量、偏移量、制动距离等
无操作	3.9	3.9	—	—
动臂上升	31.9(分流时 3.9)	31.9	3.5±0.4	<18mm
动臂下降	3.9	31.9	2.8±0.3	—
斗杆收回	31.9	31.9(分流时 3.9)	3.6±0.4	—
斗杆打开	31.9	31.9(分流时 3.9)	2.9±0.3	<160mm
铲斗收回	31.9(分流时 3.9)	31.9	2.8±0.4	<40mm
铲斗打开	31.9(分流时 3.9)	31.9	2.1±0.3	—
左回转	30.9	30.9(分流时 3.9)	24.5±3.0 (转 5 圈)	滑移量:0mm 内漏量:<5L/min 制动角度:<100°
右回转	30.9	30.9(分流时 3.9)		
左前进	34.8	3.9	高速:27.0±2.0 中速:36.0±5.0 低速:45.0±12.0 (转 5 圈)	滑移量:0mm 内漏量:<13.6L/min 偏移量:<150mm
左后退	34.8	3.9		
右前进	3.9	34.8		
右后退	3.9	34.8		
冲击式破碎机	3.9	16.0～22.0	—	—
发动机转速/(r/min)	低速空转:970 高速空转:2200 额定转速:1800/2000			
先导泵/自减压阀压力/MPa	低速时:≥3.0 高速时:3.4			
PC-EPC 压力/MPa LS-EPC 压力/MPa	1.0～2.9(取决于发动机转速、工作模式和负载状况)			
LS 压差/MPa	空挡:2.9 操纵杆半行程:2.2 操纵杆全行程:0.7			
主溢流压力/MPa	通常时:31.9 加压时:35.0			
过载溢流压力/MPa	回转:29.0 动臂下降:35.0(高压时)、24.0(低压时)(具有二阶段功能机型) 其他工作装置:37.8			

(7) 小松 PC200-7 液压系统参考测试标准（附表 3-7）

附表 3-7 小松 PC200-7 液压系统参考测试标准

项目	p1(泵 1 压力)(必要时区分挡位、高速/低速、运动中/溢流)/MPa	p2(泵 2 压力)(必要时区分挡位、高速/低速、运动中/溢流)/MPa	动作时间(动作速度)/s	滑移量、内漏量、偏移量、制动距离等
无操作	3.9	3.9	—	—
动臂上升	34.8	34.8	3.3±0.4	<18mm
动臂下降	3.9	34.8	2.4±0.3	—
斗杆收回	34.8	34.8	3.5±0.3	—
斗杆打开	34.8	34.8	2.7±0.3	<160mm
铲斗收回	34.8	34.8	2.6±0.3	<40mm
铲斗打开	34.8	34.8	1.9±0.2	—
左回转	30.9	30.9	24.5±2.5(转 5 圈)	滑移量:0mm 内漏量:<5L/min 制动角度:<100°
右回转	30.9	30.9		
左前进	38.2	3.9	高速:28.0±1.5 中速:38.0±4.0 低速:51.0±5.0 (转 5 圈)	滑移量:0mm 内漏量:<13.6L/min 偏移量:<150mm
左后退	38.2	3.9		
右前进	3.9	38.2		
右后退	3.9	38.2		
冲击式破碎机	16.0～22.0	16.0～22.0	—	—
发动机转速/(r/min)	低速空转:1030 高速空转:2150 额定转速:1950			
先导泵/自减压阀压力/MPa	低速时:≥3.0 高速时:3.9			
PC-EPC 压力/MPa LS-EPC 压力/MPa	1.0～2.9(取决于发动机转速、工作模式和负载状况)			
LS 压差/MPa	空挡:2.9 操纵杆半行程:2.2 操纵杆全行程:0.7			
主溢流压力/MPa	通常时:34.8 加压时:37.3			
过载溢流压力/MPa	回转:30.9 其他:39.0			

(8) 小松 PC200-8 液压系统参考测试标准（附表 3-8）

附表 3-8 小松 PC200-8 液压系统参考测试标准

项目	p1(泵 1 压力)(必要时区分挡位、高速/低速、运动中/溢流)/MPa	p2(泵 2 压力)(必要时区分挡位、高速/低速、运动中/溢流)/MPa	动作时间(动作速度)/s	滑移量、内漏量、偏移量、制动距离等
无操作	3.5	3.5	—	—
动臂上升	34.8	34.8	3.3±0.4	<18mm
动臂下降	3.9	34.8	2.4±0.3	—
斗杆收回	34.8	34.8	3.5±0.3	—
斗杆打开	34.8	34.8	2.7±0.3	<160mm
铲斗收回	34.8	34.8	2.6±0.3	<40mm
铲斗打开	34.8	34.8	1.9±0.2	—
左回转	30.3	30.3	24.2±2.5 (转 5 圈)	滑移量:0mm 内漏量:<5L/min 制动角度:<100°
右回转	30.3	30.3		
左前进	38.7	3.9	低速:51.0±5.0 中速:37.5±4.0 高速:26.5±1.5	滑移量:0mm 内漏量:<13.6L/min 偏移量:<150mm
左后退	38.7	3.9		
右前进	3.9	38.7		
右后退	3.9	38.7		
冲击式破碎机	16.0～22.0	16.0～22.0	—	—
发动机转速/(r/min)	低速空转:1050 高速空转:2060 额定转速:2000			
先导系统压力/MPa	低速时:>3.0 高速时:3.3 主泵溢流时:应无明显升高			
PPC 输出压力/MPa	空挡:0 操纵杆全行程:>3.0			
LS 压差/MPa	空档:3.5 操纵杆半行程:1.8 操纵杆全行程:<0.7			

(9) 住友 SH200-3 液压系统参考测试标准（附表 3-9）

附表 3-9 住友 SH200-3 液压系统参考测试标准

项目	p1(泵 1 压力)(必要时区分挡位、高速/低速、运动中/溢流)/MPa	p2(泵 2 压力)(必要时区分挡位、高速/低速、运动中/溢流)/MPa	动作时间(动作速度)/s	滑移量、内漏量、偏移量、制动距离等
无操作	3.0	3.0	—	—
动臂上升	34.3	34.3	3.1±0.3	<10mm
动臂下降	3.0	34.3	2.3±0.3	—
斗杆收回	34.3	34.3	3.8±0.3	—
斗杆打开	34.3	34.3	2.8±0.3	<10mm
铲斗收回	3.0	34.3	3.4±0.3	—
铲斗打开	3.0	34.3	2.3±0.3	<15mm
左回转	27.9	3.0	13.5±1.0 (转 3 圈)	滑移量:0mm 内漏量:<5L/min 制动距离:<1000mm
右回转	27.9	3.0		
左前进	3.0	35.3	高速:13.0±1.2 中速:19.5±2.0 低速:33.0±5.0 (转 3 圈)	滑移量:0mm 内漏量:<3L/min 偏移量:<240mm
左后退	3.0	35.3		
右前进	35.3	3.0		
右后退	35.3	3.0		
冲击式破碎机	16.0～22.0	3.0	—	
发动机转速/(r/min)	低速空转:900 高速空转:1950/2250 额定转速:1950/2150			
先导泵压力/MPa	低速时:3.5～3.9 高速时:3.9～4.0			
TVC/PRV 压力/MPa	0～3.9(取决于发动机转速、工作模式和负载状况)			
负反馈压力/MPa	空挡:3.5～4.0 操纵杆全行程:0～0.5			
主溢流压力/MPa	通常时:34.3 加压时:37.3			
过载溢流压力/MPa	回转:27.9 动臂下降:29.4 其他工作装置:39.2			

（10）神钢 SK200-6 液压系统参考测试标准（附表 3-10）

附表 3-10　神钢 SK200-6 液压系统参考测试标准

项目	p1(泵 1 压力)(必要时区分挡位、高速/低速、运动中/溢流)/MPa	p2(泵 2 压力)(必要时区分挡位、高速/低速、运动中/溢流)/MPa	动作时间(动作速度)/s	滑移量、内漏量、偏移量、制动距离等
无操作	3.2	3.2	—	—
动臂上升	34.3	34.3	3.2±0.3	<7mm
动臂下降	3.0	3.2	2.8±0.3	—
斗杆收回	34.3	34.3	3.5±0.3	—
斗杆打开	34.3	34.3	2.8±0.3	<7mm
铲斗收回	34.3	3.2	3.4±0.3	—
铲斗打开	34.3	3.2	2.3±0.3	<10mm
左回转	3.2	27.9	5.5±0.5 (转 1 圈)	滑移量:0mm 内漏量:<5L/min 制动距离:<1000mm
右回转	3.2	27.9		
左前进	3.2	34.3	高速:17.0±1.2 中速:31±5.0 (转 3 圈)	滑移量:0mm 内漏量:<3L/min 偏移量:<240mm
左后退	3.2	34.3		
右前进	34.3	3.2		
右后退	34.3	3.2		
冲击式破碎机	16.0～22.0	3.2	—	—
发动机转速/(r/min)	低速空转:1000 高速空转:2200 额定转速:2050			
先导泵压力/MPa	低速时:4.5 高速时:5.0			
TVC/PRV 压力/MPa	0.5～3.5(取决于发动机转速、工作模式和负载状况)			
主溢流压力/MPa	通常时:34.3 加压时:36.8			
过载溢流压力/MPa	动臂下降,斗杆收回:37.7 其他工作装置:39.7			

（11）日立 EX200-3 液压系统参考测试标准（附表 3-11）

附表 3-11 日立 EX200-3 液压系统参考测试标准

项目	p1(泵 1 压力)(必要时区分挡位、高速/低速、运动中/溢流)/MPa	p2(泵 2 压力)(必要时区分挡位、高速/低速、运动中/溢流)/MPa	动作时间(动作速度)/s	滑移量、内漏量、偏移量、制动距离等
无操作	4.0～10.0	4.0～10.0	—	—
动臂上升	34.3	34.3	3.3±0.3	<20mm
动臂下降	34.3	34.3	2.3±0.3	—
斗杆收回	34.3	34.3	3.9±0.3	—
斗杆打开	34.3	34.3	2.7±0.3	<30mm
铲斗收回	34.3	34.3	3.3±0.3	—
铲斗打开	34.3	34.3	2.1±0.3	<15mm
左回转	33.4	33.4	16.4±1.4 (转 3 圈)	滑移量:0mm 内漏量:<0.7L/min 制动距离:<1100mm
右回转	33.4	33.4		
左前进	34.3	34.3		
左后退	34.3	34.3	高速:15.0±2.0 (转 3 圈)	滑移量:0mm 内漏量:<3L/min 偏移量:<200mm
右前进	34.3	34.3		
右后退	34.3	34.3		
冲击式破碎机	16.0～22.0	16.0～22.0	—	
发动机转速/(r/min)	低速空转:1000 高速空转:2200 额定转速:2050			
先导泵压力/MPa	低速时:5.0 高速时:5.2～6.2			
主溢流压力/MPa	通常时:34.3 加压时:36.3			
过载溢流压力/MPa	回转:33.4 行走:35.5 其他:36.3			

参 考 文 献

[1] 章信才主编. 进口挖掘机液压系统结构原理与维修. 沈阳：辽宁科学技术出版社，2008.
[2] 孔德文等编著. 液压挖掘机. 北京：化学工业出版社，2007.
[3] 孔德文，赵克利等编著. 液压挖掘机. 北京：化学工业出版社，2007.
[4] 张铁编著. 液压挖掘机结构、原理及使用. 东营：中国石油大学出版社，2002.
[5] 朱齐平主编. 进口挖掘机维修手册. 沈阳：辽宁科学技术出版社，2004.
[6] 朱齐平. 进口工程机械使用维修手册. 沈阳：辽宁科学技术出版社，2001.
[7] 靳同红，王胜春，张瑞军. 工程机械构造与设计. 北京：化学工业出版社，2009.
[8] 徐峰主编. 挖掘机使用维修一书通. 广州：广东科学技术出版社，2008.
[9] 徐峰编著. 挖掘机维修入门. 合肥：安徽科学技术出版社，2009.
[10] 徐峰. 挖掘机维修速成图解. 南京：江苏科学技术出版社，2008.
[11] 李宏. 挖掘机维修图解手册. 南京：江苏科学技术出版社，2008.
[12] 徐州宏昌工程机械职业培训学校编. 液压挖掘机维修速查手册. 北京：化学工业出版社，2008.
[13] 张钦良主编. 挖掘机液压原理及拆装维修. 北京：化学工业出版社，2009.
[14] 张凤山，张春华主编. 挖掘机实用维修手册. 北京：机械工业出版社，2010.
[15] 张凤山，静永臣. 大宇挖掘机构造与维修. 北京：人民邮电出版社，2007.
[16] 张凤山，静永臣编. 小松挖掘机构造与维修. 北京：人民邮电出版社，2007.
[17] 日立建机株式会社. 日立 EX200-270-5 液压挖掘机技术手册（故障诊断），1999.
[18] 程刚主编. 新编国内外挖掘机安全操作与故障分析处理及维修技术实用手册. 北京：中国知识出版社，2006.
[19] 黄志坚编著. 液压故障速排方法、实例与技巧. 北京：化学工业出版社，2009.
[20] 杨国平编著. 现代工程机械故障诊断与排除大全. 北京：机械工业出版社，2007.
[21] 张延风，张玉峰. 工程机械液压系统的强制性维护. 建筑机械化，2007 (8)：61～62.
[22] 何焯主编. 机械设备安装工程便携手册. 北京：机械工业出版社. 2001.
[23] 任奇武，杜艳霞. 挖掘机工作装置液压系统典型故障分析与排除，建筑机械化，2008 (6)：70～72.
[24] 同济大学. 单斗液压挖掘机. 中国建筑工业出版社. 1986.
[25] 焦福全，刘红兵. 工程机械故障剖析与处理. 北京：人民交通出版社，2001.
[26] 何挺继，展朝勇. 现代公路施工机械. 北京：人民交通出版社，1999.
[27] 高忠民. 工程机械使用与维修. 北京：金盾出版社，2002.
[28] 黄东胜，邱斌主编. 现代挖掘机械. 北京：人民交通出版社，2004.
[29] 许安，崔崇学主编. 工程机械维修. 北京：人民交通出版社，2004.
[30] 陈新轩，许安主编. 工程机械状态检测与故障诊断. 北京：人民交通出版社，2004.
[31] 宋廷坤，易新乾，王潜主编. 现代工程机械检测与维修. 北京：中国铁道出版社，1996.
[32] 史纪定，嵇光国编著. 液压系统故障诊断与维修技术. 北京：机械工业出版社，1990.
[33] 孙雁芳编著. 工程机械液压系统监控和故障诊断. 北京：地震出版社，1993.
[34] 李新和. 机械设备维修工程学. 北京：机械工业出版社，2000.
[35] 唐耀红. 施工机械维修. 北京：中国水利水电出版社，1999.
[36] 田奇. 建筑机械使用与维护. 北京：中国建材工业出版社，2003.
[37] 颜荣庆，贺尚红编著. 现代工程机械液压与液力系统基本原理故障分析与排除. 北京：人民交通出版社，2004.
[38] GB/T 9139—2008. 液压挖掘机 技术条件.
[39] GB/T 786.1—2009. 流体传动系统及元件图形符号和回路图 第1部分：用于常规用途和数据处理的图形符号.
[40] 李芝主编. 液压传动（第2版）. 北京：机械工业出版社，2009.
[41] 韩实彬，双全. 机械员. 北京：机械工业出版社，2007.

[42] 张洪，贾志绚. 工程机械概论. 北京：冶金工业出版社，2006.
[43] 张青，宋世军等. 工程机械概论. 北京：化学工业出版社，2009.
[44] 焦生杰. 工程机械机电液一体化. 北京：人民交通出版社，2000.
[45] 周萼秋，邓爱民，李万莉编著. 现代工程机械. 北京：人民交通出版社，1997.
[46] 叶德游. 液压破碎器的结构原理及其应用. 流体传动与控制. 2007 (3) 第2期，31～34.
[47] 罗键. 液压破碎锤蓄能器压力的检查. 工程机械与维修. 2005 (11)，168.
[48] 舒林秋. 液压破碎锤常见的故障诊断及排除. 筑路机械与施工机械化. 2003 (5)：28.
[49] 阿特拉斯·科普柯（沈阳）建筑矿山设备有限公司. 液压破碎锤的选择与使用. 今日工程机械，2007. 02：64～65.